典型地区居民金属环境总暴露量及贡献比手册（汞、镉、砷、铅、铬）

中国环境科学研究院　著

中国环境出版集团·北京

图书在版编目（CIP）数据

典型地区居民金属环境总暴露量及贡献比手册. 汞、镉、砷、铅、铬/中国环境科学研究院著. —北京：中国环境出版集团，2019.8

ISBN 978-7-5111-3892-7

Ⅰ.①典… Ⅱ.①中… Ⅲ.①居住区—重金属污染物—中国—手册 Ⅳ.①X503.1-62

中国版本图书馆 CIP 数据核字（2018）第 300184 号

出 版 人　武德凯
责任编辑　孟亚莉
责任校对　任　丽
封面设计　彭　杉

更多信息，请关注
中国环境出版集团
第一分社

出版发行　中国环境出版集团
（100062　北京市东城区广渠门内大街 16 号）
网　　址：http：//www.cesp.com.cn
电子邮箱：bjgl@cesp.com.cn
联系电话：010-67112765（编辑管理部）
010-67112735（第一分社）
发行热线：010-67125803，010-67113405（传真）

印　　刷　北京盛通印刷股份有限公司
经　　销　各地新华书店
版　　次　2019 年 8 月第 1 版
印　　次　2019 年 8 月第 1 次印刷
开　　本　787×1092　1/16
印　　张　20.75
字　　数　360 千字
定　　价　165.00 元

组织实施

组织领导 生态环境部

技术执行 中国环境科学研究院

中国辐射防护研究院

甘肃省生态环境科学设计研究院

华中科技大学

四川大学

大连海洋大学

华东理工大学

北京科技大学

中南大学

环境基准与风险评估国家重点实验室

编写委员会

撰写组

主　编　赵秀阁　王丹璐

副主编　徐顺清　刘占旗　王　伟　崔长征　赖　波　张亚群

成　员（按笔画排序）

万延建　马　瑾　王贝贝　王红梅　王宗爽　王剑峰
王菲菲　车　飞　白英臣　吕占禄　张　晗　李　霁
李天昕　李政蕾　杜　伟　杨　文　杨立新　邹　滨
陈棉彪　周小林　姜　艳　段小丽　钱　岩　高　健
曹素珍　魏永杰

技术顾问（按笔画排序）

于云江　王五一　王若涛　王建生　吕怡兵　许秋瑾
许　群　孙承业　李发生　吴丰昌　伯　鑫　狄一安
张凤英　张金良　张　梅　张　磊　陈育德　林春野
尚　琪　金水高　周岳溪　郑丙辉　赵淑莉　姜　勇
徐东群　陶　燕　郭新彪　席北斗　阚海东　颜增光

各片区参加调查人员

山西省

刘占旗　周小林　孟倩倩　薛振伟　段耀飞　赵亮军　张美珍
段红英　赵月娥　李俊峰　张　燕　耿春梅　李建军

辽宁省

王　伟　郝　佳　姜欣彤　韩雨哲　赵欣涛　陈文博　姚　锋
张赛赛　董安然　李雪洁　陈博锦　成智丽　孙鹏飞　王一诺
罗　珺　柏彬彬　关　莹　牟玉双　魏艳超　王　月　吴月阳
王宏宇　王文杰

上海市

崔长征　林匡飞　田俊杰　胡亚茹　石　杰　任　静　姚诗杰
韩　琪　王漫莉　曹　赞　雷丹丹

湖北省

徐顺清　万延建　夏　玮　李媛媛　杨雪雨　钱　熙　程　璐
刘洪秀　陈　晓　魏　薇　梅　凤　石　仙　朱应双　霍文倩
吴春江　胡　晶　韩筱俣

四川省

赖　波　袁　月　张　恒　干志伟　纪方舟　赖蕾朵　彭佳丽
闫建飞　任　逸　李　君　熊兆锟

甘肃省

张亚群　尚婷婷　周　静　王　潇　丁杰萍　张　昉　汤　超
魏素娟　陈明霞　温　飞　王乃亮

前 言

环境总暴露是指空气、饮用水、土壤和膳食等介质中的某污染物经人体消化道、呼吸道和皮肤等多途径暴露的总量。暴露贡献比是指环境中某污染物通过空气、饮用水、土壤和膳食等介质经消化道、呼吸道和皮肤等途径进入人体的暴露量占环境总暴露量的比例，可分为暴露介质贡献比和暴露途径贡献比，是制定环境健康基准的重要参数。根据《国家环境保护“十三五”环境与健康工作规划》（环科技〔2017〕30 号），生态环境部（原环境保护部）于 2016 年委托中国环境科学研究院组织开展我国首次居民金属环境总暴露研究工作，其中 2016—2017 年针对汞、镉、砷、铅、铬 5 种金属，2018—2019 年针对锰等 10 种金属开展环境总暴露研究。基于 2016—2017 年居民汞、镉、砷、铅、铬环境总暴露研究工作的基础上，形成了《典型地区居民金属环境总暴露量及贡献比手册（汞、镉、砷、铅、铬）》（以下简称《手册》）。

《手册》共 8 章。第 1 章是编制说明，介绍了编制《手册》的背景和目的、工作过程、适用范围及使用方法等。第 2～8 章是《手册》的主体内容，其中第 2～5 章为各介质暴露量和贡献比，包括空气、饮用水、土壤和膳食；第 6～8 章为各途径暴露量和贡献比，包括经消化道、经呼吸道和经皮肤。

对于各介质和途径暴露量和贡献比，均先介绍其定义及计算方法，表中列出了样本量、算术均值、标准差，以及百分位数值（P5、P25、P50、P75、P95）。

《手册》旨在为相关科研和管理人员提供参考和借鉴。由于时间和经验所限，编制过程中难免存在不足之处，敬请广大读者批评指正。

编委会

2018 年 11 月

典型地区居民汞、镉、砷、铅、铬暴露介质贡献比

单位：%

地区	类别		Hg	Cd	As	Pb	Cr
太原	小计		100	100	100	100	100
	空气	室内	0.0022	0.0017	0.0052	0.3509	0.0032
		室外	0.0005	0.0095	0.0067	0.1004	0.0386
		交通	0.0001	0.0019	0.0014	0.0423	0.0049
	饮用水		5.2715	0.9908	11.1716	7.6947	16.3313
	土壤		0.0608	0.0405	2.0451	2.2624	2.5079
	膳食		94.6649	98.9556	86.7700	89.5493	81.1141
大连	小计		100	100	100	100	100
	空气	室内	0.0038	0.0470	0.0102	0.0394	0.0310
		室外	0.0002	0.0015	0.0006	0.0074	0.0004
		交通	0.0000	0.0003	0.0002	0.0017	0.0001
	饮用水		0.4177	0.4577	0.3246	1.3566	0.3532
	土壤		0.0052	0.0371	0.1151	0.7505	0.1982
	膳食		99.5732	99.4564	99.5493	97.8444	99.4172
上海	小计		100	100	100	100	100
	空气	室内	0.0072	0.0010	0.0645	0.0127	0.0853
		室外	0.0002	0.0012	0.0050	0.0080	0.0070
		交通	0.0002	0.0008	0.0025	0.0055	0.0034
	饮用水		2.1820	0.8600	1.4737	1.8119	0.4749
	土壤		0.0194	0.0081	0.7673	0.4992	0.8645
	膳食		97.7910	99.1290	97.6870	97.6627	98.5650
武汉	小计		100	100	100	100	100
	空气	室内	0.0051	0.0122	0.0363	0.1056	0.0376
		室外	0.0004	0.0019	0.0066	0.0216	0.0017
		交通	0.0001	0.0008	0.0020	0.0065	0.0006
	饮用水		11.9678	1.4522	10.8173	3.4798	8.8816
	土壤		0.0595	0.0364	4.6505	1.6379	0.9934
	膳食		87.9671	98.4965	84.4873	94.7485	90.0852

<table>
<tr><th>地区</th><th colspan="2">类别</th><th>Hg</th><th>Cd</th><th>As</th><th>Pb</th><th>Cr</th></tr>
<tr><td rowspan="7">成都</td><td colspan="2">小计</td><td>100</td><td>100</td><td>100</td><td>100</td><td>100</td></tr>
<tr><td rowspan="3">空气</td><td>室内</td><td>0.0073</td><td>0.0076</td><td>0.0119</td><td>0.0194</td><td>0.0131</td></tr>
<tr><td>室外</td><td>0.0017</td><td>0.0020</td><td>0.0021</td><td>0.0021</td><td>0.0032</td></tr>
<tr><td>交通</td><td>0.0004</td><td>0.0010</td><td>0.0002</td><td>0.0012</td><td>0.0004</td></tr>
<tr><td colspan="2">饮用水</td><td>1.2428</td><td>1.2937</td><td>1.3013</td><td>0.3287</td><td>0.9650</td></tr>
<tr><td colspan="2">土壤</td><td>0.0299</td><td>0.0785</td><td>1.6421</td><td>0.4787</td><td>0.3555</td></tr>
<tr><td colspan="2">膳食</td><td>98.7179</td><td>98.6172</td><td>97.0423</td><td>99.1698</td><td>98.6628</td></tr>
<tr><td rowspan="7">兰州</td><td colspan="2">小计</td><td>100</td><td>100</td><td>100</td><td>100</td><td>100</td></tr>
<tr><td rowspan="3">空气</td><td>室内</td><td>0.0020</td><td>0.0829</td><td>1.2976</td><td>0.1068</td><td>0.0008</td></tr>
<tr><td>室外</td><td>0.0005</td><td>0.0195</td><td>0.0230</td><td>0.0321</td><td>0.0003</td></tr>
<tr><td>交通</td><td>0.0001</td><td>0.0067</td><td>0.0072</td><td>0.0103</td><td>0.0001</td></tr>
<tr><td colspan="2">饮用水</td><td>14.8238</td><td>8.4439</td><td>25.6808</td><td>2.9853</td><td>0.2783</td></tr>
<tr><td colspan="2">土壤</td><td>0.2107</td><td>0.5826</td><td>8.7970</td><td>2.5805</td><td>0.2848</td></tr>
<tr><td colspan="2">膳食</td><td>84.9628</td><td>90.8644</td><td>64.1945</td><td>94.2851</td><td>99.4358</td></tr>
</table>

目　录

表目录

第 1 章

第 2 章

第 3 章

第 4 章

第 5 章

第 6 章

第 7 章

第 8 章

第 1 章　编制说明

1.1　背景和目的

1.1.1　研究背景

环境总暴露是指空气、饮用水、土壤和膳食等介质中某污染物经人体消化道、呼吸道和皮肤等多途径暴露的总量[1,2]，主要受人群环境暴露行为模式和污染物浓度等因素的影响。暴露贡献比是指环境中某污染物通过空气、饮用水、土壤和膳食等介质经消化道、呼吸道和皮肤等途径进入人体的暴露量占环境总暴露量的比例，可分为暴露介质贡献比和暴露途径贡献比。开展环境总暴露研究，可定量估算居民环境污染物的总暴露水平及各暴露介质的贡献比，为制定环境健康基准、开展精细化暴露评价、实施精准化环境健康风险防控提供科学依据。

1979 年，美国环境保护局启动了为期 6 年的环境总暴露研究[3]，建立了环境总暴露研究方法及相关评估模型。2001 年，美国加利福尼亚州立大学利用环境监测数据和美国人群暴露参数，针对砷开展了全国范围的人群环境总暴露研究[4]。进入 21 世纪，基于美国环境保护局建立的环境总暴露研究方法和相关评估模型，结合本国环境管理需要，日本[5-7]、韩国[8]和欧盟[9]等国家和地区陆续组织开展了人群环境总暴露研究。这些研究极大地推动了暴露科学的发展，研究获得的居民污染物环境总暴露水平及各暴露介质的贡献比，为各国制定环境健康基准[10,11]、有针对性地开展污染防治[3,12-16]提供了重要的基础数据。日本环境省于 2003 年[5]基于环境监测数据和膳食调查数据，利用蒙特卡洛模型，开展了砷的环境总暴露研究，建立了污染物环境总暴露研究方法和相关暴露评估模型，为日本相关环境健康基准的制定提供了基础数据，为进一步有针对性地控制化学物质对人群和生态的健康风险奠定了基础。

为了解我国居民环境总暴露特征，获取环境健康基准制修订及健康风险评价所需的基础数据，根据《国家环境保护“十三五”环境与健康工作规划》（环科技〔2017〕30 号），生态环境部（原环境保护部）科技标准司委托中国环境科学研究院于 2016—2017 年开展并完成了汞、镉、砷、铅和铬 5 种金属的环境总暴露研究工作，并在此基础上形成了《典型地区居民金属环境总暴露量及贡献比手册（汞、镉、砷、铅、铬）》。

1.1.2 研究目的

通过在太原市、大连市、上海市、武汉市、成都市和兰州市的 15 个区/县针对 18 岁及以上居民开展汞、镉、砷、铅和铬的环境总暴露研究，了解居民汞、镉、砷、铅和铬的环境总暴露水平及贡献比，为明确环境管理中各污染物的优先防控次序、制定环境健康基准提供科学依据。

1.2 工作过程

1.2.1 技术路线

技术路线见图 1-1。

1.2.2 研究地区

综合考虑全国各地理分区金属的暴露情景及污染状况，按照如下原则筛选调查地区：

（1）能够反映调查地区典型性的暴露情景；

（2）非国家或地方相关污染物的重点防控区；

（3）调查地区周边 5 km 范围内无涉重企业。

根据以上原则，分别从华北、东北、华东、华南、西南和西北片区选择太原市、大连市、上海市、武汉市、成都市和兰州市的 15 个区/县作为调查地区。

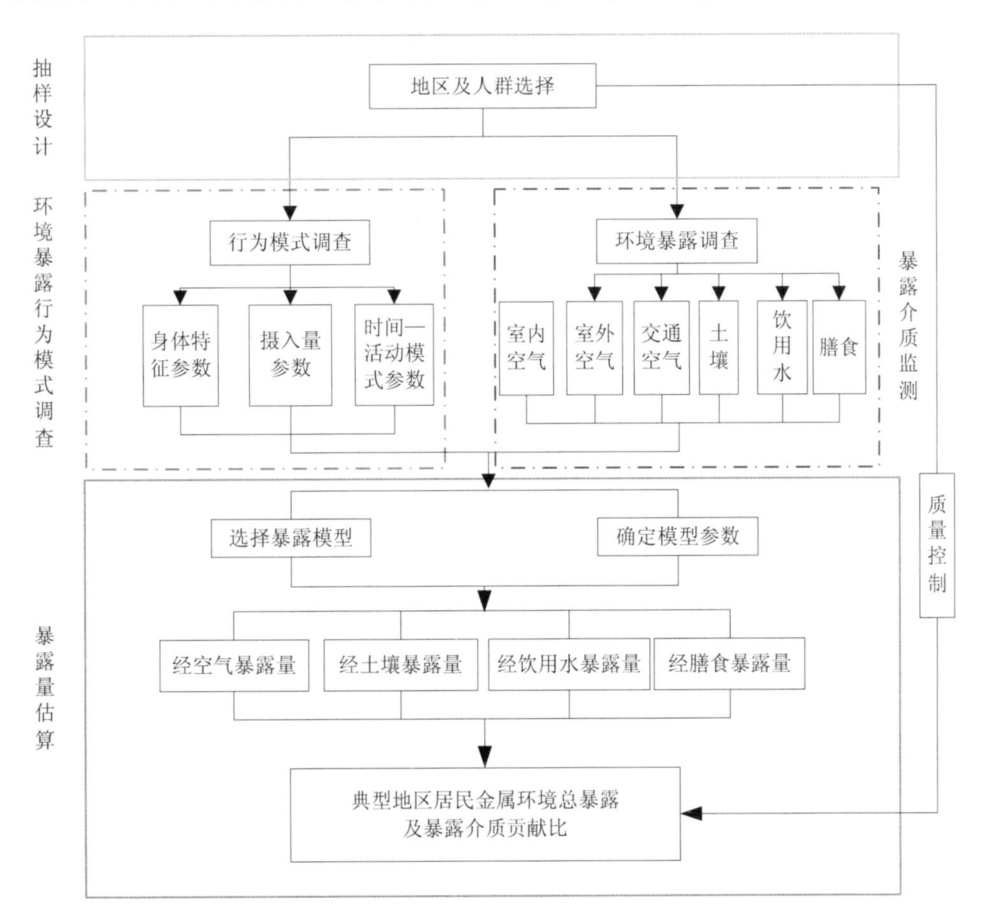

图 1-1　技术路线

1.2.3　研究对象

综合考虑调查研究重点，按照在本地居住 5 年以上、年均居住时间不少于 6 个月且无长期服药史的原则筛选 18 岁及以上成人作为研究对象。以片区（华北、东北、华东、华南、西南、西北）、城乡（城市、农村）、性别（男、女）和年龄（18～44 岁、45～59 岁、60 岁及以上）为主要分层因素进行抽样，以体重为基本暴露参数进行样本量估算。根据式（1-1）和式（1-2），得出每层所需最小样本量 35 人，总样本量 3150 人。本次实际调查 3876 人，有效样本量 3855 人，满足调查样本量的要求。调查样本分布见表 1-1。

$$n=\left(\frac{U_{\alpha/2}\times\sigma}{\delta\times\mu}\right)^2\times\text{deff} \tag{1-1}$$

式中：n——每层最小样本量；

$U_{\alpha/2}$——显著性水平为 95%时相应的标准正态差，取 1.96；

μ——中国 18 岁及以上人群体重的算术均数，取 61.9[①]；

σ——中国 18 岁及以上人群体重的标准差，取 11.7；

δ——允许误差，取 10%；

deff——设计效应值，取 2.5。

$$N=\frac{n\times q}{1-p} \tag{1-2}$$

式中：N——总样本量；

n——每层最小样本量；

p——失访率，取 20%；

q——分层因素的乘积，取 72[②]。

1.3 质量控制

本次调查制订了统一的质量控制方案，建立了由项目和各调查地区组成的质量控制组，对调查各关键环节实施严格的质量控制。

---

①环境保护部. 中国人群暴露参数手册（成人卷）. 北京：中国环境出版社，2013：750.

②分层因素为：城乡 2 层、性别 2 层、年龄 3 层、地区 6 层，q=2×2×3×6=72。

表1-1　研究对象样本分布

地区			合计	性别		年龄		
				男	女	18～44岁	45～59岁	60岁及以上
合计	合计	人数/人	3855	1862	1993	1587	1119	1149
		构成比/%	100	48.30	51.70	41.17	29.03	29.81
	太原	人数/人	696	337	359	221	233	242
		构成比/%	100	48.42	51.58	31.75	33.48	34.77
	大连	人数/人	621	291	330	316	134	171
		构成比/%	100	46.86	53.14	50.89	21.58	27.54
	上海	人数/人	599	285	314	271	214	114
		构成比/%	100	47.58	52.42	45.24	35.73	19.03
	武汉	人数/人	620	287	333	192	175	253
		构成比/%	100	46.29	53.71	30.97	28.23	40.81
	成都	人数/人	631	308	323	375	152	104
		构成比/%	100	48.81	51.19	59.43	24.09	16.48
	兰州	人数/人	688	354	334	212	211	265
		构成比/%	100	51.45	48.55	30.81	30.67	38.52
城市	小计	人数/人	1982	920	1062	978	452	552
		构成比/%	100	46.42	53.58	49.34	22.81	27.85
	太原	人数/人	360	174	186	140	110	110
		构成比/%	100	48.33	51.67	38.89	30.56	30.56
	大连	人数/人	287	125	162	156	44	87
		构成比/%	100	43.55	56.45	54.36	15.33	30.31
	上海	人数/人	298	131	167	185	61	52
		构成比/%	100	43.96	56.04	62.08	20.47	17.45
	武汉	人数/人	355	160	195	137	81	137
		构成比/%	100	45.07	54.93	38.59	22.82	38.59
	成都	人数/人	335	155	180	248	53	34
		构成比/%	100	46.27	53.73	74.03	15.82	10.15
	兰州	人数/人	347	175	172	112	103	132
		构成比/%	100	50.43	49.57	32.28	29.68	38.04

地区			合计	性别		年龄		
				男	女	18～44 岁	45～59 岁	60 岁及以上
农村	小计	人数/人	1873	942	931	609	667	597
		构成比/%	100	50.29	49.71	32.51	35.61	31.87
	太原	人数/人	336	163	173	81	123	132
		构成比/%	100	48.51	51.49	24.11	36.61	39.29
	大连	人数/人	334	166	168	160	90	84
		构成比/%	100	49.70	50.30	47.90	26.95	25.15
	上海	人数/人	301	154	147	86	153	62
		构成比/%	100	51.16	48.84	28.57	50.83	20.60
	武汉	人数/人	265	127	138	55	94	116
		构成比/%	100	47.92	52.08	20.75	35.47	43.77
	成都	人数/人	296	153	143	127	99	70
		构成比/%	100	51.69	48.31	42.91	33.45	23.65
	兰州	人数/人	341	179	162	100	108	133
		构成比/%	100	52.49	47.51	29.33	31.67	39.00

表 1-2　研究内容及方法

类别		调查内容	调查方法
人群基本情况		性别、年龄、民族、家庭经济状况、教育程度、职业等	问卷调查
环境暴露行为模式	身体特征	身高、体重	现场实测
		皮肤表面积	模型估算
	摄入量	膳食摄入量、饮水摄入量	问卷调查
		呼吸量	模型估算
	时间—活动模式	室内活动时间、室外活动时间、交通出行时间、洗澡时间、游泳时间、土壤接触时间	问卷调查
环境暴露监测		饮用水、土壤、空气以及膳食的污染水平	环境暴露监测
环境总暴露		经空气暴露水平、经饮用水暴露水平、经土壤暴露水平、经膳食暴露水平	模型估算

1.3.1　准备阶段

方案修订：参考国内外相关调查方案与问卷，通过多次专家咨询、论证及现场预调查，最终确定调查方案与调查问卷。

技术培训：中国环境科学研究院对调查点技术骨干统一进行技术培训。所有参加调查的组织者、质控员、督导员和调查员必须通过培训考核，合格后方可参加调查。

物资准备：为各调查点提供统一的调查所需工作手册和标准量具（标准杯和标准碗）。

预调查：为保证调查工作的顺利开展，在正式调查开展前，对甘肃省兰州市的部分居民进行预调查，并对发现的问题进行调整和完善。

实验室盲样考核：参与检测的实验室通过盲样考核后方可开展工作。

1.3.2　实施阶段

问卷调查：主要包括调查员自查、质控员复查和督导员抽查等质控措施。

环境暴露监测：严格按照调查方案进行，现场监测必须保存影像资料，并上传至调查系统备查；监测设备使用前均需校准并记录。

现场督导：严格按照项目督导方案，保质保量开展现场督导工作。

1.3.3　完成阶段

数据录入及上报：暴露介质监测数据采用数据直报的方式，按照数据审核方案，调查地区质控员负责监测数据审核，项目组负责监测数据核查入库。

数据清洗与分析：制订数据清洗与分析方案，分两组独立进行数据清洗和分析，并对两组的清洗和分析结果进行比较。

1.4　数据管理

1.4.1　数据采集与上报

建立中国人群环境总暴露调查信息系统，按照统一数据标准、操作流程进行数据采集、报送、管理和共享，同时对变量的合法阈值及跳转项等进行相关设定提醒。各调查点采用“中国人群环境总暴露调查信息系统”移动信息采集终端（PAD，Android 4.0 及以上操作系统）进行数据录入和上报。

1.4.2 数据审核与清洗

设立调查数据二级审核制度，一级审核由调查点问卷质控员在问卷上报后 3 日内完成，通过审核后提交至项目组进行二级审核，最终审核通过的数据方可纳入最终调查数据库，未通过二级审核的问卷返回核对，1 周内进行再次审核，合格后方可纳入最终调查数据库。

采用中国环境科学研究院自行编制的数据清洗计划书，以城乡、性别和年龄等为关键变量，采用 SAS 9.4 软件，对每个变量的缺失值进行标记和分析，并剔除逻辑错误和非法值。

1.5 统计分析与结果表达

采用 SAS 9.4 软件进行数据统计分析，形成数据表格纳入《手册》。《手册》中样本量保留整数，样本构成比和暴露量保留两位小数，暴露贡献比均保留小数点后 4 位（100%除外）。

1.6 适用范围及局限性

1.6.1 适用范围

《手册》可供相关科研、技术或管理人员参考，适用于健康环境基准推导、污染防控优先次序识别、环境影响评估、化学品风险管理和污染场地风险评估等领域。

1.6.2　使用方法

《手册》共包括 8 章。第 1 章是编制说明，介绍了编制《手册》的背景和目的、工作过程、质量控制、适用范围及使用方法等；第 2～8 章是《手册》的主体内容，即暴露量和贡献比，其中第 2～5 章为各介质暴露量和贡献比，包括空气、饮用水、土壤、膳食；第 6～8 章为各途径暴露量和贡献比，包括经消化道、经呼吸道和经皮肤。在使用过程中根据以下原则合理选用。

（1）根据暴露场景选择合适的贡献比。

对于每类贡献比，《手册》都列出了其均值及百分位值，在进行基准设定、风险评价等工作时，调查地区可以直接引用表格中的贡献比数值，其他地区做相关研究时，可根据其调查场景结合实际情况予以选用。

（2）根据需要评价的环境介质选择合适的贡献比。

若要对某一环境介质中污染物的环境健康基准进行设定或进行风险评价时，需要考虑人体该介质的所有暴露途径。例如，在进行人体健康水质基准设定时，需要考虑饮用水和水产品经消化道暴露途径的贡献比。

（3）根据需要评价的污染物选择合适的贡献比。

先要根据该污染物的来源判断其在环境介质中的分布状态，再根据不同环境介质人体的暴露途径来选择合适的贡献比。

（4）根据所评价污染物、环境介质和暴露途径选取合适的暴露量进行参考。

对于各环境介质和暴露途径，《手册》都列出了其均值及百分位值，在无条件开展总暴露调查的情况下，在进行环境健康基准设定、风险评价等时，调查地区可以直接参考，其他地区可根据其评价的污染物、环境介质和暴露途径结合实际情况予以参考。

1.6.3　局限性

本《手册》主要基于 2016—2017 年环境总暴露调查研究，该研究采用问卷调查和环境暴露监测相结合的方式开展。受时间、经费和研究方式所限，本研究未涉及儿童和职业人群。此外，由于本次调查涉及的范围和污染物种类尚不能完全满足环境基准制定的需求，需要不断地扩大调查范围，逐步扩充污染物种类，定期更新《手册》以满足实际应用。

本章参考文献

[1] Ott W R. Total Human Exposure [J]. Environmental Science & Technology，1985，19(10): 880-886.

[2] Ott W R. Total Human Exposure: Basic Concepts，EPA Field Studies，and Future Research Needs [J]. Journal of the Air & Waste Management Association，1990，40(7): 966-975.

[3] Wallace L A. The Total Exposure Assessment Methodology (TEAM) Study: Summary and Analysis，vol 1，EPA 600/6-87/002a[R]. Washington，D. C.: Office of Research and Development. U.S. Environmental Protection Agency，1987.

[4] Meacher D M，Menzel D B，Dillencourt M D，et al.. Estimation of Multimedia inorganic Arsenic intake in The U.S. Population [J]. Human & Ecological Risk Assessment，2002，8(7): 1697-1721.

[5] Kawabe Y，Komai T，Sakamoto Y. Exposure and Risk Estimation of inorganic Arsenic in Japan [J]. Journal of Mmij，2003，119(8): 489-493.

[6] Aung N N，Yoshinaga J，Takahashi J. Exposure Assessment of Lead Among Japanese Children [J]. Environmental Health & Preventive Medicine，2004，9(6): 257-261.

[7] Mato Y，Suzuki N，Kadokami K，et al.. Human Exposure to PCDDs，PCDs，and Dioxin Like PCBs in Japan，2001[A] Organohalogen Compounds[C]. Berlin，Germany: Proceedings of The Dioxin，2004:2428-2434.

[8] Eunha O ，Lee E I ，Lim H ，et al.. Human Multi-Route Exposure Assessment of Lead and Cadmium For Korean Volunteers[J]. Journal of Preventive Medicine and Public Health，2006，39(1):53-58.

[9] Glorennec P ，Lucas J P ，Mercat A C ，et al.. Environmental and Dietary Exposure of Young Children to Inorganic Trace Elements[J]. Environment International，2016，97:28-36.

[10] Girman J R，Jenkins P L，Wesolowski J J. The Role of total Exposure in Air Pollution Control Strategies [J]. Environment International，1989，15(1): 511-515.

[11] Howd R A，Brown J P，Fan A M. Risk Assessment for Chemicals in Drinking Water: Estimation of

Relative Source Contribution[R]. Baltimore，Maryland: Office of Environmental Health Hazard Assessment (OEHHA)，2004.

[12] Lioy P L，Waldman J M，Greenberg A，et al.. The Total Human Environmental Exposure Study (THEES) to Benzo(a)pyrene: Comparison of the Inhalation and Food Pathways[J]. Archives of Environmental Health. 1988，43(4): 304-312.

[13] Quackenboss J ，Whitmore R ，Clayton A ，et al.. Population-Based Exposure Measurements in EPA Region 5: A Phase I Field Study in Support of The National Human Exposure Assessment Survey[J]. Journal of Exposure Analysis & Environmental Epidemiology，1995，5(3):327-358.

[14] Wallace L A. Personal Exposure to 25 Volatile Organic Compounds EPA's 1987 Team Study in Los Angeles，California [J]. Toxicology & Industrial Health，1991，7(5-6): 203-208.

[15] Hartwell T D，Pellizzari E D，Perritt R L，et al.. Results from the Total Exposure Assessment Methodology (Team) Study in Selected Communities in Northern and Southern California [J]. Atmospheric Environment (1967)，1987，21(9): 1995-2004.

[16] U.S.EPA. Memorandum From Margaret Stasikowski，Health Effects Division to Health Effects Division Staff. “Hed Sop 97.2 interim Guidance For Conducting Aggregate Exposure and Risk Assessments (11/26/97);” [M]. Washington，D.C.: Office of Pesticide Programs，Office of Prevention，Pesticides，and Toxic Substances，1997.

第 2 章　空气暴露量及贡献比

2.1　参数说明

空气暴露量（air exposure dose）是指环境中某污染物经空气进入人体的暴露总量，包括室内空气暴露量、室外空气暴露量和交通空气暴露量，见式(2-1)和式(2-2)。

$$ADD_{air}=ADD_{a\text{-}in}+ADD_{a\text{-}out}+ADD_{a\text{-}tr} \quad (2\text{-}1)$$

式中：ADD_{air}——空气暴露量，mg/（kg·d）；

$ADD_{a\text{-}in}$——室内空气暴露量，mg/（kg·d）；

$ADD_{a\text{-}out}$——室外空气暴露量，mg/（kg·d）；

$ADD_{a\text{-}tr}$——交通空气暴露量，mg/（kg·d）。

$$ADD_{a\text{-}in/a\text{-}out/a\text{-}tr}=\frac{C_{a\text{-}in/a\text{-}out/a\text{-}tr}\times IR\times ET\times EF\times ED}{BW\times AT} \quad (2\text{-}2)$$

式中：$C_{a\text{-}in/a\text{-}out/a\text{-}tr}$——室内/室外/交通空气中金属浓度，mg/m^3；

IR——呼吸量，m^3/h；

ET——室内活动时间/室外活动时间/交通出行时间，h/d；

EF——暴露频率，d/a；

ED——暴露持续时间，a；

BW——体重，kg；

AT——平均暴露时间，d。

空气暴露贡献比（the exposure contribution of air）是指环境中某污染物经空气进入人体的暴露量占环境总暴露量的比例，见式（2-3），主要受空气中污染物的浓度和人群环境暴露行为模式（如体重、呼吸量、时间—活动模式等）等因素的影响。

$$R_{air}=\frac{ADD_{air}}{ADD_{total}}\times 100 \quad (2\text{-}3)$$

式中：R_{air}——空气暴露贡献比，%；

ADD_{air}——空气暴露量，mg/（kg·d）；

ADD_{total}——环境总暴露量，mg/（kg·d）。

2.2　资料与数据来源

生态环境部（原环境保护部）科技标准司于 2016—2017 年委托中国环境科学研究院在太原市、大连市、上海市、武汉市、成都市和兰州市的 15 个区/县针对 18 岁及以上常住居民 3 876 人（有效样本量为 3 855 人）开展了居民汞、镉、砷、铅和铬的环境总暴露研究。该研究在人群环境暴露行为模式调查的基础上获取了调查居民的体重、呼吸量、室内活动时间、室外活动时间及交通出行时间等参数，结合室内、室外及交通环境暴露监测结果，获取了调查居民的汞、镉、砷、铅和铬空气暴露量（表 2-1），并在此基础上获取了各空气介质的暴露贡献比（表 2-1 和表 2-2）。不同地区居民分城乡、年龄和性别的空气汞暴露量见附表 2-1，暴露贡献比见附表 2-6～附表 2-9；不同地区居民分城乡、年龄和性别的空气镉暴露量见附表 2-2，暴露贡献比见附表 2-10～附表 2-13；不同地区居民分城乡、年龄和性别的空气砷暴露量见附表 2-3，暴露贡献比见附表 2-14～附表 2-17；不同地区居民分城乡、年龄和性别的空气铅暴露量见附表 2-4，暴露贡献比见附表 2-18~附表 2-21；不同地区居民分城乡、年龄和性别的空气铬暴露量见附表 2-5，暴露贡献比见附表 2-22～附表 2-25。

2.3 空气暴露量与贡献比均值

表 2-1 不同地区居民 5 种金属空气暴露量与暴露介质贡献比

类别	汞		镉		砷		铅		铬	
	暴露量/[mg/(kg·d)]	贡献比/%	暴露量/[mg/(kg·d)]	贡献比/%	暴露量/[mg/(kg·d)]	贡献比/%	暴露量/[mg/(kg·d)]	贡献比/%	暴露量/[mg/(kg·d)]	贡献比/%
合计	2.18×10^{-9}	0.0052	2.18×10^{-8}	0.0343	5.22×10^{-7}	0.2619	4.46×10^{-7}	0.1529	7.61×10^{-7}	0.0377
太原	8.29×10^{-10}	0.0028	9.62×10^{-9}	0.0131	3.19×10^{-8}	0.0133	5.69×10^{-7}	0.4936	1.51×10^{-7}	0.0467
大连	3.64×10^{-9}	0.0039	4.99×10^{-8}	0.0488	4.43×10^{-7}	0.0110	2.81×10^{-7}	0.0485	1.46×10^{-6}	0.0314
上海	2.54×10^{-9}	0.0076	2.22×10^{-9}	0.0029	6.92×10^{-7}	0.0720	1.51×10^{-7}	0.0262	1.31×10^{-6}	0.0956
武汉	2.31×10^{-9}	0.0056	2.81×10^{-8}	0.0148	1.54×10^{-7}	0.0449	7.02×10^{-7}	0.1337	9.10×10^{-7}	0.0398
成都	3.82×10^{-9}	0.0094	2.09×10^{-8}	0.0106	3.20×10^{-7}	0.0143	5.52×10^{-7}	0.0227	8.18×10^{-7}	0.0167
兰州	3.02×10^{-10}	0.0027	2.08×10^{-8}	0.1090	1.46×10^{-6}	1.3278	4.00×10^{-7}	0.1492	8.56×10^{-8}	0.0012

表 2-2 不同地区居民 5 种金属各空气暴露介质贡献比

单位：%

类别	汞			镉			砷			铅			铬		
	室内	室外	交通	室内	室外	交通	室内	室外	交通	室内	室外	交通	室内	室外	交通
太原	76.7441	20.0628	3.1931	13.6805	69.6614	16.6582	33.6953	56.4523	9.8525	70.5406	20.3580	9.1014	11.0339	72.0707	16.8953
大连	95.4407	4.0858	0.4735	95.6631	3.5254	0.8115	92.4031	6.0461	1.5508	80.5018	15.9729	3.5253	98.5100	1.2718	0.2182
上海	93.8039	3.3414	2.8547	33.7490	39.9754	26.2756	89.7457	6.7837	3.4705	49.0618	29.5897	21.3485	89.0159	7.1892	3.7949
武汉	85.9839	11.6660	2.3501	81.8397	12.8780	5.2823	79.8419	15.3978	4.7603	79.1491	15.9730	4.8779	92.9747	5.3136	1.7117
成都	77.5093	18.3911	4.0997	72.5825	14.9161	12.5013	77.1566	20.6020	2.2414	78.7121	13.5631	7.7248	73.8908	22.8940	3.2152
兰州	77.1846	17.7962	5.0191	74.2353	18.9987	6.7661	97.3514	2.0690	0.5796	71.4273	21.9013	6.6714	63.3682	26.9067	9.7250

2.4 与国外的比较

典型地区调查居民空气暴露贡献比与美国、日本和韩国相关研究的比较见

表 2-3。

表 2-3　与国外的比较

单位：%

国家	汞	镉	砷	铅	铬
中国	0.0052	0.0343	0.2619	0.1529	0.0377
美国[1]	—	—	0.4000	—	—
日本[2]	—	—	0.1000	—	—
韩国	—	0.9000[3]	—	26.3[3]/2.1[4]	—

本章参考文献

[1] Meacher D M，Menzel D B，Dillencourt M D，et al.. Estimation of Multimedia Inorganic Arsenic Intake in the U.S. Population [J]. Human & Ecological Risk Assessment，2002，8（7）: 1697-1721.

[2] Kawabe Y，Komai T，Sakamoto Y. Exposure and Risk Estimation of Inorganic Arsenic in Japan [J]. Journal of Mmij，2003，119（8）: 489-493.

[3] Eunha O，Lee E I，Lim H，et al.. Human Multi-Route Exposure Assessment of Lead and Cadmium for Korean Volunteers [J]. Journal of preventive medicine and public health，2006，39（1）: 53-58.

[4] Lee H M，Yoon E K，Hwang M S，et al.. Health Risk Assessment of Lead in the Republic of Korea[J]. Human & Ecological Risk Assessment，2003，9（7）: 1801-1812.

附表

附表 2-1　不同地区居民分城乡、年龄和性别的空气汞暴露量

类别				N	空气汞暴露量/[mg/（kg·d）]						
					Mean	Std	P5	P25	P50	P75	P95
太原	城市	18 岁～	男	68	$1.16×10^{-9}$	$3.60×10^{-10}$	$5.93×10^{-10}$	$8.00×10^{-10}$	$1.13×10^{-9}$	$1.47×10^{-9}$	$1.67×10^{-9}$
			女	72	$9.82×10^{-10}$	$2.75×10^{-10}$	$5.63×10^{-10}$	$8.19×10^{-10}$	$1.01×10^{-9}$	$1.20×10^{-9}$	$1.35×10^{-9}$
		45 岁～	男	50	$1.09×10^{-9}$	$3.36×10^{-10}$	$5.99×10^{-10}$	$7.28×10^{-10}$	$1.07×10^{-9}$	$1.42×10^{-9}$	$1.54×10^{-9}$
			女	60	$9.17×10^{-10}$	$3.01×10^{-10}$	$4.80×10^{-10}$	$6.67×10^{-10}$	$8.94×10^{-10}$	$1.14×10^{-9}$	$1.34×10^{-9}$
		60 岁～	男	56	$8.49×10^{-10}$	$2.21×10^{-10}$	$5.05×10^{-10}$	$6.27×10^{-10}$	$8.97×10^{-10}$	$9.56×10^{-10}$	$1.26×10^{-9}$
			女	54	$7.35×10^{-10}$	$2.24×10^{-10}$	$4.06×10^{-10}$	$5.09×10^{-10}$	$7.83×10^{-10}$	$8.38×10^{-10}$	$1.17×10^{-9}$
	农村	18 岁～	男	41	$8.85×10^{-10}$	$2.80×10^{-10}$	$5.01×10^{-10}$	$5.75×10^{-10}$	$8.39×10^{-10}$	$1.20×10^{-9}$	$1.25×10^{-9}$
			女	40	$6.61×10^{-10}$	$2.45×10^{-10}$	$3.43×10^{-10}$	$4.44×10^{-10}$	$6.36×10^{-10}$	$8.77×10^{-10}$	$1.07×10^{-9}$
		45 岁～	男	49	$7.76×10^{-10}$	$2.83×10^{-10}$	$4.22×10^{-10}$	$5.23×10^{-10}$	$7.44×10^{-10}$	$1.03×10^{-9}$	$1.24×10^{-9}$
			女	74	$5.76×10^{-10}$	$1.78×10^{-10}$	$3.44×10^{-10}$	$4.14×10^{-10}$	$5.69×10^{-10}$	$6.32×10^{-10}$	$8.96×10^{-10}$
		60 岁～	男	73	$7.25×10^{-10}$	$2.54×10^{-10}$	$4.16×10^{-10}$	$4.70×10^{-10}$	$6.72×10^{-10}$	$9.58×10^{-10}$	$1.17×10^{-9}$
			女	59	$5.92×10^{-10}$	$2.29×10^{-10}$	$3.41×10^{-10}$	$3.82×10^{-10}$	$5.38×10^{-10}$	$8.26×10^{-10}$	$1.00×10^{-9}$
大连	城市	18 岁～	男	88	$4.49×10^{-9}$	$9.11×10^{-10}$	$2.99×10^{-9}$	$3.84×10^{-9}$	$4.64×10^{-9}$	$5.15×10^{-9}$	$5.90×10^{-9}$
			女	68	$3.14×10^{-9}$	$7.01×10^{-10}$	$1.98×10^{-9}$	$2.73×10^{-9}$	$3.07×10^{-9}$	$3.72×10^{-9}$	$4.10×10^{-9}$
		45 岁～	男	13	$3.38×10^{-9}$	$7.02×10^{-10}$	$2.52×10^{-9}$	$2.80×10^{-9}$	$3.30×10^{-9}$	$3.56×10^{-9}$	$4.80×10^{-9}$
			女	31	$2.81×10^{-9}$	$5.32×10^{-10}$	$2.06×10^{-9}$	$2.46×10^{-9}$	$2.78×10^{-9}$	$3.16×10^{-9}$	$3.76×10^{-9}$
		60 岁～	男	24	$3.00×10^{-9}$	$4.29×10^{-10}$	$2.15×10^{-9}$	$2.78×10^{-9}$	$2.94×10^{-9}$	$3.31×10^{-9}$	$3.63×10^{-9}$
			女	63	$2.84×10^{-9}$	$4.67×10^{-10}$	$1.99×10^{-9}$	$2.61×10^{-9}$	$2.93×10^{-9}$	$3.15×10^{-9}$	$3.49×10^{-9}$
	农村	18 岁～	男	84	$4.47×10^{-9}$	$7.17×10^{-10}$	$3.70×10^{-9}$	$4.07×10^{-9}$	$4.32×10^{-9}$	$4.61×10^{-9}$	$6.15×10^{-9}$
			女	76	$3.65×10^{-9}$	$6.92×10^{-10}$	$2.93×10^{-9}$	$3.25×10^{-9}$	$3.53×10^{-9}$	$3.91×10^{-9}$	$5.49×10^{-9}$
		45 岁～	男	41	$4.17×10^{-9}$	$4.88×10^{-10}$	$3.50×10^{-9}$	$3.90×10^{-9}$	$4.12×10^{-9}$	$4.26×10^{-9}$	$4.93×10^{-9}$
			女	49	$3.33×10^{-9}$	$6.29×10^{-10}$	$2.71×10^{-9}$	$2.99×10^{-9}$	$3.23×10^{-9}$	$3.57×10^{-9}$	$4.68×10^{-9}$
		60 岁～	男	41	$3.67×10^{-9}$	$6.99×10^{-10}$	$2.77×10^{-9}$	$3.33×10^{-9}$	$3.61×10^{-9}$	$3.88×10^{-9}$	$4.67×10^{-9}$
			女	43	$3.05×10^{-9}$	$3.20×10^{-10}$	$2.62×10^{-9}$	$2.82×10^{-9}$	$3.03×10^{-9}$	$3.24×10^{-9}$	$3.53×10^{-9}$

类别				N	空气汞暴露量/[mg/（kg·d）]						
					Mean	Std	P5	P25	P50	P75	P95
上海	城市	18岁～	男	97	4.32×10^{-9}	1.41×10^{-9}	2.55×10^{-9}	3.36×10^{-9}	4.12×10^{-9}	4.51×10^{-9}	7.45×10^{-9}
			女	88	3.58×10^{-9}	1.32×10^{-9}	2.06×10^{-9}	2.46×10^{-9}	3.43×10^{-9}	3.86×10^{-9}	6.21×10^{-9}
		45岁～	男	18	3.49×10^{-9}	1.24×10^{-9}	2.33×10^{-9}	2.58×10^{-9}	2.93×10^{-9}	3.90×10^{-9}	6.57×10^{-9}
			女	43	2.58×10^{-9}	8.71×10^{-10}	1.86×10^{-9}	2.13×10^{-9}	2.25×10^{-9}	2.90×10^{-9}	5.07×10^{-9}
		60岁～	男	16	2.85×10^{-9}	8.98×10^{-10}	2.01×10^{-9}	2.24×10^{-9}	2.37×10^{-9}	3.37×10^{-9}	5.45×10^{-9}
			女	36	2.40×10^{-9}	7.47×10^{-10}	1.80×10^{-9}	1.91×10^{-9}	2.07×10^{-9}	2.82×10^{-9}	3.74×10^{-9}
	农村	18岁～	男	48	1.94×10^{-9}	4.28×10^{-10}	1.04×10^{-9}	1.94×10^{-9}	2.06×10^{-9}	2.13×10^{-9}	2.19×10^{-9}
			女	38	1.55×10^{-9}	5.39×10^{-10}	7.63×10^{-10}	1.46×10^{-9}	1.58×10^{-9}	1.74×10^{-9}	1.95×10^{-9}
		45岁～	男	71	1.85×10^{-9}	3.42×10^{-10}	1.04×10^{-9}	1.83×10^{-9}	1.94×10^{-9}	2.04×10^{-9}	2.23×10^{-9}
			女	82	1.40×10^{-9}	2.88×10^{-10}	8.07×10^{-10}	1.34×10^{-9}	1.50×10^{-9}	1.58×10^{-9}	1.73×10^{-9}
		60岁～	男	35	1.37×10^{-9}	4.11×10^{-10}	8.25×10^{-10}	8.74×10^{-10}	1.60×10^{-9}	1.68×10^{-9}	1.87×10^{-9}
			女	27	1.15×10^{-9}	3.40×10^{-10}	6.88×10^{-10}	7.54×10^{-10}	1.31×10^{-9}	1.41×10^{-9}	1.55×10^{-9}
武汉	城市	18岁～	男	60	3.58×10^{-9}	8.03×10^{-10}	2.20×10^{-9}	3.13×10^{-9}	3.59×10^{-9}	3.93×10^{-9}	5.09×10^{-9}
			女	77	2.68×10^{-9}	6.76×10^{-10}	1.75×10^{-9}	2.01×10^{-9}	2.82×10^{-9}	2.94×10^{-9}	4.04×10^{-9}
		45岁～	男	40	3.12×10^{-9}	9.63×10^{-10}	1.88×10^{-9}	2.25×10^{-9}	3.01×10^{-9}	3.51×10^{-9}	5.19×10^{-9}
			女	41	2.62×10^{-9}	9.17×10^{-10}	1.45×10^{-9}	1.76×10^{-9}	2.57×10^{-9}	2.98×10^{-9}	4.33×10^{-9}
		60岁～	男	60	2.95×10^{-9}	1.02×10^{-9}	1.68×10^{-9}	2.03×10^{-9}	2.79×10^{-9}	3.89×10^{-9}	4.62×10^{-9}
			女	77	2.71×10^{-9}	8.99×10^{-10}	1.48×10^{-9}	1.94×10^{-9}	2.47×10^{-9}	3.44×10^{-9}	4.30×10^{-9}
	农村	18岁～	男	22	1.85×10^{-9}	5.99×10^{-10}	8.60×10^{-10}	1.09×10^{-9}	2.14×10^{-9}	2.32×10^{-9}	2.43×10^{-9}
			女	33	1.61×10^{-9}	5.09×10^{-10}	6.39×10^{-10}	1.52×10^{-9}	1.77×10^{-9}	1.86×10^{-9}	2.51×10^{-9}
		45岁～	男	39	1.80×10^{-9}	5.86×10^{-10}	7.04×10^{-10}	1.16×10^{-9}	2.03×10^{-9}	2.24×10^{-9}	2.53×10^{-9}
			女	55	1.33×10^{-9}	6.10×10^{-10}	5.79×10^{-10}	7.47×10^{-10}	1.46×10^{-9}	1.69×10^{-9}	2.32×10^{-9}
		60岁～	男	66	1.45×10^{-9}	5.88×10^{-10}	6.06×10^{-10}	7.52×10^{-10}	1.61×10^{-9}	1.84×10^{-9}	2.07×10^{-9}
			女	50	1.25×10^{-9}	5.63×10^{-10}	5.51×10^{-10}	6.54×10^{-10}	1.31×10^{-9}	1.55×10^{-9}	2.29×10^{-9}
成都	城市	18岁～	男	123	4.35×10^{-9}	6.16×10^{-10}	3.30×10^{-9}	4.03×10^{-9}	4.43×10^{-9}	4.71×10^{-9}	5.27×10^{-9}
			女	125	3.72×10^{-9}	4.13×10^{-10}	2.99×10^{-9}	3.43×10^{-9}	3.78×10^{-9}	4.00×10^{-9}	4.32×10^{-9}
		45岁～	男	24	4.32×10^{-9}	5.10×10^{-10}	3.46×10^{-9}	4.08×10^{-9}	4.31×10^{-9}	4.63×10^{-9}	4.88×10^{-9}
			女	29	3.44×10^{-9}	3.55×10^{-10}	2.59×10^{-9}	3.25×10^{-9}	3.47×10^{-9}	3.64×10^{-9}	3.89×10^{-9}
		60岁～	男	8	3.48×10^{-9}	4.08×10^{-10}	2.62×10^{-9}	3.35×10^{-9}	3.57×10^{-9}	3.69×10^{-9}	4.02×10^{-9}
			女	26	3.01×10^{-9}	4.37×10^{-10}	2.33×10^{-9}	2.77×10^{-9}	2.93×10^{-9}	3.24×10^{-9}	3.85×10^{-9}

类别				N	空气汞暴露量/[mg/（kg·d）]						
					Mean	Std	P5	P25	P50	P75	P95
成都	农村	18 岁～	男	64	4.39×10^{-9}	8.75×10^{-10}	2.32×10^{-9}	4.15×10^{-9}	4.52×10^{-9}	4.86×10^{-9}	5.39×10^{-9}
			女	63	3.55×10^{-9}	6.72×10^{-10}	2.08×10^{-9}	3.41×10^{-9}	3.71×10^{-9}	3.95×10^{-9}	4.24×10^{-9}
		45 岁～	男	55	3.89×10^{-9}	9.16×10^{-10}	2.01×10^{-9}	3.73×10^{-9}	4.08×10^{-9}	4.45×10^{-9}	5.20×10^{-9}
			女	44	3.45×10^{-9}	5.16×10^{-10}	2.68×10^{-9}	3.19×10^{-9}	3.44×10^{-9}	3.79×10^{-9}	4.04×10^{-9}
		60 岁～	男	34	3.44×10^{-9}	7.66×10^{-10}	1.81×10^{-9}	3.27×10^{-9}	3.46×10^{-9}	3.93×10^{-9}	4.48×10^{-9}
			女	36	3.10×10^{-9}	5.05×10^{-10}	1.77×10^{-9}	2.89×10^{-9}	3.16×10^{-9}	3.37×10^{-9}	3.77×10^{-9}
兰州	城市	18 岁～	男	61	3.57×10^{-10}	3.75×10^{-11}	3.13×10^{-10}	3.34×10^{-10}	3.49×10^{-10}	3.67×10^{-10}	4.34×10^{-10}
			女	51	2.92×10^{-10}	2.44×10^{-11}	2.53×10^{-10}	2.77×10^{-10}	2.92×10^{-10}	3.11×10^{-10}	3.31×10^{-10}
		45 岁～	男	49	3.39×10^{-10}	2.40×10^{-11}	3.01×10^{-10}	3.22×10^{-10}	3.41×10^{-10}	3.51×10^{-10}	3.89×10^{-10}
			女	54	2.66×10^{-10}	2.00×10^{-11}	2.39×10^{-10}	2.53×10^{-10}	2.63×10^{-10}	2.80×10^{-10}	2.97×10^{-10}
		60 岁～	男	65	3.01×10^{-10}	1.69×10^{-11}	2.71×10^{-10}	2.92×10^{-10}	3.01×10^{-10}	3.13×10^{-10}	3.30×10^{-10}
			女	67	2.53×10^{-10}	2.08×10^{-11}	2.20×10^{-10}	2.37×10^{-10}	2.53×10^{-10}	2.63×10^{-10}	2.82×10^{-10}
	农村	18 岁～	男	51	3.61×10^{-10}	2.46×10^{-11}	3.22×10^{-10}	3.47×10^{-10}	3.58×10^{-10}	3.74×10^{-10}	4.16×10^{-10}
			女	49	2.93×10^{-10}	2.82×10^{-11}	2.46×10^{-10}	2.78×10^{-10}	2.93×10^{-10}	3.14×10^{-10}	3.41×10^{-10}
		45 岁～	男	59	3.39×10^{-10}	2.73×10^{-11}	3.01×10^{-10}	3.18×10^{-10}	3.38×10^{-10}	3.54×10^{-10}	3.89×10^{-10}
			女	49	2.69×10^{-10}	2.01×10^{-11}	2.39×10^{-10}	2.53×10^{-10}	2.63×10^{-10}	2.84×10^{-10}	3.02×10^{-10}
		60 岁～	男	69	3.04×10^{-10}	2.01×10^{-11}	2.78×10^{-10}	2.88×10^{-10}	3.05×10^{-10}	3.11×10^{-10}	3.52×10^{-10}
			女	64	2.61×10^{-10}	2.11×10^{-11}	2.29×10^{-10}	2.40×10^{-10}	2.63×10^{-10}	2.78×10^{-10}	2.93×10^{-10}

附表 2-2　不同地区居民分城乡、年龄和性别的空气镉暴露量

类别				N	空气镉暴露量/[mg/（kg·d）]						
					Mean	Std	P5	P25	P50	P75	P95
太原	城市	18 岁～	男	68	1.03×10^{-8}	6.00×10^{-9}	3.08×10^{-9}	6.48×10^{-9}	9.66×10^{-9}	1.41×10^{-8}	1.87×10^{-8}
			女	72	8.70×10^{-9}	5.16×10^{-9}	3.74×10^{-9}	5.89×10^{-9}	7.89×10^{-9}	1.02×10^{-8}	1.50×10^{-8}
		45 岁～	男	50	9.55×10^{-9}	3.71×10^{-9}	4.48×10^{-9}	6.10×10^{-9}	9.14×10^{-9}	1.24×10^{-8}	1.54×10^{-8}
			女	60	7.98×10^{-9}	4.46×10^{-9}	3.67×10^{-9}	4.97×10^{-9}	7.36×10^{-9}	1.01×10^{-8}	1.32×10^{-8}
		60 岁～	男	56	6.75×10^{-9}	4.80×10^{-9}	2.38×10^{-9}	4.23×10^{-9}	4.87×10^{-9}	8.27×10^{-9}	1.58×10^{-8}
			女	54	5.49×10^{-9}	3.74×10^{-9}	2.04×10^{-9}	3.60×10^{-9}	4.46×10^{-9}	6.63×10^{-9}	1.01×10^{-8}
	农村	18 岁～	男	41	1.36×10^{-8}	4.08×10^{-9}	8.60×10^{-9}	1.02×10^{-8}	1.36×10^{-8}	1.64×10^{-8}	1.97×10^{-8}
			女	40	8.82×10^{-9}	4.08×10^{-9}	3.51×10^{-9}	5.64×10^{-9}	7.76×10^{-9}	1.24×10^{-8}	1.64×10^{-8}

类别				N	空气镉暴露量/[mg/（kg·d）]						
					Mean	Std	P5	P25	P50	P75	P95
太原	农村	45 岁～	男	49	1.36×10^{-8}	4.75×10^{-9}	7.00×10^{-9}	9.82×10^{-9}	1.39×10^{-8}	1.72×10^{-8}	2.11×10^{-8}
			女	74	1.02×10^{-8}	3.55×10^{-9}	4.19×10^{-9}	7.24×10^{-9}	1.07×10^{-8}	1.29×10^{-8}	1.62×10^{-8}
		60 岁～	男	73	1.16×10^{-8}	4.10×10^{-9}	5.36×10^{-9}	7.37×10^{-9}	1.26×10^{-8}	1.52×10^{-8}	1.73×10^{-8}
			女	59	9.43×10^{-9}	3.63×10^{-9}	3.54×10^{-9}	6.11×10^{-9}	9.56×10^{-9}	1.22×10^{-8}	1.64×10^{-8}
大连	城市	18 岁～	男	88	7.57×10^{-8}	1.56×10^{-8}	4.86×10^{-8}	6.70×10^{-8}	7.45×10^{-8}	8.68×10^{-8}	1.01×10^{-7}
			女	68	5.65×10^{-8}	1.69×10^{-8}	3.26×10^{-8}	4.17×10^{-8}	5.67×10^{-8}	6.63×10^{-8}	8.56×10^{-8}
		45 岁～	男	13	7.04×10^{-8}	2.09×10^{-8}	3.91×10^{-8}	5.35×10^{-8}	7.46×10^{-8}	8.34×10^{-8}	1.04×10^{-7}
			女	31	4.73×10^{-8}	1.60×10^{-8}	3.04×10^{-8}	3.30×10^{-8}	4.20×10^{-8}	6.22×10^{-8}	7.87×10^{-8}
		60 岁～	男	24	4.93×10^{-8}	1.61×10^{-8}	3.32×10^{-8}	3.48×10^{-8}	5.03×10^{-8}	5.68×10^{-8}	7.76×10^{-8}
			女	63	4.36×10^{-8}	1.36×10^{-8}	3.12×10^{-8}	3.42×10^{-8}	3.69×10^{-8}	5.57×10^{-8}	6.95×10^{-8}
	农村	18 岁～	男	84	4.96×10^{-8}	4.74×10^{-9}	4.31×10^{-8}	4.64×10^{-8}	4.93×10^{-8}	5.22×10^{-8}	5.86×10^{-8}
			女	76	4.10×10^{-8}	5.27×10^{-9}	3.35×10^{-8}	3.70×10^{-8}	4.06×10^{-8}	4.46×10^{-8}	5.08×10^{-8}
		45 岁～	男	41	4.68×10^{-8}	4.13×10^{-9}	3.99×10^{-8}	4.44×10^{-8}	4.67×10^{-8}	4.84×10^{-8}	5.40×10^{-8}
			女	49	3.69×10^{-8}	4.27×10^{-9}	3.10×10^{-8}	3.35×10^{-8}	3.64×10^{-8}	3.98×10^{-8}	4.53×10^{-8}
		60 岁～	男	41	4.13×10^{-8}	4.65×10^{-9}	3.53×10^{-8}	3.80×10^{-8}	4.11×10^{-8}	4.30×10^{-8}	5.01×10^{-8}
			女	43	3.42×10^{-8}	3.14×10^{-9}	3.00×10^{-8}	3.18×10^{-8}	3.41×10^{-8}	3.66×10^{-8}	3.88×10^{-8}
上海	城市	18 岁～	男	97	2.73×10^{-9}	3.77×10^{-10}	2.14×10^{-9}	2.49×10^{-9}	2.72×10^{-9}	2.99×10^{-9}	3.34×10^{-9}
			女	88	2.20×10^{-9}	3.40×10^{-10}	1.61×10^{-9}	1.97×10^{-9}	2.20×10^{-9}	2.43×10^{-9}	2.75×10^{-9}
		45 岁～	男	18	2.62×10^{-9}	3.71×10^{-10}	1.88×10^{-9}	2.38×10^{-9}	2.62×10^{-9}	2.83×10^{-9}	3.28×10^{-9}
			女	43	2.11×10^{-9}	3.44×10^{-10}	1.75×10^{-9}	1.83×10^{-9}	2.04×10^{-9}	2.28×10^{-9}	2.80×10^{-9}
		60 岁～	男	16	2.18×10^{-9}	3.27×10^{-10}	1.50×10^{-9}	1.98×10^{-9}	2.20×10^{-9}	2.35×10^{-9}	2.74×10^{-9}
			女	36	1.90×10^{-9}	2.79×10^{-10}	1.40×10^{-9}	1.75×10^{-9}	1.87×10^{-9}	2.12×10^{-9}	2.35×10^{-9}
	农村	18 岁～	男	48	2.46×10^{-9}	3.75×10^{-10}	2.04×10^{-9}	2.12×10^{-9}	2.37×10^{-9}	2.69×10^{-9}	2.97×10^{-9}
			女	38	2.02×10^{-9}	3.64×10^{-10}	1.55×10^{-9}	1.73×10^{-9}	2.00×10^{-9}	2.20×10^{-9}	2.85×10^{-9}
		45 岁～	男	71	2.43×10^{-9}	3.07×10^{-10}	2.01×10^{-9}	2.21×10^{-9}	2.39×10^{-9}	2.60×10^{-9}	3.08×10^{-9}
			女	82	1.87×10^{-9}	3.16×10^{-10}	1.49×10^{-9}	1.66×10^{-9}	1.80×10^{-9}	2.06×10^{-9}	2.32×10^{-9}
		60 岁～	男	35	1.83×10^{-9}	2.80×10^{-10}	1.43×10^{-9}	1.61×10^{-9}	1.72×10^{-9}	2.04×10^{-9}	2.43×10^{-9}
			女	27	1.58×10^{-9}	2.77×10^{-10}	1.17×10^{-9}	1.38×10^{-9}	1.57×10^{-9}	1.77×10^{-9}	2.06×10^{-9}
武汉	城市	18 岁～	男	60	3.08×10^{-8}	2.11×10^{-9}	2.71×10^{-8}	2.93×10^{-8}	3.08×10^{-8}	3.24×10^{-8}	3.41×10^{-8}
			女	77	2.42×10^{-8}	1.73×10^{-9}	2.00×10^{-8}	2.40×10^{-8}	2.48×10^{-8}	2.51×10^{-8}	2.58×10^{-8}

类别				N	空气镉暴露量/[mg/（kg·d）]						
					Mean	Std	P5	P25	P50	P75	P95
武汉	城市	45 岁～	男	40	2.85×10^{-8}	2.56×10^{-9}	2.52×10^{-8}	2.67×10^{-8}	2.85×10^{-8}	2.96×10^{-8}	3.38×10^{-8}
			女	41	2.31×10^{-8}	1.90×10^{-9}	2.00×10^{-8}	2.19×10^{-8}	2.29×10^{-8}	2.45×10^{-8}	2.58×10^{-8}
		60 岁～	男	60	2.48×10^{-8}	1.80×10^{-9}	2.18×10^{-8}	2.38×10^{-8}	2.47×10^{-8}	2.59×10^{-8}	2.78×10^{-8}
			女	77	2.12×10^{-8}	2.53×10^{-9}	1.77×10^{-8}	1.95×10^{-8}	2.09×10^{-8}	2.23×10^{-8}	2.66×10^{-8}
	农村	18 岁～	男	22	3.73×10^{-8}	4.27×10^{-9}	2.86×10^{-8}	3.61×10^{-8}	3.81×10^{-8}	3.91×10^{-8}	4.25×10^{-8}
			女	33	3.10×10^{-8}	4.40×10^{-9}	2.22×10^{-8}	2.94×10^{-8}	3.02×10^{-8}	3.22×10^{-8}	3.83×10^{-8}
		45 岁～	男	39	3.91×10^{-8}	8.66×10^{-9}	2.56×10^{-8}	3.31×10^{-8}	3.74×10^{-8}	4.17×10^{-8}	5.66×10^{-8}
			女	55	2.87×10^{-8}	6.60×10^{-9}	1.92×10^{-8}	2.55×10^{-8}	2.73×10^{-8}	3.17×10^{-8}	4.28×10^{-8}
		60 岁～	男	66	3.28×10^{-8}	6.53×10^{-9}	2.07×10^{-8}	2.96×10^{-8}	3.34×10^{-8}	3.56×10^{-8}	4.33×10^{-8}
			女	50	2.72×10^{-8}	6.44×10^{-9}	1.84×10^{-8}	2.34×10^{-8}	2.58×10^{-8}	2.99×10^{-8}	3.75×10^{-8}
成都	城市	18 岁～	男	123	3.28×10^{-8}	9.58×10^{-9}	1.76×10^{-8}	2.47×10^{-8}	3.39×10^{-8}	4.09×10^{-8}	4.49×10^{-8}
			女	125	2.78×10^{-8}	7.24×10^{-9}	1.49×10^{-8}	2.19×10^{-8}	2.94×10^{-8}	3.40×10^{-8}	3.70×10^{-8}
		45 岁～	男	24	2.96×10^{-8}	9.19×10^{-9}	1.55×10^{-8}	2.12×10^{-8}	3.02×10^{-8}	3.74×10^{-8}	4.31×10^{-8}
			女	29	2.50×10^{-8}	6.12×10^{-9}	1.41×10^{-8}	2.08×10^{-8}	2.52×10^{-8}	2.89×10^{-8}	3.46×10^{-8}
		60 岁～	男	8	2.26×10^{-8}	4.87×10^{-9}	1.59×10^{-8}	1.94×10^{-8}	2.21×10^{-8}	2.52×10^{-8}	3.12×10^{-8}
			女	26	2.15×10^{-8}	6.16×10^{-9}	1.23×10^{-8}	1.72×10^{-8}	1.93×10^{-8}	2.71×10^{-8}	3.22×10^{-8}
	农村	18 岁～	男	64	1.39×10^{-8}	5.15×10^{-9}	4.89×10^{-9}	1.13×10^{-8}	1.46×10^{-8}	1.75×10^{-8}	2.11×10^{-8}
			女	63	1.14×10^{-8}	4.26×10^{-9}	3.70×10^{-9}	9.46×10^{-9}	1.20×10^{-8}	1.44×10^{-8}	1.72×10^{-8}
		45 岁～	男	55	1.28×10^{-8}	4.44×10^{-9}	5.45×10^{-9}	8.74×10^{-9}	1.32×10^{-8}	1.56×10^{-8}	1.87×10^{-8}
			女	44	1.08×10^{-8}	4.07×10^{-9}	3.39×10^{-9}	9.35×10^{-9}	1.16×10^{-8}	1.33×10^{-8}	1.55×10^{-8}
		60 岁～	男	34	1.09×10^{-8}	3.77×10^{-9}	3.68×10^{-9}	9.03×10^{-9}	1.17×10^{-8}	1.26×10^{-8}	1.79×10^{-8}
			女	36	1.02×10^{-8}	3.24×10^{-9}	3.37×10^{-9}	9.46×10^{-9}	1.08×10^{-8}	1.25×10^{-8}	1.46×10^{-8}
兰州	城市	18 岁～	男	61	2.33×10^{-8}	5.22×10^{-9}	1.68×10^{-8}	2.05×10^{-8}	2.29×10^{-8}	2.55×10^{-8}	2.81×10^{-8}
			女	51	1.94×10^{-8}	4.51×10^{-9}	1.25×10^{-8}	1.66×10^{-8}	2.04×10^{-8}	2.21×10^{-8}	2.62×10^{-8}
		45 岁～	男	49	2.12×10^{-8}	4.34×10^{-9}	1.50×10^{-8}	1.76×10^{-8}	2.12×10^{-8}	2.46×10^{-8}	2.73×10^{-8}
			女	54	1.65×10^{-8}	3.51×10^{-9}	1.12×10^{-8}	1.30×10^{-8}	1.67×10^{-8}	1.97×10^{-8}	2.20×10^{-8}
		60 岁～	男	65	1.80×10^{-8}	3.10×10^{-9}	1.33×10^{-8}	1.61×10^{-8}	1.74×10^{-8}	2.08×10^{-8}	2.33×10^{-8}
			女	67	1.52×10^{-8}	2.90×10^{-9}	1.17×10^{-8}	1.27×10^{-8}	1.46×10^{-8}	1.75×10^{-8}	2.03×10^{-8}
	农村	18 岁～	男	51	2.31×10^{-8}	7.31×10^{-9}	1.29×10^{-8}	1.51×10^{-8}	2.48×10^{-8}	2.70×10^{-8}	3.68×10^{-8}
			女	49	2.42×10^{-8}	7.63×10^{-9}	1.15×10^{-8}	1.97×10^{-8}	2.32×10^{-8}	2.55×10^{-8}	3.80×10^{-8}

类别				N	空气镉暴露量/[mg/（kg·d）]						
					Mean	Std	P5	P25	P50	P75	P95
兰州	农村	45 岁～	男	59	2.69×10^{-8}	7.52×10^{-9}	1.23×10^{-8}	2.34×10^{-8}	2.61×10^{-8}	2.86×10^{-8}	4.75×10^{-8}
			女	49	2.07×10^{-8}	6.67×10^{-9}	1.05×10^{-8}	1.80×10^{-8}	1.93×10^{-8}	2.23×10^{-8}	3.50×10^{-8}
		60 岁～	男	69	2.36×10^{-8}	7.19×10^{-9}	1.04×10^{-8}	2.01×10^{-8}	2.36×10^{-8}	2.73×10^{-8}	3.59×10^{-8}
			女	64	1.83×10^{-8}	5.76×10^{-9}	9.20×10^{-9}	1.49×10^{-8}	1.83×10^{-8}	2.14×10^{-8}	2.90×10^{-8}

附表 2-3　不同地区居民分城乡、年龄和性别的空气砷暴露量

类别				N	空气砷暴露量/[mg/（kg·d）]						
					Mean	Std	P5	P25	P50	P75	P95
太原	城市	18 岁～	男	68	2.06×10^{-8}	8.80×10^{-9}	9.41×10^{-9}	1.49×10^{-8}	1.91×10^{-8}	2.62×10^{-8}	3.59×10^{-8}
			女	72	1.75×10^{-8}	6.45×10^{-9}	1.04×10^{-8}	1.33×10^{-8}	1.68×10^{-8}	2.01×10^{-8}	3.16×10^{-8}
		45 岁～	男	50	2.11×10^{-8}	8.28×10^{-9}	9.87×10^{-9}	1.54×10^{-8}	2.15×10^{-8}	2.33×10^{-8}	3.97×10^{-8}
			女	60	1.57×10^{-8}	5.50×10^{-9}	7.22×10^{-9}	1.25×10^{-8}	1.46×10^{-8}	1.97×10^{-8}	2.45×10^{-8}
		60 岁～	男	56	1.42×10^{-8}	4.75×10^{-9}	8.06×10^{-9}	9.87×10^{-9}	1.32×10^{-8}	1.79×10^{-8}	2.30×10^{-8}
			女	54	1.19×10^{-8}	3.80×10^{-9}	5.84×10^{-9}	9.75×10^{-9}	1.18×10^{-8}	1.48×10^{-8}	1.85×10^{-8}
	农村	18 岁～	男	41	6.18×10^{-8}	1.36×10^{-8}	3.49×10^{-8}	5.42×10^{-8}	6.67×10^{-8}	7.01×10^{-8}	7.74×10^{-8}
			女	40	4.15×10^{-8}	1.26×10^{-8}	1.62×10^{-8}	3.39×10^{-8}	4.41×10^{-8}	5.03×10^{-8}	5.92×10^{-8}
		45 岁～	男	49	5.81×10^{-8}	1.71×10^{-8}	2.55×10^{-8}	4.71×10^{-8}	6.27×10^{-8}	6.84×10^{-8}	8.22×10^{-8}
			女	74	4.21×10^{-8}	1.19×10^{-8}	1.95×10^{-8}	3.26×10^{-8}	4.56×10^{-8}	5.17×10^{-8}	5.68×10^{-8}
		60 岁～	男	73	4.93×10^{-8}	1.17×10^{-8}	3.29×10^{-8}	3.80×10^{-8}	5.27×10^{-8}	5.78×10^{-8}	6.58×10^{-8}
			女	59	3.95×10^{-8}	1.07×10^{-8}	2.11×10^{-8}	2.95×10^{-8}	4.08×10^{-8}	4.87×10^{-8}	5.49×10^{-8}
大连	城市	18 岁～	男	88	5.42×10^{-7}	6.51×10^{-8}	4.52×10^{-7}	4.98×10^{-7}	5.33×10^{-7}	5.85×10^{-7}	6.54×10^{-7}
			女	68	4.03×10^{-7}	6.96×10^{-8}	3.02×10^{-7}	3.54×10^{-7}	3.99×10^{-7}	4.39×10^{-7}	5.33×10^{-7}
		45 岁～	男	13	4.82×10^{-7}	6.99×10^{-8}	3.71×10^{-7}	4.34×10^{-7}	5.04×10^{-7}	5.19×10^{-7}	6.21×10^{-7}
			女	31	3.58×10^{-7}	5.50×10^{-8}	2.90×10^{-7}	3.08×10^{-7}	3.53×10^{-7}	3.91×10^{-7}	4.68×10^{-7}
		60 岁～	男	24	3.77×10^{-7}	5.36×10^{-8}	3.20×10^{-7}	3.35×10^{-7}	3.63×10^{-7}	4.03×10^{-7}	4.70×10^{-7}
			女	63	3.46×10^{-7}	4.52×10^{-8}	2.93×10^{-7}	3.14×10^{-7}	3.34×10^{-7}	3.71×10^{-7}	4.21×10^{-7}
	农村	18 岁～	男	84	5.31×10^{-7}	4.76×10^{-8}	4.60×10^{-7}	5.00×10^{-7}	5.26×10^{-7}	5.55×10^{-7}	6.06×10^{-7}
			女	76	4.38×10^{-7}	5.15×10^{-8}	3.61×10^{-7}	4.02×10^{-7}	4.34×10^{-7}	4.66×10^{-7}	5.30×10^{-7}
		45 岁～	男	41	5.02×10^{-7}	4.06×10^{-8}	4.30×10^{-7}	4.78×10^{-7}	5.01×10^{-7}	5.21×10^{-7}	5.73×10^{-7}
			女	49	3.96×10^{-7}	4.24×10^{-8}	3.33×10^{-7}	3.62×10^{-7}	3.93×10^{-7}	4.22×10^{-7}	4.87×10^{-7}

类别				N	空气砷暴露量/[mg/（kg·d）]						
					Mean	Std	P5	P25	P50	P75	P95
大连	农村	60岁～	男	41	4.47×10^{-7}	4.43×10^{-8}	4.01×10^{-7}	4.17×10^{-7}	4.41×10^{-7}	4.70×10^{-7}	5.15×10^{-7}
			女	43	3.66×10^{-7}	3.24×10^{-8}	3.21×10^{-7}	3.45×10^{-7}	3.65×10^{-7}	3.91×10^{-7}	4.19×10^{-7}
上海	城市	18岁～	男	97	8.51×10^{-7}	7.16×10^{-8}	7.31×10^{-7}	8.02×10^{-7}	8.52×10^{-7}	8.97×10^{-7}	9.72×10^{-7}
			女	88	7.06×10^{-7}	6.00×10^{-8}	5.90×10^{-7}	6.72×10^{-7}	7.16×10^{-7}	7.55×10^{-7}	7.80×10^{-7}
		45岁～	男	18	7.98×10^{-7}	6.12×10^{-8}	7.03×10^{-7}	7.66×10^{-7}	7.92×10^{-7}	8.47×10^{-7}	9.22×10^{-7}
			女	43	6.35×10^{-7}	5.07×10^{-8}	5.56×10^{-7}	5.86×10^{-7}	6.39×10^{-7}	6.66×10^{-7}	7.18×10^{-7}
		60岁～	男	16	6.75×10^{-7}	4.48×10^{-8}	6.03×10^{-7}	6.45×10^{-7}	6.84×10^{-7}	7.02×10^{-7}	7.65×10^{-7}
			女	36	5.88×10^{-7}	3.95×10^{-8}	5.33×10^{-7}	5.52×10^{-7}	5.87×10^{-7}	6.21×10^{-7}	6.41×10^{-7}
	农村	18岁～	男	48	7.80×10^{-7}	4.07×10^{-8}	7.41×10^{-7}	7.55×10^{-7}	7.75×10^{-7}	7.96×10^{-7}	8.59×10^{-7}
			女	38	6.14×10^{-7}	5.17×10^{-8}	5.36×10^{-7}	5.75×10^{-7}	6.16×10^{-7}	6.53×10^{-7}	6.99×10^{-7}
		45岁～	男	71	7.34×10^{-7}	4.25×10^{-8}	6.77×10^{-7}	7.02×10^{-7}	7.25×10^{-7}	7.60×10^{-7}	8.34×10^{-7}
			女	82	5.75×10^{-7}	4.05×10^{-8}	5.17×10^{-7}	5.47×10^{-7}	5.71×10^{-7}	5.94×10^{-7}	6.46×10^{-7}
		60岁～	男	35	6.21×10^{-7}	2.84×10^{-8}	5.89×10^{-7}	5.97×10^{-7}	6.12×10^{-7}	6.38×10^{-7}	6.79×10^{-7}
			女	27	5.30×10^{-7}	2.78×10^{-8}	4.91×10^{-7}	5.07×10^{-7}	5.25×10^{-7}	5.51×10^{-7}	5.83×10^{-7}
武汉	城市	18岁～	男	60	1.28×10^{-7}	2.49×10^{-8}	8.51×10^{-8}	1.11×10^{-7}	1.29×10^{-7}	1.37×10^{-7}	1.78×10^{-7}
			女	77	1.07×10^{-7}	2.44×10^{-8}	6.84×10^{-8}	9.49×10^{-8}	1.04×10^{-7}	1.08×10^{-7}	1.48×10^{-7}
		45岁～	男	40	1.22×10^{-7}	3.20×10^{-8}	8.10×10^{-8}	9.69×10^{-8}	1.11×10^{-7}	1.48×10^{-7}	1.76×10^{-7}
			女	41	9.75×10^{-8}	2.52×10^{-8}	6.28×10^{-8}	8.17×10^{-8}	9.17×10^{-8}	1.22×10^{-7}	1.38×10^{-7}
		60岁～	男	60	1.02×10^{-7}	2.89×10^{-8}	7.18×10^{-8}	8.03×10^{-8}	9.08×10^{-8}	1.32×10^{-7}	1.59×10^{-7}
			女	77	8.37×10^{-8}	2.84×10^{-8}	5.54×10^{-8}	6.39×10^{-8}	7.34×10^{-8}	9.60×10^{-8}	1.37×10^{-7}
	农村	18岁～	男	22	3.31×10^{-7}	1.30×10^{-7}	1.74×10^{-7}	2.02×10^{-7}	2.62×10^{-7}	4.71×10^{-7}	4.98×10^{-7}
			女	33	2.66×10^{-7}	1.01×10^{-7}	1.39×10^{-7}	1.75×10^{-7}	2.19×10^{-7}	3.72×10^{-7}	3.87×10^{-7}
		45岁～	男	39	2.67×10^{-7}	1.17×10^{-7}	1.50×10^{-7}	1.85×10^{-7}	2.12×10^{-7}	3.51×10^{-7}	5.09×10^{-7}
			女	55	1.79×10^{-7}	6.39×10^{-8}	1.22×10^{-7}	1.35×10^{-7}	1.68×10^{-7}	1.94×10^{-7}	3.31×10^{-7}
		60岁～	男	66	2.02×10^{-7}	6.91×10^{-8}	1.32×10^{-7}	1.53×10^{-7}	1.95×10^{-7}	2.19×10^{-7}	3.77×10^{-7}
			女	50	1.70×10^{-7}	6.26×10^{-8}	1.12×10^{-7}	1.28×10^{-7}	1.62×10^{-7}	1.77×10^{-7}	3.23×10^{-7}
成都	城市	18岁～	男	123	5.01×10^{-7}	4.60×10^{-7}	1.91×10^{-7}	2.18×10^{-7}	2.68×10^{-7}	3.86×10^{-7}	1.45×10^{-6}
			女	125	4.69×10^{-7}	4.13×10^{-7}	1.66×10^{-7}	1.93×10^{-7}	2.39×10^{-7}	9.34×10^{-7}	1.21×10^{-6}
		45岁～	男	24	5.29×10^{-7}	5.14×10^{-7}	1.88×10^{-7}	2.13×10^{-7}	2.43×10^{-7}	7.85×10^{-7}	1.47×10^{-6}
			女	29	4.52×10^{-7}	3.86×10^{-7}	1.39×10^{-7}	1.78×10^{-7}	2.31×10^{-7}	8.87×10^{-7}	1.13×10^{-6}

类别				N	空气砷暴露量/[mg/（kg·d）]						
					Mean	Std	P5	P25	P50	P75	P95
成都	城市	60 岁～	男	8	3.22×10^{-7}	3.30×10^{-7}	1.75×10^{-7}	1.79×10^{-7}	1.88×10^{-7}	2.67×10^{-7}	1.13×10^{-6}
			女	26	4.11×10^{-7}	3.69×10^{-7}	1.29×10^{-7}	1.54×10^{-7}	2.18×10^{-7}	8.30×10^{-7}	1.06×10^{-6}
	农村	18 岁～	男	64	1.62×10^{-7}	3.44×10^{-8}	1.03×10^{-7}	1.43×10^{-7}	1.61×10^{-7}	1.81×10^{-7}	2.21×10^{-7}
			女	63	1.44×10^{-7}	3.66×10^{-8}	7.70×10^{-8}	1.23×10^{-7}	1.41×10^{-7}	1.63×10^{-7}	2.10×10^{-7}
		45 岁～	男	55	1.63×10^{-7}	4.24×10^{-8}	8.84×10^{-8}	1.39×10^{-7}	1.52×10^{-7}	1.94×10^{-7}	2.38×10^{-7}
			女	44	1.21×10^{-7}	2.70×10^{-8}	7.40×10^{-8}	9.95×10^{-8}	1.21×10^{-7}	1.39×10^{-7}	1.61×10^{-7}
		60 岁～	男	34	1.35×10^{-7}	4.00×10^{-8}	5.91×10^{-8}	1.22×10^{-7}	1.31×10^{-7}	1.55×10^{-7}	2.00×10^{-7}
			女	36	1.20×10^{-7}	2.75×10^{-8}	6.59×10^{-8}	1.09×10^{-7}	1.20×10^{-7}	1.31×10^{-7}	1.84×10^{-7}
兰州	城市	18 岁～	男	61	2.23×10^{-6}	4.34×10^{-7}	1.69×10^{-6}	1.95×10^{-6}	2.15×10^{-6}	2.46×10^{-6}	2.97×10^{-6}
			女	51	1.74×10^{-6}	3.42×10^{-7}	1.14×10^{-6}	1.50×10^{-6}	1.73×10^{-6}	1.97×10^{-6}	2.31×10^{-6}
		45 岁～	男	49	2.07×10^{-6}	3.49×10^{-7}	1.61×10^{-6}	1.88×10^{-6}	2.00×10^{-6}	2.14×10^{-6}	2.84×10^{-6}
			女	54	1.66×10^{-6}	2.84×10^{-7}	1.30×10^{-6}	1.45×10^{-6}	1.60×10^{-6}	1.77×10^{-6}	2.33×10^{-6}
		60 岁～	男	65	1.76×10^{-6}	1.92×10^{-7}	1.38×10^{-6}	1.65×10^{-6}	1.75×10^{-6}	1.86×10^{-6}	2.07×10^{-6}
			女	67	1.57×10^{-6}	2.98×10^{-7}	1.14×10^{-6}	1.45×10^{-6}	1.53×10^{-6}	1.65×10^{-6}	2.13×10^{-6}
	农村	18 岁～	男	51	1.25×10^{-6}	4.66×10^{-7}	8.75×10^{-7}	9.32×10^{-7}	1.13×10^{-6}	1.30×10^{-6}	2.46×10^{-6}
			女	49	1.02×10^{-6}	2.82×10^{-7}	5.90×10^{-7}	8.44×10^{-7}	1.00×10^{-6}	1.19×10^{-6}	1.40×10^{-6}
		45 岁～	男	59	1.21×10^{-6}	2.74×10^{-7}	7.58×10^{-7}	1.07×10^{-6}	1.20×10^{-6}	1.36×10^{-6}	1.61×10^{-6}
			女	49	9.44×10^{-7}	3.25×10^{-7}	5.05×10^{-7}	7.56×10^{-7}	9.21×10^{-7}	1.08×10^{-6}	1.59×10^{-6}
		60 岁～	男	69	1.10×10^{-6}	3.38×10^{-7}	6.90×10^{-7}	8.03×10^{-7}	1.07×10^{-6}	1.26×10^{-6}	1.85×10^{-6}
			女	64	9.51×10^{-7}	3.33×10^{-7}	5.85×10^{-7}	6.90×10^{-7}	8.84×10^{-7}	1.11×10^{-6}	1.68×10^{-6}

附表 2-4 不同地区居民分城乡、年龄和性别的空气铅暴露量

类别				N	空气铅暴露量/[mg/（kg·d）]						
					Mean	Std	P5	P25	P50	P75	P95
太原	城市	18 岁～	男	68	6.56×10^{-7}	1.52×10^{-7}	4.90×10^{-7}	5.37×10^{-7}	5.99×10^{-7}	7.72×10^{-7}	9.12×10^{-7}
			女	72	5.40×10^{-7}	1.21×10^{-7}	3.85×10^{-7}	4.47×10^{-7}	5.32×10^{-7}	6.20×10^{-7}	7.17×10^{-7}
		45 岁～	男	50	6.11×10^{-7}	1.28×10^{-7}	4.68×10^{-7}	4.99×10^{-7}	5.41×10^{-7}	7.47×10^{-7}	7.99×10^{-7}
			女	60	5.03×10^{-7}	1.17×10^{-7}	3.83×10^{-7}	4.14×10^{-7}	4.56×10^{-7}	5.94×10^{-7}	6.81×10^{-7}
		60 岁～	男	56	4.80×10^{-7}	8.52×10^{-8}	4.09×10^{-7}	4.24×10^{-7}	4.58×10^{-7}	4.81×10^{-7}	6.98×10^{-7}
			女	54	4.14×10^{-7}	7.48×10^{-8}	3.39×10^{-7}	3.66×10^{-7}	3.92×10^{-7}	4.09×10^{-7}	5.84×10^{-7}

类别				N	空气铅暴露量/[mg/（kg·d）]						
					Mean	Std	P5	P25	P50	P75	P95
太原	农村	18 岁～	男	41	7.13×10^{-7}	2.27×10^{-7}	4.72×10^{-7}	4.95×10^{-7}	6.98×10^{-7}	9.51×10^{-7}	1.08×10^{-6}
			女	40	5.20×10^{-7}	1.63×10^{-7}	3.04×10^{-7}	3.71×10^{-7}	5.14×10^{-7}	6.24×10^{-7}	8.11×10^{-7}
		45 岁～	男	49	7.19×10^{-7}	2.27×10^{-7}	4.21×10^{-7}	5.14×10^{-7}	7.02×10^{-7}	9.47×10^{-7}	1.05×10^{-6}
			女	74	5.94×10^{-7}	1.68×10^{-7}	3.42×10^{-7}	4.43×10^{-7}	5.94×10^{-7}	7.52×10^{-7}	8.47×10^{-7}
		60 岁～	男	73	5.99×10^{-7}	1.91×10^{-7}	3.51×10^{-7}	4.12×10^{-7}	6.04×10^{-7}	8.05×10^{-7}	8.92×10^{-7}
			女	59	5.03×10^{-7}	1.49×10^{-7}	2.96×10^{-7}	3.73×10^{-7}	4.95×10^{-7}	6.48×10^{-7}	7.47×10^{-7}
大连	城市	18 岁～	男	88	2.35×10^{-7}	7.90×10^{-8}	1.56×10^{-7}	1.82×10^{-7}	2.06×10^{-7}	2.88×10^{-7}	3.96×10^{-7}
			女	68	1.92×10^{-7}	6.75×10^{-8}	1.18×10^{-7}	1.40×10^{-7}	1.60×10^{-7}	2.60×10^{-7}	3.09×10^{-7}
		45 岁～	男	13	2.16×10^{-7}	8.40×10^{-8}	1.40×10^{-7}	1.48×10^{-7}	1.68×10^{-7}	3.08×10^{-7}	3.42×10^{-7}
			女	31	2.01×10^{-7}	6.89×10^{-8}	1.14×10^{-7}	1.29×10^{-7}	2.25×10^{-7}	2.55×10^{-7}	3.03×10^{-7}
		60 岁～	男	24	2.10×10^{-7}	6.58×10^{-8}	1.29×10^{-7}	1.52×10^{-7}	1.91×10^{-7}	2.77×10^{-7}	2.94×10^{-7}
			女	63	2.14×10^{-7}	6.65×10^{-8}	1.01×10^{-7}	1.22×10^{-7}	2.44×10^{-7}	2.61×10^{-7}	2.84×10^{-7}
	农村	18 岁～	男	84	3.94×10^{-7}	5.27×10^{-8}	2.95×10^{-7}	3.72×10^{-7}	3.94×10^{-7}	4.22×10^{-7}	4.66×10^{-7}
			女	76	3.22×10^{-7}	3.91×10^{-8}	2.62×10^{-7}	2.93×10^{-7}	3.24×10^{-7}	3.51×10^{-7}	3.90×10^{-7}
		45 岁～	男	41	3.74×10^{-7}	3.92×10^{-8}	3.27×10^{-7}	3.60×10^{-7}	3.78×10^{-7}	3.95×10^{-7}	4.25×10^{-7}
			女	49	2.92×10^{-7}	4.31×10^{-8}	2.03×10^{-7}	2.71×10^{-7}	2.95×10^{-7}	3.18×10^{-7}	3.63×10^{-7}
		60 岁～	男	41	3.30×10^{-7}	7.09×10^{-8}	2.14×10^{-7}	3.12×10^{-7}	3.38×10^{-7}	3.64×10^{-7}	4.00×10^{-7}
			女	43	2.87×10^{-7}	3.59×10^{-8}	2.39×10^{-7}	2.69×10^{-7}	2.86×10^{-7}	3.03×10^{-7}	3.35×10^{-7}
上海	城市	18 岁～	男	97	1.79×10^{-7}	2.14×10^{-8}	1.46×10^{-7}	1.64×10^{-7}	1.79×10^{-7}	1.92×10^{-7}	2.18×10^{-7}
			女	88	1.45×10^{-7}	1.74×10^{-8}	1.16×10^{-7}	1.33×10^{-7}	1.44×10^{-7}	1.57×10^{-7}	1.75×10^{-7}
		45 岁～	男	18	1.62×10^{-7}	1.91×10^{-8}	1.36×10^{-7}	1.48×10^{-7}	1.60×10^{-7}	1.72×10^{-7}	2.03×10^{-7}
			女	43	1.28×10^{-7}	1.67×10^{-8}	1.06×10^{-7}	1.16×10^{-7}	1.23×10^{-7}	1.39×10^{-7}	1.59×10^{-7}
		60 岁～	男	16	1.35×10^{-7}	1.73×10^{-8}	1.06×10^{-7}	1.27×10^{-7}	1.32×10^{-7}	1.44×10^{-7}	1.76×10^{-7}
			女	36	1.17×10^{-7}	1.37×10^{-8}	9.38×10^{-8}	1.04×10^{-7}	1.18×10^{-7}	1.29×10^{-7}	1.40×10^{-7}
	农村	18 岁～	男	48	1.78×10^{-7}	2.39×10^{-8}	1.38×10^{-7}	1.64×10^{-7}	1.75×10^{-7}	1.93×10^{-7}	2.17×10^{-7}
			女	38	1.47×10^{-7}	2.25×10^{-8}	1.13×10^{-7}	1.31×10^{-7}	1.47×10^{-7}	1.59×10^{-7}	1.87×10^{-7}
		45 岁～	男	71	1.78×10^{-7}	1.95×10^{-8}	1.41×10^{-7}	1.66×10^{-7}	1.77×10^{-7}	1.91×10^{-7}	2.13×10^{-7}
			女	82	1.35×10^{-7}	1.67×10^{-8}	1.10×10^{-7}	1.24×10^{-7}	1.34×10^{-7}	1.47×10^{-7}	1.61×10^{-7}
		60 岁～	男	35	1.35×10^{-7}	1.91×10^{-8}	1.05×10^{-7}	1.20×10^{-7}	1.30×10^{-7}	1.47×10^{-7}	1.73×10^{-7}
			女	27	1.16×10^{-7}	1.77×10^{-8}	8.66×10^{-8}	9.97×10^{-8}	1.20×10^{-7}	1.29×10^{-7}	1.39×10^{-7}

类别				N	空气铅暴露量/[mg/（kg·d）]						
					Mean	Std	P5	P25	P50	P75	P95
武汉	城市	18 岁～	男	60	8.43×10^{-7}	9.35×10^{-8}	6.46×10^{-7}	7.99×10^{-7}	8.52×10^{-7}	8.94×10^{-7}	9.90×10^{-7}
			女	77	6.74×10^{-7}	9.12×10^{-8}	4.83×10^{-7}	6.41×10^{-7}	6.76×10^{-7}	7.07×10^{-7}	8.13×10^{-7}
		45 岁～	男	40	7.99×10^{-7}	1.13×10^{-7}	6.13×10^{-7}	7.19×10^{-7}	7.92×10^{-7}	8.62×10^{-7}	9.75×10^{-7}
			女	41	6.36×10^{-7}	8.79×10^{-8}	4.80×10^{-7}	5.89×10^{-7}	6.45×10^{-7}	6.91×10^{-7}	7.59×10^{-7}
		60 岁～	男	60	6.75×10^{-7}	9.65×10^{-8}	5.44×10^{-7}	5.96×10^{-7}	6.66×10^{-7}	7.39×10^{-7}	8.62×10^{-7}
			女	77	5.61×10^{-7}	1.11×10^{-7}	4.17×10^{-7}	4.86×10^{-7}	5.44×10^{-7}	6.21×10^{-7}	7.47×10^{-7}
	农村	18 岁～	男	22	8.58×10^{-7}	6.63×10^{-8}	7.77×10^{-7}	8.13×10^{-7}	8.52×10^{-7}	8.74×10^{-7}	1.00×10^{-6}
			女	33	6.82×10^{-7}	5.63×10^{-8}	5.95×10^{-7}	6.44×10^{-7}	6.65×10^{-7}	7.11×10^{-7}	7.85×10^{-7}
		45 岁～	男	39	8.55×10^{-7}	1.29×10^{-7}	7.05×10^{-7}	7.65×10^{-7}	8.50×10^{-7}	9.53×10^{-7}	1.07×10^{-6}
			女	55	6.64×10^{-7}	9.30×10^{-8}	5.60×10^{-7}	5.93×10^{-7}	6.51×10^{-7}	7.19×10^{-7}	8.65×10^{-7}
		60 岁～	男	66	7.42×10^{-7}	8.86×10^{-8}	5.82×10^{-7}	6.87×10^{-7}	7.43×10^{-7}	7.87×10^{-7}	8.86×10^{-7}
			女	50	6.11×10^{-7}	7.52×10^{-8}	5.24×10^{-7}	5.61×10^{-7}	5.94×10^{-7}	6.47×10^{-7}	7.21×10^{-7}
成都	城市	18 岁～	男	123	6.19×10^{-7}	5.26×10^{-7}	1.47×10^{-7}	2.47×10^{-7}	4.27×10^{-7}	5.56×10^{-7}	1.70×10^{-6}
			女	125	5.72×10^{-7}	4.69×10^{-7}	1.40×10^{-7}	2.78×10^{-7}	3.65×10^{-7}	1.08×10^{-6}	1.41×10^{-6}
		45 岁～	男	24	6.66×10^{-7}	5.71×10^{-7}	1.52×10^{-7}	3.29×10^{-7}	4.14×10^{-7}	9.34×10^{-7}	1.71×10^{-6}
			女	29	5.46×10^{-7}	4.34×10^{-7}	1.14×10^{-7}	2.88×10^{-7}	3.15×10^{-7}	1.03×10^{-6}	1.32×10^{-6}
		60 岁～	男	8	4.15×10^{-7}	3.71×10^{-7}	1.17×10^{-7}	2.70×10^{-7}	3.08×10^{-7}	3.68×10^{-7}	1.31×10^{-6}
			女	26	5.00×10^{-7}	4.15×10^{-7}	9.74×10^{-8}	2.34×10^{-7}	3.00×10^{-7}	9.41×10^{-7}	1.23×10^{-6}
	农村	18 岁～	男	64	5.57×10^{-7}	1.91×10^{-7}	3.02×10^{-7}	4.62×10^{-7}	5.27×10^{-7}	6.07×10^{-7}	9.10×10^{-7}
			女	63	4.86×10^{-7}	1.83×10^{-7}	2.46×10^{-7}	3.95×10^{-7}	4.29×10^{-7}	5.11×10^{-7}	8.91×10^{-7}
		45 岁～	男	55	5.80×10^{-7}	2.19×10^{-7}	2.86×10^{-7}	4.48×10^{-7}	5.05×10^{-7}	7.28×10^{-7}	1.01×10^{-6}
			女	44	4.47×10^{-7}	2.19×10^{-7}	2.24×10^{-7}	3.34×10^{-7}	3.99×10^{-7}	4.59×10^{-7}	9.97×10^{-7}
		60 岁～	男	34	5.20×10^{-7}	2.03×10^{-7}	2.31×10^{-7}	4.05×10^{-7}	4.51×10^{-7}	6.64×10^{-7}	9.72×10^{-7}
			女	36	4.81×10^{-7}	2.10×10^{-7}	2.07×10^{-7}	3.42×10^{-7}	4.01×10^{-7}	6.66×10^{-7}	9.03×10^{-7}
兰州	城市	18 岁～	男	61	5.82×10^{-7}	6.60×10^{-8}	4.66×10^{-7}	5.32×10^{-7}	5.84×10^{-7}	6.24×10^{-7}	6.90×10^{-7}
			女	51	4.79×10^{-7}	7.14×10^{-8}	3.10×10^{-7}	4.53×10^{-7}	4.82×10^{-7}	5.22×10^{-7}	5.82×10^{-7}
		45 岁～	男	49	5.55×10^{-7}	7.66×10^{-8}	4.33×10^{-7}	5.08×10^{-7}	5.53×10^{-7}	6.06×10^{-7}	6.74×10^{-7}
			女	54	4.37×10^{-7}	6.43×10^{-8}	3.27×10^{-7}	3.79×10^{-7}	4.38×10^{-7}	4.76×10^{-7}	5.39×10^{-7}
		60 岁～	男	65	4.62×10^{-7}	4.02×10^{-8}	3.95×10^{-7}	4.37×10^{-7}	4.53×10^{-7}	4.87×10^{-7}	5.34×10^{-7}
			女	67	3.95×10^{-7}	5.74×10^{-8}	3.29×10^{-7}	3.60×10^{-7}	3.89×10^{-7}	4.10×10^{-7}	5.03×10^{-7}

类别				N	空气铅暴露量/[mg/（kg·d）]						
					Mean	Std	P5	P25	P50	P75	P95
兰州	农村	18 岁～	男	51	3.65×10^{-7}	4.99×10^{-8}	2.86×10^{-7}	3.21×10^{-7}	3.75×10^{-7}	3.95×10^{-7}	4.36×10^{-7}
			女	49	3.14×10^{-7}	4.69×10^{-8}	2.32×10^{-7}	2.86×10^{-7}	3.15×10^{-7}	3.40×10^{-7}	3.83×10^{-7}
		45 岁～	男	59	3.66×10^{-7}	5.51×10^{-8}	2.72×10^{-7}	3.34×10^{-7}	3.68×10^{-7}	3.89×10^{-7}	4.80×10^{-7}
			女	49	2.91×10^{-7}	4.02×10^{-8}	2.25×10^{-7}	2.68×10^{-7}	2.82×10^{-7}	3.14×10^{-7}	3.61×10^{-7}
		60 岁～	男	69	3.15×10^{-7}	5.05×10^{-8}	2.32×10^{-7}	2.70×10^{-7}	3.20×10^{-7}	3.45×10^{-7}	4.01×10^{-7}
			女	64	2.61×10^{-7}	3.65×10^{-8}	2.02×10^{-7}	2.32×10^{-7}	2.63×10^{-7}	2.90×10^{-7}	3.19×10^{-7}

附表 2-5　不同地区居民分城乡、年龄和性别的空气铬暴露量

类别				N	空气铬暴露量/[mg/（kg·d）]						
					Mean	Std	P5	P25	P50	P75	P95
太原	城市	18 岁～	男	68	1.04×10^{-7}	5.00×10^{-8}	2.79×10^{-8}	6.67×10^{-8}	9.75×10^{-8}	1.45×10^{-7}	1.81×10^{-7}
			女	72	8.59×10^{-8}	3.18×10^{-8}	4.05×10^{-8}	6.27×10^{-8}	8.31×10^{-8}	1.07×10^{-7}	1.43×10^{-7}
		45 岁～	男	50	1.01×10^{-7}	3.87×10^{-8}	4.84×10^{-8}	6.52×10^{-8}	9.62×10^{-8}	1.33×10^{-7}	1.63×10^{-7}
			女	60	7.88×10^{-8}	3.00×10^{-8}	3.65×10^{-8}	5.33×10^{-8}	7.13×10^{-8}	1.07×10^{-7}	1.26×10^{-7}
		60 岁～	男	56	6.56×10^{-8}	3.24×10^{-8}	2.67×10^{-8}	4.54×10^{-8}	5.16×10^{-8}	8.31×10^{-8}	1.32×10^{-7}
			女	54	5.50×10^{-8}	2.23×10^{-8}	2.29×10^{-8}	3.90×10^{-8}	4.85×10^{-8}	7.05×10^{-8}	1.01×10^{-7}
	农村	18 岁～	男	41	2.78×10^{-7}	7.88×10^{-8}	1.84×10^{-7}	2.19×10^{-7}	2.68×10^{-7}	3.23×10^{-7}	3.87×10^{-7}
			女	40	1.77×10^{-7}	8.74×10^{-8}	5.89×10^{-8}	1.05×10^{-7}	1.60×10^{-7}	2.39×10^{-7}	3.37×10^{-7}
		45 岁～	男	49	2.80×10^{-7}	9.69×10^{-8}	1.42×10^{-7}	2.01×10^{-7}	2.73×10^{-7}	3.69×10^{-7}	4.26×10^{-7}
			女	74	2.03×10^{-7}	7.55×10^{-8}	7.86×10^{-8}	1.51×10^{-7}	2.09×10^{-7}	2.60×10^{-7}	3.24×10^{-7}
		60 岁～	男	73	2.36×10^{-7}	8.18×10^{-8}	1.16×10^{-7}	1.60×10^{-7}	2.64×10^{-7}	3.03×10^{-7}	3.51×10^{-7}
			女	59	1.92×10^{-7}	7.50×10^{-8}	7.40×10^{-8}	1.32×10^{-7}	1.94×10^{-7}	2.56×10^{-7}	3.43×10^{-7}
大连	城市	18 岁～	男	88	1.62×10^{-6}	3.71×10^{-7}	1.07×10^{-6}	1.30×10^{-6}	1.64×10^{-6}	1.86×10^{-6}	2.23×10^{-6}
			女	68	1.20×10^{-6}	3.15×10^{-7}	7.13×10^{-7}	9.99×10^{-7}	1.24×10^{-6}	1.39×10^{-6}	1.71×10^{-6}
		45 岁～	男	13	1.32×10^{-6}	3.31×10^{-7}	9.00×10^{-7}	1.01×10^{-6}	1.27×10^{-6}	1.64×10^{-6}	1.81×10^{-6}
			女	31	1.14×10^{-6}	2.48×10^{-7}	7.50×10^{-7}	9.60×10^{-7}	1.19×10^{-6}	1.33×10^{-6}	1.51×10^{-6}
		60 岁～	男	24	1.18×10^{-6}	2.19×10^{-7}	7.63×10^{-7}	1.08×10^{-6}	1.24×10^{-6}	1.34×10^{-6}	1.42×10^{-6}
			女	63	1.25×10^{-6}	2.97×10^{-7}	7.18×10^{-7}	1.01×10^{-6}	1.34×10^{-6}	1.46×10^{-6}	1.64×10^{-6}
	农村	18 岁～	男	84	1.81×10^{-6}	2.98×10^{-7}	1.49×10^{-6}	1.64×10^{-6}	1.73×10^{-6}	1.87×10^{-6}	2.57×10^{-6}
			女	76	1.49×10^{-6}	2.88×10^{-7}	1.20×10^{-6}	1.33×10^{-6}	1.43×10^{-6}	1.57×10^{-6}	2.26×10^{-6}

类别				N	空气铬暴露量/[mg/（kg·d）]						
					Mean	Std	P5	P25	P50	P75	P95
大连	农村	45 岁～	男	41	1.71×10^{-6}	2.03×10^{-7}	1.42×10^{-6}	1.60×10^{-6}	1.70×10^{-6}	1.77×10^{-6}	2.01×10^{-6}
			女	49	1.39×10^{-6}	2.53×10^{-7}	1.10×10^{-6}	1.21×10^{-6}	1.36×10^{-6}	1.48×10^{-6}	1.96×10^{-6}
		60 岁～	男	41	1.56×10^{-6}	3.00×10^{-7}	1.14×10^{-6}	1.37×10^{-6}	1.47×10^{-6}	1.68×10^{-6}	2.04×10^{-6}
			女	43	1.26×10^{-6}	1.83×10^{-7}	1.04×10^{-6}	1.17×10^{-6}	1.26×10^{-6}	1.34×10^{-6}	1.54×10^{-6}
上海	城市	18 岁～	男	97	1.42×10^{-6}	2.03×10^{-7}	1.04×10^{-6}	1.33×10^{-6}	1.44×10^{-6}	1.55×10^{-6}	1.78×10^{-6}
			女	88	1.16×10^{-6}	2.10×10^{-7}	7.95×10^{-7}	9.67×10^{-7}	1.22×10^{-6}	1.32×10^{-6}	1.44×10^{-6}
		45 岁～	男	18	1.49×10^{-6}	4.46×10^{-7}	9.84×10^{-7}	1.32×10^{-6}	1.44×10^{-6}	1.55×10^{-6}	3.13×10^{-6}
			女	43	1.14×10^{-6}	1.45×10^{-7}	9.01×10^{-7}	1.04×10^{-6}	1.20×10^{-6}	1.22×10^{-6}	1.35×10^{-6}
		60 岁～	男	16	1.20×10^{-6}	1.27×10^{-7}	8.45×10^{-7}	1.14×10^{-6}	1.22×10^{-6}	1.30×10^{-6}	1.34×10^{-6}
			女	36	1.04×10^{-6}	1.41×10^{-7}	6.27×10^{-7}	9.98×10^{-7}	1.06×10^{-6}	1.14×10^{-6}	1.20×10^{-6}
	农村	18 岁～	男	48	1.61×10^{-6}	2.20×10^{-7}	9.37×10^{-7}	1.58×10^{-6}	1.62×10^{-6}	1.69×10^{-6}	1.77×10^{-6}
			女	38	1.30×10^{-6}	1.65×10^{-7}	1.12×10^{-6}	1.22×10^{-6}	1.29×10^{-6}	1.38×10^{-6}	1.56×10^{-6}
		45 岁～	男	71	1.55×10^{-6}	9.18×10^{-8}	1.44×10^{-6}	1.49×10^{-6}	1.54×10^{-6}	1.59×10^{-6}	1.77×10^{-6}
			女	82	1.21×10^{-6}	8.31×10^{-8}	1.07×10^{-6}	1.16×10^{-6}	1.21×10^{-6}	1.25×10^{-6}	1.37×10^{-6}
		60 岁～	男	35	1.30×10^{-6}	6.85×10^{-8}	1.21×10^{-6}	1.26×10^{-6}	1.28×10^{-6}	1.33×10^{-6}	1.45×10^{-6}
			女	27	1.13×10^{-6}	1.48×10^{-7}	1.02×10^{-6}	1.07×10^{-6}	1.11×10^{-6}	1.16×10^{-6}	1.23×10^{-6}
武汉	城市	18 岁～	男	60	1.37×10^{-6}	3.14×10^{-7}	9.48×10^{-7}	1.13×10^{-6}	1.38×10^{-6}	1.52×10^{-6}	2.03×10^{-6}
			女	77	1.17×10^{-6}	3.14×10^{-7}	7.44×10^{-7}	9.60×10^{-7}	1.13×10^{-6}	1.19×10^{-6}	1.71×10^{-6}
		45 岁～	男	40	1.29×10^{-6}	4.41×10^{-7}	8.18×10^{-7}	9.54×10^{-7}	1.08×10^{-6}	1.68×10^{-6}	2.11×10^{-6}
			女	41	1.08×10^{-6}	3.21×10^{-7}	7.28×10^{-7}	8.26×10^{-7}	9.28×10^{-7}	1.35×10^{-6}	1.68×10^{-6}
		60 岁～	男	60	1.12×10^{-6}	3.92×10^{-7}	7.42×10^{-7}	8.40×10^{-7}	9.22×10^{-7}	1.53×10^{-6}	1.92×10^{-6}
			女	77	9.33×10^{-7}	3.53×10^{-7}	6.13×10^{-7}	6.99×10^{-7}	7.73×10^{-7}	1.02×10^{-6}	1.60×10^{-6}
	农村	18 岁～	男	22	7.63×10^{-7}	1.64×10^{-7}	4.17×10^{-7}	6.97×10^{-7}	8.01×10^{-7}	9.00×10^{-7}	9.31×10^{-7}
			女	33	6.18×10^{-7}	1.29×10^{-7}	3.39×10^{-7}	6.14×10^{-7}	6.67×10^{-7}	6.96×10^{-7}	7.44×10^{-7}
		45 岁～	男	39	6.59×10^{-7}	2.08×10^{-7}	3.82×10^{-7}	4.49×10^{-7}	6.74×10^{-7}	8.43×10^{-7}	9.89×10^{-7}
			女	55	5.30×10^{-7}	1.69×10^{-7}	3.07×10^{-7}	3.61×10^{-7}	5.58×10^{-7}	6.60×10^{-7}	7.70×10^{-7}
		60 岁～	男	66	5.91×10^{-7}	1.68×10^{-7}	3.47×10^{-7}	3.91×10^{-7}	6.52×10^{-7}	7.28×10^{-7}	8.20×10^{-7}
			女	50	5.14×10^{-7}	1.41×10^{-7}	2.93×10^{-7}	3.27×10^{-7}	5.48×10^{-7}	6.28×10^{-7}	6.89×10^{-7}

类别				N	空气铬暴露量/[mg/（kg·d）]						
					Mean	Std	P5	P25	P50	P75	P95
成都	城市	18岁～	男	123	9.76×10^{-7}	7.44×10^{-7}	2.92×10^{-7}	5.13×10^{-7}	6.84×10^{-7}	8.69×10^{-7}	2.49×10^{-6}
			女	125	9.13×10^{-7}	6.56×10^{-7}	2.85×10^{-7}	4.76×10^{-7}	6.27×10^{-7}	1.63×10^{-6}	2.07×10^{-6}
		45岁～	男	24	1.05×10^{-6}	8.10×10^{-7}	3.23×10^{-7}	5.64×10^{-7}	6.90×10^{-7}	1.45×10^{-6}	2.51×10^{-6}
			女	29	8.94×10^{-7}	6.15×10^{-7}	2.31×10^{-7}	4.63×10^{-7}	5.88×10^{-7}	1.54×10^{-6}	1.94×10^{-6}
		60岁～	男	8	7.17×10^{-7}	5.08×10^{-7}	2.62×10^{-7}	5.37×10^{-7}	5.98×10^{-7}	6.32×10^{-7}	1.94×10^{-6}
			女	26	8.03×10^{-7}	5.75×10^{-7}	2.69×10^{-7}	4.50×10^{-7}	5.16×10^{-7}	1.46×10^{-6}	1.81×10^{-6}
	农村	18岁～	男	64	7.92×10^{-7}	1.67×10^{-7}	4.99×10^{-7}	7.02×10^{-7}	7.85×10^{-7}	8.82×10^{-7}	1.11×10^{-6}
			女	63	6.55×10^{-7}	1.97×10^{-7}	3.85×10^{-7}	5.38×10^{-7}	6.39×10^{-7}	7.14×10^{-7}	1.06×10^{-6}
		45岁～	男	55	7.83×10^{-7}	1.93×10^{-7}	5.27×10^{-7}	6.79×10^{-7}	7.43×10^{-7}	8.50×10^{-7}	1.16×10^{-6}
			女	44	5.99×10^{-7}	1.23×10^{-7}	3.87×10^{-7}	5.24×10^{-7}	5.84×10^{-7}	6.74×10^{-7}	7.90×10^{-7}
		60岁～	男	34	6.57×10^{-7}	1.66×10^{-7}	4.13×10^{-7}	5.75×10^{-7}	6.23×10^{-7}	7.48×10^{-7}	9.88×10^{-7}
			女	36	5.79×10^{-7}	1.21×10^{-7}	3.64×10^{-7}	5.18×10^{-7}	5.49×10^{-7}	6.20×10^{-7}	8.94×10^{-7}
兰州	城市	18岁～	男	61	1.22×10^{-7}	2.36×10^{-8}	9.48×10^{-8}	1.10×10^{-7}	1.20×10^{-7}	1.31×10^{-7}	1.78×10^{-7}
			女	51	1.01×10^{-7}	2.29×10^{-8}	7.52×10^{-8}	8.95×10^{-8}	9.76×10^{-8}	1.09×10^{-7}	1.53×10^{-7}
		45岁～	男	49	1.20×10^{-7}	2.90×10^{-8}	8.58×10^{-8}	1.05×10^{-7}	1.11×10^{-7}	1.26×10^{-7}	1.84×10^{-7}
			女	54	9.59×10^{-8}	2.48×10^{-8}	6.78×10^{-8}	7.80×10^{-8}	8.68×10^{-8}	1.07×10^{-7}	1.45×10^{-7}
		60岁～	男	65	9.24×10^{-8}	9.63×10^{-9}	7.90×10^{-8}	8.47×10^{-8}	9.15×10^{-8}	9.81×10^{-8}	1.09×10^{-7}
			女	67	8.14×10^{-8}	2.13×10^{-8}	6.59×10^{-8}	7.26×10^{-8}	7.52×10^{-8}	8.21×10^{-8}	1.31×10^{-7}
	农村	18岁～	男	51	8.02×10^{-8}	1.77×10^{-8}	5.14×10^{-8}	6.42×10^{-8}	8.57×10^{-8}	9.05×10^{-8}	9.89×10^{-8}
			女	49	7.09×10^{-8}	1.86×10^{-8}	4.58×10^{-8}	6.26×10^{-8}	6.84×10^{-8}	7.50×10^{-8}	1.08×10^{-7}
		45岁～	男	59	8.10×10^{-8}	1.89×10^{-8}	5.21×10^{-8}	7.25×10^{-8}	7.90×10^{-8}	8.53×10^{-8}	1.34×10^{-7}
			女	49	6.51×10^{-8}	1.57×10^{-8}	4.78×10^{-8}	5.80×10^{-8}	6.21×10^{-8}	6.91×10^{-8}	1.01×10^{-7}
		60岁～	男	69	6.79×10^{-8}	1.66×10^{-8}	4.22×10^{-8}	5.45×10^{-8}	7.06×10^{-8}	7.50×10^{-8}	1.03×10^{-7}
			女	64	5.55×10^{-8}	1.30×10^{-8}	3.68×10^{-8}	4.36×10^{-8}	5.69×10^{-8}	6.09×10^{-8}	7.08×10^{-8}

附表 2-6　不同地区居民分城乡、年龄和性别的空气汞暴露贡献比

类别				N	空气汞暴露贡献比/%						
					Mean	Std	P5	P25	P50	P75	P95
太原	城市	18 岁～	男	68	0.0045	0.0015	0.0019	0.0032	0.0046	0.0055	0.0067
			女	72	0.0030	0.0010	0.0014	0.0022	0.0032	0.0037	0.0044
		45 岁～	男	50	0.0038	0.0013	0.0020	0.0027	0.0035	0.0051	0.0056
			女	60	0.0028	0.0009	0.0013	0.0021	0.0030	0.0035	0.0041
		60 岁～	男	56	0.0032	0.0010	0.0015	0.0022	0.0036	0.0040	0.0049
			女	54	0.0025	0.0008	0.0014	0.0016	0.0028	0.0031	0.0038
	农村	18 岁～	男	41	0.0030	0.0011	0.0015	0.0020	0.0028	0.0041	0.0045
			女	40	0.0020	0.0008	0.0010	0.0013	0.0020	0.0026	0.0031
		45 岁～	男	49	0.0025	0.0011	0.0013	0.0016	0.0024	0.0030	0.0047
			女	74	0.0018	0.0006	0.0010	0.0012	0.0019	0.0021	0.0028
		60 岁～	男	73	0.0024	0.0009	0.0011	0.0017	0.0023	0.0031	0.0039
			女	59	0.0017	0.0007	0.0009	0.0011	0.0017	0.0023	0.0028
大连	城市	18 岁～	男	88	0.0050	0.0012	0.0028	0.0042	0.0051	0.0058	0.0069
			女	68	0.0032	0.0010	0.0020	0.0025	0.0032	0.0037	0.0050
		45 岁～	男	13	0.0037	0.0010	0.0023	0.0031	0.0037	0.0041	0.0061
			女	31	0.0028	0.0010	0.0016	0.0019	0.0027	0.0032	0.0046
		60 岁～	男	24	0.0033	0.0008	0.0019	0.0028	0.0033	0.0039	0.0045
			女	63	0.0030	0.0008	0.0021	0.0025	0.0030	0.0034	0.0044
	农村	18 岁～	男	84	0.0052	0.0011	0.0035	0.0046	0.0051	0.0058	0.0073
			女	76	0.0037	0.0009	0.0021	0.0032	0.0036	0.0043	0.0054
		45 岁～	男	41	0.0046	0.0011	0.0027	0.0039	0.0046	0.0054	0.0064
			女	49	0.0035	0.0011	0.0021	0.0025	0.0035	0.0042	0.0050
		60 岁～	男	41	0.0041	0.0013	0.0023	0.0035	0.0038	0.0048	0.0065
			女	43	0.0033	0.0008	0.0024	0.0027	0.0031	0.0037	0.0046
上海	城市	18 岁～	男	97	0.0134	0.0054	0.0075	0.0097	0.0126	0.0148	0.0255
			女	88	0.0092	0.0043	0.0046	0.0062	0.0080	0.0115	0.0169
		45 岁～	男	18	0.0119	0.0049	0.0074	0.0082	0.0101	0.0137	0.0227
			女	43	0.0068	0.0024	0.0047	0.0055	0.0060	0.0077	0.0124

类别				N	空气汞暴露贡献比/%						
					Mean	Std	P5	P25	P50	P75	P95
上海	城市	60 岁～	男	16	0.0088	0.0029	0.0057	0.0073	0.0081	0.0100	0.0182
			女	36	0.0066	0.0021	0.0044	0.0051	0.0058	0.0079	0.0125
	农村	18 岁～	男	48	0.0068	0.0020	0.0038	0.0057	0.0070	0.0078	0.0086
			女	38	0.0046	0.0016	0.0023	0.0041	0.0047	0.0051	0.0059
		45 岁～	男	71	0.0062	0.0017	0.0033	0.0051	0.0067	0.0074	0.0085
			女	82	0.0045	0.0019	0.0024	0.0037	0.0045	0.0051	0.0058
		60 岁～	男	35	0.0047	0.0016	0.0027	0.0030	0.0048	0.0060	0.0069
			女	27	0.0034	0.0011	0.0021	0.0022	0.0035	0.0044	0.0050
武汉	城市	18 岁～	男	60	0.0123	0.0131	0.0057	0.0068	0.0085	0.0107	0.0515
			女	77	0.0076	0.0101	0.0029	0.0043	0.0053	0.0070	0.0183
		45 岁～	男	40	0.0072	0.0031	0.0028	0.0045	0.0068	0.0093	0.0129
			女	41	0.0085	0.0102	0.0037	0.0042	0.0058	0.0079	0.0210
		60 岁～	男	60	0.0072	0.0029	0.0033	0.0050	0.0068	0.0093	0.0121
			女	77	0.0062	0.0024	0.0029	0.0042	0.0060	0.0080	0.0106
	农村	18 岁～	男	22	0.0022	0.0009	0.0010	0.0013	0.0021	0.0027	0.0031
			女	33	0.0030	0.0065	0.0006	0.0012	0.0015	0.0020	0.0183
		45 岁～	男	39	0.0044	0.0089	0.0007	0.0013	0.0023	0.0027	0.0305
			女	55	0.0020	0.0052	0.0004	0.0008	0.0013	0.0018	0.0025
		60 岁～	男	66	0.0018	0.0020	0.0007	0.0009	0.0017	0.0021	0.0025
			女	50	0.0013	0.0009	0.0004	0.0007	0.0013	0.0016	0.0021
成都	城市	18 岁～	男	123	0.0118	0.0038	0.0069	0.0098	0.0117	0.0133	0.0162
			女	125	0.0077	0.0014	0.0053	0.0067	0.0079	0.0087	0.0096
		45 岁～	男	24	0.0105	0.0019	0.0071	0.0094	0.0104	0.0115	0.0140
			女	29	0.0070	0.0015	0.0048	0.0058	0.0073	0.0082	0.0093
		60 岁～	男	8	0.0086	0.0016	0.0068	0.0076	0.0081	0.0096	0.0118
			女	26	0.0068	0.0015	0.0045	0.0062	0.0070	0.0076	0.0090
	农村	18 岁～	男	64	0.0125	0.0032	0.0060	0.0105	0.0132	0.0148	0.0163
			女	63	0.0078	0.0026	0.0046	0.0059	0.0075	0.0094	0.0115
		45 岁～	男	55	0.0105	0.0039	0.0043	0.0076	0.0103	0.0131	0.0187
			女	44	0.0084	0.0017	0.0058	0.0076	0.0088	0.0095	0.0106

类别				N	空气汞暴露贡献比/%						
					Mean	Std	P5	P25	P50	P75	P95
成都	农村	60 岁～	男	34	0.0098	0.0027	0.0049	0.0080	0.0099	0.0119	0.0138
			女	36	0.0076	0.0016	0.0041	0.0067	0.0077	0.0086	0.0104
兰州	城市	18 岁～	男	61	0.0028	0.0008	0.0016	0.0021	0.0028	0.0032	0.0039
			女	51	0.0018	0.0007	0.0012	0.0014	0.0017	0.0021	0.0025
		45 岁～	男	49	0.0025	0.0009	0.0018	0.0020	0.0023	0.0029	0.0036
			女	54	0.0019	0.0006	0.0010	0.0016	0.0019	0.0022	0.0028
		60 岁～	男	65	0.0021	0.0004	0.0014	0.0018	0.0022	0.0024	0.0028
			女	67	0.0016	0.0005	0.0012	0.0014	0.0015	0.0017	0.0021
	农村	18 岁～	男	51	0.0040	0.0009	0.0023	0.0033	0.0043	0.0047	0.0052
			女	49	0.0031	0.0009	0.0020	0.0026	0.0030	0.0033	0.0054
		45 岁～	男	59	0.0037	0.0015	0.0022	0.0026	0.0035	0.0041	0.0068
			女	49	0.0028	0.0009	0.0017	0.0024	0.0028	0.0030	0.0044
		60 岁～	男	69	0.0032	0.0009	0.0019	0.0027	0.0031	0.0036	0.0042
			女	64	0.0026	0.0005	0.0020	0.0023	0.0026	0.0029	0.0035

附表 2-7 不同地区居民分城乡、年龄和性别的室内空气汞暴露贡献比

类别				N	室内空气汞暴露贡献比/‰						
					Mean	Std	P5	P25	P50	P75	P95
太原	城市	18 岁～	男	68	0.3339	0.1383	0.1076	0.1827	0.3726	0.4251	0.5129
			女	72	0.2264	0.0899	0.0635	0.1516	0.2614	0.2855	0.3445
		45 岁～	男	50	0.2697	0.1074	0.1172	0.1523	0.2716	0.3669	0.4233
			女	60	0.2102	0.0829	0.0752	0.1171	0.2426	0.2699	0.3160
		60 岁～	男	56	0.2555	0.1002	0.1003	0.1555	0.3036	0.3354	0.3721
			女	54	0.1962	0.0767	0.0856	0.1148	0.2240	0.2574	0.3034
	农村	18 岁～	男	41	0.2515	0.1144	0.1012	0.1306	0.2265	0.3652	0.4096
			女	40	0.1723	0.0840	0.0729	0.0953	0.1655	0.2374	0.2881
		45 岁～	男	49	0.2059	0.1087	0.0750	0.1189	0.1893	0.2549	0.4304
			女	74	0.1459	0.0595	0.0664	0.0863	0.1480	0.1820	0.2544
		60 岁～	男	73	0.2002	0.0960	0.0738	0.1103	0.1844	0.2872	0.3601
			女	59	0.1433	0.0730	0.0533	0.0724	0.1309	0.2213	0.2606

类别				N	室内空气汞暴露贡献比/‱						
					Mean	Std	P5	P25	P50	P75	P95
大连	城市	18 岁～	男	88	0.4861	0.1221	0.2764	0.4115	0.4984	0.5679	0.6806
			女	68	0.3160	0.0980	0.1903	0.2376	0.3063	0.3661	0.4912
		45 岁～	男	13	0.3612	0.1004	0.2149	0.3107	0.3538	0.3959	0.6047
			女	31	0.2700	0.1036	0.1494	0.1793	0.2620	0.3150	0.4551
		60 岁～	男	24	0.3196	0.0833	0.1746	0.2628	0.3195	0.3829	0.4356
			女	63	0.2994	0.0762	0.2083	0.2405	0.2904	0.3365	0.4363
	农村	18 岁～	男	84	0.4858	0.1032	0.3267	0.4281	0.4734	0.5459	0.6972
			女	76	0.3479	0.0898	0.1886	0.3007	0.3416	0.3996	0.5268
		45 岁～	男	41	0.4292	0.1050	0.2492	0.3652	0.4367	0.5032	0.6153
			女	49	0.3258	0.1037	0.2021	0.2379	0.3241	0.3912	0.4739
		60 岁～	男	41	0.3887	0.1288	0.2228	0.3227	0.3561	0.4545	0.6083
			女	43	0.3133	0.0734	0.2149	0.2613	0.3005	0.3522	0.4438
上海	城市	18 岁～	男	97	1.2820	0.5354	0.7193	0.9084	1.1989	1.3985	2.5043
			女	88	0.8777	0.4263	0.4406	0.5858	0.7602	1.1091	1.6553
		45 岁～	男	18	1.1312	0.4747	0.6914	0.7564	0.9535	1.3270	2.2135
			女	43	0.6391	0.2380	0.4300	0.5080	0.5602	0.7355	1.2114
		60 岁～	男	16	0.8371	0.2873	0.5211	0.6820	0.7609	0.9475	1.7794
			女	36	0.6256	0.2130	0.4143	0.4745	0.5470	0.7458	1.2114
	农村	18 岁～	男	48	0.6407	0.1964	0.3406	0.5450	0.6483	0.7367	0.8222
			女	38	0.4275	0.1567	0.2061	0.3724	0.4365	0.4715	0.5685
		45 岁～	男	71	0.5787	0.1615	0.2954	0.4763	0.6291	0.6902	0.7995
			女	82	0.4151	0.1729	0.2090	0.3421	0.4196	0.4823	0.5480
		60 岁～	男	35	0.4352	0.1569	0.2442	0.2689	0.4565	0.5721	0.6160
			女	27	0.3186	0.1058	0.1850	0.2024	0.3230	0.4026	0.4745
武汉	城市	18 岁～	男	60	1.1360	1.2110	0.5060	0.6258	0.7771	1.0115	4.6950
			女	77	0.6990	0.9133	0.2658	0.3776	0.4975	0.6566	1.6578
		45 岁～	男	40	0.6573	0.2928	0.2618	0.4020	0.6015	0.8570	1.2305
			女	41	0.7977	0.9392	0.3303	0.3888	0.5608	0.7732	2.0273
		60 岁～	男	60	0.6759	0.2764	0.3086	0.4433	0.6399	0.8488	1.1848
			女	77	0.5845	0.2380	0.2510	0.3884	0.5636	0.7692	1.0195

类别				N	室内空气汞暴露贡献比/‰						
					Mean	Std	P5	P25	P50	P75	P95
武汉	农村	18 岁～	男	22	0.1697	0.0889	0.0444	0.0704	0.1898	0.2273	0.2681
			女	33	0.2639	0.5887	0.0438	0.0947	0.1314	0.1761	1.6074
		45 岁～	男	39	0.3600	0.7174	0.0351	0.1124	0.1910	0.2327	2.3033
			女	55	0.1655	0.4929	0.0260	0.0412	0.1109	0.1462	0.2222
		60 岁～	男	66	0.1473	0.1640	0.0444	0.0606	0.1400	0.1804	0.2134
			女	50	0.1079	0.0879	0.0257	0.0431	0.1049	0.1361	0.1965
成都	城市	18 岁～	男	123	0.9080	0.3380	0.5196	0.7035	0.8851	1.0539	1.3244
			女	125	0.6001	0.1462	0.3714	0.4775	0.6062	0.6960	0.8308
		45 岁～	男	24	0.8352	0.1690	0.5742	0.7168	0.8220	0.9502	1.1016
			女	29	0.5629	0.1492	0.3898	0.4513	0.5144	0.6622	0.8376
		60 岁～	男	8	0.7383	0.1591	0.5685	0.6037	0.7125	0.8373	1.0305
			女	26	0.5632	0.1305	0.3911	0.4773	0.5519	0.6479	0.8031
	农村	18 岁～	男	64	0.9578	0.2949	0.3622	0.7927	1.0081	1.1726	1.3576
			女	63	0.5946	0.2203	0.2322	0.4296	0.6103	0.7503	0.9127
		45 岁～	男	55	0.7706	0.3277	0.2707	0.4785	0.7859	0.9869	1.2841
			女	44	0.6650	0.1669	0.3608	0.5660	0.6670	0.7913	0.8600
		60 岁～	男	34	0.7631	0.2532	0.2898	0.6365	0.8090	0.9833	1.1202
			女	36	0.5889	0.1659	0.2340	0.5278	0.6253	0.6747	0.8780
兰州	城市	18 岁～	男	61	0.2224	0.0715	0.1195	0.1759	0.2094	0.2625	0.3295
			女	51	0.1446	0.0628	0.0950	0.1087	0.1359	0.1579	0.2142
		45 岁～	男	49	0.2001	0.0794	0.1189	0.1583	0.1824	0.2297	0.3085
			女	54	0.1518	0.0510	0.0751	0.1279	0.1436	0.1765	0.2310
		60 岁～	男	65	0.1698	0.0341	0.1123	0.1486	0.1765	0.1954	0.2151
			女	67	0.1327	0.0530	0.0931	0.1097	0.1241	0.1416	0.1824
	农村	18 岁～	男	51	0.2850	0.0705	0.1667	0.2347	0.2886	0.3364	0.4049
			女	49	0.2309	0.0783	0.1404	0.1907	0.2189	0.2526	0.4136
		45 岁～	男	59	0.2711	0.1188	0.1470	0.2025	0.2554	0.2988	0.5445
			女	49	0.1991	0.0729	0.1227	0.1636	0.1874	0.2178	0.3282
		60 岁～	男	69	0.2389	0.0779	0.1332	0.1918	0.2307	0.2814	0.3526
			女	64	0.2071	0.0451	0.1468	0.1766	0.2020	0.2405	0.2786

附表 2-8 不同地区居民分城乡、年龄和性别的室外空气汞暴露贡献比

类别				N	室外空气汞暴露贡献比/‰						
					Mean	Std	P5	P25	P50	P75	P95
太原	城市	18 岁～	男	68	0.0922	0.0494	0.0170	0.0619	0.0839	0.1257	0.1862
			女	72	0.0637	0.0319	0.0228	0.0447	0.0574	0.0784	0.1343
		45 岁～	男	50	0.0971	0.0580	0.0249	0.0501	0.0953	0.1141	0.1997
			女	60	0.0572	0.0286	0.0159	0.0415	0.0496	0.0774	0.1055
		60 岁～	男	56	0.0567	0.0284	0.0181	0.0351	0.0545	0.0700	0.1073
			女	54	0.0453	0.0215	0.0107	0.0339	0.0421	0.0590	0.0908
	农村	18 岁～	男	41	0.0437	0.0128	0.0259	0.0351	0.0406	0.0545	0.0608
			女	40	0.0252	0.0142	0.0060	0.0125	0.0222	0.0370	0.0490
		45 岁～	男	49	0.0410	0.0151	0.0197	0.0293	0.0397	0.0516	0.0668
			女	74	0.0296	0.0122	0.0117	0.0201	0.0280	0.0395	0.0514
		60 岁～	男	73	0.0366	0.0146	0.0150	0.0242	0.0355	0.0492	0.0589
			女	59	0.0261	0.0109	0.0091	0.0164	0.0258	0.0358	0.0423
大连	城市	18 岁～	男	88	0.0091	0.0034	0.0030	0.0066	0.0100	0.0113	0.0132
			女	68	0.0077	0.0027	0.0023	0.0059	0.0085	0.0095	0.0113
		45 岁～	男	13	0.0087	0.0032	0.0011	0.0079	0.0091	0.0103	0.0132
			女	31	0.0070	0.0031	0.0012	0.0060	0.0074	0.0087	0.0120
		60 岁～	男	24	0.0113	0.0030	0.0074	0.0102	0.0120	0.0129	0.0141
			女	63	0.0042	0.0021	0.0005	0.0034	0.0043	0.0049	0.0083
	农村	18 岁～	男	84	0.0317	0.0098	0.0143	0.0253	0.0334	0.0382	0.0446
			女	76	0.0199	0.0069	0.0085	0.0142	0.0213	0.0238	0.0290
		45 岁～	男	41	0.0269	0.0086	0.0122	0.0230	0.0279	0.0319	0.0367
			女	49	0.0192	0.0114	0.0062	0.0110	0.0186	0.0250	0.0347
		60 岁～	男	41	0.0201	0.0084	0.0078	0.0126	0.0213	0.0246	0.0323
			女	43	0.0171	0.0133	0.0071	0.0105	0.0154	0.0186	0.0379
上海	城市	18 岁～	男	97	0.0273	0.0072	0.0135	0.0236	0.0266	0.0314	0.0408
			女	88	0.0173	0.0057	0.0074	0.0141	0.0174	0.0195	0.0274
		45 岁～	男	18	0.0277	0.0144	0.0080	0.0219	0.0251	0.0326	0.0772
			女	43	0.0171	0.0026	0.0139	0.0154	0.0171	0.0184	0.0223
		60 岁～	男	16	0.0204	0.0040	0.0147	0.0179	0.0197	0.0217	0.0316
			女	36	0.0146	0.0025	0.0112	0.0130	0.0141	0.0156	0.0200

类别				N	室外空气汞暴露贡献比/‰						
					Mean	Std	P5	P25	P50	P75	P95
上海	农村	18岁～	男	48	0.0277	0.0066	0.0172	0.0230	0.0281	0.0313	0.0368
			女	38	0.0193	0.0051	0.0131	0.0157	0.0190	0.0207	0.0292
		45岁～	男	71	0.0215	0.0088	0.0076	0.0131	0.0202	0.0288	0.0372
			女	82	0.0185	0.0147	0.0065	0.0145	0.0179	0.0210	0.0245
		60岁～	男	35	0.0184	0.0046	0.0118	0.0156	0.0175	0.0203	0.0278
			女	27	0.0154	0.0042	0.0101	0.0118	0.0158	0.0178	0.0205
武汉	城市	18岁～	男	60	0.0675	0.0813	0.0170	0.0328	0.0457	0.0635	0.2541
			女	77	0.0464	0.0738	0.0117	0.0212	0.0299	0.0450	0.0924
		45岁～	男	40	0.0458	0.0322	0.0069	0.0167	0.0360	0.0675	0.0880
			女	41	0.0399	0.0665	0.0072	0.0099	0.0220	0.0404	0.0803
		60岁～	男	60	0.0374	0.0263	0.0088	0.0142	0.0307	0.0523	0.0905
			女	77	0.0267	0.0174	0.0088	0.0132	0.0222	0.0322	0.0636
	农村	18岁～	男	22	0.0404	0.0236	0.0184	0.0209	0.0374	0.0539	0.0846
			女	33	0.0361	0.0563	0.0107	0.0140	0.0205	0.0271	0.2135
		45岁～	男	39	0.0664	0.1307	0.0101	0.0223	0.0307	0.0552	0.5521
			女	55	0.0307	0.0290	0.0058	0.0165	0.0235	0.0350	0.0684
		60岁～	男	66	0.0295	0.0382	0.0086	0.0155	0.0246	0.0302	0.0512
			女	50	0.0205	0.0108	0.0060	0.0131	0.0181	0.0241	0.0409
成都	城市	18岁～	男	123	0.2153	0.1703	0.0474	0.0760	0.1482	0.2974	0.5409
			女	125	0.1349	0.1007	0.0349	0.0495	0.1100	0.1995	0.3571
		45岁～	男	24	0.1850	0.1255	0.0494	0.0674	0.1782	0.2746	0.4333
			女	29	0.1146	0.0766	0.0332	0.0544	0.1045	0.1320	0.2632
		60岁～	男	8	0.1140	0.0621	0.0468	0.0502	0.1216	0.1538	0.2144
			女	26	0.1030	0.1024	0.0265	0.0393	0.0493	0.1465	0.3159
	农村	18岁～	男	64	0.2363	0.1440	0.0491	0.1086	0.2279	0.3198	0.4855
			女	63	0.1589	0.1235	0.0320	0.0682	0.1349	0.2098	0.3805
		45岁～	男	55	0.2294	0.1704	0.0450	0.0796	0.2203	0.2978	0.5294
			女	44	0.1537	0.0735	0.0483	0.1131	0.1618	0.1875	0.2989
		60岁～	男	34	0.1718	0.1098	0.0396	0.0850	0.1749	0.2273	0.4591
			女	36	0.1392	0.0791	0.0433	0.0608	0.1463	0.1767	0.3198

类别				N	室外空气汞暴露贡献比/‱						
					Mean	Std	P5	P25	P50	P75	P95
兰州	城市	18 岁～	男	61	0.0404	0.0204	0.0127	0.0240	0.0374	0.0550	0.0777
			女	51	0.0274	0.0210	0.0051	0.0123	0.0187	0.0385	0.0719
		45 岁～	男	49	0.0335	0.0191	0.0105	0.0215	0.0305	0.0404	0.0817
			女	54	0.0273	0.0193	0.0052	0.0133	0.0240	0.0319	0.0795
		60 岁～	男	65	0.0351	0.0184	0.0089	0.0185	0.0353	0.0470	0.0693
			女	67	0.0223	0.0104	0.0086	0.0123	0.0209	0.0301	0.0389
	农村	18 岁～	男	51	0.0917	0.0358	0.0347	0.0665	0.0821	0.1223	0.1499
			女	49	0.0655	0.0270	0.0252	0.0399	0.0659	0.0917	0.1027
		45 岁～	男	59	0.0768	0.0353	0.0340	0.0512	0.0686	0.0945	0.1357
			女	49	0.0660	0.0257	0.0301	0.0420	0.0652	0.0832	0.1110
		60 岁～	男	69	0.0629	0.0255	0.0257	0.0457	0.0597	0.0803	0.1098
			女	64	0.0446	0.0209	0.0118	0.0307	0.0469	0.0596	0.0765

附表 2-9　不同地区居民分城乡、年龄和性别的交通空气汞暴露贡献比

类别				N	交通空气汞暴露贡献比/‱						
					Mean	Std	P5	P25	P50	P75	P95
太原	城市	18 岁～	男	68	0.0204	0.0138	0.0027	0.0096	0.0178	0.0281	0.0519
			女	72	0.0129	0.0067	0.0020	0.0073	0.0124	0.0179	0.0225
		45 岁～	男	50	0.0162	0.0110	0.0022	0.0070	0.0138	0.0248	0.0390
			女	60	0.0125	0.0084	0.0026	0.0058	0.0107	0.0177	0.0301
		60 岁～	男	56	0.0114	0.0092	0.0025	0.0067	0.0085	0.0117	0.0343
			女	54	0.0080	0.0058	0.0017	0.0044	0.0061	0.0101	0.0223
	农村	18 岁～	男	41	0.0071	0.0037	0.0015	0.0058	0.0071	0.0089	0.0117
			女	40	0.0036	0.0021	0.0010	0.0017	0.0033	0.0053	0.0077
		45 岁～	男	49	0.0061	0.0030	0.0017	0.0043	0.0061	0.0072	0.0109
			女	74	0.0037	0.0018	0.0009	0.0031	0.0037	0.0042	0.0067
		60 岁～	男	73	0.0047	0.0017	0.0017	0.0042	0.0049	0.0055	0.0074
			女	59	0.0032	0.0012	0.0009	0.0024	0.0032	0.0039	0.0057
大连	城市	18 岁～	男	88	0.0017	0.0005	0.0010	0.0015	0.0016	0.0019	0.0027
			女	68	0.0012	0.0003	0.0007	0.0011	0.0013	0.0014	0.0018

类别				N	交通空气汞暴露贡献比/‰						
					Mean	Std	P5	P25	P50	P75	P95
大连	城市	45 岁～	男	13	0.0016	0.0006	0.0008	0.0013	0.0015	0.0018	0.0033
			女	31	0.0011	0.0004	0.0003	0.0010	0.0012	0.0014	0.0018
		60 岁～	男	24	0.0014	0.0004	0.0007	0.0012	0.0014	0.0016	0.0020
			女	63	0.0010	0.0004	0.0003	0.0008	0.0010	0.0011	0.0016
	农村	18 岁～	男	84	0.0035	0.0015	0.0014	0.0025	0.0030	0.0048	0.0057
			女	76	0.0021	0.0009	0.0010	0.0016	0.0019	0.0024	0.0038
		45 岁～	男	41	0.0018	0.0009	0.0007	0.0012	0.0017	0.0020	0.0035
			女	49	0.0016	0.0008	0.0005	0.0012	0.0014	0.0020	0.0031
		60 岁～	男	41	0.0019	0.0010	0.0005	0.0014	0.0017	0.0022	0.0039
			女	43	0.0015	0.0007	0.0001	0.0011	0.0014	0.0019	0.0024
上海	城市	18 岁～	男	97	0.0325	0.0127	0.0136	0.0246	0.0315	0.0385	0.0516
			女	88	0.0211	0.0074	0.0080	0.0164	0.0206	0.0250	0.0356
		45 岁～	男	18	0.0310	0.0132	0.0125	0.0240	0.0299	0.0372	0.0720
			女	43	0.0195	0.0059	0.0097	0.0166	0.0193	0.0223	0.0299
		60 岁～	男	16	0.0245	0.0092	0.0033	0.0213	0.0249	0.0285	0.0437
			女	36	0.0198	0.0060	0.0119	0.0150	0.0192	0.0219	0.0328
	农村	18 岁～	男	48	0.0142	0.0079	0.0068	0.0103	0.0124	0.0162	0.0239
			女	38	0.0112	0.0063	0.0040	0.0062	0.0108	0.0136	0.0244
		45 岁～	男	71	0.0212	0.0107	0.0094	0.0115	0.0178	0.0302	0.0411
			女	82	0.0120	0.0090	0.0051	0.0068	0.0089	0.0128	0.0276
		60 岁～	男	35	0.0145	0.0128	0.0045	0.0082	0.0113	0.0153	0.0317
			女	27	0.0089	0.0058	0.0039	0.0049	0.0070	0.0088	0.0231
武汉	城市	18 岁～	男	60	0.0236	0.0259	0.0065	0.0113	0.0160	0.0239	0.0964
			女	77	0.0154	0.0298	0.0039	0.0062	0.0104	0.0151	0.0305
		45 岁～	男	40	0.0129	0.0060	0.0041	0.0083	0.0128	0.0158	0.0260
			女	41	0.0159	0.0189	0.0034	0.0075	0.0101	0.0156	0.0636
		60 岁～	男	60	0.0095	0.0051	0.0046	0.0066	0.0085	0.0110	0.0180
			女	77	0.0093	0.0047	0.0030	0.0058	0.0092	0.0112	0.0196
武汉	农村	18 岁～	男	22	0.0058	0.0034	0.0016	0.0030	0.0053	0.0073	0.0119
			女	33	0.0047	0.0076	0.0008	0.0018	0.0034	0.0046	0.0090

类别				N	交通空气汞暴露贡献比/‰						
					Mean	Std	P5	P25	P50	P75	P95
武汉	农村	45 岁～	男	39	0.0181	0.0501	0.0018	0.0043	0.0050	0.0082	0.1984
			女	55	0.0042	0.0046	0.0006	0.0021	0.0037	0.0040	0.0086
		60 岁～	男	66	0.0048	0.0030	0.0017	0.0033	0.0044	0.0054	0.0091
			女	50	0.0031	0.0018	0.0009	0.0023	0.0032	0.0035	0.0049
成都	城市	18 岁～	男	123	0.0553	0.0203	0.0298	0.0449	0.0542	0.0625	0.0778
			女	125	0.0311	0.0097	0.0184	0.0256	0.0311	0.0354	0.0447
		45 岁～	男	24	0.0277	0.0053	0.0176	0.0259	0.0278	0.0306	0.0363
			女	29	0.0258	0.0096	0.0131	0.0208	0.0252	0.0278	0.0415
		60 岁～	男	8	0.0123	0.0029	0.0076	0.0102	0.0128	0.0146	0.0156
			女	26	0.0157	0.0068	0.0061	0.0114	0.0155	0.0192	0.0257
	农村	18 岁～	男	64	0.0537	0.0176	0.0308	0.0412	0.0544	0.0622	0.0854
			女	63	0.0266	0.0117	0.0148	0.0199	0.0232	0.0303	0.0546
		45 岁～	男	55	0.0477	0.0176	0.0222	0.0341	0.0466	0.0572	0.0832
			女	44	0.0256	0.0057	0.0186	0.0218	0.0245	0.0286	0.0325
		60 岁～	男	34	0.0449	0.0198	0.0125	0.0345	0.0468	0.0523	0.0948
			女	36	0.0317	0.0085	0.0150	0.0298	0.0317	0.0347	0.0453
兰州	城市	18 岁～	男	61	0.0161	0.0109	0.0057	0.0089	0.0137	0.0182	0.0427
			女	51	0.0114	0.0066	0.0039	0.0071	0.0099	0.0144	0.0278
		45 岁～	男	49	0.0152	0.0108	0.0029	0.0089	0.0126	0.0192	0.0332
			女	54	0.0099	0.0054	0.0034	0.0058	0.0091	0.0124	0.0203
		60 岁～	男	65	0.0094	0.0059	0.0026	0.0055	0.0075	0.0133	0.0189
			女	67	0.0071	0.0045	0.0024	0.0039	0.0060	0.0086	0.0176
	农村	18 岁～	男	51	0.0244	0.0200	0.0050	0.0112	0.0168	0.0312	0.0683
			女	49	0.0143	0.0087	0.0051	0.0076	0.0135	0.0177	0.0290
		45 岁～	男	59	0.0172	0.0135	0.0021	0.0069	0.0145	0.0208	0.0489
			女	49	0.0140	0.0084	0.0046	0.0083	0.0128	0.0163	0.0324
		60 岁～	男	69	0.0134	0.0080	0.0035	0.0089	0.0124	0.0160	0.0308
			女	64	0.0108	0.0038	0.0057	0.0084	0.0106	0.0128	0.0158

附表 2-10　不同地区居民分城乡、年龄和性别的空气镉暴露贡献比

类别				N	空气镉暴露贡献比/%						
					Mean	Std	P5	P25	P50	P75	P95
太原	城市	18 岁～	男	68	0.0157	0.0103	0.0043	0.0095	0.0142	0.0206	0.0263
			女	72	0.0109	0.0064	0.0034	0.0071	0.0101	0.0124	0.0272
		45 岁～	男	50	0.0180	0.0366	0.0053	0.0085	0.0128	0.0175	0.0210
			女	60	0.0100	0.0051	0.0041	0.0068	0.0092	0.0126	0.0172
		60 岁～	男	56	0.0096	0.0066	0.0038	0.0065	0.0076	0.0117	0.0183
			女	54	0.0072	0.0054	0.0024	0.0052	0.0062	0.0074	0.0145
	农村	18 岁～	男	41	0.0184	0.0056	0.0109	0.0140	0.0185	0.0222	0.0269
			女	40	0.0112	0.0055	0.0038	0.0064	0.0103	0.0161	0.0201
		45 岁～	男	49	0.0170	0.0066	0.0080	0.0126	0.0170	0.0201	0.0280
			女	74	0.0144	0.0171	0.0052	0.0091	0.0122	0.0163	0.0199
		60 岁～	男	73	0.0154	0.0062	0.0063	0.0098	0.0144	0.0207	0.0248
			女	59	0.0108	0.0045	0.0044	0.0064	0.0111	0.0143	0.0180
大连	城市	18 岁～	男	88	0.0874	0.0362	0.0483	0.0729	0.0817	0.0963	0.1318
			女	68	0.0694	0.0582	0.0260	0.0391	0.0575	0.0745	0.1215
		45 岁～	男	13	0.0751	0.0286	0.0418	0.0521	0.0662	0.0905	0.1339
			女	31	0.0704	0.0969	0.0215	0.0263	0.0455	0.0676	0.2980
		60 岁～	男	24	0.0541	0.0265	0.0279	0.0353	0.0465	0.0631	0.1143
			女	63	0.0554	0.0397	0.0262	0.0324	0.0380	0.0634	0.1505
	农村	18 岁～	男	84	0.0344	0.0133	0.0221	0.0297	0.0330	0.0364	0.0457
			女	76	0.0237	0.0051	0.0134	0.0210	0.0236	0.0272	0.0320
		45 岁～	男	41	0.0299	0.0078	0.0172	0.0252	0.0302	0.0336	0.0421
			女	49	0.0313	0.0395	0.0143	0.0165	0.0226	0.0279	0.0553
		60 岁～	男	41	0.0299	0.0132	0.0195	0.0229	0.0251	0.0341	0.0429
			女	43	0.0300	0.0221	0.0165	0.0195	0.0221	0.0303	0.0770
上海	城市	18 岁～	男	97	0.0036	0.0034	0.0018	0.0027	0.0032	0.0036	0.0045
			女	88	0.0022	0.0009	0.0013	0.0017	0.0021	0.0024	0.0039
		45 岁～	男	18	0.0035	0.0017	0.0021	0.0028	0.0031	0.0034	0.0090
			女	43	0.0021	0.0003	0.0016	0.0019	0.0021	0.0023	0.0026

类别				N	空气镉暴露贡献比/%						
					Mean	Std	P5	P25	P50	P75	P95
上海	城市	60岁～	男	16	0.0025	0.0005	0.0015	0.0023	0.0025	0.0028	0.0034
			女	36	0.0020	0.0004	0.0015	0.0018	0.0019	0.0021	0.0025
	农村	18岁～	男	48	0.0039	0.0015	0.0025	0.0034	0.0037	0.0042	0.0054
			女	38	0.0030	0.0027	0.0018	0.0022	0.0026	0.0030	0.0042
		45岁～	男	71	0.0036	0.0010	0.0024	0.0031	0.0035	0.0040	0.0053
			女	82	0.0027	0.0017	0.0017	0.0021	0.0024	0.0029	0.0038
		60岁～	男	35	0.0026	0.0006	0.0018	0.0023	0.0026	0.0030	0.0041
			女	27	0.0020	0.0006	0.0011	0.0015	0.0019	0.0024	0.0031
武汉	城市	18岁～	男	60	0.0189	0.0057	0.0117	0.0158	0.0179	0.0216	0.0286
			女	77	0.0147	0.0093	0.0094	0.0113	0.0136	0.0148	0.0176
		45岁～	男	40	0.0166	0.0044	0.0092	0.0134	0.0171	0.0197	0.0220
			女	41	0.0128	0.0028	0.0086	0.0114	0.0130	0.0140	0.0156
		60岁～	男	60	0.0148	0.0033	0.0097	0.0125	0.0146	0.0175	0.0205
			女	77	0.0115	0.0022	0.0074	0.0102	0.0113	0.0132	0.0152
	农村	18岁～	男	22	0.0174	0.0036	0.0124	0.0147	0.0178	0.0197	0.0230
			女	33	0.0160	0.0093	0.0077	0.0123	0.0137	0.0161	0.0406
		45岁～	男	39	0.0191	0.0052	0.0100	0.0155	0.0184	0.0217	0.0297
			女	55	0.0123	0.0043	0.0058	0.0087	0.0128	0.0149	0.0202
		60岁～	男	66	0.0158	0.0048	0.0086	0.0123	0.0159	0.0190	0.0228
			女	50	0.0119	0.0043	0.0056	0.0091	0.0120	0.0135	0.0179
成都	城市	18岁～	男	123	0.0181	0.0068	0.0086	0.0123	0.0189	0.0223	0.0279
			女	125	0.0121	0.0047	0.0060	0.0089	0.0123	0.0145	0.0180
		45岁～	男	24	0.0144	0.0041	0.0087	0.0114	0.0139	0.0178	0.0206
			女	29	0.0112	0.0038	0.0060	0.0088	0.0106	0.0137	0.0190
		60岁～	男	8	0.0114	0.0028	0.0092	0.0096	0.0101	0.0126	0.0172
			女	26	0.0107	0.0045	0.0054	0.0076	0.0096	0.0147	0.0192
	农村	18岁～	男	64	0.0087	0.0055	0.0028	0.0063	0.0087	0.0104	0.0130
			女	63	0.0055	0.0032	0.0019	0.0033	0.0051	0.0068	0.0086
		45岁～	男	55	0.0066	0.0029	0.0028	0.0042	0.0064	0.0086	0.0121
			女	44	0.0062	0.0042	0.0016	0.0042	0.0058	0.0070	0.0148

类别				N	空气镉暴露贡献比/%						
					Mean	Std	P5	P25	P50	P75	P95
成都	农村	60 岁～	男	34	0.0062	0.0022	0.0026	0.0040	0.0066	0.0081	0.0096
			女	36	0.0050	0.0016	0.0020	0.0037	0.0053	0.0061	0.0073
兰州	城市	18 岁～	男	61	0.1343	0.0615	0.0688	0.0972	0.1214	0.1580	0.2147
			女	51	0.0832	0.0280	0.0408	0.0647	0.0783	0.1057	0.1213
		45 岁～	男	49	0.1043	0.0374	0.0547	0.0775	0.0982	0.1225	0.1863
			女	54	0.0764	0.0258	0.0302	0.0597	0.0722	0.0993	0.1134
		60 岁～	男	65	0.0916	0.0296	0.0492	0.0663	0.0919	0.1191	0.1330
			女	67	0.0666	0.0226	0.0392	0.0511	0.0564	0.0892	0.1025
	农村	18 岁～	男	51	0.1390	0.0668	0.0765	0.0904	0.1184	0.1751	0.2340
			女	49	0.1249	0.0270	0.0715	0.1060	0.1275	0.1392	0.1666
		45 岁～	男	59	0.1539	0.0427	0.0810	0.1376	0.1572	0.1770	0.2342
			女	49	0.1106	0.0436	0.0417	0.0880	0.1121	0.1293	0.1760
		60 岁～	男	69	0.1306	0.0512	0.0678	0.0909	0.1338	0.1540	0.2063
			女	64	0.0968	0.0298	0.0469	0.0752	0.1038	0.1135	0.1428

附表 2-11　不同地区居民分城乡、年龄和性别的室内空气镉暴露贡献比

类别				N	室内空气镉暴露贡献比/‰						
					Mean	Std	P5	P25	P50	P75	P95
太原	城市	18 岁～	男	68	0.3029	0.7213	0.1107	0.1352	0.1517	0.1771	0.8855
			女	72	0.1899	0.4350	0.0673	0.0889	0.1038	0.1251	0.3706
		45 岁～	男	50	0.1618	0.1328	0.0836	0.1109	0.1443	0.1580	0.2543
			女	60	0.1707	0.3863	0.0673	0.0833	0.1027	0.1166	0.4587
		60 岁～	男	56	0.2200	0.5268	0.0999	0.1067	0.1195	0.1428	0.7273
			女	54	0.1551	0.4416	0.0723	0.0824	0.0905	0.1111	0.1290
	农村	18 岁～	男	41	0.1614	0.1112	0.0621	0.0719	0.1143	0.2875	0.3496
			女	40	0.1189	0.0987	0.0394	0.0507	0.0971	0.1248	0.2688
		45 岁～	男	49	0.1649	0.1129	0.0346	0.0769	0.1203	0.2599	0.3717
			女	74	0.1599	0.1393	0.0369	0.0733	0.1060	0.2351	0.2896
		60 岁～	男	73	0.1386	0.0973	0.0423	0.0628	0.1073	0.2344	0.3189
			女	59	0.0986	0.0657	0.0330	0.0461	0.0773	0.1285	0.2268

类别				N	室内空气镉暴露贡献比/‰						
					Mean	Std	P5	P25	P50	P75	P95
大连	城市	18岁～	男	88	8.4908	3.6027	4.5776	7.0475	7.9164	9.3667	12.9810
			女	68	6.7031	5.6730	2.4014	3.7572	5.5255	7.2889	12.0008
		45岁～	男	13	7.2737	2.8866	3.9149	4.9773	6.3968	9.0060	13.1362
			女	31	6.7605	9.4902	1.9763	2.4294	4.4445	6.6280	27.5000
		60岁～	男	24	5.1308	2.6827	2.5393	3.2210	4.3998	5.9834	11.2225
			女	63	5.3976	3.9146	2.5213	3.1213	3.6671	6.1154	14.7556
	农村	18岁～	男	84	3.2530	1.2696	2.1299	2.7964	3.1149	3.4674	4.2919
			女	76	2.2584	0.5063	1.2443	1.9905	2.2641	2.5974	3.1029
		45岁～	男	41	2.8519	0.7502	1.6396	2.4102	2.8834	3.1921	4.0584
			女	49	2.9979	3.8015	1.3720	1.5947	2.1975	2.6750	5.3408
		60岁～	男	41	2.8564	1.2670	1.8483	2.2167	2.3946	3.2138	4.1227
			女	43	2.8627	2.0931	1.5626	1.8836	2.1133	2.9298	7.3420
上海	城市	18岁～	男	97	0.1481	0.1544	0.0604	0.1084	0.1361	0.1589	0.1861
			女	88	0.0906	0.0343	0.0418	0.0656	0.0895	0.1096	0.1457
		45岁～	男	18	0.1617	0.1001	0.0720	0.1200	0.1334	0.1450	0.4659
			女	43	0.0907	0.0158	0.0608	0.0801	0.0930	0.1014	0.1095
		60岁～	男	16	0.1135	0.0206	0.0761	0.1003	0.1086	0.1327	0.1473
			女	36	0.0875	0.0208	0.0451	0.0790	0.0879	0.0977	0.1118
	农村	18岁～	男	48	0.1014	0.0542	0.0531	0.0847	0.0996	0.1131	0.1265
			女	38	0.0681	0.0283	0.0356	0.0565	0.0671	0.0724	0.0873
		45岁～	男	71	0.0914	0.0304	0.0485	0.0708	0.0968	0.1059	0.1235
			女	82	0.0683	0.0406	0.0336	0.0562	0.0651	0.0749	0.0855
		60岁～	男	35	0.0655	0.0215	0.0393	0.0427	0.0688	0.0875	0.0928
			女	27	0.0481	0.0203	0.0130	0.0321	0.0492	0.0667	0.0755
武汉	城市	18岁～	男	60	1.6009	0.4993	0.9824	1.2786	1.5351	1.8564	2.4653
			女	77	1.2350	0.7590	0.7602	0.9732	1.1550	1.2461	1.5008
		45岁～	男	40	1.3969	0.4057	0.6932	1.1346	1.4000	1.6918	1.9885
			女	41	1.1184	0.2389	0.7919	1.0139	1.1139	1.2125	1.4153
		60岁～	男	60	1.2702	0.3069	0.8703	1.0248	1.2475	1.4992	1.7831
			女	77	0.9947	0.2272	0.6729	0.8120	0.9855	1.1467	1.4119

类别				N	室内空气镉暴露贡献比/‰						
					Mean	Std	P5	P25	P50	P75	P95
武汉	农村	18 岁～	男	22	1.2742	0.2906	0.6772	1.0976	1.3216	1.4486	1.6724
			女	33	1.2905	0.8384	0.4997	0.8698	1.0561	1.2885	3.4156
		45 岁～	男	39	1.4757	0.4665	0.7337	1.2132	1.4075	1.8006	2.3986
			女	55	0.9285	0.3782	0.4551	0.6302	0.8441	1.2054	1.7009
		60 岁～	男	66	1.2538	0.4294	0.6606	0.9039	1.2495	1.4772	1.9414
			女	50	0.9406	0.3862	0.3804	0.6861	0.9669	1.1231	1.5197
成都	城市	18 岁～	男	123	1.2104	0.5687	0.5587	0.7647	1.0846	1.6075	1.9956
			女	125	0.8389	0.3666	0.3863	0.5858	0.8133	1.0194	1.3079
		45 岁～	男	24	0.9766	0.3591	0.5497	0.6729	0.8907	1.2450	1.6401
			女	29	0.7787	0.3048	0.3939	0.5179	0.7648	0.9151	1.3566
		60 岁～	男	8	0.8656	0.2193	0.5922	0.6641	0.8840	1.0028	1.2304
			女	26	0.8074	0.3631	0.3013	0.5200	0.7702	1.0050	1.3964
	农村	18 岁～	男	64	0.6818	0.4699	0.0958	0.4594	0.6969	0.8377	1.1149
			女	63	0.4415	0.2475	0.0980	0.2705	0.4367	0.5788	0.7519
		45 岁～	男	55	0.5136	0.2612	0.1363	0.2764	0.5360	0.7121	1.0097
			女	44	0.5184	0.3788	0.0675	0.3509	0.4965	0.5989	1.3488
		60 岁～	男	34	0.4826	0.2345	0.1053	0.2711	0.5280	0.6730	0.8290
			女	36	0.3990	0.1714	0.0829	0.2842	0.4371	0.5071	0.6412
兰州	城市	18 岁～	男	61	9.5566	4.8258	4.8799	6.6526	7.9656	11.5539	16.6139
			女	51	5.8620	2.4307	2.5630	4.5042	5.6912	7.3390	8.9333
		45 岁～	男	49	7.3734	3.0241	3.1368	5.1488	6.7224	8.9669	13.8908
			女	54	5.4682	2.0548	2.3409	4.1438	5.2224	7.0651	9.1237
		60 岁～	男	65	6.4230	2.8727	2.9335	4.0020	5.5913	9.1123	11.5741
			女	67	4.8879	2.2928	2.4588	3.3025	3.6494	7.3387	8.8974
	农村	18 岁～	男	51	10.2961	6.0514	5.1325	5.8982	9.3497	12.1446	20.6582
			女	49	10.2122	2.9934	5.7980	7.7873	10.4116	12.2046	14.8877
		45 岁～	男	59	12.2968	3.9756	5.8056	10.1235	12.2868	14.2757	19.5566
			女	49	8.6562	4.1018	2.8482	6.3926	8.2017	10.4838	16.0100
		60 岁～	男	69	10.6384	4.8187	4.8382	6.9270	10.4766	13.1101	17.9748
			女	64	7.9408	2.9051	3.3368	5.7953	8.1386	9.8946	13.0083

附表 2-12 不同地区居民分城乡、年龄和性别的室外空气镉暴露贡献比

类别				N	室外空气镉暴露贡献比/‰						
					Mean	Std	P5	P25	P50	P75	P95
太原	城市	18 岁～	男	68	0.7670	0.4177	0.1293	0.5062	0.6799	1.0639	1.5528
			女	72	0.5676	0.3545	0.1666	0.3691	0.5138	0.6687	1.1574
		45 岁～	男	50	1.1807	3.1082	0.2044	0.4801	0.7919	0.9430	1.5066
			女	60	0.4933	0.2332	0.1405	0.3407	0.4420	0.6590	0.8662
		60 岁～	男	56	0.4694	0.2348	0.1419	0.2945	0.4474	0.5703	0.8930
			女	54	0.3706	0.1780	0.0862	0.2734	0.3431	0.4858	0.7608
	农村	18 岁～	男	41	1.6369	0.5083	0.9994	1.2662	1.5451	2.0103	2.4048
			女	40	0.9790	0.5502	0.2309	0.4529	0.9426	1.4792	1.8387
		45 岁～	男	49	1.5023	0.5875	0.7154	1.0695	1.4427	1.7519	2.5043
			女	74	1.2592	1.5718	0.4412	0.7747	1.0577	1.4879	1.8650
		60 岁～	男	73	1.3754	0.5680	0.5449	0.8804	1.3241	1.8332	2.3331
			女	59	0.9645	0.4241	0.3300	0.5698	0.9798	1.3219	1.5712
大连	城市	18 岁～	男	88	0.2057	0.0741	0.0705	0.1504	0.2227	0.2529	0.3009
			女	68	0.2069	0.1710	0.0498	0.1356	0.1949	0.2211	0.4426
		45 岁～	男	13	0.1941	0.0709	0.0240	0.1756	0.2021	0.2301	0.2958
			女	31	0.2408	0.3462	0.0275	0.1442	0.1731	0.2227	0.4264
		60 岁～	男	24	0.2519	0.0668	0.1643	0.2269	0.2671	0.2881	0.3145
			女	63	0.1098	0.0687	0.0079	0.0810	0.0992	0.1239	0.2403
	农村	18 岁～	男	84	0.1452	0.0743	0.0612	0.1082	0.1447	0.1639	0.2084
			女	76	0.0853	0.0295	0.0364	0.0634	0.0910	0.1018	0.1238
		45 岁～	男	41	0.1195	0.0391	0.0601	0.0988	0.1197	0.1382	0.1661
			女	49	0.1071	0.1277	0.0274	0.0492	0.0801	0.1164	0.3106
		60 岁～	男	41	0.1046	0.0504	0.0377	0.0726	0.1011	0.1207	0.1968
			女	43	0.1063	0.1162	0.0361	0.0478	0.0735	0.0994	0.3139
上海	城市	18 岁～	男	97	0.0990	0.0914	0.0433	0.0761	0.0878	0.1021	0.1439
			女	88	0.0609	0.0319	0.0243	0.0457	0.0567	0.0639	0.1193
		45 岁～	男	18	0.0926	0.0498	0.0259	0.0735	0.0816	0.1075	0.2709
			女	43	0.0553	0.0083	0.0455	0.0500	0.0552	0.0593	0.0725

类别				N	室外空气镉暴露贡献比/‰						
					Mean	Std	P5	P25	P50	P75	P95
上海	城市	60 岁～	男	16	0.0661	0.0132	0.0471	0.0574	0.0638	0.0708	0.1024
			女	36	0.0480	0.0097	0.0363	0.0423	0.0457	0.0504	0.0719
	农村	18 岁～	男	48	0.2219	0.0754	0.1378	0.1804	0.2160	0.2442	0.3426
			女	38	0.1710	0.1649	0.0991	0.1173	0.1412	0.1600	0.2845
		45 岁～	男	71	0.1705	0.0835	0.0577	0.1058	0.1542	0.2188	0.2834
			女	82	0.1475	0.1107	0.0499	0.1111	0.1364	0.1652	0.1920
		60 岁～	男	35	0.1374	0.0340	0.0895	0.1191	0.1334	0.1542	0.2061
			女	27	0.1140	0.0391	0.0551	0.0890	0.1176	0.1417	0.1726
武汉	城市	18 岁～	男	60	0.2141	0.0990	0.0720	0.1462	0.2052	0.2510	0.3721
			女	77	0.1755	0.1352	0.0599	0.1083	0.1369	0.1965	0.4001
		45 岁～	男	40	0.2021	0.1342	0.0426	0.0815	0.1708	0.2981	0.3836
			女	41	0.1097	0.0858	0.0332	0.0422	0.0924	0.1247	0.2992
		60 岁～	男	60	0.1681	0.1195	0.0370	0.0682	0.1357	0.2362	0.3977
			女	77	0.1156	0.0752	0.0373	0.0573	0.0968	0.1424	0.2906
	农村	18 岁～	男	22	0.3177	0.1961	0.1188	0.1648	0.2545	0.3788	0.6935
			女	33	0.2170	0.1200	0.0861	0.1317	0.1779	0.2948	0.4788
		45 岁～	男	39	0.2748	0.1315	0.0817	0.1896	0.2424	0.3346	0.5491
			女	55	0.2140	0.1073	0.0544	0.1392	0.1923	0.2674	0.4322
		60 岁～	男	66	0.2085	0.0955	0.0756	0.1322	0.2037	0.2436	0.4099
			女	50	0.1672	0.0854	0.0480	0.1076	0.1592	0.2077	0.3257
成都	城市	18 岁～	男	123	0.4688	0.4203	0.0990	0.1604	0.2918	0.6287	1.1811
			女	125	0.2972	0.2413	0.0753	0.1050	0.2374	0.4244	0.7797
		45 岁～	男	24	0.3971	0.2709	0.1067	0.1447	0.3818	0.5891	0.9367
			女	29	0.2765	0.2178	0.0714	0.1171	0.2238	0.4217	0.6567
		60 岁～	男	8	0.2450	0.1335	0.1012	0.1079	0.2602	0.3303	0.4623
			女	26	0.2204	0.2114	0.0591	0.0850	0.1101	0.2609	0.6751
	农村	18 岁～	男	64	0.0353	0.0376	0.0069	0.0143	0.0300	0.0422	0.0711
			女	63	0.0257	0.0349	0.0042	0.0091	0.0178	0.0281	0.0609
		45 岁～	男	55	0.0289	0.0218	0.0052	0.0095	0.0275	0.0392	0.0708
			女	44	0.0219	0.0151	0.0067	0.0148	0.0214	0.0248	0.0408

类别				N	室外空气镉暴露贡献比/‰						
					Mean	Std	P5	P25	P50	P75	P95
成都	农村	60岁～	男	34	0.0228	0.0144	0.0052	0.0117	0.0230	0.0299	0.0611
			女	36	0.0183	0.0104	0.0057	0.0080	0.0192	0.0234	0.0419
兰州	城市	18岁～	男	61	2.5039	1.5503	0.6726	1.4045	2.2318	3.1817	5.3745
			女	51	1.5413	1.1243	0.2990	0.7262	1.1445	2.2929	3.7999
		45岁～	男	49	1.8944	1.1324	0.4656	1.1870	1.7040	2.2913	4.2893
			女	54	1.4318	0.9307	0.2038	0.6952	1.3600	1.7759	3.5454
		60岁～	男	65	1.9805	0.9789	0.4612	1.1286	1.9633	2.7702	3.6175
			女	67	1.2185	0.5482	0.4440	0.7295	1.1085	1.6647	2.0089
	农村	18岁～	男	51	2.9231	1.1053	1.1772	2.1034	2.8601	3.7074	4.9372
			女	49	1.8989	0.7850	0.7890	1.1912	1.9095	2.6368	2.9696
		45岁～	男	59	2.6219	1.3111	1.2002	1.6640	2.4111	3.3135	5.1267
			女	49	2.0282	0.7956	0.7947	1.3305	2.0095	2.5500	3.2106
		60岁～	男	69	2.0370	0.8177	0.8471	1.4604	1.9384	2.6292	3.5421
			女	64	1.4407	0.7469	0.3647	0.8879	1.5341	1.9499	2.3720

附表 2-13　不同地区居民分城乡、年龄和性别的交通空气镉暴露贡献比

类别				N	交通空气镉暴露贡献比/‰						
					Mean	Std	P5	P25	P50	P75	P95
太原	城市	18岁～	男	68	0.4982	0.3391	0.0608	0.2310	0.4324	0.6886	1.2324
			女	72	0.3346	0.1964	0.0506	0.1880	0.3090	0.4536	0.7135
		45岁～	男	50	0.4529	0.5103	0.0536	0.1742	0.3413	0.6159	1.0011
			女	60	0.3335	0.2573	0.0625	0.1436	0.2717	0.4513	0.8104
		60岁～	男	56	0.2745	0.2253	0.0655	0.1630	0.2040	0.2844	0.8687
			女	54	0.1938	0.1436	0.0415	0.1036	0.1464	0.2409	0.5468
	农村	18岁～	男	41	0.0374	0.0195	0.0079	0.0310	0.0382	0.0494	0.0613
			女	40	0.0189	0.0100	0.0060	0.0097	0.0174	0.0271	0.0391
		45岁～	男	49	0.0310	0.0145	0.0084	0.0228	0.0320	0.0380	0.0561
			女	74	0.0230	0.0339	0.0044	0.0158	0.0195	0.0228	0.0346
		60岁～	男	73	0.0249	0.0090	0.0075	0.0220	0.0259	0.0288	0.0384
			女	59	0.0163	0.0063	0.0045	0.0122	0.0164	0.0200	0.0292

类别				N	交通空气镉暴露贡献比/‰						
					Mean	Std	P5	P25	P50	P75	P95
大连	城市	18 岁～	男	88	0.0428	0.0230	0.0232	0.0350	0.0388	0.0430	0.0656
			女	68	0.0330	0.0179	0.0172	0.0264	0.0295	0.0344	0.0674
		45 岁～	男	13	0.0376	0.0146	0.0188	0.0297	0.0341	0.0407	0.0745
			女	31	0.0412	0.0533	0.0072	0.0222	0.0273	0.0354	0.2106
		60 岁～	男	24	0.0321	0.0096	0.0150	0.0264	0.0312	0.0376	0.0465
			女	63	0.0284	0.0240	0.0039	0.0193	0.0223	0.0297	0.0613
	农村	18 岁～	男	84	0.0434	0.0194	0.0181	0.0296	0.0366	0.0572	0.0698
			女	76	0.0255	0.0106	0.0119	0.0193	0.0225	0.0286	0.0450
		45 岁～	男	41	0.0223	0.0118	0.0089	0.0145	0.0203	0.0248	0.0442
			女	49	0.0276	0.0393	0.0055	0.0146	0.0176	0.0294	0.0570
		60 岁～	男	41	0.0277	0.0232	0.0066	0.0171	0.0213	0.0341	0.0489
			女	43	0.0269	0.0316	0.0030	0.0138	0.0184	0.0267	0.0722
上海	城市	18 岁～	男	97	0.1107	0.1022	0.0415	0.0755	0.0973	0.1177	0.2108
			女	88	0.0694	0.0342	0.0285	0.0508	0.0637	0.0798	0.1168
		45 岁～	男	18	0.0961	0.0450	0.0385	0.0651	0.0922	0.1138	0.2407
			女	43	0.0597	0.0180	0.0297	0.0505	0.0591	0.0683	0.0936
		60 岁～	男	16	0.0751	0.0280	0.0102	0.0654	0.0767	0.0871	0.1341
			女	36	0.0617	0.0203	0.0364	0.0465	0.0593	0.0667	0.1033
	农村	18 岁～	男	48	0.0697	0.0424	0.0320	0.0479	0.0565	0.0761	0.1749
			女	38	0.0646	0.0808	0.0168	0.0292	0.0521	0.0715	0.1539
		45 岁～	男	71	0.1027	0.0508	0.0430	0.0527	0.0963	0.1439	0.1942
			女	82	0.0576	0.0386	0.0241	0.0323	0.0424	0.0607	0.1381
		60 岁～	男	35	0.0616	0.0333	0.0213	0.0389	0.0533	0.0772	0.1339
			女	27	0.0365	0.0176	0.0184	0.0232	0.0330	0.0411	0.0757
武汉	城市	18 岁～	男	60	0.0761	0.0356	0.0285	0.0491	0.0725	0.0938	0.1523
			女	77	0.0595	0.0684	0.0195	0.0306	0.0501	0.0644	0.1197
		45 岁～	男	40	0.0604	0.0269	0.0227	0.0388	0.0622	0.0689	0.1177
			女	41	0.0479	0.0269	0.0149	0.0326	0.0448	0.0508	0.0891
		60 岁～	男	60	0.0419	0.0180	0.0209	0.0294	0.0392	0.0510	0.0791
			女	77	0.0410	0.0203	0.0133	0.0246	0.0403	0.0496	0.0834

类别				N	交通空气镉暴露贡献比/‰						
					Mean	Std	P5	P25	P50	P75	P95
武汉	农村	18 岁～	男	22	0.1441	0.0832	0.0435	0.0786	0.1363	0.1843	0.3084
			女	33	0.0924	0.0501	0.0321	0.0507	0.0827	0.1176	0.2105
		45 岁～	男	39	0.1560	0.0871	0.0469	0.1162	0.1296	0.1837	0.3116
			女	55	0.0920	0.0485	0.0222	0.0564	0.0945	0.1051	0.2054
		60 岁～	男	66	0.1214	0.0592	0.0444	0.0857	0.1162	0.1433	0.2391
			女	50	0.0805	0.0367	0.0235	0.0646	0.0840	0.0927	0.1305
成都	城市	18 岁～	男	123	0.1285	0.0385	0.0698	0.1121	0.1277	0.1475	0.1912
			女	125	0.0754	0.0322	0.0406	0.0604	0.0726	0.0843	0.1245
		45 岁～	男	24	0.0647	0.0125	0.0413	0.0601	0.0651	0.0712	0.0847
			女	29	0.0653	0.0283	0.0308	0.0493	0.0594	0.0677	0.1410
		60 岁～	男	8	0.0287	0.0066	0.0178	0.0240	0.0299	0.0339	0.0365
			女	26	0.0396	0.0222	0.0141	0.0267	0.0362	0.0459	0.0863
	农村	18 岁～	男	64	0.1503	0.0822	0.0800	0.1101	0.1405	0.1630	0.2740
			女	63	0.0795	0.0724	0.0385	0.0517	0.0605	0.0786	0.1586
		45 岁～	男	55	0.1177	0.0543	0.0455	0.0856	0.1087	0.1412	0.2013
			女	44	0.0748	0.0491	0.0456	0.0557	0.0634	0.0740	0.1265
		60 岁～	男	34	0.1187	0.0532	0.0326	0.0897	0.1224	0.1393	0.2456
			女	36	0.0821	0.0220	0.0391	0.0770	0.0822	0.0891	0.1175
兰州	城市	18 岁～	男	61	1.3675	0.8820	0.4342	0.7321	1.1419	1.7154	2.8911
			女	51	0.9148	0.4788	0.2916	0.5840	0.8184	1.1662	1.9522
		45 岁～	男	49	1.1622	0.7674	0.2120	0.6759	1.0011	1.3958	2.4955
			女	54	0.7391	0.3588	0.2504	0.4685	0.7053	0.9242	1.4903
		60 岁～	男	65	0.7543	0.4525	0.2267	0.4627	0.6317	0.9825	1.6715
			女	67	0.5526	0.3297	0.1786	0.3267	0.4695	0.6714	1.3139
	农村	18 岁～	男	51	0.6783	0.5409	0.1338	0.2959	0.4546	1.0156	1.8732
			女	49	0.3815	0.2349	0.1025	0.1776	0.3561	0.4889	0.7686
		45 岁～	男	59	0.4750	0.3630	0.0700	0.2290	0.3994	0.5645	1.3360
			女	49	0.3778	0.2298	0.0635	0.2251	0.3389	0.4429	0.8867
		60 岁～	男	69	0.3834	0.2546	0.0923	0.2488	0.3405	0.4479	1.0726
			女	64	0.2960	0.1112	0.1528	0.2219	0.2830	0.3552	0.4560

附表 2-14 不同地区居民分城乡、年龄和性别的空气砷暴露贡献比

类别				N	空气砷暴露贡献比/%						
					Mean	Std	P5	P25	P50	P75	P95
太原	城市	18 岁～	男	68	0.0113	0.0044	0.0047	0.0074	0.0110	0.0145	0.0193
			女	72	0.0079	0.0029	0.0033	0.0064	0.0075	0.0090	0.0139
		45 岁～	男	50	0.0110	0.0048	0.0041	0.0070	0.0110	0.0130	0.0196
			女	60	0.0071	0.0026	0.0025	0.0055	0.0067	0.0091	0.0114
		60 岁～	男	56	0.0079	0.0026	0.0045	0.0058	0.0078	0.0091	0.0126
			女	54	0.0059	0.0019	0.0029	0.0047	0.0061	0.0067	0.0099
	农村	18 岁～	男	41	0.0245	0.0073	0.0140	0.0191	0.0261	0.0300	0.0371
			女	40	0.0167	0.0090	0.0052	0.0122	0.0167	0.0189	0.0331
		45 岁～	男	49	0.0222	0.0088	0.0095	0.0148	0.0227	0.0286	0.0363
			女	74	0.0162	0.0061	0.0071	0.0116	0.0173	0.0200	0.0237
		60 岁～	男	73	0.0190	0.0058	0.0097	0.0147	0.0184	0.0234	0.0288
			女	59	0.0145	0.0074	0.0058	0.0096	0.0137	0.0178	0.0259
大连	城市	18 岁～	男	88	0.0142	0.0031	0.0096	0.0125	0.0141	0.0157	0.0189
			女	68	0.0094	0.0025	0.0056	0.0080	0.0095	0.0109	0.0143
		45 岁～	男	13	0.0122	0.0031	0.0094	0.0099	0.0110	0.0128	0.0194
			女	31	0.0082	0.0025	0.0049	0.0058	0.0078	0.0104	0.0129
		60 岁～	男	24	0.0097	0.0031	0.0064	0.0078	0.0088	0.0108	0.0163
			女	63	0.0094	0.0061	0.0053	0.0072	0.0081	0.0099	0.0132
	农村	18 岁～	男	84	0.0130	0.0024	0.0089	0.0118	0.0131	0.0144	0.0167
			女	76	0.0093	0.0021	0.0052	0.0084	0.0092	0.0108	0.0125
		45 岁～	男	41	0.0114	0.0029	0.0068	0.0098	0.0118	0.0134	0.0164
			女	49	0.0089	0.0034	0.0054	0.0064	0.0082	0.0108	0.0128
		60 岁～	男	41	0.0105	0.0030	0.0059	0.0090	0.0094	0.0126	0.0150
			女	43	0.0129	0.0201	0.0058	0.0077	0.0089	0.0104	0.0162
上海	城市	18 岁～	男	97	0.0861	0.0380	0.0436	0.0742	0.0819	0.0901	0.1316
			女	88	0.0584	0.0230	0.0333	0.0489	0.0552	0.0596	0.1132
		45 岁～	男	18	0.0816	0.0396	0.0277	0.0686	0.0746	0.0833	0.2298
			女	43	0.0504	0.0061	0.0382	0.0479	0.0510	0.0551	0.0581

类别				N	空气砷暴露贡献比/%						
					Mean	Std	P5	P25	P50	P75	P95
上海	城市	60 岁～	男	16	0.0637	0.0068	0.0523	0.0594	0.0634	0.0695	0.0754
			女	36	0.0500	0.0092	0.0398	0.0456	0.0494	0.0526	0.0585
	农村	18 岁～	男	48	0.1083	0.0669	0.0550	0.0857	0.0922	0.1003	0.3325
			女	38	0.0651	0.0210	0.0430	0.0567	0.0616	0.0702	0.1209
		45 岁～	男	71	0.0882	0.0484	0.0513	0.0726	0.0834	0.0895	0.1036
			女	82	0.0632	0.0299	0.0405	0.0553	0.0590	0.0653	0.0772
		60 岁～	男	35	0.0749	0.0244	0.0515	0.0669	0.0697	0.0737	0.1568
			女	27	0.0525	0.0102	0.0357	0.0476	0.0530	0.0556	0.0641
武汉	城市	18 岁～	男	60	0.0380	0.0141	0.0201	0.0286	0.0371	0.0437	0.0657
			女	77	0.0299	0.0119	0.0181	0.0212	0.0273	0.0364	0.0529
		45 岁～	男	40	0.0321	0.0132	0.0142	0.0237	0.0303	0.0372	0.0553
			女	41	0.0272	0.0119	0.0134	0.0180	0.0231	0.0380	0.0444
		60 岁～	男	60	0.0279	0.0109	0.0146	0.0208	0.0241	0.0336	0.0508
			女	77	0.0211	0.0081	0.0123	0.0155	0.0185	0.0237	0.0408
	农村	18 岁～	男	22	0.1047	0.0414	0.0413	0.0696	0.0938	0.1475	0.1645
			女	33	0.0792	0.0304	0.0401	0.0554	0.0702	0.1132	0.1288
		45 岁～	男	39	0.0890	0.0453	0.0382	0.0584	0.0709	0.1242	0.2118
			女	55	0.0502	0.0144	0.0299	0.0404	0.0489	0.0586	0.0723
		60 岁～	男	66	0.0603	0.0221	0.0344	0.0443	0.0581	0.0700	0.1043
			女	50	0.0483	0.0196	0.0251	0.0351	0.0421	0.0599	0.1000
成都	城市	18 岁～	男	123	0.0238	0.0311	0.0063	0.0090	0.0111	0.0308	0.0616
			女	125	0.0167	0.0249	0.0042	0.0059	0.0079	0.0275	0.0394
		45 岁～	男	24	0.0173	0.0143	0.0077	0.0081	0.0107	0.0223	0.0447
			女	29	0.0157	0.0126	0.0037	0.0060	0.0076	0.0261	0.0396
		60 岁～	男	8	0.0109	0.0084	0.0061	0.0067	0.0081	0.0102	0.0313
			女	26	0.0152	0.0134	0.0039	0.0054	0.0078	0.0279	0.0400
	农村	18 岁～	男	64	0.0105	0.0034	0.0045	0.0084	0.0106	0.0124	0.0153
			女	63	0.0074	0.0037	0.0043	0.0051	0.0065	0.0086	0.0112
		45 岁～	男	55	0.0117	0.0088	0.0047	0.0073	0.0100	0.0125	0.0379
			女	44	0.0069	0.0025	0.0043	0.0054	0.0068	0.0075	0.0105

类别				N	空气砷暴露贡献比/%						
					Mean	Std	P5	P25	P50	P75	P95
成都	农村	60 岁～	男	34	0.0088	0.0028	0.0038	0.0070	0.0089	0.0101	0.0137
			女	36	0.0069	0.0018	0.0041	0.0058	0.0066	0.0078	0.0106
兰州	城市	18 岁～	男	61	2.3312	0.8112	1.4229	1.8476	2.1534	2.6824	3.3566
			女	51	1.5185	0.5557	0.9003	1.0628	1.3302	1.9505	2.4969
		45 岁～	男	49	1.9060	0.5694	1.0980	1.5366	1.8370	2.1214	3.1576
			女	54	1.5161	0.5545	0.8029	1.2492	1.3657	1.8808	2.6933
		60 岁～	男	65	1.5594	0.3825	0.9966	1.3003	1.5768	1.8069	2.1746
			女	67	1.2626	0.3733	0.8750	0.9905	1.1747	1.4500	2.1074
	农村	18 岁～	男	51	1.1117	0.4134	0.6350	0.8437	1.0152	1.2476	2.0121
			女	49	0.9378	0.2986	0.5736	0.7459	0.8937	1.1052	1.4683
		45 岁～	男	59	1.0366	0.3173	0.5299	0.8581	1.0273	1.2242	1.7414
			女	49	0.7925	0.2728	0.4213	0.6003	0.7668	0.9257	1.2891
		60 岁～	男	69	1.0106	0.3666	0.4512	0.8112	0.9893	1.1941	1.5042
			女	64	0.9418	0.3890	0.4853	0.7100	0.8776	1.0435	1.9241

附表 2-15　不同地区居民分城乡、年龄和性别的室内空气砷暴露贡献比

类别				N	室内空气砷暴露贡献比/‰						
					Mean	Std	P5	P25	P50	P75	P95
太原	城市	18 岁～	男	68	0.2100	0.1071	0.0898	0.1364	0.1623	0.3181	0.3968
			女	72	0.1410	0.0960	0.0514	0.0890	0.1068	0.1444	0.2796
		45 岁～	男	50	0.1603	0.0537	0.0906	0.1209	0.1420	0.2233	0.2500
			女	60	0.1347	0.0752	0.0560	0.0829	0.1029	0.2041	0.2345
		60 岁～	男	56	0.2079	0.0958	0.0821	0.1159	0.2048	0.2947	0.3379
			女	54	0.1461	0.0686	0.0674	0.0872	0.1125	0.2190	0.2485
	农村	18 岁～	男	41	1.2072	0.6431	0.2038	0.2970	1.4609	1.5828	2.0428
			女	40	0.9170	0.7858	0.1540	0.2017	1.0063	1.2267	2.4865
		45 岁～	男	49	1.0402	0.6459	0.1355	0.2552	1.1992	1.5423	2.0133
			女	74	0.7848	0.4844	0.1428	0.1920	0.9679	1.0972	1.3563
		60 岁～	男	73	0.9163	0.5492	0.1483	0.2422	1.0958	1.3536	1.7148
			女	59	0.7068	0.5578	0.1069	0.1623	0.8291	1.0475	1.5220

类别				N	室内空气砷暴露贡献比/‰						
					Mean	Std	P5	P25	P50	P75	P95
大连	城市	18岁～	男	88	1.3399	0.3068	0.9192	1.1725	1.3275	1.4731	1.8242
			女	68	0.8762	0.2488	0.5017	0.7180	0.8660	1.0128	1.3889
		45岁～	男	13	1.1423	0.3111	0.8557	0.8754	1.0081	1.2655	1.8473
			女	31	0.7488	0.2449	0.4319	0.5210	0.7022	0.9715	1.2084
		60岁～	男	24	0.8741	0.3164	0.5550	0.6866	0.7728	0.9727	1.5778
			女	63	0.8939	0.5920	0.5039	0.6769	0.7777	0.9437	1.3018
	农村	18岁～	男	84	1.1784	0.2246	0.7930	1.0698	1.1811	1.2976	1.5536
			女	76	0.8576	0.1986	0.4765	0.7624	0.8620	0.9960	1.1927
		45岁～	男	41	1.0497	0.2715	0.6146	0.8920	1.0689	1.2160	1.5319
			女	49	0.8200	0.2999	0.4785	0.5971	0.7776	0.9955	1.1970
		60岁～	男	41	0.9678	0.2785	0.5104	0.8177	0.8942	1.1274	1.3827
			女	43	1.2037	1.8607	0.5441	0.7300	0.8113	0.9602	1.5284
上海	城市	18岁～	男	97	7.8557	3.4356	4.0266	6.7794	7.5548	8.2371	11.7905
			女	88	5.3455	2.0875	3.0379	4.4732	5.0455	5.4981	10.2093
		45岁～	男	18	7.4852	3.6513	2.6008	6.1920	6.8276	7.5297	21.0915
			女	43	4.6064	0.5815	3.4540	4.2896	4.6948	5.0788	5.3808
		60岁～	男	16	5.8481	0.6283	4.7287	5.4610	5.8221	6.3434	7.0460
			女	36	4.5899	0.8486	3.7141	4.0984	4.4930	4.9036	5.3681
	农村	18岁～	男	48	9.5494	5.9090	4.8626	7.3975	8.1069	8.8966	29.3264
			女	38	5.6872	1.7779	3.8342	4.9154	5.3858	5.9752	10.5916
		45岁～	男	71	7.7340	4.2067	4.4462	6.3148	7.3272	7.9215	9.3573
			女	82	5.5624	2.6894	3.4752	4.7544	5.1710	5.6928	6.9865
		60岁～	男	35	6.6568	2.1385	4.3483	5.9501	6.2681	6.6200	13.8843
			女	27	4.6335	0.8893	3.2685	4.2632	4.7780	4.9443	5.4200
武汉	城市	18岁～	男	60	3.1097	1.2494	1.6282	2.3013	3.0080	3.6592	5.6404
			女	77	2.4742	1.0507	1.1930	1.6963	2.3079	3.0265	4.5532
		45岁～	男	40	2.6338	1.2836	1.1439	1.6055	2.3179	3.2003	4.9148
			女	41	2.3416	1.0921	1.1013	1.3804	1.9694	3.3348	4.1937
		60岁～	男	60	2.3299	1.1337	1.1356	1.5393	1.9504	2.8867	4.7930
			女	77	1.7552	0.8366	0.9031	1.1688	1.4827	2.0640	3.7307

类别				N	室内空气砷暴露贡献比/‱						
					Mean	Std	P5	P25	P50	P75	P95
武汉	农村	18 岁～	男	22	8.4819	4.2022	2.7556	4.9973	6.7486	12.3595	14.9893
			女	33	6.6924	3.1039	2.9680	4.2247	5.8419	10.3300	11.9294
		45 岁～	男	39	7.1124	4.5393	2.7986	4.0010	4.9193	10.3664	18.5191
			女	55	3.7210	1.3765	2.0461	2.7350	3.2928	4.4565	6.0965
		60 岁～	男	66	4.7721	2.1508	2.5593	3.1030	4.1955	5.6755	8.9112
			女	50	3.8246	2.0198	1.7538	2.4808	3.2436	4.7492	9.0791
成都	城市	18 岁～	男	123	2.0245	3.0069	0.4500	0.6058	0.7298	2.3045	5.8173
			女	125	1.4340	2.2617	0.3198	0.4088	0.5102	2.4568	3.8097
		45 岁～	男	24	1.4680	1.4823	0.5165	0.6097	0.6774	1.9784	4.3787
			女	29	1.3372	1.2380	0.2771	0.4091	0.5755	2.3522	3.8399
		60 岁～	男	8	0.9384	0.8750	0.4172	0.5099	0.6301	0.8730	3.0642
			女	26	1.3422	1.3152	0.2684	0.3831	0.6866	2.4237	3.9205
	农村	18 岁～	男	64	0.8160	0.3284	0.2596	0.6043	0.8038	1.0362	1.4003
			女	63	0.5802	0.3007	0.2264	0.3938	0.5412	0.7032	0.9374
		45 岁～	男	55	0.9110	0.7607	0.3353	0.5339	0.7520	0.9772	3.0099
			女	44	0.5290	0.2497	0.2085	0.4085	0.5199	0.6285	0.7366
		60 岁～	男	34	0.6954	0.2565	0.3193	0.4950	0.7407	0.8356	1.1838
			女	36	0.5394	0.1739	0.2372	0.4443	0.5427	0.6450	0.8530
兰州	城市	18 岁～	男	61	229.1783	80.4884	137.9035	181.0418	211.7482	261.6988	328.6770
			女	51	149.0436	55.2090	87.7101	104.1431	131.7986	191.9936	248.1367
		45 岁～	男	49	187.3587	56.6033	107.8685	151.7525	180.9240	208.7098	312.0353
			女	54	149.1719	55.0804	79.2272	122.5416	134.4150	185.1641	267.6860
		60 岁～	男	65	153.0694	37.7302	97.6386	128.2402	155.9987	177.0371	214.5829
			女	67	124.3260	37.1953	84.0489	96.7066	115.1353	143.4463	209.1086
	农村	18 岁～	男	51	106.9349	41.0632	58.8348	80.8294	97.9635	120.3092	198.1712
			女	49	90.6128	29.7875	54.2134	69.9799	85.1203	105.8623	143.7893
		45 岁～	男	59	100.2698	31.2921	50.1952	82.4200	99.9767	118.4835	170.0856
			女	49	76.2726	27.1840	41.7724	56.9706	72.7459	89.4389	126.3674
		60 岁～	男	69	97.9982	36.5496	42.8665	78.4128	95.3106	117.4386	145.2600
			女	64	91.7264	38.6218	47.3533	68.2513	84.1138	102.3053	189.1759

附表 2-16 不同地区居民分城乡、年龄和性别的室外空气砷暴露贡献比

类别				N	室外空气砷暴露贡献比/‰						
					Mean	Std	P5	P25	P50	P75	P95
太原	城市	18岁～	男	68	0.8257	0.4487	0.1470	0.5211	0.7540	1.1296	1.6645
			女	72	0.5843	0.2787	0.1881	0.4132	0.5382	0.7159	1.1861
		45岁～	男	50	0.8617	0.4837	0.2289	0.4224	0.8732	1.0171	1.8631
			女	60	0.5167	0.2547	0.1182	0.3697	0.4411	0.7011	0.9515
		60岁～	男	56	0.5265	0.2654	0.1558	0.3603	0.4838	0.6731	1.0004
			女	54	0.4067	0.1958	0.0955	0.3030	0.3698	0.5320	0.8588
	农村	18岁～	男	41	0.9129	0.2646	0.5361	0.7118	0.8649	1.1006	1.2839
			女	40	0.5732	0.3294	0.1486	0.2833	0.5056	0.7862	1.0667
		45岁～	男	49	0.8885	0.3717	0.3681	0.6391	0.8557	1.0833	1.5349
			女	74	0.6443	0.2512	0.2571	0.4418	0.6179	0.8411	1.0554
		60岁～	男	73	0.7629	0.3079	0.3259	0.4563	0.7333	1.0220	1.2529
			女	59	0.5806	0.2886	0.1561	0.3564	0.5425	0.8008	1.0800
大连	城市	18岁～	男	88	0.0660	0.0264	0.0199	0.0460	0.0731	0.0831	0.0989
			女	68	0.0566	0.0203	0.0165	0.0429	0.0631	0.0697	0.0826
		45岁～	男	13	0.0637	0.0232	0.0079	0.0577	0.0664	0.0755	0.0971
			女	31	0.0597	0.0363	0.0090	0.0433	0.0563	0.0721	0.1403
		60岁～	男	24	0.0827	0.0219	0.0540	0.0744	0.0878	0.0945	0.1033
			女	63	0.0317	0.0168	0.0038	0.0249	0.0314	0.0362	0.0647
	农村	18岁～	男	84	0.0929	0.0343	0.0412	0.0728	0.0962	0.1096	0.1287
			女	76	0.0571	0.0201	0.0246	0.0408	0.0614	0.0686	0.0835
		45岁～	男	41	0.0770	0.0250	0.0298	0.0653	0.0797	0.0917	0.1060
			女	49	0.0560	0.0403	0.0178	0.0321	0.0535	0.0705	0.0988
		60岁～	男	41	0.0619	0.0249	0.0281	0.0448	0.0613	0.0754	0.1085
			女	43	0.0685	0.1237	0.0243	0.0321	0.0470	0.0554	0.1109
上海	城市	18岁～	男	97	0.4252	0.2344	0.1919	0.3369	0.3892	0.4518	0.6721
			女	88	0.2737	0.1354	0.1077	0.2012	0.2510	0.2832	0.6003
		45岁～	男	18	0.3910	0.2260	0.0502	0.3137	0.3611	0.4570	1.1587
			女	43	0.2446	0.0368	0.2013	0.2224	0.2437	0.2629	0.3220

类别				N	室外空气砷暴露贡献比/‰						
					Mean	Std	P5	P25	P50	P75	P95
上海	城市	60 岁～	男	16	0.2927	0.0582	0.2092	0.2540	0.2829	0.3134	0.4530
			女	36	0.2135	0.0465	0.1605	0.1878	0.2026	0.2236	0.3194
	农村	18 岁～	男	48	1.0063	0.6401	0.5320	0.7101	0.8804	0.9870	2.8093
			女	38	0.6320	0.2926	0.3338	0.4785	0.5829	0.6909	1.1592
		45 岁～	男	71	0.7367	0.6072	0.2270	0.4279	0.6265	0.8740	1.1553
			女	82	0.5658	0.2978	0.2032	0.4445	0.5557	0.6471	0.9164
		60 岁～	男	35	0.5933	0.2018	0.3834	0.4838	0.5437	0.6334	1.2719
			女	27	0.4757	0.1348	0.3020	0.3665	0.4797	0.5517	0.6751
武汉	城市	18 岁～	男	60	0.5106	0.2811	0.1678	0.3410	0.4775	0.5661	0.9775
			女	77	0.3920	0.2209	0.1433	0.2594	0.3218	0.5090	0.7964
		45 岁～	男	40	0.4415	0.3096	0.0802	0.1751	0.3571	0.6514	0.8786
			女	41	0.2637	0.2088	0.0694	0.0961	0.2149	0.3012	0.7226
		60 岁～	男	60	0.3636	0.2559	0.0908	0.1367	0.2937	0.5109	0.8782
			女	77	0.2613	0.1700	0.0798	0.1349	0.2224	0.3117	0.6125
	农村	18 岁～	男	22	1.5839	0.9537	0.5419	0.8150	1.3727	1.9034	3.3069
			女	33	0.9770	0.4957	0.3969	0.5821	0.8777	1.1090	1.8975
		45 岁～	男	39	1.3529	0.6648	0.4027	0.9159	1.2698	1.5953	2.7718
			女	55	1.0409	0.5518	0.2950	0.6529	0.9430	1.3007	2.1195
		60 岁～	男	66	0.9443	0.4527	0.3369	0.6255	0.9140	1.1645	1.8554
			女	50	0.7860	0.3907	0.2482	0.4910	0.6730	0.9549	1.5347
成都	城市	18 岁～	男	123	0.3110	0.3377	0.0631	0.0995	0.1886	0.3842	0.7236
			女	125	0.2070	0.3073	0.0449	0.0633	0.1459	0.2552	0.5077
		45 岁～	男	24	0.2377	0.1624	0.0634	0.0864	0.2278	0.3522	0.5542
			女	29	0.2082	0.2277	0.0426	0.0698	0.1337	0.2523	0.8623
		60 岁～	男	8	0.1464	0.0794	0.0601	0.0646	0.1564	0.1976	0.2739
			女	26	0.1615	0.2017	0.0351	0.0507	0.0652	0.1874	0.5173
	农村	18 岁～	男	64	0.2195	0.1298	0.0463	0.1040	0.2102	0.3025	0.4755
			女	63	0.1492	0.1140	0.0308	0.0654	0.1305	0.1987	0.3573
		45 岁～	男	55	0.2358	0.1723	0.0427	0.0791	0.2189	0.3196	0.5636
			女	44	0.1522	0.0813	0.0406	0.1121	0.1506	0.1799	0.3154

类别				N	室外空气砷暴露贡献比/‰						
					Mean	Std	P5	P25	P50	P75	P95
成都	农村	60岁～	男	34	0.1657	0.1079	0.0375	0.0788	0.1637	0.2205	0.4424
			女	36	0.1352	0.0766	0.0429	0.0602	0.1443	0.1744	0.3029
兰州	城市	18岁～	男	61	2.7487	1.4604	0.9030	1.6012	2.6336	3.5551	5.2512
			女	51	1.9360	1.4978	0.3857	0.8608	1.4833	2.5508	5.1547
		45岁～	男	49	2.2010	1.2463	0.4159	1.2895	2.1065	2.9020	4.3788
			女	54	1.7491	1.2740	0.4440	0.9234	1.5434	1.9653	4.6621
		60岁～	男	65	2.2214	1.2526	0.5897	1.2176	2.3103	2.7248	4.9635
			女	67	1.4319	0.7043	0.4578	0.7915	1.3522	1.8032	2.5926
	农村	18岁～	男	51	3.2972	1.2547	1.2276	2.4177	3.1006	4.1794	5.4863
			女	49	2.5597	1.1515	0.9977	1.6296	2.4574	3.1999	4.7158
		45岁～	男	59	2.7528	1.0814	1.2648	1.9946	2.5341	3.2998	4.8735
			女	49	2.4264	0.8447	1.2872	1.9760	2.3618	2.9853	3.7758
		60岁～	男	69	2.4839	0.9744	1.1593	1.7149	2.3530	3.1127	4.3227
			女	64	1.9530	0.9457	0.4661	1.0874	1.9772	2.5665	3.7103

附表 2-17　不同地区居民分城乡、年龄和性别的交通空气砷暴露贡献比

类别				N	交通空气砷暴露贡献比/‰						
					Mean	Std	P5	P25	P50	P75	P95
太原	城市	18岁～	男	68	0.0936	0.0641	0.0116	0.0433	0.0835	0.1287	0.2488
			女	72	0.0599	0.0312	0.0089	0.0337	0.0592	0.0840	0.1101
		45岁～	男	50	0.0737	0.0502	0.0092	0.0330	0.0624	0.1194	0.1762
			女	60	0.0580	0.0384	0.0122	0.0271	0.0504	0.0824	0.1329
		60岁～	男	56	0.0527	0.0434	0.0112	0.0306	0.0399	0.0555	0.1478
			女	54	0.0368	0.0260	0.0081	0.0197	0.0276	0.0478	0.0806
	农村	18岁～	男	41	0.3321	0.1791	0.0791	0.2469	0.3406	0.4075	0.5574
			女	40	0.1814	0.1032	0.0577	0.0820	0.1662	0.2638	0.3871
		45岁～	男	49	0.2909	0.1888	0.0824	0.1961	0.2859	0.3478	0.4841
			女	74	0.1868	0.1112	0.0434	0.1498	0.1794	0.2034	0.3422
		60岁～	男	73	0.2211	0.0830	0.0633	0.1902	0.2273	0.2570	0.3514
			女	59	0.1644	0.1194	0.0425	0.1112	0.1521	0.1756	0.3001

类别				N	交通空气砷暴露贡献比/‰						
					Mean	Std	P5	P25	P50	P75	P95
大连	城市	18 岁～	男	88	0.0168	0.0046	0.0111	0.0146	0.0162	0.0178	0.0258
			女	68	0.0118	0.0031	0.0063	0.0101	0.0121	0.0134	0.0171
		45 岁～	男	13	0.0157	0.0061	0.0078	0.0124	0.0143	0.0170	0.0311
			女	31	0.0110	0.0035	0.0030	0.0093	0.0114	0.0136	0.0168
		60 岁～	男	24	0.0134	0.0040	0.0063	0.0110	0.0130	0.0157	0.0195
			女	63	0.0109	0.0118	0.0030	0.0079	0.0090	0.0107	0.0145
	农村	18 岁～	男	84	0.0296	0.0130	0.0126	0.0207	0.0254	0.0392	0.0475
			女	76	0.0178	0.0075	0.0084	0.0136	0.0158	0.0201	0.0316
		45 岁～	男	41	0.0147	0.0076	0.0062	0.0102	0.0137	0.0160	0.0266
			女	49	0.0139	0.0074	0.0039	0.0102	0.0119	0.0166	0.0301
		60 岁～	男	41	0.0164	0.0108	0.0046	0.0115	0.0128	0.0178	0.0342
			女	43	0.0179	0.0298	0.0039	0.0090	0.0126	0.0171	0.0375
上海	城市	18 岁～	男	97	0.3334	0.1899	0.1295	0.2361	0.3133	0.3732	0.6594
			女	88	0.2189	0.1140	0.0887	0.1585	0.1964	0.2454	0.4718
		45 岁～	男	18	0.2821	0.1376	0.1200	0.2027	0.2753	0.3079	0.7249
			女	43	0.1861	0.0553	0.0926	0.1571	0.1847	0.2134	0.2914
		60 岁～	男	16	0.2342	0.0874	0.0318	0.2040	0.2395	0.2722	0.4185
			女	36	0.1932	0.0664	0.1137	0.1447	0.1839	0.2083	0.3216
	农村	18 岁～	男	48	0.2696	0.2215	0.1090	0.1541	0.1867	0.2775	0.8150
			女	38	0.1931	0.1274	0.0531	0.0953	0.1748	0.2440	0.5203
		45 岁～	男	71	0.3501	0.1815	0.1458	0.1799	0.3192	0.4807	0.6973
			女	82	0.1891	0.1134	0.0818	0.1094	0.1430	0.2160	0.4410
		60 岁～	男	35	0.2405	0.2046	0.0690	0.1299	0.2048	0.2607	0.5092
			女	27	0.1400	0.1064	0.0595	0.0760	0.1085	0.1359	0.3931
武汉	城市	18 岁～	男	60	0.1761	0.0842	0.0609	0.1137	0.1639	0.2220	0.3358
			女	77	0.1278	0.0753	0.0445	0.0723	0.1127	0.1577	0.2812
		45 岁～	男	40	0.1301	0.0597	0.0539	0.0832	0.1298	0.1553	0.2665
			女	41	0.1160	0.0751	0.0331	0.0740	0.1006	0.1381	0.2090
		60 岁～	男	60	0.0920	0.0396	0.0445	0.0639	0.0864	0.1115	0.1774
			女	77	0.0928	0.0471	0.0289	0.0573	0.0896	0.1144	0.1939

类别				N	交通空气砷暴露贡献比/‰						
					Mean	Std	P5	P25	P50	P75	P95
武汉	农村	18岁～	男	22	0.4087	0.2323	0.1050	0.2517	0.3786	0.4650	0.8190
			女	33	0.2463	0.1284	0.0909	0.1466	0.2180	0.3199	0.4971
		45岁～	男	39	0.4343	0.2413	0.1370	0.3003	0.3825	0.5064	0.9487
			女	55	0.2568	0.1332	0.0654	0.1422	0.2514	0.3205	0.5654
		60岁～	男	66	0.3132	0.1541	0.1192	0.2027	0.2857	0.3762	0.6554
			女	50	0.2166	0.0818	0.0641	0.1768	0.2334	0.2670	0.3057
成都	城市	18岁～	男	123	0.0467	0.0281	0.0222	0.0359	0.0414	0.0474	0.1059
			女	125	0.0263	0.0197	0.0133	0.0195	0.0233	0.0271	0.0520
		45岁～	男	24	0.0206	0.0040	0.0131	0.0192	0.0208	0.0227	0.0269
			女	29	0.0248	0.0190	0.0098	0.0156	0.0188	0.0240	0.0631
		60岁～	男	8	0.0092	0.0021	0.0057	0.0076	0.0095	0.0109	0.0116
			女	26	0.0142	0.0099	0.0044	0.0086	0.0117	0.0155	0.0407
	农村	18岁～	男	64	0.0179	0.0061	0.0101	0.0138	0.0176	0.0205	0.0259
			女	63	0.0090	0.0041	0.0035	0.0066	0.0078	0.0104	0.0185
		45岁～	男	55	0.0192	0.0164	0.0079	0.0118	0.0159	0.0194	0.0579
			女	44	0.0090	0.0039	0.0058	0.0075	0.0084	0.0094	0.0117
		60岁～	男	34	0.0154	0.0069	0.0042	0.0122	0.0160	0.0180	0.0333
			女	36	0.0110	0.0030	0.0052	0.0100	0.0111	0.0119	0.0159
兰州	城市	18岁～	男	61	1.1930	0.8123	0.3821	0.7345	1.0203	1.3836	2.3548
			女	51	0.8712	0.4578	0.2546	0.5629	0.7858	1.0790	1.8787
		45岁～	男	49	1.0391	0.7202	0.2406	0.6320	0.8390	1.2555	2.0729
			女	54	0.6939	0.3409	0.2518	0.4464	0.6608	0.9133	1.3054
		60岁～	男	65	0.6528	0.4056	0.1762	0.3801	0.5011	0.9430	1.2185
			女	67	0.4995	0.3014	0.1728	0.2613	0.4346	0.6181	1.0941
	农村	18岁～	男	51	0.9386	0.7643	0.1762	0.3859	0.6108	1.4489	2.7687
			女	49	0.6073	0.4004	0.1597	0.2851	0.5752	0.7264	1.3625
		45岁～	男	59	0.6382	0.4890	0.1144	0.2719	0.5506	0.7901	1.8071
			女	49	0.5498	0.3137	0.1205	0.3447	0.4935	0.7109	1.2668
		60岁～	男	69	0.5731	0.3468	0.1601	0.3148	0.5513	0.7526	1.3123
			女	64	0.4970	0.1897	0.2086	0.3493	0.5128	0.6189	0.7614

附表 2-18 不同地区居民分城乡、年龄和性别的空气铅暴露贡献比

类别				N	空气铅暴露贡献比/%						
					Mean	Std	P5	P25	P50	P75	P95
太原	城市	18岁～	男	68	0.6144	0.4881	0.3415	0.4558	0.5234	0.6789	0.8266
			女	72	0.4065	0.1879	0.2471	0.3241	0.3834	0.4667	0.5819
		45岁～	男	50	0.5230	0.2399	0.2927	0.3598	0.4468	0.6496	0.8901
			女	60	0.3455	0.0987	0.2007	0.2868	0.3242	0.4099	0.5158
		60岁～	男	56	0.4002	0.0805	0.2926	0.3573	0.3909	0.4178	0.6032
			女	54	0.3092	0.0619	0.2332	0.2808	0.2949	0.3173	0.4492
	农村	18岁～	男	41	0.6709	0.3103	0.2998	0.3842	0.6118	0.9943	1.1704
			女	40	0.4570	0.1818	0.2080	0.2827	0.4482	0.5660	0.8003
		45岁～	男	49	0.6765	0.3030	0.2775	0.4447	0.6338	0.8669	1.1899
			女	74	0.5539	0.2262	0.2281	0.3870	0.5238	0.7601	0.8709
		60岁～	男	73	0.5634	0.2821	0.2427	0.2951	0.5344	0.7696	1.0830
			女	59	0.4317	0.2269	0.1765	0.2519	0.3983	0.5931	0.7773
大连	城市	18岁～	男	88	0.0441	0.0184	0.0242	0.0334	0.0384	0.0487	0.0779
			女	68	0.0327	0.0145	0.0172	0.0245	0.0293	0.0370	0.0527
		45岁～	男	13	0.0390	0.0168	0.0222	0.0253	0.0331	0.0561	0.0708
			女	31	0.0334	0.0155	0.0136	0.0223	0.0302	0.0433	0.0572
		60岁～	男	24	0.0373	0.0107	0.0213	0.0291	0.0383	0.0467	0.0539
			女	63	0.0402	0.0139	0.0204	0.0312	0.0410	0.0478	0.0698
	农村	18岁～	男	84	0.0662	0.0175	0.0429	0.0573	0.0658	0.0742	0.0865
			女	76	0.0472	0.0104	0.0283	0.0414	0.0467	0.0541	0.0625
		45岁～	男	41	0.0605	0.0157	0.0362	0.0504	0.0610	0.0676	0.0796
			女	49	0.0494	0.0259	0.0235	0.0335	0.0474	0.0555	0.0965
		60岁～	男	41	0.0602	0.0366	0.0338	0.0464	0.0493	0.0674	0.1072
			女	43	0.0588	0.0773	0.0294	0.0380	0.0434	0.0511	0.0682
上海	城市	18岁～	男	97	0.0288	0.0060	0.0170	0.0249	0.0292	0.0324	0.0379
			女	88	0.0186	0.0039	0.0124	0.0165	0.0187	0.0207	0.0236
		45岁～	男	18	0.0260	0.0043	0.0178	0.0232	0.0251	0.0269	0.0361
			女	43	0.0173	0.0023	0.0141	0.0155	0.0172	0.0189	0.0207

类别				N	空气铅暴露贡献比/%						
					Mean	Std	P5	P25	P50	P75	P95
上海	城市	60岁～	男	16	0.0217	0.0030	0.0144	0.0201	0.0219	0.0226	0.0268
			女	36	0.0166	0.0023	0.0129	0.0148	0.0165	0.0181	0.0208
	农村	18岁～	男	48	0.0368	0.0070	0.0215	0.0344	0.0374	0.0403	0.0480
			女	38	0.0288	0.0181	0.0183	0.0222	0.0260	0.0288	0.0441
		45岁～	男	71	0.0376	0.0169	0.0240	0.0302	0.0365	0.0405	0.0503
			女	82	0.0242	0.0047	0.0171	0.0205	0.0239	0.0275	0.0323
		60岁～	男	35	0.0263	0.0044	0.0186	0.0231	0.0261	0.0290	0.0328
			女	27	0.0246	0.0216	0.0154	0.0173	0.0203	0.0243	0.0284
武汉	城市	18岁～	男	60	0.1533	0.0695	0.0899	0.1105	0.1461	0.1677	0.2634
			女	77	0.1159	0.0520	0.0727	0.0883	0.1047	0.1272	0.2010
		45岁～	男	40	0.1332	0.0338	0.0781	0.1162	0.1314	0.1571	0.1859
			女	41	0.1142	0.0657	0.0630	0.0795	0.1021	0.1244	0.2360
		60岁～	男	60	0.1128	0.0282	0.0679	0.0947	0.1069	0.1304	0.1622
			女	77	0.0851	0.0205	0.0557	0.0706	0.0827	0.0948	0.1319
	农村	18岁～	男	22	0.1988	0.1105	0.1197	0.1525	0.1677	0.1999	0.4292
			女	33	0.1766	0.2589	0.0741	0.1081	0.1257	0.1494	0.3819
		45岁～	男	39	0.1858	0.0927	0.0998	0.1426	0.1696	0.2085	0.3192
			女	55	0.1487	0.1284	0.0609	0.0983	0.1258	0.1424	0.5659
		60岁～	男	66	0.1556	0.0808	0.0845	0.1222	0.1424	0.1709	0.2208
			女	50	0.1114	0.0434	0.0654	0.0901	0.1116	0.1225	0.1443
成都	城市	18岁～	男	123	0.0335	0.0313	0.0081	0.0128	0.0228	0.0311	0.0918
			女	125	0.0240	0.0205	0.0057	0.0097	0.0155	0.0397	0.0617
		45岁～	男	24	0.0296	0.0211	0.0076	0.0172	0.0206	0.0380	0.0700
			女	29	0.0229	0.0187	0.0049	0.0083	0.0156	0.0380	0.0620
		60岁～	男	8	0.0191	0.0128	0.0072	0.0124	0.0155	0.0206	0.0487
			女	26	0.0234	0.0202	0.0063	0.0099	0.0135	0.0426	0.0628
	农村	18岁～	男	64	0.0196	0.0099	0.0096	0.0134	0.0183	0.0215	0.0377
			女	63	0.0153	0.0213	0.0065	0.0083	0.0110	0.0151	0.0292
		45岁～	男	55	0.0193	0.0107	0.0083	0.0123	0.0170	0.0227	0.0367
			女	44	0.0156	0.0199	0.0064	0.0093	0.0114	0.0138	0.0273

类别				N	空气铅暴露贡献比/%						
					Mean	Std	P5	P25	P50	P75	P95
成都	农村	60 岁～	男	34	0.0175	0.0078	0.0074	0.0116	0.0157	0.0200	0.0338
			女	36	0.0141	0.0062	0.0069	0.0104	0.0119	0.0193	0.0255
兰州	城市	18 岁～	男	61	0.2436	0.1864	0.1014	0.1533	0.2016	0.2279	0.6737
			女	51	0.1419	0.0936	0.0431	0.0935	0.1285	0.1606	0.2898
		45 岁～	男	49	0.1859	0.0783	0.0976	0.1382	0.1781	0.2051	0.3534
			女	54	0.1338	0.0452	0.0572	0.1135	0.1364	0.1529	0.2048
		60 岁～	男	65	0.1472	0.0345	0.0907	0.1200	0.1483	0.1755	0.1925
			女	67	0.1179	0.0997	0.0718	0.0861	0.0962	0.1279	0.1551
	农村	18 岁～	男	51	0.1620	0.1062	0.1025	0.1199	0.1399	0.1662	0.1938
			女	49	0.1335	0.0742	0.0849	0.1061	0.1172	0.1276	0.3267
		45 岁～	男	59	0.1898	0.1608	0.0603	0.1206	0.1511	0.1718	0.5407
			女	49	0.1110	0.0532	0.0644	0.0877	0.1055	0.1196	0.1616
		60 岁～	男	69	0.1216	0.0578	0.0799	0.1035	0.1140	0.1286	0.1623
			女	64	0.1082	0.0853	0.0623	0.0824	0.0970	0.1050	0.1327

附表 2-19　不同地区居民分城乡、年龄和性别的室内空气铅暴露贡献比

类别				N	室内空气铅暴露贡献比/‱						
					Mean	Std	P5	P25	P50	P75	P95
太原	城市	18 岁～	男	68	44.8427	48.1397	20.3754	33.6924	40.1698	43.9681	57.0011
			女	72	29.1139	15.0191	13.3333	23.3477	27.4931	31.4609	40.8893
		45 岁～	男	50	36.3963	17.1398	21.7031	26.3568	32.7876	42.1911	48.9870
			女	60	24.3826	6.3854	13.5311	20.8856	24.5131	28.3417	34.6329
		60 岁～	男	56	30.5214	5.1892	20.5786	28.4980	31.5534	34.2851	36.5674
			女	54	23.7592	4.1500	17.7422	21.4711	23.6767	25.1717	33.4758
	农村	18 岁～	男	41	45.3340	25.2536	18.7184	23.7526	39.0938	71.2004	87.0321
			女	40	32.7524	16.1298	13.6200	17.7613	32.3973	40.1502	66.6492
		45 岁～	男	49	46.5234	24.3844	17.9800	25.5315	43.5453	63.8477	91.8995
			女	74	40.2800	20.2813	13.5116	22.4543	34.7441	58.5644	71.1744
		60 岁～	男	73	38.3990	22.2115	13.8414	18.9742	34.3244	52.4975	80.8213
			女	59	30.0336	18.6259	9.4174	16.9769	26.0656	43.0475	62.9323

类别				N	室内空气铅暴露贡献比/‰						
					Mean	Std	P5	P25	P50	P75	P95
大连	城市	18岁～	男	88	3.6085	1.8091	1.8985	2.5728	3.0090	4.1667	7.1374
			女	68	2.5679	1.2602	1.1598	1.7605	2.2651	3.0300	4.5929
		45岁～	男	13	3.1350	1.5918	1.4350	2.0786	2.5052	4.7328	6.3449
			女	31	2.7009	1.4146	0.9898	1.6222	2.4628	3.5329	5.3682
		60岁～	男	24	2.7837	0.9949	1.1589	1.9291	2.7862	3.6929	4.2305
			女	63	3.5817	1.4449	1.4849	2.7998	3.7399	4.3483	6.3305
	农村	18岁～	男	84	5.1529	1.3569	3.0565	4.4485	5.1324	5.6935	6.8923
			女	76	3.8217	0.9126	2.2912	3.2775	3.7384	4.3301	5.4848
		45岁～	男	41	4.8941	1.2833	3.1346	4.1228	4.9174	5.5672	6.7757
			女	49	4.0147	1.9610	1.8123	2.9064	3.7601	4.6404	7.3948
		60岁～	男	41	4.9595	3.0848	2.4893	3.6427	4.2467	5.3611	9.3181
			女	43	4.9924	6.4726	2.4764	3.0873	3.6116	4.4954	6.4719
上海	城市	18岁～	男	97	1.4671	0.2781	0.8813	1.3339	1.4886	1.6550	1.8326
			女	88	0.9672	0.2241	0.6047	0.8880	0.9831	1.0690	1.2601
		45岁～	男	18	1.3458	0.2108	1.1097	1.1886	1.3001	1.4427	1.8006
			女	43	0.8668	0.1193	0.6867	0.7853	0.8708	0.9405	1.0490
		60岁～	男	16	1.1130	0.1095	0.8502	1.0469	1.1482	1.1885	1.2658
			女	36	0.8530	0.1358	0.6654	0.7620	0.8442	0.9213	1.1828
	农村	18岁～	男	48	1.7344	0.4263	0.9302	1.5601	1.8193	2.0571	2.2254
			女	38	1.3041	0.6832	0.7681	1.0435	1.2262	1.3904	1.5970
		45岁～	男	71	1.7527	0.8593	1.0275	1.3166	1.7457	1.9277	2.4592
			女	82	1.1306	0.2617	0.7326	0.9442	1.1688	1.3060	1.5280
		60岁～	男	35	1.2301	0.3185	0.7823	0.9295	1.2438	1.5552	1.6565
			女	27	1.1423	1.0973	0.6487	0.7133	0.9581	1.1762	1.3302
武汉	城市	18岁～	男	60	12.4210	5.9469	7.4351	8.6645	11.5634	13.9618	20.9220
			女	77	9.3427	4.0850	5.5185	7.0754	8.8499	10.3300	16.8073
		45岁～	男	40	10.8015	3.3825	5.5653	9.0604	10.3280	13.0416	16.0026
			女	41	9.7018	5.5621	5.1610	6.1641	8.5347	10.7089	21.3740
		60岁～	男	60	9.2961	2.8614	5.2875	7.2848	8.7708	11.0664	14.7552
			女	77	7.0184	2.1585	4.1752	5.4196	6.5667	7.9323	11.7944

类别				N	室内空气铅暴露贡献比/‰						
					Mean	Std	P5	P25	P50	P75	P95
武汉	农村	18 岁～	男	22	14.4665	8.9401	8.1640	10.5931	12.1402	14.0245	34.3146
			女	33	14.0103	22.2027	4.3551	7.8765	9.5054	11.2537	32.2838
		45 岁～	男	39	13.9589	7.5554	6.5345	10.6010	13.0148	16.7333	20.9164
			女	55	10.9659	10.2431	4.9546	6.8374	8.5668	10.7069	38.9581
		60 岁～	男	66	12.0843	6.3460	6.0978	9.0584	10.6355	13.0568	18.8249
			女	50	8.6210	3.8274	4.7628	6.8598	8.1342	9.8190	11.8360
成都	城市	18 岁～	男	123	2.8195	3.1033	0.3235	0.5586	1.7186	2.7582	8.7882
			女	125	2.0820	2.0553	0.2352	0.7065	1.2117	3.7561	5.9278
		45 岁～	男	24	2.5806	2.1796	0.3946	1.3768	1.6420	3.4579	6.7977
			女	29	2.0136	1.8764	0.2490	0.6322	1.2480	3.5716	5.9467
		60 岁～	男	8	1.6933	1.3335	0.3429	1.0012	1.4400	1.7763	4.7689
			女	26	2.1220	2.0172	0.2310	0.8173	1.2241	3.7731	6.0957
	农村	18 岁～	男	64	1.6251	0.9336	0.5542	1.1347	1.5408	1.8052	3.3310
			女	63	1.3030	1.8793	0.4556	0.7182	0.9170	1.2656	2.7428
		45 岁～	男	55	1.5946	0.9609	0.6367	0.9656	1.3225	1.8832	3.4284
			女	44	1.3360	1.7769	0.3437	0.7954	0.9404	1.1886	2.5099
		60 岁～	男	34	1.4927	0.7692	0.5830	1.0071	1.2808	1.6768	3.1812
			女	36	1.2167	0.6280	0.4253	0.8444	1.0225	1.6706	2.4131
兰州	城市	18 岁～	男	61	17.0814	13.0019	6.9645	11.0266	14.2085	16.3298	52.2447
			女	51	10.0234	7.7310	3.2493	6.1420	8.3965	11.3496	20.6958
		45 岁～	男	49	13.3688	6.3791	6.0832	9.8919	12.2700	14.1322	28.7679
			女	54	9.7271	3.9318	4.4651	8.2251	9.5520	10.5936	16.6288
		60 岁～	男	65	10.1698	3.2704	5.6640	7.9627	9.5291	12.7724	15.9057
			女	67	8.7679	9.0644	4.8016	5.4955	6.5086	10.5358	12.8329
	农村	18 岁～	男	51	10.9733	8.0356	6.8530	8.3095	9.3151	10.8300	13.2918
			女	49	9.9092	6.4665	5.5026	7.2874	8.1942	9.5390	26.2359
		45 岁～	男	59	13.6762	11.5145	4.4865	8.6909	10.4197	13.7324	40.2825
			女	49	7.7412	3.9391	3.9775	5.9799	7.1415	8.6305	12.0214
		60 岁～	男	69	8.8737	4.7628	5.1097	7.1896	8.2488	9.0162	14.0691
			女	64	8.1812	6.0804	4.8311	6.1058	7.0140	8.7205	10.3288

附表 2-20　不同地区居民分城乡、年龄和性别的室外空气铅暴露贡献比

类别				N	室外空气铅暴露贡献比/‰						
					Mean	Std	P5	P25	P50	P75	P95
太原	城市	18 岁～	男	68	7.8151	4.2582	1.3322	5.2250	6.8359	10.5804	16.1699
			女	72	5.6679	2.9394	1.7388	3.7721	5.3233	6.8299	11.6936
		45 岁～	男	50	8.5886	5.7420	2.0845	4.7275	8.1775	10.0716	16.7132
			女	60	4.7721	2.4683	1.1017	3.3380	3.9477	6.5066	8.9498
		60 岁～	男	56	4.6959	2.4972	1.0279	3.0218	4.3615	5.8695	9.3671
			女	54	3.7470	1.8543	0.8643	2.7830	3.3324	4.9902	7.9050
	农村	18 岁～	男	41	18.3795	7.5418	8.0636	11.4859	18.7625	24.3079	29.5559
			女	40	11.1229	6.5195	2.9725	5.8006	9.1845	17.0933	22.5457
		45 岁～	男	49	18.0161	7.9499	7.0994	11.9433	16.6297	21.9558	32.1692
			女	74	13.1266	5.8399	5.7479	8.5708	11.5794	18.2743	22.6214
		60 岁～	男	73	15.5852	7.8173	5.5478	7.7236	14.7059	21.4903	29.6052
			女	59	11.4693	5.8301	2.7921	6.2385	11.1783	15.6183	20.4320
大连	城市	18 岁～	男	88	0.6772	0.2620	0.2017	0.4917	0.7476	0.8450	0.9942
			女	68	0.6078	0.3276	0.1641	0.4122	0.6346	0.7173	0.9021
		45 岁～	男	13	0.6480	0.2379	0.0808	0.5877	0.6664	0.7758	0.9942
			女	31	0.5520	0.2606	0.0989	0.4419	0.5761	0.7164	0.9432
		60 岁～	男	24	0.8469	0.2258	0.5502	0.7650	0.8989	0.9691	1.0621
			女	63	0.3555	0.2017	0.0364	0.2555	0.3288	0.4681	0.7332
	农村	18 岁～	男	84	1.1322	0.5200	0.4884	0.8450	1.1616	1.2942	1.5942
			女	76	0.6943	0.2515	0.2903	0.4961	0.7339	0.8109	1.0954
		45 岁～	男	41	0.9695	0.3258	0.4795	0.7922	0.9910	1.1221	1.5983
			女	49	0.7547	0.7428	0.2352	0.3773	0.6360	0.8415	1.9880
		60 岁～	男	41	0.8441	0.5467	0.2610	0.5535	0.7929	0.9606	1.6620
			女	43	0.7179	1.1076	0.2492	0.3610	0.5385	0.6356	1.3071
上海	城市	18 岁～	男	97	0.6655	0.1848	0.3316	0.5654	0.6560	0.7661	1.0184
			女	88	0.4183	0.1351	0.2340	0.3371	0.4227	0.4668	0.6601
		45 岁～	男	18	0.6117	0.2169	0.1917	0.5334	0.6129	0.7852	0.9777
			女	43	0.4157	0.0628	0.3426	0.3784	0.4118	0.4471	0.5473

类别				N	室外空气铅暴露贡献比/‰						
					Mean	Std	P5	P25	P50	P75	P95
上海	城市	60 岁～	男	16	0.4974	0.0988	0.3557	0.4308	0.4802	0.5328	0.7688
			女	36	0.3536	0.0613	0.2724	0.3188	0.3418	0.3790	0.4952
	农村	18 岁～	男	48	1.4408	0.3388	0.8690	1.1805	1.4774	1.5923	1.9050
			女	38	1.1013	0.7200	0.5893	0.7847	0.9766	1.1075	2.0152
		45 岁～	男	71	1.2047	0.7920	0.4001	0.7198	1.0652	1.5084	1.9601
			女	82	0.8802	0.2804	0.3441	0.7505	0.9201	1.0797	1.2212
		60 岁～	男	35	0.9248	0.1927	0.6216	0.8179	0.9222	1.0650	1.2456
			女	27	0.9444	0.7868	0.5212	0.6259	0.8143	0.9427	1.5041
武汉	城市	18 岁～	男	60	2.1322	1.1737	0.6798	1.3086	1.9214	2.4883	4.4479
			女	77	1.6901	1.1871	0.5743	1.0380	1.3502	2.1317	3.4339
		45 岁～	男	40	1.9269	1.2478	0.5487	0.7674	1.6046	2.7707	3.6089
			女	41	1.1726	1.0292	0.3111	0.3999	0.9348	1.2552	3.0775
		60 岁～	男	60	1.5777	1.1135	0.3793	0.6312	1.2170	2.2133	3.7542
			女	77	1.0923	0.7078	0.3579	0.5586	0.9055	1.3440	2.7306
	农村	18 岁～	男	22	4.1611	2.3219	1.8056	2.0876	3.8168	6.5396	7.7821
			女	33	2.9807	3.4918	1.0063	1.6159	2.1047	3.3381	5.8714
		45 岁～	男	39	3.5978	2.5470	0.7047	2.0706	3.0030	3.9103	9.9644
			女	55	3.1804	3.0779	0.6650	1.6940	2.3574	3.8524	8.2861
		60 岁～	男	66	2.5881	1.5081	0.8352	1.4997	2.3903	3.0995	5.0243
			女	50	1.9798	1.0198	0.5675	1.2983	1.8781	2.2261	3.9187
成都	城市	18 岁～	男	123	0.3429	0.3116	0.0735	0.1187	0.2248	0.4470	0.8396
			女	125	0.2116	0.1707	0.0536	0.0755	0.1707	0.3016	0.5475
		45 岁～	男	24	0.2840	0.1944	0.0757	0.1031	0.2721	0.4200	0.6663
			女	29	0.1817	0.1355	0.0508	0.0832	0.1337	0.2338	0.4670
		60 岁～	男	8	0.1747	0.0951	0.0718	0.0770	0.1862	0.2355	0.3287
			女	26	0.1582	0.1506	0.0419	0.0605	0.0776	0.2144	0.4743
	农村	18 岁～	男	64	0.1846	0.1220	0.0382	0.0848	0.1764	0.2444	0.3766
			女	63	0.1414	0.1923	0.0249	0.0536	0.1063	0.1687	0.2940
		45 岁～	男	55	0.1911	0.1757	0.0343	0.0618	0.1647	0.2486	0.4115
			女	44	0.1426	0.1902	0.0378	0.0808	0.1150	0.1425	0.2401

类别				N	室外空气铅暴露贡献比/‰						
					Mean	Std	P5	P25	P50	P75	P95
成都	农村	60岁～	男	34	0.1333	0.0869	0.0280	0.0657	0.1353	0.1762	0.3559
			女	36	0.1087	0.0616	0.0340	0.0479	0.1147	0.1393	0.2469
兰州	城市	18岁～	男	61	5.0871	4.7428	1.2574	2.4396	4.0653	5.9228	10.9350
			女	51	2.8286	2.0691	0.3819	1.2251	2.4466	4.1992	7.0595
		45岁～	男	49	3.4487	2.0139	1.0082	2.1430	3.0583	4.7111	7.3503
			女	54	2.6102	1.7478	0.5358	1.2389	2.4062	3.1280	7.2927
		60岁～	男	65	3.5114	1.7052	0.8430	2.0254	3.4943	4.9549	6.2158
			女	67	2.1937	0.9760	0.7835	1.3574	2.0240	2.9947	4.0762
	农村	18岁～	男	51	4.1614	2.9621	1.7236	2.8650	3.6083	4.9447	6.2946
			女	49	2.7399	1.2550	1.0178	1.5630	2.6396	3.6587	5.1965
		45岁～	男	59	4.4487	4.6450	1.1684	2.2789	3.3707	4.8054	11.9288
			女	49	2.7826	1.5553	1.2204	2.0932	2.5742	3.2062	4.7635
		60岁～	男	69	2.7073	1.2756	1.0759	1.9000	2.6024	3.3414	4.4250
			女	64	2.1640	2.3984	0.4607	1.3057	1.9972	2.4019	3.0212

附表 2-21　不同地区居民分城乡、年龄和性别的交通空气铅暴露贡献比

类别				N	交通空气铅暴露贡献比/‰						
					Mean	Std	P5	P25	P50	P75	P95
太原	城市	18岁～	男	68	8.7797	6.0231	1.0686	3.9280	7.4697	12.2706	21.9675
			女	72	5.8675	3.4661	1.2214	3.0335	5.4253	8.0033	10.6264
		45岁～	男	50	7.3168	5.1061	0.8471	2.9742	6.1428	11.3880	17.1892
			女	60	5.3999	3.7646	1.0345	2.3917	4.7629	7.8030	13.4769
		60岁～	男	56	4.8052	4.1133	1.0770	2.7955	3.5070	4.9829	15.5287
			女	54	3.4099	2.5908	0.7249	1.7490	2.4704	4.3012	9.8556
	农村	18岁～	男	41	3.3756	1.5274	0.7781	2.8229	3.6196	4.2136	5.8767
			女	40	1.8198	0.9273	0.5358	0.9554	1.7684	2.3931	3.4961
		45岁～	男	49	3.1144	1.3626	0.9190	2.1827	3.0805	3.9259	5.1242
			女	74	1.9798	0.8390	0.4285	1.5747	2.1426	2.4046	2.9442
		60岁～	男	73	2.3514	0.9271	0.8281	1.7970	2.4329	2.8794	3.6280
			女	59	1.6684	0.9054	0.4090	1.2477	1.6554	1.9489	2.7364

类别				N	交通空气铅暴露贡献比/‰						
					Mean	Std	P5	P25	P50	P75	P95
大连	城市	18岁～	男	88	0.1283	0.0446	0.0635	0.1067	0.1209	0.1352	0.2117
			女	68	0.0923	0.0294	0.0477	0.0774	0.0922	0.1037	0.1369
		45岁～	男	13	0.1185	0.0462	0.0593	0.0932	0.1080	0.1261	0.2355
			女	31	0.0881	0.0410	0.0231	0.0701	0.0857	0.1044	0.1886
		60岁～	男	24	0.1019	0.0305	0.0476	0.0832	0.0990	0.1198	0.1474
			女	63	0.0796	0.0470	0.0230	0.0615	0.0707	0.0895	0.1776
	农村	18岁～	男	84	0.3314	0.1397	0.1408	0.2313	0.2842	0.4388	0.5379
			女	76	0.2045	0.0984	0.1030	0.1508	0.1754	0.2224	0.3536
		45岁～	男	41	0.1844	0.1231	0.0683	0.1127	0.1593	0.1900	0.4126
			女	49	0.1748	0.1223	0.0485	0.1118	0.1332	0.2238	0.3424
		60岁～	男	41	0.2205	0.1968	0.0484	0.1178	0.1575	0.2811	0.6303
			女	43	0.1682	0.2119	0.0430	0.0993	0.1364	0.1851	0.2415
上海	城市	18岁～	男	97	0.7438	0.2902	0.3102	0.5667	0.7277	0.8711	1.2993
			女	88	0.4703	0.1432	0.2794	0.3765	0.4575	0.5558	0.7332
		45岁～	男	18	0.6461	0.2135	0.2635	0.4855	0.6909	0.8384	0.9382
			女	43	0.4461	0.1330	0.2216	0.3737	0.4432	0.5122	0.7004
		60岁～	男	16	0.5616	0.2095	0.0764	0.4890	0.5729	0.6543	1.0048
			女	36	0.4495	0.1336	0.2722	0.3471	0.4411	0.4929	0.7493
	农村	18岁～	男	48	0.5075	0.2813	0.2492	0.3622	0.4234	0.5693	0.7864
			女	38	0.4740	0.4820	0.1220	0.2285	0.4074	0.5231	1.2074
		45岁～	男	71	0.8065	0.4091	0.3524	0.4238	0.6654	1.1145	1.5948
			女	82	0.4076	0.2447	0.1869	0.2472	0.3204	0.4631	0.9910
		60岁～	男	35	0.4749	0.2594	0.1605	0.3013	0.4169	0.5620	1.0476
			女	27	0.3688	0.3435	0.1384	0.1761	0.2582	0.3869	0.8620
武汉	城市	18岁～	男	60	0.7727	0.4067	0.2480	0.4615	0.7056	1.0241	1.5865
			女	77	0.5574	0.3566	0.1926	0.2994	0.4806	0.7184	1.2743
		45岁～	男	40	0.5944	0.2493	0.2255	0.4550	0.6131	0.6653	1.1315
			女	41	0.5452	0.4891	0.1427	0.3146	0.4312	0.5710	1.4276
		60岁～	男	60	0.4024	0.1700	0.1988	0.2810	0.3816	0.4943	0.7643
			女	77	0.3945	0.1968	0.1265	0.2380	0.3816	0.4751	0.8143

类别				N	交通空气铅暴露贡献比/‰						
					Mean	Std	P5	P25	P50	P75	P95
武汉	农村	18岁~	男	22	1.2562	1.3659	0.2739	0.5383	0.9316	1.2278	2.0810
			女	33	0.6668	0.4618	0.2110	0.3272	0.6202	0.8050	1.3475
		45岁~	男	39	1.0213	0.5141	0.3132	0.7397	0.8706	1.1787	2.1367
			女	55	0.7203	0.6149	0.1709	0.4405	0.6406	0.7111	1.4473
		60岁~	男	66	0.8874	0.8918	0.2834	0.5033	0.7484	0.9087	1.6807
			女	50	0.5404	0.2817	0.1577	0.4283	0.5604	0.5963	1.1442
成都	城市	18岁~	男	123	0.1905	0.0771	0.0984	0.1498	0.1847	0.2159	0.2786
			女	125	0.1081	0.0387	0.0590	0.0861	0.1045	0.1221	0.1785
		45岁~	男	24	0.0944	0.0182	0.0600	0.0877	0.0950	0.1037	0.1231
			女	29	0.0916	0.0445	0.0359	0.0712	0.0851	0.0949	0.2055
		60岁~	男	8	0.0419	0.0098	0.0259	0.0349	0.0436	0.0496	0.0532
			女	26	0.0592	0.0387	0.0203	0.0388	0.0522	0.0669	0.1235
	农村	18岁~	男	64	0.1494	0.0538	0.0852	0.1132	0.1465	0.1718	0.2843
			女	63	0.0828	0.0832	0.0413	0.0552	0.0652	0.0845	0.1500
		45岁~	男	55	0.1394	0.0735	0.0492	0.0943	0.1329	0.1573	0.2864
			女	44	0.0779	0.0585	0.0486	0.0606	0.0676	0.0793	0.0949
		60岁~	男	34	0.1229	0.0568	0.0346	0.0863	0.1305	0.1464	0.2660
			女	36	0.0886	0.0238	0.0418	0.0828	0.0890	0.0962	0.1269
兰州	城市	18岁~	男	61	2.1883	2.3304	0.5059	1.0300	1.5670	2.3907	5.8028
			女	51	1.3424	0.9400	0.3110	0.7308	1.1193	1.8246	3.0200
		45岁~	男	49	1.7771	1.3486	0.2799	0.9010	1.4055	1.9301	5.0484
			女	54	1.0450	0.4945	0.3440	0.6698	0.9656	1.3158	2.0712
		60岁~	男	65	1.0397	0.6330	0.3166	0.6466	0.8810	1.3271	2.3437
			女	67	0.8308	0.8320	0.2486	0.4509	0.6390	0.8914	1.8917
	农村	18岁~	男	51	1.0665	0.9111	0.2200	0.4695	0.7226	1.5560	3.0395
			女	49	0.6980	0.6992	0.1796	0.3133	0.5311	0.7605	1.7607
		45岁~	男	59	0.8511	0.6638	0.0625	0.3516	0.6968	1.0463	2.1204
			女	49	0.5717	0.3492	0.0838	0.3383	0.4949	0.7561	1.3331
		60岁~	男	69	0.5782	0.4199	0.1388	0.3761	0.4899	0.6577	1.5172
			女	64	0.4700	0.2748	0.2281	0.3479	0.4268	0.5291	0.6716

附表 2-22　不同地区居民分城乡、年龄和性别的空气铬暴露贡献比

类别				*N*	空气铬暴露贡献比/%						
					Mean	Std	P5	P25	P50	P75	P95
太原	城市	18 岁～	男	68	0.0366	0.0164	0.0120	0.0259	0.0341	0.0510	0.0646
			女	72	0.0249	0.0081	0.0122	0.0190	0.0244	0.0303	0.0388
		45 岁～	男	50	0.0330	0.0151	0.0138	0.0186	0.0291	0.0457	0.0525
			女	60	0.0232	0.0089	0.0092	0.0173	0.0209	0.0296	0.0373
		60 岁～	男	56	0.0231	0.0100	0.0106	0.0174	0.0208	0.0273	0.0442
			女	54	0.0176	0.0070	0.0069	0.0137	0.0165	0.0199	0.0295
	农村	18 岁～	男	41	0.0879	0.0249	0.0500	0.0676	0.0881	0.1088	0.1235
			女	40	0.0529	0.0276	0.0150	0.0278	0.0492	0.0690	0.1027
		45 岁～	男	49	0.0844	0.0299	0.0457	0.0625	0.0809	0.1063	0.1418
			女	74	0.0604	0.0238	0.0182	0.0420	0.0612	0.0803	0.1014
		60 岁～	男	73	0.0726	0.0271	0.0351	0.0467	0.0689	0.0934	0.1164
			女	59	0.0561	0.0231	0.0197	0.0373	0.0566	0.0757	0.0975
大连	城市	18 岁～	男	88	0.0392	0.0112	0.0230	0.0325	0.0397	0.0444	0.0564
			女	68	0.0272	0.0121	0.0143	0.0206	0.0261	0.0323	0.0400
		45 岁～	男	13	0.0312	0.0093	0.0176	0.0246	0.0307	0.0375	0.0498
			女	31	0.0253	0.0104	0.0122	0.0186	0.0226	0.0311	0.0437
		60 岁～	男	24	0.0277	0.0065	0.0144	0.0247	0.0298	0.0318	0.0361
			女	63	0.0288	0.0100	0.0131	0.0221	0.0295	0.0343	0.0471
	农村	18 岁～	男	84	0.0375	0.0075	0.0248	0.0335	0.0368	0.0407	0.0512
			女	76	0.0271	0.0068	0.0155	0.0237	0.0266	0.0313	0.0410
		45 岁～	男	41	0.0349	0.0121	0.0192	0.0288	0.0345	0.0394	0.0482
			女	49	0.0268	0.0116	0.0136	0.0192	0.0249	0.0315	0.0544
		60 岁～	男	41	0.0355	0.0152	0.0231	0.0256	0.0287	0.0411	0.0722
			女	43	0.0265	0.0132	0.0164	0.0202	0.0241	0.0290	0.0405
上海	城市	18 岁～	男	97	0.0870	0.0406	0.0442	0.0719	0.0856	0.0971	0.1117
			女	88	0.0592	0.0294	0.0304	0.0424	0.0563	0.0660	0.1087
		45 岁～	男	18	0.1014	0.0881	0.0498	0.0765	0.0809	0.0880	0.4505
			女	43	0.0564	0.0085	0.0402	0.0506	0.0583	0.0620	0.0665

类别				N	空气铬暴露贡献比/%						
					Mean	Std	P5	P25	P50	P75	P95
上海	城市	60岁～	男	16	0.0706	0.0111	0.0529	0.0639	0.0679	0.0811	0.0877
			女	36	0.0526	0.0082	0.0360	0.0475	0.0543	0.0572	0.0647
	农村	18岁～	男	48	0.1617	0.0787	0.0879	0.1391	0.1463	0.1644	0.3066
			女	38	0.1108	0.0408	0.0719	0.0922	0.0994	0.1148	0.2567
		45岁～	男	71	0.1297	0.0346	0.0732	0.1172	0.1330	0.1465	0.1598
			女	82	0.1037	0.0542	0.0656	0.0893	0.0938	0.1064	0.1421
		60岁～	男	35	0.1198	0.0586	0.0674	0.1045	0.1120	0.1157	0.2593
			女	27	0.0922	0.0509	0.0584	0.0756	0.0834	0.0890	0.1452
武汉	城市	18岁～	男	60	0.0590	0.0238	0.0301	0.0419	0.0558	0.0683	0.1067
			女	77	0.0494	0.0288	0.0253	0.0319	0.0440	0.0582	0.1133
		45岁～	男	40	0.0517	0.0230	0.0247	0.0359	0.0461	0.0610	0.0947
			女	41	0.0416	0.0248	0.0169	0.0250	0.0322	0.0567	0.0763
		60岁～	男	60	0.0476	0.0292	0.0240	0.0310	0.0396	0.0533	0.0890
			女	77	0.0347	0.0147	0.0192	0.0255	0.0301	0.0388	0.0705
	农村	18岁～	男	22	0.0482	0.0460	0.0234	0.0344	0.0405	0.0467	0.0508
			女	33	0.0311	0.0155	0.0145	0.0217	0.0321	0.0349	0.0608
		45岁～	男	39	0.0343	0.0197	0.0137	0.0219	0.0301	0.0406	0.0598
			女	55	0.0278	0.0192	0.0141	0.0167	0.0254	0.0309	0.0894
		60岁～	男	66	0.0300	0.0143	0.0149	0.0202	0.0310	0.0369	0.0441
			女	50	0.0224	0.0074	0.0124	0.0155	0.0215	0.0286	0.0335
成都	城市	18岁～	男	123	0.0215	0.0174	0.0064	0.0099	0.0147	0.0234	0.0557
			女	125	0.0168	0.0180	0.0046	0.0077	0.0104	0.0259	0.0376
		45岁～	男	24	0.0190	0.0119	0.0066	0.0117	0.0146	0.0247	0.0414
			女	29	0.0146	0.0106	0.0040	0.0068	0.0103	0.0229	0.0369
		60岁～	男	8	0.0135	0.0067	0.0065	0.0108	0.0117	0.0136	0.0290
			女	26	0.0151	0.0115	0.0048	0.0071	0.0098	0.0266	0.0374
	农村	18岁～	男	64	0.0186	0.0078	0.0089	0.0138	0.0185	0.0213	0.0295
			女	63	0.0136	0.0169	0.0052	0.0074	0.0112	0.0143	0.0266
		45岁～	男	55	0.0167	0.0086	0.0071	0.0115	0.0151	0.0200	0.0280
			女	44	0.0124	0.0060	0.0062	0.0093	0.0117	0.0135	0.0160

类别				N	空气铬暴露贡献比/%						
					Mean	Std	P5	P25	P50	P75	P95
成都	农村	60 岁～	男	34	0.0150	0.0046	0.0066	0.0119	0.0144	0.0179	0.0235
			女	36	0.0114	0.0032	0.0064	0.0095	0.0107	0.0131	0.0176
兰州	城市	18 岁～	男	61	0.0020	0.0010	0.0011	0.0014	0.0019	0.0022	0.0034
			女	51	0.0013	0.0005	0.0006	0.0009	0.0013	0.0015	0.0025
		45 岁～	男	49	0.0017	0.0006	0.0009	0.0013	0.0017	0.0019	0.0031
			女	54	0.0014	0.0006	0.0006	0.0012	0.0013	0.0015	0.0027
		60 岁～	男	65	0.0014	0.0003	0.0009	0.0012	0.0014	0.0016	0.0019
			女	67	0.0010	0.0003	0.0007	0.0008	0.0010	0.0012	0.0018
	农村	18 岁～	男	51	0.0012	0.0004	0.0007	0.0009	0.0011	0.0014	0.0017
			女	49	0.0009	0.0002	0.0006	0.0008	0.0009	0.0010	0.0012
		45 岁～	男	59	0.0012	0.0004	0.0007	0.0010	0.0012	0.0014	0.0019
			女	49	0.0008	0.0002	0.0005	0.0006	0.0009	0.0009	0.0014
		60 岁～	男	69	0.0009	0.0003	0.0006	0.0007	0.0010	0.0010	0.0014
			女	64	0.0007	0.0002	0.0004	0.0006	0.0007	0.0008	0.0010

附表 2-23　不同地区居民分城乡、年龄和性别的室内空气铬暴露贡献比

类别				N	室内空气铬暴露贡献比/‰						
					Mean	Std	P5	P25	P50	P75	P95
太原	城市	18 岁～	男	68	0.4786	0.1913	0.2992	0.4103	0.4605	0.5150	0.6329
			女	72	0.3342	0.1090	0.1803	0.2844	0.3115	0.3734	0.5476
		45 岁～	男	50	0.3871	0.0806	0.2857	0.3105	0.4033	0.4452	0.5076
			女	60	0.3030	0.0948	0.1835	0.2640	0.2926	0.3281	0.3889
		60 岁～	男	56	0.3907	0.1068	0.2941	0.3416	0.3671	0.4168	0.5266
			女	54	0.3014	0.0863	0.2223	0.2600	0.2872	0.3310	0.3624
	农村	18 岁～	男	41	0.3440	0.0951	0.1898	0.2705	0.3612	0.4069	0.4790
			女	40	0.2486	0.0806	0.1267	0.1834	0.2621	0.2974	0.3373
		45 岁～	男	49	0.3007	0.0991	0.1522	0.2424	0.2924	0.3698	0.4516
			女	74	0.2382	0.0733	0.1373	0.1767	0.2465	0.2896	0.3355
		60 岁～	男	73	0.2786	0.0909	0.1373	0.2048	0.2831	0.3357	0.4449
			女	59	0.2181	0.0708	0.0981	0.1539	0.2325	0.2607	0.3266

类别				N	室内空气铬暴露贡献比/‰						
					Mean	Std	P5	P25	P50	P75	P95
大连	城市	18岁～	男	88	3.8705	1.1172	2.2323	3.2033	3.9294	4.3758	5.5759
			女	68	2.6742	1.2003	1.3769	2.0291	2.5636	3.1989	3.9615
		45岁～	男	13	3.0774	0.9252	1.6928	2.4464	3.0237	3.6972	4.9295
			女	31	2.4919	1.0287	1.1766	1.8216	2.2178	3.0439	4.3567
		60岁～	男	24	2.7138	0.6484	1.3762	2.4141	2.9131	3.1138	3.5185
			女	63	2.8563	0.9984	1.2905	2.1923	2.9254	3.3992	4.7096
	农村	18岁～	男	84	3.6905	0.7499	2.4298	3.2771	3.6234	3.9903	5.0153
			女	76	2.6746	0.6766	1.5295	2.3326	2.6257	3.0768	4.0856
		45岁～	男	41	3.4343	1.1955	1.8793	2.8326	3.3873	3.8821	4.7839
			女	49	2.6404	1.1412	1.3489	1.8991	2.4713	3.1204	5.3047
		60岁～	男	41	3.5039	1.5079	2.2685	2.5321	2.8580	4.0684	7.1296
			女	43	2.6154	1.3095	1.6165	2.0010	2.3464	2.8614	4.0392
上海	城市	18岁～	男	97	7.7027	3.6968	3.5952	6.3578	7.6038	8.7993	10.0068
			女	88	5.2476	2.6484	2.7846	3.6621	5.0289	5.9811	8.9852
		45岁～	男	18	9.0790	7.8416	4.3679	6.8065	7.3606	7.9610	40.1216
			女	43	5.0453	0.8125	3.6679	4.4664	5.1672	5.5818	6.0456
		60岁～	男	16	6.3316	1.0422	4.5978	5.6133	6.0872	7.2832	8.0842
			女	36	4.7234	0.8015	3.0128	4.2861	4.7958	5.2499	5.9459
	农村	18岁～	男	48	14.4395	7.0176	8.0894	12.2972	13.0870	14.7156	28.4811
			女	38	9.8339	3.6022	6.3713	8.1418	8.7987	10.0803	21.8975
		45岁～	男	71	11.5611	3.1064	6.5279	10.2842	11.8251	12.8738	14.4484
			女	82	9.2604	4.8459	5.7377	7.8928	8.3761	9.5187	12.6519
		60岁～	男	35	10.7923	5.2593	5.9469	9.4303	10.0420	10.6564	23.2384
			女	27	8.3012	4.7172	5.4228	7.0155	7.4828	8.0964	12.7731
武汉	城市	18岁～	男	60	5.6542	2.3350	2.8616	3.8972	5.1905	6.5586	10.4059
			女	77	4.7418	2.7522	2.3978	3.0656	4.2048	5.6626	10.7769
		45岁～	男	40	4.9519	2.3086	2.1744	3.3246	4.3368	5.9434	9.2475
			女	41	4.0329	2.4412	1.6027	2.3816	3.0731	5.4669	7.5064
		60岁～	男	60	4.5894	2.9259	2.3487	2.8465	3.7429	5.1746	8.8318
			女	77	3.3365	1.4870	1.8351	2.4037	2.7610	3.7932	6.9191

类别				N	室内空气铬暴露贡献比/‰						
					Mean	Std	P5	P25	P50	P75	P95
武汉	农村	18 岁～	男	22	4.3621	4.3110	1.8687	3.0325	3.7057	4.4028	4.8265
			女	33	2.8600	1.4525	1.1880	2.0407	2.9044	3.2505	5.7317
		45 岁～	男	39	3.0928	1.9376	1.1848	1.9123	2.6984	3.8277	5.7458
			女	55	2.4798	1.8140	1.1420	1.3749	2.0950	2.8488	8.7056
		60 岁～	男	66	2.7374	1.3955	1.2636	1.6992	2.8731	3.4329	4.2296
			女	50	2.0451	0.7453	1.0312	1.3813	1.9813	2.6448	3.2547
成都	城市	18 岁～	男	123	1.7610	1.7204	0.2992	0.4689	1.1064	1.7188	5.2502
			女	125	1.4047	1.5952	0.2098	0.5633	0.8203	2.2597	3.5284
		45 岁～	男	24	1.5948	1.2474	0.3656	0.8893	1.0704	2.0736	4.0227
			女	29	1.2692	1.0686	0.1699	0.5598	0.8031	2.1154	3.5443
		60 岁～	男	8	1.1654	0.7256	0.3178	0.8868	1.0223	1.1810	2.8247
			女	26	1.3450	1.1426	0.2150	0.6246	0.8088	2.2329	3.6368
	农村	18 岁～	男	64	1.3013	0.5295	0.6108	0.9739	1.2504	1.5438	2.2556
			女	63	0.9474	1.0916	0.3639	0.4884	0.7378	1.0215	1.7709
		45 岁～	男	55	1.1527	0.5385	0.5097	0.7100	1.0649	1.4161	2.1393
			女	44	0.8885	0.5147	0.3950	0.7010	0.8181	0.9601	1.2791
		60 岁～	男	34	1.1022	0.4139	0.5354	0.7931	1.0448	1.2821	2.0656
			女	36	0.8244	0.2479	0.4175	0.7022	0.8052	0.8719	1.3284
兰州	城市	18 岁～	男	61	0.1313	0.0761	0.0658	0.0973	0.1198	0.1408	0.2302
			女	51	0.0838	0.0398	0.0438	0.0551	0.0740	0.0986	0.1784
		45 岁～	男	49	0.1138	0.0423	0.0537	0.0867	0.1091	0.1350	0.1805
			女	54	0.0941	0.0517	0.0390	0.0699	0.0823	0.1010	0.2151
		60 岁～	男	65	0.0822	0.0289	0.0498	0.0588	0.0701	0.1055	0.1318
			女	67	0.0679	0.0317	0.0351	0.0408	0.0574	0.0912	0.1178
	农村	18 岁～	男	51	0.0685	0.0270	0.0444	0.0493	0.0646	0.0779	0.1322
			女	49	0.0581	0.0172	0.0397	0.0489	0.0568	0.0654	0.1034
		45 岁～	男	59	0.0770	0.0287	0.0398	0.0583	0.0732	0.0879	0.1555
			女	49	0.0521	0.0217	0.0263	0.0378	0.0464	0.0569	0.0996
		60 岁～	男	69	0.0591	0.0234	0.0345	0.0444	0.0559	0.0665	0.1268
			女	64	0.0490	0.0170	0.0268	0.0347	0.0467	0.0604	0.0756

附表 2-24 不同地区居民分城乡、年龄和性别的室外空气铬暴露贡献比

类别				N	室外空气铬暴露贡献比/‰						
					Mean	Std	P5	P25	P50	P75	P95
太原	城市	18岁～	男	68	1.8730	1.0063	0.3541	1.1541	1.7387	2.5114	3.7994
			女	72	1.3233	0.6124	0.4942	0.9354	1.1919	1.6239	2.5932
		45岁～	男	50	1.8988	1.1141	0.5014	0.9933	1.8624	2.2789	4.1234
			女	60	1.1891	0.5643	0.2888	0.8588	1.0586	1.5974	2.1647
		60岁～	男	56	1.1800	0.5632	0.3761	0.7541	1.1580	1.4797	2.1986
			女	54	0.9357	0.4407	0.2259	0.7143	0.8836	1.2135	1.9192
	农村	18岁～	男	41	8.3385	2.5194	4.5232	6.3897	8.1647	10.4683	12.0092
			女	40	4.9877	2.7996	1.2548	2.4342	4.6505	6.6692	10.0682
		45岁～	男	49	8.0476	2.9907	4.0987	5.9205	7.7716	10.2140	13.5808
			女	74	5.7427	2.3820	1.6391	3.8883	5.8329	7.8325	9.8245
		60岁～	男	73	6.9129	2.7434	3.1139	4.2243	6.4695	8.9914	11.4178
			女	59	5.3379	2.3251	1.6767	3.3619	5.3342	7.2475	9.5094
大连	城市	18岁～	男	88	0.0412	0.0154	0.0127	0.0294	0.0452	0.0508	0.0600
			女	68	0.0365	0.0145	0.0103	0.0267	0.0396	0.0434	0.0546
		45岁～	男	13	0.0396	0.0144	0.0049	0.0359	0.0413	0.0468	0.0603
			女	31	0.0350	0.0183	0.0056	0.0269	0.0338	0.0438	0.0806
		60岁～	男	24	0.0513	0.0136	0.0335	0.0462	0.0545	0.0587	0.0641
			女	63	0.0188	0.0102	0.0022	0.0140	0.0193	0.0224	0.0382
	农村	18岁～	男	84	0.0530	0.0166	0.0239	0.0416	0.0565	0.0635	0.0744
			女	76	0.0332	0.0116	0.0127	0.0245	0.0355	0.0398	0.0484
		45岁～	男	41	0.0470	0.0187	0.0228	0.0382	0.0465	0.0537	0.0645
			女	49	0.0318	0.0199	0.0103	0.0186	0.0310	0.0415	0.0593
		60岁～	男	41	0.0416	0.0202	0.0148	0.0283	0.0393	0.0514	0.0763
			女	43	0.0269	0.0123	0.0126	0.0175	0.0264	0.0316	0.0416
上海	城市	18岁～	男	97	0.5989	0.2799	0.2818	0.4944	0.5768	0.6695	0.8812
			女	88	0.4066	0.2607	0.1596	0.3001	0.3676	0.4104	0.8373
		45岁～	男	18	0.6615	0.6626	0.1531	0.4629	0.5357	0.6859	3.2217
			女	43	0.3628	0.0546	0.2991	0.3274	0.3587	0.3882	0.4737

类别				N	室外空气铬暴露贡献比/‱						
					Mean	Std	P5	P25	P50	P75	P95
上海	城市	60 岁～	男	16	0.4339	0.0874	0.3084	0.3757	0.4185	0.4662	0.6722
			女	36	0.3050	0.0582	0.2236	0.2751	0.2974	0.3301	0.4335
	农村	18 岁～	男	48	1.3351	0.7064	0.6966	1.0185	1.2295	1.3730	2.0890
			女	38	0.9187	0.4096	0.5614	0.6642	0.8067	0.9583	2.1524
		45 岁～	男	71	0.8986	0.4300	0.3172	0.5550	0.8530	1.2046	1.4298
			女	82	0.8111	0.5114	0.2824	0.6238	0.7721	0.8997	1.4648
		60 岁～	男	35	0.8401	0.4698	0.5070	0.6704	0.7451	0.8730	2.1953
			女	27	0.6792	0.2619	0.3391	0.5038	0.6658	0.7614	1.2306
武汉	城市	18 岁～	男	60	0.1846	0.0897	0.0650	0.1180	0.1672	0.2266	0.3548
			女	77	0.1558	0.1326	0.0529	0.0872	0.1174	0.1789	0.3616
		45 岁～	男	40	0.1687	0.1128	0.0414	0.0677	0.1355	0.2428	0.3263
			女	41	0.0895	0.0780	0.0257	0.0356	0.0671	0.1010	0.2645
		60 岁～	男	60	0.1398	0.0965	0.0338	0.0533	0.1127	0.1885	0.3287
			女	77	0.0974	0.0635	0.0264	0.0493	0.0830	0.1171	0.2330
	农村	18 岁～	男	22	0.3284	0.2016	0.1429	0.1651	0.2803	0.3993	0.7213
			女	33	0.1957	0.1366	0.0765	0.1052	0.1642	0.2076	0.4388
		45 岁～	男	39	0.2434	0.1210	0.0771	0.1631	0.2169	0.2948	0.5043
			女	55	0.2335	0.1831	0.0514	0.1311	0.1756	0.2777	0.6935
		60 岁～	男	66	0.1886	0.0927	0.0614	0.1141	0.1803	0.2325	0.3734
			女	50	0.1475	0.0760	0.0407	0.0952	0.1302	0.1745	0.2818
成都	城市	18 岁～	男	123	0.3323	0.2957	0.0712	0.1109	0.2072	0.4461	0.8217
			女	125	0.2351	0.3478	0.0519	0.0730	0.1636	0.2918	0.5452
		45 岁～	男	24	0.2753	0.1886	0.0734	0.0998	0.2640	0.4073	0.6475
			女	29	0.1668	0.1106	0.0492	0.0805	0.1543	0.2129	0.3939
		60 岁～	男	8	0.1694	0.0923	0.0696	0.0745	0.1806	0.2279	0.3191
			女	26	0.1505	0.1475	0.0406	0.0586	0.0726	0.2163	0.4625
	农村	18 岁～	男	64	0.5005	0.3751	0.0986	0.2159	0.4513	0.6430	1.0971
			女	63	0.3819	0.6049	0.0645	0.1398	0.2677	0.4305	0.7655
		45 岁～	男	55	0.4656	0.4621	0.0790	0.1567	0.4239	0.5560	1.0724
			女	44	0.3195	0.1695	0.0773	0.2393	0.3124	0.3811	0.6200

类别				N	室外空气铬暴露贡献比/‱						
					Mean	Std	P5	P25	P50	P75	P95
成都	农村	60岁～	男	34	0.3480	0.2222	0.0778	0.1660	0.3518	0.4550	0.9376
			女	36	0.2817	0.1614	0.0851	0.1194	0.2991	0.3610	0.6483
兰州	城市	18岁～	男	61	0.0537	0.0331	0.0179	0.0307	0.0498	0.0705	0.1007
			女	51	0.0341	0.0244	0.0067	0.0164	0.0278	0.0497	0.0820
		45岁～	男	49	0.0422	0.0261	0.0123	0.0242	0.0385	0.0506	0.0924
			女	54	0.0319	0.0198	0.0067	0.0156	0.0304	0.0393	0.0768
		60岁～	男	65	0.0444	0.0216	0.0106	0.0256	0.0438	0.0634	0.0779
			女	67	0.0271	0.0122	0.0093	0.0162	0.0250	0.0374	0.0449
	农村	18岁～	男	51	0.0355	0.0128	0.0158	0.0266	0.0338	0.0451	0.0586
			女	49	0.0229	0.0094	0.0093	0.0140	0.0234	0.0308	0.0354
		45岁～	男	59	0.0325	0.0167	0.0145	0.0220	0.0295	0.0414	0.0517
			女	49	0.0241	0.0081	0.0111	0.0179	0.0243	0.0295	0.0363
		60岁～	男	69	0.0250	0.0109	0.0095	0.0179	0.0252	0.0306	0.0415
			女	64	0.0168	0.0079	0.0040	0.0120	0.0174	0.0222	0.0266

附表 2-25　不同地区居民分城乡、年龄和性别的交通空气铬暴露贡献比

类别				N	交通空气铬暴露贡献比/‱						
					Mean	Std	P5	P25	P50	P75	P95
太原	城市	18岁～	男	68	1.3082	0.8923	0.1740	0.6243	1.1525	1.7735	3.4001
			女	72	0.8368	0.4045	0.2138	0.5147	0.7845	1.1436	1.4322
		45岁～	男	50	1.0134	0.7151	0.1404	0.4321	0.7678	1.6533	2.4866
			女	60	0.8261	0.5399	0.1739	0.3812	0.7564	1.1469	1.8789
		60岁～	男	56	0.7370	0.5902	0.1781	0.4094	0.5633	0.7592	2.0928
			女	54	0.5208	0.3680	0.1151	0.2885	0.4060	0.6488	1.4027
	农村	18岁～	男	41	0.1085	0.0556	0.0272	0.0823	0.1090	0.1343	0.1727
			女	40	0.0567	0.0318	0.0189	0.0278	0.0505	0.0821	0.1185
		45岁～	男	49	0.0926	0.0383	0.0313	0.0668	0.0947	0.1116	0.1546
			女	74	0.0587	0.0289	0.0147	0.0462	0.0586	0.0654	0.1109
		60岁～	男	73	0.0726	0.0259	0.0300	0.0636	0.0756	0.0839	0.1160
			女	59	0.0532	0.0221	0.0145	0.0416	0.0532	0.0603	0.1037

类别				N	交通空气铬暴露贡献比/‱						
					Mean	Std	P5	P25	P50	P75	P95
大连	城市	18 岁～	男	88	0.0075	0.0021	0.0044	0.0066	0.0074	0.0081	0.0117
			女	68	0.0055	0.0015	0.0030	0.0047	0.0055	0.0061	0.0077
		45 岁～	男	13	0.0071	0.0028	0.0036	0.0056	0.0065	0.0077	0.0141
			女	31	0.0052	0.0024	0.0014	0.0041	0.0052	0.0062	0.0107
		60 岁～	男	24	0.0061	0.0018	0.0029	0.0050	0.0059	0.0071	0.0088
			女	63	0.0044	0.0029	0.0014	0.0028	0.0041	0.0048	0.0085
	农村	18 岁～	男	84	0.0108	0.0045	0.0047	0.0076	0.0092	0.0144	0.0174
			女	76	0.0065	0.0027	0.0031	0.0050	0.0058	0.0074	0.0116
		45 岁～	男	41	0.0062	0.0059	0.0023	0.0037	0.0050	0.0060	0.0136
			女	49	0.0051	0.0028	0.0014	0.0035	0.0041	0.0068	0.0109
		60 岁～	男	41	0.0068	0.0041	0.0017	0.0042	0.0055	0.0103	0.0125
			女	43	0.0045	0.0022	0.0014	0.0032	0.0044	0.0061	0.0081
上海	城市	18 岁～	男	97	0.3973	0.1854	0.1574	0.2801	0.3800	0.4563	0.7927
			女	88	0.2677	0.1304	0.1307	0.1988	0.2394	0.2968	0.5984
		45 岁～	男	18	0.3981	0.3440	0.1084	0.2551	0.3451	0.3863	1.7071
			女	43	0.2337	0.0695	0.1163	0.1976	0.2312	0.2675	0.3695
		60 岁～	男	16	0.2939	0.1094	0.0397	0.2558	0.3002	0.3400	0.5249
			女	36	0.2324	0.0716	0.1423	0.1764	0.2245	0.2569	0.3919
	农村	18 岁～	男	48	0.3985	0.3033	0.1590	0.2385	0.2915	0.4331	1.0527
			女	38	0.3254	0.2706	0.0995	0.1635	0.2708	0.3758	0.8171
		45 岁～	男	71	0.5138	0.2678	0.2136	0.2773	0.4349	0.7382	0.9875
			女	82	0.2986	0.1955	0.1294	0.1699	0.2271	0.3346	0.6875
		60 岁～	男	35	0.3441	0.2317	0.1058	0.2022	0.2818	0.3839	0.7875
			女	27	0.2355	0.2144	0.0910	0.1103	0.1670	0.2184	0.8660
武汉	城市	18 岁～	男	60	0.0603	0.0300	0.0223	0.0369	0.0533	0.0789	0.1236
			女	77	0.0465	0.0399	0.0154	0.0225	0.0369	0.0533	0.1010
		45 岁～	男	40	0.0463	0.0197	0.0185	0.0329	0.0460	0.0542	0.0905
			女	41	0.0352	0.0219	0.0111	0.0219	0.0312	0.0384	0.0699
		60 岁～	男	60	0.0333	0.0200	0.0155	0.0222	0.0304	0.0387	0.0635
			女	77	0.0315	0.0158	0.0101	0.0192	0.0305	0.0383	0.0666

类别				N	交通空气铬暴露贡献比/‰						
					Mean	Std	P5	P25	P50	P75	P95
武汉	农村	18岁～	男	22	0.1324	0.1989	0.0273	0.0521	0.0895	0.1181	0.2023
			女	33	0.0588	0.0354	0.0205	0.0318	0.0553	0.0716	0.1292
		45岁～	男	39	0.0926	0.0477	0.0304	0.0655	0.0809	0.1050	0.1927
			女	55	0.0633	0.0398	0.0185	0.0392	0.0612	0.0676	0.1390
		60岁～	男	66	0.0759	0.0464	0.0268	0.0495	0.0682	0.0855	0.1540
			女	50	0.0479	0.0185	0.0158	0.0393	0.0524	0.0568	0.0715
成都	城市	18岁～	男	123	0.0589	0.0212	0.0304	0.0470	0.0576	0.0667	0.0861
			女	125	0.0357	0.0253	0.0188	0.0267	0.0325	0.0380	0.0562
		45岁～	男	24	0.0293	0.0057	0.0186	0.0272	0.0294	0.0322	0.0381
			女	29	0.0270	0.0101	0.0139	0.0212	0.0262	0.0294	0.0433
		60岁～	男	8	0.0130	0.0030	0.0080	0.0108	0.0135	0.0154	0.0165
			女	26	0.0168	0.0070	0.0063	0.0121	0.0162	0.0208	0.0270
	农村	18岁～	男	64	0.0600	0.0231	0.0317	0.0450	0.0593	0.0675	0.1152
			女	63	0.0321	0.0277	0.0160	0.0213	0.0257	0.0337	0.0600
		45岁～	男	55	0.0512	0.0253	0.0243	0.0369	0.0461	0.0599	0.0913
			女	44	0.0294	0.0130	0.0203	0.0234	0.0269	0.0311	0.0357
		60岁～	男	34	0.0497	0.0223	0.0134	0.0381	0.0507	0.0591	0.1042
			女	36	0.0348	0.0093	0.0165	0.0324	0.0348	0.0384	0.0480
兰州	城市	18岁～	男	61	0.0196	0.0120	0.0065	0.0112	0.0170	0.0247	0.0384
			女	51	0.0136	0.0070	0.0046	0.0085	0.0130	0.0187	0.0287
		45岁～	男	49	0.0175	0.0117	0.0031	0.0099	0.0146	0.0208	0.0374
			女	54	0.0113	0.0053	0.0038	0.0079	0.0104	0.0141	0.0227
		60岁～	男	65	0.0115	0.0070	0.0035	0.0071	0.0097	0.0145	0.0257
			女	67	0.0082	0.0049	0.0027	0.0050	0.0071	0.0097	0.0195
	农村	18岁～	男	51	0.0157	0.0118	0.0036	0.0076	0.0115	0.0236	0.0417
			女	49	0.0088	0.0056	0.0025	0.0040	0.0076	0.0116	0.0183
		45岁～	男	59	0.0114	0.0085	0.0015	0.0053	0.0093	0.0138	0.0311
			女	49	0.0086	0.0049	0.0029	0.0052	0.0081	0.0107	0.0194
		60岁～	男	69	0.0090	0.0060	0.0021	0.0061	0.0080	0.0100	0.0238
			女	64	0.0067	0.0023	0.0034	0.0055	0.0065	0.0079	0.0103

第3章　饮用水暴露量及贡献比

3.1　参数说明

（1）饮用水暴露量（water exposure dose）是指环境中单一污染物经饮水和用水暴露进入人体的总量，包括饮水暴露量和用水暴露量，见式（3-1）～式（3-3）。

$$ADD_{water}=ADD_{w\text{-}oral}+ADD_{w\text{-}dermal} \tag{3-1}$$

式中：ADD_{water}——饮用水暴露量，mg/（kg·d）；

$ADD_{w\text{-}oral}$——饮水暴露量，mg/（kg·d）；

$ADD_{w\text{-}dermal}$——用水暴露量，mg/（kg·d）。

① 饮水暴露量。

$$ADD_{w\text{-}oral}=\frac{C_{w\text{-}oral}\times IR_{w\text{-}oral}\times EF\times ED}{BW\times AT} \tag{3-2}$$

式中：$ADD_{w\text{-}oral}$——饮水暴露量，mg/（kg·d）；

$C_{w\text{-}oral}$——饮水中污染物浓度，mg/L；

$IR_{w\text{-}oral}$——饮水摄入量，L/d；

EF——暴露频率，d/a；

ED——暴露持续时间，a；

BW——体重，kg；

AT——平均暴露时间，d。

② 用水暴露量。

$$ADD_{w\text{-}dermal} = \frac{C_{w\text{-}dermal} \times SA_{w\text{-}dermal} \times PC \times CF \times ET \times EF \times ED}{BW \times AT} \quad (3\text{-}3)$$

式中：$ADD_{w\text{-}dermal}$——用水暴露量，mg/（kg·d）；

$C_{w\text{-}dermal}$——用水中污染物浓度，mg/L；

$SA_{w\text{-}dermal}$——接触水的皮肤表面积，cm^2；

PC——皮肤渗透常数，cm/h；

CF——体积转换因子，$1L/1000cm^3$；

ET——暴露时间，h/d；

EF——暴露频率，d/a；

ED——暴露持续时间，a；

BW——体重，kg；

AT——平均暴露时间，d。

（2）饮用水暴露贡献比（the exposure contribution of water）是指环境中单一污染物经饮用水暴露进入人体的暴露总量占环境总暴露量（空气、水、土壤和膳食等）的比例，见式（3-4）。饮用水暴露贡献比主要受饮用水中污染物的浓度和人群环境暴露行为模式（如体重、饮水摄入量、时间—活动模式等）等因素的影响。

$$R_{w\text{-}oral/w\text{-}dermal} = \frac{ADD_{w\text{-}oral/w\text{-}dermal}}{ADD_{total}} \times 100 \quad (3\text{-}4)$$

式中：$R_{w\text{-}oral/w\text{-}dermal}$——饮/用水暴露贡献比，%；

$ADD_{w\text{-}oral/w\text{-}dermal}$——饮/用水暴露量，mg/（kg·d）；

ADD_{total}——环境总暴露量，mg/（kg·d）。

3.2 资料与数据来源

生态环境部（原环境保护部）科技标准司于 2016—2017 年委托中国环境科学研

究院在太原市、大连市、上海市、武汉市、成都市和兰州市的 15 个区/县针对 18 岁及以上常住居民 3876 人（有效样本量为 3855 人）开展了居民汞、镉、砷、铅和铬的环境总暴露研究。该研究在人群环境暴露行为模式研究的基础上获取了调查居民的体重、饮水摄入量、洗澡时间、游泳时间等参数，结合饮用水环境暴露监测结果，获取了调查居民的汞、镉、砷、铅和铬的饮用水暴露量（表 3-1），并在此基础上获取了饮用水暴露贡献比（表 3-1 和表 3-2）。不同地区居民分城乡、年龄和性别的饮用水汞暴露量见附表 3-1，暴露贡献比见附表 3-6～附表 3-8；不同地区居民分城乡、年龄和性别的饮用水镉暴露量见附表 3-2，暴露贡献比见附表 3-9～附表 3-11；不同地区居民分城乡、年龄和性别的饮用水砷暴露量见附表 3-3，暴露贡献比见附表 3-12～附表 3-14；不同地区居民分城乡、年龄和性别的饮用水铅暴露量见附表 3-4，暴露贡献比见附表 3-15～附表 3-17；不同地区居民分城乡、年龄和性别的饮用水铬暴露量见附表 3-5，暴露贡献比见附表 3-18～附表 3-20。

3.3 饮用水暴露量与贡献比均值

表 3-1 不同地区居民 5 种金属饮用水暴露量与暴露贡献比

类别	汞		镉		砷		铅		铬	
	暴露量/[mg/(kg·d)]	贡献比/%	暴露量/[mg/(kg·d)]	贡献比/%	暴露量/[mg/(kg·d)]	贡献比/%	暴露量/[mg/(kg·d)]	贡献比/%	暴露量/[mg/(kg·d)]	贡献比/%
合计	1.80×10^{-6}	6.1319	1.49×10^{-6}	2.3385	2.57×10^{-5}	8.8342	1.09×10^{-5}	3.0356	5.89×10^{-5}	4.7153
太原	1.63×10^{-6}	5.2715	7.44×10^{-7}	0.9908	2.61×10^{-5}	11.1716	1.08×10^{-5}	7.6947	5.37×10^{-5}	16.3313
大连	3.84×10^{-7}	0.4177	5.10×10^{-7}	0.4577	1.32×10^{-5}	0.3246	7.60×10^{-6}	1.3566	1.66×10^{-5}	0.3532
上海	7.46×10^{-7}	2.1820	7.18×10^{-7}	0.8600	1.48×10^{-5}	1.4737	1.09×10^{-5}	1.8119	6.61×10^{-6}	0.4749
武汉	5.51×10^{-6}	11.9678	2.75×10^{-6}	1.4522	4.05×10^{-5}	10.8173	1.96×10^{-5}	3.4798	2.09×10^{-4}	8.8816
成都	5.31×10^{-7}	1.2428	2.49×10^{-6}	1.2937	2.59×10^{-5}	1.3013	8.61×10^{-6}	0.3287	5.10×10^{-5}	0.9650
兰州	1.99×10^{-6}	14.8238	1.74×10^{-6}	8.4439	3.24×10^{-5}	25.6808	8.27×10^{-6}	2.9853	2.03×10^{-5}	0.2783

表 3-2 不同地区居民 5 种金属饮用水各途径暴露贡献比

单位：%

类别	汞		镉		砷		铅		铬	
	饮水	用水	饮水	用水	饮水	用水	饮水	用水	饮水	用水
合计	99.9924	0.0076	99.9920	0.0080	99.9860	0.0140	99.99997	0.00003	99.9843	0.0157
太原	99.9905	0.0095	99.9906	0.0094	99.9824	0.0176	99.99996	0.00004	99.9810	0.0190
大连	99.9881	0.0119	99.9878	0.0122	99.9782	0.0218	99.99995	0.00005	99.9760	0.0240
上海	99.9940	0.0060	99.9938	0.0062	99.9888	0.0112	99.99998	0.00002	99.9878	0.0122
武汉	99.9906	0.0094	99.9891	0.0109	99.9831	0.0169	99.99996	0.00004	99.9815	0.0185
成都	99.9958	0.0042	99.9956	0.0044	99.9919	0.0081	99.99998	0.00002	99.9902	0.0098
兰州	99.9955	0.0045	99.9951	0.0049	99.9915	0.0085	99.99998	0.00002	99.9891	0.0109

3.4 与国外的比较

典型地区调查居民饮用水暴露贡献比与美国、日本和韩国相关研究的比较见表 3-3。

表 3-3 与国外的比较

单位：%

国家	汞	镉	砷	铅	铬
中国	6.1319	2.3385	8.8342	3.0356	4.7153
美国	—	—	43.7500*[1]/21.8000*（5.7000）[2]	—	—
日本[3]	—	—	3.9000	—	—
韩国[4]	—	0.0070	—	0.1000	—

注：*为无机砷。

本章参考文献

[1] Meacher D M，Menzel D B，Dillencourt M D，et al.. Estimation of Multimedia Inorganic Arsenic Intake in the U.S. Population [J]. Human & Ecological Risk Assessment，2002，8(7): 1697-1721.

[2] Kurzius-Spencer M，Burgess J L，Harris R B，et al.. Contribution of Diet to Aggregate Arsenic Exposures—An Analysis Across Populations[J]. Journal of Exposure Science & Environmental Epidemiology. 2014，24(2): 156-162.

[3] Kawabe Y，Komai T，Sakamoto Y. Exposure and Risk Estimation of Inorganic Arsenic in Japan [J]. Journal of Mmij，2003，119(8): 489-493.

[4] Eunha O ，Lee E I ，Lim H ，et al.. Human Multi-Route Exposure Assessment of Lead and Cadmium for Korean Volunteers[J]. Journal of Preventive Medicine and Public Health，2006，39(1):53-58.

附表

附表 3-1 不同地区居民分城乡、年龄和性别的饮用水汞暴露量

类别				N	饮用水汞暴露量/[mg/（kg·d）]						
					Mean	Std	P5	P25	P50	P75	P95
太原	城市	18 岁～	男	68	1.30×10^{-6}	5.88×10^{-7}	5.85×10^{-7}	9.17×10^{-7}	1.12×10^{-6}	1.61×10^{-6}	2.33×10^{-6}
			女	72	1.91×10^{-6}	1.29×10^{-6}	4.56×10^{-7}	9.52×10^{-7}	1.67×10^{-6}	2.29×10^{-6}	4.65×10^{-6}
		45 岁～	男	50	1.70×10^{-6}	8.47×10^{-7}	7.20×10^{-7}	9.06×10^{-7}	1.58×10^{-6}	2.10×10^{-6}	3.34×10^{-6}
			女	60	1.65×10^{-6}	8.24×10^{-7}	7.47×10^{-7}	9.99×10^{-7}	1.51×10^{-6}	2.05×10^{-6}	3.52×10^{-6}
		60 岁～	男	56	1.16×10^{-6}	5.96×10^{-7}	5.46×10^{-7}	7.57×10^{-7}	9.16×10^{-7}	1.45×10^{-6}	2.52×10^{-6}
			女	54	1.22×10^{-6}	5.20×10^{-7}	6.30×10^{-7}	8.34×10^{-7}	1.07×10^{-6}	1.48×10^{-6}	1.88×10^{-6}
	农村	18 岁～	男	41	1.73×10^{-6}	7.82×10^{-7}	6.18×10^{-7}	1.15×10^{-6}	1.71×10^{-6}	2.27×10^{-6}	2.97×10^{-6}
			女	40	1.81×10^{-6}	8.70×10^{-7}	8.31×10^{-7}	1.15×10^{-6}	1.57×10^{-6}	2.32×10^{-6}	3.46×10^{-6}
		45 岁～	男	49	1.78×10^{-6}	6.86×10^{-7}	5.83×10^{-7}	1.25×10^{-6}	1.81×10^{-6}	2.15×10^{-6}	3.03×10^{-6}
			女	74	1.83×10^{-6}	7.24×10^{-7}	7.67×10^{-7}	1.40×10^{-6}	1.83×10^{-6}	2.12×10^{-6}	3.11×10^{-6}
		60 岁～	男	73	1.71×10^{-6}	8.70×10^{-7}	6.39×10^{-7}	1.24×10^{-6}	1.70×10^{-6}	1.99×10^{-6}	3.04×10^{-6}
			女	59	1.70×10^{-6}	7.50×10^{-7}	6.97×10^{-7}	1.08×10^{-6}	1.58×10^{-6}	2.16×10^{-6}	3.31×10^{-6}
大连	城市	18 岁～	男	88	3.49×10^{-7}	1.73×10^{-7}	1.15×10^{-7}	2.44×10^{-7}	2.92×10^{-7}	4.67×10^{-7}	7.31×10^{-7}
			女	68	3.68×10^{-7}	2.38×10^{-7}	1.04×10^{-7}	2.02×10^{-7}	2.87×10^{-7}	5.22×10^{-7}	8.26×10^{-7}
		45 岁～	男	13	3.62×10^{-7}	1.67×10^{-7}	2.09×10^{-7}	2.39×10^{-7}	2.59×10^{-7}	4.82×10^{-7}	6.54×10^{-7}
			女	31	3.88×10^{-7}	1.86×10^{-7}	1.78×10^{-7}	2.22×10^{-7}	3.39×10^{-7}	4.93×10^{-7}	7.91×10^{-7}
		60 岁～	男	24	2.28×10^{-7}	1.30×10^{-7}	1.04×10^{-7}	1.35×10^{-7}	1.91×10^{-7}	2.69×10^{-7}	5.20×10^{-7}
			女	63	3.28×10^{-7}	1.50×10^{-7}	1.65×10^{-7}	2.16×10^{-7}	2.83×10^{-7}	3.85×10^{-7}	6.25×10^{-7}
	农村	18 岁～	男	84	3.75×10^{-7}	1.38×10^{-7}	2.00×10^{-7}	2.66×10^{-7}	3.52×10^{-7}	4.58×10^{-7}	6.01×10^{-7}
			女	76	4.39×10^{-7}	1.69×10^{-7}	2.47×10^{-7}	3.15×10^{-7}	3.98×10^{-7}	4.88×10^{-7}	7.54×10^{-7}
		45 岁～	男	41	4.32×10^{-7}	1.44×10^{-7}	2.71×10^{-7}	3.15×10^{-7}	3.93×10^{-7}	5.23×10^{-7}	6.81×10^{-7}
			女	49	4.21×10^{-7}	1.93×10^{-7}	1.58×10^{-7}	3.09×10^{-7}	3.76×10^{-7}	4.73×10^{-7}	9.13×10^{-7}
		60 岁～	男	41	4.28×10^{-7}	2.56×10^{-7}	1.59×10^{-7}	2.82×10^{-7}	3.64×10^{-7}	4.92×10^{-7}	9.66×10^{-7}
			女	43	4.49×10^{-7}	2.05×10^{-7}	1.39×10^{-7}	2.89×10^{-7}	4.44×10^{-7}	6.14×10^{-7}	7.37×10^{-7}
上海	城市	18 岁～	男	97	9.34×10^{-7}	3.77×10^{-7}	3.32×10^{-7}	6.79×10^{-7}	8.91×10^{-7}	1.21×10^{-6}	1.70×10^{-6}
			女	88	1.18×10^{-6}	5.18×10^{-7}	4.42×10^{-7}	8.50×10^{-7}	1.15×10^{-6}	1.41×10^{-6}	2.07×10^{-6}

类别				N	饮用水汞暴露量/[mg/（kg·d）]						
					Mean	Std	P5	P25	P50	P75	P95
上海	城市	45 岁～	男	18	9.84×10^{-7}	3.53×10^{-7}	4.19×10^{-7}	8.04×10^{-7}	9.56×10^{-7}	1.19×10^{-6}	1.96×10^{-6}
			女	43	1.27×10^{-6}	5.04×10^{-7}	5.13×10^{-7}	9.40×10^{-7}	1.14×10^{-6}	1.72×10^{-6}	2.22×10^{-6}
		60 岁～	男	16	1.03×10^{-6}	5.09×10^{-7}	4.96×10^{-7}	7.44×10^{-7}	8.87×10^{-7}	1.05×10^{-6}	2.20×10^{-6}
			女	36	1.18×10^{-6}	4.50×10^{-7}	4.88×10^{-7}	9.30×10^{-7}	1.10×10^{-6}	1.51×10^{-6}	1.96×10^{-6}
	农村	18 岁～	男	48	3.96×10^{-7}	1.10×10^{-7}	2.61×10^{-7}	3.25×10^{-7}	3.70×10^{-7}	4.60×10^{-7}	5.92×10^{-7}
			女	38	4.29×10^{-7}	1.19×10^{-7}	2.67×10^{-7}	3.57×10^{-7}	4.16×10^{-7}	4.95×10^{-7}	6.82×10^{-7}
		45 岁～	男	71	4.01×10^{-7}	1.07×10^{-7}	2.65×10^{-7}	3.29×10^{-7}	3.65×10^{-7}	4.70×10^{-7}	6.92×10^{-7}
			女	82	4.17×10^{-7}	1.02×10^{-7}	2.98×10^{-7}	3.49×10^{-7}	3.95×10^{-7}	4.75×10^{-7}	5.91×10^{-7}
		60 岁～	男	35	3.96×10^{-7}	1.16×10^{-7}	2.31×10^{-7}	3.21×10^{-7}	3.71×10^{-7}	4.54×10^{-7}	6.42×10^{-7}
			女	27	3.51×10^{-7}	2.30×10^{-7}	4.05×10^{-8}	2.02×10^{-7}	3.50×10^{-7}	4.38×10^{-7}	7.99×10^{-7}
武汉	城市	18 岁～	男	60	5.98×10^{-6}	3.16×10^{-6}	2.44×10^{-6}	3.80×10^{-6}	5.27×10^{-6}	6.56×10^{-6}	1.29×10^{-5}
			女	77	5.87×10^{-6}	2.10×10^{-6}	2.45×10^{-6}	4.53×10^{-6}	5.75×10^{-6}	6.80×10^{-6}	1.02×10^{-5}
		45 岁～	男	40	7.39×10^{-6}	4.69×10^{-6}	2.23×10^{-6}	4.20×10^{-6}	5.83×10^{-6}	1.01×10^{-5}	1.67×10^{-5}
			女	41	6.11×10^{-6}	2.81×10^{-6}	2.96×10^{-6}	4.40×10^{-6}	5.36×10^{-6}	6.86×10^{-6}	1.20×10^{-5}
		60 岁～	男	60	6.49×10^{-6}	3.04×10^{-6}	2.22×10^{-6}	4.21×10^{-6}	5.90×10^{-6}	9.29×10^{-6}	1.16×10^{-5}
			女	77	5.06×10^{-6}	2.32×10^{-6}	2.23×10^{-6}	3.76×10^{-6}	4.82×10^{-6}	5.86×10^{-6}	8.47×10^{-6}
	农村	18 岁～	男	22	4.26×10^{-6}	1.63×10^{-6}	1.85×10^{-6}	3.49×10^{-6}	4.35×10^{-6}	4.85×10^{-6}	7.06×10^{-6}
			女	33	4.81×10^{-6}	1.92×10^{-6}	3.01×10^{-6}	3.39×10^{-6}	4.40×10^{-6}	4.98×10^{-6}	8.99×10^{-6}
		45 岁～	男	39	4.77×10^{-6}	2.39×10^{-6}	1.07×10^{-6}	3.18×10^{-6}	4.35×10^{-6}	5.85×10^{-6}	1.01×10^{-5}
			女	55	4.66×10^{-6}	1.31×10^{-6}	2.39×10^{-6}	3.75×10^{-6}	4.81×10^{-6}	5.49×10^{-6}	6.93×10^{-6}
		60 岁～	男	66	5.21×10^{-6}	1.45×10^{-6}	2.46×10^{-6}	4.39×10^{-6}	5.42×10^{-6}	6.17×10^{-6}	7.11×10^{-6}
			女	50	4.83×10^{-6}	1.81×10^{-6}	2.47×10^{-6}	3.64×10^{-6}	4.41×10^{-6}	5.51×10^{-6}	8.25×10^{-6}
成都	城市	18 岁～	男	123	5.88×10^{-7}	2.75×10^{-7}	2.02×10^{-7}	3.76×10^{-7}	5.51×10^{-7}	7.61×10^{-7}	1.06×10^{-6}
			女	125	7.15×10^{-7}	3.66×10^{-7}	2.32×10^{-7}	3.82×10^{-7}	6.90×10^{-7}	9.57×10^{-7}	1.41×10^{-6}
		45 岁～	男	24	6.40×10^{-7}	2.97×10^{-7}	2.66×10^{-7}	3.93×10^{-7}	5.55×10^{-7}	8.18×10^{-7}	1.13×10^{-6}
			女	29	6.96×10^{-7}	2.84×10^{-7}	2.02×10^{-7}	5.82×10^{-7}	7.11×10^{-7}	8.81×10^{-7}	1.11×10^{-6}
		60 岁～	男	8	6.53×10^{-7}	1.56×10^{-7}	4.04×10^{-7}	5.58×10^{-7}	6.48×10^{-7}	7.56×10^{-7}	8.98×10^{-7}
			女	26	6.46×10^{-7}	2.51×10^{-7}	2.38×10^{-7}	4.79×10^{-7}	6.20×10^{-7}	8.32×10^{-7}	9.95×10^{-7}
	农村	18 岁～	男	64	3.65×10^{-7}	1.46×10^{-7}	1.57×10^{-7}	2.53×10^{-7}	3.61×10^{-7}	4.58×10^{-7}	6.10×10^{-7}
			女	63	4.33×10^{-7}	1.48×10^{-7}	1.88×10^{-7}	3.07×10^{-7}	4.57×10^{-7}	5.53×10^{-7}	6.66×10^{-7}

类别				N	饮用水汞暴露量/[mg/（kg·d）]						
					Mean	Std	P5	P25	P50	P75	P95
成都	农村	45 岁～	男	55	3.29×10^{-7}	1.44×10^{-7}	1.38×10^{-7}	2.02×10^{-7}	3.24×10^{-7}	3.97×10^{-7}	6.21×10^{-7}
			女	44	4.18×10^{-7}	1.70×10^{-7}	1.51×10^{-7}	2.79×10^{-7}	4.55×10^{-7}	5.77×10^{-7}	6.34×10^{-7}
		60 岁～	男	34	3.84×10^{-7}	1.30×10^{-7}	2.06×10^{-7}	2.65×10^{-7}	3.69×10^{-7}	4.55×10^{-7}	6.24×10^{-7}
			女	36	4.37×10^{-7}	1.24×10^{-7}	2.20×10^{-7}	3.36×10^{-7}	4.47×10^{-7}	5.19×10^{-7}	6.19×10^{-7}
兰州	城市	18 岁～	男	61	2.36×10^{-6}	1.60×10^{-6}	4.67×10^{-7}	1.34×10^{-6}	2.14×10^{-6}	3.02×10^{-6}	5.23×10^{-6}
			女	51	2.53×10^{-6}	2.07×10^{-6}	4.91×10^{-7}	1.00×10^{-6}	1.85×10^{-6}	3.70×10^{-6}	6.06×10^{-6}
		45 岁～	男	49	2.32×10^{-6}	1.75×10^{-6}	5.93×10^{-7}	1.17×10^{-6}	1.64×10^{-6}	3.36×10^{-6}	5.48×10^{-6}
			女	54	2.15×10^{-6}	1.28×10^{-6}	5.92×10^{-7}	9.95×10^{-7}	1.66×10^{-6}	3.06×10^{-6}	4.50×10^{-6}
		60 岁～	男	65	2.49×10^{-6}	1.35×10^{-6}	6.28×10^{-7}	1.36×10^{-6}	2.45×10^{-6}	3.53×10^{-6}	5.24×10^{-6}
			女	67	2.35×10^{-6}	1.29×10^{-6}	6.91×10^{-7}	1.20×10^{-6}	2.36×10^{-6}	3.38×10^{-6}	4.34×10^{-6}
	农村	18 岁～	男	51	1.57×10^{-6}	1.55×10^{-6}	1.79×10^{-7}	4.00×10^{-7}	1.07×10^{-6}	2.00×10^{-6}	3.82×10^{-6}
			女	49	1.30×10^{-6}	1.27×10^{-6}	2.26×10^{-7}	5.35×10^{-7}	9.15×10^{-7}	1.52×10^{-6}	3.03×10^{-6}
		45 岁～	男	59	2.09×10^{-6}	1.81×10^{-6}	2.50×10^{-7}	9.11×10^{-7}	1.48×10^{-6}	3.07×10^{-6}	6.82×10^{-6}
			女	49	1.79×10^{-6}	3.70×10^{-6}	2.39×10^{-7}	4.21×10^{-7}	9.60×10^{-7}	1.51×10^{-6}	4.73×10^{-6}
		60 岁～	男	69	1.67×10^{-6}	1.61×10^{-6}	2.76×10^{-7}	4.27×10^{-7}	1.19×10^{-6}	2.72×10^{-6}	4.64×10^{-6}
			女	64	1.17×10^{-6}	8.57×10^{-7}	2.94×10^{-7}	4.39×10^{-7}	9.81×10^{-7}	1.59×10^{-6}	2.76×10^{-6}

附表 3-2　不同地区居民分城乡、年龄和性别的饮用水镉暴露量

类别				N	饮用水镉暴露量/[mg/（kg·d）]						
					Mean	Std	P5	P25	P50	P75	P95
太原	城市	18 岁～	男	68	5.76×10^{-7}	4.22×10^{-7}	2.62×10^{-7}	3.91×10^{-7}	4.98×10^{-7}	6.39×10^{-7}	1.04×10^{-6}
			女	72	7.11×10^{-7}	3.98×10^{-7}	2.03×10^{-7}	4.54×10^{-7}	5.65×10^{-7}	9.47×10^{-7}	1.59×10^{-6}
		45 岁～	男	50	7.56×10^{-7}	5.04×10^{-7}	3.14×10^{-7}	3.92×10^{-7}	5.41×10^{-7}	9.75×10^{-7}	1.98×10^{-6}
			女	60	7.03×10^{-7}	3.35×10^{-7}	3.75×10^{-7}	4.43×10^{-7}	5.64×10^{-7}	9.22×10^{-7}	1.28×10^{-6}
		60 岁～	男	56	5.50×10^{-7}	3.21×10^{-7}	2.88×10^{-7}	3.37×10^{-7}	4.29×10^{-7}	6.09×10^{-7}	1.41×10^{-6}
			女	54	5.66×10^{-7}	2.31×10^{-7}	3.47×10^{-7}	4.01×10^{-7}	4.67×10^{-7}	7.08×10^{-7}	1.05×10^{-6}
	农村	18 岁～	男	41	9.49×10^{-7}	6.25×10^{-7}	1.35×10^{-7}	5.71×10^{-7}	7.73×10^{-7}	1.32×10^{-6}	2.18×10^{-6}
			女	40	8.26×10^{-7}	5.14×10^{-7}	2.91×10^{-7}	4.67×10^{-7}	6.60×10^{-7}	1.07×10^{-6}	1.79×10^{-6}
		45 岁～	男	49	7.22×10^{-7}	4.39×10^{-7}	2.07×10^{-7}	5.40×10^{-7}	6.02×10^{-7}	7.46×10^{-7}	1.67×10^{-6}
			女	74	7.55×10^{-7}	5.04×10^{-7}	1.70×10^{-7}	4.49×10^{-7}	6.11×10^{-7}	8.59×10^{-7}	1.91×10^{-6}

类别				N	饮用水镉暴露量/[mg/（kg·d）]						
					Mean	Std	P5	P25	P50	P75	P95
太原	农村	60 岁～	男	73	8.74×10^{-7}	5.51×10^{-7}	1.46×10^{-7}	4.64×10^{-7}	6.58×10^{-7}	1.21×10^{-6}	2.01×10^{-6}
			女	59	1.00×10^{-6}	1.77×10^{-6}	1.75×10^{-7}	4.74×10^{-7}	6.25×10^{-7}	1.09×10^{-6}	1.98×10^{-6}
大连	城市	18 岁～	男	88	4.68×10^{-7}	2.44×10^{-7}	1.66×10^{-7}	3.30×10^{-7}	4.09×10^{-7}	6.05×10^{-7}	1.07×10^{-6}
			女	68	4.61×10^{-7}	3.00×10^{-7}	1.23×10^{-7}	2.22×10^{-7}	3.82×10^{-7}	6.00×10^{-7}	1.07×10^{-6}
		45 岁～	男	13	4.28×10^{-7}	2.14×10^{-7}	2.01×10^{-7}	3.10×10^{-7}	3.32×10^{-7}	5.10×10^{-7}	8.49×10^{-7}
			女	31	4.37×10^{-7}	2.07×10^{-7}	1.88×10^{-7}	2.72×10^{-7}	4.19×10^{-7}	5.09×10^{-7}	8.49×10^{-7}
		60 岁～	男	24	2.85×10^{-7}	1.88×10^{-7}	1.08×10^{-7}	1.65×10^{-7}	2.08×10^{-7}	3.35×10^{-7}	6.78×10^{-7}
			女	63	3.65×10^{-7}	1.94×10^{-7}	1.62×10^{-7}	2.18×10^{-7}	2.97×10^{-7}	4.42×10^{-7}	7.26×10^{-7}
	农村	18 岁～	男	84	5.36×10^{-7}	1.89×10^{-7}	3.00×10^{-7}	3.80×10^{-7}	5.09×10^{-7}	6.50×10^{-7}	8.39×10^{-7}
			女	76	6.23×10^{-7}	2.31×10^{-7}	3.72×10^{-7}	4.61×10^{-7}	5.69×10^{-7}	7.35×10^{-7}	1.05×10^{-6}
		45 岁～	男	41	6.18×10^{-7}	2.09×10^{-7}	3.59×10^{-7}	4.75×10^{-7}	5.76×10^{-7}	7.49×10^{-7}	9.74×10^{-7}
			女	49	5.63×10^{-7}	2.79×10^{-7}	1.57×10^{-7}	4.11×10^{-7}	5.01×10^{-7}	6.36×10^{-7}	1.19×10^{-6}
		60 岁～	男	41	5.84×10^{-7}	3.74×10^{-7}	1.92×10^{-7}	3.75×10^{-7}	4.75×10^{-7}	7.01×10^{-7}	1.17×10^{-6}
			女	43	6.10×10^{-7}	2.92×10^{-7}	1.68×10^{-7}	3.73×10^{-7}	5.55×10^{-7}	8.25×10^{-7}	1.16×10^{-6}
上海	城市	18 岁～	男	97	9.74×10^{-7}	3.75×10^{-7}	3.51×10^{-7}	7.22×10^{-7}	9.29×10^{-7}	1.24×10^{-6}	1.76×10^{-6}
			女	88	1.21×10^{-6}	4.89×10^{-7}	4.25×10^{-7}	9.28×10^{-7}	1.12×10^{-6}	1.46×10^{-6}	2.16×10^{-6}
		45 岁～	男	18	1.22×10^{-6}	8.32×10^{-7}	4.36×10^{-7}	7.98×10^{-7}	1.01×10^{-6}	1.27×10^{-6}	4.21×10^{-6}
			女	43	1.27×10^{-6}	4.88×10^{-7}	5.35×10^{-7}	9.31×10^{-7}	1.12×10^{-6}	1.68×10^{-6}	2.22×10^{-6}
		60 岁～	男	16	1.03×10^{-6}	4.75×10^{-7}	5.24×10^{-7}	7.15×10^{-7}	9.21×10^{-7}	1.09×10^{-6}	2.12×10^{-6}
			女	36	1.13×10^{-6}	4.00×10^{-7}	5.16×10^{-7}	8.78×10^{-7}	1.05×10^{-6}	1.46×10^{-6}	1.87×10^{-6}
	农村	18 岁～	男	48	3.21×10^{-7}	1.01×10^{-7}	2.07×10^{-7}	2.64×10^{-7}	2.94×10^{-7}	3.66×10^{-7}	5.43×10^{-7}
			女	38	3.48×10^{-7}	1.21×10^{-7}	1.45×10^{-7}	2.84×10^{-7}	3.33×10^{-7}	3.98×10^{-7}	5.61×10^{-7}
		45 岁～	男	71	3.09×10^{-7}	9.42×10^{-8}	1.74×10^{-7}	2.53×10^{-7}	2.91×10^{-7}	3.74×10^{-7}	5.50×10^{-7}
			女	82	3.20×10^{-7}	8.54×10^{-8}	2.18×10^{-7}	2.76×10^{-7}	3.04×10^{-7}	3.62×10^{-7}	4.60×10^{-7}
		60 岁～	男	35	3.23×10^{-7}	1.18×10^{-7}	1.83×10^{-7}	2.55×10^{-7}	2.95×10^{-7}	3.81×10^{-7}	5.94×10^{-7}
			女	27	2.64×10^{-7}	1.77×10^{-7}	3.08×10^{-8}	1.54×10^{-7}	2.77×10^{-7}	3.20×10^{-7}	6.36×10^{-7}
武汉	城市	18 岁～	男	60	2.63×10^{-6}	1.63×10^{-6}	6.13×10^{-7}	1.39×10^{-6}	2.22×10^{-6}	3.47×10^{-6}	5.55×10^{-6}
			女	77	3.99×10^{-6}	2.51×10^{-6}	5.99×10^{-7}	2.06×10^{-6}	3.63×10^{-6}	5.65×10^{-6}	9.04×10^{-6}
		45 岁～	男	40	4.04×10^{-6}	3.37×10^{-6}	8.53×10^{-7}	1.69×10^{-6}	2.88×10^{-6}	5.26×10^{-6}	1.06×10^{-5}
			女	41	2.93×10^{-6}	1.43×10^{-6}	9.99×10^{-7}	2.10×10^{-6}	2.83×10^{-6}	3.62×10^{-6}	6.08×10^{-6}

类别				N	饮用水镉暴露量/[mg/（kg·d）]						
					Mean	Std	P5	P25	P50	P75	P95
武汉	城市	60 岁～	男	60	4.03×10^{-6}	3.92×10^{-6}	9.16×10^{-7}	2.05×10^{-6}	2.85×10^{-6}	4.82×10^{-6}	1.11×10^{-5}
			女	77	2.89×10^{-6}	2.17×10^{-6}	7.92×10^{-7}	1.39×10^{-6}	2.45×10^{-6}	3.57×10^{-6}	5.97×10^{-6}
	农村	18 岁～	男	22	1.55×10^{-6}	8.35×10^{-7}	5.54×10^{-7}	1.14×10^{-6}	1.34×10^{-6}	1.83×10^{-6}	3.07×10^{-6}
			女	33	1.61×10^{-6}	7.03×10^{-7}	6.78×10^{-7}	1.14×10^{-6}	1.47×10^{-6}	1.95×10^{-6}	3.00×10^{-6}
		45 岁～	男	39	1.72×10^{-6}	9.51×10^{-7}	2.76×10^{-7}	1.16×10^{-6}	1.45×10^{-6}	2.04×10^{-6}	3.81×10^{-6}
			女	55	1.80×10^{-6}	9.09×10^{-7}	6.18×10^{-7}	1.15×10^{-6}	1.53×10^{-6}	2.54×10^{-6}	3.48×10^{-6}
		60 岁～	男	66	2.11×10^{-6}	1.05×10^{-6}	8.63×10^{-7}	1.33×10^{-6}	1.74×10^{-6}	2.64×10^{-6}	4.23×10^{-6}
			女	50	2.05×10^{-6}	9.07×10^{-7}	7.39×10^{-7}	1.39×10^{-6}	2.01×10^{-6}	2.47×10^{-6}	3.50×10^{-6}
成都	城市	18 岁～	男	123	1.37×10^{-6}	8.26×10^{-7}	3.42×10^{-7}	8.63×10^{-7}	1.21×10^{-6}	1.72×10^{-6}	3.06×10^{-6}
			女	125	1.58×10^{-6}	1.15×10^{-6}	3.93×10^{-7}	8.29×10^{-7}	1.32×10^{-6}	1.95×10^{-6}	3.44×10^{-6}
		45 岁～	男	24	1.94×10^{-6}	1.70×10^{-6}	5.56×10^{-7}	1.21×10^{-6}	1.58×10^{-6}	2.28×10^{-6}	2.91×10^{-6}
			女	29	1.55×10^{-6}	1.13×10^{-6}	2.01×10^{-7}	9.84×10^{-7}	1.29×10^{-6}	1.80×10^{-6}	4.63×10^{-6}
		60 岁～	男	8	1.61×10^{-6}	6.78×10^{-7}	9.83×10^{-7}	1.07×10^{-6}	1.53×10^{-6}	1.84×10^{-6}	3.03×10^{-6}
			女	26	1.33×10^{-6}	7.09×10^{-7}	4.02×10^{-7}	8.72×10^{-7}	1.39×10^{-6}	1.54×10^{-6}	2.39×10^{-6}
	农村	18 岁～	男	64	3.29×10^{-6}	1.06×10^{-6}	1.74×10^{-6}	2.53×10^{-6}	3.18×10^{-6}	3.96×10^{-6}	5.14×10^{-6}
			女	63	3.97×10^{-6}	1.24×10^{-6}	2.16×10^{-6}	3.14×10^{-6}	4.22×10^{-6}	4.76×10^{-6}	5.81×10^{-6}
		45 岁～	男	55	3.12×10^{-6}	1.26×10^{-6}	1.38×10^{-6}	2.26×10^{-6}	2.98×10^{-6}	3.72×10^{-6}	5.48×10^{-6}
			女	44	3.77×10^{-6}	1.41×10^{-6}	1.27×10^{-6}	2.82×10^{-6}	4.01×10^{-6}	4.86×10^{-6}	5.70×10^{-6}
		60 岁～	男	34	3.35×10^{-6}	1.15×10^{-6}	2.09×10^{-6}	2.27×10^{-6}	3.19×10^{-6}	4.03×10^{-6}	5.74×10^{-6}
			女	36	4.23×10^{-6}	1.04×10^{-6}	2.69×10^{-6}	3.55×10^{-6}	4.27×10^{-6}	4.52×10^{-6}	6.27×10^{-6}
兰州	城市	18 岁～	男	61	9.99×10^{-7}	5.00×10^{-7}	2.65×10^{-7}	7.23×10^{-7}	9.05×10^{-7}	1.24×10^{-6}	1.82×10^{-6}
			女	51	1.18×10^{-6}	6.74×10^{-7}	2.95×10^{-7}	5.91×10^{-7}	1.13×10^{-6}	1.79×10^{-6}	2.37×10^{-6}
		45 岁～	男	49	1.12×10^{-6}	5.78×10^{-7}	2.87×10^{-7}	7.34×10^{-7}	1.01×10^{-6}	1.53×10^{-6}	2.05×10^{-6}
			女	54	1.34×10^{-6}	7.47×10^{-7}	3.45×10^{-7}	8.79×10^{-7}	1.15×10^{-6}	1.84×10^{-6}	3.07×10^{-6}
		60 岁～	男	65	1.36×10^{-6}	5.63×10^{-7}	3.63×10^{-7}	1.01×10^{-6}	1.42×10^{-6}	1.72×10^{-6}	2.39×10^{-6}
			女	67	1.32×10^{-6}	5.01×10^{-7}	3.81×10^{-7}	1.04×10^{-6}	1.29×10^{-6}	1.69×10^{-6}	2.10×10^{-6}
	农村	18 岁～	男	51	2.58×10^{-6}	2.03×10^{-6}	6.35×10^{-7}	1.00×10^{-6}	1.70×10^{-6}	3.87×10^{-6}	7.04×10^{-6}
			女	49	1.95×10^{-6}	1.34×10^{-6}	5.10×10^{-7}	1.02×10^{-6}	1.71×10^{-6}	2.24×10^{-6}	4.76×10^{-6}
		45 岁～	男	59	2.89×10^{-6}	3.08×10^{-6}	8.75×10^{-7}	1.29×10^{-6}	1.97×10^{-6}	2.75×10^{-6}	7.54×10^{-6}
			女	49	1.86×10^{-6}	2.05×10^{-6}	2.80×10^{-7}	6.73×10^{-7}	1.41×10^{-6}	2.14×10^{-6}	4.74×10^{-6}
		60 岁～	男	69	2.29×10^{-6}	1.90×10^{-6}	6.35×10^{-7}	1.01×10^{-6}	1.52×10^{-6}	2.79×10^{-6}	6.56×10^{-6}
			女	64	1.95×10^{-6}	1.46×10^{-6}	6.96×10^{-7}	9.74×10^{-7}	1.30×10^{-6}	2.21×10^{-6}	5.21×10^{-6}

附表 3-3　不同地区居民分城乡、年龄和性别的饮用水砷暴露量

类别				N	饮用水砷暴露量/[mg/（kg·d）]						
					Mean	Std	P5	P25	P50	P75	P95
太原	城市	18 岁～	男	68	2.05×10^{-5}	6.37×10^{-6}	1.09×10^{-5}	1.48×10^{-5}	2.14×10^{-5}	2.54×10^{-5}	3.02×10^{-5}
			女	72	2.88×10^{-5}	1.43×10^{-5}	8.87×10^{-6}	2.04×10^{-5}	2.58×10^{-5}	3.54×10^{-5}	5.64×10^{-5}
		45 岁～	男	50	2.58×10^{-5}	1.29×10^{-5}	9.77×10^{-6}	1.80×10^{-5}	2.23×10^{-5}	3.14×10^{-5}	5.14×10^{-5}
			女	60	2.64×10^{-5}	1.06×10^{-5}	1.01×10^{-5}	2.11×10^{-5}	2.46×10^{-5}	2.96×10^{-5}	5.22×10^{-5}
		60 岁～	男	56	2.08×10^{-5}	9.30×10^{-6}	7.21×10^{-6}	1.46×10^{-5}	1.94×10^{-5}	2.56×10^{-5}	3.66×10^{-5}
			女	54	2.26×10^{-5}	1.37×10^{-5}	8.32×10^{-6}	1.57×10^{-5}	2.09×10^{-5}	2.51×10^{-5}	4.33×10^{-5}
	农村	18 岁～	男	41	2.81×10^{-5}	1.43×10^{-5}	8.79×10^{-6}	1.70×10^{-5}	2.60×10^{-5}	3.78×10^{-5}	5.15×10^{-5}
			女	40	2.78×10^{-5}	1.29×10^{-5}	1.31×10^{-5}	1.77×10^{-5}	2.39×10^{-5}	3.71×10^{-5}	4.92×10^{-5}
		45 岁～	男	49	2.74×10^{-5}	1.10×10^{-5}	8.48×10^{-6}	1.78×10^{-5}	3.04×10^{-5}	3.55×10^{-5}	4.41×10^{-5}
			女	74	2.97×10^{-5}	1.21×10^{-5}	1.22×10^{-5}	2.11×10^{-5}	2.87×10^{-5}	3.72×10^{-5}	5.49×10^{-5}
		60 岁～	男	73	2.73×10^{-5}	1.31×10^{-5}	1.16×10^{-5}	1.70×10^{-5}	2.70×10^{-5}	3.48×10^{-5}	4.86×10^{-5}
			女	59	2.72×10^{-5}	1.31×10^{-5}	1.14×10^{-5}	1.60×10^{-5}	2.47×10^{-5}	3.47×10^{-5}	5.99×10^{-5}
大连	城市	18 岁～	男	88	1.52×10^{-5}	7.53×10^{-6}	4.90×10^{-6}	1.04×10^{-5}	1.25×10^{-5}	1.98×10^{-5}	3.13×10^{-5}
			女	68	1.66×10^{-5}	1.08×10^{-5}	5.11×10^{-6}	9.21×10^{-6}	1.27×10^{-5}	2.32×10^{-5}	3.81×10^{-5}
		45 岁～	男	13	1.64×10^{-5}	7.69×10^{-6}	9.34×10^{-6}	1.10×10^{-5}	1.17×10^{-5}	2.15×10^{-5}	3.01×10^{-5}
			女	31	1.75×10^{-5}	8.19×10^{-6}	8.22×10^{-6}	9.88×10^{-6}	1.49×10^{-5}	2.19×10^{-5}	3.64×10^{-5}
		60 岁～	男	24	1.01×10^{-5}	5.94×10^{-6}	4.43×10^{-6}	5.89×10^{-6}	8.33×10^{-6}	1.22×10^{-5}	2.40×10^{-5}
			女	63	1.44×10^{-5}	6.30×10^{-6}	7.38×10^{-6}	9.51×10^{-6}	1.26×10^{-5}	1.82×10^{-5}	2.75×10^{-5}
	农村	18 岁～	男	84	1.00×10^{-5}	4.30×10^{-6}	4.99×10^{-6}	6.64×10^{-6}	9.37×10^{-6}	1.14×10^{-5}	1.87×10^{-5}
			女	76	1.19×10^{-5}	5.29×10^{-6}	6.33×10^{-6}	8.17×10^{-6}	1.07×10^{-5}	1.28×10^{-5}	2.40×10^{-5}
		45 岁～	男	41	1.13×10^{-5}	4.39×10^{-6}	6.76×10^{-6}	8.06×10^{-6}	9.79×10^{-6}	1.38×10^{-5}	1.94×10^{-5}
			女	49	1.19×10^{-5}	5.57×10^{-6}	5.13×10^{-6}	8.30×10^{-6}	1.07×10^{-5}	1.39×10^{-5}	2.28×10^{-5}
		60 岁～	男	41	1.18×10^{-5}	6.19×10^{-6}	4.53×10^{-6}	7.87×10^{-6}	1.00×10^{-5}	1.37×10^{-5}	2.53×10^{-5}
			女	43	1.34×10^{-5}	6.24×10^{-6}	3.88×10^{-6}	8.48×10^{-6}	1.34×10^{-5}	1.81×10^{-5}	2.30×10^{-5}
上海	城市	18 岁～	男	97	1.66×10^{-5}	6.69×10^{-6}	5.11×10^{-6}	1.21×10^{-5}	1.60×10^{-5}	2.10×10^{-5}	2.97×10^{-5}
			女	88	2.15×10^{-5}	9.48×10^{-6}	6.70×10^{-6}	1.61×10^{-5}	2.06×10^{-5}	2.69×10^{-5}	4.10×10^{-5}
		45 岁～	男	18	1.76×10^{-5}	1.01×10^{-5}	5.83×10^{-6}	1.22×10^{-5}	1.63×10^{-5}	1.93×10^{-5}	4.82×10^{-5}
			女	43	2.11×10^{-5}	8.07×10^{-6}	9.15×10^{-6}	1.57×10^{-5}	1.92×10^{-5}	2.82×10^{-5}	3.50×10^{-5}

类别				N	饮用水砷暴露量/[mg/（kg·d）]						
					Mean	Std	P5	P25	P50	P75	P95
上海	城市	60岁～	男	16	1.68×10^{-5}	7.32×10^{-6}	7.61×10^{-6}	1.21×10^{-5}	1.51×10^{-5}	1.87×10^{-5}	3.34×10^{-5}
			女	36	1.92×10^{-5}	7.17×10^{-6}	7.48×10^{-6}	1.52×10^{-5}	1.72×10^{-5}	2.48×10^{-5}	2.97×10^{-5}
	农村	18岁～	男	48	1.09×10^{-5}	3.48×10^{-6}	7.51×10^{-6}	8.73×10^{-6}	1.02×10^{-5}	1.21×10^{-5}	1.79×10^{-5}
			女	38	1.14×10^{-5}	3.04×10^{-6}	7.01×10^{-6}	9.57×10^{-6}	1.10×10^{-5}	1.30×10^{-5}	1.79×10^{-5}
		45岁～	男	71	1.04×10^{-5}	2.93×10^{-6}	6.79×10^{-6}	8.47×10^{-6}	9.60×10^{-6}	1.23×10^{-5}	1.82×10^{-5}
			女	82	1.06×10^{-5}	2.81×10^{-6}	7.63×10^{-6}	9.12×10^{-6}	1.00×10^{-5}	1.20×10^{-5}	1.52×10^{-5}
		60岁～	男	35	1.02×10^{-5}	3.17×10^{-6}	6.08×10^{-6}	8.35×10^{-6}	9.74×10^{-6}	1.19×10^{-5}	1.69×10^{-5}
			女	27	9.07×10^{-6}	5.93×10^{-6}	1.02×10^{-6}	5.31×10^{-6}	9.44×10^{-6}	1.15×10^{-5}	2.10×10^{-5}
武汉	城市	18岁～	男	60	3.88×10^{-5}	2.15×10^{-5}	1.15×10^{-5}	2.47×10^{-5}	3.68×10^{-5}	4.57×10^{-5}	7.68×10^{-5}
			女	77	4.01×10^{-5}	1.46×10^{-5}	1.35×10^{-5}	2.88×10^{-5}	3.97×10^{-5}	5.21×10^{-5}	6.13×10^{-5}
		45岁～	男	40	6.76×10^{-5}	5.12×10^{-5}	1.63×10^{-5}	3.25×10^{-5}	4.79×10^{-5}	8.47×10^{-5}	1.86×10^{-4}
			女	41	5.67×10^{-5}	3.25×10^{-5}	2.03×10^{-5}	3.76×10^{-5}	4.93×10^{-5}	6.62×10^{-5}	1.26×10^{-4}
		60岁～	男	60	5.89×10^{-5}	2.93×10^{-5}	1.72×10^{-5}	3.73×10^{-5}	5.56×10^{-5}	7.86×10^{-5}	1.11×10^{-4}
			女	77	4.67×10^{-5}	2.12×10^{-5}	1.87×10^{-5}	3.03×10^{-5}	4.42×10^{-5}	5.70×10^{-5}	8.92×10^{-5}
	农村	18岁～	男	22	2.69×10^{-5}	1.49×10^{-5}	9.67×10^{-6}	1.78×10^{-5}	2.41×10^{-5}	3.50×10^{-5}	5.62×10^{-5}
			女	33	3.26×10^{-5}	2.01×10^{-5}	9.37×10^{-6}	1.99×10^{-5}	2.84×10^{-5}	3.77×10^{-5}	7.15×10^{-5}
		45岁～	男	39	2.97×10^{-5}	1.87×10^{-5}	4.45×10^{-6}	1.73×10^{-5}	2.71×10^{-5}	3.94×10^{-5}	6.02×10^{-5}
			女	55	2.68×10^{-5}	1.21×10^{-5}	1.25×10^{-5}	1.71×10^{-5}	2.74×10^{-5}	3.21×10^{-5}	5.44×10^{-5}
		60岁～	男	66	2.97×10^{-5}	1.43×10^{-5}	1.08×10^{-5}	1.77×10^{-5}	2.74×10^{-5}	3.94×10^{-5}	5.34×10^{-5}
			女	50	2.61×10^{-5}	1.79×10^{-5}	9.15×10^{-6}	1.21×10^{-5}	1.90×10^{-5}	3.39×10^{-5}	6.57×10^{-5}
成都	城市	18岁～	男	123	1.72×10^{-5}	1.31×10^{-5}	5.38×10^{-6}	9.24×10^{-6}	1.29×10^{-5}	2.07×10^{-5}	4.75×10^{-5}
			女	125	1.98×10^{-5}	1.47×10^{-5}	4.41×10^{-6}	1.01×10^{-5}	1.64×10^{-5}	2.26×10^{-5}	5.17×10^{-5}
		45岁～	男	24	1.76×10^{-5}	1.17×10^{-5}	6.50×10^{-6}	1.06×10^{-5}	1.44×10^{-5}	1.90×10^{-5}	3.92×10^{-5}
			女	29	1.94×10^{-5}	1.26×10^{-5}	4.10×10^{-6}	1.42×10^{-5}	1.67×10^{-5}	2.13×10^{-5}	5.22×10^{-5}
		60岁～	男	8	1.44×10^{-5}	7.90×10^{-6}	6.01×10^{-6}	9.34×10^{-6}	1.13×10^{-5}	1.98×10^{-5}	2.86×10^{-5}
			女	26	1.56×10^{-5}	7.69×10^{-6}	5.80×10^{-6}	1.05×10^{-5}	1.37×10^{-5}	2.03×10^{-5}	3.10×10^{-5}
	农村	18岁～	男	64	3.26×10^{-5}	1.58×10^{-5}	1.60×10^{-5}	2.33×10^{-5}	3.11×10^{-5}	3.88×10^{-5}	5.13×10^{-5}
			女	63	3.84×10^{-5}	1.53×10^{-5}	1.71×10^{-5}	2.90×10^{-5}	3.94×10^{-5}	4.74×10^{-5}	5.62×10^{-5}
		45岁～	男	55	2.83×10^{-5}	1.33×10^{-5}	8.59×10^{-6}	2.01×10^{-5}	2.73×10^{-5}	3.44×10^{-5}	5.24×10^{-5}
			女	44	3.91×10^{-5}	1.77×10^{-5}	1.49×10^{-5}	2.84×10^{-5}	4.00×10^{-5}	5.04×10^{-5}	5.51×10^{-5}

类别				N	饮用水砷暴露量/[mg/（kg·d）]						
					Mean	Std	P5	P25	P50	P75	P95
成都	农村	60 岁～	男	34	3.06×10^{-5}	1.15×10^{-5}	8.67×10^{-6}	2.25×10^{-5}	2.98×10^{-5}	3.82×10^{-5}	5.07×10^{-5}
			女	36	3.93×10^{-5}	1.09×10^{-5}	2.31×10^{-5}	3.13×10^{-5}	4.05×10^{-5}	4.44×10^{-5}	5.96×10^{-5}
兰州	城市	18 岁～	男	61	3.07×10^{-5}	1.59×10^{-5}	9.33×10^{-6}	1.83×10^{-5}	3.08×10^{-5}	3.98×10^{-5}	5.69×10^{-5}
			女	51	3.29×10^{-5}	1.98×10^{-5}	4.15×10^{-6}	1.63×10^{-5}	3.00×10^{-5}	4.77×10^{-5}	7.42×10^{-5}
		45 岁～	男	49	3.35×10^{-5}	1.78×10^{-5}	5.05×10^{-6}	1.99×10^{-5}	3.31×10^{-5}	4.30×10^{-5}	6.53×10^{-5}
			女	54	3.81×10^{-5}	1.71×10^{-5}	1.34×10^{-5}	2.31×10^{-5}	3.91×10^{-5}	4.94×10^{-5}	7.01×10^{-5}
		60 岁～	男	65	4.33×10^{-5}	1.63×10^{-5}	1.39×10^{-5}	3.29×10^{-5}	4.33×10^{-5}	5.49×10^{-5}	6.69×10^{-5}
			女	67	4.25×10^{-5}	1.86×10^{-5}	1.35×10^{-5}	2.79×10^{-5}	3.81×10^{-5}	5.53×10^{-5}	7.11×10^{-5}
	农村	18 岁～	男	51	3.29×10^{-5}	3.37×10^{-5}	4.95×10^{-6}	6.55×10^{-6}	1.68×10^{-5}	5.35×10^{-5}	1.09×10^{-4}
			女	49	2.43×10^{-5}	2.08×10^{-5}	5.57×10^{-6}	1.03×10^{-5}	1.83×10^{-5}	2.82×10^{-5}	7.36×10^{-5}
		45 岁～	男	59	3.56×10^{-5}	3.28×10^{-5}	5.42×10^{-6}	1.22×10^{-5}	2.56×10^{-5}	4.17×10^{-5}	1.12×10^{-4}
			女	49	2.29×10^{-5}	2.28×10^{-5}	2.96×10^{-6}	8.88×10^{-6}	1.59×10^{-5}	2.81×10^{-5}	7.33×10^{-5}
		60 岁～	男	69	2.91×10^{-5}	3.08×10^{-5}	4.70×10^{-6}	7.63×10^{-6}	1.70×10^{-5}	3.57×10^{-5}	1.01×10^{-4}
			女	64	1.99×10^{-5}	1.54×10^{-5}	4.11×10^{-6}	9.51×10^{-6}	1.74×10^{-5}	2.54×10^{-5}	4.31×10^{-5}

附表 3-4 不同地区居民分城乡、年龄和性别的饮用水铅暴露量

类别				N	饮用水铅暴露量/[mg/（kg·d）]						
					Mean	Std	P5	P25	P50	P75	P95
太原	城市	18 岁～	男	68	5.59×10^{-6}	3.16×10^{-6}	1.94×10^{-6}	2.61×10^{-6}	5.03×10^{-6}	7.47×10^{-6}	1.12×10^{-5}
			女	72	6.98×10^{-6}	5.82×10^{-6}	2.00×10^{-6}	2.71×10^{-6}	5.26×10^{-6}	9.70×10^{-6}	1.50×10^{-5}
		45 岁～	男	50	7.39×10^{-6}	5.93×10^{-6}	1.98×10^{-6}	3.07×10^{-6}	5.72×10^{-6}	9.22×10^{-6}	2.34×10^{-5}
			女	60	7.74×10^{-6}	4.44×10^{-6}	2.22×10^{-6}	3.11×10^{-6}	7.51×10^{-6}	1.07×10^{-5}	1.47×10^{-5}
		60 岁～	男	56	7.78×10^{-6}	4.52×10^{-6}	1.38×10^{-6}	3.37×10^{-6}	8.29×10^{-6}	1.06×10^{-5}	1.56×10^{-5}
			女	54	7.50×10^{-6}	4.29×10^{-6}	2.08×10^{-6}	3.48×10^{-6}	7.55×10^{-6}	1.10×10^{-5}	1.42×10^{-5}
	农村	18 岁～	男	41	1.76×10^{-5}	1.97×10^{-5}	7.65×10^{-7}	2.94×10^{-6}	4.31×10^{-6}	3.32×10^{-5}	5.49×10^{-5}
			女	40	1.39×10^{-5}	1.68×10^{-5}	1.33×10^{-6}	2.40×10^{-6}	3.87×10^{-6}	2.67×10^{-5}	4.52×10^{-5}
		45 岁～	男	49	9.95×10^{-6}	1.43×10^{-5}	7.93×10^{-7}	2.71×10^{-6}	3.33×10^{-6}	4.72×10^{-6}	4.21×10^{-5}
			女	74	1.06×10^{-5}	1.59×10^{-5}	9.68×10^{-7}	2.43×10^{-6}	3.05×10^{-6}	5.45×10^{-6}	4.83×10^{-5}
		60 岁～	男	73	1.51×10^{-5}	1.72×10^{-5}	1.17×10^{-6}	2.85×10^{-6}	3.97×10^{-6}	2.70×10^{-5}	5.08×10^{-5}
			女	59	2.16×10^{-5}	6.53×10^{-5}	9.94×10^{-7}	2.52×10^{-6}	3.39×10^{-6}	2.75×10^{-5}	4.99×10^{-5}

类别				N	饮用水铅暴露量/[mg/（kg·d）]						
					Mean	Std	P5	P25	P50	P75	P95
大连	城市	18岁～	男	88	8.34×10^{-6}	4.48×10^{-6}	3.31×10^{-6}	4.92×10^{-6}	7.10×10^{-6}	1.02×10^{-5}	1.80×10^{-5}
			女	68	9.68×10^{-6}	7.16×10^{-6}	2.74×10^{-6}	5.47×10^{-6}	6.62×10^{-6}	1.19×10^{-5}	2.26×10^{-5}
		45岁～	男	13	1.08×10^{-5}	5.26×10^{-6}	4.27×10^{-6}	6.72×10^{-6}	8.65×10^{-6}	1.73×10^{-5}	1.95×10^{-5}
			女	31	1.17×10^{-5}	7.73×10^{-6}	4.27×10^{-6}	6.14×10^{-6}	8.80×10^{-6}	1.78×10^{-5}	3.17×10^{-5}
		60岁～	男	24	6.24×10^{-6}	3.42×10^{-6}	2.00×10^{-6}	3.75×10^{-6}	6.31×10^{-6}	7.64×10^{-6}	1.38×10^{-5}
			女	63	1.02×10^{-5}	5.60×10^{-6}	4.80×10^{-6}	7.23×10^{-6}	9.03×10^{-6}	1.23×10^{-5}	2.03×10^{-5}
	农村	18岁～	男	84	5.35×10^{-6}	2.10×10^{-6}	2.76×10^{-6}	3.68×10^{-6}	4.97×10^{-6}	6.33×10^{-6}	9.46×10^{-6}
			女	76	6.31×10^{-6}	2.58×10^{-6}	3.42×10^{-6}	4.53×10^{-6}	5.87×10^{-6}	6.89×10^{-6}	1.16×10^{-5}
		45岁～	男	41	6.14×10^{-6}	2.15×10^{-6}	3.74×10^{-6}	4.46×10^{-6}	5.43×10^{-6}	7.67×10^{-6}	1.03×10^{-5}
			女	49	6.15×10^{-6}	2.84×10^{-6}	2.49×10^{-6}	4.53×10^{-6}	5.34×10^{-6}	7.44×10^{-6}	1.26×10^{-5}
		60岁～	男	41	6.06×10^{-6}	2.96×10^{-6}	2.50×10^{-6}	4.36×10^{-6}	5.30×10^{-6}	7.43×10^{-6}	1.16×10^{-5}
			女	43	6.91×10^{-6}	3.30×10^{-6}	2.19×10^{-6}	4.12×10^{-6}	6.61×10^{-6}	8.97×10^{-6}	1.16×10^{-5}
上海	城市	18岁～	男	97	9.71×10^{-6}	4.95×10^{-6}	1.23×10^{-6}	6.71×10^{-6}	9.90×10^{-6}	1.30×10^{-5}	1.89×10^{-5}
			女	88	1.39×10^{-5}	9.29×10^{-6}	2.91×10^{-6}	8.92×10^{-6}	1.28×10^{-5}	1.77×10^{-5}	2.59×10^{-5}
		45岁～	男	18	9.74×10^{-6}	4.70×10^{-6}	3.78×10^{-6}	6.45×10^{-6}	9.75×10^{-6}	1.09×10^{-5}	2.30×10^{-5}
			女	43	1.24×10^{-5}	5.55×10^{-6}	5.70×10^{-6}	8.54×10^{-6}	1.16×10^{-5}	1.64×10^{-5}	2.08×10^{-5}
		60岁～	男	16	9.57×10^{-6}	4.15×10^{-6}	1.50×10^{-6}	6.57×10^{-6}	9.86×10^{-6}	1.17×10^{-5}	1.77×10^{-5}
			女	36	1.05×10^{-5}	3.61×10^{-6}	3.78×10^{-6}	8.22×10^{-6}	1.05×10^{-5}	1.32×10^{-5}	1.57×10^{-5}
	农村	18岁～	男	48	1.03×10^{-5}	2.63×10^{-6}	6.89×10^{-6}	8.62×10^{-6}	9.70×10^{-6}	1.15×10^{-5}	1.54×10^{-5}
			女	38	1.10×10^{-5}	3.09×10^{-6}	4.75×10^{-6}	9.27×10^{-6}	1.08×10^{-5}	1.29×10^{-5}	1.77×10^{-5}
		45岁～	男	71	1.02×10^{-5}	2.78×10^{-6}	6.99×10^{-6}	8.36×10^{-6}	9.50×10^{-6}	1.21×10^{-5}	1.80×10^{-5}
			女	82	1.07×10^{-5}	2.43×10^{-6}	7.77×10^{-6}	9.02×10^{-6}	1.00×10^{-5}	1.18×10^{-5}	1.50×10^{-5}
		60岁～	男	35	1.00×10^{-5}	3.06×10^{-6}	6.02×10^{-6}	8.26×10^{-6}	9.33×10^{-6}	1.17×10^{-5}	1.67×10^{-5}
			女	27	8.93×10^{-6}	5.78×10^{-6}	1.05×10^{-6}	5.25×10^{-6}	9.09×10^{-6}	1.14×10^{-5}	2.08×10^{-5}
武汉	城市	18岁～	男	60	1.92×10^{-5}	1.09×10^{-5}	6.81×10^{-6}	1.28×10^{-5}	1.71×10^{-5}	2.44×10^{-5}	3.40×10^{-5}
			女	77	1.94×10^{-5}	1.06×10^{-5}	7.53×10^{-6}	1.40×10^{-5}	1.90×10^{-5}	2.24×10^{-5}	3.14×10^{-5}
		45岁～	男	40	2.80×10^{-5}	2.26×10^{-5}	7.39×10^{-6}	1.50×10^{-5}	1.91×10^{-5}	3.65×10^{-5}	7.11×10^{-5}
			女	41	2.27×10^{-5}	1.46×10^{-5}	9.05×10^{-6}	1.39×10^{-5}	1.97×10^{-5}	2.52×10^{-5}	4.73×10^{-5}
		60岁～	男	60	2.34×10^{-5}	1.09×10^{-5}	7.60×10^{-6}	1.46×10^{-5}	2.05×10^{-5}	3.22×10^{-5}	4.11×10^{-5}
			女	77	1.85×10^{-5}	8.03×10^{-6}	8.33×10^{-6}	1.41×10^{-5}	1.69×10^{-5}	2.17×10^{-5}	3.29×10^{-5}

类别				N	饮用水铅暴露量/[mg/（kg·d）]						
					Mean	Std	P5	P25	P50	P75	P95
武汉	农村	18 岁～	男	22	1.82×10^{-5}	8.64×10^{-6}	3.96×10^{-6}	1.32×10^{-5}	1.76×10^{-5}	2.27×10^{-5}	3.35×10^{-5}
			女	33	2.25×10^{-5}	2.10×10^{-5}	7.53×10^{-6}	1.21×10^{-5}	1.77×10^{-5}	2.25×10^{-5}	5.42×10^{-5}
		45 岁～	男	39	1.60×10^{-5}	1.19×10^{-5}	1.53×10^{-6}	7.60×10^{-6}	1.23×10^{-5}	2.35×10^{-5}	3.78×10^{-5}
			女	55	1.52×10^{-5}	6.97×10^{-6}	5.41×10^{-6}	1.02×10^{-5}	1.46×10^{-5}	1.95×10^{-5}	2.92×10^{-5}
		60 岁～	男	66	1.80×10^{-5}	8.91×10^{-6}	5.49×10^{-6}	9.85×10^{-6}	1.91×10^{-5}	2.48×10^{-5}	3.19×10^{-5}
			女	50	1.74×10^{-5}	1.02×10^{-5}	5.28×10^{-6}	1.12×10^{-5}	1.43×10^{-5}	2.11×10^{-5}	3.92×10^{-5}
成都	城市	18 岁～	男	123	5.99×10^{-6}	3.64×10^{-6}	1.86×10^{-6}	3.25×10^{-6}	4.88×10^{-6}	7.80×10^{-6}	1.41×10^{-5}
			女	125	7.06×10^{-6}	4.74×10^{-6}	1.81×10^{-6}	3.90×10^{-6}	5.50×10^{-6}	9.28×10^{-6}	1.77×10^{-5}
		45 岁～	男	24	6.90×10^{-6}	2.94×10^{-6}	1.90×10^{-6}	5.50×10^{-6}	6.71×10^{-6}	8.71×10^{-6}	1.16×10^{-5}
			女	29	6.55×10^{-6}	4.36×10^{-6}	2.40×10^{-6}	3.95×10^{-6}	5.26×10^{-6}	6.77×10^{-6}	1.59×10^{-5}
		60 岁～	男	8	6.24×10^{-6}	3.12×10^{-6}	2.79×10^{-6}	4.34×10^{-6}	5.23×10^{-6}	7.67×10^{-6}	1.26×10^{-5}
			女	26	6.48×10^{-6}	4.94×10^{-6}	1.38×10^{-6}	3.11×10^{-6}	5.04×10^{-6}	8.97×10^{-6}	1.37×10^{-5}
	农村	18 岁～	男	64	1.04×10^{-5}	4.34×10^{-6}	4.10×10^{-6}	7.13×10^{-6}	1.02×10^{-5}	1.30×10^{-5}	1.71×10^{-5}
			女	63	1.19×10^{-5}	4.34×10^{-6}	5.26×10^{-6}	8.14×10^{-6}	1.18×10^{-5}	1.56×10^{-5}	1.87×10^{-5}
		45 岁～	男	55	9.47×10^{-6}	4.39×10^{-6}	3.95×10^{-6}	5.70×10^{-6}	9.10×10^{-6}	1.11×10^{-5}	1.75×10^{-5}
			女	44	1.16×10^{-5}	4.55×10^{-6}	4.14×10^{-6}	7.95×10^{-6}	1.23×10^{-5}	1.54×10^{-5}	1.78×10^{-5}
		60 岁～	男	34	1.06×10^{-5}	3.90×10^{-6}	5.21×10^{-6}	7.41×10^{-6}	1.03×10^{-5}	1.30×10^{-5}	1.88×10^{-5}
			女	36	1.21×10^{-5}	3.76×10^{-6}	5.38×10^{-6}	9.12×10^{-6}	1.31×10^{-5}	1.46×10^{-5}	1.82×10^{-5}
兰州	城市	18 岁～	男	61	4.10×10^{-6}	2.03×10^{-6}	1.12×10^{-6}	2.59×10^{-6}	4.15×10^{-6}	5.16×10^{-6}	7.76×10^{-6}
			女	51	4.58×10^{-6}	2.52×10^{-6}	1.06×10^{-6}	2.61×10^{-6}	4.56×10^{-6}	6.25×10^{-6}	9.67×10^{-6}
		45 岁～	男	49	4.43×10^{-6}	2.15×10^{-6}	1.51×10^{-6}	2.77×10^{-6}	4.39×10^{-6}	5.42×10^{-6}	8.16×10^{-6}
			女	54	5.10×10^{-6}	2.41×10^{-6}	2.18×10^{-6}	3.40×10^{-6}	4.81×10^{-6}	6.55×10^{-6}	1.00×10^{-5}
		60 岁～	男	65	5.45×10^{-6}	2.20×10^{-6}	1.88×10^{-6}	3.89×10^{-6}	5.26×10^{-6}	7.34×10^{-6}	9.01×10^{-6}
			女	67	5.48×10^{-6}	2.57×10^{-6}	2.24×10^{-6}	3.38×10^{-6}	5.02×10^{-6}	7.45×10^{-6}	9.98×10^{-6}
	农村	18 岁～	男	51	1.39×10^{-5}	1.29×10^{-5}	2.60×10^{-6}	3.93×10^{-6}	7.83×10^{-6}	2.14×10^{-5}	4.36×10^{-5}
			女	49	1.06×10^{-5}	8.13×10^{-6}	2.77×10^{-6}	5.54×10^{-6}	9.30×10^{-6}	1.17×10^{-5}	2.95×10^{-5}
		45 岁～	男	59	1.55×10^{-5}	1.56×10^{-5}	2.44×10^{-6}	6.19×10^{-6}	9.38×10^{-6}	1.59×10^{-5}	5.03×10^{-5}
			女	49	8.46×10^{-6}	6.91×10^{-6}	1.57×10^{-6}	3.35×10^{-6}	6.69×10^{-6}	1.06×10^{-5}	2.16×10^{-5}
		60 岁～	男	69	1.23×10^{-5}	1.22×10^{-5}	2.91×10^{-6}	4.22×10^{-6}	6.93×10^{-6}	1.48×10^{-5}	4.06×10^{-5}
			女	64	9.25×10^{-6}	6.72×10^{-6}	2.73×10^{-6}	4.33×10^{-6}	7.76×10^{-6}	1.29×10^{-5}	2.01×10^{-5}

附表 3-5 不同地区居民分城乡、年龄和性别的饮用水铬暴露量

类别				N	饮用水铬暴露量/[mg/（kg·d）]						
					Mean	Std	P5	P25	P50	P75	P95
太原	城市	18 岁～	男	68	3.21×10^{-5}	1.21×10^{-5}	1.52×10^{-5}	2.28×10^{-5}	3.09×10^{-5}	3.90×10^{-5}	5.31×10^{-5}
			女	72	4.45×10^{-5}	2.47×10^{-5}	1.10×10^{-5}	2.63×10^{-5}	3.86×10^{-5}	5.92×10^{-5}	9.03×10^{-5}
		45 岁～	男	50	4.19×10^{-5}	2.19×10^{-5}	1.74×10^{-5}	2.19×10^{-5}	3.97×10^{-5}	4.98×10^{-5}	9.13×10^{-5}
			女	60	4.00×10^{-5}	1.77×10^{-5}	1.96×10^{-5}	2.46×10^{-5}	3.79×10^{-5}	5.02×10^{-5}	6.92×10^{-5}
		60 岁～	男	56	3.03×10^{-5}	1.69×10^{-5}	1.41×10^{-5}	1.85×10^{-5}	2.28×10^{-5}	3.84×10^{-5}	7.26×10^{-5}
			女	54	3.16×10^{-5}	1.35×10^{-5}	1.81×10^{-5}	2.22×10^{-5}	2.73×10^{-5}	3.79×10^{-5}	6.03×10^{-5}
	农村	18 岁～	男	41	7.41×10^{-5}	3.22×10^{-5}	1.73×10^{-5}	5.02×10^{-5}	8.01×10^{-5}	1.00×10^{-4}	1.20×10^{-4}
			女	40	7.18×10^{-5}	2.65×10^{-5}	3.84×10^{-5}	4.84×10^{-5}	7.10×10^{-5}	8.67×10^{-5}	1.20×10^{-4}
		45 岁～	男	49	7.25×10^{-5}	2.51×10^{-5}	2.16×10^{-5}	5.88×10^{-5}	7.64×10^{-5}	8.99×10^{-5}	1.04×10^{-4}
			女	74	7.51×10^{-5}	2.76×10^{-5}	2.37×10^{-5}	5.57×10^{-5}	7.55×10^{-5}	9.51×10^{-5}	1.17×10^{-4}
		60 岁～	男	73	6.98×10^{-5}	2.52×10^{-5}	2.17×10^{-5}	5.35×10^{-5}	6.88×10^{-5}	8.75×10^{-5}	1.03×10^{-4}
			女	59	6.81×10^{-5}	2.72×10^{-5}	2.26×10^{-5}	5.29×10^{-5}	6.40×10^{-5}	8.54×10^{-5}	1.27×10^{-4}
大连	城市	18 岁～	男	88	1.07×10^{-5}	5.53×10^{-6}	3.64×10^{-6}	7.66×10^{-6}	9.14×10^{-6}	1.33×10^{-5}	2.31×10^{-5}
			女	68	1.12×10^{-5}	7.44×10^{-6}	3.09×10^{-6}	5.51×10^{-6}	8.65×10^{-6}	1.40×10^{-5}	2.68×10^{-5}
		45 岁～	男	13	1.08×10^{-5}	5.35×10^{-6}	5.43×10^{-6}	6.99×10^{-6}	8.21×10^{-6}	1.37×10^{-5}	2.12×10^{-5}
			女	31	1.12×10^{-5}	5.25×10^{-6}	4.87×10^{-6}	6.78×10^{-6}	1.04×10^{-5}	1.33×10^{-5}	2.30×10^{-5}
		60 岁～	男	24	6.82×10^{-6}	4.36×10^{-6}	2.75×10^{-6}	4.12×10^{-6}	5.40×10^{-6}	7.82×10^{-6}	1.68×10^{-5}
			女	63	9.07×10^{-6}	4.28×10^{-6}	4.38×10^{-6}	6.00×10^{-6}	7.78×10^{-6}	1.12×10^{-5}	1.62×10^{-5}
	农村	18 岁～	男	84	2.04×10^{-5}	7.36×10^{-6}	1.16×10^{-5}	1.44×10^{-5}	1.98×10^{-5}	2.42×10^{-5}	3.36×10^{-5}
			女	76	2.35×10^{-5}	8.77×10^{-6}	1.43×10^{-5}	1.70×10^{-5}	2.16×10^{-5}	2.77×10^{-5}	4.04×10^{-5}
		45 岁～	男	41	2.38×10^{-5}	7.73×10^{-6}	1.57×10^{-5}	1.83×10^{-5}	2.21×10^{-5}	2.81×10^{-5}	3.75×10^{-5}
			女	49	2.13×10^{-5}	1.05×10^{-5}	6.82×10^{-6}	1.53×10^{-5}	1.93×10^{-5}	2.42×10^{-5}	4.23×10^{-5}
		60 岁～	男	41	2.17×10^{-5}	1.28×10^{-5}	6.94×10^{-6}	1.41×10^{-5}	1.83×10^{-5}	2.63×10^{-5}	4.16×10^{-5}
			女	43	2.23×10^{-5}	1.16×10^{-5}	5.99×10^{-6}	1.33×10^{-5}	1.97×10^{-5}	3.06×10^{-5}	4.26×10^{-5}
上海	城市	18 岁～	男	97	5.52×10^{-6}	2.14×10^{-6}	1.98×10^{-6}	3.96×10^{-6}	5.20×10^{-6}	7.00×10^{-6}	9.92×10^{-6}
			女	88	6.96×10^{-6}	2.89×10^{-6}	2.46×10^{-6}	5.30×10^{-6}	6.53×10^{-6}	8.35×10^{-6}	1.32×10^{-5}
		45 岁～	男	18	6.11×10^{-6}	2.51×10^{-6}	2.45×10^{-6}	4.61×10^{-6}	5.74×10^{-6}	6.83×10^{-6}	1.27×10^{-5}
			女	43	7.24×10^{-6}	2.81×10^{-6}	3.00×10^{-6}	5.38×10^{-6}	6.34×10^{-6}	9.72×10^{-6}	1.28×10^{-5}

类别				N	饮用水铬暴露量/[mg/（kg·d）]						
					Mean	Std	P5	P25	P50	P75	P95
上海	城市	60 岁～	男	16	5.86×10^{-6}	2.77×10^{-6}	2.96×10^{-6}	4.13×10^{-6}	5.18×10^{-6}	6.14×10^{-6}	1.22×10^{-5}
			女	36	6.64×10^{-6}	2.40×10^{-6}	2.91×10^{-6}	5.31×10^{-6}	6.16×10^{-6}	8.58×10^{-6}	1.08×10^{-5}
	农村	18 岁～	男	48	6.79×10^{-6}	1.76×10^{-6}	4.85×10^{-6}	5.46×10^{-6}	6.35×10^{-6}	7.57×10^{-6}	1.01×10^{-5}
			女	38	7.21×10^{-6}	1.98×10^{-6}	3.70×10^{-6}	6.08×10^{-6}	7.13×10^{-6}	8.30×10^{-6}	1.17×10^{-5}
		45 岁～	男	71	6.80×10^{-6}	1.87×10^{-6}	4.43×10^{-6}	5.64×10^{-6}	6.27×10^{-6}	8.06×10^{-6}	1.19×10^{-5}
			女	82	7.07×10^{-6}	1.60×10^{-6}	5.11×10^{-6}	5.98×10^{-6}	6.71×10^{-6}	7.84×10^{-6}	9.92×10^{-6}
		60 岁～	男	35	6.71×10^{-6}	1.98×10^{-6}	3.97×10^{-6}	5.50×10^{-6}	6.36×10^{-6}	7.70×10^{-6}	1.10×10^{-5}
			女	27	5.98×10^{-6}	3.94×10^{-6}	6.95×10^{-7}	3.46×10^{-6}	6.00×10^{-6}	7.52×10^{-6}	1.37×10^{-5}
武汉	城市	18 岁～	男	60	2.00×10^{-4}	1.18×10^{-4}	6.17×10^{-5}	1.17×10^{-4}	1.71×10^{-4}	2.56×10^{-4}	4.42×10^{-4}
			女	77	1.80×10^{-4}	6.02×10^{-5}	7.01×10^{-5}	1.32×10^{-4}	1.79×10^{-4}	2.26×10^{-4}	2.68×10^{-4}
		45 岁～	男	40	2.73×10^{-4}	1.94×10^{-4}	7.28×10^{-5}	1.40×10^{-4}	1.94×10^{-4}	3.58×10^{-4}	6.60×10^{-4}
			女	41	2.37×10^{-4}	1.25×10^{-4}	8.52×10^{-5}	1.67×10^{-4}	2.07×10^{-4}	2.99×10^{-4}	4.82×10^{-4}
		60 岁～	男	60	2.50×10^{-4}	1.21×10^{-4}	7.19×10^{-5}	1.57×10^{-4}	2.40×10^{-4}	3.51×10^{-4}	4.49×10^{-4}
			女	77	2.04×10^{-4}	8.91×10^{-5}	8.96×10^{-5}	1.36×10^{-4}	1.90×10^{-4}	2.51×10^{-4}	4.24×10^{-4}
	农村	18 岁～	男	22	1.60×10^{-4}	5.52×10^{-5}	8.17×10^{-5}	1.38×10^{-4}	1.59×10^{-4}	1.91×10^{-4}	2.37×10^{-4}
			女	33	1.81×10^{-4}	6.49×10^{-5}	1.09×10^{-4}	1.28×10^{-4}	1.53×10^{-4}	2.12×10^{-4}	3.07×10^{-4}
		45 岁～	男	39	1.94×10^{-4}	9.12×10^{-5}	3.53×10^{-5}	1.31×10^{-4}	1.92×10^{-4}	2.24×10^{-4}	3.97×10^{-4}
			女	55	1.98×10^{-4}	6.07×10^{-5}	9.67×10^{-5}	1.66×10^{-4}	2.01×10^{-4}	2.34×10^{-4}	2.88×10^{-4}
		60 岁～	男	66	2.15×10^{-4}	5.96×10^{-5}	1.11×10^{-4}	1.77×10^{-4}	2.17×10^{-4}	2.61×10^{-4}	3.18×10^{-4}
			女	50	1.99×10^{-4}	6.89×10^{-5}	1.20×10^{-4}	1.46×10^{-4}	1.86×10^{-4}	2.47×10^{-4}	3.32×10^{-4}
成都	城市	18 岁～	男	123	7.78×10^{-6}	4.71×10^{-6}	2.83×10^{-6}	5.10×10^{-6}	6.79×10^{-6}	9.51×10^{-6}	1.50×10^{-5}
			女	125	8.81×10^{-6}	4.15×10^{-6}	3.16×10^{-6}	5.81×10^{-6}	8.53×10^{-6}	1.15×10^{-5}	1.62×10^{-5}
		45 岁～	男	24	8.43×10^{-6}	3.21×10^{-6}	3.48×10^{-6}	5.70×10^{-6}	8.27×10^{-6}	1.07×10^{-5}	1.32×10^{-5}
			女	29	8.49×10^{-6}	3.48×10^{-6}	3.11×10^{-6}	7.06×10^{-6}	8.38×10^{-6}	9.41×10^{-6}	1.40×10^{-5}
		60 岁～	男	8	7.99×10^{-6}	2.43×10^{-6}	4.74×10^{-6}	5.78×10^{-6}	8.52×10^{-6}	9.28×10^{-6}	1.20×10^{-5}
			女	26	8.26×10^{-6}	3.48×10^{-6}	2.89×10^{-6}	5.97×10^{-6}	8.32×10^{-6}	1.01×10^{-5}	1.30×10^{-5}
	农村	18 岁～	男	64	8.65×10^{-5}	7.08×10^{-5}	1.09×10^{-5}	3.25×10^{-5}	7.52×10^{-5}	1.12×10^{-4}	2.69×10^{-4}
			女	63	1.18×10^{-4}	1.03×10^{-4}	1.38×10^{-5}	3.99×10^{-5}	1.06×10^{-4}	1.39×10^{-4}	3.60×10^{-4}
		45 岁～	男	55	9.82×10^{-5}	1.42×10^{-4}	1.10×10^{-5}	3.32×10^{-5}	7.07×10^{-5}	1.12×10^{-4}	2.33×10^{-4}
			女	44	9.88×10^{-5}	9.50×10^{-5}	1.02×10^{-5}	2.34×10^{-5}	7.77×10^{-5}	1.32×10^{-4}	3.72×10^{-4}

类别				N	饮用水铬暴露量/[mg/（kg·d）]						
					Mean	Std	P5	P25	P50	P75	P95
成都	农村	60岁～	男	34	9.12×10^{-5}	6.07×10^{-5}	1.05×10^{-5}	3.75×10^{-5}	8.99×10^{-5}	1.24×10^{-4}	2.06×10^{-4}
			女	36	1.00×10^{-4}	8.70×10^{-5}	8.84×10^{-6}	2.28×10^{-5}	9.74×10^{-5}	1.13×10^{-4}	3.31×10^{-4}
兰州	城市	18岁～	男	61	1.74×10^{-5}	8.43×10^{-6}	4.53×10^{-6}	1.27×10^{-5}	1.63×10^{-5}	2.03×10^{-5}	3.14×10^{-5}
			女	51	1.95×10^{-5}	1.18×10^{-5}	4.22×10^{-6}	9.69×10^{-6}	1.85×10^{-5}	2.95×10^{-5}	4.08×10^{-5}
		45岁～	男	49	1.99×10^{-5}	1.05×10^{-5}	3.69×10^{-6}	1.21×10^{-5}	1.87×10^{-5}	2.78×10^{-5}	3.63×10^{-5}
			女	54	2.26×10^{-5}	1.23×10^{-5}	5.66×10^{-6}	1.62×10^{-5}	2.09×10^{-5}	2.69×10^{-5}	5.30×10^{-5}
		60岁～	男	65	2.40×10^{-5}	9.62×10^{-6}	6.49×10^{-6}	1.85×10^{-5}	2.54×10^{-5}	3.08×10^{-5}	4.09×10^{-5}
			女	67	2.31×10^{-5}	8.77×10^{-6}	6.59×10^{-6}	1.84×10^{-5}	2.27×10^{-5}	2.91×10^{-5}	3.76×10^{-5}
	农村	18岁～	男	51	2.16×10^{-5}	1.61×10^{-5}	5.14×10^{-6}	8.22×10^{-6}	1.58×10^{-5}	3.35×10^{-5}	5.63×10^{-5}
			女	49	1.89×10^{-5}	1.13×10^{-5}	4.75×10^{-6}	1.16×10^{-5}	1.60×10^{-5}	2.45×10^{-5}	4.36×10^{-5}
		45岁～	男	59	2.63×10^{-5}	1.67×10^{-5}	5.59×10^{-6}	1.30×10^{-5}	2.28×10^{-5}	3.56×10^{-5}	6.03×10^{-5}
			女	49	1.43×10^{-5}	9.96×10^{-6}	2.97×10^{-6}	5.61×10^{-6}	1.35×10^{-5}	1.82×10^{-5}	3.79×10^{-5}
		60岁～	男	69	1.97×10^{-5}	1.50×10^{-5}	4.30×10^{-6}	7.08×10^{-6}	1.68×10^{-5}	2.54×10^{-5}	5.25×10^{-5}
			女	64	1.56×10^{-5}	9.03×10^{-6}	4.13×10^{-6}	8.48×10^{-6}	1.38×10^{-5}	2.17×10^{-5}	3.08×10^{-5}

附表 3-6　不同地区居民分城乡、年龄和性别的饮用水汞暴露贡献比

类别				N	饮用水汞暴露贡献比/%						
					Mean	Std	P5	P25	P50	P75	P95
太原	城市	18岁～	男	68	5.0377	2.6415	2.1883	3.3090	4.5409	6.1809	9.3544
			女	72	5.6549	3.4839	1.5932	3.0400	5.5542	6.5753	12.5625
		45岁～	男	50	5.9021	2.7772	2.2676	3.5982	5.7021	7.6708	11.7514
			女	60	4.9788	2.4225	2.1320	3.1874	4.6936	5.7585	10.7032
		60岁～	男	56	4.2035	1.7782	2.1024	2.9194	3.5426	4.9989	8.0906
			女	54	4.0617	1.6121	2.3741	3.1793	3.6885	4.5658	6.5603
	农村	18岁～	男	41	5.8221	2.5233	1.8668	4.0712	6.3580	7.2141	10.0563
			女	40	5.4238	2.2818	2.5504	3.6354	5.0486	6.7581	9.7433
		45岁～	男	49	5.8687	3.0034	1.9316	3.4989	6.0308	7.1124	9.4764
			女	74	5.7387	2.3799	1.9402	3.9867	5.9556	7.0869	10.4987
		60岁～	男	73	5.6363	2.5702	1.8644	3.9156	5.6997	6.8548	11.1873
			女	59	4.9377	2.2942	1.9459	3.2030	4.7058	6.2941	9.7219

类别				N	饮用水汞暴露贡献比/%						
					Mean	Std	P5	P25	P50	P75	P95
大连	城市	18 岁～	男	88	0.3845	0.1966	0.1080	0.2914	0.3092	0.5156	0.7153
			女	68	0.3840	0.2568	0.0922	0.2021	0.3091	0.5278	0.9207
		45 岁～	男	13	0.4089	0.2366	0.2145	0.2275	0.3205	0.4236	0.9010
			女	31	0.3744	0.1942	0.1378	0.2286	0.3054	0.5283	0.7264
		60 岁～	男	24	0.2624	0.1875	0.0993	0.1404	0.2014	0.3381	0.6140
			女	63	0.3605	0.1981	0.1315	0.2199	0.2838	0.4694	0.8207
	农村	18 岁～	男	84	0.4391	0.1717	0.2243	0.2862	0.4045	0.5649	0.7255
			女	76	0.4455	0.1860	0.2129	0.3314	0.4002	0.5633	0.8024
		45 岁～	男	41	0.4723	0.1739	0.2341	0.3282	0.4731	0.5848	0.7470
			女	49	0.4506	0.2762	0.1701	0.2565	0.3212	0.5171	1.0111
		60 岁～	男	41	0.4884	0.3624	0.1763	0.2700	0.3469	0.6148	1.1133
			女	43	0.4956	0.2597	0.1577	0.3029	0.3921	0.6795	0.9073
上海	城市	18 岁～	男	97	2.8751	1.3555	1.1793	2.0576	2.8013	3.2525	5.0617
			女	88	2.9656	1.5762	0.9600	2.1833	2.8226	3.3338	4.9935
		45 岁～	男	18	3.2927	1.1794	1.3421	2.7308	2.8639	4.2201	5.8210
			女	43	3.2780	1.2367	1.4168	2.4153	3.1528	4.0735	5.1915
		60 岁～	男	16	3.1564	1.4373	1.4675	2.3181	2.7985	3.1860	6.4559
			女	36	3.2391	1.3119	1.4099	2.4346	3.0326	3.6023	5.4880
	农村	18 岁～	男	48	1.3823	0.3808	0.8477	1.1734	1.3161	1.5816	2.0700
			女	38	1.2709	0.3527	0.7516	1.0777	1.2539	1.4440	2.1088
		45 岁～	男	71	1.3227	0.4037	0.8002	1.1109	1.2306	1.4508	2.2933
			女	82	1.4032	1.3723	0.8202	1.0595	1.2317	1.4886	1.8231
		60 岁～	男	35	1.3495	0.4755	0.8352	0.9871	1.1538	1.6882	2.3555
			女	27	1.0743	0.7631	0.1325	0.5393	1.0435	1.3294	2.7742
武汉	城市	18 岁～	男	60	20.8654	24.7426	6.4510	9.6729	13.3827	17.1813	99.9340
			女	77	14.9544	14.6765	4.7707	10.3051	12.8402	15.3995	22.7626
		45 岁～	男	40	15.2631	7.6100	4.8732	9.9608	13.2572	20.5553	28.8064
			女	41	19.3671	21.5137	7.3750	9.9867	11.6586	17.5673	71.8844
		60 岁～	男	60	15.3070	6.7768	6.2978	9.6673	13.6165	21.7574	27.0815
			女	77	11.0285	3.4204	5.0854	8.6085	11.2659	12.9174	17.2109

类别				N	饮用水汞暴露贡献比/%						
					Mean	Std	P5	P25	P50	P75	P95
武汉	农村	18岁～	男	22	4.8525	1.9477	2.4206	3.8088	4.8138	5.4820	8.4141
			女	33	8.5069	17.3294	2.4703	3.0741	3.7112	6.4869	33.7916
		45岁～	男	39	10.8891	21.3935	1.6912	3.7716	4.9182	7.5866	95.2304
			女	55	6.2833	12.9553	1.5986	3.6199	4.7116	5.5723	6.9856
		60岁～	男	66	6.6507	8.4560	3.1328	4.3699	5.6188	6.7639	8.8968
			女	50	4.9555	2.5175	2.2349	3.3707	4.7018	5.8241	8.4506
成都	城市	18岁～	男	123	1.5442	0.7444	0.5724	1.0383	1.4606	1.8611	2.7191
			女	125	1.4404	0.7203	0.4340	0.9117	1.4248	1.8351	2.8188
		45岁～	男	24	1.5291	0.7633	0.6693	1.0124	1.3586	1.6986	2.7862
			女	29	1.3614	0.4914	0.4411	0.9961	1.4313	1.6059	2.1208
		60岁～	男	8	1.5795	0.1982	1.1771	1.5050	1.6321	1.7011	1.7824
			女	26	1.4230	0.5324	0.5066	1.0744	1.4119	1.7257	2.4097
	农村	18岁～	男	64	1.0048	0.3541	0.4392	0.7446	1.0402	1.2346	1.5745
			女	63	0.9239	0.3385	0.4646	0.6516	0.8888	1.1938	1.4784
		45岁～	男	55	0.8490	0.3380	0.3257	0.5322	0.8207	1.1124	1.4139
			女	44	1.0146	0.4302	0.2944	0.6786	1.0323	1.2693	1.6828
		60岁～	男	34	1.0684	0.3439	0.5720	0.7550	1.0290	1.4044	1.6423
			女	36	1.0619	0.3177	0.6681	0.7840	1.0178	1.2159	1.7390
兰州	城市	18岁～	男	61	16.7626	9.9184	4.0992	10.3337	15.4174	20.4209	37.9269
			女	51	14.0432	10.4879	3.6980	6.6350	11.9276	18.2118	29.9072
		45岁～	男	49	15.3968	9.4934	3.6447	7.8229	13.7145	19.8938	35.7970
			女	54	14.3189	8.2631	4.3021	7.3356	12.4980	21.8594	31.0075
		60岁～	男	65	17.1085	8.8691	5.9180	8.6654	18.6404	24.2643	34.3418
			女	67	14.4976	8.1184	5.3406	6.9245	13.8247	22.7370	27.9390
	农村	18岁～	男	51	14.5214	10.5474	2.3423	5.2597	11.8558	22.9227	30.5845
			女	49	12.0281	9.1271	2.7459	6.0489	9.7246	13.7771	29.5524
		45岁～	男	59	18.9179	12.4384	3.5111	9.7067	16.4613	22.9088	51.9072
			女	49	13.9420	15.2673	2.6034	4.9068	9.0267	14.7106	48.6256
		60岁～	男	69	14.5295	10.8779	3.1426	4.9226	11.9466	23.5125	32.0932
			女	64	11.2058	7.3106	3.0846	4.6553	9.9273	16.0075	24.2676

附表 3-7　不同地区居民分城乡、年龄和性别的饮水汞暴露贡献比

类别				N	饮水汞暴露贡献比/%						
					Mean	Std	P5	P25	P50	P75	P95
太原	城市	18 岁～	男	68	5.0372	2.6414	2.1879	3.3087	4.5404	6.1805	9.3540
			女	72	5.6544	3.4838	1.5927	3.0394	5.5536	6.5748	12.5622
		45 岁～	男	50	5.9016	2.7772	2.2674	3.5971	5.7016	7.6704	11.7511
			女	60	4.9784	2.4225	2.1317	3.1870	4.6932	5.7580	10.7028
		60 岁～	男	56	4.2031	1.7782	2.1020	2.9190	3.5422	4.9986	8.0902
			女	54	4.0613	1.6121	2.3735	3.1787	3.6881	4.5656	6.5599
	农村	18 岁～	男	41	5.8218	2.5232	1.8667	4.0710	6.3575	7.2141	10.0557
			女	40	5.4235	2.2816	2.5500	3.6352	5.0479	6.7578	9.7425
		45 岁～	男	49	5.8683	3.0032	1.9313	3.4988	6.0304	7.1115	9.4762
			女	74	5.7384	2.3799	1.9401	3.9863	5.9552	7.0868	10.4979
		60 岁～	男	73	5.6359	2.5702	1.8641	3.9152	5.6996	6.8542	11.1869
			女	59	4.9374	2.2942	1.9454	3.2027	4.7052	6.2939	9.7212
大连	城市	18 岁～	男	88	0.3845	0.1966	0.1080	0.2913	0.3091	0.5156	0.7152
			女	68	0.3840	0.2568	0.0922	0.2021	0.3090	0.5278	0.9206
		45 岁～	男	13	0.4088	0.2366	0.2144	0.2275	0.3205	0.4234	0.9009
			女	31	0.3744	0.1942	0.1378	0.2286	0.3054	0.5283	0.7264
		60 岁～	男	24	0.2623	0.1875	0.0992	0.1403	0.2013	0.3380	0.6139
			女	63	0.3604	0.1981	0.1315	0.2199	0.2838	0.4694	0.8206
	农村	18 岁～	男	84	0.4390	0.1717	0.2242	0.2862	0.4045	0.5648	0.7255
			女	76	0.4455	0.1860	0.2129	0.3313	0.4002	0.5633	0.8023
		45 岁～	男	41	0.4723	0.1738	0.2341	0.3281	0.4731	0.5848	0.7469
			女	49	0.4506	0.2762	0.1701	0.2565	0.3212	0.5171	1.0111
		60 岁～	男	41	0.4884	0.3624	0.1762	0.2699	0.3468	0.6148	1.1132
			女	43	0.4955	0.2597	0.1577	0.3029	0.3920	0.6794	0.9073
上海	城市	18 岁～	男	97	2.8749	1.3555	1.1791	2.0575	2.8013	3.2523	5.0607
			女	88	2.9654	1.5761	0.9599	2.1832	2.8226	3.3336	4.9932
		45 岁～	男	18	3.2925	1.1795	1.3415	2.7308	2.8638	4.2199	5.8207
			女	43	3.2778	1.2366	1.4166	2.4152	3.1526	4.0734	5.1912

类别				N	饮水汞暴露贡献比/%						
					Mean	Std	P5	P25	P50	P75	P95
上海	城市	60岁～	男	16	3.1562	1.4372	1.4672	2.3180	2.7982	3.1859	6.4555
			女	36	3.2389	1.3118	1.4098	2.4344	3.0324	3.6022	5.4875
	农村	18岁～	男	48	1.3822	0.3808	0.8477	1.1734	1.3159	1.5815	2.0700
			女	38	1.2708	0.3528	0.7516	1.0776	1.2538	1.4439	2.1087
		45岁～	男	71	1.3226	0.4037	0.8002	1.1109	1.2306	1.4508	2.2933
			女	82	1.4031	1.3723	0.8202	1.0595	1.2317	1.4885	1.8229
		60岁～	男	35	1.3494	0.4755	0.8352	0.9870	1.1536	1.6882	2.3555
			女	27	1.0742	0.7631	0.1325	0.5392	1.0434	1.3292	2.7742
武汉	城市	18岁～	男	60	20.8639	24.7411	6.4503	9.6715	13.3817	17.1805	99.9260
			女	77	14.9528	14.6732	4.7703	10.3042	12.8394	15.3954	22.7618
		45岁～	男	40	15.2620	7.6099	4.8729	9.9597	13.2567	20.5540	28.8057
			女	41	19.3656	21.5124	7.3747	9.9860	11.6578	17.5664	71.8812
		60岁～	男	60	15.3060	6.7766	6.2964	9.6664	13.6160	21.7568	27.0806
			女	77	11.0275	3.4203	5.0846	8.6056	11.2655	12.9168	17.2100
	农村	18岁～	男	22	4.8519	1.9476	2.4195	3.8086	4.8135	5.4815	8.4135
			女	33	8.5062	17.3282	2.4696	3.0740	3.7106	6.4868	33.7877
		45岁～	男	39	10.8875	21.3891	1.6908	3.7712	4.9180	7.5862	95.2224
			女	55	6.2828	12.9545	1.5983	3.6189	4.7113	5.5718	6.9850
		60岁～	男	66	6.6503	8.4554	3.1322	4.3690	5.6181	6.7637	8.8965
			女	50	4.9551	2.5172	2.2344	3.3705	4.7015	5.8238	8.4502
成都	城市	18岁～	男	123	1.5441	0.7444	0.5724	1.0383	1.4606	1.8610	2.7190
			女	125	1.4403	0.7203	0.4339	0.9117	1.4246	1.8351	2.8187
		45岁～	男	24	1.5290	0.7633	0.6693	1.0124	1.3586	1.6985	2.7861
			女	29	1.3613	0.4914	0.4411	0.9958	1.4312	1.6056	2.1208
		60岁～	男	8	1.5794	0.1982	1.1770	1.5049	1.6321	1.7010	1.7822
			女	26	1.4229	0.5324	0.5065	1.0744	1.4118	1.7256	2.4097
	农村	18岁～	男	64	1.0048	0.3541	0.4391	0.7446	1.0401	1.2346	1.5744
			女	63	0.9239	0.3385	0.4646	0.6516	0.8887	1.1938	1.4784
		45岁～	男	55	0.8490	0.3380	0.3257	0.5322	0.8207	1.1124	1.4137
			女	44	1.0145	0.4302	0.2944	0.6786	1.0323	1.2692	1.6828

类别				N	饮水汞暴露贡献比/%						
					Mean	Std	P5	P25	P50	P75	P95
成都	农村	60 岁～	男	34	1.0683	0.3439	0.5720	0.7548	1.0290	1.4044	1.6423
成都	农村	60 岁～	女	36	1.0619	0.3177	0.6681	0.7840	1.0177	1.2159	1.7390
兰州	城市	18 岁～	男	61	16.7619	9.9182	4.0975	10.3332	15.4168	20.4204	37.9265
兰州	城市	18 岁～	女	51	14.0426	10.4877	3.6976	6.6343	11.9274	18.2112	29.9068
兰州	城市	45 岁～	男	49	15.3962	9.4934	3.6419	7.8221	13.7143	19.8936	35.7967
兰州	城市	45 岁～	女	54	14.3183	8.2629	4.3019	7.3356	12.4976	21.8586	31.0073
兰州	城市	60 岁～	男	65	17.1081	8.8690	5.9179	8.6648	18.6400	24.2633	34.3407
兰州	城市	60 岁～	女	67	14.4972	8.1184	5.3405	6.9245	13.8246	22.7368	27.9389
兰州	农村	18 岁～	男	51	14.5211	10.5475	2.3396	5.2595	11.8557	22.9224	30.5844
兰州	农村	18 岁～	女	49	12.0278	9.1271	2.7457	6.0480	9.7245	13.7764	29.5519
兰州	农村	45 岁～	男	59	18.9176	12.4383	3.5109	9.7065	16.4607	22.9086	51.9070
兰州	农村	45 岁～	女	49	13.9414	15.2666	2.6027	4.9046	9.0266	14.7104	48.6251
兰州	农村	60 岁～	男	69	14.5293	10.8779	3.1426	4.9225	11.9465	23.5114	32.0931
兰州	农村	60 岁～	女	64	11.2055	7.3106	3.0840	4.6542	9.9259	16.0074	24.2673

附表 3-8　不同地区居民分城乡、年龄和性别的用水汞暴露贡献比

类别				N	用水汞暴露贡献比/‰						
					Mean	Std	P5	P25	P50	P75	P95
太原	城市	18 岁～	男	68	0.0495	0.0229	0.0116	0.0341	0.0466	0.0619	0.0914
太原	城市	18 岁～	女	72	0.0489	0.0250	0.0169	0.0318	0.0427	0.0612	0.1046
太原	城市	45 岁～	男	50	0.0500	0.0506	0.0195	0.0267	0.0374	0.0459	0.1392
太原	城市	45 岁～	女	60	0.0392	0.0143	0.0213	0.0292	0.0365	0.0462	0.0670
太原	城市	60 岁～	男	56	0.0407	0.0154	0.0187	0.0314	0.0369	0.0518	0.0661
太原	城市	60 岁～	女	54	0.0427	0.0202	0.0189	0.0318	0.0409	0.0504	0.0713
太原	农村	18 岁～	男	41	0.0345	0.0287	0.0021	0.0106	0.0333	0.0477	0.0876
太原	农村	18 岁～	女	40	0.0384	0.0268	0.0044	0.0197	0.0308	0.0592	0.0931
太原	农村	45 岁～	男	49	0.0403	0.0330	0.0082	0.0179	0.0367	0.0463	0.0980
太原	农村	45 岁～	女	74	0.0300	0.0190	0.0058	0.0142	0.0295	0.0410	0.0688
太原	农村	60 岁～	男	73	0.0369	0.0214	0.0047	0.0226	0.0343	0.0499	0.0781
太原	农村	60 岁～	女	59	0.0384	0.0242	0.0065	0.0224	0.0337	0.0512	0.0987

类别				N	用水汞暴露贡献比/‰						
					Mean	Std	P5	P25	P50	P75	P95
大连	城市	18岁～	男	88	0.0035	0.0025	<0.0001	0.0017	0.0033	0.0044	0.0086
			女	68	0.0037	0.0024	0.0010	0.0021	0.0034	0.0047	0.0076
		45岁～	男	13	0.0052	0.0037	0.0006	0.0024	0.0043	0.0083	0.0120
			女	31	0.0033	0.0016	0.0011	0.0022	0.0028	0.0047	0.0067
		60岁～	男	24	0.0038	0.0025	0.0012	0.0021	0.0032	0.0044	0.0095
			女	63	0.0042	0.0025	0.0012	0.0025	0.0033	0.0053	0.0092
	农村	18岁～	男	84	0.0038	0.0026	0.0002	0.0014	0.0042	0.0057	0.0078
			女	76	0.0040	0.0027	0.0003	0.0019	0.0040	0.0054	0.0088
		45岁～	男	41	0.0036	0.0027	<0.0001	0.0013	0.0040	0.0048	0.0077
			女	49	0.0032	0.0025	<0.0001	0.0010	0.0032	0.0048	0.0079
		60岁～	男	41	0.0040	0.0029	0.0003	0.0014	0.0039	0.0052	0.0095
			女	43	0.0037	0.0020	0.0003	0.0022	0.0040	0.0052	0.0068
上海	城市	18岁～	男	97	0.0169	0.0189	<0.0001	0.0056	0.0125	0.0195	0.0558
			女	88	0.0145	0.0129	<0.0001	0.0051	0.0131	0.0202	0.0348
		45岁～	男	18	0.0183	0.0150	<0.0001	0.0075	0.0146	0.0276	0.0594
			女	43	0.0171	0.0113	0.0012	0.0072	0.0187	0.0233	0.0306
		60岁～	男	16	0.0213	0.0199	<0.0001	0.0053	0.0153	0.0345	0.0707
			女	36	0.0193	0.0163	<0.0001	0.0067	0.0170	0.0304	0.0541
	农村	18岁～	男	48	0.0061	0.0058	<0.0001	0.0015	0.0046	0.0091	0.0182
			女	38	0.0077	0.0075	<0.0001	0.0028	0.0049	0.0116	0.0233
		45岁～	男	71	0.0057	0.0054	<0.0001	0.0012	0.0046	0.0085	0.0171
			女	82	0.0060	0.0055	<0.0001	0.0018	0.0051	0.0083	0.0175
		60岁～	男	35	0.0077	0.0085	<0.0001	<0.0001	0.0050	0.0117	0.0246
			女	27	0.0051	0.0046	<0.0001	0.0008	0.0043	0.0079	0.0126
武汉	城市	18岁～	男	60	0.1544	0.1759	0.0503	0.0750	0.0983	0.1429	0.6590
			女	77	0.1574	0.3565	0.0313	0.0713	0.0887	0.1201	0.2564
		45岁～	男	40	0.1109	0.0713	0.0148	0.0639	0.0966	0.1344	0.2764
			女	41	0.1568	0.1773	0.0504	0.0711	0.1067	0.1675	0.3179
		60岁～	男	60	0.1002	0.0616	0.0237	0.0635	0.0833	0.1224	0.2289
			女	77	0.0996	0.0607	0.0248	0.0605	0.0872	0.1186	0.2583

类别				N	用水汞暴露贡献比/‰						
					Mean	Std	P5	P25	P50	P75	P95
武汉	农村	18岁～	男	22	0.0536	0.0419	<0.0001	0.0310	0.0514	0.0569	0.1132
			女	33	0.0717	0.1252	0.0160	0.0300	0.0389	0.0538	0.3827
		45岁～	男	39	0.1534	0.5259	0.0087	0.0296	0.0414	0.0767	0.7976
			女	55	0.0488	0.0814	0.0075	0.0228	0.0306	0.0569	0.1039
		60岁～	男	66	0.0452	0.0664	0.0060	0.0217	0.0316	0.0491	0.0957
			女	50	0.0412	0.0432	0.0085	0.0192	0.0298	0.0476	0.0965
成都	城市	18岁～	男	123	0.0065	0.0054	0.0009	0.0029	0.0054	0.0084	0.0178
			女	125	0.0052	0.0042	0.0009	0.0023	0.0045	0.0068	0.0115
		45岁～	男	24	0.0057	0.0050	<0.0001	0.0034	0.0052	0.0073	0.0098
			女	29	0.0060	0.0066	<0.0001	0.0023	0.0046	0.0060	0.0221
		60岁～	男	8	0.0094	0.0057	0.0029	0.0063	0.0083	0.0103	0.0222
			女	26	0.0062	0.0034	0.0017	0.0032	0.0062	0.0079	0.0107
	农村	18岁～	男	64	0.0040	0.0030	0.0007	0.0014	0.0033	0.0058	0.0103
			女	63	0.0031	0.0029	0.0006	0.0009	0.0022	0.0046	0.0093
		45岁～	男	55	0.0028	0.0030	0.0004	0.0008	0.0018	0.0036	0.0120
			女	44	0.0035	0.0031	0.0002	0.0012	0.0029	0.0044	0.0091
		60岁～	男	34	0.0040	0.0040	0.0005	0.0012	0.0029	0.0057	0.0162
			女	36	0.0034	0.0027	0.0007	0.0010	0.0031	0.0047	0.0098
兰州	城市	18岁～	男	61	0.0634	0.0554	0.0074	0.0317	0.0414	0.0723	0.1954
			女	51	0.0594	0.0494	0.0078	0.0252	0.0465	0.0734	0.1731
		45岁～	男	49	0.0655	0.0904	0.0109	0.0206	0.0310	0.0632	0.2788
			女	54	0.0577	0.0606	0.0073	0.0210	0.0447	0.0648	0.1412
		60岁～	男	65	0.0463	0.0342	0.0051	0.0260	0.0371	0.0619	0.1088
			女	67	0.0386	0.0308	0.0042	0.0117	0.0329	0.0561	0.1009
	农村	18岁～	男	51	0.0328	0.0408	0.0043	0.0136	0.0238	0.0345	0.1160
			女	49	0.0363	0.0372	0.0047	0.0145	0.0241	0.0436	0.1057
		45岁～	男	59	0.0335	0.0399	0.0008	0.0052	0.0201	0.0402	0.1423
			女	49	0.0634	0.1357	0.0006	0.0098	0.0206	0.0415	0.3918
		60岁～	男	69	0.0243	0.0312	0.0007	0.0040	0.0170	0.0274	0.0757
			女	64	0.0322	0.0484	0.0006	0.0077	0.0168	0.0307	0.1110

附表 3-9 不同地区居民分城乡、年龄和性别的饮用水镉暴露贡献比

类别				N	饮用水镉暴露贡献比/%						
					Mean	Std	P5	P25	P50	P75	P95
太原	城市	18岁～	男	68	1.1189	2.8887	0.3526	0.5974	0.7165	0.9172	1.4111
			女	72	0.8758	0.4694	0.2765	0.5457	0.7389	1.1853	1.6490
		45岁～	男	50	1.1191	0.9638	0.3757	0.5798	0.8397	1.2390	2.8604
			女	60	0.8990	0.5175	0.4680	0.5505	0.7024	1.1141	2.0800
		60岁～	男	56	0.7771	0.3653	0.4331	0.5623	0.6059	0.8734	1.5591
			女	54	0.7250	0.2763	0.5043	0.5452	0.6168	0.8537	1.4012
	农村	18岁～	男	41	1.3001	0.8867	0.1572	0.8082	1.0086	1.8189	2.9584
			女	40	0.9900	0.5526	0.3739	0.5817	0.8308	1.2821	2.0680
		45岁～	男	49	0.9267	0.6152	0.2326	0.5228	0.8072	1.0405	2.2315
			女	74	1.0039	0.8423	0.1652	0.5663	0.8293	1.1515	2.6084
		60岁～	男	73	1.1420	0.6916	0.1816	0.6363	0.9183	1.5977	2.5577
			女	59	1.0497	1.3233	0.1638	0.4945	0.7928	1.3842	2.3798
大连	城市	18岁～	男	88	0.5351	0.3303	0.1399	0.3649	0.4470	0.6375	1.1118
			女	68	0.5391	0.4288	0.0977	0.2135	0.4469	0.7066	1.6075
		45岁～	男	13	0.4695	0.2989	0.2093	0.2687	0.3425	0.5300	1.1262
			女	31	0.6991	1.0600	0.1511	0.2179	0.3329	0.6563	3.5915
		60岁～	男	24	0.3218	0.2590	0.0958	0.1634	0.2096	0.3880	0.8866
			女	63	0.4519	0.3227	0.1186	0.2319	0.3629	0.5718	1.0979
	农村	18岁～	男	84	0.3755	0.2025	0.1629	0.2426	0.3283	0.4547	0.6844
			女	76	0.3616	0.1515	0.1672	0.2829	0.3249	0.4412	0.6380
		45岁～	男	41	0.3938	0.1522	0.1866	0.2543	0.3982	0.5499	0.6139
			女	49	0.4673	0.5374	0.1168	0.1954	0.3262	0.4622	1.0923
		60岁～	男	41	0.4235	0.3550	0.1494	0.2369	0.2822	0.4746	0.9516
			女	43	0.4902	0.3148	0.1474	0.2293	0.4470	0.6480	0.9509
上海	城市	18岁～	男	97	1.2454	1.1259	0.4550	0.8061	1.1403	1.2699	2.0832
			女	88	1.2271	0.8473	0.3636	0.9031	1.1002	1.3776	2.1523
		45岁～	男	18	1.7619	2.0645	0.5182	0.9983	1.1435	1.6014	9.6925
			女	43	1.2380	0.4584	0.5475	0.8723	1.2135	1.4785	2.0539

类别				N	饮用水镉暴露贡献比/%						
					Mean	Std	P5	P25	P50	P75	P95
上海	城市	60 岁～	男	16	1.1855	0.5171	0.5747	0.8652	1.0244	1.2140	2.3809
			女	36	1.1747	0.4158	0.5519	0.9448	1.1386	1.3815	1.9518
	农村	18 岁～	男	48	0.5056	0.2018	0.3119	0.4065	0.4682	0.5931	0.7215
			女	38	0.5500	0.5896	0.1852	0.3486	0.4430	0.5134	1.2632
		45 岁～	男	71	0.4563	0.1702	0.2158	0.3847	0.4263	0.5039	0.8011
			女	82	0.4479	0.2034	0.2474	0.3668	0.4255	0.5168	0.6344
		60 岁～	男	35	0.4802	0.2563	0.2887	0.3416	0.3997	0.5874	0.8232
			女	27	0.3358	0.2287	0.0456	0.1480	0.3612	0.4410	0.8244
武汉	城市	18 岁～	男	60	1.5941	1.0316	0.3448	0.7797	1.4312	2.1586	3.5359
			女	77	2.1679	1.3244	0.3668	1.1426	2.0055	2.9445	4.9994
		45 岁～	男	40	2.2680	1.9718	0.4315	0.8154	1.7390	2.8112	6.1374
			女	41	1.6401	0.8979	0.4864	1.0660	1.4737	2.1038	3.8134
		60 岁～	男	60	2.2798	1.9201	0.4476	1.2129	1.7117	2.6766	6.4488
			女	77	1.5051	0.8791	0.4077	0.8112	1.4832	1.8483	3.6056
	农村	18 岁～	男	22	0.7072	0.3568	0.2010	0.4812	0.6425	0.9535	1.2761
			女	33	0.7869	0.5323	0.3001	0.4293	0.7054	0.9202	1.5408
		45 岁～	男	39	0.8178	0.4384	0.1807	0.5141	0.6982	1.1596	1.8018
			女	55	0.7690	0.4282	0.1707	0.4900	0.6384	1.0898	1.6011
		60 岁～	男	66	1.0157	0.5767	0.4597	0.5521	0.7807	1.4555	1.9513
			女	50	0.8882	0.4383	0.3320	0.5744	0.7915	1.1271	1.6694
成都	城市	18 岁～	男	123	0.7405	0.4953	0.2433	0.4545	0.6059	0.8668	1.5507
			女	125	0.6803	0.5672	0.1404	0.3503	0.5595	0.8233	1.6121
		45 岁～	男	24	0.9661	0.7783	0.2992	0.4862	0.7980	1.1510	2.0583
			女	29	0.6351	0.4488	0.1509	0.4254	0.5523	0.7280	1.9757
		60 岁～	男	8	0.8304	0.4236	0.3754	0.6399	0.7580	0.8325	1.8071
			女	26	0.6710	0.4435	0.1744	0.4101	0.5717	0.8459	1.2786
	农村	18 岁～	男	64	2.0233	1.0998	0.9910	1.4752	1.8572	2.2932	3.0316
			女	63	2.0731	2.8573	0.9066	1.3639	1.7359	2.1648	2.5994
		45 岁～	男	55	1.5813	0.7656	0.6036	1.0814	1.4831	1.9955	2.9294
			女	44	1.9514	0.7940	0.9265	1.4358	1.9140	2.2767	3.2542

类别				N	饮用水镉暴露贡献比/%						
					Mean	Std	P5	P25	P50	P75	P95
成都	农村	60岁～	男	34	1.9607	0.8923	1.0937	1.3915	1.7419	2.3002	2.8829
			女	36	2.0807	0.4608	1.3059	1.7973	2.0783	2.3545	3.0510
兰州	城市	18岁～	男	61	5.4444	2.8439	1.4147	3.4340	5.1953	7.5799	9.8477
			女	51	4.8487	2.8013	1.4348	2.5258	4.3777	6.4119	11.2003
		45岁～	男	49	5.4469	3.1121	1.0869	3.1301	4.9341	7.6749	10.1887
			女	54	5.7493	2.7811	1.9374	3.6175	5.3368	7.8450	10.4517
		60岁～	男	65	6.4126	2.2358	2.5717	5.0221	6.2104	8.2227	10.1198
			女	67	5.4341	1.7935	1.8597	4.7370	5.6263	6.3895	8.0969
	农村	18岁～	男	51	13.3951	8.4788	4.3260	6.6904	11.0470	20.4707	25.9985
			女	49	9.8873	5.9726	2.8595	5.6434	8.6597	11.6521	23.5089
		45岁～	男	59	14.4621	9.3212	4.0507	8.2394	12.9001	19.6051	26.9116
			女	49	8.7356	7.1814	2.0556	4.0969	7.9047	10.6894	21.2361
		60岁～	男	69	11.5556	7.7621	3.3424	6.2706	8.0924	15.6522	30.1938
			女	64	9.7733	6.1977	3.7282	5.5794	7.3963	11.9139	23.3889

附表 3-10　不同地区居民分城乡、年龄和性别的饮水镉暴露贡献比

类别				N	饮水镉暴露贡献比/%						
					Mean	Std	P5	P25	P50	P75	P95
太原	城市	18岁～	男	68	1.1188	2.8886	0.3525	0.5973	0.7165	0.9171	1.4110
			女	72	0.8757	0.4694	0.2764	0.5456	0.7388	1.1852	1.6489
		45岁～	男	50	1.1191	0.9638	0.3756	0.5797	0.8396	1.2389	2.8604
			女	60	0.8989	0.5175	0.4679	0.5505	0.7023	1.1140	2.0799
		60岁～	男	56	0.7770	0.3653	0.4329	0.5623	0.6058	0.8733	1.5590
			女	54	0.7249	0.2763	0.5043	0.5451	0.6167	0.8536	1.4012
	农村	18岁～	男	41	1.3000	0.8867	0.1572	0.8081	1.0086	1.8188	2.9583
			女	40	0.9899	0.5526	0.3738	0.5816	0.8308	1.2820	2.0677
		45岁～	男	49	0.9267	0.6151	0.2326	0.5227	0.8071	1.0404	2.2313
			女	74	1.0038	0.8423	0.1652	0.5663	0.8293	1.1513	2.6084
		60岁～	男	73	1.1419	0.6915	0.1816	0.6362	0.9183	1.5975	2.5577
			女	59	1.0496	1.3232	0.1637	0.4944	0.7928	1.3841	2.3796

类别				N	饮水镉暴露贡献比/%						
					Mean	Std	P5	P25	P50	P75	P95
大连	城市	18 岁～	男	88	0.5350	0.3303	0.1399	0.3648	0.4470	0.6375	1.1117
			女	68	0.5390	0.4287	0.0977	0.2134	0.4469	0.7066	1.6074
		45 岁～	男	13	0.4694	0.2989	0.2092	0.2686	0.3424	0.5298	1.1262
			女	31	0.6990	1.0599	0.1511	0.2178	0.3329	0.6562	3.5913
		60 岁～	男	24	0.3217	0.2590	0.0958	0.1634	0.2095	0.3880	0.8865
			女	63	0.4518	0.3227	0.1185	0.2319	0.3629	0.5718	1.0979
	农村	18 岁～	男	84	0.3755	0.2025	0.1629	0.2426	0.3282	0.4547	0.6844
			女	76	0.3616	0.1515	0.1672	0.2829	0.3249	0.4412	0.6380
		45 岁～	男	41	0.3938	0.1522	0.1865	0.2542	0.3982	0.5497	0.6139
			女	49	0.4673	0.5374	0.1168	0.1954	0.3261	0.4622	1.0922
		60 岁～	男	41	0.4234	0.3550	0.1494	0.2369	0.2821	0.4746	0.9515
			女	43	0.4902	0.3148	0.1473	0.2293	0.4469	0.6479	0.9509
上海	城市	18 岁～	男	97	1.2453	1.1259	0.4549	0.8061	1.1403	1.2698	2.0832
			女	88	1.2270	0.8473	0.3635	0.9031	1.1002	1.3776	2.1522
		45 岁～	男	18	1.7618	2.0645	0.5180	0.9982	1.1434	1.6014	9.6921
			女	43	1.2380	0.4583	0.5475	0.8723	1.2134	1.4784	2.0538
		60 岁～	男	16	1.1854	0.5171	0.5745	0.8651	1.0243	1.2140	2.3807
			女	36	1.1747	0.4158	0.5518	0.9447	1.1384	1.3815	1.9517
	农村	18 岁～	男	48	0.5056	0.2018	0.3119	0.4065	0.4681	0.5930	0.7215
			女	38	0.5499	0.5896	0.1852	0.3486	0.4430	0.5134	1.2632
		45 岁～	男	71	0.4563	0.1702	0.2158	0.3847	0.4262	0.5039	0.8010
			女	82	0.4479	0.2034	0.2474	0.3668	0.4254	0.5168	0.6343
		60 岁～	男	35	0.4802	0.2563	0.2887	0.3415	0.3996	0.5874	0.8232
			女	27	0.3358	0.2287	0.0456	0.1480	0.3612	0.4410	0.8244
武汉	城市	18 岁～	男	60	1.5940	1.0316	0.3447	0.7796	1.4311	2.1584	3.5357
			女	77	2.1677	1.3243	0.3667	1.1424	2.0053	2.9444	4.9988
		45 岁～	男	40	2.2678	1.9717	0.4315	0.8152	1.7389	2.8111	6.1372
			女	41	1.6400	0.8978	0.4864	1.0660	1.4736	2.1036	3.8133
		60 岁～	男	60	2.2797	1.9200	0.4476	1.2128	1.7116	2.6765	6.4484
			女	77	1.5050	0.8790	0.4077	0.8112	1.4831	1.8482	3.6050

类别				N	饮水镉暴露贡献比/%						
					Mean	Std	P5	P25	P50	P75	P95
武汉	农村	18岁～	男	22	0.7072	0.3568	0.2009	0.4811	0.6425	0.9534	1.2760
			女	33	0.7868	0.5322	0.3000	0.4293	0.7052	0.9201	1.5407
		45岁～	男	39	0.8177	0.4384	0.1807	0.5140	0.6982	1.1593	1.8017
			女	55	0.7689	0.4282	0.1707	0.4900	0.6383	1.0896	1.6011
		60岁～	男	66	1.0156	0.5766	0.4596	0.5520	0.7806	1.4554	1.9513
			女	50	0.8882	0.4383	0.3320	0.5744	0.7914	1.1270	1.6694
成都	城市	18岁～	男	123	0.7405	0.4953	0.2433	0.4545	0.6058	0.8667	1.5507
			女	125	0.6803	0.5671	0.1404	0.3503	0.5595	0.8233	1.6121
		45岁～	男	24	0.9661	0.7783	0.2991	0.4861	0.7979	1.1509	2.0583
			女	29	0.6351	0.4488	0.1509	0.4254	0.5523	0.7280	1.9757
		60岁～	男	8	0.8304	0.4236	0.3754	0.6399	0.7579	0.8325	1.8071
			女	26	0.6709	0.4435	0.1744	0.4100	0.5717	0.8458	1.2785
	农村	18岁～	男	64	2.0232	1.0998	0.9909	1.4752	1.8571	2.2931	3.0314
			女	63	2.0731	2.8573	0.9066	1.3639	1.7359	2.1648	2.5994
		45岁～	男	55	1.5813	0.7656	0.6036	1.0814	1.4830	1.9955	2.9294
			女	44	1.9514	0.7940	0.9265	1.4357	1.9139	2.2766	3.2541
		60岁～	男	34	1.9607	0.8922	1.0936	1.3915	1.7418	2.3001	2.8829
			女	36	2.0807	0.4607	1.3058	1.7972	2.0782	2.3544	3.0509
兰州	城市	18岁～	男	61	5.4442	2.8439	1.4145	3.4339	5.1951	7.5797	9.8476
			女	51	4.8485	2.8012	1.4348	2.5257	4.3774	6.4118	11.1997
		45岁～	男	49	5.4466	3.1121	1.0867	3.1295	4.9335	7.6747	10.1882
			女	54	5.7491	2.7811	1.9370	3.6170	5.3367	7.8446	10.4516
		60岁～	男	65	6.4125	2.2358	2.5710	5.0220	6.2103	8.2226	10.1197
			女	67	5.4339	1.7935	1.8595	4.7368	5.6262	6.3892	8.0968
	农村	18岁～	男	51	13.3948	8.4789	4.3250	6.6901	11.0465	20.4706	25.9984
			女	49	9.8869	5.9727	2.8592	5.6429	8.6593	11.6516	23.5088
		45岁～	男	59	14.4617	9.3207	4.0506	8.2389	12.8993	19.6051	26.9116
			女	49	8.7352	7.1814	2.0549	4.0967	7.9046	10.6894	21.2361
		60岁～	男	69	11.5553	7.7621	3.3424	6.2706	8.0922	15.6522	30.1938
			女	64	9.7731	6.1977	3.7279	5.5792	7.3960	11.9138	23.3888

附表 3-11　不同地区居民分城乡、年龄和性别的用水镉暴露贡献比

类别				N	用水镉暴露贡献比/‱						
					Mean	Std	P5	P25	P50	P75	P95
太原	城市	18 岁～	男	68	0.0099	0.0150	0.0022	0.0057	0.0076	0.0109	0.0156
			女	72	0.0080	0.0039	0.0035	0.0051	0.0075	0.0095	0.0150
		45 岁～	男	50	0.0090	0.0101	0.0032	0.0047	0.0063	0.0088	0.0277
			女	60	0.0074	0.0051	0.0037	0.0049	0.0063	0.0080	0.0140
		60 岁～	男	56	0.0074	0.0031	0.0039	0.0054	0.0066	0.0088	0.0149
			女	54	0.0074	0.0032	0.0025	0.0049	0.0075	0.0090	0.0141
	农村	18 岁～	男	41	0.0066	0.0058	0.0003	0.0025	0.0052	0.0075	0.0180
			女	40	0.0071	0.0069	0.0015	0.0025	0.0050	0.0090	0.0251
		45 岁～	男	49	0.0063	0.0056	0.0009	0.0026	0.0051	0.0078	0.0197
			女	74	0.0057	0.0067	0.0011	0.0018	0.0034	0.0055	0.0197
		60 岁～	男	73	0.0080	0.0072	0.0015	0.0034	0.0049	0.0100	0.0237
			女	59	0.0078	0.0108	0.0013	0.0029	0.0050	0.0099	0.0192
大连	城市	18 岁～	男	88	0.0050	0.0040	<0.0001	0.0022	0.0042	0.0063	0.0136
			女	68	0.0056	0.0069	0.0010	0.0026	0.0038	0.0059	0.0143
		45 岁～	男	13	0.0058	0.0043	0.0009	0.0022	0.0043	0.0085	0.0150
			女	31	0.0048	0.0036	0.0014	0.0025	0.0034	0.0069	0.0142
		60 岁～	男	24	0.0046	0.0031	0.0012	0.0023	0.0032	0.0061	0.0107
			女	63	0.0055	0.0046	0.0012	0.0024	0.0041	0.0075	0.0139
	农村	18 岁～	男	84	0.0034	0.0024	0.0001	0.0011	0.0035	0.0053	0.0074
			女	76	0.0036	0.0026	0.0003	0.0017	0.0029	0.0051	0.0083
		45 岁～	男	41	0.0034	0.0028	<0.0001	0.0012	0.0029	0.0046	0.0073
			女	49	0.0030	0.0028	<0.0001	0.0010	0.0022	0.0045	0.0086
		60 岁～	男	41	0.0037	0.0034	0.0002	0.0012	0.0031	0.0042	0.0095
			女	43	0.0043	0.0044	0.0003	0.0016	0.0035	0.0050	0.0110
上海	城市	18 岁～	男	97	0.0071	0.0076	<0.0001	0.0024	0.0051	0.0087	0.0258
			女	88	0.0060	0.0049	<0.0001	0.0026	0.0054	0.0083	0.0146
		45 岁～	男	18	0.0082	0.0079	<0.0001	0.0030	0.0063	0.0113	0.0320
			女	43	0.0067	0.0045	0.0004	0.0026	0.0068	0.0096	0.0129

类别				N	用水镉暴露贡献比/‱						
					Mean	Std	P5	P25	P50	P75	P95
上海	城市	60 岁～	男	16	0.0082	0.0074	<0.0001	0.0019	0.0064	0.0136	0.0259
			女	36	0.0072	0.0063	<0.0001	0.0021	0.0063	0.0110	0.0198
	农村	18 岁～	男	48	0.0022	0.0021	<0.0001	0.0005	0.0017	0.0034	0.0063
			女	38	0.0027	0.0026	<0.0001	0.0010	0.0016	0.0040	0.0081
		45 岁～	男	71	0.0020	0.0019	<0.0001	0.0004	0.0016	0.0030	0.0059
			女	82	0.0022	0.0021	<0.0001	0.0006	0.0018	0.0031	0.0061
		60 岁～	男	35	0.0026	0.0030	<0.0001	<0.0001	0.0017	0.0041	0.0085
			女	27	0.0016	0.0016	<0.0001	0.0003	0.0012	0.0026	0.0044
武汉	城市	18 岁～	男	60	0.0190	0.0138	0.0036	0.0090	0.0177	0.0257	0.0446
			女	77	0.0200	0.0157	0.0030	0.0099	0.0175	0.0221	0.0554
		45 岁～	男	40	0.0163	0.0170	0.0030	0.0067	0.0102	0.0188	0.0607
			女	41	0.0169	0.0164	0.0032	0.0052	0.0099	0.0212	0.0577
		60 岁～	男	60	0.0157	0.0175	0.0030	0.0049	0.0095	0.0169	0.0533
			女	77	0.0151	0.0147	0.0028	0.0048	0.0105	0.0179	0.0575
	农村	18 岁～	男	22	0.0079	0.0062	<0.0001	0.0051	0.0063	0.0085	0.0146
			女	33	0.0075	0.0055	0.0020	0.0034	0.0054	0.0103	0.0197
		45 岁～	男	39	0.0095	0.0109	0.0011	0.0042	0.0064	0.0115	0.0293
			女	55	0.0068	0.0055	0.0007	0.0031	0.0060	0.0096	0.0160
		60 岁～	男	66	0.0071	0.0059	0.0012	0.0029	0.0060	0.0094	0.0170
			女	50	0.0079	0.0083	0.0011	0.0034	0.0051	0.0091	0.0257
成都	城市	18 岁～	男	123	0.0033	0.0029	0.0004	0.0013	0.0026	0.0042	0.0089
			女	125	0.0028	0.0041	0.0003	0.0010	0.0021	0.0033	0.0064
		45 岁～	男	24	0.0035	0.0024	<0.0001	0.0016	0.0038	0.0048	0.0068
			女	29	0.0026	0.0026	<0.0001	0.0007	0.0021	0.0028	0.0087
		60 岁～	男	8	0.0048	0.0024	0.0014	0.0030	0.0048	0.0060	0.0089
			女	26	0.0027	0.0017	0.0007	0.0017	0.0026	0.0037	0.0058
	农村	18 岁～	男	64	0.0085	0.0088	0.0019	0.0024	0.0061	0.0119	0.0218
			女	63	0.0065	0.0083	0.0012	0.0019	0.0040	0.0080	0.0187
		45 岁～	男	55	0.0053	0.0058	0.0003	0.0018	0.0028	0.0066	0.0143
			女	44	0.0060	0.0041	0.0008	0.0026	0.0055	0.0084	0.0128

类别				N	用水镉暴露贡献比/‰						
					Mean	Std	P5	P25	P50	P75	P95
成都	农村	60 岁～	男	34	0.0072	0.0063	0.0014	0.0020	0.0052	0.0106	0.0192
			女	36	0.0065	0.0047	0.0017	0.0023	0.0061	0.0084	0.0168
兰州	城市	18 岁～	男	61	0.0236	0.0182	0.0053	0.0097	0.0179	0.0316	0.0630
			女	51	0.0221	0.0187	0.0049	0.0102	0.0147	0.0288	0.0616
		45 岁～	男	49	0.0226	0.0246	0.0040	0.0067	0.0126	0.0247	0.0678
			女	54	0.0232	0.0170	0.0030	0.0100	0.0183	0.0333	0.0522
		60 岁～	男	65	0.0183	0.0154	0.0037	0.0096	0.0140	0.0220	0.0448
			女	67	0.0153	0.0118	0.0020	0.0046	0.0122	0.0242	0.0351
	农村	18 岁～	男	51	0.0348	0.0340	0.0032	0.0139	0.0215	0.0459	0.0987
			女	49	0.0352	0.0287	0.0028	0.0126	0.0295	0.0539	0.0898
		45 岁～	男	59	0.0437	0.0735	0.0005	0.0066	0.0323	0.0511	0.0925
			女	49	0.0372	0.0355	0.0004	0.0114	0.0266	0.0533	0.0991
		60 岁～	男	69	0.0239	0.0242	0.0005	0.0032	0.0201	0.0339	0.0648
			女	64	0.0272	0.0289	0.0004	0.0092	0.0210	0.0334	0.0638

附表 3-12　不同地区居民分城乡、年龄和性别的饮用水砷暴露贡献比

类别				N	饮用水砷暴露贡献比/%						
					Mean	Std	P5	P25	P50	P75	P95
太原	城市	18 岁～	男	68	11.4429	3.8560	5.6876	8.3136	11.3688	14.6287	16.6079
			女	72	12.4954	5.1543	3.8594	9.7558	12.6620	14.4784	20.9730
		45 岁～	男	50	12.6687	5.2120	5.7566	8.5246	10.7963	16.1812	21.7131
			女	60	11.9366	4.8396	4.3920	9.4286	11.5274	13.4922	21.6293
		60 岁～	男	56	11.2288	4.2803	4.3694	8.3036	11.9759	12.8751	17.8332
			女	54	10.8378	5.1927	4.8221	7.7155	11.1823	12.6510	17.9638
	农村	18 岁～	男	41	10.8810	5.1707	2.9525	6.9440	11.4167	14.5558	18.4005
			女	40	10.3204	3.9394	4.9745	6.9040	10.1252	12.9450	16.6291
		45 岁～	男	49	10.3719	4.5056	2.8183	6.5265	10.7155	13.9568	16.8488
			女	74	11.4889	5.6804	4.2500	7.2558	11.4612	14.9133	20.4737
		60 岁～	男	73	10.4083	5.0561	3.8948	6.2731	9.4441	13.7303	17.8751
			女	59	9.4373	4.7188	3.5253	5.8180	8.3950	12.2817	18.5525

类别				N	饮用水砷暴露贡献比/%						
					Mean	Std	P5	P25	P50	P75	P95
大连	城市	18岁～	男	88	0.3949	0.1997	0.1210	0.3040	0.3205	0.5069	0.7517
			女	68	0.3873	0.2579	0.0957	0.2072	0.3039	0.5061	0.9749
		45岁～	男	13	0.4270	0.2514	0.2237	0.2318	0.3286	0.4487	0.9540
			女	31	0.4027	0.2206	0.1460	0.2374	0.3586	0.5824	0.9285
		60岁～	男	24	0.2682	0.1955	0.1018	0.1451	0.1980	0.3532	0.6037
			女	63	0.3796	0.2256	0.1349	0.2390	0.2960	0.5134	0.8479
	农村	18岁～	男	84	0.2437	0.1043	0.1228	0.1548	0.2036	0.3234	0.4487
			女	76	0.2505	0.1123	0.1210	0.1739	0.2098	0.3048	0.4968
		45岁～	男	41	0.2546	0.1021	0.1225	0.1563	0.2589	0.3487	0.3914
			女	49	0.2740	0.1924	0.1109	0.1542	0.2156	0.2837	0.6884
		60岁～	男	41	0.2840	0.2043	0.1111	0.1734	0.2213	0.3734	0.5865
			女	43	0.3980	0.3157	0.1270	0.1997	0.3472	0.4989	0.7463
上海	城市	18岁～	男	97	1.7293	1.3423	0.5647	1.1090	1.5095	1.8624	3.4050
			女	88	1.8455	1.4379	0.4664	1.2433	1.5271	2.0822	4.4361
		45岁～	男	18	1.6325	0.9644	0.7210	1.0766	1.4824	1.8393	4.9206
			女	43	1.6626	0.6126	0.7352	1.2776	1.6524	2.0367	2.8404
		60岁～	男	16	1.5758	0.6429	0.6786	1.2223	1.4223	1.6841	3.0354
			女	36	1.6663	0.9138	0.6518	1.2481	1.5073	1.9209	2.5669
	农村	18岁～	男	48	1.5372	1.1660	0.7432	1.0406	1.1810	1.4939	4.5304
			女	38	1.2105	0.5328	0.4759	0.9559	1.1336	1.2924	2.4678
		45岁～	男	71	1.2109	0.6038	0.7023	0.9773	1.0614	1.2861	2.2738
			女	82	1.1598	0.5953	0.6604	0.9397	1.0770	1.3208	1.7711
		60岁～	男	35	1.2017	0.4350	0.7405	0.9091	1.0235	1.4432	1.8952
			女	27	0.8741	0.5733	0.1174	0.4573	0.9255	1.1241	1.9958
武汉	城市	18岁～	男	60	11.1024	6.9942	3.1762	7.4197	9.8316	12.3229	24.3787
			女	77	11.0389	5.2828	4.3263	7.3459	10.4442	13.5415	19.1318
		45岁～	男	40	15.5046	8.3279	4.8851	8.4431	13.8086	20.3495	30.9163
			女	41	14.4638	7.5433	5.9332	8.6260	12.5221	17.2826	28.8652
		60岁～	男	60	15.1652	6.8100	4.9455	9.7119	15.0435	19.7272	26.3742
			女	77	11.3187	4.0829	5.2597	8.1095	11.7025	13.9681	18.7342

类别				N	饮用水砷暴露贡献比/%						
					Mean	Std	P5	P25	P50	P75	P95
武汉	农村	18 岁～	男	22	8.7234	5.0836	3.0982	4.2019	7.7224	11.6042	16.4425
			女	33	9.7802	6.1763	2.3514	5.8820	8.1776	12.6593	23.8643
		45 岁～	男	39	9.2347	5.2883	1.9292	5.5926	7.7735	12.2537	18.6707
			女	55	7.5168	3.2694	3.5797	4.8195	7.0209	9.5297	13.8850
		60 岁～	男	66	8.4447	3.5132	3.0809	5.6549	7.8681	10.5804	15.3613
			女	50	7.0071	3.9494	2.6873	3.6820	6.1428	9.7519	14.6183
成都	城市	18 岁～	男	123	0.7582	0.8141	0.2428	0.3784	0.5684	0.8055	1.9280
			女	125	0.6367	0.4788	0.1542	0.3206	0.5204	0.7321	1.7712
		45 岁～	男	24	0.6254	0.3984	0.2393	0.4145	0.5361	0.6296	1.6031
			女	29	0.6621	0.4281	0.1961	0.4152	0.5860	0.6583	1.5537
		60 岁～	男	8	0.5450	0.3458	0.2644	0.3388	0.3764	0.6801	1.3047
			女	26	0.6214	0.4103	0.2037	0.3440	0.5256	0.7936	1.7064
	农村	18 岁～	男	64	2.0171	0.7411	0.8702	1.6351	1.9380	2.4659	3.0569
			女	63	1.8548	0.7457	0.9850	1.2985	1.8167	2.3242	2.9366
		45 岁～	男	55	1.8317	1.1766	0.6667	1.1632	1.6777	2.1596	3.1000
			女	44	2.2695	1.4752	0.7460	1.4379	2.1946	2.5432	3.4969
		60 岁～	男	34	1.9543	0.6640	0.8305	1.4709	1.9072	2.4376	2.9712
			女	36	2.2385	0.6516	1.3226	1.9167	2.1732	2.3884	3.6294
兰州	城市	18 岁～	男	61	28.9703	10.8120	11.9021	23.0592	30.2030	37.4940	42.6302
			女	51	25.4045	12.4600	4.7238	16.9405	24.2217	36.4341	46.0571
		45 岁～	男	49	29.0750	13.6414	6.9493	19.6990	29.8052	38.3931	52.3887
			女	54	31.0936	9.8617	16.2783	22.1637	32.7421	38.3616	48.3431
		60 岁～	男	65	36.0237	10.5372	20.6569	26.6200	36.5464	44.7375	51.1222
			女	67	31.9553	10.6611	15.6023	23.4229	31.2706	40.9721	46.4223
	农村	18 岁～	男	51	23.5513	18.2535	5.0959	7.5648	17.0079	38.8621	55.6716
			女	49	19.8677	12.7525	6.3519	10.8504	15.6540	27.3771	43.9254
		45 岁～	男	59	24.7114	15.0137	5.8101	14.2184	20.5217	36.1192	54.9953
			女	49	16.4783	11.2884	3.1387	7.8401	14.8700	22.9069	39.1846
		60 岁～	男	69	20.9471	15.0813	5.1482	9.1113	15.3630	27.5934	50.7936
			女	64	17.7169	10.6483	5.2892	10.7159	15.6296	23.0243	33.2750

附表 3-13 不同地区居民分城乡、年龄和性别的饮水砷暴露贡献比

类别				N	饮水砷暴露贡献比/%						
					Mean	Std	P5	P25	P50	P75	P95
太原	城市	18岁～	男	68	11.4407	3.8556	5.6853	8.3098	11.3672	14.6263	16.6066
			女	72	12.4930	5.1542	3.8568	9.7516	12.6601	14.4748	20.9696
		45岁～	男	50	12.6666	5.2123	5.7557	8.5231	10.7954	16.1804	21.7119
			女	60	11.9346	4.8392	4.3906	9.4259	11.5252	13.4900	21.6275
		60岁～	男	56	11.2267	4.2803	4.3681	8.3008	11.9735	12.8735	17.8309
			女	54	10.8356	5.1924	4.8199	7.7141	11.1795	12.6475	17.9618
	农村	18岁～	男	41	10.8799	5.1706	2.9521	6.9439	11.4156	14.5548	18.3979
			女	40	10.3192	3.9392	4.9733	6.9029	10.1231	12.9432	16.6279
		45岁～	男	49	10.3707	4.5054	2.8168	6.5249	10.7153	13.9565	16.8471
			女	74	11.4878	5.6800	4.2485	7.2543	11.4606	14.9123	20.4705
		60岁～	男	73	10.4071	5.0560	3.8933	6.2727	9.4430	13.7294	17.8725
			女	59	9.4360	4.7185	3.5234	5.8162	8.3938	12.2804	18.5511
大连	城市	18岁～	男	88	0.3948	0.1997	0.1210	0.3039	0.3203	0.5069	0.7517
			女	68	0.3873	0.2579	0.0956	0.2072	0.3038	0.5061	0.9748
		45岁～	男	13	0.4269	0.2514	0.2237	0.2317	0.3285	0.4485	0.9540
			女	31	0.4026	0.2206	0.1460	0.2373	0.3585	0.5824	0.9284
		60岁～	男	24	0.2681	0.1955	0.1017	0.1451	0.1980	0.3531	0.6036
			女	63	0.3795	0.2255	0.1348	0.2390	0.2960	0.5133	0.8476
	农村	18岁～	男	84	0.2436	0.1043	0.1228	0.1548	0.2035	0.3233	0.4487
			女	76	0.2504	0.1123	0.1210	0.1739	0.2097	0.3048	0.4968
		45岁～	男	41	0.2546	0.1021	0.1225	0.1562	0.2588	0.3487	0.3914
			女	49	0.2739	0.1924	0.1109	0.1542	0.2156	0.2837	0.6884
		60岁～	男	41	0.2839	0.2042	0.1111	0.1734	0.2213	0.3733	0.5864
			女	43	0.3979	0.3157	0.1270	0.1997	0.3472	0.4989	0.7463
上海	城市	18岁～	男	97	1.7291	1.3422	0.5646	1.1089	1.5095	1.8624	3.4049
			女	88	1.8454	1.4378	0.4661	1.2432	1.5270	2.0820	4.4357
		45岁～	男	18	1.6324	0.9644	0.7206	1.0764	1.4822	1.8391	4.9203
			女	43	1.6624	0.6125	0.7351	1.2775	1.6521	2.0365	2.8402

类别				N	饮水砷暴露贡献比/%						
					Mean	Std	P5	P25	P50	P75	P95
上海	城市	60 岁～	男	16	1.5756	0.6428	0.6783	1.2222	1.4221	1.6841	3.0350
			女	36	1.6662	0.9138	0.6516	1.2478	1.5072	1.9209	2.5664
	农村	18 岁～	男	48	1.5371	1.1660	0.7432	1.0405	1.1807	1.4938	4.5304
			女	38	1.2104	0.5328	0.4757	0.9557	1.1335	1.2923	2.4675
		45 岁～	男	71	1.2108	0.6038	0.7023	0.9772	1.0613	1.2860	2.2737
			女	82	1.1597	0.5952	0.6603	0.9397	1.0769	1.3207	1.7710
		60 岁～	男	35	1.2016	0.4350	0.7405	0.9089	1.0232	1.4431	1.8952
			女	27	0.8740	0.5733	0.1174	0.4572	0.9255	1.1239	1.9958
武汉	城市	18 岁～	男	60	11.1007	6.9936	3.1743	7.4190	9.8304	12.3212	24.3751
			女	77	11.0371	5.2821	4.3237	7.3447	10.4433	13.5394	19.1222
		45 岁～	男	40	15.5027	8.3277	4.8841	8.4406	13.8068	20.3481	30.9147
			女	41	14.4618	7.5431	5.9320	8.6254	12.5187	17.2796	28.8628
		60 岁～	男	60	15.1635	6.8099	4.9440	9.7108	15.0413	19.7245	26.3731
			女	77	11.3170	4.0828	5.2589	8.1076	11.7012	13.9650	18.7320
	农村	18 岁～	男	22	8.7219	5.0833	3.0969	4.2015	7.7224	11.5986	16.4405
			女	33	9.7786	6.1760	2.3503	5.8808	8.1736	12.6588	23.8614
		45 岁～	男	39	9.2332	5.2879	1.9277	5.5922	7.7719	12.2532	18.6677
			女	55	7.5158	3.2691	3.5793	4.8188	7.0205	9.5279	13.8830
		60 岁～	男	66	8.4438	3.5129	3.0801	5.6544	7.8676	10.5790	15.3598
			女	50	7.0062	3.9491	2.6870	3.6814	6.1413	9.7512	14.6168
成都	城市	18 岁～	男	123	0.7581	0.8141	0.2428	0.3783	0.5683	0.8054	1.9279
			女	125	0.6366	0.4787	0.1542	0.3205	0.5204	0.7320	1.7711
		45 岁～	男	24	0.6253	0.3984	0.2392	0.4145	0.5361	0.6296	1.6030
			女	29	0.6621	0.4281	0.1961	0.4152	0.5860	0.6582	1.5536
		60 岁～	男	8	0.5449	0.3457	0.2643	0.3388	0.3764	0.6801	1.3044
			女	26	0.6214	0.4102	0.2037	0.3439	0.5255	0.7935	1.7064
	农村	18 岁～	男	64	2.0169	0.7411	0.8701	1.6349	1.9379	2.4658	3.0567
			女	63	1.8547	0.7457	0.9850	1.2983	1.8166	2.3241	2.9365
		45 岁～	男	55	1.8316	1.1765	0.6666	1.1632	1.6776	2.1596	3.0999
			女	44	2.2694	1.4752	0.7459	1.4378	2.1945	2.5430	3.4966

类别				N	饮水砷暴露贡献比/%						
					Mean	Std	P5	P25	P50	P75	P95
成都	农村	60 岁～	男	34	1.9542	0.6640	0.8305	1.4709	1.9069	2.4376	2.9712
			女	36	2.2384	0.6516	1.3226	1.9166	2.1731	2.3882	3.6292
兰州	城市	18 岁～	男	61	28.9678	10.8126	11.8930	23.0562	30.1995	37.4901	42.6273
			女	51	25.4022	12.4598	4.7236	16.9385	24.2202	36.4293	46.0559
		45 岁～	男	49	29.0727	13.6418	6.9460	19.6964	29.8048	38.3842	52.3880
			女	54	31.0911	9.8620	16.2751	22.1589	32.7393	38.3610	48.3389
		60 岁～	男	65	36.0217	10.5375	20.6566	26.6195	36.5449	44.7362	51.1201
			女	67	31.9536	10.6614	15.5998	23.4185	31.2700	40.9718	46.4177
	农村	18 岁～	男	51	23.5505	18.2537	5.0956	7.5645	17.0060	38.8618	55.6711
			女	49	19.8666	12.7527	6.3516	10.8491	15.6529	27.3765	43.9253
		45 岁～	男	59	24.7105	15.0136	5.8101	14.2183	20.5212	36.1183	54.9951
			女	49	16.4772	11.2888	3.1381	7.8397	14.8674	22.9057	39.1843
		60 岁～	男	69	20.9465	15.0813	5.1481	9.1101	15.3619	27.5928	50.7933
			女	64	17.7159	10.6483	5.2883	10.7150	15.6239	23.0231	33.2742

附表 3-14　不同地区居民分城乡、年龄和性别的用水砷暴露贡献比

类别				N	用水砷暴露贡献比/‱						
					Mean	Std	P5	P25	P50	P75	P95
太原	城市	18 岁～	男	68	0.2287	0.1133	0.0489	0.1472	0.2179	0.2993	0.4240
			女	72	0.2364	0.1290	0.0784	0.1292	0.2231	0.3053	0.5065
		45 岁～	男	50	0.2072	0.1641	0.0784	0.1179	0.1626	0.2390	0.5392
			女	60	0.1965	0.0864	0.0853	0.1290	0.1890	0.2402	0.3410
		60 岁～	男	56	0.2084	0.0807	0.0837	0.1506	0.2125	0.2523	0.3582
			女	54	0.2183	0.1059	0.0798	0.1404	0.2046	0.3036	0.3700
	农村	18 岁～	男	41	0.1107	0.0872	0.0057	0.0358	0.1108	0.1620	0.2476
			女	40	0.1219	0.0752	0.0168	0.0649	0.0962	0.1828	0.2635
		45 岁～	男	49	0.1181	0.0729	0.0236	0.0607	0.1184	0.1628	0.2461
			女	74	0.1054	0.0702	0.0191	0.0532	0.0972	0.1381	0.2289
		60 岁～	男	73	0.1170	0.0655	0.0129	0.0782	0.1111	0.1522	0.2382
			女	59	0.1297	0.0890	0.0218	0.0674	0.1045	0.1808	0.3360

类别				N	用水砷暴露贡献比/‱						
					Mean	Std	P5	P25	P50	P75	P95
大连	城市	18 岁～	男	88	0.0066	0.0045	<0.0001	0.0030	0.0061	0.0089	0.0160
			女	68	0.0068	0.0043	0.0014	0.0038	0.0060	0.0086	0.0134
		45 岁～	男	13	0.0097	0.0070	0.0011	0.0044	0.0081	0.0153	0.0228
			女	31	0.0065	0.0036	0.0022	0.0040	0.0051	0.0088	0.0143
		60 岁～	男	24	0.0070	0.0046	0.0021	0.0039	0.0059	0.0079	0.0175
			女	63	0.0087	0.0076	0.0015	0.0045	0.0058	0.0106	0.0218
	农村	18 岁～	男	84	0.0039	0.0027	0.0002	0.0014	0.0044	0.0060	0.0080
			女	76	0.0042	0.0027	0.0004	0.0020	0.0042	0.0055	0.0088
		45 岁～	男	41	0.0035	0.0026	<0.0001	0.0013	0.0033	0.0048	0.0069
			女	49	0.0036	0.0027	<0.0001	0.0011	0.0035	0.0050	0.0088
		60 岁～	男	41	0.0042	0.0029	0.0004	0.0019	0.0043	0.0057	0.0083
			女	43	0.0061	0.0098	0.0007	0.0027	0.0049	0.0067	0.0091
上海	城市	18 岁～	男	97	0.0194	0.0253	<0.0001	0.0063	0.0128	0.0230	0.0751
			女	88	0.0158	0.0134	<0.0001	0.0060	0.0139	0.0221	0.0429
		45 岁～	男	18	0.0157	0.0127	<0.0001	0.0063	0.0118	0.0260	0.0488
			女	43	0.0163	0.0121	0.0010	0.0060	0.0157	0.0231	0.0387
		60 岁～	男	16	0.0192	0.0171	<0.0001	0.0044	0.0163	0.0299	0.0594
			女	36	0.0170	0.0149	<0.0001	0.0056	0.0138	0.0254	0.0454
	农村	18 岁～	男	48	0.0112	0.0122	<0.0001	0.0024	0.0080	0.0163	0.0339
			女	38	0.0130	0.0126	<0.0001	0.0045	0.0078	0.0198	0.0372
		45 岁～	男	71	0.0088	0.0081	<0.0001	0.0018	0.0073	0.0136	0.0260
			女	82	0.0099	0.0095	<0.0001	0.0028	0.0081	0.0136	0.0281
		60 岁～	男	35	0.0124	0.0139	<0.0001	<0.0001	0.0079	0.0187	0.0394
			女	27	0.0075	0.0070	<0.0001	0.0012	0.0060	0.0120	0.0192
武汉	城市	18 岁～	男	60	0.1689	0.1048	0.0626	0.1089	0.1393	0.1969	0.4286
			女	77	0.1775	0.1439	0.0603	0.1008	0.1238	0.2101	0.4910
		45 岁～	男	40	0.1864	0.1142	0.0439	0.1149	0.1520	0.2513	0.3957
			女	41	0.2067	0.1094	0.0597	0.1301	0.1908	0.2667	0.3717
		60 岁～	男	60	0.1695	0.0886	0.0493	0.0971	0.1548	0.2182	0.3494
			女	77	0.1736	0.0846	0.0517	0.1111	0.1610	0.2329	0.3331

类别				N	用水砷暴露贡献比/‰						
					Mean	Std	P5	P25	P50	P75	P95
武汉	农村	18岁～	男	22	0.1536	0.1289	<0.0001	0.0513	0.1261	0.2295	0.3351
			女	33	0.1511	0.0967	0.0542	0.0839	0.1230	0.1831	0.3753
		45岁～	男	39	0.1439	0.1063	0.0179	0.0561	0.1231	0.1931	0.3626
			女	55	0.1092	0.0873	0.0247	0.0406	0.0876	0.1540	0.2940
		60岁～	男	66	0.0954	0.0832	0.0227	0.0436	0.0704	0.1131	0.2674
			女	50	0.0924	0.0622	0.0230	0.0364	0.0681	0.1286	0.2044
成都	城市	18岁～	男	123	0.0058	0.0061	0.0006	0.0022	0.0042	0.0074	0.0139
			女	125	0.0044	0.0041	0.0005	0.0015	0.0031	0.0053	0.0124
		45岁～	男	24	0.0046	0.0064	<0.0001	0.0019	0.0036	0.0045	0.0093
			女	29	0.0046	0.0059	<0.0001	0.0018	0.0028	0.0048	0.0162
		60岁～	男	8	0.0073	0.0091	0.0012	0.0033	0.0043	0.0064	0.0292
			女	26	0.0047	0.0036	0.0017	0.0028	0.0033	0.0058	0.0105
	农村	18岁～	男	64	0.0149	0.0111	0.0030	0.0054	0.0121	0.0228	0.0375
			女	63	0.0112	0.0102	0.0024	0.0034	0.0081	0.0162	0.0324
		45岁～	男	55	0.0123	0.0214	0.0016	0.0032	0.0057	0.0142	0.0423
			女	44	0.0132	0.0107	0.0016	0.0043	0.0115	0.0169	0.0324
		60岁～	男	34	0.0146	0.0151	0.0020	0.0034	0.0107	0.0206	0.0565
			女	36	0.0133	0.0103	0.0026	0.0039	0.0126	0.0188	0.0364
兰州	城市	18岁～	男	61	0.2534	0.2127	0.0466	0.1135	0.2290	0.3048	0.7624
			女	51	0.2288	0.1896	0.0283	0.1119	0.1941	0.3196	0.5005
		45岁～	男	49	0.2263	0.2530	0.0338	0.0946	0.1205	0.2771	0.7130
			女	54	0.2501	0.1747	0.0327	0.1078	0.2188	0.3801	0.6227
		60岁～	男	65	0.1936	0.1645	0.0307	0.1018	0.1509	0.2220	0.5268
			女	67	0.1708	0.1302	0.0239	0.0474	0.1432	0.2577	0.4397
	农村	18岁～	男	51	0.0840	0.0983	0.0079	0.0312	0.0511	0.0978	0.2140
			女	49	0.1109	0.1292	0.0106	0.0380	0.0720	0.1331	0.3740
		45岁～	男	59	0.0885	0.0842	0.0013	0.0120	0.0762	0.1319	0.2646
			女	49	0.1088	0.1423	0.0010	0.0302	0.0629	0.1326	0.2943
		60岁～	男	69	0.0590	0.0605	0.0015	0.0082	0.0521	0.0819	0.1367
			女	64	0.0936	0.1227	0.0014	0.0288	0.0619	0.0970	0.2876

附表 3-15 不同地区居民分城乡、年龄和性别的饮用水铅暴露贡献比

类别				N	饮用水铅暴露贡献比/%						
					Mean	Std	P5	P25	P50	P75	P95
太原	城市	18 岁～	男	68	4.8581	2.8444	1.5828	2.4087	4.3712	6.7674	10.3683
			女	72	5.1760	4.8096	0.8746	1.9532	4.0218	6.7820	17.7790
		45 岁～	男	50	6.8319	9.4165	1.4728	2.5947	4.2852	6.3089	18.9374
			女	60	5.3222	3.2607	1.4415	2.0756	5.0421	7.9384	9.9045
		60 岁～	男	56	6.4023	3.6498	0.9870	2.6508	6.6372	8.4794	11.4166
			女	54	5.5551	3.1229	1.6357	2.5425	4.4052	8.5298	9.5420
	农村	18 岁～	男	41	13.4337	13.4022	0.6093	3.1465	4.4327	26.0069	37.4127
			女	40	9.9611	10.6214	1.2495	2.4437	3.4066	20.9920	30.1284
		45 岁～	男	49	7.5849	9.5778	0.7575	2.2759	3.2363	4.7975	28.6609
			女	74	7.7799	9.9112	0.6773	2.2257	3.2193	4.9878	31.4800
		60 岁～	男	73	11.1262	11.2588	0.9384	2.8687	3.7961	22.2940	30.9084
			女	59	10.5802	14.1717	0.7486	2.3198	3.3667	19.9035	32.9855
大连	城市	18 岁～	男	88	1.5662	0.9199	0.3832	0.9871	1.2705	1.8934	3.6570
			女	68	1.6406	1.1921	0.3936	0.9869	1.2727	2.0883	3.9392
		45 岁～	男	13	1.9782	1.0923	0.7279	1.1953	1.7410	2.4485	3.8571
			女	31	1.8696	1.1826	0.5198	1.0037	1.5715	2.1548	4.2755
		60 岁～	男	24	1.1589	0.7515	0.3776	0.6302	0.9990	1.6487	1.9750
			女	63	2.0982	1.6417	0.5796	1.2167	1.6879	2.5550	3.7623
	农村	18 岁～	男	84	0.9059	0.4898	0.4541	0.5560	0.8332	1.1602	1.5579
			女	76	0.9242	0.4554	0.4689	0.6499	0.7725	1.0997	1.8039
		45 岁～	男	41	0.9800	0.3533	0.4547	0.6697	0.9558	1.2983	1.4522
			女	49	1.1245	1.0547	0.3594	0.5972	0.8383	1.1307	2.8450
		60 岁～	男	41	1.2015	1.2388	0.3667	0.6446	0.7635	1.4899	2.6429
			女	43	1.3609	1.6357	0.3427	0.6342	0.8615	1.5133	2.5364
上海	城市	18 岁～	男	97	1.5258	0.7795	0.2118	1.1371	1.5482	1.8683	3.0071
			女	88	1.7804	1.4370	0.4268	1.1295	1.5906	2.0909	3.4952
		45 岁～	男	18	1.5187	0.6420	0.7249	0.9935	1.4315	1.8540	3.1488
			女	43	1.6595	0.7224	0.7650	1.1597	1.7109	2.1161	2.8449

类别				N	饮用水铅暴露贡献比/%						
					Mean	Std	P5	P25	P50	P75	P95
上海	城市	60 岁～	男	16	1.5352	0.6304	0.2290	1.1671	1.5125	1.8106	2.7529
			女	36	1.4786	0.5084	0.4484	1.1530	1.3700	2.0364	2.2585
	农村	18 岁～	男	48	2.1090	0.5218	1.3748	1.8377	2.0320	2.3490	3.1057
			女	38	2.2171	1.8772	0.8437	1.5791	1.9999	2.2581	3.2851
		45 岁～	男	71	2.1311	0.9000	1.2560	1.7406	1.9252	2.3419	3.4684
			女	82	1.9034	0.4949	1.2491	1.6606	1.8894	2.1658	2.6395
		60 岁～	男	35	1.9463	0.5538	1.3107	1.5362	1.8070	2.2881	2.9228
			女	27	1.5991	0.9513	0.2088	1.1031	1.6357	2.0086	3.5511
武汉	城市	18 岁～	男	60	3.4960	3.1933	1.0283	1.9909	3.0131	3.8043	6.8029
			女	77	3.2672	3.1013	1.4639	2.1241	2.8797	3.5437	5.2589
		45 岁～	男	40	4.5047	3.5882	1.3153	2.4200	3.5140	5.8480	9.4017
			女	41	3.5915	2.2912	1.7668	2.2703	2.8157	3.9584	7.5281
		60 岁～	男	60	3.8368	1.8383	1.4363	2.1923	3.5576	5.3568	6.8010
			女	77	2.7283	0.9380	1.1874	1.9115	2.7101	3.2319	4.4586
	农村	18 岁～	男	22	4.1554	2.7332	0.8731	2.6954	3.5762	4.4534	10.3107
			女	33	4.7300	5.5357	1.4335	2.2619	2.9651	4.7638	10.3770
		45 岁～	男	39	3.2737	2.7182	0.3537	1.4191	2.2742	4.4532	10.5018
			女	55	3.0603	1.8572	0.9899	1.8326	2.6943	3.9218	6.4285
		60 岁～	男	66	3.4946	1.7964	1.2683	1.8819	3.5874	4.6655	7.1213
			女	50	3.0860	2.0827	1.0634	1.8968	2.5060	3.7597	6.7954
成都	城市	18 岁～	男	123	0.3354	0.3203	0.1000	0.1805	0.2435	0.4196	0.7611
			女	125	0.2956	0.2053	0.0784	0.1660	0.2331	0.3830	0.7275
		45 岁～	男	24	0.3436	0.1690	0.1009	0.2141	0.3118	0.4795	0.6156
			女	29	0.2648	0.1842	0.0819	0.1739	0.2001	0.2883	0.6211
		60 岁～	男	8	0.3224	0.2043	0.1643	0.2107	0.2341	0.3879	0.7494
			女	26	0.3298	0.3393	0.0646	0.1659	0.2200	0.3195	0.7494
	农村	18 岁～	男	64	0.3492	0.1724	0.1481	0.2341	0.3456	0.4037	0.5623
			女	63	0.3398	0.3097	0.1394	0.2019	0.2983	0.3989	0.5047
		45 岁～	男	55	0.3426	0.4235	0.1142	0.1810	0.2742	0.3540	0.5599
			女	44	0.3447	0.1437	0.1230	0.2520	0.3515	0.4150	0.5267

类别				N	饮用水铅暴露贡献比/%						
					Mean	Std	P5	P25	P50	P75	P95
成都	农村	60 岁～	男	34	0.3423	0.1090	0.1974	0.2553	0.3257	0.4147	0.5359
			女	36	0.3543	0.1105	0.1842	0.2509	0.3581	0.4144	0.5695
兰州	城市	18 岁～	男	61	1.5839	1.2155	0.3616	0.8977	1.4010	1.7199	3.5455
			女	51	1.3720	1.2541	0.2124	0.6652	1.1318	1.7271	3.6653
		45 岁～	男	49	1.5060	0.9661	0.4308	0.8224	1.2073	2.0018	3.2575
			女	54	1.5260	0.9563	0.6907	0.8997	1.4149	1.7640	2.9851
		60 岁～	男	65	1.7282	0.8201	0.6924	0.9964	1.5895	2.2571	3.1517
			女	67	1.4971	0.6980	0.6011	0.8312	1.6095	2.0846	2.5971
	农村	18 岁～	男	51	5.2639	4.5017	1.2162	1.6866	3.7255	8.8002	12.1094
			女	49	4.4801	4.7871	0.9736	2.1893	3.0449	4.5018	14.4894
		45 岁～	男	59	6.2280	5.7415	1.4167	2.9018	4.1882	8.9253	15.3313
			女	49	2.9593	2.2712	0.7952	1.2860	2.3750	3.7276	8.2767
		60 岁～	男	69	4.2721	3.7551	0.9600	1.6458	2.5091	6.0027	12.1842
			女	64	3.4878	2.4947	0.9697	1.4807	2.6692	4.7678	9.2519

附表 3-16　不同地区居民分城乡、年龄和性别的饮水铅暴露贡献比

类别				N	饮水铅暴露贡献比/%						
					Mean	Std	P5	P25	P50	P75	P95
太原	城市	18 岁～	男	68	4.8581	2.8444	1.5828	2.4087	4.3712	6.7674	10.3683
			女	72	5.1760	4.8096	0.8746	1.9532	4.0218	6.7820	17.7790
		45 岁～	男	50	6.8319	9.4165	1.4728	2.5947	4.2852	6.3089	18.9374
			女	60	5.3222	3.2607	1.4415	2.0756	5.0421	7.9384	9.9045
		60 岁～	男	56	6.4023	3.6498	0.9870	2.6508	6.6372	8.4794	11.4166
			女	54	5.5551	3.1229	1.6357	2.5425	4.4052	8.5298	9.5420
	农村	18 岁～	男	41	13.4337	13.4022	0.6093	3.1465	4.4327	26.0069	37.4127
			女	40	9.9611	10.6214	1.2495	2.4437	3.4066	20.9920	30.1284
		45 岁～	男	49	7.5849	9.5778	0.7575	2.2758	3.2363	4.7975	28.6609
			女	74	7.7799	9.9112	0.6773	2.2257	3.2193	4.9878	31.4800
		60 岁～	男	73	11.1262	11.2588	0.9384	2.8687	3.7961	22.2939	30.9084
			女	59	10.5802	14.1717	0.7486	2.3198	3.3667	19.9034	32.9855

类别				N	饮水铅暴露贡献比/%						
					Mean	Std	P5	P25	P50	P75	P95
大连	城市	18岁～	男	88	1.5662	0.9199	0.3832	0.9871	1.2705	1.8934	3.6570
			女	68	1.6406	1.1921	0.3936	0.9869	1.2727	2.0883	3.9392
		45岁～	男	13	1.9782	1.0923	0.7279	1.1953	1.7410	2.4485	3.8571
			女	31	1.8696	1.1826	0.5198	1.0037	1.5715	2.1548	4.2755
		60岁～	男	24	1.1589	0.7515	0.3776	0.6302	0.9990	1.6487	1.9750
			女	63	2.0982	1.6417	0.5796	1.2167	1.6879	2.5550	3.7623
	农村	18岁～	男	84	0.9059	0.4898	0.4541	0.5560	0.8332	1.1602	1.5579
			女	76	0.9242	0.4554	0.4689	0.6499	0.7725	1.0997	1.8039
		45岁～	男	41	0.9800	0.3533	0.4547	0.6697	0.9558	1.2983	1.4522
			女	49	1.1245	1.0547	0.3594	0.5972	0.8383	1.1307	2.8450
		60岁～	男	41	1.2015	1.2388	0.3667	0.6446	0.7635	1.4899	2.6429
			女	43	1.3609	1.6357	0.3427	0.6342	0.8615	1.5133	2.5364
上海	城市	18岁～	男	97	1.5258	0.7795	0.2118	1.1371	1.5482	1.8683	3.0071
			女	88	1.7804	1.4370	0.4268	1.1295	1.5906	2.0909	3.4952
		45岁～	男	18	1.5187	0.6420	0.7249	0.9935	1.4315	1.8540	3.1488
			女	43	1.6595	0.7224	0.7650	1.1597	1.7109	2.1161	2.8449
		60岁～	男	16	1.5352	0.6304	0.2290	1.1671	1.5125	1.8106	2.7529
			女	36	1.4786	0.5084	0.4484	1.1530	1.3700	2.0364	2.2585
	农村	18岁～	男	48	2.1090	0.5218	1.3748	1.8377	2.0320	2.3490	3.1057
			女	38	2.2171	1.8772	0.8437	1.5791	1.9999	2.2581	3.2851
		45岁～	男	71	2.1311	0.9000	1.2560	1.7406	1.9252	2.3419	3.4684
			女	82	1.9034	0.4949	1.2491	1.6606	1.8894	2.1658	2.6395
		60岁～	男	35	1.9463	0.5538	1.3107	1.5362	1.8070	2.2881	2.9228
			女	27	1.5991	0.9513	0.2088	1.1031	1.6357	2.0086	3.5511
武汉	城市	18岁～	男	60	3.4960	3.1933	1.0283	1.9909	3.0131	3.8043	6.8029
			女	77	3.2672	3.1013	1.4639	2.1241	2.8797	3.5437	5.2589
		45岁～	男	40	4.5047	3.5882	1.3153	2.4200	3.5140	5.8480	9.4017
			女	41	3.5915	2.2912	1.7668	2.2703	2.8157	3.9584	7.5281
		60岁～	男	60	3.8368	1.8383	1.4363	2.1923	3.5576	5.3568	6.8010
			女	77	2.7283	0.9380	1.1874	1.9115	2.7101	3.2319	4.4586

类别				N	饮水铅暴露贡献比/%						
					Mean	Std	P5	P25	P50	P75	P95
武汉	农村	18 岁～	男	22	4.1554	2.7332	0.8731	2.6954	3.5762	4.4534	10.3107
			女	33	4.7300	5.5357	1.4335	2.2619	2.9651	4.7638	10.3770
		45 岁～	男	39	3.2737	2.7182	0.3537	1.4191	2.2742	4.4532	10.5018
			女	55	3.0603	1.8572	0.9899	1.8326	2.6943	3.9218	6.4285
		60 岁～	男	66	3.4946	1.7964	1.2683	1.8819	3.5874	4.6655	7.1213
			女	50	3.0860	2.0827	1.0634	1.8968	2.5060	3.7597	6.7954
成都	城市	18 岁～	男	123	0.3354	0.3203	0.1000	0.1805	0.2435	0.4196	0.7611
			女	125	0.2956	0.2053	0.0784	0.1660	0.2331	0.3830	0.7275
		45 岁～	男	24	0.3436	0.1690	0.1009	0.2141	0.3118	0.4795	0.6156
			女	29	0.2648	0.1842	0.0819	0.1739	0.2001	0.2883	0.6211
		60 岁～	男	8	0.3224	0.2043	0.1643	0.2107	0.2341	0.3879	0.7494
			女	26	0.3298	0.3393	0.0646	0.1659	0.2200	0.3195	0.7494
	农村	18 岁～	男	64	0.3492	0.1724	0.1481	0.2341	0.3456	0.4037	0.5623
			女	63	0.3398	0.3097	0.1394	0.2019	0.2983	0.3989	0.5047
		45 岁～	男	55	0.3426	0.4235	0.1142	0.1810	0.2742	0.3540	0.5599
			女	44	0.3447	0.1437	0.1230	0.2520	0.3515	0.4150	0.5267
		60 岁～	男	34	0.3423	0.1090	0.1974	0.2553	0.3257	0.4147	0.5359
			女	36	0.3543	0.1105	0.1842	0.2509	0.3581	0.4144	0.5695
兰州	城市	18 岁～	男	61	1.5839	1.2155	0.3616	0.8977	1.4010	1.7199	3.5455
			女	51	1.3720	1.2541	0.2124	0.6652	1.1318	1.7271	3.6653
		45 岁～	男	49	1.5060	0.9661	0.4308	0.8224	1.2073	2.0018	3.2575
			女	54	1.5260	0.9563	0.6907	0.8997	1.4149	1.7640	2.9851
		60 岁～	男	65	1.7282	0.8201	0.6924	0.9964	1.5895	2.2571	3.1517
			女	67	1.4971	0.6980	0.6011	0.8312	1.6095	2.0846	2.5971
	农村	18 岁～	男	51	5.2639	4.5017	1.2161	1.6866	3.7255	8.8002	12.1094
			女	49	4.4801	4.7871	0.9736	2.1893	3.0449	4.5018	14.4894
		45 岁～	男	59	6.2280	5.7415	1.4167	2.9018	4.1882	8.9253	15.3313
			女	49	2.9593	2.2712	0.7952	1.2860	2.3750	3.7276	8.2767
		60 岁～	男	69	4.2721	3.7551	0.9600	1.6458	2.5091	6.0027	12.1842
			女	64	3.4878	2.4947	0.9697	1.4807	2.6692	4.7678	9.2519

附表 3-17　不同地区居民分城乡、年龄和性别的用水铅暴露贡献比

类别				N	用水铅暴露贡献比/×10⁻²‱						
					Mean	Std	P5	P25	P50	P75	P95
太原	城市	18岁～	男	68	0.0214	0.0191	0.0038	0.0064	0.0146	0.0322	0.0628
			女	72	0.0241	0.0371	0.0034	0.0067	0.0099	0.0216	0.0826
		45岁～	男	50	0.0235	0.0419	0.0033	0.0068	0.0115	0.0218	0.0857
			女	60	0.0191	0.0162	0.0036	0.0074	0.0130	0.0311	0.0439
		60岁～	男	56	0.0266	0.0157	0.0040	0.0123	0.0265	0.0363	0.0536
			女	54	0.0248	0.0173	0.0030	0.0084	0.0214	0.0388	0.0543
	农村	18岁～	男	41	0.0265	0.0366	0.0005	0.0055	0.0095	0.0201	0.0969
			女	40	0.0305	0.0438	0.0027	0.0043	0.0094	0.0406	0.1411
		45岁～	男	49	0.0212	0.0342	0.0013	0.0047	0.0070	0.0131	0.0999
			女	74	0.0191	0.0326	0.0017	0.0029	0.0064	0.0112	0.1039
		60岁～	男	73	0.0338	0.0464	0.0020	0.0051	0.0087	0.0520	0.1305
			女	59	0.0310	0.0486	0.0022	0.0047	0.0091	0.0326	0.1207
大连	城市	18岁～	男	88	0.0060	0.0047	<0.0001	0.0026	0.0048	0.0081	0.0154
			女	68	0.0069	0.0056	0.0008	0.0032	0.0060	0.0084	0.0200
		45岁～	男	13	0.0104	0.0077	0.0008	0.0054	0.0080	0.0162	0.0243
			女	31	0.0068	0.0044	0.0019	0.0036	0.0063	0.0092	0.0163
		60岁～	男	24	0.0071	0.0052	0.0025	0.0040	0.0051	0.0088	0.0171
			女	63	0.0112	0.0150	0.0018	0.0051	0.0070	0.0138	0.0221
	农村	18岁～	男	84	0.0032	0.0022	0.0001	0.0011	0.0036	0.0049	0.0064
			女	76	0.0035	0.0022	0.0003	0.0017	0.0034	0.0046	0.0073
		45岁～	男	41	0.0033	0.0029	<0.0001	0.0011	0.0035	0.0043	0.0070
			女	49	0.0032	0.0035	<0.0001	0.0009	0.0027	0.0040	0.0098
		60岁～	男	41	0.0040	0.0041	0.0002	0.0009	0.0035	0.0048	0.0085
			女	43	0.0042	0.0067	0.0006	0.0019	0.0035	0.0045	0.0059
上海	城市	18岁～	男	97	0.0039	0.0045	<0.0001	0.0010	0.0025	0.0054	0.0150
			女	88	0.0037	0.0038	<0.0001	0.0009	0.0027	0.0050	0.0119
		45岁～	男	18	0.0033	0.0026	<0.0001	0.0012	0.0029	0.0052	0.0098
			女	43	0.0035	0.0034	0.0001	0.0012	0.0031	0.0046	0.0078

类别				N	用水铅暴露贡献比/$\times 10^{-2}$‰						
					Mean	Std	P5	P25	P50	P75	P95
上海	城市	60 岁～	男	16	0.0038	0.0035	<0.0001	0.0009	0.0033	0.0058	0.0120
			女	36	0.0033	0.0032	<0.0001	0.0008	0.0028	0.0051	0.0092
	农村	18 岁～	男	48	0.0038	0.0037	<0.0001	0.0007	0.0031	0.0061	0.0114
			女	38	0.0047	0.0044	<0.0001	0.0018	0.0031	0.0073	0.0146
		45 岁～	男	71	0.0036	0.0036	<0.0001	0.0007	0.0029	0.0053	0.0105
			女	82	0.0037	0.0034	<0.0001	0.0011	0.0031	0.0052	0.0107
		60 岁～	男	35	0.0046	0.0052	<0.0001	<0.0001	0.0031	0.0057	0.0154
			女	27	0.0031	0.0029	<0.0001	0.0005	0.0027	0.0048	0.0076
武汉	城市	18 岁～	男	60	0.0107	0.0089	0.0032	0.0068	0.0091	0.0121	0.0194
			女	77	0.0105	0.0074	0.0035	0.0065	0.0078	0.0119	0.0301
		45 岁～	男	40	0.0113	0.0071	0.0023	0.0065	0.0090	0.0142	0.0270
			女	41	0.0113	0.0056	0.0028	0.0069	0.0103	0.0142	0.0224
		60 岁～	男	60	0.0095	0.0052	0.0025	0.0063	0.0085	0.0122	0.0202
			女	77	0.0095	0.0052	0.0026	0.0059	0.0089	0.0115	0.0223
	农村	18 岁～	男	22	0.0215	0.0290	<0.0001	0.0084	0.0149	0.0184	0.0982
			女	33	0.0196	0.0316	0.0042	0.0083	0.0110	0.0172	0.0938
		45 岁～	男	39	0.0138	0.0183	0.0008	0.0054	0.0084	0.0148	0.0502
			女	55	0.0114	0.0111	0.0009	0.0045	0.0086	0.0138	0.0348
		60 岁～	男	66	0.0094	0.0076	0.0013	0.0042	0.0080	0.0128	0.0305
			女	50	0.0099	0.0081	0.0013	0.0040	0.0083	0.0129	0.0259
成都	城市	18 岁～	男	123	0.0006	0.0006	0.0001	0.0002	0.0004	0.0008	0.0018
			女	125	0.0005	0.0004	0.0001	0.0002	0.0003	0.0006	0.0011
		45 岁～	男	24	0.0006	0.0006	<0.0001	0.0003	0.0005	0.0008	0.0011
			女	29	0.0004	0.0005	<0.0001	0.0002	0.0003	0.0005	0.0011
		60 岁～	男	8	0.0008	0.0008	0.0002	0.0004	0.0005	0.0010	0.0026
			女	26	0.0005	0.0005	0.0001	0.0002	0.0004	0.0007	0.0010
	农村	18 岁～	男	64	0.0006	0.0006	0.0001	0.0002	0.0005	0.0008	0.0013
			女	63	0.0004	0.0005	0.0001	0.0001	0.0003	0.0006	0.0013
		45 岁～	男	55	0.0004	0.0007	<0.0001	0.0001	0.0002	0.0005	0.0015
			女	44	0.0005	0.0004	<0.0001	0.0001	0.0004	0.0006	0.0013

类别				N	用水铅暴露贡献比/×10^{-2}‰						
					Mean	Std	P5	P25	P50	P75	P95
成都	农村	60 岁～	男	34	0.0005	0.0005	0.0001	0.0001	0.0003	0.0008	0.0020
			女	36	0.0004	0.0004	0.0001	0.0001	0.0004	0.0006	0.0014
兰州	城市	18 岁～	男	61	0.0028	0.0030	0.0004	0.0012	0.0019	0.0029	0.0087
			女	51	0.0025	0.0022	0.0003	0.0009	0.0017	0.0034	0.0068
		45 岁～	男	49	0.0027	0.0037	0.0003	0.0008	0.0013	0.0027	0.0112
			女	54	0.0026	0.0024	0.0003	0.0010	0.0020	0.0032	0.0086
		60 岁～	男	65	0.0020	0.0015	0.0003	0.0009	0.0016	0.0027	0.0049
			女	67	0.0017	0.0015	0.0002	0.0005	0.0013	0.0023	0.0040
	农村	18 岁～	男	51	0.0044	0.0044	0.0004	0.0016	0.0028	0.0057	0.0139
			女	49	0.0051	0.0053	0.0004	0.0019	0.0038	0.0066	0.0147
		45 岁～	男	59	0.0069	0.0131	0.0001	0.0010	0.0037	0.0071	0.0235
			女	49	0.0049	0.0065	<0.0001	0.0012	0.0031	0.0063	0.0169
		60 岁～	男	69	0.0029	0.0031	0.0001	0.0003	0.0021	0.0042	0.0095
			女	64	0.0039	0.0048	<0.0001	0.0011	0.0026	0.0041	0.0152

附表 3-18　不同地区居民分城乡、年龄和性别的饮用水铬暴露贡献比

类别				N	饮用水铬暴露贡献比/%						
					Mean	Std	P5	P25	P50	P75	P95
太原	城市	18 岁～	男	68	11.3070	3.8668	5.4521	8.5354	11.0688	13.9687	19.6131
			女	72	13.1448	7.4712	3.6739	7.9710	12.4673	16.9117	24.8286
		45 岁～	男	50	13.0006	6.1412	5.3408	8.3141	12.9404	16.6236	27.9276
			女	60	11.5585	4.7098	5.2817	7.8077	11.9762	13.3474	21.9091
		60 岁～	男	56	10.3553	4.3378	5.6561	7.4851	8.2780	11.6700	20.1414
			女	54	9.9037	3.5519	6.5515	7.5596	8.7231	11.3491	18.0933
	农村	18 岁～	男	41	22.9266	8.8743	5.1126	17.1060	25.3198	29.7403	34.0090
			女	40	20.5161	5.8298	11.5954	16.1079	20.6810	25.0562	31.7588
		45 岁～	男	49	21.8156	7.7893	6.3761	16.0126	20.9556	28.0548	32.8769
			女	74	22.2486	9.0622	7.3497	15.8200	22.0390	28.7939	33.3278
		60 岁～	男	73	21.5957	8.6276	6.8831	16.6580	22.0258	26.9292	31.7571
			女	59	19.3317	6.8463	6.5748	15.0047	18.1052	25.2936	30.7070

类别				N	饮用水铬暴露贡献比/%						
					Mean	Std	P5	P25	P50	P75	P95
大连	城市	18 岁～	男	88	0.2558	0.1306	0.0731	0.2012	0.2093	0.3474	0.5395
			女	68	0.2506	0.1679	0.0586	0.1177	0.2092	0.3468	0.6367
		45 岁～	男	13	0.2645	0.1664	0.1256	0.1490	0.1899	0.2943	0.6267
			女	31	0.2462	0.1335	0.0907	0.1394	0.1993	0.3223	0.4709
		60 岁～	男	24	0.1701	0.1337	0.0551	0.0880	0.1258	0.2148	0.4160
			女	63	0.2146	0.1290	0.0731	0.1296	0.1803	0.2656	0.4264
	农村	18 岁～	男	84	0.4283	0.1713	0.1874	0.2936	0.4003	0.5419	0.6966
			女	76	0.4316	0.1840	0.1881	0.3453	0.3954	0.5259	0.7780
		45 岁～	男	41	0.4798	0.1853	0.2432	0.3104	0.4833	0.6241	0.7588
			女	49	0.4256	0.2933	0.1312	0.2095	0.3347	0.4991	0.9977
		60 岁～	男	41	0.5306	0.4816	0.1628	0.2661	0.3444	0.5638	1.7048
			女	43	0.4662	0.2832	0.0870	0.2522	0.3964	0.6883	0.9390
上海	城市	18 岁～	男	97	0.3345	0.2319	0.1282	0.2196	0.3108	0.3529	0.5941
			女	88	0.3677	0.3228	0.1138	0.2368	0.3116	0.3829	0.6070
		45 岁～	男	18	0.4176	0.4064	0.1462	0.2905	0.3113	0.3763	1.9951
			女	43	0.3564	0.1350	0.1492	0.2543	0.3441	0.4329	0.5858
		60 岁～	男	16	0.3422	0.1549	0.1632	0.2484	0.2939	0.3443	0.7016
			女	36	0.3366	0.1237	0.1568	0.2678	0.3227	0.3927	0.5735
	农村	18 岁～	男	48	0.6603	0.2686	0.3779	0.5205	0.5910	0.7246	1.3894
			女	38	0.6105	0.2456	0.3266	0.4780	0.5719	0.6572	1.1799
		45 岁～	男	71	0.5654	0.2142	0.2606	0.4814	0.5151	0.6287	0.9717
			女	82	0.6050	0.3577	0.3640	0.4698	0.5457	0.6738	0.9303
		60 岁～	男	35	0.6135	0.3269	0.3630	0.4376	0.5119	0.7088	1.4602
			女	27	0.4844	0.4164	0.0585	0.2266	0.4627	0.5543	1.1711
武汉	城市	18 岁～	男	60	8.2248	5.7531	2.4875	5.0222	6.9273	10.0138	16.1114
			女	77	7.4393	4.1801	3.3486	4.8448	6.7559	8.4616	14.2295
		45 岁～	男	40	9.9728	5.5184	3.4728	5.5050	8.5921	13.8594	20.3161
			女	41	8.0778	4.2898	2.9786	5.0184	7.6399	9.5999	16.9224
		60 岁～	男	60	9.8633	4.5826	3.0261	6.3309	9.7215	13.0818	18.0729
			女	77	7.3123	2.6687	3.5077	5.0893	7.3943	9.1962	12.0454

类别				N	饮用水铬暴露贡献比/%						
					Mean	Std	P5	P25	P50	P75	P95
武汉	农村	18 岁～	男	22	8.8553	3.8975	5.3474	7.0675	8.2664	9.5290	14.3889
			女	33	9.7639	7.1518	4.1007	5.3778	8.1448	10.3737	26.1290
		45 岁～	男	39	9.4801	4.9243	2.5936	7.1405	8.4149	10.8134	17.8276
			女	55	9.8811	4.2331	3.4076	7.6060	9.6863	11.1492	18.1362
		60 岁～	男	66	10.4897	3.7473	5.7120	8.4364	10.4540	12.2035	14.8095
			女	50	8.6565	2.9318	3.4562	6.4402	8.2309	10.9232	12.8969
成都	城市	18 岁～	男	123	0.1663	0.1031	0.0693	0.1110	0.1479	0.1903	0.2932
			女	125	0.1520	0.0878	0.0464	0.0970	0.1472	0.1877	0.2572
		45 岁～	男	24	0.1678	0.0771	0.0712	0.1200	0.1525	0.2084	0.2897
			女	29	0.1371	0.0594	0.0526	0.1082	0.1366	0.1577	0.2388
		60 岁～	男	8	0.1601	0.0546	0.1125	0.1308	0.1488	0.1604	0.2886
			女	26	0.1540	0.0725	0.0546	0.1120	0.1506	0.1773	0.2394
	农村	18 岁～	男	64	1.9215	1.6263	0.2781	0.8399	1.6778	2.3346	5.7093
			女	63	1.9424	1.7421	0.2694	0.8600	1.5058	2.3905	6.4771
		45 岁～	男	55	1.8114	2.0355	0.2274	0.7705	1.3775	2.1195	4.5614
			女	44	1.7500	1.4456	0.2036	0.7964	1.3099	2.2252	5.3077
		60 岁～	男	34	1.9578	1.3050	0.2644	1.0807	1.7144	2.7115	5.1302
			女	36	1.8790	1.5621	0.1650	0.4146	1.7636	2.1271	5.4205
兰州	城市	18 岁～	男	61	0.2798	0.1429	0.0740	0.1705	0.2678	0.3504	0.5427
			女	51	0.2439	0.1672	0.0349	0.1079	0.2125	0.3192	0.5312
		45 岁～	男	49	0.2920	0.1776	0.0538	0.1542	0.2625	0.4005	0.5891
			女	54	0.3004	0.1500	0.0917	0.1790	0.2654	0.3981	0.5559
		60 岁～	男	65	0.3440	0.1259	0.1334	0.2623	0.3331	0.4509	0.5453
			女	67	0.2860	0.1011	0.0890	0.2415	0.3024	0.3439	0.4275
	农村	18 岁～	男	51	0.3038	0.2036	0.0734	0.1481	0.2378	0.5102	0.6463
			女	49	0.2414	0.1549	0.0604	0.1508	0.1945	0.3148	0.5348
		45 岁～	男	59	0.3740	0.2296	0.0787	0.2002	0.3178	0.5360	0.8348
			女	49	0.1825	0.1279	0.0418	0.0712	0.1585	0.2405	0.4695
		60 岁～	男	69	0.2687	0.2027	0.0498	0.0926	0.2179	0.3504	0.7503
			女	64	0.2033	0.1181	0.0531	0.1114	0.1808	0.2763	0.4318

附表 3-19　不同地区居民分城乡、年龄和性别的饮水铬暴露贡献比

类别				N	饮水铬暴露贡献比/%						
					Mean	Std	P5	P25	P50	P75	P95
太原	城市	18 岁～	男	68	11.3046	3.8665	5.4499	8.5333	11.0655	13.9673	19.6077
			女	72	13.1424	7.4707	3.6720	7.9697	12.4636	16.9099	24.8278
		45 岁～	男	50	12.9984	6.1414	5.3396	8.3117	12.9373	16.6213	27.9258
			女	60	11.5566	4.7097	5.2804	7.8048	11.9745	13.3456	21.9076
		60 岁～	男	56	10.3533	4.3380	5.6530	7.4829	8.2764	11.6684	20.1405
			女	54	9.9016	3.5519	6.5504	7.5568	8.7218	11.3472	18.0912
	农村	18 岁～	男	41	22.9241	8.8744	5.1120	17.1055	25.3170	29.7355	34.0073
			女	40	20.5133	5.8296	11.5943	16.1056	20.6785	25.0528	31.7564
		45 岁～	男	49	21.8128	7.7891	6.3736	16.0066	20.9549	28.0516	32.8762
			女	74	22.2463	9.0618	7.3467	15.8159	22.0375	28.7903	33.3257
		60 岁～	男	73	21.5929	8.6278	6.8807	16.6536	22.0247	26.9271	31.7556
			女	59	19.3289	6.8464	6.5728	15.0017	18.1012	25.2913	30.7037
大连	城市	18 岁～	男	88	0.2557	0.1306	0.0730	0.2012	0.2093	0.3474	0.5394
			女	68	0.2506	0.1679	0.0586	0.1177	0.2092	0.3468	0.6367
		45 岁～	男	13	0.2644	0.1664	0.1256	0.1489	0.1898	0.2941	0.6267
			女	31	0.2461	0.1335	0.0906	0.1393	0.1993	0.3223	0.4709
		60 岁～	男	24	0.1700	0.1337	0.0551	0.0880	0.1258	0.2147	0.4160
			女	63	0.2146	0.1290	0.0730	0.1295	0.1802	0.2655	0.4263
	农村	18 岁～	男	84	0.4282	0.1713	0.1874	0.2935	0.4002	0.5418	0.6966
			女	76	0.4315	0.1840	0.1881	0.3452	0.3953	0.5258	0.7779
		45 岁～	男	41	0.4797	0.1853	0.2432	0.3103	0.4833	0.6241	0.7587
			女	49	0.4256	0.2933	0.1311	0.2094	0.3347	0.4991	0.9977
		60 岁～	男	41	0.5305	0.4815	0.1626	0.2661	0.3443	0.5638	1.7045
			女	43	0.4661	0.2832	0.0869	0.2522	0.3963	0.6881	0.9389
上海	城市	18 岁～	男	97	0.3345	0.2319	0.1282	0.2196	0.3106	0.3529	0.5941
			女	88	0.3676	0.3228	0.1138	0.2368	0.3116	0.3829	0.6070
		45 岁～	男	18	0.4176	0.4064	0.1461	0.2904	0.3113	0.3763	1.9951
			女	43	0.3564	0.1350	0.1492	0.2543	0.3440	0.4329	0.5858

类别				N	饮水铬暴露贡献比/%						
					Mean	Std	P5	P25	P50	P75	P95
上海	城市	60岁～	男	16	0.3421	0.1549	0.1632	0.2483	0.2938	0.3442	0.7015
			女	36	0.3365	0.1237	0.1567	0.2678	0.3226	0.3926	0.5735
	农村	18岁～	男	48	0.6603	0.2685	0.3779	0.5204	0.5909	0.7244	1.3894
			女	38	0.6104	0.2456	0.3266	0.4779	0.5718	0.6572	1.1799
		45岁～	男	71	0.5654	0.2141	0.2605	0.4812	0.5151	0.6287	0.9716
			女	82	0.6049	0.3577	0.3640	0.4698	0.5456	0.6737	0.9303
		60岁～	男	35	0.6134	0.3269	0.3629	0.4375	0.5118	0.7088	1.4600
			女	27	0.4844	0.4164	0.0585	0.2266	0.4627	0.5542	1.1710
武汉	城市	18岁～	男	60	8.2237	5.7529	2.4868	5.0214	6.9264	10.0120	16.1105
			女	77	7.4379	4.1792	3.3477	4.8441	6.7553	8.4604	14.2202
		45岁～	男	40	9.9715	5.5182	3.4719	5.5036	8.5912	13.8580	20.3150
			女	41	8.0765	4.2897	2.9764	5.0166	7.6389	9.5995	16.9213
		60岁～	男	60	9.8621	4.5826	3.0252	6.3300	9.7196	13.0799	18.0725
			女	77	7.3111	2.6686	3.5068	5.0879	7.3925	9.1946	12.0451
	农村	18岁～	男	22	8.8531	3.8960	5.3424	7.0655	8.2656	9.5274	14.3873
			女	33	9.7617	7.1491	4.0998	5.3772	8.1429	10.3723	26.1221
		45岁～	男	39	9.4781	4.9233	2.5924	7.1358	8.4138	10.8134	17.8265
			女	55	9.8794	4.2323	3.4075	7.6039	9.6853	11.1476	18.1330
		60岁～	男	66	10.4883	3.7470	5.7104	8.4362	10.4526	12.2022	14.8083
			女	50	8.6551	2.9316	3.4551	6.4374	8.2287	10.9224	12.8914
成都	城市	18岁～	男	123	0.1662	0.1031	0.0693	0.1110	0.1479	0.1903	0.2931
			女	125	0.1520	0.0878	0.0464	0.0970	0.1472	0.1877	0.2572
		45岁～	男	24	0.1678	0.0771	0.0712	0.1200	0.1525	0.2084	0.2896
			女	29	0.1370	0.0594	0.0526	0.1081	0.1365	0.1577	0.2388
		60岁～	男	8	0.1601	0.0546	0.1125	0.1308	0.1488	0.1604	0.2886
			女	26	0.1540	0.0725	0.0546	0.1120	0.1506	0.1773	0.2394
	农村	18岁～	男	64	1.9213	1.6262	0.2780	0.8398	1.6775	2.3344	5.7091
			女	63	1.9423	1.7420	0.2693	0.8599	1.5051	2.3902	6.4765
		45岁～	男	55	1.8113	2.0354	0.2274	0.7704	1.3774	2.1194	4.5614
			女	44	1.7499	1.4456	0.2036	0.7964	1.3099	2.2251	5.3075

类别				N	饮水铬暴露贡献比/%						
					Mean	Std	P5	P25	P50	P75	P95
成都	农村	60 岁～	男	34	1.9576	1.3049	0.2644	1.0806	1.7144	2.7112	5.1299
			女	36	1.8788	1.5620	0.1650	0.4146	1.7636	2.1270	5.4204
兰州	城市	18 岁～	男	61	0.2798	0.1428	0.0740	0.1705	0.2678	0.3504	0.5427
			女	51	0.2439	0.1672	0.0349	0.1079	0.2125	0.3191	0.5312
		45 岁～	男	49	0.2919	0.1776	0.0537	0.1542	0.2625	0.4005	0.5890
			女	54	0.3003	0.1500	0.0916	0.1789	0.2653	0.3980	0.5558
		60 岁～	男	65	0.3440	0.1259	0.1333	0.2623	0.3330	0.4509	0.5452
			女	67	0.2860	0.1011	0.0890	0.2415	0.3024	0.3439	0.4275
	农村	18 岁～	男	51	0.3038	0.2036	0.0734	0.1480	0.2378	0.5102	0.6461
			女	49	0.2413	0.1549	0.0604	0.1508	0.1945	0.3148	0.5348
		45 岁～	男	59	0.3740	0.2296	0.0787	0.2002	0.3178	0.5360	0.8348
			女	49	0.1825	0.1279	0.0418	0.0712	0.1585	0.2404	0.4695
		60 岁～	男	69	0.2687	0.2027	0.0498	0.0926	0.2178	0.3504	0.7503
			女	64	0.2033	0.1181	0.0531	0.1114	0.1808	0.2763	0.4318

附表 3-20　不同地区居民分城乡、年龄和性别的用水铬暴露贡献比

类别				N	用水铬暴露贡献比/‱						
					Mean	Std	P5	P25	P50	P75	P95
太原	城市	18 岁～	男	68	0.2402	0.1080	0.1021	0.1577	0.2247	0.3034	0.4683
			女	72	0.2471	0.1445	0.0864	0.1559	0.2119	0.2977	0.5450
		45 岁～	男	50	0.2195	0.1816	0.0848	0.1307	0.1690	0.2362	0.5967
			女	60	0.1930	0.0738	0.0994	0.1460	0.1737	0.2211	0.3541
		60 岁～	男	56	0.2006	0.0808	0.0928	0.1482	0.1729	0.2469	0.3685
			女	54	0.2081	0.0938	0.0902	0.1450	0.2036	0.2478	0.3901
	农村	18 岁～	男	41	0.2528	0.1755	0.0173	0.0753	0.2835	0.3690	0.4777
			女	40	0.2760	0.1613	0.0533	0.1607	0.2692	0.3686	0.5798
		45 岁～	男	49	0.2800	0.1578	0.0535	0.1403	0.2719	0.3835	0.5850
			女	74	0.2302	0.1402	0.0546	0.1073	0.2113	0.3201	0.4676
		60 岁～	男	73	0.2737	0.1419	0.0398	0.1891	0.2562	0.3621	0.5512
			女	59	0.2856	0.1448	0.0708	0.1713	0.2884	0.3766	0.5753

类别				N	用水铬暴露贡献比/‰						
					Mean	Std	P5	P25	P50	P75	P95
大连	城市	18岁～	男	88	0.0047	0.0032	<0.0001	0.0023	0.0045	0.0060	0.0116
			女	68	0.0049	0.0031	0.0011	0.0027	0.0043	0.0064	0.0120
		45岁～	男	13	0.0066	0.0049	0.0008	0.0027	0.0052	0.0095	0.0166
			女	31	0.0043	0.0022	0.0016	0.0029	0.0032	0.0064	0.0083
		60岁～	男	24	0.0048	0.0032	0.0013	0.0026	0.0038	0.0057	0.0105
			女	63	0.0051	0.0036	0.0011	0.0028	0.0037	0.0064	0.0131
	农村	18岁～	男	84	0.0076	0.0055	0.0003	0.0024	0.0075	0.0119	0.0167
			女	76	0.0082	0.0059	0.0007	0.0038	0.0066	0.0116	0.0188
		45岁～	男	41	0.0075	0.0057	<0.0001	0.0028	0.0086	0.0110	0.0155
			女	49	0.0058	0.0049	<0.0001	0.0017	0.0048	0.0091	0.0156
		60岁～	男	41	0.0085	0.0071	0.0005	0.0051	0.0070	0.0121	0.0208
			女	43	0.0066	0.0039	0.0006	0.0034	0.0063	0.0093	0.0132
上海	城市	18岁～	男	97	0.0039	0.0043	<0.0001	0.0013	0.0027	0.0048	0.0140
			女	88	0.0034	0.0030	<0.0001	0.0014	0.0029	0.0045	0.0087
		45岁～	男	18	0.0037	0.0031	<0.0001	0.0015	0.0027	0.0054	0.0123
			女	43	0.0038	0.0025	0.0002	0.0015	0.0040	0.0055	0.0069
		60岁～	男	16	0.0046	0.0043	<0.0001	0.0011	0.0035	0.0074	0.0152
			女	36	0.0041	0.0036	<0.0001	0.0011	0.0034	0.0065	0.0116
	农村	18岁～	男	48	0.0057	0.0058	<0.0001	0.0013	0.0044	0.0087	0.0188
			女	38	0.0076	0.0087	<0.0001	0.0025	0.0044	0.0110	0.0206
		45岁～	男	71	0.0049	0.0045	<0.0001	0.0010	0.0040	0.0075	0.0143
			女	82	0.0053	0.0048	<0.0001	0.0016	0.0045	0.0075	0.0148
		60岁～	男	35	0.0068	0.0078	<0.0001	<0.0001	0.0044	0.0104	0.0225
			女	27	0.0048	0.0045	<0.0001	0.0006	0.0037	0.0074	0.0144
武汉	城市	18岁～	男	60	0.1113	0.0551	0.0443	0.0762	0.1020	0.1326	0.2145
			女	77	0.1350	0.1776	0.0403	0.0690	0.0913	0.1382	0.3520
		45岁～	男	40	0.1302	0.0761	0.0337	0.0808	0.1075	0.1738	0.2702
			女	41	0.1288	0.0657	0.0415	0.0769	0.1149	0.1752	0.2509
		60岁～	男	60	0.1200	0.0624	0.0384	0.0677	0.1073	0.1541	0.2492
			女	77	0.1227	0.0608	0.0379	0.0830	0.1096	0.1690	0.2250

类别				N	用水铬暴露贡献比/‰						
					Mean	Std	P5	P25	P50	P75	P95
武汉	农村	18 岁～	男	22	0.2176	0.2298	＜0.0001	0.1141	0.1595	0.2005	0.4997
			女	33	0.2111	0.3417	0.0522	0.0924	0.1327	0.1932	0.6932
		45 岁～	男	39	0.1994	0.1930	0.0373	0.0920	0.1520	0.2405	0.5143
			女	55	0.1698	0.1375	0.0317	0.0850	0.1238	0.2242	0.4341
		60 岁～	男	66	0.1404	0.1003	0.0262	0.0705	0.1089	0.1787	0.3788
			女	50	0.1343	0.0961	0.0383	0.0770	0.1119	0.1525	0.3023
成都	城市	18 岁～	男	123	0.0013	0.0011	0.0002	0.0005	0.0011	0.0017	0.0034
			女	125	0.0011	0.0009	0.0002	0.0005	0.0010	0.0013	0.0032
		45 岁～	男	24	0.0013	0.0008	＜0.0001	0.0007	0.0013	0.0017	0.0022
			女	29	0.0011	0.0012	＜0.0001	0.0003	0.0009	0.0012	0.0037
		60 岁～	男	8	0.0018	0.0008	0.0006	0.0014	0.0019	0.0021	0.0032
			女	26	0.0012	0.0006	0.0004	0.0007	0.0012	0.0015	0.0021
	农村	18 岁～	男	64	0.0195	0.0244	0.0007	0.0033	0.0077	0.0319	0.0729
			女	63	0.0180	0.0248	0.0006	0.0022	0.0074	0.0233	0.0696
		45 岁～	男	55	0.0129	0.0155	0.0004	0.0024	0.0061	0.0174	0.0440
			女	44	0.0101	0.0098	0.0003	0.0025	0.0068	0.0154	0.0295
		60 岁～	男	34	0.0188	0.0222	0.0005	0.0030	0.0089	0.0308	0.0748
			女	36	0.0162	0.0229	0.0006	0.0015	0.0056	0.0181	0.0640
兰州	城市	18 岁～	男	61	0.0025	0.0019	0.0005	0.0011	0.0019	0.0034	0.0068
			女	51	0.0022	0.0019	0.0003	0.0009	0.0015	0.0027	0.0054
		45 岁～	男	49	0.0024	0.0026	0.0004	0.0008	0.0014	0.0023	0.0082
			女	54	0.0024	0.0018	0.0003	0.0011	0.0018	0.0037	0.0055
		60 岁～	男	65	0.0019	0.0016	0.0004	0.0010	0.0015	0.0024	0.0046
			女	67	0.0016	0.0012	0.0002	0.0005	0.0013	0.0023	0.0036
	农村	18 岁～	男	51	0.0022	0.0028	0.0002	0.0005	0.0009	0.0030	0.0082
			女	49	0.0023	0.0022	0.0001	0.0005	0.0017	0.0031	0.0067
		45 岁～	男	59	0.0027	0.0029	＜0.0001	0.0005	0.0020	0.0041	0.0106
			女	49	0.0024	0.0022	＜0.0001	0.0004	0.0016	0.0042	0.0067
		60 岁～	男	69	0.0015	0.0018	＜0.0001	0.0001	0.0008	0.0025	0.0048
			女	64	0.0016	0.0015	＜0.0001	0.0003	0.0011	0.0027	0.0044

第 4 章　土壤暴露量及贡献比

4.1　参数说明

（1）土壤暴露量（soil exposure dose）是指环境中单一污染物经土壤暴露进入人体的总量，包括土壤经呼吸道、消化道和皮肤的暴露量，见式（4-1）～式（4-4）。

$$ADD_{soil}=ADD_{s\text{-}soil}+ADD_{s\text{-}inh}+ADD_{s\text{-}dermal} \tag{4-1}$$

式中：ADD_{soil}——土壤污染物暴露量，mg/（kg·d）；

$ADD_{s\text{-}oral}$——土壤经消化道暴露量，mg/（kg·d）；

$ADD_{s\text{-}inh}$——土壤经呼吸道暴露量，mg/（kg·d）；

$ADD_{s\text{-}dermal}$——土壤经皮肤暴露量，mg/（kg·d）。

①土壤经消化道暴露量。

$$ADD_{s\text{-}oral}=\frac{C_s\times IR_s\times CF\times FI\times EF\times ED}{BW\times AT} \tag{4-2}$$

式中：$ADD_{s\text{-}oral}$——土壤经消化道的暴露量，mg/（kg·d）；

C_s——土壤中污染物的浓度，mg/kg；

IR_s——土壤摄入量，mg/d，取值为 50 mg/d；

CF——转换因子，10^{-6}；

FI——经消化道摄入土壤的吸收率因子，量纲一，取值为 1；

EF——暴露频率，d/a；

ED——暴露持续时间，a；

BW——体重，kg；

AT——平均暴露时间，d。

② 土壤经呼吸道暴露量。

$$ADD_{s\text{-inh}} = \frac{C_s \times IR \times EF \times ED}{PEF \times BW \times AT} \tag{4-3}$$

式中：$ADD_{s\text{-inh}}$——土壤经呼吸道暴露量，mg/（kg·d）；

C_s——土壤中污染物的浓度，mg/kg；

IR——呼吸速率，m^3/d；

PEF——起尘因子，$1.36 \times 10^9\ m^3/kg$；

EF——暴露频率，d/a；

ED——暴露持续时间，a；

BW——体重，kg；

AT——平均暴露时间，d。

③ 土壤经皮肤暴露量。

$$ADD_{s\text{-dermal}} = \frac{C_s \times CF \times SA_s \times AF \times ABS_d \times EF \times ED}{BW \times AT} \tag{4-4}$$

式中：$ADD_{s\text{-dermal}}$——土壤经皮肤暴露量，mg/（kg·d）；

C_s——土壤中污染物的浓度，mg/kg；

CF——转换因子，10^{-6}；

SA_s——接触土壤的皮肤表面积，cm^2/event；

AF——皮肤对土壤的黏附因子，mg/cm^2，取值为 0.2；

ABS_d——皮肤吸收系数，量纲一，其中砷为 0.03，其余金属为 0.001；

EF——暴露频率，event/a；

ED——暴露持续时间，a；

BW——体重，kg；

AT——平均暴露时间，d。

（2）土壤暴露贡献比（the exposure contribution of soil）是指环境中单一污染物

经土壤暴露进入人体的暴露总量占环境总暴露量（空气、饮用水、土壤和膳食等）的比例，见式（4-5）。土壤暴露贡献比主要受土壤中污染物的浓度和人群环境暴露行为模式（如体重、呼吸量、皮肤表面积、时间—活动模式等）等因素的影响。

$$R_{\mathrm{soil}} = \frac{\mathrm{ADD}_{\mathrm{soil}}}{\mathrm{ADD}_{\mathrm{total}}} \times 100 \tag{4-5}$$

式中：R_{soil}——土壤暴露贡献比，%；

$\mathrm{ADD}_{\mathrm{soil}}$——土壤暴露量，mg/（kg·d）；

$\mathrm{ADD}_{\mathrm{total}}$——环境总暴露量，mg/（kg·d）。

4.2 资料与数据来源

生态环境部（原环境保护部）科技标准司于2016—2017年委托中国环境科学研究院在太原市、大连市、上海市、武汉市、成都市和兰州市的15个区/县针对18岁及以上常住居民3876人（有效样本量为3855人）开展了居民汞、镉、砷、铅和铬的环境总暴露研究。该研究在人群进行环境暴露行为模式调查的基础上获取了调查居民的体重、呼吸量、皮肤表面积、土壤接触比例和时间，结合土壤环境暴露监测结果，获得了调查居民的汞、镉、砷、铅和铬的土壤暴露总量（表4-1），并在此基础上获取了土壤暴露贡献比（表4-1～表4-3）。不同地区居民分城乡、年龄和性别的土壤汞暴露量见附表4-1，暴露贡献比见附表4-6～附表4-9；不同地区居民分城乡、年龄和性别的土壤镉暴露量见附表4-2，暴露贡献比见附表4-10～附表4-13；不同地区居民分城乡、年龄和性别的土壤砷暴露量见附表4-3，暴露贡献比见附表4-14～附表4-17；不同地区居民分城乡、年龄和性别的土壤铅暴露量见附表4-4，暴露贡献比见附表4-18～附表4-21；不同地区居民分城乡、年龄和性别的土壤铬暴露量见附表4-5，暴露贡献比见附表4-22～附表4-25。其中表4-3、附表4-7、附表4-9、附表4-11、附表4-13、附表4-15、附表4-17、附表4-19、附表4-21、附表4-23和附表4-25为有土壤接触行为人的暴露贡献比。

4.3 土壤暴露量与贡献比均值

表 4-1 不同地区居民 5 种金属土壤暴露量与暴露贡献比

类别	汞		镉		砷		铅		铬	
	暴露量/[mg/(kg·d)]	贡献比/%	暴露量/[mg/(kg·d)]	贡献比/%	暴露量/[mg/(kg·d)]	贡献比/%	暴露量/[mg/(kg·d)]	贡献比/%	暴露量/[mg/(kg·d)]	贡献比/%
合计	1.76×10^{-8}	0.0669	7.05×10^{-8}	0.1372	1.25×10^{-5}	3.0937	6.59×10^{-6}	1.4092	1.50×10^{-5}	0.8878
太原	1.89×10^{-8}	0.0608	3.19×10^{-8}	0.0405	5.81×10^{-6}	2.0451	2.96×10^{-6}	2.2624	9.13×10^{-6}	2.5079
大连	4.81×10^{-9}	0.0052	5.00×10^{-8}	0.0371	4.48×10^{-6}	0.1151	4.38×10^{-6}	0.7505	9.57×10^{-6}	0.1982
上海	6.39×10^{-9}	0.0194	6.40×10^{-9}	0.0081	7.86×10^{-6}	0.7673	2.90×10^{-6}	0.4992	1.18×10^{-5}	0.8645
武汉	4.15×10^{-8}	0.0595	7.82×10^{-8}	0.0364	1.72×10^{-5}	4.6505	8.38×10^{-6}	1.6379	2.09×10^{-5}	0.9934
成都	1.22×10^{-8}	0.0299	1.50×10^{-7}	0.0785	2.95×10^{-5}	1.6421	1.52×10^{-5}	0.4787	1.80×10^{-5}	0.3555
兰州	2.11×10^{-8}	0.2107	1.05×10^{-7}	0.5826	1.06×10^{-5}	8.7970	6.02×10^{-6}	2.5805	2.06×10^{-5}	0.2848

表 4-2 不同地区居民 5 种金属土壤各途径暴露贡献比

单位：%

类别	汞			镉			砷			铅			铬		
	呼吸道	消化道	皮肤	呼吸道	消化道	皮肤	呼吸道	消化道	皮肤	呼吸道	消化道	皮肤	呼吸道	消化道	皮肤
合计	73.6495	24.8880	1.4625	73.6495	24.8880	1.4625	73.6468	11.4271	14.9261	73.6495	24.8880	1.4625	73.6495	24.8880	1.4625
太原	85.0602	13.9025	1.0373	85.0602	13.9025	1.0373	85.0585	5.2811	9.6604	85.0602	13.9025	1.0373	85.0602	13.9025	1.0373
大连	65.8679	31.7887	2.3434	65.8679	31.7887	2.3434	65.8638	11.6690	22.4672	65.8679	31.7887	2.3434	65.8679	31.7887	2.3434
上海	83.4757	16.3925	0.1318	83.4757	16.3925	0.1318	83.4751	13.5355	2.9894	83.4757	16.3925	0.1318	83.4757	16.3925	0.1318
武汉	71.9405	27.3378	0.7217	71.9405	27.3378	0.7217	71.9386	16.8417	11.2198	71.9405	27.3378	0.7217	71.9405	27.3378	0.7217
成都	69.5777	28.5082	1.9141	69.5777	28.5082	1.9141	69.5743	11.3870	19.0387	69.5777	28.5082	1.9141	69.5777	28.5082	1.9141
兰州	65.8493	31.6412	2.5095	65.8493	31.6412	2.5095	65.8451	10.7480	23.4068	65.8493	31.6412	2.5095	65.8493	31.6412	2.5095

表 4-3 不同地区有土壤接触行为居民 5 种金属土壤各途径暴露贡献比③

单位：%

类别	汞			镉			砷			铅			铬		
	呼吸道	消化道	皮肤	呼吸道	消化道	皮肤	呼吸道	消化道	皮肤	呼吸道	消化道	皮肤	呼吸道	消化道	皮肤
合计	0.0185	94.4324	5.5491	0.0185	94.4324	5.5491	0.0083	43.3578	56.6339	0.0185	94.4324	5.5491	0.0185	94.4324	5.5491
太原	0.0183	93.0401	6.9417	0.0183	93.0401	6.9417	0.0068	35.3426	64.6505	0.0183	93.0401	6.9417	0.0183	93.0401	6.9417
大连	0.0186	93.1170	6.8644	0.0186	93.1170	6.8644	0.0067	34.1813	65.8120	0.0186	93.1170	6.8644	0.0186	93.1170	6.8644
上海	0.0197	99.1828	0.7976	0.0197	99.1828	0.7976	0.0162	81.8964	18.0874	0.0197	99.1828	0.7976	0.0197	99.1828	0.7976
武汉	0.0179	97.4104	2.5717	0.0179	97.4104	2.5717	0.0110	60.0106	39.9784	0.0179	97.4104	2.5717	0.0179	97.4104	2.5717
成都	0.0184	93.6909	6.2906	0.0184	93.6909	6.2906	0.0072	37.4229	62.5698	0.0184	93.6909	6.2906	0.0184	93.6909	6.2906
兰州	0.0184	92.6348	7.3468	0.0184	92.6348	7.3468	0.0061	31.4666	68.5272	0.0184	92.6348	7.3468	0.0184	92.6348	7.3468

4.4 与国外的比较

典型地区调查居民土壤暴露贡献比与美国、日本和韩国相关研究的比较见表 4-4。

表 4-4 与国外的比较

单位：%

国家	汞	镉	砷	铅	铬
中国	0.0669	0.1372	3.0937	1.4092	0.8878
美国[1]	—	—	1.2000	—	—
日本[2]	—	—	1.3000	—	—
韩国[3]	—	—	—	0.5000	—

③ 本表中土壤各途径暴露贡献比为与土壤有接触行为人群的贡献比。

本章参考文献

[1] Meacher D M，Menzel D B，Dillencourt M D，et al.. Estimation of Multimedia Inorganic Arsenic Intake in the U.S. Population [J]. Human & Ecological Risk Assessment，2002，8（7）: 1697-1721.

[2] Kawabe Y，Komai T，Sakamoto Y. Exposure and Risk Estimation of Inorganic Arsenic in Japan [J]. Journal of Mmij，2003，119（8）：489-493.

[3] Eunha O，Lee E I，Lim H，et al.. Human Multi-Route Exposure Assessment of Lead and Cadmium For Korean Volunteers[J]. Journal of Preventive Medicine and Public Health，2006，39（1）:53-58.

附表

附表 4-1　不同地区居民分城乡、年龄和性别的土壤汞暴露量

类别				N	土壤汞暴露量/[mg/（kg·d）]						
					Mean	Std	P5	P25	P50	P75	P95
太原	城市	18岁～	男	68	9.73×10^{-11}	6.28×10^{-12}	8.83×10^{-11}	9.39×10^{-11}	9.72×10^{-11}	9.98×10^{-11}	1.10×10^{-10}
			女	72	7.90×10^{-11}	5.90×10^{-12}	6.96×10^{-11}	7.52×10^{-11}	7.82×10^{-11}	8.47×10^{-11}	8.86×10^{-11}
		45岁～	男	50	7.76×10^{-9}	5.42×10^{-8}	8.39×10^{-11}	8.87×10^{-11}	9.18×10^{-11}	9.40×10^{-11}	1.00×10^{-10}
			女	60	7.63×10^{-11}	5.58×10^{-12}	6.78×10^{-11}	7.22×10^{-11}	7.52×10^{-11}	7.95×10^{-11}	8.71×10^{-11}
		60岁～	男	56	8.24×10^{-11}	4.96×10^{-12}	7.54×10^{-11}	7.87×10^{-11}	8.19×10^{-11}	8.62×10^{-11}	9.22×10^{-11}
			女	54	6.92×10^{-11}	3.93×10^{-12}	6.26×10^{-11}	6.67×10^{-11}	6.88×10^{-11}	7.18×10^{-11}	7.60×10^{-11}
	农村	18岁～	男	41	3.59×10^{-8}	5.66×10^{-8}	2.49×10^{-11}	2.66×10^{-11}	2.80×10^{-11}	1.11×10^{-7}	1.26×10^{-7}
			女	40	3.45×10^{-8}	5.77×10^{-8}	1.87×10^{-11}	1.99×10^{-11}	2.17×10^{-11}	1.01×10^{-7}	1.49×10^{-7}
		45岁～	男	49	4.42×10^{-8}	5.91×10^{-8}	2.35×10^{-11}	2.50×10^{-11}	2.65×10^{-11}	1.13×10^{-7}	1.40×10^{-7}
			女	74	2.93×10^{-8}	5.45×10^{-8}	1.81×10^{-11}	1.90×10^{-11}	1.99×10^{-11}	2.31×10^{-11}	1.40×10^{-7}
		60岁～	男	73	5.18×10^{-8}	5.97×10^{-8}	2.01×10^{-11}	2.25×10^{-11}	2.53×10^{-11}	1.13×10^{-7}	1.36×10^{-7}
			女	59	2.98×10^{-8}	5.68×10^{-8}	1.70×10^{-11}	1.89×10^{-11}	2.00×10^{-11}	2.29×10^{-11}	1.53×10^{-7}
大连	城市	18岁～	男	88	3.28×10^{-12}	2.65×10^{-13}	2.90×10^{-12}	3.09×10^{-12}	3.21×10^{-12}	3.44×10^{-12}	3.86×10^{-12}
			女	68	2.55×10^{-12}	2.53×10^{-13}	2.08×10^{-12}	2.37×10^{-12}	2.58×10^{-12}	2.79×10^{-12}	2.91×10^{-12}
		45岁～	男	13	3.03×10^{-12}	1.89×10^{-13}	2.77×10^{-12}	2.93×10^{-12}	2.99×10^{-12}	3.17×10^{-12}	3.47×10^{-12}
			女	31	4.66×10^{-10}	2.58×10^{-9}	2.11×10^{-12}	2.25×10^{-12}	2.42×10^{-12}	2.47×10^{-12}	2.79×10^{-12}
		60岁～	男	24	2.61×10^{-12}	1.34×10^{-13}	2.30×10^{-12}	2.54×10^{-12}	2.59×10^{-12}	2.70×10^{-12}	2.77×10^{-12}
			女	63	8.70×10^{-10}	3.38×10^{-9}	1.93×10^{-12}	2.06×10^{-12}	2.19×10^{-12}	2.27×10^{-12}	1.15×10^{-8}
	农村	18岁～	男	84	8.13×10^{-9}	6.73×10^{-9}	2.87×10^{-12}	3.10×10^{-12}	1.18×10^{-8}	1.33×10^{-8}	1.59×10^{-8}
			女	76	7.09×10^{-9}	8.28×10^{-9}	2.09×10^{-12}	2.41×10^{-12}	2.74×10^{-12}	1.54×10^{-8}	1.96×10^{-8}
		45岁～	男	41	7.92×10^{-9}	6.57×10^{-9}	2.66×10^{-12}	3.05×10^{-12}	1.15×10^{-8}	1.33×10^{-8}	1.50×10^{-8}
			女	49	1.05×10^{-8}	6.60×10^{-9}	1.98×10^{-12}	2.88×10^{-12}	1.29×10^{-8}	1.50×10^{-8}	1.76×10^{-8}
		60岁～	男	41	9.33×10^{-9}	6.22×10^{-9}	2.40×10^{-12}	2.61×10^{-12}	1.21×10^{-8}	1.37×10^{-8}	1.52×10^{-8}
			女	43	1.11×10^{-8}	6.35×10^{-9}	1.92×10^{-12}	1.17×10^{-8}	1.35×10^{-8}	1.49×10^{-8}	1.76×10^{-8}

类别				N	土壤汞暴露量/[mg/（kg·d）]						
					Mean	Std	P5	P25	P50	P75	P95
上海	城市	18 岁～	男	97	1.74×10^{-9}	7.49×10^{-9}	7.27×10^{-12}	8.10×10^{-12}	8.56×10^{-12}	9.13×10^{-12}	3.03×10^{-8}
			女	88	1.08×10^{-9}	7.10×10^{-9}	5.88×10^{-12}	6.84×10^{-12}	7.22×10^{-12}	7.52×10^{-12}	7.75×10^{-12}
		45 岁～	男	18	1.85×10^{-9}	7.82×10^{-9}	7.01×10^{-12}	7.68×10^{-12}	7.88×10^{-12}	8.48×10^{-12}	3.32×10^{-8}
			女	43	8.72×10^{-10}	5.68×10^{-9}	5.55×10^{-12}	6.04×10^{-12}	6.35×10^{-12}	6.72×10^{-12}	7.16×10^{-12}
		60 岁～	男	16	6.75×10^{-12}	4.38×10^{-13}	5.91×10^{-12}	6.47×10^{-12}	6.85×10^{-12}	6.98×10^{-12}	7.62×10^{-12}
			女	36	1.28×10^{-9}	7.66×10^{-9}	5.29×10^{-12}	5.49×10^{-12}	5.84×10^{-12}	6.25×10^{-12}	6.79×10^{-12}
	农村	18 岁～	男	48	5.96×10^{-9}	1.35×10^{-8}	8.63×10^{-12}	8.63×10^{-12}	8.98×10^{-12}	9.46×10^{-12}	3.61×10^{-8}
			女	38	4.73×10^{-9}	1.41×10^{-8}	6.27×10^{-12}	6.66×10^{-12}	7.13×10^{-12}	7.56×10^{-12}	4.40×10^{-8}
		45 岁～	男	71	1.38×10^{-8}	1.78×10^{-8}	7.85×10^{-12}	8.19×10^{-12}	8.95×10^{-12}	3.55×10^{-8}	4.03×10^{-8}
			女	82	1.23×10^{-8}	1.88×10^{-8}	6.05×10^{-12}	6.54×10^{-12}	6.88×10^{-12}	3.72×10^{-8}	4.40×10^{-8}
		60 岁～	男	35	1.26×10^{-8}	1.77×10^{-8}	6.83×10^{-12}	6.85×10^{-12}	7.30×10^{-12}	3.48×10^{-8}	4.03×10^{-8}
			女	27	2.05×10^{-8}	2.18×10^{-8}	5.76×10^{-12}	6.01×10^{-12}	6.51×10^{-12}	4.05×10^{-8}	4.76×10^{-8}
武汉	城市	18 岁～	男	60	2.14×10^{-9}	1.64×10^{-8}	2.72×10^{-11}	2.98×10^{-11}	3.19×10^{-11}	3.30×10^{-11}	3.54×10^{-11}
			女	77	1.68×10^{-9}	1.45×10^{-8}	2.18×10^{-11}	2.43×10^{-11}	2.56×10^{-11}	2.59×10^{-11}	2.61×10^{-11}
		45 岁～	男	40	3.54×10^{-9}	2.22×10^{-8}	2.57×10^{-11}	2.73×10^{-11}	2.89×10^{-11}	2.99×10^{-11}	3.73×10^{-11}
			女	41	3.63×10^{-9}	2.31×10^{-8}	2.05×10^{-11}	2.25×10^{-11}	2.32×10^{-11}	2.50×10^{-11}	2.57×10^{-11}
		60 岁～	男	60	1.43×10^{-8}	3.99×10^{-8}	2.26×10^{-11}	2.44×10^{-11}	2.55×10^{-11}	2.71×10^{-11}	1.23×10^{-7}
			女	77	1.22×10^{-8}	4.24×10^{-8}	1.81×10^{-11}	1.95×10^{-11}	2.13×10^{-11}	2.38×10^{-11}	1.45×10^{-7}
	农村	18 岁～	男	22	5.55×10^{-8}	6.86×10^{-8}	3.09×10^{-11}	3.21×10^{-11}	3.41×10^{-11}	1.30×10^{-7}	1.49×10^{-7}
			女	33	5.18×10^{-8}	7.47×10^{-8}	2.39×10^{-11}	2.53×10^{-11}	2.69×10^{-11}	1.47×10^{-7}	1.63×10^{-7}
		45 岁～	男	39	7.39×10^{-8}	7.48×10^{-8}	2.73×10^{-11}	3.09×10^{-11}	1.05×10^{-7}	1.37×10^{-7}	1.81×10^{-7}
			女	55	1.02×10^{-7}	7.34×10^{-8}	2.36×10^{-11}	2.53×10^{-11}	1.38×10^{-7}	1.59×10^{-7}	1.77×10^{-7}
		60 岁～	男	66	1.04×10^{-7}	6.54×10^{-8}	2.45×10^{-11}	3.02×10^{-11}	1.36×10^{-7}	1.48×10^{-7}	1.65×10^{-7}
			女	50	1.01×10^{-7}	7.83×10^{-8}	2.07×10^{-11}	2.34×10^{-11}	1.37×10^{-7}	1.62×10^{-7}	1.82×10^{-7}
成都	城市	18 岁～	男	123	6.95×10^{-10}	3.38×10^{-9}	3.42×10^{-12}	3.69×10^{-12}	3.90×10^{-12}	4.07×10^{-12}	4.82×10^{-12}
			女	125	3.16×10^{-10}	2.47×10^{-9}	2.99×10^{-12}	3.19×10^{-12}	3.33×10^{-12}	3.45×10^{-12}	3.66×10^{-12}
		45 岁～	男	24	3.77×10^{-12}	2.89×10^{-13}	3.34×10^{-12}	3.59×10^{-12}	3.77×10^{-12}	3.92×10^{-12}	4.08×10^{-12}
			女	29	1.22×10^{-9}	4.57×10^{-9}	2.72×10^{-12}	2.83×10^{-12}	2.99×10^{-12}	3.19×10^{-12}	1.62×10^{-8}
		60 岁～	男	8	3.16×10^{-12}	2.00×10^{-13}	2.82×10^{-12}	3.05×10^{-12}	3.16×10^{-12}	3.30×10^{-12}	3.46×10^{-12}
			女	26	3.53×10^{-9}	7.38×10^{-9}	2.35×10^{-12}	2.52×10^{-12}	2.75×10^{-12}	3.22×10^{-12}	1.90×10^{-8}

类别				*N*	土壤汞暴露量/[mg/（kg·d）]						
					Mean	Std	P5	P25	P50	P75	P95
成都	农村	18 岁～	男	64	2.53×10^{-8}	1.99×10^{-8}	7.69×10^{-12}	8.58×10^{-12}	3.38×10^{-8}	4.25×10^{-8}	4.85×10^{-8}
			女	63	2.48×10^{-8}	2.43×10^{-8}	6.59×10^{-12}	7.14×10^{-12}	3.65×10^{-8}	4.83×10^{-8}	5.50×10^{-8}
		45 岁～	男	55	2.59×10^{-8}	1.75×10^{-8}	7.47×10^{-12}	9.10×10^{-12}	3.24×10^{-8}	3.71×10^{-8}	4.85×10^{-8}
			女	44	3.40×10^{-8}	1.92×10^{-8}	6.16×10^{-12}	3.39×10^{-8}	4.20×10^{-8}	4.63×10^{-8}	5.25×10^{-8}
		60 岁～	男	34	2.08×10^{-8}	2.07×10^{-8}	6.24×10^{-12}	6.98×10^{-12}	2.94×10^{-8}	3.88×10^{-8}	5.25×10^{-8}
			女	36	1.70×10^{-8}	2.32×10^{-8}	5.56×10^{-12}	6.13×10^{-12}	6.58×10^{-12}	4.26×10^{-8}	5.68×10^{-8}
兰州	城市	18 岁～	男	61	1.67×10^{-8}	4.69×10^{-8}	3.06×10^{-11}	3.26×10^{-11}	3.45×10^{-11}	4.07×10^{-11}	1.47×10^{-7}
			女	51	6.96×10^{-9}	3.47×10^{-8}	2.48×10^{-11}	2.69×10^{-11}	2.86×10^{-11}	3.07×10^{-11}	3.42×10^{-11}
		45 岁～	男	49	3.08×10^{-9}	2.13×10^{-8}	2.97×10^{-11}	3.18×10^{-11}	3.39×10^{-11}	3.47×10^{-11}	3.85×10^{-11}
			女	54	2.62×10^{-11}	1.97×10^{-12}	2.37×10^{-11}	2.50×10^{-11}	2.60×10^{-11}	2.75×10^{-11}	2.93×10^{-11}
		60 岁～	男	65	2.98×10^{-11}	1.67×10^{-12}	2.68×10^{-11}	2.88×10^{-11}	2.98×10^{-11}	3.10×10^{-11}	3.27×10^{-11}
			女	67	8.40×10^{-9}	3.90×10^{-8}	2.18×10^{-11}	2.35×10^{-11}	2.51×10^{-11}	2.63×10^{-11}	3.19×10^{-11}
	农村	18 岁～	男	51	3.52×10^{-8}	2.45×10^{-8}	1.11×10^{-11}	1.21×10^{-11}	4.88×10^{-8}	5.34×10^{-8}	6.09×10^{-8}
			女	49	3.63×10^{-8}	3.12×10^{-8}	8.32×10^{-12}	9.67×10^{-12}	5.34×10^{-8}	6.21×10^{-8}	7.33×10^{-8}
		45 岁～	男	59	4.36×10^{-8}	1.86×10^{-8}	1.03×10^{-11}	4.23×10^{-8}	4.90×10^{-8}	5.32×10^{-8}	6.28×10^{-8}
			女	49	4.65×10^{-8}	2.30×10^{-8}	8.40×10^{-12}	4.79×10^{-8}	5.51×10^{-8}	6.04×10^{-8}	6.76×10^{-8}
		60 岁～	男	69	3.25×10^{-8}	2.82×10^{-8}	9.23×10^{-12}	9.96×10^{-12}	5.03×10^{-8}	5.55×10^{-8}	6.47×10^{-8}
			女	64	2.71×10^{-8}	3.24×10^{-8}	7.74×10^{-12}	8.26×10^{-12}	9.16×10^{-12}	6.32×10^{-8}	7.46×10^{-8}

附表 4-2 不同地区居民分城乡、年龄和性别的土壤镉暴露量

类别				*N*	土壤镉暴露量/[mg/（kg·d）]						
					Mean	Std	P5	P25	P50	P75	P95
太原	城市	18 岁～	男	68	3.88×10^{-11}	2.50×10^{-12}	3.52×10^{-11}	3.74×10^{-11}	3.88×10^{-11}	3.98×10^{-11}	4.40×10^{-11}
			女	72	3.15×10^{-11}	2.35×10^{-12}	2.78×10^{-11}	3.00×10^{-11}	3.12×10^{-11}	3.38×10^{-11}	3.54×10^{-11}
		45 岁～	男	50	3.09×10^{-9}	2.16×10^{-8}	3.35×10^{-11}	3.54×10^{-11}	3.66×10^{-11}	3.75×10^{-11}	4.00×10^{-11}
			女	60	3.05×10^{-11}	2.23×10^{-12}	2.71×10^{-11}	2.88×10^{-11}	3.00×10^{-11}	3.17×10^{-11}	3.48×10^{-11}
		60 岁～	男	56	3.29×10^{-11}	1.98×10^{-12}	3.01×10^{-11}	3.14×10^{-11}	3.27×10^{-11}	3.44×10^{-11}	3.68×10^{-11}
			女	54	2.76×10^{-11}	1.57×10^{-12}	2.50×10^{-11}	2.66×10^{-11}	2.75×10^{-11}	2.86×10^{-11}	3.03×10^{-11}
	农村	18 岁～	男	41	6.22×10^{-8}	9.81×10^{-8}	4.31×10^{-11}	4.61×10^{-11}	4.85×10^{-11}	1.93×10^{-7}	2.19×10^{-7}
			女	40	5.97×10^{-8}	1.00×10^{-7}	3.24×10^{-11}	3.45×10^{-11}	3.75×10^{-11}	1.75×10^{-7}	2.59×10^{-7}

类别				N	土壤镉暴露量/[mg/（kg·d）]						
					Mean	Std	P5	P25	P50	P75	P95
太原	农村	45 岁～	男	49	7.65×10^{-8}	1.02×10^{-7}	4.07×10^{-11}	4.33×10^{-11}	4.59×10^{-11}	1.96×10^{-7}	2.43×10^{-7}
			女	74	5.08×10^{-8}	9.44×10^{-8}	3.14×10^{-11}	3.29×10^{-11}	3.45×10^{-11}	4.00×10^{-11}	2.43×10^{-7}
		60 岁～	男	73	8.97×10^{-8}	1.03×10^{-7}	3.49×10^{-11}	3.90×10^{-11}	4.38×10^{-11}	1.96×10^{-7}	2.36×10^{-7}
			女	59	5.16×10^{-8}	9.84×10^{-8}	2.94×10^{-11}	3.27×10^{-11}	3.46×10^{-11}	3.97×10^{-11}	2.64×10^{-7}
大连	城市	18 岁～	男	88	3.37×10^{-11}	2.73×10^{-12}	2.98×10^{-11}	3.17×10^{-11}	3.30×10^{-11}	3.53×10^{-11}	3.96×10^{-11}
			女	68	2.62×10^{-11}	2.60×10^{-12}	2.14×10^{-11}	2.44×10^{-11}	2.65×10^{-11}	2.86×10^{-11}	2.99×10^{-11}
		45 岁～	男	13	3.11×10^{-11}	1.94×10^{-12}	2.85×10^{-11}	3.01×10^{-11}	3.07×10^{-11}	3.26×10^{-11}	3.57×10^{-11}
			女	31	4.79×10^{-9}	2.65×10^{-8}	2.17×10^{-11}	2.31×10^{-11}	2.49×10^{-11}	2.54×10^{-11}	2.86×10^{-11}
		60 岁～	男	24	2.68×10^{-11}	1.38×10^{-12}	2.36×10^{-11}	2.60×10^{-11}	2.66×10^{-11}	2.77×10^{-11}	2.85×10^{-11}
			女	63	8.94×10^{-9}	3.47×10^{-8}	1.98×10^{-11}	2.11×10^{-11}	2.25×10^{-11}	2.34×10^{-11}	1.18×10^{-7}
	农村	18 岁～	男	84	8.46×10^{-8}	7.00×10^{-8}	2.99×10^{-11}	3.22×10^{-11}	1.23×10^{-7}	1.39×10^{-7}	1.66×10^{-7}
			女	76	7.38×10^{-8}	8.61×10^{-8}	2.18×10^{-11}	2.50×10^{-11}	2.85×10^{-11}	1.60×10^{-7}	2.04×10^{-7}
		45 岁～	男	41	8.24×10^{-8}	6.84×10^{-8}	2.77×10^{-11}	3.17×10^{-11}	1.19×10^{-7}	1.38×10^{-7}	1.56×10^{-7}
			女	49	1.09×10^{-7}	6.86×10^{-8}	2.06×10^{-11}	2.99×10^{-11}	1.34×10^{-7}	1.56×10^{-7}	1.84×10^{-7}
		60 岁～	男	41	9.70×10^{-8}	6.47×10^{-8}	2.50×10^{-11}	2.71×10^{-11}	1.26×10^{-7}	1.42×10^{-7}	1.58×10^{-7}
			女	43	1.15×10^{-7}	6.61×10^{-8}	1.99×10^{-11}	1.22×10^{-7}	1.40×10^{-7}	1.55×10^{-7}	1.83×10^{-7}
上海	城市	18 岁～	男	97	3.16×10^{-9}	1.36×10^{-8}	1.32×10^{-11}	1.47×10^{-11}	1.56×10^{-11}	1.66×10^{-11}	5.51×10^{-8}
			女	88	1.97×10^{-9}	1.29×10^{-8}	1.07×10^{-11}	1.24×10^{-11}	1.31×10^{-11}	1.37×10^{-11}	1.41×10^{-11}
		45 岁～	男	18	3.37×10^{-9}	1.42×10^{-8}	1.28×10^{-11}	1.40×10^{-11}	1.43×10^{-11}	1.54×10^{-11}	6.04×10^{-8}
			女	43	1.59×10^{-9}	1.03×10^{-8}	1.01×10^{-11}	1.10×10^{-11}	1.16×10^{-11}	1.22×10^{-11}	1.30×10^{-11}
		60 岁～	男	16	1.23×10^{-11}	7.96×10^{-13}	1.08×10^{-11}	1.18×10^{-11}	1.25×10^{-11}	1.27×10^{-11}	1.39×10^{-11}
			女	36	2.33×10^{-9}	1.39×10^{-8}	9.62×10^{-12}	1.00×10^{-11}	1.06×10^{-11}	1.14×10^{-11}	1.23×10^{-11}
	农村	18 岁～	男	48	5.43×10^{-9}	1.23×10^{-8}	7.86×10^{-12}	7.86×10^{-12}	8.18×10^{-12}	8.62×10^{-12}	3.29×10^{-8}
			女	38	4.31×10^{-9}	1.28×10^{-8}	5.71×10^{-12}	6.06×10^{-12}	6.49×10^{-12}	6.89×10^{-12}	4.01×10^{-8}
		45 岁～	男	71	1.26×10^{-8}	1.62×10^{-8}	7.15×10^{-12}	7.46×10^{-12}	8.15×10^{-12}	3.23×10^{-8}	3.67×10^{-8}
			女	82	1.12×10^{-8}	1.71×10^{-8}	5.51×10^{-12}	5.96×10^{-12}	6.26×10^{-12}	3.39×10^{-8}	4.01×10^{-8}
		60 岁～	男	35	1.14×10^{-8}	1.61×10^{-8}	6.22×10^{-12}	6.24×10^{-12}	6.65×10^{-12}	3.17×10^{-8}	3.67×10^{-8}
			女	27	1.86×10^{-8}	1.98×10^{-8}	5.24×10^{-12}	5.47×10^{-12}	5.93×10^{-12}	3.69×10^{-8}	4.34×10^{-8}

类别				N	土壤镉暴露量/[mg/（kg·d）]						
					Mean	Std	P5	P25	P50	P75	P95
武汉	城市	18岁～	男	60	4.48×10^{-9}	3.42×10^{-8}	5.68×10^{-11}	6.22×10^{-11}	6.67×10^{-11}	6.89×10^{-11}	7.40×10^{-11}
			女	77	3.50×10^{-9}	3.03×10^{-8}	4.56×10^{-11}	5.08×10^{-11}	5.34×10^{-11}	5.41×10^{-11}	5.45×10^{-11}
		45岁～	男	40	7.38×10^{-9}	4.63×10^{-8}	5.37×10^{-11}	5.71×10^{-11}	6.03×10^{-11}	6.24×10^{-11}	7.79×10^{-11}
			女	41	7.59×10^{-9}	4.83×10^{-8}	4.27×10^{-11}	4.70×10^{-11}	4.86×10^{-11}	5.22×10^{-11}	5.37×10^{-11}
		60岁～	男	60	2.98×10^{-8}	8.33×10^{-8}	4.71×10^{-11}	5.10×10^{-11}	5.32×10^{-11}	5.65×10^{-11}	2.57×10^{-7}
			女	77	2.54×10^{-8}	8.85×10^{-8}	3.78×10^{-11}	4.06×10^{-11}	4.45×10^{-11}	4.96×10^{-11}	3.04×10^{-7}
	农村	18岁～	男	22	1.03×10^{-7}	1.28×10^{-7}	5.76×10^{-11}	5.99×10^{-11}	6.35×10^{-11}	2.43×10^{-7}	2.78×10^{-7}
			女	33	9.66×10^{-8}	1.39×10^{-7}	4.45×10^{-11}	4.72×10^{-11}	5.02×10^{-11}	2.75×10^{-7}	3.04×10^{-7}
		45岁～	男	39	1.38×10^{-7}	1.39×10^{-7}	5.09×10^{-11}	5.76×10^{-11}	1.96×10^{-7}	2.55×10^{-7}	3.38×10^{-7}
			女	55	1.91×10^{-7}	1.37×10^{-7}	4.41×10^{-11}	4.71×10^{-11}	2.58×10^{-7}	2.96×10^{-7}	3.30×10^{-7}
		60岁～	男	66	1.94×10^{-7}	1.22×10^{-7}	4.57×10^{-11}	5.64×10^{-11}	2.54×10^{-7}	2.76×10^{-7}	3.08×10^{-7}
			女	50	1.89×10^{-7}	1.46×10^{-7}	3.85×10^{-11}	4.36×10^{-11}	2.56×10^{-7}	3.02×10^{-7}	3.39×10^{-7}
成都	城市	18岁～	男	123	2.26×10^{-8}	1.10×10^{-7}	1.11×10^{-10}	1.20×10^{-10}	1.27×10^{-10}	1.32×10^{-10}	1.56×10^{-10}
			女	125	1.03×10^{-8}	8.01×10^{-8}	9.69×10^{-11}	1.03×10^{-10}	1.08×10^{-10}	1.12×10^{-10}	1.19×10^{-10}
		45岁～	男	24	1.22×10^{-10}	9.38×10^{-12}	1.08×10^{-10}	1.17×10^{-10}	1.22×10^{-10}	1.27×10^{-10}	1.32×10^{-10}
			女	29	3.96×10^{-8}	1.48×10^{-7}	8.82×10^{-11}	9.18×10^{-11}	9.71×10^{-11}	1.03×10^{-10}	5.27×10^{-7}
		60岁～	男	8	1.03×10^{-10}	6.48×10^{-12}	9.16×10^{-11}	9.90×10^{-11}	1.03×10^{-10}	1.07×10^{-10}	1.12×10^{-10}
			女	26	1.15×10^{-7}	2.40×10^{-7}	7.64×10^{-11}	8.18×10^{-11}	8.91×10^{-11}	1.05×10^{-10}	6.16×10^{-7}
	农村	18岁～	男	64	2.94×10^{-7}	2.31×10^{-7}	8.92×10^{-11}	9.95×10^{-11}	3.92×10^{-7}	4.94×10^{-7}	5.63×10^{-7}
			女	63	2.88×10^{-7}	2.82×10^{-7}	7.65×10^{-11}	8.28×10^{-11}	4.24×10^{-7}	5.61×10^{-7}	6.38×10^{-7}
		45岁～	男	55	3.01×10^{-7}	2.03×10^{-7}	8.67×10^{-11}	1.06×10^{-10}	3.76×10^{-7}	4.31×10^{-7}	5.62×10^{-7}
			女	44	3.95×10^{-7}	2.23×10^{-7}	7.15×10^{-11}	3.93×10^{-7}	4.88×10^{-7}	5.37×10^{-7}	6.09×10^{-7}
		60岁～	男	34	2.41×10^{-7}	2.40×10^{-7}	7.25×10^{-11}	8.10×10^{-11}	3.41×10^{-7}	4.51×10^{-7}	6.09×10^{-7}
			女	36	1.97×10^{-7}	2.70×10^{-7}	6.45×10^{-11}	7.12×10^{-11}	7.63×10^{-11}	4.95×10^{-7}	6.59×10^{-7}
兰州	城市	18岁～	男	61	2.70×10^{-8}	7.59×10^{-8}	4.95×10^{-11}	5.28×10^{-11}	5.58×10^{-11}	6.59×10^{-11}	2.38×10^{-7}
			女	51	1.13×10^{-8}	5.61×10^{-8}	4.01×10^{-11}	4.36×10^{-11}	4.63×10^{-11}	4.97×10^{-11}	5.53×10^{-11}
		45岁～	男	49	4.98×10^{-9}	3.45×10^{-8}	4.81×10^{-11}	5.15×10^{-11}	5.49×10^{-11}	5.62×10^{-11}	6.23×10^{-11}
			女	54	4.25×10^{-11}	3.19×10^{-12}	3.83×10^{-11}	4.05×10^{-11}	4.22×10^{-11}	4.46×10^{-11}	4.75×10^{-11}
		60岁～	男	65	4.83×10^{-11}	2.70×10^{-12}	4.34×10^{-11}	4.66×10^{-11}	4.82×10^{-11}	5.02×10^{-11}	5.29×10^{-11}
			女	67	1.36×10^{-8}	6.31×10^{-8}	3.53×10^{-11}	3.81×10^{-11}	4.06×10^{-11}	4.26×10^{-11}	5.17×10^{-11}

类别				N	土壤镉暴露量/[mg/（kg·d）]						
					Mean	Std	P5	P25	P50	P75	P95
兰州	农村	18 岁～	男	51	1.95×10^{-7}	1.35×10^{-7}	6.13×10^{-11}	6.67×10^{-11}	2.70×10^{-7}	2.95×10^{-7}	3.37×10^{-7}
			女	49	2.01×10^{-7}	1.72×10^{-7}	4.60×10^{-11}	5.35×10^{-11}	2.95×10^{-7}	3.44×10^{-7}	4.05×10^{-7}
		45 岁～	男	59	2.41×10^{-7}	1.03×10^{-7}	5.71×10^{-11}	2.34×10^{-7}	2.71×10^{-7}	2.94×10^{-7}	3.48×10^{-7}
			女	49	2.57×10^{-7}	1.27×10^{-7}	4.65×10^{-11}	2.65×10^{-7}	3.05×10^{-7}	3.34×10^{-7}	3.74×10^{-7}
		60 岁～	男	69	1.80×10^{-7}	1.56×10^{-7}	5.11×10^{-11}	5.51×10^{-11}	2.78×10^{-7}	3.07×10^{-7}	3.58×10^{-7}
			女	64	1.50×10^{-7}	1.79×10^{-7}	4.28×10^{-11}	4.57×10^{-11}	5.07×10^{-11}	3.50×10^{-7}	4.12×10^{-7}

附表 4-3　不同地区居民分城乡、年龄和性别的土壤砷暴露量

类别				N	土壤砷暴露量/[mg/（kg·d）]						
					Mean	Std	P5	P25	P50	P75	P95
太原	城市	18 岁～	男	68	2.59×10^{-9}	1.67×10^{-10}	2.35×10^{-9}	2.49×10^{-9}	2.58×10^{-9}	2.65×10^{-9}	2.93×10^{-9}
			女	72	2.10×10^{-9}	1.57×10^{-10}	1.85×10^{-9}	2.00×10^{-9}	2.08×10^{-9}	2.25×10^{-9}	2.36×10^{-9}
		45 岁～	男	50	3.78×10^{-7}	2.66×10^{-6}	2.23×10^{-9}	2.36×10^{-9}	2.44×10^{-9}	2.50×10^{-9}	2.67×10^{-9}
			女	60	2.03×10^{-9}	1.48×10^{-10}	1.80×10^{-9}	1.92×10^{-9}	2.00×10^{-9}	2.11×10^{-9}	2.32×10^{-9}
		60 岁～	男	56	2.19×10^{-9}	1.32×10^{-10}	2.00×10^{-9}	2.09×10^{-9}	2.18×10^{-9}	2.29×10^{-9}	2.45×10^{-9}
			女	54	1.84×10^{-9}	1.04×10^{-10}	1.66×10^{-9}	1.77×10^{-9}	1.83×10^{-9}	1.91×10^{-9}	2.02×10^{-9}
	农村	18 岁～	男	41	1.36×10^{-5}	2.17×10^{-5}	2.60×10^{-9}	2.78×10^{-9}	2.93×10^{-9}	3.73×10^{-5}	5.32×10^{-5}
			女	40	1.03×10^{-5}	1.86×10^{-5}	1.96×10^{-9}	2.08×10^{-9}	2.26×10^{-9}	1.75×10^{-5}	5.60×10^{-5}
		45 岁～	男	49	1.45×10^{-5}	2.12×10^{-5}	2.46×10^{-9}	2.61×10^{-9}	2.77×10^{-9}	2.92×10^{-5}	5.39×10^{-5}
			女	74	8.97×10^{-6}	1.75×10^{-5}	1.90×10^{-9}	1.98×10^{-9}	2.08×10^{-9}	2.41×10^{-9}	5.12×10^{-5}
		60 岁～	男	73	1.70×10^{-5}	2.07×10^{-5}	2.11×10^{-9}	2.35×10^{-9}	2.64×10^{-9}	3.72×10^{-5}	5.03×10^{-5}
			女	59	7.51×10^{-6}	1.51×10^{-5}	1.77×10^{-9}	1.97×10^{-9}	2.09×10^{-9}	2.40×10^{-9}	4.44×10^{-5}
大连	城市	18 岁～	男	88	1.30×10^{-9}	1.05×10^{-10}	1.15×10^{-9}	1.22×10^{-9}	1.27×10^{-9}	1.36×10^{-9}	1.53×10^{-9}
			女	68	1.01×10^{-9}	1.00×10^{-10}	8.24×10^{-10}	9.41×10^{-10}	1.02×10^{-9}	1.10×10^{-9}	1.15×10^{-9}
		45 岁～	男	13	1.20×10^{-9}	7.48×10^{-11}	1.10×10^{-9}	1.16×10^{-9}	1.18×10^{-9}	1.26×10^{-9}	1.38×10^{-9}
			女	31	2.57×10^{-7}	1.43×10^{-6}	8.36×10^{-10}	8.90×10^{-10}	9.59×10^{-10}	9.79×10^{-10}	1.10×10^{-9}
		60 岁～	男	24	1.03×10^{-9}	5.32×10^{-11}	9.11×10^{-10}	1.00×10^{-9}	1.03×10^{-9}	1.07×10^{-9}	1.10×10^{-9}
			女	63	4.64×10^{-7}	1.86×10^{-6}	7.63×10^{-10}	8.15×10^{-10}	8.68×10^{-10}	9.01×10^{-10}	4.87×10^{-6}
	农村	18 岁～	男	84	8.02×10^{-6}	7.06×10^{-6}	8.95×10^{-10}	9.64×10^{-10}	1.03×10^{-5}	1.46×10^{-5}	1.74×10^{-5}
			女	76	6.44×10^{-6}	7.93×10^{-6}	6.52×10^{-10}	7.49×10^{-10}	8.53×10^{-10}	1.41×10^{-5}	2.10×10^{-5}

类别				N	土壤砷暴露量/[mg/（kg·d）]						
					Mean	Std	P5	P25	P50	P75	P95
大连	农村	45 岁～	男	41	7.93×10^{-6}	6.99×10^{-6}	8.29×10^{-10}	9.49×10^{-10}	8.91×10^{-6}	1.37×10^{-5}	1.84×10^{-5}
			女	49	1.01×10^{-5}	6.72×10^{-6}	6.16×10^{-10}	8.97×10^{-10}	1.20×10^{-5}	1.46×10^{-5}	1.97×10^{-5}
		60 岁～	男	41	8.72×10^{-6}	6.16×10^{-6}	7.49×10^{-10}	8.12×10^{-10}	1.13×10^{-5}	1.27×10^{-5}	1.72×10^{-5}
			女	43	9.39×10^{-6}	5.70×10^{-6}	5.96×10^{-10}	6.83×10^{-6}	1.16×10^{-5}	1.37×10^{-5}	1.49×10^{-5}
上海	城市	18 岁～	男	97	2.08×10^{-6}	9.13×10^{-6}	7.32×10^{-9}	8.16×10^{-9}	8.62×10^{-9}	9.19×10^{-9}	3.21×10^{-5}
			女	88	1.41×10^{-6}	9.26×10^{-6}	5.92×10^{-9}	6.89×10^{-9}	7.27×10^{-9}	7.58×10^{-9}	7.80×10^{-9}
		45 岁～	男	18	2.48×10^{-6}	1.05×10^{-5}	7.06×10^{-9}	7.74×10^{-9}	7.94×10^{-9}	8.54×10^{-9}	4.45×10^{-5}
			女	43	1.03×10^{-6}	6.73×10^{-6}	5.59×10^{-9}	6.09×10^{-9}	6.40×10^{-9}	6.77×10^{-9}	7.21×10^{-9}
		60 岁～	男	16	6.80×10^{-9}	4.41×10^{-10}	5.96×10^{-9}	6.52×10^{-9}	6.90×10^{-9}	7.03×10^{-9}	7.68×10^{-9}
			女	36	1.36×10^{-6}	8.10×10^{-6}	5.33×10^{-9}	5.54×10^{-9}	5.89×10^{-9}	6.30×10^{-9}	6.84×10^{-9}
	农村	18 岁～	男	48	8.52×10^{-6}	2.02×10^{-5}	8.63×10^{-9}	8.63×10^{-9}	8.99×10^{-9}	9.47×10^{-9}	4.76×10^{-5}
			女	38	5.45×10^{-6}	1.63×10^{-5}	6.28×10^{-9}	6.66×10^{-9}	7.13×10^{-9}	7.57×10^{-9}	5.21×10^{-5}
		45 岁～	男	71	1.67×10^{-5}	2.17×10^{-5}	7.85×10^{-9}	8.20×10^{-9}	8.96×10^{-9}	4.20×10^{-5}	4.84×10^{-5}
			女	82	1.50×10^{-5}	2.29×10^{-5}	6.06×10^{-9}	6.55×10^{-9}	6.88×10^{-9}	4.45×10^{-5}	5.48×10^{-5}
		60 岁～	男	35	1.62×10^{-5}	2.39×10^{-5}	6.83×10^{-9}	6.86×10^{-9}	7.31×10^{-9}	4.12×10^{-5}	5.04×10^{-5}
			女	27	2.38×10^{-5}	2.56×10^{-5}	5.76×10^{-9}	6.01×10^{-9}	6.52×10^{-9}	4.91×10^{-5}	6.22×10^{-5}
武汉	城市	18 岁～	男	60	3.03×10^{-7}	2.32×10^{-6}	2.74×10^{-9}	3.00×10^{-9}	3.22×10^{-9}	3.33×10^{-9}	3.58×10^{-9}
			女	77	2.52×10^{-7}	2.19×10^{-6}	2.20×10^{-9}	2.45×10^{-9}	2.58×10^{-9}	2.61×10^{-9}	2.63×10^{-9}
		45 岁～	男	40	3.68×10^{-7}	2.31×10^{-6}	2.59×10^{-9}	2.76×10^{-9}	2.91×10^{-9}	3.01×10^{-9}	3.76×10^{-9}
			女	41	3.89×10^{-7}	2.47×10^{-6}	2.06×10^{-9}	2.27×10^{-9}	2.34×10^{-9}	2.52×10^{-9}	2.59×10^{-9}
		60 岁～	男	60	1.74×10^{-6}	4.89×10^{-6}	2.27×10^{-9}	2.46×10^{-9}	2.57×10^{-9}	2.73×10^{-9}	1.50×10^{-5}
			女	77	1.42×10^{-6}	4.99×10^{-6}	1.82×10^{-9}	1.96×10^{-9}	2.15×10^{-9}	2.40×10^{-9}	1.55×10^{-5}
	农村	18 岁～	男	22	2.76×10^{-5}	3.67×10^{-5}	7.59×10^{-9}	7.89×10^{-9}	8.37×10^{-9}	5.59×10^{-5}	8.02×10^{-5}
			女	33	2.21×10^{-5}	3.22×10^{-5}	5.87×10^{-9}	6.22×10^{-9}	6.61×10^{-9}	6.04×10^{-5}	7.93×10^{-5}
		45 岁～	男	39	3.40×10^{-5}	4.07×10^{-5}	6.70×10^{-9}	7.59×10^{-9}	4.12×10^{-5}	5.44×10^{-5}	1.22×10^{-4}
			女	55	4.40×10^{-5}	3.43×10^{-5}	5.81×10^{-9}	6.20×10^{-9}	5.30×10^{-5}	6.94×10^{-5}	9.15×10^{-5}
		60 岁～	男	66	4.96×10^{-5}	3.78×10^{-5}	6.02×10^{-9}	7.43×10^{-9}	5.38×10^{-5}	6.47×10^{-5}	1.13×10^{-4}
			女	50	4.09×10^{-5}	3.32×10^{-5}	5.07×10^{-9}	5.74×10^{-9}	5.36×10^{-5}	6.32×10^{-5}	9.22×10^{-5}

类别				N	土壤砷暴露量/[mg/（kg·d）]						
					Mean	Std	P5	P25	P50	P75	P95
成都	城市	18 岁～	男	123	2.06×10^{-6}	1.02×10^{-5}	7.36×10^{-9}	7.93×10^{-9}	8.40×10^{-9}	8.75×10^{-9}	1.04×10^{-8}
			女	125	8.24×10^{-7}	6.55×10^{-6}	6.42×10^{-9}	6.86×10^{-9}	7.15×10^{-9}	7.42×10^{-9}	7.86×10^{-9}
		45 岁～	男	24	8.12×10^{-9}	6.21×10^{-10}	7.17×10^{-9}	7.73×10^{-9}	8.10×10^{-9}	8.43×10^{-9}	8.77×10^{-9}
			女	29	2.92×10^{-6}	1.10×10^{-5}	5.84×10^{-9}	6.09×10^{-9}	6.44×10^{-9}	6.86×10^{-9}	3.61×10^{-5}
		60 岁～	男	8	6.80×10^{-9}	4.29×10^{-10}	6.07×10^{-9}	6.56×10^{-9}	6.80×10^{-9}	7.10×10^{-9}	7.44×10^{-9}
			女	26	9.61×10^{-6}	2.02×10^{-5}	5.06×10^{-9}	5.42×10^{-9}	5.91×10^{-9}	6.93×10^{-9}	5.53×10^{-5}
	农村	18 岁～	男	64	6.71×10^{-5}	5.55×10^{-5}	6.33×10^{-9}	7.07×10^{-9}	8.66×10^{-5}	1.13×10^{-4}	1.40×10^{-4}
			女	63	6.00×10^{-5}	6.11×10^{-5}	5.43×10^{-9}	5.88×10^{-9}	7.16×10^{-5}	1.12×10^{-4}	1.61×10^{-4}
		45 岁～	男	55	6.40×10^{-5}	4.66×10^{-5}	6.15×10^{-9}	7.49×10^{-9}	8.66×10^{-5}	1.01×10^{-4}	1.26×10^{-4}
			女	44	8.13×10^{-5}	4.79×10^{-5}	5.07×10^{-9}	5.55×10^{-5}	1.03×10^{-4}	1.09×10^{-4}	1.32×10^{-4}
		60 岁～	男	34	4.74×10^{-5}	4.88×10^{-5}	5.14×10^{-9}	5.75×10^{-9}	4.57×10^{-5}	9.57×10^{-5}	1.23×10^{-4}
			女	36	3.16×10^{-5}	4.60×10^{-5}	4.58×10^{-9}	5.05×10^{-9}	5.42×10^{-9}	6.93×10^{-5}	1.40×10^{-4}
兰州	城市	18 岁～	男	61	2.60×10^{-6}	7.51×10^{-6}	1.55×10^{-9}	1.65×10^{-9}	1.74×10^{-9}	2.06×10^{-9}	2.59×10^{-5}
			女	51	4.85×10^{-7}	2.42×10^{-6}	1.25×10^{-9}	1.36×10^{-9}	1.45×10^{-9}	1.55×10^{-9}	1.73×10^{-9}
		45 岁～	男	49	4.80×10^{-7}	3.35×10^{-6}	1.50×10^{-9}	1.61×10^{-9}	1.72×10^{-9}	1.76×10^{-9}	1.94×10^{-9}
			女	54	1.33×10^{-9}	9.98×10^{-11}	1.20×10^{-9}	1.26×10^{-9}	1.32×10^{-9}	1.39×10^{-9}	1.48×10^{-9}
		60 岁～	男	65	1.51×10^{-9}	8.43×10^{-11}	1.36×10^{-9}	1.46×10^{-9}	1.51×10^{-9}	1.57×10^{-9}	1.65×10^{-9}
			女	67	5.14×10^{-7}	2.38×10^{-6}	1.10×10^{-9}	1.19×10^{-9}	1.27×10^{-9}	1.33×10^{-9}	1.61×10^{-9}
	农村	18 岁～	男	51	2.14×10^{-5}	1.55×10^{-5}	2.00×10^{-9}	2.18×10^{-9}	2.81×10^{-5}	3.25×10^{-5}	4.04×10^{-5}
			女	49	1.85×10^{-5}	1.70×10^{-5}	1.50×10^{-9}	1.75×10^{-9}	2.09×10^{-5}	3.34×10^{-5}	4.25×10^{-5}
		45 岁～	男	59	2.61×10^{-5}	1.17×10^{-5}	1.86×10^{-9}	2.46×10^{-5}	2.82×10^{-5}	3.42×10^{-5}	4.09×10^{-5}
			女	49	2.65×10^{-5}	1.40×10^{-5}	1.52×10^{-9}	2.49×10^{-5}	3.00×10^{-5}	3.72×10^{-5}	4.18×10^{-5}
		60 岁～	男	69	1.87×10^{-5}	1.69×10^{-5}	1.67×10^{-9}	1.80×10^{-9}	2.33×10^{-5}	3.18×10^{-5}	4.14×10^{-5}
			女	64	1.49×10^{-5}	1.80×10^{-5}	1.40×10^{-9}	1.49×10^{-9}	1.65×10^{-9}	3.30×10^{-5}	4.28×10^{-5}

附表 4-4 不同地区居民分城乡、年龄和性别的土壤铅暴露量

类别				N	土壤铅暴露量/[mg/（kg·d）]						
					Mean	Std	P5	P25	P50	P75	P95
太原	城市	18 岁～	男	68	5.21×10^{-9}	3.36×10^{-10}	4.73×10^{-9}	5.02×10^{-9}	5.20×10^{-9}	5.34×10^{-9}	5.90×10^{-9}
			女	72	4.23×10^{-9}	3.16×10^{-10}	3.72×10^{-9}	4.02×10^{-9}	4.18×10^{-9}	4.53×10^{-9}	4.74×10^{-9}
		45 岁～	男	50	4.15×10^{-7}	2.90×10^{-6}	4.49×10^{-9}	4.74×10^{-9}	4.91×10^{-9}	5.03×10^{-9}	5.37×10^{-9}
			女	60	4.09×10^{-9}	2.99×10^{-10}	3.63×10^{-9}	3.86×10^{-9}	4.02×10^{-9}	4.26×10^{-9}	4.66×10^{-9}
		60 岁～	男	56	4.41×10^{-9}	2.65×10^{-10}	4.03×10^{-9}	4.21×10^{-9}	4.38×10^{-9}	4.61×10^{-9}	4.93×10^{-9}
			女	54	3.70×10^{-9}	2.10×10^{-10}	3.35×10^{-9}	3.57×10^{-9}	3.68×10^{-9}	3.84×10^{-9}	4.07×10^{-9}
	农村	18 岁～	男	41	5.74×10^{-6}	9.07×10^{-6}	3.98×10^{-9}	4.26×10^{-9}	4.49×10^{-9}	1.78×10^{-5}	2.02×10^{-5}
			女	40	5.52×10^{-6}	9.24×10^{-6}	3.00×10^{-9}	3.19×10^{-9}	3.47×10^{-9}	1.61×10^{-5}	2.39×10^{-5}
		45 岁～	男	49	7.07×10^{-6}	9.45×10^{-6}	3.76×10^{-9}	4.00×10^{-9}	4.24×10^{-9}	1.81×10^{-5}	2.25×10^{-5}
			女	74	4.70×10^{-6}	8.73×10^{-6}	2.90×10^{-9}	3.04×10^{-9}	3.19×10^{-9}	3.70×10^{-9}	2.24×10^{-5}
		60 岁～	男	73	8.29×10^{-6}	9.56×10^{-6}	3.23×10^{-9}	3.60×10^{-9}	4.05×10^{-9}	1.82×10^{-5}	2.18×10^{-5}
			女	59	4.77×10^{-6}	9.09×10^{-6}	2.72×10^{-9}	3.02×10^{-9}	3.19×10^{-9}	3.67×10^{-9}	2.44×10^{-5}
大连	城市	18 岁～	男	88	4.19×10^{-9}	3.39×10^{-10}	3.71×10^{-9}	3.94×10^{-9}	4.10×10^{-9}	4.39×10^{-9}	4.93×10^{-9}
			女	68	3.26×10^{-9}	3.23×10^{-10}	2.66×10^{-9}	3.03×10^{-9}	3.30×10^{-9}	3.56×10^{-9}	3.72×10^{-9}
		45 岁～	男	13	3.87×10^{-9}	2.42×10^{-10}	3.54×10^{-9}	3.75×10^{-9}	3.82×10^{-9}	4.06×10^{-9}	4.44×10^{-9}
			女	31	5.96×10^{-7}	3.30×10^{-6}	2.70×10^{-9}	2.87×10^{-9}	3.10×10^{-9}	3.16×10^{-9}	3.56×10^{-9}
		60 岁～	男	24	3.33×10^{-9}	1.72×10^{-10}	2.94×10^{-9}	3.24×10^{-9}	3.31×10^{-9}	3.45×10^{-9}	3.54×10^{-9}
			女	63	1.11×10^{-6}	4.32×10^{-6}	2.46×10^{-9}	2.63×10^{-9}	2.80×10^{-9}	2.91×10^{-9}	1.47×10^{-5}
	农村	18 岁～	男	84	7.33×10^{-6}	6.06×10^{-6}	2.59×10^{-9}	2.79×10^{-9}	1.06×10^{-5}	1.20×10^{-5}	1.44×10^{-5}
			女	76	6.39×10^{-6}	7.46×10^{-6}	1.89×10^{-9}	2.17×10^{-9}	2.47×10^{-9}	1.38×10^{-5}	1.76×10^{-5}
		45 岁～	男	41	7.14×10^{-6}	5.92×10^{-6}	2.40×10^{-9}	2.75×10^{-9}	1.03×10^{-5}	1.20×10^{-5}	1.35×10^{-5}
			女	49	9.44×10^{-6}	5.95×10^{-6}	1.78×10^{-9}	2.59×10^{-9}	1.16×10^{-5}	1.35×10^{-5}	1.59×10^{-5}
		60 岁～	男	41	8.41×10^{-6}	5.60×10^{-6}	2.17×10^{-9}	2.35×10^{-9}	1.09×10^{-5}	1.23×10^{-5}	1.37×10^{-5}
			女	43	9.96×10^{-6}	5.73×10^{-6}	1.73×10^{-9}	1.05×10^{-5}	1.22×10^{-5}	1.35×10^{-5}	1.59×10^{-5}
上海	城市	18 岁～	男	97	1.06×10^{-6}	4.58×10^{-6}	4.45×10^{-9}	4.96×10^{-9}	5.24×10^{-9}	5.58×10^{-9}	1.85×10^{-5}
			女	88	6.63×10^{-7}	4.34×10^{-6}	3.60×10^{-9}	4.19×10^{-9}	4.42×10^{-9}	4.60×10^{-9}	4.74×10^{-9}
		45 岁～	男	18	1.13×10^{-6}	4.78×10^{-6}	4.29×10^{-9}	4.70×10^{-9}	4.82×10^{-9}	5.19×10^{-9}	2.03×10^{-5}
			女	43	5.34×10^{-7}	3.48×10^{-6}	3.39×10^{-9}	3.70×10^{-9}	3.89×10^{-9}	4.11×10^{-9}	4.38×10^{-9}

类别				N	土壤铅暴露量/[mg/（kg·d）]						
					Mean	Std	P5	P25	P50	P75	P95
上海	城市	60 岁～	男	16	4.13×10^{-9}	2.68×10^{-10}	3.62×10^{-9}	3.96×10^{-9}	4.19×10^{-9}	4.27×10^{-9}	4.66×10^{-9}
			女	36	7.85×10^{-7}	4.69×10^{-6}	3.24×10^{-9}	3.36×10^{-9}	3.58×10^{-9}	3.83×10^{-9}	4.15×10^{-9}
	农村	18 岁～	男	48	2.61×10^{-6}	5.89×10^{-6}	3.77×10^{-9}	3.77×10^{-9}	3.93×10^{-9}	4.14×10^{-9}	1.58×10^{-5}
			女	38	2.07×10^{-6}	6.15×10^{-6}	2.74×10^{-9}	2.91×10^{-9}	3.12×10^{-9}	3.31×10^{-9}	1.92×10^{-5}
		45 岁～	男	71	6.03×10^{-6}	7.77×10^{-6}	3.43×10^{-9}	3.58×10^{-9}	3.91×10^{-9}	1.55×10^{-5}	1.76×10^{-5}
			女	82	5.37×10^{-6}	8.22×10^{-6}	2.65×10^{-9}	2.86×10^{-9}	3.01×10^{-9}	1.63×10^{-5}	1.92×10^{-5}
		60 岁～	男	35	5.49×10^{-6}	7.74×10^{-6}	2.98×10^{-9}	3.00×10^{-9}	3.19×10^{-9}	1.52×10^{-5}	1.76×10^{-5}
			女	27	8.95×10^{-6}	9.53×10^{-6}	2.52×10^{-9}	2.63×10^{-9}	2.85×10^{-9}	1.77×10^{-5}	2.08×10^{-5}
武汉	城市	18 岁～	男	60	3.84×10^{-7}	2.93×10^{-6}	4.87×10^{-9}	5.33×10^{-9}	5.72×10^{-9}	5.91×10^{-9}	6.35×10^{-9}
			女	77	3.00×10^{-7}	2.60×10^{-6}	3.91×10^{-9}	4.36×10^{-9}	4.58×10^{-9}	4.64×10^{-9}	4.68×10^{-9}
		45 岁～	男	40	6.33×10^{-7}	3.97×10^{-6}	4.61×10^{-9}	4.90×10^{-9}	5.18×10^{-9}	5.35×10^{-9}	6.68×10^{-9}
			女	41	6.51×10^{-7}	4.14×10^{-6}	3.67×10^{-9}	4.03×10^{-9}	4.16×10^{-9}	4.48×10^{-9}	4.60×10^{-9}
		60 岁～	男	60	2.55×10^{-6}	7.14×10^{-6}	4.04×10^{-9}	4.38×10^{-9}	4.56×10^{-9}	4.85×10^{-9}	2.21×10^{-5}
			女	77	2.18×10^{-6}	7.59×10^{-6}	3.24×10^{-9}	3.48×10^{-9}	3.82×10^{-9}	4.26×10^{-9}	2.61×10^{-5}
	农村	18 岁～	男	22	1.13×10^{-5}	1.40×10^{-5}	6.31×10^{-9}	6.57×10^{-9}	6.96×10^{-9}	2.66×10^{-5}	3.05×10^{-5}
			女	33	1.06×10^{-5}	1.53×10^{-5}	4.88×10^{-9}	5.18×10^{-9}	5.50×10^{-9}	3.01×10^{-5}	3.33×10^{-5}
		45 岁～	男	39	1.51×10^{-5}	1.53×10^{-5}	5.57×10^{-9}	6.31×10^{-9}	2.14×10^{-5}	2.79×10^{-5}	3.70×10^{-5}
			女	55	2.09×10^{-5}	1.50×10^{-5}	4.83×10^{-9}	5.16×10^{-9}	2.82×10^{-5}	3.25×10^{-5}	3.61×10^{-5}
		60 岁～	男	66	2.13×10^{-5}	1.34×10^{-5}	5.01×10^{-9}	6.18×10^{-9}	2.78×10^{-5}	3.02×10^{-5}	3.37×10^{-5}
			女	50	2.07×10^{-5}	1.60×10^{-5}	4.22×10^{-9}	4.78×10^{-9}	2.81×10^{-5}	3.31×10^{-5}	3.72×10^{-5}
成都	城市	18 岁～	男	123	1.53×10^{-6}	7.45×10^{-6}	7.54×10^{-9}	8.12×10^{-9}	8.60×10^{-9}	8.97×10^{-9}	1.06×10^{-8}
			女	125	6.96×10^{-7}	5.44×10^{-6}	6.58×10^{-9}	7.02×10^{-9}	7.33×10^{-9}	7.59×10^{-9}	8.05×10^{-9}
		45 岁～	男	24	8.31×10^{-9}	6.36×10^{-10}	7.35×10^{-9}	7.92×10^{-9}	8.29×10^{-9}	8.64×10^{-9}	8.98×10^{-9}
			女	29	2.69×10^{-6}	1.01×10^{-5}	5.99×10^{-9}	6.23×10^{-9}	6.59×10^{-9}	7.02×10^{-9}	3.58×10^{-5}
		60 岁～	男	8	6.96×10^{-9}	4.40×10^{-10}	6.21×10^{-9}	6.72×10^{-9}	6.96×10^{-9}	7.27×10^{-9}	7.62×10^{-9}
			女	26	7.78×10^{-6}	1.63×10^{-5}	5.19×10^{-9}	5.55×10^{-9}	6.05×10^{-9}	7.10×10^{-9}	4.18×10^{-5}
	农村	18 岁～	男	64	3.07×10^{-5}	2.41×10^{-5}	9.33×10^{-9}	1.04×10^{-8}	4.10×10^{-5}	5.16×10^{-5}	5.88×10^{-5}
			女	63	3.01×10^{-5}	2.95×10^{-5}	8.00×10^{-9}	8.66×10^{-9}	4.43×10^{-5}	5.86×10^{-5}	6.67×10^{-5}
		45 岁～	男	55	3.14×10^{-5}	2.12×10^{-5}	9.06×10^{-9}	1.10×10^{-8}	3.93×10^{-5}	4.50×10^{-5}	5.88×10^{-5}
			女	44	4.13×10^{-5}	2.33×10^{-5}	7.47×10^{-9}	4.11×10^{-5}	5.10×10^{-5}	5.61×10^{-5}	6.37×10^{-5}

类别				N	土壤铅暴露量/[mg/（kg·d）]						
					Mean	Std	P5	P25	P50	P75	P95
成都	农村	60岁～	男	34	2.52×10^{-5}	2.51×10^{-5}	7.57×10^{-9}	8.46×10^{-9}	3.57×10^{-5}	4.71×10^{-5}	6.37×10^{-5}
			女	36	2.06×10^{-5}	2.82×10^{-5}	6.74×10^{-9}	7.44×10^{-9}	7.98×10^{-9}	5.17×10^{-5}	6.89×10^{-5}
兰州	城市	18岁～	男	61	2.81×10^{-6}	7.89×10^{-6}	5.15×10^{-9}	5.49×10^{-9}	5.80×10^{-9}	6.85×10^{-9}	2.48×10^{-5}
			女	51	1.17×10^{-6}	5.84×10^{-6}	4.17×10^{-9}	4.53×10^{-9}	4.81×10^{-9}	5.17×10^{-9}	5.75×10^{-9}
		45岁～	男	49	5.18×10^{-7}	3.59×10^{-6}	5.00×10^{-9}	5.35×10^{-9}	5.71×10^{-9}	5.85×10^{-9}	6.47×10^{-9}
			女	54	4.42×10^{-9}	3.32×10^{-10}	3.99×10^{-9}	4.21×10^{-9}	4.38×10^{-9}	4.64×10^{-9}	4.94×10^{-9}
		60岁～	男	65	5.02×10^{-9}	2.81×10^{-10}	4.51×10^{-9}	4.85×10^{-9}	5.02×10^{-9}	5.22×10^{-9}	5.50×10^{-9}
			女	67	1.41×10^{-6}	6.56×10^{-6}	3.66×10^{-9}	3.96×10^{-9}	4.22×10^{-9}	4.43×10^{-9}	5.37×10^{-9}
	农村	18岁～	男	51	1.07×10^{-5}	7.48×10^{-6}	3.39×10^{-9}	3.68×10^{-9}	1.49×10^{-5}	1.63×10^{-5}	1.86×10^{-5}
			女	49	1.11×10^{-5}	9.53×10^{-6}	2.54×10^{-9}	2.95×10^{-9}	1.63×10^{-5}	1.90×10^{-5}	2.24×10^{-5}
		45岁～	男	59	1.33×10^{-5}	5.68×10^{-6}	3.15×10^{-9}	1.29×10^{-5}	1.50×10^{-5}	1.63×10^{-5}	1.92×10^{-5}
			女	49	1.42×10^{-5}	7.04×10^{-6}	2.57×10^{-9}	1.46×10^{-5}	1.68×10^{-5}	1.85×10^{-5}	2.06×10^{-5}
		60岁～	男	69	9.93×10^{-6}	8.61×10^{-6}	2.82×10^{-9}	3.04×10^{-9}	1.54×10^{-5}	1.69×10^{-5}	1.98×10^{-5}
			女	64	8.28×10^{-6}	9.89×10^{-6}	2.36×10^{-9}	2.52×10^{-9}	2.80×10^{-9}	1.93×10^{-5}	2.28×10^{-5}

附表 4-5 不同地区居民分城乡、年龄和性别的土壤铬暴露量

类别				N	土壤铬暴露量/[mg/（kg·d）]						
					Mean	Std	P5	P25	P50	P75	P95
太原	城市	18岁～	男	68	1.34×10^{-8}	8.62×10^{-10}	1.21×10^{-8}	1.29×10^{-8}	1.34×10^{-8}	1.37×10^{-8}	1.51×10^{-8}
			女	72	1.09×10^{-8}	8.11×10^{-10}	9.56×10^{-9}	1.03×10^{-8}	1.07×10^{-8}	1.16×10^{-8}	1.22×10^{-8}
		45岁～	男	50	1.07×10^{-6}	7.45×10^{-6}	1.15×10^{-8}	1.22×10^{-8}	1.26×10^{-8}	1.29×10^{-8}	1.38×10^{-8}
			女	60	1.05×10^{-8}	7.67×10^{-10}	9.32×10^{-9}	9.92×10^{-9}	1.03×10^{-8}	1.09×10^{-8}	1.20×10^{-8}
		60岁～	男	56	1.13×10^{-8}	6.82×10^{-10}	1.04×10^{-8}	1.08×10^{-8}	1.13×10^{-8}	1.18×10^{-8}	1.27×10^{-8}
			女	54	9.50×10^{-9}	5.39×10^{-10}	8.60×10^{-9}	9.16×10^{-9}	9.46×10^{-9}	9.86×10^{-9}	1.04×10^{-8}
	农村	18岁～	男	41	1.78×10^{-5}	2.80×10^{-5}	1.23×10^{-8}	1.32×10^{-8}	1.39×10^{-8}	5.51×10^{-5}	6.26×10^{-5}
			女	40	1.71×10^{-5}	2.86×10^{-5}	9.26×10^{-9}	9.87×10^{-9}	1.07×10^{-8}	4.99×10^{-5}	7.40×10^{-5}
		45岁～	男	49	2.19×10^{-5}	2.92×10^{-5}	1.16×10^{-8}	1.24×10^{-8}	1.31×10^{-8}	5.59×10^{-5}	6.95×10^{-5}
			女	74	1.45×10^{-5}	2.70×10^{-5}	8.98×10^{-9}	9.39×10^{-9}	9.87×10^{-9}	1.14×10^{-8}	6.94×10^{-5}
		60岁～	男	73	2.56×10^{-5}	2.96×10^{-5}	9.97×10^{-9}	1.11×10^{-8}	1.25×10^{-8}	5.61×10^{-5}	6.74×10^{-5}
			女	59	1.48×10^{-5}	2.81×10^{-5}	8.40×10^{-9}	9.34×10^{-9}	9.88×10^{-9}	1.13×10^{-8}	7.56×10^{-5}

类别				N	土壤铬暴露量/[mg/（kg·d）]						
					Mean	Std	P5	P25	P50	P75	P95
大连	城市	18 岁～	男	88	6.20×10^{-9}	5.03×10^{-10}	5.50×10^{-9}	5.84×10^{-9}	6.07×10^{-9}	6.51×10^{-9}	7.30×10^{-9}
			女	68	4.83×10^{-9}	4.78×10^{-10}	3.94×10^{-9}	4.50×10^{-9}	4.89×10^{-9}	5.28×10^{-9}	5.52×10^{-9}
		45 岁～	男	13	5.74×10^{-9}	3.58×10^{-10}	5.25×10^{-9}	5.55×10^{-9}	5.66×10^{-9}	6.01×10^{-9}	6.58×10^{-9}
			女	31	8.82×10^{-7}	4.89×10^{-6}	3.99×10^{-9}	4.26×10^{-9}	4.58×10^{-9}	4.68×10^{-9}	5.27×10^{-9}
		60 岁～	男	24	4.93×10^{-9}	2.54×10^{-10}	4.35×10^{-9}	4.80×10^{-9}	4.90×10^{-9}	5.11×10^{-9}	5.25×10^{-9}
			女	63	1.65×10^{-6}	6.40×10^{-6}	3.65×10^{-9}	3.89×10^{-9}	4.15×10^{-9}	4.30×10^{-9}	2.17×10^{-5}
	农村	18 岁～	男	84	1.62×10^{-5}	1.34×10^{-5}	5.72×10^{-9}	6.16×10^{-9}	2.35×10^{-5}	2.65×10^{-5}	3.17×10^{-5}
			女	76	1.41×10^{-5}	1.65×10^{-5}	4.17×10^{-9}	4.79×10^{-9}	5.45×10^{-9}	3.06×10^{-5}	3.90×10^{-5}
		45 岁～	男	41	1.58×10^{-5}	1.31×10^{-5}	5.30×10^{-9}	6.06×10^{-9}	2.28×10^{-5}	2.65×10^{-5}	2.99×10^{-5}
			女	49	2.09×10^{-5}	1.31×10^{-5}	3.94×10^{-9}	5.73×10^{-9}	2.57×10^{-5}	2.98×10^{-5}	3.51×10^{-5}
		60 岁～	男	41	1.86×10^{-5}	1.24×10^{-5}	4.79×10^{-9}	5.19×10^{-9}	2.41×10^{-5}	2.73×10^{-5}	3.02×10^{-5}
			女	43	2.20×10^{-5}	1.26×10^{-5}	3.81×10^{-9}	2.33×10^{-5}	2.68×10^{-5}	2.97×10^{-5}	3.51×10^{-5}
上海	城市	18 岁～	男	97	3.37×10^{-6}	1.45×10^{-5}	1.41×10^{-8}	1.57×10^{-8}	1.66×10^{-8}	1.77×10^{-8}	5.87×10^{-5}
			女	88	2.10×10^{-6}	1.38×10^{-5}	1.14×10^{-8}	1.33×10^{-8}	1.40×10^{-8}	1.46×10^{-8}	1.50×10^{-8}
		45 岁～	男	18	3.59×10^{-6}	1.52×10^{-5}	1.36×10^{-8}	1.49×10^{-8}	1.53×10^{-8}	1.64×10^{-8}	6.43×10^{-5}
			女	43	1.69×10^{-6}	1.10×10^{-5}	1.08×10^{-8}	1.17×10^{-8}	1.23×10^{-8}	1.30×10^{-8}	1.39×10^{-8}
		60 岁～	男	16	1.31×10^{-8}	8.49×10^{-10}	1.15×10^{-8}	1.25×10^{-8}	1.33×10^{-8}	1.35×10^{-8}	1.48×10^{-8}
			女	36	2.49×10^{-6}	1.49×10^{-5}	1.03×10^{-8}	1.07×10^{-8}	1.13×10^{-8}	1.21×10^{-8}	1.32×10^{-8}
	农村	18 岁～	男	48	1.09×10^{-5}	2.46×10^{-5}	1.58×10^{-8}	1.58×10^{-8}	1.64×10^{-8}	1.73×10^{-8}	6.60×10^{-5}
			女	38	8.66×10^{-6}	2.57×10^{-5}	1.15×10^{-8}	1.22×10^{-8}	1.30×10^{-8}	1.38×10^{-8}	8.05×10^{-5}
		45 岁～	男	71	2.52×10^{-5}	3.25×10^{-5}	1.44×10^{-8}	1.50×10^{-8}	1.64×10^{-8}	6.49×10^{-5}	7.38×10^{-5}
			女	82	2.25×10^{-5}	3.44×10^{-5}	1.11×10^{-8}	1.20×10^{-8}	1.26×10^{-8}	6.81×10^{-5}	8.05×10^{-5}
		60 岁～	男	35	2.30×10^{-5}	3.24×10^{-5}	1.25×10^{-8}	1.25×10^{-8}	1.34×10^{-8}	6.37×10^{-5}	7.37×10^{-5}
			女	27	3.75×10^{-5}	3.99×10^{-5}	1.05×10^{-8}	1.10×10^{-8}	1.19×10^{-8}	7.41×10^{-5}	8.72×10^{-5}
武汉	城市	18 岁～	男	60	7.89×10^{-7}	6.02×10^{-6}	1.00×10^{-8}	1.10×10^{-8}	1.17×10^{-8}	1.21×10^{-8}	1.30×10^{-8}
			女	77	6.17×10^{-7}	5.33×10^{-6}	8.03×10^{-9}	8.95×10^{-9}	9.40×10^{-9}	9.52×10^{-9}	9.61×10^{-9}
		45 岁～	男	40	1.30×10^{-6}	8.16×10^{-6}	9.46×10^{-9}	1.01×10^{-8}	1.06×10^{-8}	1.10×10^{-8}	1.37×10^{-8}
			女	41	1.34×10^{-6}	8.51×10^{-6}	7.53×10^{-9}	8.28×10^{-9}	8.55×10^{-9}	9.20×10^{-9}	9.46×10^{-9}
		60 岁～	男	60	5.25×10^{-6}	1.47×10^{-5}	8.30×10^{-9}	8.99×10^{-9}	9.37×10^{-9}	9.96×10^{-9}	4.53×10^{-5}
			女	77	4.48×10^{-6}	1.56×10^{-5}	6.65×10^{-9}	7.16×10^{-9}	7.84×10^{-9}	8.74×10^{-9}	5.35×10^{-5}

类别				N	土壤铬暴露量/[mg/（kg·d）]						
					Mean	Std	P5	P25	P50	P75	P95
武汉	农村	18岁～	男	22	2.87×10^{-5}	3.54×10^{-5}	1.60×10^{-8}	1.66×10^{-8}	1.76×10^{-8}	6.73×10^{-5}	7.71×10^{-5}
			女	33	2.68×10^{-5}	3.86×10^{-5}	1.23×10^{-8}	1.31×10^{-8}	1.39×10^{-8}	7.61×10^{-5}	8.43×10^{-5}
		45岁～	男	39	3.82×10^{-5}	3.86×10^{-5}	1.41×10^{-8}	1.60×10^{-8}	5.42×10^{-5}	7.07×10^{-5}	9.36×10^{-5}
			女	55	5.29×10^{-5}	3.79×10^{-5}	1.22×10^{-8}	1.31×10^{-8}	7.14×10^{-5}	8.21×10^{-5}	9.14×10^{-5}
		60岁～	男	66	5.39×10^{-5}	3.38×10^{-5}	1.27×10^{-8}	1.56×10^{-8}	7.04×10^{-5}	7.64×10^{-5}	8.54×10^{-5}
			女	50	5.23×10^{-5}	4.05×10^{-5}	1.07×10^{-8}	1.21×10^{-8}	7.11×10^{-5}	8.36×10^{-5}	9.40×10^{-5}
成都	城市	18岁～	男	123	2.45×10^{-6}	1.19×10^{-5}	1.21×10^{-8}	1.30×10^{-8}	1.38×10^{-8}	1.44×10^{-8}	1.70×10^{-8}
			女	125	1.11×10^{-6}	8.72×10^{-6}	1.05×10^{-8}	1.13×10^{-8}	1.17×10^{-8}	1.22×10^{-8}	1.29×10^{-8}
		45岁～	男	24	1.33×10^{-8}	1.02×10^{-9}	1.18×10^{-8}	1.27×10^{-8}	1.33×10^{-8}	1.38×10^{-8}	1.44×10^{-8}
			女	29	4.31×10^{-6}	1.61×10^{-5}	9.59×10^{-9}	9.99×10^{-9}	1.06×10^{-8}	1.13×10^{-8}	5.73×10^{-5}
		60岁～	男	8	1.12×10^{-8}	7.04×10^{-10}	9.96×10^{-9}	1.08×10^{-8}	1.12×10^{-8}	1.16×10^{-8}	1.22×10^{-8}
			女	26	1.25×10^{-5}	2.61×10^{-5}	8.31×10^{-9}	8.89×10^{-9}	9.69×10^{-9}	1.14×10^{-8}	6.69×10^{-5}
	农村	18岁～	男	64	3.58×10^{-5}	2.81×10^{-5}	1.09×10^{-8}	1.21×10^{-8}	4.78×10^{-5}	6.01×10^{-5}	6.85×10^{-5}
			女	63	3.51×10^{-5}	3.44×10^{-5}	9.32×10^{-9}	1.01×10^{-8}	5.16×10^{-5}	6.83×10^{-5}	7.77×10^{-5}
		45岁～	男	55	3.66×10^{-5}	2.47×10^{-5}	1.06×10^{-8}	1.29×10^{-8}	4.58×10^{-5}	5.24×10^{-5}	6.85×10^{-5}
			女	44	4.81×10^{-5}	2.71×10^{-5}	8.71×10^{-9}	4.79×10^{-5}	5.94×10^{-5}	6.54×10^{-5}	7.42×10^{-5}
		60岁～	男	34	2.93×10^{-5}	2.93×10^{-5}	8.82×10^{-9}	9.86×10^{-9}	4.16×10^{-5}	5.49×10^{-5}	7.42×10^{-5}
			女	36	2.40×10^{-5}	3.28×10^{-5}	7.86×10^{-9}	8.67×10^{-9}	9.30×10^{-9}	6.02×10^{-5}	8.03×10^{-5}
兰州	城市	18岁～	男	61	6.07×10^{-6}	1.71×10^{-5}	1.11×10^{-8}	1.19×10^{-8}	1.26×10^{-8}	1.48×10^{-8}	5.36×10^{-5}
			女	51	2.54×10^{-6}	1.26×10^{-5}	9.03×10^{-9}	9.81×10^{-9}	1.04×10^{-8}	1.12×10^{-8}	1.25×10^{-8}
		45岁～	男	49	1.12×10^{-6}	7.76×10^{-6}	1.08×10^{-8}	1.16×10^{-8}	1.24×10^{-8}	1.27×10^{-8}	1.40×10^{-8}
			女	54	9.57×10^{-9}	7.19×10^{-10}	8.63×10^{-9}	9.11×10^{-9}	9.49×10^{-9}	1.00×10^{-8}	1.07×10^{-8}
		60岁～	男	65	1.09×10^{-8}	6.08×10^{-10}	9.77×10^{-9}	1.05×10^{-8}	1.09×10^{-8}	1.13×10^{-8}	1.19×10^{-8}
			女	67	3.06×10^{-6}	1.42×10^{-5}	7.93×10^{-9}	8.57×10^{-9}	9.14×10^{-9}	9.59×10^{-9}	1.16×10^{-8}
	农村	18岁～	男	51	3.80×10^{-5}	2.64×10^{-5}	1.20×10^{-8}	1.30×10^{-8}	5.28×10^{-5}	5.77×10^{-5}	6.58×10^{-5}
			女	49	3.92×10^{-5}	3.37×10^{-5}	8.99×10^{-9}	1.05×10^{-8}	5.77×10^{-5}	6.71×10^{-5}	7.92×10^{-5}
		45岁～	男	59	4.72×10^{-5}	2.01×10^{-5}	1.12×10^{-8}	4.57×10^{-5}	5.30×10^{-5}	5.75×10^{-5}	6.79×10^{-5}
			女	49	5.02×10^{-5}	2.49×10^{-5}	9.08×10^{-9}	5.18×10^{-5}	5.95×10^{-5}	6.53×10^{-5}	7.31×10^{-5}
		60岁～	男	69	3.51×10^{-5}	3.05×10^{-5}	9.98×10^{-9}	1.08×10^{-8}	5.43×10^{-5}	6.00×10^{-5}	7.00×10^{-5}
			女	64	2.93×10^{-5}	3.50×10^{-5}	8.36×10^{-9}	8.92×10^{-9}	9.90×10^{-9}	6.83×10^{-5}	8.06×10^{-5}

附表 4-6　不同地区居民分城乡、年龄和性别的土壤汞暴露贡献比

类别				N	土壤汞暴露贡献比/%						
					Mean	Std	P5	P25	P50	P75	P95
太原	城市	18 岁～	男	68	0.0004	0.0001	0.0002	0.0003	0.0004	0.0004	0.0005
			女	72	0.0002	<0.0001	0.0002	0.0002	0.0002	0.0003	0.0003
		45 岁～	男	50	0.0243	0.1697	0.0003	0.0003	0.0003	0.0003	0.0005
			女	60	0.0002	<0.0001	0.0002	0.0002	0.0002	0.0003	0.0003
		60 岁～	男	56	0.0003	0.0001	0.0002	0.0003	0.0003	0.0004	0.0004
			女	54	0.0002	<0.0001	0.0002	0.0002	0.0002	0.0003	0.0003
	农村	18 岁～	男	41	0.1218	0.1927	0.0001	0.0001	0.0001	0.3708	0.4394
			女	40	0.1127	0.1867	<0.0001	0.0001	0.0001	0.3291	0.4501
		45 岁～	男	49	0.1463	0.2043	0.0001	0.0001	0.0001	0.3545	0.4809
			女	74	0.0880	0.1628	0.0001	0.0001	0.0001	0.0001	0.4075
		60 岁～	男	73	0.1754	0.2020	0.0001	0.0001	0.0001	0.4006	0.4609
			女	59	0.0855	0.1640	<0.0001	0.0001	0.0001	0.0001	0.4393
大连	城市	18 岁～	男	88	<0.0001	<0.0001	<0.0001	<0.0001	<0.0001	<0.0001	<0.0001
			女	68	<0.0001	<0.0001	<0.0001	<0.0001	<0.0001	<0.0001	<0.0001
		45 岁～	男	13	<0.0001	<0.0001	<0.0001	<0.0001	<0.0001	<0.0001	<0.0001
			女	31	0.0005	0.0028	<0.0001	<0.0001	<0.0001	<0.0001	<0.0001
		60 岁～	男	24	<0.0001	<0.0001	<0.0001	<0.0001	<0.0001	<0.0001	<0.0001
			女	63	0.0009	0.0035	<0.0001	<0.0001	<0.0001	<0.0001	0.0120
	农村	18 岁～	男	84	0.0097	0.0081	<0.0001	<0.0001	0.0129	0.0173	0.0189
			女	76	0.0066	0.0080	<0.0001	<0.0001	<0.0001	0.0153	0.0192
		45 岁～	男	41	0.0088	0.0078	<0.0001	<0.0001	0.0088	0.0170	0.0182
			女	49	0.0109	0.0075	<0.0001	<0.0001	0.0115	0.0179	0.0199
		60 岁～	男	41	0.0105	0.0075	<0.0001	<0.0001	0.0128	0.0166	0.0205
			女	43	0.0117	0.0071	<0.0001	0.0105	0.0130	0.0170	0.0193
上海	城市	18 岁～	男	97	0.0049	0.0215	<0.0001	<0.0001	<0.0001	<0.0001	0.0586
			女	88	0.0026	0.0168	<0.0001	<0.0001	<0.0001	<0.0001	<0.0001
		45 岁～	男	18	0.0055	0.0232	<0.0001	<0.0001	<0.0001	<0.0001	0.0986
			女	43	0.0024	0.0157	<0.0001	<0.0001	<0.0001	<0.0001	<0.0001

类别				*N*	土壤汞暴露贡献比/%						
					Mean	Std	P5	P25	P50	P75	P95
上海	城市	60岁～	男	16	<0.0001	<0.0001	<0.0001	<0.0001	<0.0001	<0.0001	<0.0001
			女	36	0.0031	0.0183	<0.0001	<0.0001	<0.0001	<0.0001	<0.0001
	农村	18岁～	男	48	0.0209	0.0475	<0.0001	<0.0001	<0.0001	<0.0001	0.1342
			女	38	0.0134	0.0407	<0.0001	<0.0001	<0.0001	<0.0001	0.1258
		45岁～	男	71	0.0429	0.0565	<0.0001	<0.0001	<0.0001	0.1151	0.1316
			女	82	0.0360	0.0554	<0.0001	<0.0001	<0.0001	0.0996	0.1307
		60岁～	男	35	0.0417	0.0595	<0.0001	<0.0001	<0.0001	0.1216	0.1349
			女	27	0.0598	0.0646	<0.0001	<0.0001	<0.0001	0.1230	0.1472
武汉	城市	18岁～	男	60	0.0037	0.0274	0.0001	0.0001	0.0001	0.0001	0.0005
			女	77	0.0041	0.0349	<0.0001	<0.0001	0.0001	0.0001	0.0002
		45岁～	男	40	0.0077	0.0485	<0.0001	0.0001	0.0001	0.0001	0.0001
			女	41	0.0069	0.0437	<0.0001	<0.0001	0.0001	0.0001	0.0004
		60岁～	男	60	0.0307	0.0853	<0.0001	0.0001	0.0001	0.0001	0.2638
			女	77	0.0267	0.0927	<0.0001	<0.0001	<0.0001	0.0001	0.3325
	农村	18岁～	男	22	0.0636	0.0799	<0.0001	<0.0001	<0.0001	0.1566	0.1827
			女	33	0.0875	0.2724	<0.0001	<0.0001	<0.0001	0.1056	0.1882
		45岁～	男	39	0.2180	0.7629	<0.0001	<0.0001	0.0895	0.1542	1.0417
			女	55	0.0963	0.0749	<0.0001	<0.0001	0.1182	0.1609	0.1836
		60岁～	男	66	0.1351	0.1977	<0.0001	<0.0001	0.1469	0.1715	0.1975
			女	50	0.0968	0.0770	<0.0001	<0.0001	0.1197	0.1639	0.1850
成都	城市	18岁～	男	123	0.0015	0.0078	<0.0001	<0.0001	<0.0001	<0.0001	<0.0001
			女	125	0.0006	0.0048	<0.0001	<0.0001	<0.0001	<0.0001	<0.0001
		45岁～	男	24	<0.0001	<0.0001	<0.0001	<0.0001	<0.0001	<0.0001	<0.0001
			女	29	0.0032	0.0119	<0.0001	<0.0001	<0.0001	<0.0001	0.0449
		60岁～	男	8	<0.0001	<0.0001	<0.0001	<0.0001	<0.0001	<0.0001	<0.0001
			女	26	0.0092	0.0192	<0.0001	<0.0001	<0.0001	<0.0001	0.0493
	农村	18岁～	男	64	0.0655	0.0521	<0.0001	<0.0001	0.0812	0.1157	0.1233
			女	63	0.0502	0.0508	<0.0001	<0.0001	0.0643	0.0841	0.1273
		45岁～	男	55	0.0690	0.0514	<0.0001	<0.0001	0.0787	0.1076	0.1571
			女	44	0.0852	0.0503	<0.0001	0.0687	0.1023	0.1201	0.1327

类别				N	土壤汞暴露贡献比/%						
					Mean	Std	P5	P25	P50	P75	P95
成都	农村	60 岁～	男	34	0.0566	0.0559	<0.0001	<0.0001	0.0695	0.1130	0.1301
			女	36	0.0398	0.0551	<0.0001	<0.0001	<0.0001	0.1085	0.1240
兰州	城市	18 岁～	男	61	0.1286	0.4090	0.0002	0.0002	0.0003	0.0004	0.9646
			女	51	0.0472	0.2357	0.0001	0.0001	0.0002	0.0002	0.0006
		45 岁～	男	49	0.0323	0.2247	0.0002	0.0002	0.0002	0.0003	0.0004
			女	54	0.0002	0.0001	0.0001	0.0002	0.0002	0.0002	0.0003
		60 岁～	男	65	0.0002	<0.0001	0.0001	0.0002	0.0002	0.0002	0.0003
			女	67	0.0457	0.2119	0.0001	0.0001	0.0002	0.0002	0.0005
	农村	18 岁～	男	51	0.4114	0.2938	0.0001	0.0001	0.5818	0.6410	0.7321
			女	49	0.3838	0.3731	0.0001	0.0001	0.5144	0.6033	0.8804
		45 岁～	男	59	0.4772	0.2659	0.0001	0.3507	0.5188	0.5947	0.9559
			女	49	0.4958	0.2981	0.0001	0.4019	0.5762	0.6217	0.9744
		60 岁～	男	69	0.3180	0.2862	0.0001	0.0001	0.4118	0.5703	0.7172
			女	64	0.2482	0.3004	0.0001	0.0001	0.0001	0.5695	0.6439

附表 4-7　不同地区居民分城乡、年龄和性别的土壤汞经消化道暴露贡献比

类别				N	接触比例/%	土壤汞经消化道暴露贡献比*/%						
						Mean	Std	P5	P25	P50	P75	P95
太原	城市	45 岁～	男	1	0.14	1.1651	—	1.1651	1.1651	1.1651	1.1651	1.1651
	农村	18 岁～	男	12	1.72	0.3780	0.0344	0.3316	0.3515	0.3758	0.3992	0.4476
			女	11	1.58	0.3825	0.0402	0.2964	0.3762	0.3821	0.4126	0.4297
		45 岁～	男	18	2.59	0.3690	0.1054	0.2088	0.3237	0.3676	0.3970	0.6967
			女	17	2.44	0.3574	0.0344	0.2718	0.3479	0.3641	0.3789	0.4048
		60 岁～	男	32	4.60	0.3704	0.0397	0.3040	0.3444	0.3726	0.3969	0.4373
			女	13	1.87	0.3686	0.0530	0.2828	0.3330	0.3683	0.3966	0.4815
大连	城市	45 岁～	女	1	0.16	0.0154	—	0.0154	0.0154	0.0154	0.0154	0.0154
		60 岁～	女	4	0.64	0.0141	0.0015	0.0120	0.0132	0.0147	0.0150	0.0152
	农村	18 岁～	男	51	8.21	0.0147	0.0026	0.0089	0.0138	0.0153	0.0165	0.0174
			女	33	5.31	0.0142	0.0034	0.0086	0.0103	0.0151	0.0172	0.0183

类别				*N*	接触比例/%	土壤汞经消化道暴露贡献比*/%						
						Mean	Std	P5	P25	P50	P75	P95
大连	农村	45 岁～	男	25	4.03	0.0133	0.0036	0.0077	0.0099	0.0145	0.0161	0.0174
			女	36	5.80	0.0137	0.0038	0.0088	0.0101	0.0142	0.0173	0.0189
		60 岁～	男	29	4.67	0.0139	0.0033	0.0096	0.0117	0.0130	0.0173	0.0193
			女	33	5.31	0.0144	0.0032	0.0104	0.0116	0.0145	0.0162	0.0203
上海	城市	18 岁～	男	5	0.83	0.0942	0.0205	0.0578	0.1008	0.1019	0.1028	0.1075
			女	2	0.33	0.1109	0.0048	0.1075	0.1075	0.1109	0.1143	0.1143
		45 岁～	男	1	0.17	0.0974	—	0.0974	0.0974	0.0974	0.0974	0.0974
			女	1	0.17	0.1022	—	0.1022	0.1022	0.1022	0.1022	0.1022
		60 岁～	女	1	0.17	0.1096	—	0.1096	0.1096	0.1096	0.1096	0.1096
	农村	18 岁～	男	8	1.34	0.1235	0.0130	0.0949	0.1206	0.1272	0.1307	0.1364
			女	4	0.67	0.1260	0.0357	0.0883	0.1023	0.1208	0.1498	0.1741
		45 岁～	男	27	4.51	0.1120	0.0201	0.0724	0.0924	0.1180	0.1284	0.1361
			女	25	4.17	0.1170	0.0173	0.0851	0.1092	0.1204	0.1281	0.1409
		60 岁～	男	12	2.00	0.1205	0.0178	0.0729	0.1157	0.1261	0.1330	0.1354
			女	13	2.17	0.1235	0.0193	0.0899	0.1126	0.1224	0.1402	0.1514
武汉	城市	18 岁～	男	1	0.16	0.2095	—	0.2095	0.2095	0.2095	0.2095	0.2095
			女	1	0.16	0.3009	—	0.3009	0.3009	0.3009	0.3009	0.3009
		45 岁～	男	1	0.16	0.3065	—	0.3065	0.3065	0.3065	0.3065	0.3065
			女	1	0.16	0.2791	—	0.2791	0.2791	0.2791	0.2791	0.2791
		60 岁～	男	7	1.13	0.2609	0.0212	0.2357	0.2455	0.2589	0.2747	0.2988
			女	6	0.97	0.3400	0.0368	0.3035	0.3110	0.3311	0.3598	0.4035
	农村	18 岁～	男	9	1.45	0.1500	0.0249	0.1134	0.1251	0.1530	0.1678	0.1811
			女	11	1.77	0.2559	0.4227	0.0749	0.1031	0.1293	0.1655	1.5268
		45 岁～	男	20	3.23	0.4128	1.0024	0.1028	0.1324	0.1491	0.1677	2.8067
			女	37	5.97	0.1394	0.0381	0.0520	0.1165	0.1523	0.1597	0.1912
		60 岁～	男	48	7.74	0.1803	0.2082	0.1054	0.1335	0.1586	0.1678	0.1947
			女	32	5.16	0.1477	0.0286	0.0983	0.1236	0.1573	0.1635	0.1881
成都	城市	18 岁～	男	5	0.79	0.0371	0.0115	0.0287	0.0288	0.0290	0.0473	0.0519
			女	2	0.32	0.0379	0.0013	0.0370	0.0370	0.0379	0.0389	0.0389

类别				N	接触比例/%	土壤汞经消化道暴露贡献比*/%						
						Mean	Std	P5	P25	P50	P75	P95
成都	城市	45 岁～	女	2	0.32	0.0461	0.0017	0.0448	0.0448	0.0461	0.0473	0.0473
		60 岁～	女	5	0.79	0.0472	0.0021	0.0450	0.0454	0.0472	0.0487	0.0499
	农村	18 岁～	男	41	6.50	0.0944	0.0191	0.0607	0.0753	0.1027	0.1102	0.1150
			女	33	5.23	0.0894	0.0213	0.0588	0.0739	0.0761	0.1079	0.1238
		45 岁～	男	39	6.18	0.0907	0.0296	0.0505	0.0723	0.0784	0.1081	0.1679
			女	34	5.39	0.1030	0.0204	0.0670	0.0940	0.1035	0.1144	0.1292
		60 岁～	男	18	2.85	0.1004	0.0184	0.0517	0.0907	0.1023	0.1179	0.1219
			女	13	2.06	0.1053	0.0207	0.0484	0.1031	0.1099	0.1168	0.1277
兰州	城市	18 岁～	男	7	1.02	1.0359	0.5615	0.6220	0.6371	0.8908	1.1065	2.2509
			女	2	0.29	1.1841	0.1118	1.1050	1.1050	1.1841	1.2631	1.2631
		45 岁～	男	1	0.15	1.4585	—	1.4585	1.4585	1.4585	1.4585	1.4585
		60 岁～	女	3	0.44	1.0094	0.0347	0.9703	0.9703	1.0215	1.0364	1.0364
	农村	18 岁～	男	35	5.09	0.5508	0.0970	0.2969	0.5203	0.5794	0.6037	0.6787
			女	29	4.22	0.6077	0.2328	0.3932	0.5383	0.5627	0.6022	1.3208
		45 岁～	男	51	7.41	0.5078	0.1840	0.2800	0.4112	0.4972	0.5590	0.8812
			女	40	5.81	0.5624	0.1867	0.2826	0.5030	0.5560	0.5887	1.0294
		60 岁～	男	40	5.81	0.5071	0.1095	0.3203	0.4416	0.5010	0.5968	0.6846
			女	27	3.92	0.5466	0.1004	0.4462	0.5052	0.5462	0.5890	0.6305

*：为有土壤接触行为居民暴露贡献比。

附表 4-8 不同地区居民分城乡、年龄和性别的土壤汞经呼吸道暴露贡献比

类别				N	土壤汞经呼吸道暴露贡献比/‰						
					Mean	Std	P5	P25	P50	P75	P95
太原	城市	18 岁～	男	68	0.0382	0.0112	0.0248	0.0341	0.0372	0.0422	0.0471
			女	72	0.0242	0.0044	0.0189	0.0213	0.0245	0.0271	0.0311
		45 岁～	男	50	0.0326	0.0081	0.0260	0.0285	0.0314	0.0346	0.0395
			女	60	0.0233	0.0032	0.0174	0.0210	0.0238	0.0257	0.0273
		60 岁～	男	56	0.0312	0.0050	0.0205	0.0291	0.0322	0.0351	0.0373
			女	54	0.0235	0.0031	0.0183	0.0218	0.0239	0.0255	0.0275
	农村	18 岁～	男	41	0.0091	0.0010	0.0078	0.0086	0.0093	0.0097	0.0101
			女	40	0.0063	0.0009	0.0046	0.0058	0.0064	0.0069	0.0077

类别				N	土壤汞经呼吸道暴露贡献比/‱						
					Mean	Std	P5	P25	P50	P75	P95
太原	农村	45 岁～	男	49	0.0084	0.0021	0.0052	0.0070	0.0082	0.0096	0.0108
			女	74	0.0062	0.0008	0.0049	0.0057	0.0062	0.0067	0.0073
		60 岁～	男	73	0.0075	0.0013	0.0051	0.0067	0.0077	0.0083	0.0094
			女	59	0.0056	0.0008	0.0042	0.0050	0.0056	0.0061	0.0071
大连	城市	18 岁～	男	88	0.0004	0.0001	0.0002	0.0003	0.0004	0.0004	0.0005
			女	68	0.0003	＜0.0001	0.0002	0.0002	0.0003	0.0003	0.0003
		45 岁～	男	13	0.0003	0.0001	0.0003	0.0003	0.0003	0.0004	0.0005
			女	31	0.0002	0.0001	0.0002	0.0002	0.0002	0.0003	0.0003
		60 岁～	男	24	0.0003	0.0001	0.0002	0.0002	0.0003	0.0003	0.0004
			女	63	0.0002	＜0.0001	0.0002	0.0002	0.0002	0.0003	0.0003
	农村	18 岁～	男	84	0.0004	0.0001	0.0002	0.0003	0.0004	0.0004	0.0004
			女	76	0.0003	0.0001	0.0001	0.0002	0.0003	0.0003	0.0003
		45 岁～	男	41	0.0003	0.0001	0.0002	0.0003	0.0003	0.0004	0.0004
			女	49	0.0002	0.0001	0.0002	0.0002	0.0002	0.0003	0.0003
		60 岁～	男	41	0.0003	0.0001	0.0002	0.0002	0.0003	0.0003	0.0004
			女	43	0.0002	＜0.0001	0.0002	0.0002	0.0002	0.0002	0.0003
上海	城市	18 岁～	男	97	0.0027	0.0006	0.0015	0.0024	0.0027	0.0030	0.0033
			女	88	0.0018	0.0004	0.0010	0.0016	0.0018	0.0020	0.0024
		45 岁～	男	18	0.0028	0.0011	0.0020	0.0023	0.0025	0.0027	0.0068
			女	43	0.0017	0.0002	0.0013	0.0016	0.0017	0.0018	0.0019
		60 岁～	男	16	0.0021	0.0002	0.0017	0.0020	0.0021	0.0023	0.0024
			女	36	0.0016	0.0002	0.0013	0.0015	0.0016	0.0017	0.0019
	农村	18 岁～	男	48	0.0032	0.0005	0.0022	0.0030	0.0032	0.0034	0.0040
			女	38	0.0021	0.0003	0.0016	0.0019	0.0021	0.0023	0.0027
		45 岁～	男	71	0.0028	0.0005	0.0018	0.0026	0.0029	0.0031	0.0035
			女	82	0.0022	0.0015	0.0014	0.0019	0.0020	0.0022	0.0025
		60 岁～	男	35	0.0025	0.0007	0.0015	0.0023	0.0025	0.0025	0.0036
			女	27	0.0018	0.0003	0.0013	0.0017	0.0018	0.0020	0.0022

类别				N	土壤汞经呼吸道暴露贡献比/‱						
					Mean	Std	P5	P25	P50	P75	P95
武汉	城市	18 岁～	男	60	0.0110	0.0120	0.0053	0.0063	0.0078	0.0091	0.0488
			女	77	0.0074	0.0116	0.0027	0.0047	0.0055	0.0061	0.0123
		45 岁～	男	40	0.0067	0.0019	0.0031	0.0056	0.0069	0.0082	0.0089
			女	41	0.0080	0.0101	0.0035	0.0045	0.0054	0.0062	0.0186
		60 岁～	男	60	0.0062	0.0018	0.0040	0.0052	0.0061	0.0070	0.0091
			女	77	0.0049	0.0009	0.0031	0.0044	0.0048	0.0056	0.0063
	农村	18 岁～	男	22	0.0037	0.0008	0.0027	0.0034	0.0036	0.0040	0.0045
			女	33	0.0042	0.0072	0.0017	0.0022	0.0026	0.0030	0.0249
		45 岁～	男	39	0.0092	0.0228	0.0021	0.0031	0.0034	0.0040	0.0874
			女	55	0.0032	0.0053	0.0010	0.0022	0.0026	0.0028	0.0034
		60 岁～	男	66	0.0034	0.0034	0.0019	0.0027	0.0031	0.0034	0.0039
			女	50	0.0024	0.0011	0.0015	0.0020	0.0023	0.0025	0.0030
成都	城市	18 岁～	男	123	0.0011	0.0003	0.0007	0.0010	0.0010	0.0012	0.0013
			女	125	0.0007	0.0001	0.0005	0.0006	0.0007	0.0008	0.0008
		45 岁～	男	24	0.0009	0.0001	0.0006	0.0009	0.0009	0.0010	0.0012
			女	29	0.0006	0.0001	0.0004	0.0005	0.0006	0.0007	0.0008
		60 岁～	男	8	0.0008	0.0001	0.0006	0.0007	0.0008	0.0009	0.0010
			女	26	0.0006	0.0001	0.0004	0.0005	0.0006	0.0007	0.0008
	农村	18 岁～	男	64	0.0024	0.0005	0.0016	0.0020	0.0026	0.0028	0.0031
			女	63	0.0016	0.0005	0.0010	0.0012	0.0016	0.0018	0.0021
		45 岁～	男	55	0.0022	0.0007	0.0013	0.0016	0.0021	0.0026	0.0038
			女	44	0.0016	0.0003	0.0011	0.0015	0.0016	0.0018	0.0021
		60 岁～	男	34	0.0020	0.0004	0.0014	0.0018	0.0021	0.0023	0.0025
			女	36	0.0015	0.0002	0.0011	0.0015	0.0015	0.0017	0.0019
兰州	城市	18 岁～	男	61	0.0272	0.0081	0.0154	0.0206	0.0269	0.0313	0.0386
			女	51	0.0179	0.0068	0.0113	0.0137	0.0170	0.0207	0.0248
		45 岁～	男	49	0.0246	0.0085	0.0173	0.0198	0.0225	0.0283	0.0360
			女	54	0.0187	0.0061	0.0094	0.0162	0.0184	0.0215	0.0273
		60 岁～	男	65	0.0212	0.0041	0.0143	0.0180	0.0214	0.0235	0.0277
			女	67	0.0160	0.0054	0.0116	0.0138	0.0152	0.0167	0.0201

类别				N	土壤汞经呼吸道暴露贡献比/‰						
					Mean	Std	P5	P25	P50	P75	P95
兰州	农村	18岁～	男	51	0.0129	0.0029	0.0073	0.0105	0.0138	0.0149	0.0167
			女	49	0.0100	0.0029	0.0064	0.0083	0.0097	0.0106	0.0173
		45岁～	男	59	0.0119	0.0048	0.0071	0.0085	0.0114	0.0133	0.0223
			女	49	0.0091	0.0029	0.0056	0.0078	0.0090	0.0099	0.0143
		60岁～	男	69	0.0103	0.0028	0.0062	0.0087	0.0102	0.0117	0.0135
			女	64	0.0085	0.0015	0.0065	0.0075	0.0084	0.0094	0.0111

附表 4-9 不同地区居民分城乡、年龄和性别的土壤汞经皮肤暴露贡献比

类别				N	接触比例/%	土壤汞经皮肤暴露贡献比*/‰						
						Mean	Std	P5	P25	P50	P75	P95
太原	城市	45岁～	男	1	0.14	3.5006	—	3.5006	3.5006	3.5006	3.5006	3.5006
	农村	18岁～	男	12	1.72	3.7638	0.8564	2.6250	2.9174	3.7698	4.6798	4.9072
			女	11	1.58	2.6982	1.3687	0.0655	1.2430	3.3278	3.7097	3.9425
		45岁～	男	18	2.59	2.9015	1.8719	0.5099	1.1324	2.4979	4.5219	5.8936
			女	17	2.44	2.5290	1.0741	0.2632	2.0791	2.5728	3.3389	4.5529
		60岁～	男	32	4.60	2.9569	1.1531	0.5220	2.5655	3.3134	3.8451	4.1537
			女	13	1.87	1.9030	1.2001	0.2882	0.8809	1.9783	2.5102	3.7774
大连	城市	45岁～	女	1	0.16	0.0213	—	0.0213	0.0213	0.0213	0.0213	0.0213
		60岁～	女	4	0.64	0.0180	0.0204	0.0030	0.0031	0.0114	0.0330	0.0464
	农村	18岁～	男	51	8.21	0.1201	0.0514	0.0193	0.0891	0.1218	0.1556	0.2043
			女	33	5.31	0.1008	0.0526	0.0104	0.0666	0.0951	0.1297	0.1941
		45岁～	男	25	4.03	0.1111	0.0497	0.0402	0.0723	0.1023	0.1497	0.2074
			女	36	5.80	0.1067	0.0454	0.0435	0.0737	0.0979	0.1340	0.2029
		60岁～	男	29	4.67	0.1014	0.0361	0.0557	0.0804	0.1012	0.1180	0.1409
			女	33	5.31	0.0887	0.0266	0.0499	0.0701	0.0877	0.1036	0.1513
上海	城市	18岁～	男	5	0.83	0.0556	0.0458	0.0183	0.0187	0.0394	0.0758	0.1260
			女	2	0.33	0.1148	0.0240	0.0978	0.0978	0.1148	0.1317	0.1317

类别				N	接触比例/%	土壤汞经皮肤暴露贡献比*/‱						
						Mean	Std	P5	P25	P50	P75	P95
上海	城市	45 岁～	男	1	0.17	0.1125	—	0.1125	0.1125	0.1125	0.1125	0.1125
			女	1	0.17	0.0626	—	0.0626	0.0626	0.0626	0.0626	0.0626
		60 岁～	女	1	0.17	0.0185	—	0.0185	0.0185	0.0185	0.0185	0.0185
	农村	18 岁～	男	8	1.34	0.1885	0.1931	0.0654	0.0766	0.0939	0.2551	0.5916
			女	4	0.67	0.0662	0.0361	0.0279	0.0419	0.0612	0.0905	0.1146
		45 岁～	男	27	4.51	0.0801	0.0288	0.0340	0.0575	0.0866	0.0970	0.1241
			女	25	4.17	0.0901	0.0414	0.0578	0.0722	0.0798	0.0887	0.2064
		60 岁～	男	12	2.00	0.1231	0.1580	0.0347	0.0618	0.0676	0.1086	0.6128
			女	13	2.17	0.0672	0.0336	0.0268	0.0535	0.0638	0.0749	0.1561
武汉	城市	18 岁～	男	1	0.16	0.2969	—	0.2969	0.2969	0.2969	0.2969	0.2969
			女	1	0.16	0.5277	—	0.5277	0.5277	0.5277	0.5277	0.5277
		45 岁～	男	1	0.16	0.0346	—	0.0346	0.0346	0.0346	0.0346	0.0346
			女	1	0.16	0.0587	—	0.0587	0.0587	0.0587	0.0587	0.0587
		60 岁～	男	7	1.13	0.1813	0.0832	0.0721	0.0933	0.1922	0.2343	0.3173
			女	6	0.97	0.1659	0.1236	0.0401	0.0835	0.1458	0.1941	0.3860
	农村	18 岁～	男	9	1.45	0.5446	0.3548	0.3312	0.4035	0.4441	0.4603	1.4831
			女	11	1.77	0.6384	0.9781	0.1693	0.2461	0.3921	0.4626	3.5618
		45 岁～	男	20	3.23	1.2033	3.2739	0.1796	0.2199	0.3697	0.6549	8.2957
			女	37	5.97	0.3733	0.2499	0.1048	0.1901	0.2824	0.5187	0.9249
		60 岁～	男	48	7.74	0.5356	0.4352	0.1633	0.2402	0.3930	0.6644	1.3679
			女	32	5.16	0.3474	0.2036	0.1209	0.1978	0.2825	0.4347	0.7541
成都	城市	18 岁～	男	5	0.79	0.0510	0.0521	0.0107	0.0198	0.0400	0.0435	0.1409
			女	2	0.32	0.0264	0.0255	0.0084	0.0084	0.0264	0.0445	0.0445
		45 岁～	女	2	0.32	0.0177	0.0178	0.0051	0.0051	0.0177	0.0302	0.0302
		60 岁～	女	5	0.79	0.0440	0.0228	0.0091	0.0328	0.0548	0.0614	0.0621
	农村	18 岁～	男	41	6.50	0.7861	0.3258	0.3092	0.5850	0.7491	1.0209	1.2995
			女	33	5.23	0.6349	0.2535	0.2329	0.4724	0.5887	0.7830	1.0984

类别				N	接触比例/%	土壤汞经皮肤暴露贡献比*/‰						
						Mean	Std	P5	P25	P50	P75	P95
成都	农村	45岁～	男	39	6.18	0.6555	0.2840	0.2450	0.4751	0.6692	0.8633	1.2144
			女	34	5.39	0.7255	0.2399	0.3229	0.5694	0.7120	0.8885	1.1429
		60岁～	男	18	2.85	0.6492	0.2690	0.3078	0.4634	0.5807	0.8000	1.3317
			女	13	2.06	0.4790	0.2653	0.1156	0.3374	0.4008	0.6819	0.9918
兰州	城市	18岁～	男	7	1.02	8.2542	5.7680	2.7604	4.2895	7.3564	9.7500	20.2411
			女	2	0.29	1.5482	0.1069	1.4726	1.4726	1.5482	1.6238	1.6238
		45岁～	男	1	0.15	11.4176	—	11.4176	11.4176	11.4176	11.4176	11.4176
		60岁～	女	3	0.44	0.7362	0.0331	0.6979	0.6979	0.7550	0.7556	0.7556
	农村	18岁～	男	35	5.09	4.8497	1.3781	2.7061	3.7487	4.8927	5.5731	7.5072
			女	29	4.22	4.0581	2.0990	1.0965	2.8941	3.6091	5.1808	8.4658
		45岁～	男	51	7.41	4.4055	1.7438	2.2614	3.3586	4.1717	4.9813	7.4496
			女	40	5.81	4.4859	1.7090	1.7847	3.6187	4.2317	5.3198	8.3101
		60岁～	男	40	5.81	4.1179	1.3373	1.2953	3.2444	4.2189	4.9098	6.3459
			女	27	3.92	4.1509	1.1369	1.8682	3.4379	4.2828	4.9057	5.9481

*：为有土壤接触行为居民暴露贡献比。

附表 4-10 不同地区居民分城乡、年龄和性别的土壤镉暴露贡献比

类别				N	土壤镉暴露贡献比/%						
					Mean	Std	P5	P25	P50	P75	P95
太原	城市	18岁～	男	68	0.0001	<0.0001	<0.0001	0.0001	0.0001	0.0001	0.0001
			女	72	<0.0001	<0.0001	<0.0001	<0.0001	<0.0001	<0.0001	0.0001
		45岁～	男	50	0.0038	0.0266	<0.0001	<0.0001	0.0001	0.0001	0.0001
			女	60	<0.0001	<0.0001	<0.0001	<0.0001	<0.0001	<0.0001	<0.0001
		60岁～	男	56	<0.0001	<0.0001	<0.0001	<0.0001	<0.0001	0.0001	0.0001
			女	54	<0.0001	<0.0001	<0.0001	<0.0001	<0.0001	<0.0001	<0.0001
	农村	18岁～	男	41	0.0834	0.1322	0.0001	0.0001	0.0001	0.2482	0.2991
			女	40	0.0777	0.1287	<0.0001	<0.0001	<0.0001	0.2301	0.3129
		45岁～	男	49	0.0950	0.1297	<0.0001	0.0001	0.0001	0.2348	0.3230
			女	74	0.0603	0.1133	<0.0001	<0.0001	<0.0001	0.0001	0.2808

类别				N	土壤镉暴露贡献比/%						
					Mean	Std	P5	P25	P50	P75	P95
太原	农村	60岁～	男	73	0.1205	0.1392	<0.0001	0.0001	0.0001	0.2725	0.3301
			女	59	0.0602	0.1152	<0.0001	<0.0001	<0.0001	<0.0001	0.2959
大连	城市	18岁～	男	88	<0.0001	<0.0001	<0.0001	<0.0001	<0.0001	<0.0001	<0.0001
			女	68	<0.0001	<0.0001	<0.0001	<0.0001	<0.0001	<0.0001	0.0001
		45岁～	男	13	<0.0001	<0.0001	<0.0001	<0.0001	<0.0001	<0.0001	<0.0001
			女	31	0.0049	0.0272	<0.0001	<0.0001	<0.0001	<0.0001	0.0002
		60岁～	男	24	<0.0001	<0.0001	<0.0001	<0.0001	<0.0001	<0.0001	<0.0001
			女	63	0.0148	0.0657	<0.0001	<0.0001	<0.0001	<0.0001	0.1191
	农村	18岁～	男	84	0.0609	0.0586	<0.0001	<0.0001	0.0757	0.1031	0.1137
			女	76	0.0394	0.0472	<0.0001	<0.0001	<0.0001	0.0905	0.1130
		45岁～	男	41	0.0522	0.0457	<0.0001	<0.0001	0.0530	0.1002	0.1075
			女	49	0.0968	0.1589	<0.0001	<0.0001	0.0682	0.1065	0.2507
		60岁～	男	41	0.0736	0.0634	<0.0001	<0.0001	0.0771	0.1077	0.1301
			女	43	0.0913	0.0789	<0.0001	0.0617	0.0912	0.1103	0.2009
上海	城市	18岁～	男	97	0.0034	0.0147	<0.0001	<0.0001	<0.0001	<0.0001	0.0396
			女	88	0.0018	0.0115	<0.0001	<0.0001	<0.0001	<0.0001	<0.0001
		45岁～	男	18	0.0038	0.0161	<0.0001	<0.0001	<0.0001	<0.0001	0.0685
			女	43	0.0016	0.0106	<0.0001	<0.0001	<0.0001	<0.0001	<0.0001
		60岁～	男	16	<0.0001	<0.0001	<0.0001	<0.0001	<0.0001	<0.0001	<0.0001
			女	36	0.0021	0.0123	<0.0001	<0.0001	<0.0001	<0.0001	<0.0001
	农村	18岁～	男	48	0.0083	0.0189	<0.0001	<0.0001	<0.0001	<0.0001	0.0533
			女	38	0.0046	0.0136	<0.0001	<0.0001	<0.0001	<0.0001	0.0465
		45岁～	男	71	0.0171	0.0225	<0.0001	<0.0001	<0.0001	0.0457	0.0524
			女	82	0.0143	0.0220	<0.0001	<0.0001	<0.0001	0.0394	0.0522
		60岁～	男	35	0.0166	0.0237	<0.0001	<0.0001	<0.0001	0.0484	0.0536
			女	27	0.0221	0.0246	<0.0001	<0.0001	<0.0001	0.0484	0.0564
武汉	城市	18岁～	男	60	0.0020	0.0151	<0.0001	<0.0001	<0.0001	<0.0001	0.0001
			女	77	0.0020	0.0173	<0.0001	<0.0001	<0.0001	<0.0001	0.0001
		45岁～	男	40	0.0043	0.0272	<0.0001	<0.0001	<0.0001	<0.0001	0.0001
			女	41	0.0032	0.0206	<0.0001	<0.0001	<0.0001	<0.0001	<0.0001

类别				N	土壤镉暴露贡献比/%						
					Mean	Std	P5	P25	P50	P75	P95
武汉	城市	60岁～	男	60	0.0159	0.0446	<0.0001	<0.0001	<0.0001	<0.0001	0.1346
			女	77	0.0133	0.0463	<0.0001	<0.0001	<0.0001	<0.0001	0.1613
	农村	18岁～	男	22	0.0501	0.0629	<0.0001	<0.0001	<0.0001	0.1250	0.1393
			女	33	0.0564	0.1008	<0.0001	<0.0001	<0.0001	0.1032	0.3235
		45岁～	男	39	0.0645	0.0654	<0.0001	<0.0001	0.1008	0.1207	0.1679
			女	55	0.0812	0.0619	<0.0001	<0.0001	0.1081	0.1274	0.1478
		60岁～	男	66	0.0926	0.0613	<0.0001	<0.0001	0.1157	0.1364	0.1567
			女	50	0.0794	0.0647	<0.0001	<0.0001	0.0981	0.1321	0.1526
成都	城市	18岁～	男	123	0.0102	0.0517	<0.0001	0.0001	0.0001	0.0001	0.0001
			女	125	0.0041	0.0321	<0.0001	<0.0001	<0.0001	0.0001	0.0001
		45岁～	男	24	0.0001	<0.0001	<0.0001	0.0001	0.0001	0.0001	0.0001
			女	29	0.0212	0.0792	<0.0001	<0.0001	<0.0001	0.0001	0.2980
		60岁～	男	8	0.0001	<0.0001	<0.0001	<0.0001	0.0001	0.0001	0.0001
			女	26	0.0609	0.1272	<0.0001	<0.0001	<0.0001	0.0001	0.3292
	农村	18岁～	男	64	0.1620	0.1350	0.0001	0.0001	0.1938	0.2728	0.2910
			女	63	0.1434	0.2399	<0.0001	<0.0001	0.1520	0.2541	0.3001
		45岁～	男	55	0.1575	0.1342	<0.0001	0.0001	0.1818	0.2456	0.2906
			女	44	0.2185	0.1666	<0.0001	0.1772	0.2433	0.2892	0.3525
		60岁～	男	34	0.1335	0.1318	<0.0001	<0.0001	0.1638	0.2650	0.3082
			女	36	0.0934	0.1294	<0.0001	<0.0001	<0.0001	0.2558	0.2915
兰州	城市	18岁～	男	61	0.1737	0.5483	0.0002	0.0003	0.0003	0.0004	1.3294
			女	51	0.0523	0.2607	0.0001	0.0002	0.0002	0.0002	0.0005
		45岁～	男	49	0.0252	0.1747	0.0001	0.0002	0.0003	0.0003	0.0004
			女	54	0.0002	<0.0001	0.0001	0.0002	0.0002	0.0002	0.0003
		60岁～	男	65	0.0002	0.0001	0.0002	0.0002	0.0002	0.0003	0.0003
			女	67	0.0505	0.2344	0.0001	0.0002	0.0002	0.0002	0.0003
	农村	18岁～	男	51	1.1980	0.8374	0.0002	0.0004	1.6882	1.8040	2.0521
			女	49	1.0505	0.9051	0.0002	0.0003	1.6038	1.7750	1.8924
		45岁～	男	59	1.4435	0.7037	0.0002	1.2657	1.6262	1.7959	2.5096
			女	49	1.4066	0.7965	0.0002	1.1509	1.6996	1.8183	2.2176
		60岁～	男	69	0.9822	0.8716	0.0002	0.0003	1.3099	1.7824	2.0230
			女	64	0.7581	0.9498	0.0002	0.0003	0.0003	1.7265	1.9033

附表 4-11　不同地区居民分城乡、年龄和性别的土壤镉经消化道暴露贡献比

类别				N	接触比例/%	土壤镉经消化道暴露贡献比[a]/%						
						Mean	Std	P5	P25	P50	P75	P95
太原	城市	45 岁～	男	1	0.14	0.1824	—	0.1824	0.1824	0.1824	0.1824	0.1824
	农村	18 岁～	男	12	1.72	0.2589	0.0274	0.2212	0.2437	0.2568	0.2723	0.3235
			女	11	1.58	0.2636	0.0274	0.2068	0.2555	0.2640	0.2853	0.2981
		45 岁～	男	18	2.59	0.2385	0.0445	0.1568	0.2178	0.2413	0.2748	0.3085
			女	17	2.44	0.2450	0.0486	0.1187	0.2331	0.2504	0.2572	0.3587
		60 岁～	男	32	4.60	0.2546	0.0315	0.2029	0.2339	0.2535	0.2709	0.3074
			女	13	1.87	0.2598	0.0355	0.1946	0.2426	0.2647	0.2705	0.3415
大连	城市	45 岁～	女	1	0.16	0.1493	—	0.1493	0.1493	0.1493	0.1493	0.1493
		60 岁～	女	4	0.64	0.2298	0.1433	0.1188	0.1310	0.1831	0.3286	0.4341
	农村	18 岁～	男	51	8.21	0.0930	0.0399	0.0525	0.0816	0.0900	0.0976	0.1412
			女	33	5.31	0.0846	0.0194	0.0505	0.0644	0.0889	0.1014	0.1078
		45 岁～	男	25	4.03	0.0790	0.0206	0.0455	0.0586	0.0856	0.0949	0.1028
			女	36	5.80	0.1238	0.1672	0.0520	0.0604	0.0923	0.1030	0.6274
		60 岁～	男	29	4.67	0.0969	0.0461	0.0573	0.0697	0.0785	0.1030	0.2434
			女	33	5.31	0.1119	0.0653	0.0612	0.0769	0.0951	0.1106	0.3098
上海	城市	18 岁～	男	5	0.83	0.0644	0.0142	0.0391	0.0696	0.0697	0.0705	0.0732
			女	2	0.33	0.0758	0.0037	0.0732	0.0732	0.0758	0.0784	0.0784
		45 岁～	男	1	0.17	0.0677	—	0.0677	0.0677	0.0677	0.0677	0.0677
			女	1	0.17	0.0690	—	0.0690	0.0690	0.0690	0.0690	0.0690
		60 岁～	女	1	0.17	0.0737	—	0.0737	0.0737	0.0737	0.0737	0.0737
	农村	18 岁～	男	8	1.34	0.0491	0.0052	0.0376	0.0480	0.0508	0.0518	0.0543
			女	4	0.67	0.0432	0.0064	0.0350	0.0383	0.0439	0.0481	0.0499
		45 岁～	男	27	4.51	0.0445	0.0080	0.0287	0.0366	0.0470	0.0510	0.0541
			女	25	4.17	0.0465	0.0069	0.0337	0.0433	0.0478	0.0512	0.0560
		60 岁～	男	12	2.00	0.0479	0.0071	0.0288	0.0461	0.0503	0.0530	0.0538
			女	13	2.17	0.0456	0.0115	0.0152	0.0398	0.0482	0.0529	0.0583
武汉	城市	18 岁～	男	1	0.16	0.1154	—	0.1154	0.1154	0.1154	0.1154	0.1154
			女	1	0.16	0.1492	—	0.1492	0.1492	0.1492	0.1492	0.1492

类别				N	接触比例/%	土壤镉经消化道暴露贡献比*/%						
						Mean	Std	P5	P25	P50	P75	P95
武汉	城市	45岁～	男	1	0.16	0.1716	—	0.1716	0.1716	0.1716	0.1716	0.1716
			女	1	0.16	0.1317	—	0.1317	0.1317	0.1317	0.1317	0.1317
		60岁～	男	7	1.13	0.1352	0.0211	0.1133	0.1210	0.1285	0.1412	0.1779
			女	6	0.97	0.1692	0.0247	0.1426	0.1576	0.1613	0.1787	0.2139
	农村	18岁～	男	9	1.45	0.1181	0.0197	0.0889	0.0983	0.1249	0.1294	0.1434
			女	11	1.77	0.1649	0.1050	0.0586	0.0998	0.1276	0.3045	0.3495
		45岁～	男	20	3.23	0.1221	0.0205	0.0987	0.1090	0.1183	0.1267	0.1685
			女	37	5.97	0.1176	0.0288	0.0667	0.1040	0.1220	0.1273	0.1498
		60岁～	男	48	7.74	0.1233	0.0257	0.0835	0.1071	0.1262	0.1358	0.1596
			女	32	5.16	0.1212	0.0296	0.0771	0.1027	0.1261	0.1314	0.1532
成都	城市	18岁～	男	5	0.79	0.2469	0.0771	0.1908	0.1910	0.1921	0.3124	0.3480
			女	2	0.32	0.2529	0.0065	0.2483	0.2483	0.2529	0.2575	0.2575
		45岁～	女	2	0.32	0.3057	0.0114	0.2976	0.2976	0.3057	0.3137	0.3137
		60岁～	女	5	0.79	0.3133	0.0155	0.2976	0.2997	0.3112	0.3250	0.3329
	农村	18岁～	男	41	6.50	0.2337	0.0692	0.1436	0.2081	0.2422	0.2595	0.2725
			女	33	5.23	0.2576	0.2681	0.1391	0.1744	0.1804	0.2571	0.2937
		45岁～	男	39	6.18	0.2069	0.0997	0.0806	0.1703	0.1801	0.2525	0.3436
			女	34	5.39	0.2644	0.1265	0.1673	0.2211	0.2460	0.2726	0.3892
		60岁～	男	18	2.85	0.2367	0.0430	0.1223	0.2138	0.2405	0.2772	0.2857
			女	13	2.06	0.2474	0.0484	0.1144	0.2429	0.2587	0.2719	0.3000
兰州	城市	18岁～	男	7	1.02	1.4066	0.7656	0.6727	0.7833	1.2277	2.0588	2.7888
			女	2	0.29	1.3121	0.0336	1.2883	1.2883	1.3121	1.3359	1.3359
		45岁～	男	1	0.15	1.1343	—	1.1343	1.1343	1.1343	1.1343	1.1343
		60岁～	女	3	0.44	1.1162	0.0416	1.0751	1.0751	1.1153	1.1582	1.1582
	农村	18岁～	男	35	5.09	1.6037	0.2034	1.1063	1.5399	1.6600	1.7063	1.9023
			女	29	4.22	1.6619	0.2559	1.3372	1.6203	1.6633	1.7299	1.9735
		45岁～	男	51	7.41	1.5375	0.4052	0.9150	1.3207	1.5500	1.6585	2.3197
			女	40	5.81	1.5963	0.4419	0.9207	1.4771	1.6141	1.7074	2.1877
		60岁～	男	40	5.81	1.5664	0.2830	1.0427	1.3582	1.6215	1.7659	1.9187
			女	27	3.92	1.6702	0.4756	1.3502	1.4172	1.6379	1.7357	1.9935

*：为有土壤接触行为居民暴露贡献比。

附表 4-12 不同地区居民分城乡、年龄和性别的土壤镉经呼吸道暴露贡献比

类别				N	土壤镉经呼吸道暴露贡献比/‱						
					Mean	Std	P5	P25	P50	P75	P95
太原	城市	18 岁～	男	68	0.0060	0.0026	0.0039	0.0053	0.0057	0.0065	0.0071
			女	72	0.0041	0.0019	0.0030	0.0033	0.0040	0.0043	0.0058
		45 岁～	男	50	0.0060	0.0075	0.0040	0.0044	0.0050	0.0054	0.0067
			女	60	0.0040	0.0019	0.0030	0.0033	0.0038	0.0040	0.0043
		60 岁～	男	56	0.0049	0.0007	0.0034	0.0046	0.0050	0.0054	0.0057
			女	54	0.0036	0.0005	0.0028	0.0034	0.0037	0.0039	0.0042
	农村	18 岁～	男	41	0.0063	0.0007	0.0053	0.0060	0.0064	0.0067	0.0073
			女	40	0.0045	0.0008	0.0035	0.0040	0.0044	0.0048	0.0056
		45 岁～	男	49	0.0056	0.0013	0.0036	0.0046	0.0057	0.0065	0.0076
			女	74	0.0048	0.0042	0.0033	0.0039	0.0043	0.0046	0.0054
		60 岁～	男	73	0.0052	0.0009	0.0034	0.0046	0.0053	0.0057	0.0065
			女	59	0.0038	0.0006	0.0027	0.0034	0.0038	0.0041	0.0049
大连	城市	18 岁～	男	88	0.0039	0.0015	0.0026	0.0033	0.0037	0.0040	0.0049
			女	68	0.0031	0.0023	0.0018	0.0024	0.0026	0.0030	0.0058
		45 岁～	男	13	0.0033	0.0006	0.0027	0.0028	0.0030	0.0036	0.0047
			女	31	0.0037	0.0048	0.0015	0.0018	0.0024	0.0030	0.0199
		60 岁～	男	24	0.0028	0.0006	0.0021	0.0024	0.0028	0.0031	0.0038
			女	63	0.0027	0.0016	0.0017	0.0020	0.0023	0.0028	0.0053
	农村	18 岁～	男	84	0.0022	0.0008	0.0014	0.0019	0.0021	0.0024	0.0028
			女	76	0.0015	0.0003	0.0009	0.0014	0.0015	0.0017	0.0019
		45 岁～	男	41	0.0019	0.0005	0.0012	0.0016	0.0019	0.0022	0.0026
			女	49	0.0020	0.0024	0.0009	0.0011	0.0015	0.0018	0.0038
		60 岁～	男	41	0.0019	0.0009	0.0013	0.0014	0.0016	0.0021	0.0026
			女	43	0.0019	0.0015	0.0010	0.0012	0.0014	0.0018	0.0050
上海	城市	18 岁～	男	97	0.0020	0.0018	0.0010	0.0017	0.0018	0.0020	0.0023
			女	88	0.0013	0.0006	0.0007	0.0011	0.0012	0.0014	0.0024
		45 岁～	男	18	0.0019	0.0010	0.0013	0.0015	0.0016	0.0018	0.0053
			女	43	0.0011	0.0001	0.0009	0.0011	0.0012	0.0012	0.0013
		60 岁～	男	16	0.0014	0.0001	0.0011	0.0013	0.0014	0.0015	0.0017
			女	36	0.0011	0.0002	0.0009	0.0010	0.0011	0.0012	0.0013

类别				N	土壤镉经呼吸道暴露贡献比/‰						
					Mean	Std	P5	P25	P50	P75	P95
上海	农村	18岁～	男	48	0.0013	0.0004	0.0008	0.0012	0.0013	0.0013	0.0017
			女	38	0.0009	0.0006	0.0006	0.0007	0.0008	0.0009	0.0014
		45岁～	男	71	0.0012	0.0003	0.0007	0.0010	0.0011	0.0013	0.0015
			女	82	0.0009	0.0007	0.0006	0.0008	0.0008	0.0009	0.0010
		60岁～	男	35	0.0009	0.0002	0.0006	0.0009	0.0010	0.0010	0.0011
			女	27	0.0007	0.0002	0.0004	0.0007	0.0007	0.0008	0.0009
武汉	城市	18岁～	男	60	0.0040	0.0011	0.0025	0.0034	0.0039	0.0045	0.0061
			女	77	0.0032	0.0020	0.0020	0.0024	0.0029	0.0032	0.0038
		45岁～	男	40	0.0035	0.0009	0.0020	0.0028	0.0037	0.0041	0.0047
			女	41	0.0027	0.0006	0.0018	0.0024	0.0027	0.0030	0.0033
		60岁～	男	60	0.0031	0.0007	0.0020	0.0027	0.0031	0.0037	0.0044
			女	77	0.0024	0.0005	0.0015	0.0022	0.0024	0.0028	0.0032
	农村	18岁～	男	22	0.0028	0.0005	0.0021	0.0024	0.0028	0.0031	0.0036
			女	33	0.0024	0.0012	0.0013	0.0018	0.0021	0.0024	0.0055
		45岁～	男	39	0.0028	0.0006	0.0022	0.0025	0.0027	0.0031	0.0045
			女	55	0.0019	0.0005	0.0010	0.0017	0.0021	0.0022	0.0023
		60岁～	男	66	0.0024	0.0005	0.0015	0.0022	0.0024	0.0027	0.0032
			女	50	0.0018	0.0005	0.0012	0.0016	0.0018	0.0019	0.0025
成都	城市	18岁～	男	123	0.0069	0.0014	0.0045	0.0063	0.0070	0.0078	0.0089
			女	125	0.0047	0.0016	0.0031	0.0041	0.0045	0.0050	0.0058
		45岁～	男	24	0.0061	0.0010	0.0040	0.0056	0.0062	0.0066	0.0078
			女	29	0.0044	0.0014	0.0029	0.0035	0.0042	0.0050	0.0068
		60岁～	男	8	0.0052	0.0009	0.0038	0.0046	0.0054	0.0058	0.0064
			女	26	0.0043	0.0019	0.0026	0.0035	0.0042	0.0047	0.0053
	农村	18岁～	男	64	0.0062	0.0031	0.0038	0.0049	0.0062	0.0067	0.0075
			女	63	0.0043	0.0037	0.0023	0.0028	0.0038	0.0043	0.0060
		45岁～	男	55	0.0050	0.0021	0.0026	0.0039	0.0046	0.0058	0.0066
			女	44	0.0042	0.0021	0.0026	0.0034	0.0038	0.0043	0.0063
		60岁～	男	34	0.0048	0.0010	0.0032	0.0041	0.0049	0.0053	0.0059
			女	36	0.0036	0.0005	0.0025	0.0034	0.0036	0.0039	0.0044

类别				N	土壤镉经呼吸道暴露贡献比/‱						
					Mean	Std	P5	P25	P50	P75	P95
兰州	城市	18 岁～	男	61	0.0323	0.0121	0.0176	0.0239	0.0300	0.0373	0.0516
			女	51	0.0200	0.0062	0.0128	0.0153	0.0199	0.0227	0.0274
		45 岁～	男	49	0.0266	0.0072	0.0144	0.0209	0.0265	0.0310	0.0389
			女	54	0.0195	0.0049	0.0097	0.0171	0.0210	0.0225	0.0264
		60 岁～	男	65	0.0241	0.0051	0.0153	0.0187	0.0249	0.0279	0.0298
			女	67	0.0174	0.0037	0.0118	0.0151	0.0165	0.0197	0.0236
	农村	18 岁～	男	51	0.0386	0.0107	0.0226	0.0326	0.0401	0.0434	0.0467
			女	49	0.0277	0.0041	0.0215	0.0247	0.0285	0.0300	0.0336
		45 岁～	男	59	0.0359	0.0098	0.0206	0.0307	0.0365	0.0403	0.0543
			女	49	0.0258	0.0072	0.0159	0.0224	0.0257	0.0286	0.0332
		60 岁～	男	69	0.0305	0.0070	0.0189	0.0260	0.0305	0.0341	0.0381
			女	64	0.0251	0.0051	0.0183	0.0227	0.0248	0.0274	0.0316

附表 4-13 不同地区居民分城乡、年龄和性别的土壤镉经皮肤暴露贡献比

类别				N	接触比例/%	土壤镉经皮肤暴露贡献比*/‱						
						Mean	Std	P5	P25	P50	P75	P95
太原	城市	45 岁～	男	1	0.14	0.5480	—	0.5480	0.5480	0.5480	0.5480	0.5480
	农村	18 岁～	男	12	1.72	2.5748	0.5892	1.7577	2.0261	2.5716	3.1489	3.5466
			女	11	1.58	1.8616	0.9457	0.0457	0.8357	2.3013	2.5328	2.6990
		45 岁～	男	18	2.59	1.9791	1.282	0.1316	0.7853	1.6857	3.0332	4.2194
			女	17	2.44	1.7082	0.7427	0.1960	1.4696	1.7222	2.2370	3.1006
		60 岁～	男	32	4.60	2.0294	0.7905	0.3581	1.7605	2.2678	2.6486	2.9091
			女	13	1.87	1.3171	0.7883	0.2044	0.6355	1.3608	1.6833	2.5340
大连	城市	45 岁～	女	1	0.16	0.2062	—	0.2062	0.2062	0.2062	0.2062	0.2062
		60 岁～	女	4	0.64	0.3286	0.3469	0.0297	0.0307	0.3015	0.6265	0.6817
	农村	18 岁～	男	51	8.21	0.7331	0.3301	0.1053	0.5262	0.7179	0.9269	1.2041
			女	33	5.31	0.5985	0.3075	0.0616	0.4194	0.5610	0.7645	1.1448
		45 岁～	男	25	4.03	0.6568	0.2907	0.2726	0.4272	0.603	0.8829	1.2234
			女	36	5.80	0.7906	0.681	0.3536	0.4578	0.6166	0.8388	1.7185
		60 岁～	男	29	4.67	0.7116	0.3834	0.3606	0.4857	0.6401	0.7939	1.8088
			女	33	5.31	0.6957	0.4741	0.3288	0.4527	0.541	0.7027	1.5882

类别				N	接触比例/%	土壤镉经皮肤暴露贡献比*/‰						
						Mean	Std	P5	P25	P50	P75	P95
上海	城市	18岁～	男	5	0.83	0.0379	0.0311	0.0125	0.0128	0.0273	0.0513	0.0858
			女	2	0.33	0.0784	0.0168	0.0666	0.0666	0.0784	0.0903	0.0903
		45岁～	男	1	0.17	0.0782	—	0.0782	0.0782	0.0782	0.0782	0.0782
			女	1	0.17	0.0422	—	0.0422	0.0422	0.0422	0.0422	0.0422
		60岁～	女	1	0.17	0.0124	—	0.0124	0.0124	0.0124	0.0124	0.0124
	农村	18岁～	男	8	1.34	0.0749	0.0767	0.0259	0.0304	0.0375	0.1012	0.2353
			女	4	0.67	0.0218	0.0074	0.0111	0.0166	0.0243	0.0269	0.0274
		45岁～	男	27	4.51	0.0318	0.0114	0.0135	0.0228	0.0344	0.0385	0.0493
			女	25	4.17	0.0358	0.0165	0.0230	0.0286	0.0317	0.0355	0.0824
		60岁～	男	12	2.00	0.0491	0.0632	0.0138	0.0246	0.0269	0.0432	0.2451
			女	13	2.17	0.0231	0.0084	0.0106	0.0157	0.0248	0.0273	0.0379
武汉	城市	18岁～	男	1	0.16	0.1635	—	0.1635	0.1635	0.1635	0.1635	0.1635
			女	1	0.16	0.2617	—	0.2617	0.2617	0.2617	0.2617	0.2617
		45岁～	男	1	0.16	0.0194	—	0.0194	0.0194	0.0194	0.0194	0.0194
			女	1	0.16	0.0277	—	0.0277	0.0277	0.0277	0.0277	0.0277
		60岁～	男	7	1.13	0.0908	0.0371	0.0429	0.0537	0.0911	0.1143	0.1525
			女	6	0.97	0.0812	0.0591	0.0199	0.0443	0.0704	0.0950	0.1873
	农村	18岁～	男	9	1.45	0.4258	0.2669	0.2601	0.3283	0.3478	0.3607	1.1313
			女	11	1.77	0.4174	0.2374	0.1324	0.2429	0.3557	0.7200	0.8154
		45岁～	男	20	3.23	0.3630	0.2927	0.1468	0.1614	0.2687	0.4899	1.1107
			女	37	5.97	0.3074	0.1898	0.1058	0.1687	0.2810	0.3713	0.7443
		60岁～	男	48	7.74	0.4039	0.2851	0.1286	0.1894	0.3117	0.5317	1.0060
			女	32	5.16	0.2803	0.1603	0.0971	0.1610	0.2391	0.3436	0.6255
成都	城市	18岁～	男	5	0.79	0.3401	0.3499	0.0704	0.1313	0.2661	0.2881	0.9443
			女	2	0.32	0.1771	0.1715	0.0558	0.0558	0.1771	0.2983	0.2983
		45岁～	女	2	0.32	0.1172	0.1179	0.0339	0.0339	0.1172	0.2006	0.2006
		60岁～	女	5	0.79	0.2921	0.1513	0.0604	0.2191	0.3617	0.4049	0.4145
	农村	18岁～	男	41	6.50	1.9042	0.7427	0.7502	1.4303	1.7907	2.4854	3.0672
			女	33	5.23	1.6139	0.7478	0.7378	1.1290	1.4199	1.9184	2.9033

类别				N	接触比例/%	土壤镉经皮肤暴露贡献比*/‰						
						Mean	Std	P5	P25	P50	P75	P95
成都	农村	45 岁～	男	39	6.18	1.5231	0.7670	0.2313	1.0560	1.5801	2.0721	3.0096
			女	34	5.39	1.8249	0.7580	0.8115	1.3530	1.7480	2.2188	3.0953
		60 岁～	男	18	2.85	1.5305	0.6319	0.7240	1.0871	1.3709	1.8818	3.1218
			女	13	2.06	1.1265	0.6255	0.2725	0.7977	0.9414	1.6110	2.3336
兰州	城市	18 岁～	男	7	1.02	10.4408	5.1848	2.9146	7.1345	10.1385	12.9199	19.4116
			女	2	0.29	1.7325	0.3260	1.5020	1.5020	1.7325	1.9630	1.9630
		45 岁～	男	1	0.15	8.8796	—	8.8796	8.8796	8.8796	8.8796	8.8796
		60 岁～	女	3	0.44	0.8140	0.0365	0.7733	0.7733	0.8249	0.8438	0.8438
	农村	18 岁～	男	35	5.09	14.1361	3.5627	9.3416	11.231	14.1635	16.0423	20.4096
			女	29	4.22	11.2622	4.8740	3.1076	8.7109	10.3993	14.978	19.541
		45 岁～	男	51	7.41	13.1972	3.6724	8.0780	10.4700	13.0899	14.3902	18.9345
			女	40	5.81	12.6428	4.2008	6.2219	10.5986	12.6303	15.078	18.8223
		60 岁～	男	40	5.81	12.7404	4.0342	4.2499	10.4510	13.3495	15.8156	18.6148
			女	27	3.92	12.6222	3.9374	6.6043	10.2914	12.2835	15.0096	21.5885

*：为有土壤接触行为居民暴露贡献比。

附表 4-14　不同地区居民分城乡、年龄和性别的土壤砷暴露贡献比

类别				N	土壤砷暴露贡献比/%						
					Mean	Std	P5	P25	P50	P75	P95
太原	城市	18 岁～	男	68	0.0014	0.0003	0.0010	0.0013	0.0014	0.0016	0.0018
			女	72	0.0010	0.0003	0.0007	0.0008	0.0009	0.0011	0.0012
		45 岁～	男	50	0.1645	1.1541	0.0010	0.0011	0.0012	0.0014	0.0016
			女	60	0.0009	0.0002	0.0006	0.0008	0.0009	0.0010	0.0011
		60 岁～	男	56	0.0012	0.0002	0.0008	0.0011	0.0013	0.0013	0.0015
			女	54	0.0009	0.0001	0.0006	0.0009	0.0009	0.0010	0.0011
	农村	18 岁～	男	41	4.7568	7.6005	0.0010	0.0011	0.0012	13.2138	19.1250
			女	40	3.6154	6.3470	0.0007	0.0008	0.0009	5.4927	16.6072
		45 岁～	男	49	5.0496	7.6208	0.0008	0.0010	0.0012	8.7366	20.5928
			女	74	3.2827	6.5803	0.0006	0.0007	0.0008	0.0011	16.5811
		60 岁～	男	73	6.0546	7.2939	0.0007	0.0010	0.0011	13.9824	17.4994
			女	59	2.4211	5.0766	0.0006	0.0007	0.0008	0.0010	15.9030

类别				N	土壤砷暴露贡献比/%						
					Mean	Std	P5	P25	P50	P75	P95
大连	城市	18岁～	男	88	<0.0001	<0.0001	<0.0001	<0.0001	<0.0001	<0.0001	<0.0001
			女	68	<0.0001	<0.0001	<0.0001	<0.0001	<0.0001	<0.0001	<0.0001
		45岁～	男	13	<0.0001	<0.0001	<0.0001	<0.0001	<0.0001	<0.0001	<0.0001
			女	31	0.0049	0.0273	<0.0001	<0.0001	<0.0001	<0.0001	<0.0001
		60岁～	男	24	<0.0001	<0.0001	<0.0001	<0.0001	<0.0001	<0.0001	<0.0001
			女	63	0.0290	0.1437	<0.0001	<0.0001	<0.0001	<0.0001	0.1172
	农村	18岁～	男	84	0.2017	0.1879	<0.0001	<0.0001	0.2312	0.3518	0.4881
			女	76	0.1255	0.1623	<0.0001	<0.0001	<0.0001	0.2565	0.4353
		45岁～	男	41	0.1848	0.1751	<0.0001	<0.0001	0.1884	0.3186	0.4500
			女	49	0.2203	0.1609	<0.0001	<0.0001	0.2238	0.3188	0.4743
		60岁～	男	41	0.2098	0.1595	<0.0001	<0.0001	0.2344	0.2996	0.4756
			女	43	0.3734	0.8108	<0.0001	0.0811	0.2523	0.3128	0.7666
上海	城市	18岁～	男	97	0.1704	0.7433	0.0005	0.0008	0.0008	0.0009	2.3946
			女	88	0.0978	0.6421	0.0003	0.0005	0.0006	0.0006	0.0013
		45岁～	男	18	0.2191	0.9261	0.0003	0.0007	0.0007	0.0008	3.9298
			女	43	0.0830	0.5411	0.0004	0.0005	0.0005	0.0006	0.0006
		60岁～	男	16	0.0006	0.0001	0.0005	0.0006	0.0006	0.0007	0.0007
			女	36	0.0942	0.5621	0.0004	0.0005	0.0005	0.0005	0.0010
	农村	18岁～	男	48	0.9529	2.2672	0.0006	0.0010	0.0011	0.0017	5.6010
			女	38	0.5068	1.5600	0.0005	0.0007	0.0007	0.0008	4.4051
		45岁～	男	71	1.6725	2.1915	0.0007	0.0010	0.0011	4.3140	5.1022
			女	82	1.4159	2.1879	0.0006	0.0007	0.0008	3.8842	5.2652
		60岁～	男	35	1.7268	2.5708	0.0006	0.0008	0.0009	4.6759	5.3779
			女	27	2.3448	2.6689	0.0005	0.0006	0.0007	4.5253	5.3538
武汉	城市	18岁～	男	60	0.0621	0.4739	0.0006	0.0008	0.0009	0.0011	0.0015
			女	77	0.0637	0.5526	0.0005	0.0006	0.0007	0.0007	0.0013
		45岁～	男	40	0.0873	0.5474	0.0004	0.0006	0.0008	0.0009	0.0012
			女	41	0.0813	0.5167	0.0004	0.0005	0.0006	0.0007	0.0011
		60岁～	男	60	0.3991	1.1088	0.0004	0.0006	0.0007	0.0008	3.5113
			女	77	0.3363	1.1705	0.0003	0.0005	0.0006	0.0007	3.9819

类别				N	土壤砷暴露贡献比/%						
					Mean	Std	P5	P25	P50	P75	P95
武汉	农村	18 岁～	男	22	7.9757	10.3602	0.0020	0.0027	0.0032	17.1717	19.9139
			女	33	6.1411	9.3771	0.0014	0.0020	0.0023	15.9982	23.3751
		45 岁～	男	39	9.7767	11.4088	0.0022	0.0026	13.0027	16.7615	29.6722
			女	55	11.6311	8.9541	0.0018	0.0021	14.7630	18.7821	25.5849
		60 岁～	男	66	13.3629	9.4810	0.0021	0.0028	15.4857	18.5867	29.4396
			女	50	10.7384	8.7688	0.0015	0.0019	13.4082	17.8150	22.1781
成都	城市	18 岁～	男	123	0.0683	0.3584	0.0002	0.0003	0.0003	0.0004	0.0013
			女	125	0.0238	0.1860	0.0002	0.0002	0.0002	0.0002	0.0006
		45 岁～	男	24	0.0003	<0.0001	0.0002	0.0003	0.0003	0.0003	0.0004
			女	29	0.1133	0.4248	0.0001	0.0002	0.0002	0.0002	1.4830
		60 岁～	男	8	0.0003	<0.0001	0.0002	0.0002	0.0003	0.0003	0.0003
			女	26	0.3707	0.7804	0.0001	0.0002	0.0002	0.0007	2.0819
	农村	18 岁～	男	64	3.8973	3.2867	0.0004	0.0006	4.7481	6.5179	8.8427
			女	63	2.7237	2.8253	0.0002	0.0003	2.9638	4.8333	7.7970
		45 岁～	男	55	4.1167	3.6296	0.0004	0.0005	4.1120	5.9586	9.0492
			女	44	4.6750	3.0886	0.0003	2.6452	5.3268	6.7081	8.1826
		60 岁～	男	34	2.8927	2.9733	0.0003	0.0004	3.6855	4.9712	8.0152
			女	36	1.6768	2.4382	0.0002	0.0003	0.0003	3.9869	6.7925
兰州	城市	18 岁～	男	61	2.0414	6.0432	0.0012	0.0016	0.0020	0.0025	20.0044
			女	51	0.4164	2.0812	0.0008	0.0010	0.0011	0.0015	0.0019
		45 岁～	男	49	0.3860	2.6910	0.0011	0.0013	0.0015	0.0017	0.0026
			女	54	0.0012	0.0003	0.0007	0.0010	0.0012	0.0014	0.0017
		60 岁～	男	65	0.0013	0.0003	0.0009	0.0011	0.0013	0.0015	0.0020
			女	67	0.3042	1.4118	0.0008	0.0009	0.0010	0.0012	0.0017
	农村	18 岁～	男	51	19.6394	14.2828	0.0011	0.0024	24.9057	31.5585	35.3741
			女	49	15.0595	13.4491	0.0012	0.0020	19.5236	27.0181	35.6163
		45 岁～	男	59	22.0241	10.2016	0.0011	16.8783	25.5595	29.3986	32.4639
			女	49	21.9522	11.5795	0.0011	19.2440	27.4004	28.9422	34.6248
		60 岁～	男	69	14.8337	13.5483	0.0011	0.0023	17.8597	28.0025	31.8877
			女	64	11.3901	13.7054	0.0011	0.0017	0.0023	26.1616	31.9832

附表 4-15　不同地区居民分城乡、年龄和性别的土壤砷经消化道暴露贡献比

类别				N	接触比例/%	土壤砷经消化道暴露贡献比[a]/%						
						Mean	Std	P5	P25	P50	P75	P95
太原	城市	45 岁～	男	1	0.14	4.2920	—	4.2920	4.2920	4.2920	4.2920	4.2920
	农村	18 岁～	男	12	1.72	4.0867	0.2182	3.6848	3.9324	4.0575	4.2879	4.3722
			女	11	1.58	4.2738	0.4334	3.4899	4.1113	4.3968	4.5424	4.8122
		45 岁～	男	18	2.59	3.9871	1.1242	1.3097	3.6869	4.0030	4.4910	7.0775
			女	17	2.44	4.6600	1.7187	3.0396	4.0227	4.1124	4.3330	10.1341
		60 岁～	男	32	4.60	4.1039	0.3556	3.4671	3.8324	4.1401	4.3653	4.6469
			女	13	1.87	4.2504	1.6168	0.9126	3.8768	4.1180	4.5257	8.5680
大连	城市	45 岁～	女	1	0.16	0.1077	—	0.1077	0.1077	0.1077	0.1077	0.1077
		60 岁～	女	4	0.64	0.3119	0.2734	0.1090	0.1202	0.2194	0.5036	0.6998
	农村	18 岁～	男	51	8.21	0.0958	0.0193	0.0581	0.0900	0.0988	0.1079	0.1141
			女	33	5.31	0.0925	0.0232	0.0493	0.0673	0.0985	0.1123	0.1196
		45 岁～	男	25	4.03	0.0864	0.0248	0.0442	0.0649	0.0949	0.1053	0.1140
			女	36	5.80	0.0916	0.0345	0.0552	0.0643	0.0929	0.1114	0.1305
		60 岁～	男	29	4.67	0.0930	0.0284	0.0625	0.0765	0.0853	0.1131	0.1486
			女	33	5.31	0.1585	0.2669	0.0633	0.0834	0.1049	0.1173	0.5007
上海	城市	18 岁～	男	5	0.83	2.7949	0.6040	1.7183	3.0225	3.0244	3.0606	3.1488
			女	2	0.33	3.2633	0.1443	3.1613	3.1613	3.2633	3.3653	3.3653
		45 岁～	男	1	0.17	2.9182	—	2.9182	2.9182	2.9182	2.9182	2.9182
			女	1	0.17	2.9972	—	2.9972	2.9972	2.9972	2.9972	2.9972
		60 岁～	女	1	0.17	3.2106	—	3.2106	3.2106	3.2106	3.2106	3.2106
	农村	18 岁～	男	8	1.34	3.9371	0.3903	3.0874	3.8262	4.0567	4.1430	4.3573
			女	4	0.67	4.1501	1.2654	2.8838	3.3218	3.9114	4.9784	5.8937
		45 岁～	男	27	4.51	3.6190	0.6305	2.3632	3.0208	3.8172	4.1255	4.3604
			女	25	4.17	3.7714	0.5348	2.7798	3.5370	3.8833	4.1199	4.5102
		60 岁～	男	12	2.00	3.8677	0.5589	2.3823	3.7359	3.9636	4.2809	4.3648
			女	13	2.17	4.1632	1.0523	2.9246	3.6379	3.9542	4.5170	7.1621
武汉	城市	18 岁～	男	1	0.16	2.5759	—	2.5759	2.5759	2.5759	2.5759	2.5759
			女	1	0.16	3.1775	—	3.1775	3.1775	3.1775	3.1775	3.1775

类别				N	接触比例/%	土壤砷经消化道暴露贡献比*/%						
						Mean	Std	P5	P25	P50	P75	P95
武汉	城市	45 岁～	男	1	0.16	3.3485	—	3.3485	3.3485	3.3485	3.3485	3.3485
			女	1	0.16	3.1122	—	3.1122	3.1122	3.1122	3.1122	3.1122
		60 岁～	男	7	1.13	2.8203	0.1852	2.5931	2.6366	2.7938	2.9749	3.1285
			女	6	0.97	3.7571	0.4788	3.3234	3.3551	3.6898	3.8466	4.6377
	农村	18 岁～	男	9	1.45	9.4553	1.2708	7.4786	8.6807	9.1962	10.8278	11.0343
			女	11	1.77	10.3720	3.3504	5.2955	8.3857	9.4800	11.9293	17.4298
		45 岁～	男	20	3.23	10.1013	1.5959	8.1607	8.6508	9.9270	11.3922	13.0347
			女	37	5.97	9.7579	1.8326	6.1006	8.9987	9.9669	10.7337	12.1824
		60 岁～	男	48	7.74	9.4197	1.5944	6.5237	8.2537	9.4783	10.6176	11.9365
			女	32	5.16	9.9813	1.9224	6.8642	8.7591	9.9807	10.9175	13.1015
成都	城市	18 岁～	男	5	0.79	1.1839	0.3603	0.9177	0.9224	0.9298	1.5046	1.6450
			女	2	0.32	1.2146	0.0361	1.1891	1.1891	1.2146	1.2401	1.2401
		45 岁～	女	2	0.32	1.4704	0.0518	1.4338	1.4338	1.4704	1.5070	1.5070
		60 岁～	女	5	0.79	1.5054	0.0705	1.4355	1.4420	1.4972	1.5558	1.5968
	农村	18 岁～	男	41	6.50	1.7498	0.3631	1.1234	1.4178	1.8469	2.0258	2.1151
			女	33	5.23	1.6670	0.3800	1.1099	1.3912	1.4423	1.9599	2.2493
		45 岁～	男	39	6.18	1.8869	1.3176	0.9628	1.3611	1.4990	2.0245	6.4057
			女	34	5.39	1.9388	0.6378	1.2751	1.7450	1.9056	2.0257	2.2246
		60 岁～	男	18	2.85	1.8652	0.3275	0.9854	1.6955	1.8961	2.1445	2.2513
			女	13	2.06	1.9705	0.3775	0.9269	1.9349	2.0307	2.1926	2.3865
兰州	城市	18 岁～	男	7	1.02	5.3349	1.3138	3.5524	4.0225	5.4917	5.7524	7.6001
			女	2	0.29	7.6138	1.1312	6.8140	6.8140	7.6138	8.4137	8.4137
		45 岁～	男	1	0.15	5.6255	—	5.6255	5.6255	5.6255	5.6255	5.6255
		60 岁～	女	3	0.44	5.5552	0.2366	5.3234	5.3234	5.5460	5.7962	5.7962
	农村	18 岁～	男	35	5.09	7.9019	1.4947	4.5026	7.5319	8.2332	8.8438	9.9091
			女	29	4.22	8.5987	1.5145	5.8822	7.7539	8.7805	9.6840	10.7242
		45 岁～	男	51	7.41	7.1316	1.5613	4.1703	6.2414	7.3332	8.1226	9.2794
			女	40	5.81	8.0489	1.6551	5.3843	7.1394	8.0850	9.2453	9.9139
		60 岁～	男	40	5.81	7.5823	1.8626	4.1821	6.2335	7.6388	9.1048	10.2669
			女	27	3.92	8.2676	0.9041	7.0087	7.5842	8.2561	8.9783	9.7395

*：为有土壤接触行为居民暴露贡献比。

附表 4-16 不同地区居民分城乡、年龄和性别的土壤砷经呼吸道暴露贡献比

类别				N	土壤砷经呼吸道暴露贡献比/‰						
					Mean	Std	P5	P25	P50	P75	P95
太原	城市	18 岁～	男	68	0.1447	0.0256	0.1015	0.1321	0.1446	0.1591	0.1764
			女	72	0.0959	0.0251	0.0675	0.0841	0.0946	0.1055	0.1213
		45 岁～	男	50	0.1250	0.0228	0.0989	0.1101	0.1210	0.1345	0.1501
			女	60	0.0921	0.0191	0.0603	0.0824	0.0933	0.1007	0.1054
		60 岁～	男	56	0.1222	0.0175	0.0845	0.1149	0.1260	0.1325	0.1490
			女	54	0.0915	0.0124	0.0632	0.0858	0.0943	0.0990	0.1118
	农村	18 岁～	男	41	0.1106	0.0143	0.0911	0.1015	0.1096	0.1209	0.1276
			女	40	0.0851	0.0304	0.0592	0.0740	0.0796	0.0855	0.1410
		45 岁～	男	49	0.1012	0.0230	0.0642	0.0880	0.1017	0.1171	0.1344
			女	74	0.0791	0.0164	0.0628	0.0715	0.0762	0.0842	0.1068
		60 岁～	男	73	0.0898	0.0152	0.0647	0.0789	0.0907	0.0985	0.1143
			女	59	0.0722	0.0246	0.0464	0.0636	0.0695	0.0780	0.0962
大连	城市	18 岁～	男	88	0.0034	0.0006	0.0024	0.0031	0.0034	0.0037	0.0043
			女	68	0.0024	0.0005	0.0016	0.0022	0.0024	0.0026	0.0031
		45 岁～	男	13	0.0030	0.0006	0.0024	0.0026	0.0028	0.0033	0.0043
			女	31	0.0022	0.0006	0.0014	0.0017	0.0020	0.0026	0.0032
		60 岁～	男	24	0.0026	0.0005	0.0019	0.0022	0.0025	0.0028	0.0035
			女	63	0.0023	0.0013	0.0014	0.0018	0.0020	0.0024	0.0032
	农村	18 岁～	男	84	0.0023	0.0004	0.0016	0.0021	0.0024	0.0026	0.0029
			女	76	0.0016	0.0003	0.0009	0.0015	0.0017	0.0019	0.0021
		45 岁～	男	41	0.0021	0.0005	0.0013	0.0017	0.0021	0.0024	0.0029
			女	49	0.0016	0.0006	0.0010	0.0011	0.0014	0.0020	0.0022
		60 岁～	男	41	0.0018	0.0005	0.0012	0.0015	0.0017	0.0022	0.0026
			女	43	0.0023	0.0035	0.0010	0.0013	0.0015	0.0019	0.0029
上海	城市	18 岁～	男	97	0.0876	0.0401	0.0459	0.0746	0.0824	0.0912	0.1336
			女	88	0.0593	0.0241	0.0335	0.0496	0.0560	0.0614	0.1156
		45 岁～	男	18	0.0819	0.0399	0.0270	0.0691	0.0742	0.0837	0.2315
			女	43	0.0507	0.0059	0.0384	0.0482	0.0511	0.0553	0.0588
		60 岁～	男	16	0.0642	0.0067	0.0514	0.0605	0.0641	0.0690	0.0746

类别				N	土壤砷经呼吸道暴露贡献比/‱						
					Mean	Std	P5	P25	P50	P75	P95
			女	36	0.0501	0.0091	0.0395	0.0462	0.0494	0.0525	0.0589
上海	农村	18 岁～	男	48	0.1231	0.0720	0.0649	0.0990	0.1058	0.1148	0.3426
			女	38	0.0754	0.0248	0.0495	0.0656	0.0709	0.0813	0.1383
		45 岁～	男	71	0.1023	0.0573	0.0597	0.0861	0.0960	0.1033	0.1170
			女	82	0.0735	0.0382	0.0473	0.0637	0.0681	0.0756	0.0877
		60 岁～	男	35	0.0862	0.0279	0.0607	0.0767	0.0801	0.0844	0.1795
			女	27	0.0605	0.0118	0.0409	0.0549	0.0608	0.0644	0.0750
武汉	城市	18 岁～	男	60	0.0928	0.0272	0.0567	0.0768	0.0912	0.1069	0.1421
			女	77	0.0705	0.0246	0.0475	0.0576	0.0664	0.0744	0.1109
		45 岁～	男	40	0.0760	0.0211	0.0417	0.0619	0.0775	0.0917	0.1021
			女	41	0.0644	0.0210	0.0391	0.0501	0.0607	0.0726	0.1047
		60 岁～	男	60	0.0685	0.0154	0.0445	0.0572	0.0675	0.0770	0.0977
			女	77	0.0549	0.0106	0.0342	0.0488	0.0529	0.0625	0.0733
	农村	18 岁～	男	22	0.2541	0.0563	0.1835	0.2178	0.2610	0.2765	0.3324
			女	33	0.1924	0.0438	0.1197	0.1621	0.1955	0.2191	0.2505
		45 岁～	男	39	0.2535	0.0530	0.1709	0.2192	0.2517	0.2778	0.3570
			女	55	0.1728	0.0335	0.1073	0.1555	0.1755	0.1938	0.2286
		60 岁～	男	66	0.1994	0.0432	0.1274	0.1684	0.1974	0.2317	0.2683
			女	50	0.1580	0.0285	0.1106	0.1391	0.1574	0.1817	0.2012
成都	城市	18 岁～	男	123	0.0387	0.0218	0.0219	0.0311	0.0344	0.0388	0.0876
			女	125	0.0249	0.0177	0.0151	0.0200	0.0221	0.0245	0.0404
		45 岁～	男	24	0.0298	0.0049	0.0194	0.0276	0.0302	0.0321	0.0385
			女	29	0.0256	0.0183	0.0143	0.0171	0.0208	0.0245	0.0643
		60 岁～	男	8	0.0256	0.0042	0.0185	0.0227	0.0261	0.0285	0.0314
			女	26	0.0239	0.0150	0.0128	0.0177	0.0205	0.0231	0.0685
	农村	18 岁～	男	64	0.0455	0.0104	0.0282	0.0378	0.0464	0.0524	0.0599
			女	63	0.0295	0.0098	0.0189	0.0225	0.0295	0.0345	0.0398
		45 岁～	男	55	0.0492	0.0410	0.0246	0.0322	0.0407	0.0486	0.1485
			女	44	0.0315	0.0099	0.0208	0.0276	0.0308	0.0335	0.0376
		60 岁～	男	34	0.0379	0.0070	0.0258	0.0333	0.0403	0.0432	0.0477

类别				N	土壤砷经呼吸道暴露贡献比/‰						
					Mean	Std	P5	P25	P50	P75	P95
			女	36	0.0296	0.0043	0.0208	0.0276	0.0302	0.0319	0.0369
兰州	城市	18 岁~	男	61	0.1839	0.0518	0.1100	0.1422	0.1799	0.2089	0.2653
			女	51	0.1244	0.0330	0.0827	0.0987	0.1138	0.1516	0.1816
		45 岁~	男	49	0.1551	0.0373	0.1142	0.1313	0.1493	0.1707	0.2218
			女	54	0.1197	0.0327	0.0663	0.1046	0.1166	0.1443	0.1729
		60 岁~	男	65	0.1336	0.0303	0.0923	0.1130	0.1267	0.1470	0.2004
			女	67	0.1012	0.0213	0.0780	0.0853	0.0970	0.1093	0.1389
	农村	18 岁~	男	51	0.1929	0.0525	0.1051	0.1507	0.1970	0.2248	0.3054
			女	49	0.1598	0.0400	0.1009	0.1327	0.1576	0.1876	0.2208
		45 岁~	男	59	0.1725	0.0426	0.0938	0.1521	0.1754	0.2039	0.2377
			女	49	0.1360	0.0313	0.0943	0.1172	0.1350	0.1558	0.1794
		60 岁~	男	69	0.1714	0.0574	0.0822	0.1320	0.1650	0.2080	0.2760
			女	64	0.1536	0.0425	0.1008	0.1173	0.1471	0.1878	0.2327

附表 4-17　不同地区居民分城乡、年龄和性别的土壤砷经皮肤暴露贡献比

类别				N	接触比例/%	土壤砷经皮肤暴露贡献比*/%						
						Mean	Std	P5	P25	P50	P75	P95
太原	城市	45 岁~	男	1	0.14	3.8688	—	3.8688	3.8688	3.8688	3.8688	3.8688
	农村	18 岁~	男	12	1.72	12.1619	2.4090	9.1552	9.7585	12.1482	14.5651	15.2760
			女	11	1.58	8.8699	4.3700	0.2367	4.4587	10.7478	12.3081	12.6219
		45 岁~	男	18	2.59	9.7564	5.6279	0.2876	4.1208	10.0668	14.5972	18.0735
			女	17	2.44	9.6257	4.4732	0.9149	8.4653	9.0106	11.2324	21.1728
		60 岁~	男	32	4.60	9.7061	3.6148	1.8738	8.8083	10.8362	12.4312	13.4590
			女	13	1.87	6.7345	3.9120	0.1639	3.1249	7.1606	8.6278	12.4291
大连	城市	45 岁~	女	1	0.16	0.0446	—	0.0446	0.0446	0.0446	0.0446	0.0446
		60 岁~	女	4	0.64	0.1438	0.1563	0.0082	0.0085	0.1425	0.2791	0.2819
	农村	18 岁~	男	51	8.21	0.2363	0.1079	0.0350	0.1748	0.2275	0.3049	0.3995
			女	33	5.31	0.1966	0.1041	0.0205	0.1306	0.1867	0.2540	0.3803
		45 岁~	男	25	4.03	0.2167	0.0992	0.0720	0.1420	0.2005	0.2935	0.4064
			女	36	5.80	0.2083	0.0883	0.0730	0.1445	0.1920	0.2516	0.3970
		60 岁~	男	29	4.67	0.2036	0.0780	0.0884	0.1576	0.2007	0.2469	0.3390
			女	33	5.31	0.3281	0.6324	0.0981	0.1489	0.1797	0.2137	1.3117

类别				N	接触比例/%	土壤砷经皮肤暴露贡献比*/%						
						Mean	Std	P5	P25	P50	P75	P95
上海	城市	18 岁～	男	5	0.83	0.4936	0.4018	0.1631	0.1665	0.3548	0.6759	1.1075
			女	2	0.33	1.0129	0.2123	0.8628	0.8628	1.0129	1.1631	1.1631
		45 岁～	男	1	0.17	1.0110	—	1.0110	1.0110	1.0110	1.0110	1.0110
			女	1	0.17	0.5507	—	0.5507	0.5507	0.5507	0.5507	0.5507
		60 岁～	女	1	0.17	0.1623	—	0.1623	0.1623	0.1623	0.1623	0.1623
	农村	18 岁～	男	8	1.34	1.7730	1.7681	0.6317	0.7449	0.9065	2.4038	5.4420
			女	4	0.67	0.6569	0.3732	0.2715	0.4095	0.5961	0.9044	1.1640
		45 岁～	男	27	4.51	0.7764	0.2775	0.3331	0.5627	0.8360	0.9326	1.2069
			女	25	4.17	0.8702	0.3916	0.5649	0.7018	0.7714	0.8564	1.9698
		60 岁～	男	12	2.00	1.1664	1.4455	0.3361	0.5993	0.6542	1.0573	5.6338
			女	13	2.17	0.7055	0.4947	0.2626	0.5190	0.6170	0.7294	2.2151
武汉	城市	18 岁～	男	1	0.16	1.0949	—	1.0949	1.0949	1.0949	1.0949	1.0949
			女	1	0.16	1.6717	—	1.6717	1.6717	1.6717	1.6717	1.6717
		45 岁～	男	1	0.16	0.1134	—	0.1134	0.1134	0.1134	0.1134	0.1134
			女	1	0.16	0.1962	—	0.1962	0.1962	0.1962	0.1962	0.1962
		60 岁～	男	7	1.13	0.5944	0.2858	0.2265	0.2957	0.6142	0.7919	1.0647
			女	6	0.97	0.5514	0.4125	0.1285	0.2880	0.4779	0.6519	1.2846
	农村	18 岁～	男	9	1.45	10.0346	5.3743	6.8930	7.7741	8.6545	9.0710	24.2076
			女	11	1.77	8.0456	2.6530	3.5801	6.5166	8.6262	9.4855	12.4832
		45 岁～	男	20	3.23	8.9584	8.1262	3.8117	4.4661	6.5360	9.8913	29.8167
			女	37	5.97	7.5290	4.0751	2.9026	4.1809	7.3868	10.4290	15.8587
		60 岁～	男	48	7.74	8.9515	5.6436	3.4121	4.4631	7.5108	11.2352	21.3222
			女	32	5.16	6.7949	3.4722	2.7222	4.0591	6.0382	8.4333	12.7843
成都	城市	18 岁～	男	5	0.79	0.4867	0.4945	0.1016	0.1903	0.3840	0.4184	1.3391
			女	2	0.32	0.2547	0.2461	0.0807	0.0807	0.2547	0.4287	0.4287
		45 岁～	女	2	0.32	0.1690	0.1698	0.0490	0.0490	0.1690	0.2891	0.2891
		60 岁～	女	5	0.79	0.4209	0.2178	0.0873	0.3153	0.5220	0.5845	0.5953
	农村	18 岁～	男	41	6.50	4.3331	1.7055	1.6669	3.3987	4.1902	5.5628	6.9795
			女	33	5.23	3.5322	1.3380	1.3263	2.6755	3.3194	4.3874	5.9468
		45 岁～	男	39	6.18	3.9180	1.9000	0.9748	2.6849	3.9196	4.9715	8.2150
			女	34	5.39	4.1108	1.4834	1.5434	3.2018	4.0700	5.0825	7.0515
		60 岁～	男	18	2.85	3.5981	1.4061	1.7405	2.6111	3.2607	4.4109	7.0865
			女	13	2.06	2.6722	1.4370	0.6641	1.9388	2.2470	3.8005	5.4088

类别				N	接触比例/%	土壤砷经皮肤暴露贡献比*/%						
						Mean	Std	P5	P25	P50	P75	P95
兰州	城市	18岁～	男	7	1.02	12.4387	5.1392	5.2285	7.6325	14.2506	15.3243	20.0914
			女	2	0.29	2.9732	0.0432	2.9427	2.9427	2.9732	3.0038	3.0038
		45岁～	男	1	0.15	13.2119	—	13.2119	13.2119	13.2119	13.2119	13.2119
		60岁～	女	3	0.44	1.2156	0.0688	1.1487	1.1487	1.2121	1.2862	1.2862
	农村	18岁～	男	35	5.09	20.7127	5.1819	11.5148	16.2511	22.1197	24.0227	29.4123
			女	29	4.22	16.8439	6.1709	5.4758	13.7457	16.9867	20.9247	27.8611
		45岁～	男	51	7.41	18.3453	4.3803	10.5236	15.2075	19.1898	21.4685	24.6645
			女	40	5.81	18.8408	4.6571	10.7453	16.3804	19.3374	21.7524	26.5220
		60岁～	男	40	5.81	18.0029	5.4549	7.2870	14.7176	18.4368	21.6257	26.4452
			女	27	3.92	18.7275	4.3041	11.3419	16.1726	18.7346	21.6774	24.4549

*：为有土壤接触行为居民暴露贡献比。

附表 4-18　不同地区居民分城乡、年龄和性别的土壤铅暴露贡献比

类别				N	土壤铅暴露贡献比/%						
					Mean	Std	P5	P25	P50	P75	P95
太原	城市	18岁～	男	68	0.0047	0.0023	0.0031	0.0041	0.0045	0.0049	0.0055
			女	72	0.0032	0.0018	0.0021	0.0026	0.0030	0.0034	0.0039
		45岁～	男	50	0.2591	1.8018	0.0030	0.0034	0.0039	0.0042	0.0131
			女	60	0.0028	0.0005	0.0019	0.0025	0.0029	0.0031	0.0033
		60岁～	男	56	0.0037	0.0005	0.0026	0.0035	0.0038	0.0040	0.0044
			女	54	0.0028	0.0003	0.0022	0.0026	0.0029	0.0030	0.0033
	农村	18岁～	男	41	4.3475	6.9790	0.0029	0.0040	0.0046	11.4928	16.7889
			女	40	4.4963	7.5042	0.0021	0.0027	0.0033	12.2611	18.6981
		45岁～	男	49	5.4292	7.3217	0.0030	0.0041	0.0049	13.3905	17.1994
			女	74	3.6511	6.9376	0.0020	0.0028	0.0032	0.0039	16.9954
		60岁～	男	73	6.5642	7.6666	0.0022	0.0034	0.0045	14.0931	19.0710
			女	59	3.1706	6.0758	0.0018	0.0024	0.0028	0.0038	15.4133
大连	城市	18岁～	男	88	0.0008	0.0002	0.0005	0.0007	0.0008	0.0009	0.0010
			女	68	0.0006	0.0002	0.0004	0.0005	0.0006	0.0006	0.0008
		45岁～	男	13	0.0007	0.0001	0.0006	0.0006	0.0007	0.0008	0.0010
			女	31	0.0993	0.5500	0.0003	0.0004	0.0005	0.0006	0.0011

类别				N	土壤铅暴露贡献比/%						
					Mean	Std	P5	P25	P50	P75	P95
大连	城市	60 岁～	男	24	0.0006	0.0001	0.0004	0.0005	0.0006	0.0007	0.0008
			女	63	0.1776	0.7053	0.0003	0.0004	0.0005	0.0006	2.0205
	农村	18 岁～	男	84	1.2598	1.1312	0.0004	0.0005	1.6783	2.1865	2.4078
			女	76	0.8528	1.0281	0.0003	0.0003	0.0004	1.9504	2.3936
		45 岁～	男	41	1.1249	0.9773	0.0004	0.0004	1.1371	2.1232	2.2757
			女	49	1.5754	1.4480	0.0002	0.0008	1.4592	2.2576	2.8477
		60 岁～	男	41	1.6544	1.9392	0.0003	0.0006	1.6242	2.2507	3.5603
			女	43	2.0903	3.3202	0.0003	0.7906	1.7602	2.1910	3.0815
上海	城市	18 岁～	男	97	0.1517	0.6628	0.0006	0.0008	0.0009	0.0010	1.8157
			女	88	0.0791	0.5181	0.0004	0.0005	0.0006	0.0006	0.0007
		45 岁～	男	18	0.1728	0.7300	0.0005	0.0007	0.0008	0.0009	3.0978
			女	43	0.0735	0.4788	0.0004	0.0005	0.0005	0.0006	0.0006
		60 岁～	男	16	0.0007	0.0001	0.0005	0.0006	0.0007	0.0007	0.0008
			女	36	0.0932	0.5561	0.0004	0.0005	0.0005	0.0005	0.0006
	农村	18 岁～	男	48	0.5333	1.2103	0.0005	0.0008	0.0009	0.0010	3.4122
			女	38	0.2703	0.8185	0.0004	0.0005	0.0006	0.0006	2.9855
		45 岁～	男	71	1.0976	1.4427	0.0006	0.0008	0.0009	2.9272	3.3425
			女	82	0.9188	1.4146	0.0004	0.0005	0.0006	2.5625	3.3227
		60 岁～	男	35	1.0641	1.5150	0.0005	0.0006	0.0007	3.1000	3.4387
			女	27	1.5318	1.6550	0.0005	0.0005	0.0028	3.1380	3.7332
武汉	城市	18 岁～	男	60	0.0461	0.3495	0.0006	0.0008	0.0010	0.0011	0.0020
			女	77	0.0468	0.4038	0.0005	0.0006	0.0007	0.0008	0.0016
		45 岁～	男	40	0.0986	0.6184	0.0005	0.0007	0.0009	0.0010	0.0012
			女	41	0.0771	0.4891	0.0004	0.0006	0.0007	0.0007	0.0021
		60 岁～	男	60	0.3672	1.0243	0.0005	0.0007	0.0008	0.0009	3.1167
			女	77	0.3100	1.0807	0.0004	0.0005	0.0006	0.0007	3.8032
	农村	18 岁～	男	22	2.2012	2.7554	0.0011	0.0013	0.0022	5.4199	6.2041
			女	33	3.9188	11.9281	0.0006	0.0009	0.0011	4.5994	16.1931

类别				N	土壤铅暴露贡献比/%						
					Mean	Std	P5	P25	P50	P75	P95
武汉	农村	45岁～	男	39	3.2785	4.7585	0.0011	0.0013	0.4645	5.3919	8.9358
			女	55	3.6671	2.9822	0.0009	0.0011	4.8034	5.6455	6.7521
		60岁～	男	66	4.1875	3.3058	0.0010	0.0013	5.0421	5.8102	6.8570
			女	50	3.4488	2.7498	0.0007	0.0009	4.4010	5.8448	6.6287
成都	城市	18岁～	男	123	0.0676	0.3406	0.0003	0.0004	0.0005	0.0005	0.0013
			女	125	0.0272	0.2116	0.0002	0.0003	0.0003	0.0003	0.0004
		45岁～	男	24	0.0004	0.0001	0.0003	0.0004	0.0004	0.0004	0.0005
			女	29	0.1397	0.5216	0.0002	0.0002	0.0003	0.0003	1.9644
		60岁～	男	8	0.0004	0.0001	0.0003	0.0003	0.0004	0.0004	0.0004
			女	26	0.4015	0.8396	0.0002	0.0002	0.0003	0.0004	2.1710
	农村	18岁～	男	64	0.9739	0.8075	0.0003	0.0004	1.1795	1.6717	1.7878
			女	63	0.9162	1.7205	0.0002	0.0002	0.9326	1.5583	1.8422
		45岁～	男	55	0.9872	0.7580	0.0003	0.0004	1.1476	1.5538	1.9917
			女	44	1.2034	0.7101	0.0002	0.8214	1.4635	1.7319	1.8859
		60岁～	男	34	0.8196	0.8095	0.0002	0.0003	1.0091	1.6283	1.8837
			女	36	0.5749	0.7963	0.0002	0.0002	0.0002	1.5696	1.7972
兰州	城市	18岁～	男	61	0.8605	2.6998	0.0011	0.0017	0.0021	0.0027	6.8268
			女	51	0.3146	1.5662	0.0006	0.0010	0.0013	0.0016	0.0056
		45岁～	男	49	0.4359	3.0387	0.0011	0.0014	0.0018	0.0021	0.0041
			女	54	0.0013	0.0004	0.0007	0.0012	0.0014	0.0015	0.0018
		60岁～	男	65	0.0016	0.0003	0.0010	0.0013	0.0017	0.0019	0.0020
			女	67	0.3132	1.4525	0.0008	0.0010	0.0011	0.0013	0.0099
	农村	18岁～	男	51	4.5844	3.5279	0.0009	0.0016	6.2235	6.4686	7.3245
			女	49	4.7299	6.4010	0.0009	0.0012	6.0488	6.4918	10.8527
		45岁～	男	59	7.0978	6.9808	0.0010	4.6252	6.1990	6.6957	28.1807
			女	49	5.6304	4.1383	0.0007	4.7444	6.2062	6.6025	11.6001
		60岁～	男	69	3.8777	4.2536	0.0008	0.0012	5.2962	6.4137	7.1729
			女	64	3.6957	7.4008	0.0008	0.0010	0.0012	6.2694	7.4894

附表 4-19　不同地区居民分城乡、年龄和性别的土壤铅经消化道暴露贡献比

类别				N	接触比例/%	土壤铅经消化道暴露贡献比*/%						
						Mean	Std	P5	P25	P50	P75	P95
太原	城市	45 岁～	男	1	0.14	12.3704	—	12.3704	12.3704	12.3704	12.3704	12.3704
	农村	18 岁～	男	12	1.72	13.4954	2.3797	10.2794	11.5468	13.3674	15.1102	18.2908
			女	11	1.58	15.2549	2.2569	11.1402	13.1334	16.0203	16.9739	17.8051
		45 岁～	男	18	2.59	13.7028	2.2714	10.0465	11.8298	13.5894	15.6182	17.0019
			女	17	2.44	14.8655	3.6593	11.1824	12.6067	14.6389	15.7052	27.0297
		60 岁～	男	32	4.60	13.8918	2.5115	10.7912	11.4843	13.7052	16.0694	18.0412
			女	13	1.87	13.6811	1.9273	9.9299	12.4894	13.4804	14.9741	17.2981
大连	城市	45 岁～	女	1	0.16	3.0204	—	3.0204	3.0204	3.0204	3.0204	3.0204
		60 岁～	女	4	0.64	2.7589	0.7537	1.9603	2.1886	2.6798	3.3292	3.7158
	农村	18 岁～	男	51	8.21	1.9216	0.6185	1.1195	1.7361	1.9039	2.0676	2.4504
			女	33	5.31	1.8339	0.4531	1.0826	1.3702	1.8989	2.1444	2.3190
		45 岁～	男	25	4.03	1.7035	0.4206	0.9743	1.4740	1.8431	2.0120	2.1756
			女	36	5.80	2.0017	1.2587	1.1140	1.2922	1.9704	2.1781	4.0561
		60 岁～	男	29	4.67	2.1821	1.8061	0.3672	1.4721	1.6688	2.1821	5.9381
			女	33	5.31	2.5585	3.3316	1.2234	1.5590	1.8973	2.2171	6.8214
上海	城市	18 岁～	男	5	0.83	2.9092	0.6278	1.7918	3.1360	3.1500	3.1726	3.2954
			女	2	0.33	3.4195	0.1593	3.3068	3.3068	3.4195	3.5321	3.5321
		45 岁～	男	1	0.17	3.0617	—	3.0617	3.0617	3.0617	3.0617	3.0617
			女	1	0.17	3.1208	—	3.1208	3.1208	3.1208	3.1208	3.1208
		60 岁～	女	1	0.17	3.3308	—	3.3308	3.3308	3.3308	3.3308	3.3308
	农村	18 岁～	男	8	1.34	3.1467	0.3215	2.4423	3.0711	3.2307	3.3337	3.4604
			女	4	0.67	2.5500	0.6563	1.7584	2.0182	2.6231	3.0818	3.1955
		45 岁～	男	27	4.51	2.8636	0.5008	1.8725	2.3810	3.0063	3.2649	3.4626
			女	25	4.17	2.9890	0.4264	2.1992	2.8035	3.0773	3.2619	3.5823
		60 岁～	男	12	2.00	3.0704	0.4418	1.8876	2.9535	3.2013	3.3813	3.4458
			女	13	2.17	3.1630	0.5011	2.3102	2.8943	3.1225	3.5643	4.0356
武汉	城市	18 岁～	男	1	0.16	2.6697	—	2.6697	2.6697	2.6697	2.6697	2.6697
			女	1	0.16	3.4827	—	3.4827	3.4827	3.4827	3.4827	3.4827
		45 岁～	男	1	0.16	3.9065	—	3.9065	3.9065	3.9065	3.9065	3.9065
			女	1	0.16	3.1256	—	3.1256	3.1256	3.1256	3.1256	3.1256

类别				N	接触比例/%	土壤铅经消化道暴露贡献比*/%						
						Mean	Std	P5	P25	P50	P75	P95
武汉	城市	60岁～	男	7	1.13	3.1195	0.3964	2.6993	2.8770	3.0266	3.1843	3.9328
			女	6	0.97	3.9513	0.5613	3.3755	3.6303	3.8021	4.1139	4.9837
	农村	18岁～	男	9	1.45	5.1891	0.8040	4.0182	4.3771	5.3243	5.7646	6.1717
			女	11	1.77	11.4731	18.3987	2.6458	4.4462	5.4386	7.1874	65.9383
		45岁～	男	20	3.23	6.1508	4.4699	2.2485	4.6186	5.2108	5.7832	16.3086
			女	37	5.97	5.3086	1.7856	3.0141	4.6200	5.3537	5.6382	6.6630
		60岁～	男	48	7.74	5.5772	2.3885	3.5593	4.6086	5.4886	5.7504	6.7777
			女	32	5.16	5.2652	1.0563	3.4481	4.5911	5.4775	5.7788	6.6466
成都	城市	18岁～	男	5	0.79	1.6296	0.5014	1.2619	1.2660	1.2758	2.0625	2.2820
			女	2	0.32	1.6675	0.0409	1.6386	1.6386	1.6675	1.6964	1.6964
		45岁～	女	2	0.32	2.0139	0.0737	1.9618	1.9618	2.0139	2.0660	2.0660
		60岁～	女	5	0.79	2.0670	0.1012	1.9633	1.9761	2.0587	2.1433	2.1936
	农村	18岁～	男	41	6.50	1.4042	0.4004	0.8634	1.0934	1.4865	1.5910	1.6754
			女	33	5.23	1.6478	2.0161	0.8526	1.0713	1.1044	1.5874	1.7937
		45岁～	男	39	6.18	1.2972	0.4708	0.6373	1.0510	1.1359	1.5669	2.2732
			女	34	5.39	1.4529	0.2764	0.9716	1.3517	1.4978	1.6500	1.7923
		60岁～	男	18	2.85	1.4537	0.2647	0.7515	1.3133	1.4769	1.7043	1.7640
			女	13	2.06	1.5223	0.2982	0.7038	1.4923	1.5897	1.6860	1.8458
兰州	城市	18岁～	男	7	1.02	6.9635	3.6761	2.7986	4.1545	6.3047	11.4850	12.4959
			女	2	0.29	7.8815	0.3032	7.6671	7.6671	7.8815	8.0959	8.0959
		45岁～	男	1	0.15	19.7237	—	19.7237	19.7237	19.7237	19.7237	19.7237
		60岁～	女	3	0.44	6.9170	0.2579	6.6822	6.6822	6.8758	7.1931	7.1931
	农村	18岁～	男	35	5.09	6.1415	1.8730	4.0524	5.7508	5.8917	6.2849	6.7525
			女	29	4.22	7.4671	6.1192	4.1900	5.8161	5.9400	6.2132	23.4951
		45岁～	男	51	7.41	7.5503	6.2952	2.7308	5.1665	5.7839	6.2636	25.8278
			女	40	5.81	6.3919	3.2778	3.0637	5.5172	5.8436	6.3774	11.4068
		60岁～	男	40	5.81	6.1836	3.2667	3.9679	5.2550	5.8574	6.3015	6.8026
			女	27	3.92	8.1748	8.8371	5.1577	5.6567	5.8864	6.2913	22.8857

*：为有土壤接触行为居民暴露贡献比。

附表 4-20　不同地区居民分城乡、年龄和性别的土壤铅经呼吸道暴露贡献比

类别				N	土壤铅经呼吸道暴露贡献比/‰						
					Mean	Std	P5	P25	P50	P75	P95
太原	城市	18 岁～	男	68	0.4743	0.2334	0.3071	0.4062	0.4489	0.4916	0.5475
			女	72	0.3241	0.1755	0.2138	0.2606	0.3018	0.3350	0.3886
		45 岁～	男	50	0.4225	0.2123	0.2956	0.3288	0.3868	0.4228	0.7805
			女	60	0.2798	0.0490	0.1854	0.2542	0.2918	0.3077	0.3322
		60 岁～	男	56	0.3688	0.0499	0.2593	0.3494	0.3821	0.3992	0.4382
			女	54	0.2774	0.0337	0.2207	0.2619	0.2852	0.3004	0.3307
	农村	18 岁～	男	41	0.3895	0.0767	0.2692	0.3390	0.3956	0.4556	0.4947
			女	40	0.2859	0.0588	0.1919	0.2379	0.2858	0.3268	0.3697
		45 岁～	男	49	0.3750	0.0885	0.2508	0.2996	0.3844	0.4191	0.5404
			女	74	0.2883	0.0616	0.1913	0.2439	0.2949	0.3290	0.3874
		60 岁～	男	73	0.3218	0.0799	0.2056	0.2501	0.3196	0.3874	0.4565
			女	59	0.2519	0.0710	0.1579	0.2121	0.2469	0.2809	0.3560
大连	城市	18 岁～	男	88	0.0787	0.0183	0.0484	0.0702	0.0765	0.0851	0.1018
			女	68	0.0568	0.0211	0.0368	0.0498	0.0553	0.0601	0.0753
		45 岁～	男	13	0.0697	0.0126	0.0557	0.0608	0.0651	0.0754	0.1002
			女	31	0.0517	0.0176	0.0328	0.0388	0.0482	0.0616	0.0887
		60 岁～	男	24	0.0605	0.0116	0.0447	0.0505	0.0590	0.0660	0.0810
			女	63	0.0544	0.0203	0.0337	0.0431	0.0501	0.0586	0.0926
	农村	18 岁～	男	84	0.0465	0.0125	0.0302	0.0416	0.0459	0.0511	0.0572
			女	76	0.0328	0.0079	0.0198	0.0292	0.0322	0.0370	0.0419
		45 岁～	男	41	0.0425	0.0109	0.0253	0.0368	0.0424	0.0470	0.0578
			女	49	0.0347	0.0203	0.0188	0.0227	0.0323	0.0381	0.0653
		60 岁～	男	41	0.0433	0.0314	0.0226	0.0296	0.0350	0.0458	0.0849
			女	43	0.0374	0.0471	0.0196	0.0249	0.0281	0.0321	0.0429
上海	城市	18 岁～	男	97	0.0843	0.0162	0.0489	0.0776	0.0851	0.0946	0.1036
			女	88	0.0557	0.0105	0.0360	0.0513	0.0575	0.0612	0.0695
		45 岁～	男	18	0.0788	0.0144	0.0460	0.0721	0.0770	0.0851	0.1126
			女	43	0.0526	0.0062	0.0398	0.0500	0.0531	0.0573	0.0609
		60 岁～	男	16	0.0666	0.0069	0.0534	0.0628	0.0667	0.0716	0.0775
			女	36	0.0506	0.0051	0.0409	0.0479	0.0504	0.0543	0.0597

类别				N	土壤铅经呼吸道暴露贡献比/‰						
					Mean	Std	P5	P25	P50	P75	P95
上海	农村	18 岁～	男	48	0.0807	0.0121	0.0480	0.0778	0.0819	0.0875	0.0957
			女	38	0.0603	0.0312	0.0340	0.0488	0.0547	0.0625	0.1112
		45 岁～	男	71	0.0789	0.0348	0.0477	0.0690	0.0756	0.0835	0.1107
			女	82	0.0519	0.0083	0.0346	0.0480	0.0526	0.0573	0.0642
		60 岁～	男	35	0.0613	0.0077	0.0430	0.0598	0.0633	0.0655	0.0717
			女	27	0.0559	0.0443	0.0370	0.0456	0.0476	0.0510	0.0570
武汉	城市	18 岁～	男	60	0.1020	0.0414	0.0590	0.0807	0.0958	0.1127	0.1710
			女	77	0.0772	0.0345	0.0498	0.0592	0.0715	0.0778	0.1291
		45 岁～	男	40	0.0869	0.0196	0.0481	0.0739	0.0902	0.0995	0.1107
			女	41	0.0741	0.0386	0.0422	0.0567	0.0653	0.0741	0.1566
		60 岁～	男	60	0.0754	0.0165	0.0488	0.0639	0.0748	0.0872	0.1075
			女	77	0.0588	0.0113	0.0370	0.0521	0.0579	0.0679	0.0766
	农村	18 岁～	男	22	0.1506	0.0817	0.0967	0.1221	0.1310	0.1419	0.2758
			女	33	0.1300	0.1703	0.0598	0.0820	0.0951	0.1136	0.2627
		45 岁～	男	39	0.1372	0.0676	0.0785	0.1101	0.1233	0.1499	0.2460
			女	55	0.1108	0.0939	0.0483	0.0827	0.0927	0.1008	0.3103
		60 岁～	男	66	0.1160	0.0629	0.0672	0.0955	0.1083	0.1182	0.1426
			女	50	0.0841	0.0309	0.0537	0.0729	0.0819	0.0871	0.1057
成都	城市	18 岁～	男	123	0.0474	0.0162	0.0296	0.0423	0.0462	0.0524	0.0598
			女	125	0.0307	0.0076	0.0208	0.0273	0.0302	0.0334	0.0397
		45 岁～	男	24	0.0409	0.0067	0.0266	0.0378	0.0415	0.0442	0.0527
			女	29	0.0284	0.0107	0.0189	0.0225	0.0280	0.0331	0.0345
		60 岁～	男	8	0.0351	0.0058	0.0254	0.0311	0.0360	0.0391	0.0429
			女	26	0.0299	0.0168	0.0175	0.0235	0.0280	0.0311	0.0358
	农村	18 岁～	男	64	0.0356	0.0093	0.0220	0.0294	0.0368	0.0405	0.0454
			女	63	0.0255	0.0245	0.0143	0.0172	0.0232	0.0263	0.0310
		45 岁～	男	55	0.0334	0.0160	0.0160	0.0248	0.0320	0.0379	0.0542
			女	44	0.0260	0.0194	0.0162	0.0207	0.0231	0.0265	0.0298
		60 岁～	男	34	0.0284	0.0060	0.0139	0.0247	0.0302	0.0328	0.0362
			女	36	0.0224	0.0033	0.0157	0.0213	0.0227	0.0242	0.0276

类别				N	土壤铅经呼吸道暴露贡献比/‰						
					Mean	Std	P5	P25	P50	P75	P95
兰州	城市	18 岁～	男	61	0.2426	0.1775	0.1015	0.1553	0.2062	0.2501	0.6015
			女	51	0.1404	0.0820	0.0599	0.1004	0.1279	0.1612	0.3083
		45 岁～	男	49	0.1892	0.0781	0.1053	0.1357	0.1830	0.2125	0.4098
			女	54	0.1339	0.0359	0.0650	0.1247	0.1399	0.1513	0.1780
		60 岁～	男	65	0.1592	0.0332	0.1025	0.1258	0.1695	0.1853	0.1970
			女	67	0.1259	0.1097	0.0776	0.0981	0.1087	0.1303	0.1530
	农村	18 岁～	男	51	0.1546	0.0792	0.0941	0.1271	0.1495	0.1576	0.1737
			女	49	0.1282	0.0969	0.0711	0.0968	0.1039	0.1150	0.3475
		45 岁～	男	59	0.1762	0.1480	0.0647	0.1188	0.1378	0.1555	0.6322
			女	49	0.1023	0.0483	0.0608	0.0879	0.0972	0.1048	0.1795
		60 岁～	男	69	0.1174	0.0483	0.0733	0.1043	0.1142	0.1247	0.1414
			女	64	0.1054	0.0751	0.0729	0.0859	0.0920	0.1030	0.1209

附表 4-21　不同地区居民分城乡、年龄和性别的土壤铅经皮肤暴露贡献比

类别				N	接触比例/%	土壤铅经皮肤暴露贡献比*/‰						
						Mean	Std	P5	P25	P50	P75	P95
太原	城市	45 岁～	男	1	0.14	37.1689	—	37.1689	37.1689	37.1689	37.1689	37.1689
	农村	18 岁～	男	12	1.72	134.5183	38.1784	87.1931	108.7882	120.5711	164.4532	200.5057
			女	11	1.58	108.4728	56.4038	2.9031	51.3433	128.5189	146.7164	162.2284
		45 岁～	男	18	2.59	106.6535	63.2481	12.4436	49.6536	104.8222	152.0835	247.0168
			女	17	2.44	101.5148	39.228	11.5696	82.7055	108.7754	114.0726	159.0086
		60 岁～	男	32	4.60	107.5318	40.2162	21.8726	88.5688	115.8714	132.2048	169.6419
			女	13	1.87	69.7379	39.1174	8.9632	37.9262	84.7111	92.2653	126.2872
大连	城市	45 岁～	女	1	0.16	4.17120	—	4.1712	4.1712	4.1712	4.1712	4.1712
		60 岁～	女	4	0.64	3.03460	2.8151	0.6035	0.6281	2.7713	5.4411	5.9924
	农村	18 岁～	男	51	8.21	15.2623	6.4177	2.4563	11.2293	15.1733	19.6332	25.3919
			女	33	5.31	12.9373	6.5291	1.3052	8.9889	12.0083	16.4441	24.1662
		45 岁～	男	25	4.03	14.0660	5.9627	6.3198	9.2655	12.8693	18.6696	25.8522
			女	36	5.80	14.2141	5.7092	7.5776	9.9491	12.2372	16.9820	25.8592
		60 岁～	男	29	4.67	15.6230	12.7805	2.0226	10.3617	13.5886	16.9107	32.8996
			女	33	5.31	16.4706	23.5079	6.1952	8.9560	11.1857	13.7581	59.5654

类别				N	接触比例/%	土壤铅经皮肤暴露贡献比*/‰						
						Mean	Std	P5	P25	P50	P75	P95
上海	城市	18岁～	男	5	0.83	1.7169	1.4033	0.5634	0.5754	1.2325	2.3495	3.8637
			女	2	0.33	3.5387	0.7500	3.0084	3.0084	3.5387	4.069	4.069
		45岁～	男	1	0.17	3.5357	—	3.5357	3.5357	3.5357	3.5357	3.5357
			女	1	0.17	1.9115	—	1.9115	1.9115	1.9115	1.9115	1.9115
		60岁～	女	1	0.17	0.5612	—	0.5612	0.5612	0.5612	0.5612	0.5612
	农村	18岁～	男	8	1.34	4.8008	4.9133	1.6693	1.9648	2.3826	6.4979	15.0465
			女	4	0.67	1.2519	0.4221	0.7117	0.9346	1.2997	1.5692	1.6966
		45岁～	男	27	4.51	2.0498	0.7387	0.8753	1.4773	2.2108	2.4686	3.1903
			女	25	4.17	2.3017	1.0504	1.4829	1.8541	2.0368	2.2479	5.2345
		60岁～	男	12	2.00	3.1327	3.9975	0.8853	1.5742	1.7217	2.7953	15.5119
			女	13	2.17	1.7295	0.8980	0.6909	1.3669	1.6156	1.9285	4.1605
武汉	城市	18岁～	男	1	0.16	3.7828	—	3.7828	3.7828	3.7828	3.7828	3.7828
			女	1	0.16	6.1075	—	6.1075	6.1075	6.1075	6.1075	6.1075
		45岁～	男	1	0.16	0.4410	—	0.4410	0.4410	0.4410	0.4410	0.4410
			女	1	0.16	0.6569	—	0.6569	0.6569	0.6569	0.6569	0.6569
		60岁～	男	7	1.13	2.1204	0.9084	0.9491	1.2059	2.1472	2.7190	3.6335
			女	6	0.97	1.9071	1.4005	0.4582	1.0315	1.6499	2.2373	4.4157
	农村	18岁～	男	9	1.45	18.7842	11.9445	11.5857	14.0436	15.5497	16.3105	50.3759
			女	11	1.77	27.9387	41.4005	5.9570	10.8883	15.843	19.202	150.1272
		45岁～	男	20	3.23	23.9530	49.5965	3.8352	7.2237	11.5004	17.6024	137.7209
			女	37	5.97	14.0905	9.1561	3.7523	7.3425	13.2082	18.2615	36.5226
		60岁～	男	48	7.74	17.9110	12.8447	5.6174	8.1348	13.8223	23.9816	44.2542
			女	32	5.16	12.2275	6.9459	4.4030	7.0083	9.9071	15.1345	26.1620
成都	城市	18岁～	男	5	0.79	2.2402	2.2905	0.4644	0.8706	1.7600	1.9137	6.1924
			女	2	0.32	1.1684	1.1322	0.3678	0.3678	1.1684	1.9690	1.9690
		45岁～	女	2	0.32	0.7723	0.7764	0.2233	0.2233	0.7723	1.3213	1.3213
		60岁～	女	5	0.79	1.9278	0.9995	0.3982	1.4437	2.3845	2.6789	2.7335
	农村	18岁～	男	41	6.50	11.5455	4.6916	4.2640	8.7910	10.9909	14.7409	18.7638
			女	33	5.23	10.0839	5.2707	4.5261	6.9422	8.7044	11.8070	17.9492
		45岁～	男	39	6.18	9.4541	4.2091	1.3657	6.9583	9.7001	12.5190	17.6066
			女	34	5.39	10.4081	3.6296	4.9318	8.2680	10.2926	12.8660	16.5580

类别				N	接触比例/%	土壤铅经皮肤暴露贡献比*/‰						
						Mean	Std	P5	P25	P50	P75	P95
成都	农村	60 岁～	男	18	2.85	9.4005	3.8905	4.4513	6.6782	8.4048	11.5917	19.2748
			女	13	2.06	6.9235	3.8302	1.6741	4.9072	5.7930	9.8460	14.3407
兰州	城市	18 岁～	男	7	1.02	51.3689	26.9943	18.0002	26.3865	52.0629	59.3383	101.2042
			女	2	0.29	10.4175	2.0916	8.9385	8.9385	10.4175	11.8964	11.8964
		45 岁～	男	1	0.15	154.4078	—	154.4078	154.4078	154.4078	154.4078	154.4078
		60 岁～	女	3	0.44	5.0441	0.2200	4.8063	4.8063	5.0857	5.2402	5.2402
	农村	18 岁～	男	35	5.09	53.6418	15.8738	33.0248	41.5963	50.9800	57.3667	88.4931
			女	29	4.22	52.2580	49.5907	10.9325	30.7515	36.5786	67.8315	214.4733
		45 岁～	男	51	7.41	65.8911	59.2559	25.2335	38.6512	48.4949	61.8974	228.7489
			女	40	5.81	50.4076	23.0461	23.9206	39.6974	45.6484	58.4626	90.9086
		60 岁～	男	40	5.81	50.3356	27.5471	15.0463	37.1514	48.2145	60.1753	69.5746
			女	27	3.92	58.2769	48.5137	25.2741	39.3943	46.5617	56.7064	139.8117

*：为有土壤接触行为居民暴露贡献比。

附表 4-22　不同地区居民分城乡、年龄和性别的土壤铬暴露贡献比

类别				N	土壤铬暴露贡献比/%						
					Mean	Std	P5	P25	P50	P75	P95
太原	城市	18 岁～	男	68	0.0049	0.0010	0.0033	0.0044	0.0048	0.0054	0.0061
			女	72	0.0033	0.0010	0.0023	0.0028	0.0032	0.0036	0.0044
		45 岁～	男	50	0.2706	1.8851	0.0032	0.0037	0.0040	0.0044	0.0052
			女	60	0.0031	0.0007	0.0022	0.0028	0.0031	0.0034	0.0036
		60 岁～	男	56	0.0041	0.0007	0.0027	0.0037	0.0043	0.0046	0.0050
			女	54	0.0031	0.0004	0.0024	0.0028	0.0031	0.0034	0.0037
	农村	18 岁～	男	41	5.0976	8.0530	0.0036	0.0041	0.0047	15.4086	18.5338
			女	40	4.7884	7.9576	0.0026	0.0030	0.0033	13.4372	18.9128
		45 岁～	男	49	6.0638	8.1942	0.0029	0.0040	0.0045	15.5018	19.4721
			女	74	3.7433	6.9550	0.0026	0.0029	0.0031	0.0037	17.8616
		60 岁～	男	73	7.3321	8.4131	0.0026	0.0037	0.0045	16.3976	18.6018
			女	59	3.7438	7.1615	0.0023	0.0028	0.0030	0.0037	18.4100
大连	城市	18 岁～	男	88	0.0001	<0.0001	0.0001	0.0001	0.0001	0.0002	0.0002
			女	68	0.0001	<0.0001	0.0001	0.0001	0.0001	0.0001	0.0001
		45 岁～	男	13	0.0001	<0.0001	0.0001	0.0001	0.0001	0.0001	0.0002
			女	31	0.0328	0.1820	0.0001	0.0001	0.0001	0.0001	0.0002

类别				N	土壤铬暴露贡献比/%						
					Mean	Std	P5	P25	P50	P75	P95
大连	城市	60 岁～	男	24	0.0001	<0.0001	0.0001	0.0001	0.0001	0.0001	0.0002
			女	63	0.0554	0.2407	0.0001	0.0001	0.0001	0.0001	0.4860
	农村	18 岁～	男	84	0.3402	0.2868	0.0001	0.0001	0.4571	0.6121	0.6598
			女	76	0.2383	0.2853	0.0001	0.0001	0.0001	0.5535	0.6816
		45 岁～	男	41	0.3399	0.3217	0.0001	0.0001	0.3206	0.6110	0.6512
			女	49	0.4032	0.3159	0.0001	0.0002	0.3970	0.6420	0.7468
		60 岁～	男	41	0.4463	0.3921	0.0001	0.0001	0.4659	0.5947	1.1911
			女	43	0.4621	0.3418	0.0001	0.3732	0.4942	0.6232	0.7923
上海	城市	18 岁～	男	97	0.1750	0.7647	0.0005	0.0009	0.0010	0.0011	2.0853
			女	88	0.0908	0.5944	0.0004	0.0006	0.0007	0.0007	0.0022
		45 岁～	男	18	0.2003	0.8449	0.0004	0.0008	0.0009	0.0010	3.5856
			女	43	0.0841	0.5478	0.0005	0.0006	0.0006	0.0007	0.0007
		60 岁～	男	16	0.0008	0.0001	0.0006	0.0007	0.0008	0.0008	0.0009
			女	36	0.1063	0.6342	0.0005	0.0006	0.0006	0.0006	0.0007
	农村	18 岁～	男	48	0.9372	2.1262	0.0009	0.0014	0.0016	0.0020	5.9837
			女	38	0.6738	2.1533	0.0008	0.0009	0.0010	0.0012	5.6382
		45 岁～	男	71	1.9297	2.5354	0.0007	0.0013	0.0015	5.1739	5.8847
			女	82	1.6137	2.4836	0.0008	0.0009	0.0011	4.4994	5.8640
		60 岁～	男	35	1.8716	2.6637	0.0009	0.0011	0.0012	5.4563	6.0126
			女	27	2.8293	3.2012	0.0007	0.0009	0.0022	5.5144	6.5330
武汉	城市	18 岁～	男	60	0.0226	0.1709	0.0003	0.0004	0.0005	0.0006	0.0008
			女	77	0.0235	0.2028	0.0002	0.0003	0.0004	0.0004	0.0013
		45 岁～	男	40	0.0482	0.3020	0.0002	0.0004	0.0004	0.0005	0.0006
			女	41	0.0405	0.2573	0.0002	0.0003	0.0003	0.0004	0.0004
		60 岁～	男	60	0.1851	0.5144	0.0002	0.0003	0.0004	0.0005	1.5645
			女	77	0.1607	0.5598	0.0002	0.0003	0.0003	0.0003	1.9930
	农村	18 岁～	男	22	1.4669	1.8431	0.0008	0.0009	0.0010	3.5764	4.3029
			女	33	1.7186	3.9218	0.0004	0.0006	0.0007	2.4114	8.6811
		45 岁～	男	39	1.9504	2.4940	0.0005	0.0008	1.5941	3.5007	4.5669
			女	55	2.4911	2.1683	0.0005	0.0007	3.1618	3.6944	4.4193

类别				N	土壤铬暴露贡献比/%						
					Mean	Std	P5	P25	P50	P75	P95
武汉	农村	60 岁～	男	66	2.5869	1.8300	0.0006	0.0008	3.1814	3.7714	4.1751
			女	50	2.2572	1.7844	0.0005	0.0006	2.9348	3.7107	4.3586
成都	城市	18 岁～	男	123	0.0440	0.2217	0.0002	0.0003	0.0003	0.0003	0.0007
			女	125	0.0177	0.1376	0.0001	0.0002	0.0002	0.0002	0.0003
		45 岁～	男	24	0.0003	<0.0001	0.0002	0.0002	0.0003	0.0003	0.0003
			女	29	0.0909	0.3394	0.0001	0.0001	0.0002	0.0002	1.2781
		60 岁～	男	8	0.0002	<0.0001	0.0002	0.0002	0.0002	0.0003	0.0003
			女	26	0.2614	0.5466	0.0001	0.0002	0.0002	0.0002	1.4134
	农村	18 岁～	男	64	0.7467	0.6146	0.0003	0.0003	0.9086	1.2889	1.3788
			女	63	0.5758	0.5863	0.0001	0.0002	0.7241	1.1644	1.4220
		45 岁～	男	55	0.7514	0.6453	0.0002	0.0003	0.8684	1.0965	1.3565
			女	44	1.0089	0.6686	0.0001	0.8432	1.1444	1.3478	1.4982
		60 岁～	男	34	0.6303	0.6228	0.0002	0.0002	0.7797	1.2753	1.4693
			女	36	0.4448	0.6159	0.0001	0.0002	0.0002	1.1979	1.3928
兰州	城市	18 岁～	男	61	0.0971	0.2930	0.0001	0.0002	0.0002	0.0003	0.9382
			女	51	0.0345	0.1718	0.0001	0.0001	0.0001	0.0002	0.0003
		45 岁～	男	49	0.0154	0.1065	0.0001	0.0001	0.0002	0.0002	0.0003
			女	54	0.0001	<0.0001	0.0001	0.0001	0.0001	0.0002	0.0002
		60 岁～	男	65	0.0002	<0.0001	0.0001	0.0001	0.0002	0.0002	0.0002
			女	67	0.0343	0.1590	0.0001	0.0001	0.0001	0.0001	0.0002
	农村	18 岁～	男	51	0.5796	0.4045	0.0001	0.0002	0.8176	0.8704	0.9961
			女	49	0.4967	0.4521	0.0001	0.0001	0.7741	0.8379	0.9449
		45 岁～	男	59	0.7149	0.3458	0.0001	0.6600	0.8179	0.8606	1.0981
			女	49	0.6739	0.3548	0.0001	0.6055	0.8063	0.8413	1.2139
		60 岁～	男	69	0.4743	0.4153	0.0001	0.0002	0.7028	0.8520	0.9268
			女	64	0.3648	0.4408	0.0001	0.0001	0.0001	0.8251	1.0110

附表 4-23 不同地区居民分城乡、年龄和性别的土壤铬经消化道暴露贡献比

类别				N	接触比例/%	土壤铬经消化道暴露贡献比*/%						
						Mean	Std	P5	P25	P50	P75	P95
太原	城市	45 岁～	男	1	0.14	12.9419	—	12.9419	12.9419	12.9419	12.9419	12.9419
	农村	18 岁～	男	12	1.72	15.8229	1.1493	13.9140	15.2054	15.8449	16.4399	18.0864
			女	11	1.58	16.2492	2.0126	12.1545	14.9032	16.9465	17.5315	18.5752
		45 岁～	男	18	2.59	15.2608	2.3856	10.3668	14.2287	15.3342	16.4765	19.3261
			女	17	2.44	15.1840	1.7268	10.4529	14.8297	15.8737	16.1926	16.8590
		60 岁～	男	32	4.60	15.4847	1.3424	13.8564	14.5963	15.2769	16.5864	17.6619
			女	13	1.87	16.1441	1.9921	13.2951	15.0649	15.8319	17.0212	21.5238
大连	城市	45 岁～	女	1	0.16	0.9995	—	0.9995	0.9995	0.9995	0.9995	0.9995
		60 岁～	女	4	0.64	0.8599	0.4894	0.4847	0.5340	0.6946	1.1858	1.5657
	农村	18 岁～	男	51	8.21	0.5177	0.0948	0.3038	0.4930	0.5431	0.5881	0.6185
			女	33	5.31	0.5123	0.1165	0.3057	0.3896	0.5367	0.6119	0.6498
		45 岁～	男	25	4.03	0.5157	0.2048	0.2755	0.4174	0.5253	0.5782	0.6280
			女	36	5.80	0.5094	0.2198	0.2568	0.3514	0.5071	0.6161	0.8506
		60 岁～	男	29	4.67	0.5886	0.2971	0.3465	0.4216	0.4733	0.6206	1.3827
			女	33	5.31	0.5657	0.2378	0.3705	0.4207	0.5311	0.6372	0.7602
上海	城市	18 岁～	男	5	0.83	3.3557	0.7288	2.0578	3.6180	3.6361	3.6726	3.7940
			女	2	0.33	3.9228	0.1918	3.7872	3.7872	3.9228	4.0584	4.0584
		45 岁～	男	1	0.17	3.5438	—	3.5438	3.5438	3.5438	3.5438	3.5438
			女	1	0.17	3.5701	—	3.5701	3.5701	3.5701	3.5701	3.5701
		60 岁～	女	1	0.17	3.7990	—	3.7990	3.7990	3.7990	3.7990	3.7990
	农村	18 岁～	男	8	1.34	5.5292	0.5589	4.2960	5.4128	5.6986	5.8167	6.0819
			女	4	0.67	6.3563	2.8872	4.0106	4.6188	5.4259	8.0938	10.5629
		45 岁～	男	27	4.51	5.0349	0.8698	3.3132	4.1909	5.3071	5.7377	6.0569
			女	25	4.17	5.2490	0.7433	3.8703	4.9120	5.3948	5.7562	6.2601
		60 岁～	男	12	2.00	5.3999	0.7685	3.3294	5.2078	5.6501	5.9413	6.0323
			女	13	2.17	5.8411	1.6588	4.0918	5.0483	5.4872	6.2374	10.7710
武汉	城市	18 岁～	男	1	0.16	1.3057	—	1.3057	1.3057	1.3057	1.3057	1.3057
			女	1	0.16	1.7486	—	1.7486	1.7486	1.7486	1.7486	1.7486

类别				N	接触比例/%	土壤铬经消化道暴露贡献比*/%						
						Mean	Std	P5	P25	P50	P75	P95
武汉	城市	45岁~	男	1	0.16	1.9079	—	1.9079	1.9079	1.9079	1.9079	1.9079
			女	1	0.16	1.6439	—	1.6439	1.6439	1.6439	1.6439	1.6439
		60岁~	男	7	1.13	1.5720	0.1458	1.4103	1.4987	1.5258	1.5937	1.8726
			女	6	0.97	2.0480	0.2810	1.7795	1.8455	1.9907	2.1143	2.5675
	农村	18岁~	男	9	1.45	3.4570	0.5836	2.6016	2.8776	3.4887	3.9092	4.1895
			女	11	1.77	5.0273	5.3341	1.6979	2.3704	3.2079	4.1771	20.1406
		45岁~	男	20	3.23	3.6627	2.0130	1.5929	3.0189	3.4027	3.6847	8.0599
			女	37	5.97	3.6069	1.5259	1.7614	3.0561	3.4976	3.6569	8.7164
		60岁~	男	48	7.74	3.4441	1.0391	1.8513	2.9353	3.5318	3.7185	4.3622
			女	32	5.16	3.4461	0.6273	2.3312	3.0571	3.5808	3.7377	4.3627
成都	城市	18岁~	男	5	0.79	1.0604	0.3289	0.8196	0.8216	0.8281	1.3435	1.4890
			女	2	0.32	1.0847	0.0260	1.0663	1.0663	1.0847	1.1031	1.1031
		45岁~	女	2	0.32	1.3104	0.0481	1.2764	1.2764	1.3104	1.3444	1.3444
		60岁~	女	5	0.79	1.3458	0.0661	1.2786	1.2858	1.3404	1.3954	1.4286
	农村	18岁~	男	41	6.50	1.0763	0.2922	0.6689	0.8469	1.1480	1.2298	1.2847
			女	33	5.23	1.0272	0.2634	0.6624	0.8296	0.8580	1.2192	1.3995
		45岁~	男	39	6.18	0.9871	0.4897	0.5663	0.8101	0.8563	1.1456	1.2777
			女	34	5.39	1.2208	0.4128	0.7957	1.0409	1.1643	1.2919	2.3425
		60岁~	男	18	2.85	1.1181	0.2057	0.5829	1.0155	1.1183	1.3139	1.3525
			女	13	2.06	1.1777	0.2301	0.5455	1.1486	1.2262	1.3198	1.4205
兰州	城市	18岁~	男	7	1.02	0.7857	0.3339	0.4405	0.4764	0.8589	0.9593	1.3745
			女	2	0.29	0.8643	0.0415	0.8350	0.8350	0.8643	0.8936	0.8936
		45岁~	男	1	0.15	0.6917	—	0.6917	0.6917	0.6917	0.6917	0.6917
		60岁~	女	3	0.44	0.7573	0.0310	0.7301	0.7301	0.7507	0.7911	0.7911
	农村	18岁~	男	35	5.09	0.7756	0.0924	0.5533	0.7584	0.7597	0.8265	0.8868
			女	29	4.22	0.7852	0.2141	0.4719	0.7591	0.7595	0.8155	0.8829
		45岁~	男	51	7.41	0.7611	0.1949	0.4854	0.6719	0.7586	0.8268	0.9797
			女	40	5.81	0.7650	0.1575	0.5243	0.7068	0.7588	0.8104	1.1561
		60岁~	男	40	5.81	0.7557	0.1040	0.5297	0.7460	0.7745	0.8322	0.8816
			女	27	3.92	0.8035	0.1419	0.6745	0.7579	0.7596	0.8121	0.9549

*：为有土壤接触行为居民暴露贡献比。

附表 4-24 不同地区居民分城乡、年龄和性别的土壤铬经呼吸道暴露贡献比

类别				N	土壤铬经呼吸道暴露贡献比/‱						
					Mean	Std	P5	P25	P50	P75	P95
太原	城市	18 岁～	男	68	0.4869	0.0976	0.3319	0.4434	0.4847	0.5434	0.6093
			女	72	0.3322	0.1037	0.2271	0.2793	0.3173	0.3614	0.4423
		45 岁～	男	50	0.4017	0.0603	0.3126	0.3635	0.3947	0.4321	0.4903
			女	60	0.3123	0.0672	0.2244	0.2828	0.3124	0.3410	0.3627
		60 岁～	男	56	0.4139	0.0682	0.2679	0.3719	0.4262	0.4605	0.4955
			女	54	0.3082	0.0429	0.2419	0.2818	0.3085	0.3390	0.3673
	农村	18 岁～	男	41	0.4234	0.0535	0.3585	0.3891	0.4099	0.4528	0.5138
			女	40	0.3020	0.0393	0.2277	0.2673	0.3060	0.3285	0.3602
		45 岁～	男	49	0.3875	0.0701	0.2551	0.3354	0.3897	0.4373	0.4954
			女	74	0.2937	0.0616	0.2044	0.2686	0.2894	0.3163	0.3588
		60 岁～	男	73	0.3462	0.0619	0.2484	0.3000	0.3474	0.3768	0.4488
			女	59	0.2783	0.0448	0.2076	0.2450	0.2782	0.3110	0.3675
大连	城市	18 岁～	男	88	0.0150	0.0026	0.0106	0.0136	0.0150	0.0164	0.0192
			女	68	0.0108	0.0025	0.0073	0.0098	0.0107	0.0117	0.0148
		45 岁～	男	13	0.0135	0.0025	0.0109	0.0117	0.0125	0.0148	0.0194
			女	31	0.0100	0.0033	0.0064	0.0075	0.0088	0.0119	0.0169
		60 岁～	男	24	0.0116	0.0023	0.0086	0.0097	0.0113	0.0127	0.0155
			女	63	0.0095	0.0028	0.0058	0.0079	0.0091	0.0106	0.0143
	农村	18 岁～	男	84	0.0127	0.0022	0.0080	0.0117	0.0128	0.0144	0.0154
			女	76	0.0090	0.0018	0.0054	0.0081	0.0090	0.0103	0.0115
		45 岁～	男	41	0.0118	0.0042	0.0071	0.0097	0.0115	0.0133	0.0157
			女	49	0.0087	0.0035	0.0043	0.0061	0.0078	0.0107	0.0141
		60 岁～	男	41	0.0117	0.0055	0.0078	0.0087	0.0098	0.0124	0.0229
			女	43	0.0085	0.0036	0.0056	0.0069	0.0078	0.0092	0.0113
上海	城市	18 岁～	男	97	0.1002	0.0392	0.0524	0.0887	0.0982	0.1087	0.1198
			女	88	0.0710	0.0360	0.0351	0.0584	0.0663	0.0706	0.1274
		45 岁～	男	18	0.1100	0.1037	0.0418	0.0818	0.0886	0.0986	0.5209
			女	43	0.0609	0.0072	0.0458	0.0577	0.0615	0.0663	0.0707
		60 岁～	男	16	0.0770	0.0080	0.0613	0.0727	0.0765	0.0826	0.0893
			女	36	0.0578	0.0073	0.0458	0.0546	0.0585	0.0629	0.0688

类别				N	土壤铬经呼吸道暴露贡献比/‰						
					Mean	Std	P5	P25	P50	P75	P95
上海	农村	18岁～	男	48	0.1646	0.0790	0.0859	0.1401	0.1498	0.1622	0.3191
			女	38	0.1115	0.0409	0.0741	0.0919	0.0993	0.1138	0.2394
		45岁～	男	71	0.1297	0.0342	0.0729	0.1169	0.1344	0.1429	0.1585
			女	82	0.1043	0.0561	0.0669	0.0891	0.0952	0.1067	0.1456
		60岁～	男	35	0.1206	0.0602	0.0697	0.1075	0.1113	0.1172	0.2583
			女	27	0.0887	0.0314	0.0572	0.0761	0.0850	0.0902	0.1493
武汉	城市	18岁～	男	60	0.0493	0.0143	0.0306	0.0389	0.0477	0.0564	0.0808
			女	77	0.0396	0.0251	0.0241	0.0289	0.0351	0.0383	0.0897
		45岁～	男	40	0.0425	0.0100	0.0244	0.0352	0.0427	0.0499	0.0553
			女	41	0.0313	0.0110	0.0181	0.0263	0.0316	0.0359	0.0414
		60岁～	男	60	0.0384	0.0130	0.0245	0.0319	0.0371	0.0421	0.0554
			女	77	0.0294	0.0056	0.0185	0.0263	0.0283	0.0334	0.0392
	农村	18岁～	男	22	0.1027	0.0846	0.0641	0.0809	0.0856	0.0944	0.1072
			女	33	0.0701	0.0500	0.0288	0.0524	0.0621	0.0689	0.1408
		45岁～	男	39	0.0828	0.0308	0.0407	0.0709	0.0784	0.0915	0.1114
			女	55	0.0654	0.0321	0.0319	0.0533	0.0599	0.0653	0.1552
		60岁～	男	66	0.0698	0.0210	0.0421	0.0603	0.0698	0.0755	0.0887
			女	50	0.0512	0.0092	0.0360	0.0460	0.0533	0.0564	0.0658
成都	城市	18岁～	男	123	0.0306	0.0089	0.0192	0.0275	0.0301	0.0340	0.0385
			女	125	0.0212	0.0140	0.0134	0.0175	0.0195	0.0216	0.0257
		45岁～	男	24	0.0264	0.0043	0.0172	0.0245	0.0268	0.0286	0.0342
			女	29	0.0175	0.0035	0.0119	0.0142	0.0181	0.0206	0.0219
		60岁～	男	8	0.0227	0.0038	0.0164	0.0201	0.0233	0.0253	0.0278
			女	26	0.0177	0.0035	0.0113	0.0155	0.0181	0.0201	0.0231
	农村	18岁～	男	64	0.0280	0.0084	0.0171	0.0229	0.0286	0.0313	0.0351
			女	63	0.0194	0.0158	0.0111	0.0132	0.0179	0.0204	0.0263
		45岁～	男	55	0.0243	0.0111	0.0146	0.0183	0.0227	0.0272	0.0319
			女	44	0.0190	0.0064	0.0133	0.0158	0.0177	0.0203	0.0234
		60岁～	男	34	0.0225	0.0045	0.0154	0.0196	0.0232	0.0254	0.0285
			女	36	0.0173	0.0025	0.0123	0.0164	0.0174	0.0186	0.0215

类别				N	土壤铬经呼吸道暴露贡献比/‱						
					Mean	Std	P5	P25	P50	P75	P95
兰州	城市	18岁～	男	61	0.0209	0.0067	0.0115	0.0172	0.0204	0.0247	0.0293
			女	51	0.0133	0.0038	0.0083	0.0103	0.0129	0.0158	0.0199
		45岁～	男	49	0.0177	0.0048	0.0105	0.0138	0.0177	0.0214	0.0248
			女	54	0.0135	0.0035	0.0066	0.0124	0.0143	0.0154	0.0181
		60岁～	男	65	0.0163	0.0035	0.0104	0.0129	0.0175	0.0188	0.0205
			女	67	0.0116	0.0023	0.0079	0.0102	0.0111	0.0133	0.0153
	农村	18岁～	男	51	0.0187	0.0035	0.0127	0.0166	0.0192	0.0205	0.0236
			女	49	0.0132	0.0030	0.0076	0.0125	0.0131	0.0142	0.0165
		45岁～	男	59	0.0180	0.0048	0.0113	0.0157	0.0180	0.0197	0.0244
			女	49	0.0124	0.0028	0.0082	0.0113	0.0123	0.0133	0.0189
		60岁～	男	69	0.0149	0.0047	0.0096	0.0136	0.0149	0.0161	0.0174
			女	64	0.0119	0.0018	0.0093	0.0107	0.0117	0.0131	0.0145

附表4-25　不同地区居民分城乡、年龄和性别的土壤铬经皮肤暴露贡献比

类别				N	接触比例/%	土壤铬经皮肤暴露贡献比*/‱						
						Mean	Std	P5	P25	P50	P75	P95
太原	城市	45岁～	男	1	0.14	38.8860	—	38.8860	38.8860	38.8860	38.8860	38.8860
	农村	18岁～	男	12	1.72	157.9260	37.6253	116.9010	124.9376	145.1170	191.6353	219.2059
			女	11	1.58	115.2044	58.6451	2.6868	55.6323	141.3938	162.1748	172.6768
		45岁～	男	18	2.59	123.5772	76.9633	14.1447	50.828	117.0573	192.9327	245.1937
			女	17	2.44	109.7554	49.7216	10.3192	88.4005	116.5151	144.6314	180.2732
		60岁～	男	32	4.60	123.3873	47.0654	21.7786	115.1141	141.8922	154.3467	173.2496
			女	13	1.87	83.4384	48.9928	9.4767	38.3408	90.2052	107.7333	160.506
大连	城市	45岁～	女	1	0.16	1.3803	—	1.3803	1.3803	1.3803	1.3803	1.3803
		60岁～	女	4	0.64	1.1936	1.2446	0.1210	0.1252	1.0949	2.2620	2.4635
	农村	18岁～	男	51	8.21	4.2401	1.7823	0.6367	3.1814	4.3297	5.5381	6.9495
			女	33	5.31	3.6222	1.8497	0.3720	2.5387	3.3822	4.6116	6.9020
		45岁～	男	25	4.03	4.1552	1.7476	1.7827	2.8399	3.7971	5.3394	7.3780
			女	36	5.80	3.9312	1.9876	1.1282	2.6307	3.4849	4.8271	7.3789
		60岁～	男	29	4.67	4.2190	2.0782	2.1779	3.2995	3.6983	4.4894	8.2761
			女	33	5.31	3.6298	2.3792	1.7739	2.5558	3.1524	3.8608	8.2163

类别				N	接触比例/%	土壤铬经皮肤暴露贡献比[a]/‰						
						Mean	Std	P5	P25	P50	P75	P95
上海	城市	18 岁～	男	5	0.83	1.9770	1.6135	0.6522	0.6638	1.4227	2.6983	4.4482
			女	2	0.33	4.0604	0.8697	3.4455	3.4455	4.0604	4.6754	4.6754
		45 岁～	男	1	0.17	4.0924	—	4.0924	4.0924	4.0924	4.0924	4.0924
			女	1	0.17	2.1866	—	2.1866	2.1866	2.1866	2.1866	2.1866
		60 岁～	女	1	0.17	0.6400	—	0.6400	0.6400	0.6400	0.6400	0.6400
	农村	18 岁～	男	8	1.34	8.4191	8.5958	2.9150	3.4555	4.2177	11.352	26.3874
			女	4	0.67	3.4331	2.4595	1.2527	1.8955	2.7631	4.9707	6.9536
		45 岁～	男	27	4.51	3.6044	1.2976	1.5407	2.6080	3.8708	4.3182	5.6377
			女	25	4.17	4.0440	1.8518	2.6229	3.2486	3.5718	3.9845	9.2563
		60 岁～	男	12	2.00	5.5264	7.0871	1.5464	2.7774	3.0291	4.9293	27.482
			女	13	2.17	3.3320	2.5102	1.2116	2.3980	2.8633	3.3785	11.1043
武汉	城市	18 岁～	男	1	0.16	1.8501	—	1.8501	1.8501	1.8501	1.8501	1.8501
			女	1	0.16	3.0665	—	3.0665	3.0665	3.0665	3.0665	3.0665
		45 岁～	男	1	0.16	0.2154	—	0.2154	0.2154	0.2154	0.2154	0.2154
			女	1	0.16	0.3455	—	0.3455	0.3455	0.3455	0.3455	0.3455
		60 岁～	男	7	1.13	1.0851	0.4912	0.4519	0.5801	1.1249	1.4164	1.8984
			女	6	0.97	0.9947	0.7380	0.2355	0.5314	0.8585	1.1704	2.3139
	农村	18 岁～	男	9	1.45	12.6094	8.4522	7.6166	9.1887	10.2577	10.5604	34.9736
			女	11	1.77	12.6305	11.9957	3.9611	4.0536	10.4266	12.8032	45.8557
		45 岁～	男	20	3.23	13.9032	24.2494	2.3380	4.5173	7.0177	13.7017	71.2851
			女	37	5.97	9.5112	6.4665	3.2448	4.6884	7.8552	12.9900	25.5934
		60 岁～	男	48	7.74	11.1946	8.2071	3.7881	5.2326	8.7451	13.8281	29.9041
			女	32	5.16	7.9973	4.4961	3.0240	4.6212	6.6545	9.8519	17.1366
成都	城市	18 岁～	男	5	0.79	1.4587	1.4956	0.3025	0.5650	1.1432	1.2423	4.0405
			女	2	0.32	0.7602	0.7369	0.2392	0.2392	0.7602	1.2813	1.2813
		45 岁～	女	2	0.32	0.5025	0.5052	0.1453	0.1453	0.5025	0.8598	0.8598
		60 岁～	女	5	0.79	1.2550	0.6506	0.2593	0.9403	1.5514	1.7442	1.7796
	农村	18 岁～	男	41	6.50	8.8892	3.6571	2.8646	6.7939	8.5824	11.5151	14.6253
			女	33	5.23	7.1759	2.7314	3.5139	5.3022	6.6676	8.8288	12.2316
		45 岁～	男	39	6.18	7.2106	3.4708	1.7514	3.9222	7.5129	9.8188	13.5184
			女	34	5.39	8.4622	2.8993	3.8542	6.3846	8.2349	10.5947	14.664

类别				N	接触比例/%	土壤铬经皮肤暴露贡献比*/‰						
						Mean	Std	P5	P25	P50	P75	P95
成都	农村	60 岁～	男	18	2.85	7.2146	2.9608	3.4317	5.2303	6.4317	8.7280	14.7793
			女	13	2.06	5.3492	2.9423	1.2933	3.8033	4.4582	7.4448	11.0611
兰州	城市	18 岁～	男	7	1.02	5.8558	2.2993	1.9086	4.2844	6.3678	7.9214	8.0984
			女	2	0.29	1.1433	0.2402	0.9734	0.9734	1.1433	1.3131	1.3131
		45 岁～	男	1	0.15	5.4147	—	5.4147	5.4147	5.4147	5.4147	5.4147
		60 岁～	女	3	0.44	0.5522	0.0257	0.5251	0.5251	0.5553	0.5763	0.5763
	农村	18 岁～	男	35	5.09	6.8715	1.8656	4.2426	5.7921	6.6950	7.4804	11.7126
			女	29	4.22	5.3787	2.7467	1.4288	3.8186	4.7037	7.0042	9.7511
		45 岁～	男	51	7.41	6.5689	1.9433	4.2453	5.2211	6.3208	7.5474	11.7285
			女	40	5.81	6.0320	1.5680	3.2446	5.0802	5.9505	7.2260	8.6059
		60 岁～	男	40	5.81	6.2185	2.0192	1.9477	4.8414	6.2842	8.0547	8.8641
			女	27	3.92	6.1051	1.6850	3.2497	4.9200	5.9424	7.3286	9.4212

*：为有土壤接触行为居民暴露贡献比。

第 5 章　膳食暴露量及贡献比

5.1　参数说明

（1）膳食暴露量（food exposure dose）是指环境中单一污染物经膳食暴露进入人体的总量，计算见式（5-1）。

$$ADD_{food} = \frac{C_f \times IR_f \times FI \times EF \times ED}{BW \times AT} \tag{5-1}$$

式中：ADD_{food}——膳食暴露量，mg/（kg·d）；

C_f——膳食中污染物的浓度，mg/kg；

IR_f——膳食摄入量，kg/meal；

FI——吸收因子，量纲一，取值为 0～1，未计算风险，取值为 1；

EF——暴露频率，meals/a；

ED——暴露持续时间，a；

BW——体重，kg；

AT——平均暴露时间，d。

（2）膳食暴露贡献比（the exposure contribution of food）是指环境中单一污染物经膳食暴露进入人体的暴露总量占环境总暴露量（空气、水、土壤和膳食等）的比例，见式（5-2），主要受膳食中污染物的浓度和人群环境暴露行为模式（如体重、膳食摄入量等）等因素的影响。

$$R_{water} = \frac{ADD_{food}}{ADD_{total}} \times 100 \quad (5-2)$$

式中：R_{food}——膳食暴露贡献比，%；

ADD_{food}——膳食暴露量，mg/（kg·d）；

ADD_{total}——环境总暴露量，mg/（kg·d）。

5.2　资料与数据来源

生态环境部（原环境保护部）科技标准司于2016—2017年委托中国环境科学研究院在太原市、大连市、上海市、武汉市、成都市和兰州市的15个区/县针对18岁及以上常住居民3876人（有效样本量为3855人）开展了居民汞、镉、砷、铅和铬的环境总暴露研究。该研究在人群环境暴露行为模式调查的基础上获取了调查居民的体重、膳食摄入量等参数，结合膳食暴露监测的结果，获取了调查居民的汞、镉、砷、铅和铬的膳食暴露水平（表5-1），并在此基础上获取了膳食暴露贡献比（表5-1）。不同地区居民分城乡、年龄和性别的膳食汞暴露量见附表5-1，暴露贡献比见附表5-6；不同地区居民分城乡、年龄和性别的膳食镉暴露量见附表5-2，暴露贡献比见附表5-7；不同地区居民分城乡、年龄和性别的膳食砷暴露量见附表5-3，暴露贡献比见附表5-8；不同地区居民分城乡、年龄和性别的膳食铅暴露量见附表5-4，暴露贡献比见附表5-9；不同地区居民分城乡、年龄和性别的膳食铬暴露量见附表5-5，暴露贡献比见附表5-10。

5.3 膳食暴露量与贡献比均值

表 5-1 不同地区居民 5 种金属膳食暴露量与暴露贡献比

类别	汞		镉		砷		铅		铬	
	暴露量/[mg/(kg·d)]	贡献比/%	暴露量/[mg/(kg·d)]	贡献比/%	暴露量/[mg/(kg·d)]	贡献比/%	暴露量/[mg/(kg·d)]	贡献比/%	暴露量/[mg/(kg·d)]	贡献比/%
合计	4.54×10^{-5}	93.7960	1.20×10^{-4}	97.4899	1.37×10^{-3}	87.8102	8.27×10^{-4}	95.4023	3.68×10^{-3}	94.3592
太原	2.97×10^{-5}	94.6649	7.87×10^{-5}	98.9556	2.09×10^{-4}	86.7700	1.14×10^{-4}	89.5493	2.65×10^{-4}	81.1141
大连	9.70×10^{-5}	99.5732	1.34×10^{-4}	99.4564	4.43×10^{-3}	99.5493	6.33×10^{-4}	97.8444	4.98×10^{-3}	99.4172
上海	3.40×10^{-5}	97.7910	8.61×10^{-5}	99.1290	1.08×10^{-3}	97.6870	6.16×10^{-4}	97.6627	1.60×10^{-3}	98.5650
武汉	6.30×10^{-5}	87.9671	2.03×10^{-4}	98.4965	3.20×10^{-4}	84.4873	5.89×10^{-4}	94.7485	2.27×10^{-3}	90.0852
成都	4.30×10^{-5}	98.7179	2.12×10^{-4}	98.6172	2.39×10^{-3}	97.0423	2.81×10^{-3}	99.1698	5.34×10^{-3}	98.6628
兰州	1.09×10^{-5}	84.9628	1.89×10^{-5}	90.8644	7.37×10^{-5}	64.1945	3.05×10^{-4}	94.2851	7.55×10^{-3}	99.4358

5.4 与国外的比较

典型地区调查居民膳食暴露贡献比与美国、日本和韩国相关研究的比较见表 5-2。

表 5-2 与国外的比较

单位：%

国家	汞	镉	砷	铅	铬
中国	93.7960	97.4899	87.8102	95.4023	94.3592
美国	—	—	54.6500*[1]/79.2000*（94.3000）[2]	—	—
日本[3]	—	—	94.6000	—	—
韩国	—	99.0000[4]	—	73.6000[4]/97.4000[5]	—

注：*为无机砷。

本章参考文献

[1] Meacher D M，Menzel D B，Dillencourt M D，et al.. Estimation of Multimedia Inorganic Arsenic Intake in the U.S. Population [J]. Human & Ecological Risk Assessment，2002，8（7）: 1697-1721.

[2] Kurzius-Spencer M，Burgess J L，Harris R B，et al.. Contribution of Diet to Aggregate Arsenic Exposures—An Analysis Across Populations[J]. Journal of Exposure Science & Environmental Epidemiology. 2014，24(2): 156-162.

[3] Kawabe Y，Komai T，Sakamoto Y. Exposure and Risk Estimation of Inorganic Arsenic in Japan [J]. Journal of Mmij，2003，119（8）: 489-493.

[4] Eunha O，Lee E I，Lim H，et al.. Human Multi-Route Exposure Assessment of Lead and Cadmium for Korean Volunteers [J]. Journal of Preventive Medicine and Public Health，2006，39（1）: 53-58.

[5] Lee H M，Yoon E K，Hwang M S，et al.. Health Risk Assessment of Lead in the Republic of Korea [J]. Human & Ecological Risk Assessment，2003，9（7）: 1801-1812.

附表

附表 5-1　不同地区居民分城乡、年龄和性别的膳食汞暴露量

类别				*N*	膳食汞暴露量/[mg/（kg·d）]						
					Mean	Std	P5	P25	P50	P75	P95
太原	城市	18 岁～	男	68	2.56×10^{-5}	5.81×10^{-6}	1.90×10^{-5}	2.18×10^{-5}	2.48×10^{-5}	2.82×10^{-5}	3.70×10^{-5}
			女	72	3.21×10^{-5}	8.81×10^{-6}	2.30×10^{-5}	2.71×10^{-5}	3.14×10^{-5}	3.46×10^{-5}	4.35×10^{-5}
		45 岁～	男	50	2.74×10^{-5}	4.46×10^{-6}	2.05×10^{-5}	2.48×10^{-5}	2.75×10^{-5}	3.07×10^{-5}	3.34×10^{-5}
			女	60	3.18×10^{-5}	5.75×10^{-6}	2.52×10^{-5}	2.80×10^{-5}	3.04×10^{-5}	3.49×10^{-5}	4.44×10^{-5}
		60 岁～	男	56	2.61×10^{-5}	5.68×10^{-6}	2.08×10^{-5}	2.24×10^{-5}	2.44×10^{-5}	2.71×10^{-5}	4.01×10^{-5}
			女	54	2.88×10^{-5}	4.73×10^{-6}	2.33×10^{-5}	2.51×10^{-5}	2.86×10^{-5}	3.06×10^{-5}	3.79×10^{-5}
	农村	18 岁～	男	41	2.82×10^{-5}	3.93×10^{-6}	2.34×10^{-5}	2.59×10^{-5}	2.74×10^{-5}	2.97×10^{-5}	3.52×10^{-5}
			女	40	3.19×10^{-5}	7.48×10^{-6}	2.31×10^{-5}	2.65×10^{-5}	3.10×10^{-5}	3.45×10^{-5}	4.87×10^{-5}
		45 岁～	男	49	3.08×10^{-5}	9.35×10^{-6}	2.04×10^{-5}	2.52×10^{-5}	2.84×10^{-5}	3.32×10^{-5}	4.88×10^{-5}
			女	74	3.10×10^{-5}	5.68×10^{-6}	2.42×10^{-5}	2.76×10^{-5}	2.97×10^{-5}	3.44×10^{-5}	4.15×10^{-5}
		60 岁～	男	73	2.94×10^{-5}	6.96×10^{-6}	2.07×10^{-5}	2.50×10^{-5}	2.81×10^{-5}	3.26×10^{-5}	4.24×10^{-5}
			女	59	3.35×10^{-5}	6.27×10^{-6}	2.24×10^{-5}	2.89×10^{-5}	3.26×10^{-5}	3.84×10^{-5}	4.48×10^{-5}
大连	城市	18 岁～	男	88	9.36×10^{-5}	2.40×10^{-5}	6.59×10^{-5}	7.82×10^{-5}	8.94×10^{-5}	1.04×10^{-4}	1.43×10^{-4}
			女	68	1.01×10^{-4}	2.45×10^{-5}	7.09×10^{-5}	8.52×10^{-5}	9.50×10^{-5}	1.12×10^{-4}	1.45×10^{-4}
		45 岁～	男	13	9.38×10^{-5}	1.97×10^{-5}	5.96×10^{-5}	7.75×10^{-5}	9.71×10^{-5}	1.09×10^{-4}	1.29×10^{-4}
			女	31	1.10×10^{-4}	3.10×10^{-5}	6.57×10^{-5}	8.18×10^{-5}	1.07×10^{-4}	1.36×10^{-4}	1.65×10^{-4}
		60 岁～	男	24	9.41×10^{-5}	1.97×10^{-5}	6.55×10^{-5}	7.73×10^{-5}	9.31×10^{-5}	1.08×10^{-4}	1.30×10^{-4}
			女	63	9.69×10^{-5}	2.13×10^{-5}	6.76×10^{-5}	7.90×10^{-5}	9.50×10^{-5}	1.10×10^{-4}	1.33×10^{-4}
	农村	18 岁～	男	84	8.85×10^{-5}	2.11×10^{-5}	6.39×10^{-5}	7.33×10^{-5}	8.35×10^{-5}	9.87×10^{-5}	1.33×10^{-4}
			女	76	1.03×10^{-4}	2.86×10^{-5}	6.85×10^{-5}	8.28×10^{-5}	9.80×10^{-5}	1.19×10^{-4}	1.72×10^{-4}
		45 岁～	男	41	9.57×10^{-5}	2.51×10^{-5}	6.08×10^{-5}	7.88×10^{-5}	9.07×10^{-5}	1.05×10^{-4}	1.48×10^{-4}
			女	49	1.03×10^{-4}	3.24×10^{-5}	6.48×10^{-5}	7.82×10^{-5}	9.45×10^{-5}	1.32×10^{-4}	1.59×10^{-4}
		60 岁～	男	41	9.36×10^{-5}	2.23×10^{-5}	6.60×10^{-5}	7.91×10^{-5}	9.34×10^{-5}	1.06×10^{-4}	1.41×10^{-4}
			女	43	9.48×10^{-5}	1.85×10^{-5}	6.52×10^{-5}	8.09×10^{-5}	9.39×10^{-5}	1.08×10^{-4}	1.18×10^{-4}
上海	城市	18 岁～	男	97	3.29×10^{-5}	8.98×10^{-6}	2.25×10^{-5}	2.72×10^{-5}	3.10×10^{-5}	3.69×10^{-5}	5.27×10^{-5}
			女	88	4.18×10^{-5}	1.69×10^{-5}	2.66×10^{-5}	3.32×10^{-5}	3.87×10^{-5}	4.43×10^{-5}	6.82×10^{-5}

类别				N	膳食汞暴露量/[mg/（kg·d）]						
					Mean	Std	P5	P25	P50	P75	P95
上海	城市	45岁～	男	18	2.98×10^{-5}	6.19×10^{-6}	9.72×10^{-6}	2.77×10^{-5}	3.00×10^{-5}	3.35×10^{-5}	3.81×10^{-5}
			女	43	3.77×10^{-5}	6.49×10^{-6}	2.96×10^{-5}	3.36×10^{-5}	3.68×10^{-5}	4.16×10^{-5}	5.03×10^{-5}
		60岁～	男	16	3.16×10^{-5}	4.41×10^{-6}	2.47×10^{-5}	2.79×10^{-5}	3.30×10^{-5}	3.54×10^{-5}	3.79×10^{-5}
			女	36	3.58×10^{-5}	5.55×10^{-6}	2.85×10^{-5}	3.18×10^{-5}	3.43×10^{-5}	3.85×10^{-5}	4.62×10^{-5}
	农村	18岁～	男	48	2.87×10^{-5}	5.82×10^{-6}	2.11×10^{-5}	2.58×10^{-5}	2.71×10^{-5}	3.11×10^{-5}	3.95×10^{-5}
			女	38	3.37×10^{-5}	5.52×10^{-6}	2.62×10^{-5}	3.05×10^{-5}	3.28×10^{-5}	3.71×10^{-5}	4.63×10^{-5}
		45岁～	男	71	3.11×10^{-5}	8.84×10^{-6}	2.23×10^{-5}	2.65×10^{-5}	2.87×10^{-5}	3.21×10^{-5}	4.75×10^{-5}
			女	82	3.32×10^{-5}	8.06×10^{-6}	2.57×10^{-5}	2.78×10^{-5}	3.29×10^{-5}	3.62×10^{-5}	4.94×10^{-5}
		60岁～	男	35	3.01×10^{-5}	6.66×10^{-6}	1.85×10^{-5}	2.72×10^{-5}	2.89×10^{-5}	3.20×10^{-5}	4.71×10^{-5}
			女	27	3.36×10^{-5}	6.06×10^{-6}	2.70×10^{-5}	3.05×10^{-5}	3.25×10^{-5}	3.61×10^{-5}	4.79×10^{-5}
武汉	城市	18岁～	男	60	3.43×10^{-5}	1.38×10^{-5}	1.00×10^{-15}	3.08×10^{-5}	3.50×10^{-5}	4.17×10^{-5}	5.33×10^{-5}
			女	77	4.30×10^{-5}	1.93×10^{-5}	1.86×10^{-5}	3.52×10^{-5}	3.88×10^{-5}	4.82×10^{-5}	8.70×10^{-5}
		45岁～	男	40	4.30×10^{-5}	2.88×10^{-5}	2.56×10^{-5}	3.01×10^{-5}	3.35×10^{-5}	4.73×10^{-5}	8.22×10^{-5}
			女	41	3.70×10^{-5}	1.54×10^{-5}	3.93×10^{-6}	3.18×10^{-5}	3.73×10^{-5}	4.40×10^{-5}	5.90×10^{-5}
		60岁～	男	60	3.67×10^{-5}	1.00×10^{-5}	2.28×10^{-5}	2.92×10^{-5}	3.50×10^{-5}	4.15×10^{-5}	5.50×10^{-5}
			女	77	4.11×10^{-5}	1.21×10^{-5}	2.78×10^{-5}	3.18×10^{-5}	3.89×10^{-5}	4.72×10^{-5}	6.17×10^{-5}
	农村	18岁～	男	22	8.54×10^{-5}	1.82×10^{-5}	6.46×10^{-5}	7.67×10^{-5}	8.31×10^{-5}	9.64×10^{-5}	1.23×10^{-4}
			女	33	9.75×10^{-5}	3.86×10^{-5}	6.41×10^{-6}	7.92×10^{-5}	9.33×10^{-5}	1.19×10^{-4}	1.53×10^{-4}
		45岁～	男	39	8.38×10^{-5}	3.61×10^{-5}	1.00×10^{-15}	7.08×10^{-5}	8.47×10^{-5}	9.92×10^{-5}	1.40×10^{-4}
			女	55	1.06×10^{-4}	5.72×10^{-5}	7.16×10^{-5}	7.87×10^{-5}	9.10×10^{-5}	1.06×10^{-4}	2.61×10^{-4}
		60岁～	男	66	8.88×10^{-5}	3.11×10^{-5}	6.39×10^{-5}	7.39×10^{-5}	8.43×10^{-5}	9.63×10^{-5}	1.30×10^{-4}
			女	50	1.01×10^{-4}	2.88×10^{-5}	6.66×10^{-5}	8.32×10^{-5}	9.49×10^{-5}	1.10×10^{-4}	1.63×10^{-4}
成都	城市	18岁～	男	123	3.87×10^{-5}	1.09×10^{-5}	2.84×10^{-5}	3.21×10^{-5}	3.59×10^{-5}	4.16×10^{-5}	5.83×10^{-5}
			女	125	4.94×10^{-5}	9.85×10^{-6}	3.70×10^{-5}	4.22×10^{-5}	4.69×10^{-5}	5.36×10^{-5}	7.09×10^{-5}
		45岁～	男	24	4.20×10^{-5}	1.09×10^{-5}	2.81×10^{-5}	3.62×10^{-5}	3.95×10^{-5}	4.33×10^{-5}	6.91×10^{-5}
			女	29	5.04×10^{-5}	1.26×10^{-5}	3.60×10^{-5}	4.14×10^{-5}	4.65×10^{-5}	5.41×10^{-5}	7.57×10^{-5}
		60岁～	男	8	4.05×10^{-5}	7.55×10^{-6}	3.23×10^{-5}	3.37×10^{-5}	3.95×10^{-5}	4.61×10^{-5}	5.36×10^{-5}
			女	26	4.58×10^{-5}	1.31×10^{-5}	3.07×10^{-5}	3.66×10^{-5}	4.27×10^{-5}	4.99×10^{-5}	6.94×10^{-5}
	农村	18岁～	男	64	3.70×10^{-5}	1.24×10^{-5}	2.48×10^{-5}	2.85×10^{-5}	3.27×10^{-5}	4.22×10^{-5}	6.09×10^{-5}
			女	63	4.83×10^{-5}	1.29×10^{-5}	3.06×10^{-5}	3.84×10^{-5}	4.71×10^{-5}	5.85×10^{-5}	6.74×10^{-5}

类别				N	膳食汞暴露量/[mg/（kg·d）]						
					Mean	Std	P5	P25	P50	P75	P95
成都	农村	45 岁～	男	55	4.03×10^{-5}	1.33×10^{-5}	2.04×10^{-5}	3.00×10^{-5}	3.87×10^{-5}	4.81×10^{-5}	6.77×10^{-5}
			女	44	4.21×10^{-5}	1.05×10^{-5}	2.90×10^{-5}	3.47×10^{-5}	4.12×10^{-5}	5.05×10^{-5}	5.99×10^{-5}
		60 岁～	男	34	3.68×10^{-5}	1.12×10^{-5}	2.45×10^{-5}	2.99×10^{-5}	3.30×10^{-5}	4.05×10^{-5}	6.25×10^{-5}
			女	36	4.14×10^{-5}	9.38×10^{-6}	2.96×10^{-5}	3.70×10^{-5}	3.94×10^{-5}	4.33×10^{-5}	6.91×10^{-5}
兰州	城市	18 岁～	男	61	1.16×10^{-5}	3.92×10^{-6}	6.32×10^{-6}	9.24×10^{-6}	1.07×10^{-5}	1.30×10^{-5}	1.89×10^{-5}
			女	51	1.49×10^{-5}	4.51×10^{-6}	8.52×10^{-6}	1.18×10^{-5}	1.48×10^{-5}	1.81×10^{-5}	2.28×10^{-5}
		45 岁～	男	49	1.25×10^{-5}	3.88×10^{-6}	6.88×10^{-6}	9.97×10^{-6}	1.21×10^{-5}	1.52×10^{-5}	1.82×10^{-5}
			女	54	1.35×10^{-5}	5.60×10^{-6}	8.07×10^{-6}	1.01×10^{-5}	1.15×10^{-5}	1.45×10^{-5}	2.60×10^{-5}
		60 岁～	男	65	1.21×10^{-5}	3.16×10^{-6}	8.57×10^{-6}	9.87×10^{-6}	1.12×10^{-5}	1.34×10^{-5}	1.84×10^{-5}
			女	67	1.41×10^{-5}	3.43×10^{-6}	9.88×10^{-6}	1.15×10^{-5}	1.41×10^{-5}	1.58×10^{-5}	1.99×10^{-5}
	农村	18 岁～	男	51	7.99×10^{-6}	1.81×10^{-6}	5.75×10^{-6}	6.77×10^{-6}	7.54×10^{-6}	8.92×10^{-6}	1.19×10^{-5}
			女	49	8.68×10^{-6}	1.92×10^{-6}	5.42×10^{-6}	7.59×10^{-6}	8.78×10^{-6}	9.76×10^{-6}	1.19×10^{-5}
		45 岁～	男	59	8.31×10^{-6}	2.98×10^{-6}	4.10×10^{-6}	6.59×10^{-6}	7.54×10^{-6}	9.75×10^{-6}	1.42×10^{-5}
			女	49	8.80×10^{-6}	3.08×10^{-6}	4.70×10^{-6}	7.27×10^{-6}	8.63×10^{-6}	9.57×10^{-6}	1.37×10^{-5}
		60 岁～	男	69	8.59×10^{-6}	1.84×10^{-6}	6.76×10^{-6}	7.43×10^{-6}	8.29×10^{-6}	9.13×10^{-6}	1.27×10^{-5}
			女	64	9.10×10^{-6}	2.32×10^{-6}	6.57×10^{-6}	7.62×10^{-6}	8.70×10^{-6}	9.97×10^{-6}	1.22×10^{-5}

附表 5-2 不同地区居民分城乡、年龄和性别的膳食镉暴露量

类别				N	膳食镉暴露量/[mg/（kg·d）]						
					Mean	Std	P5	P25	P50	P75	P95
太原	城市	18 岁～	男	68	6.90×10^{-5}	1.58×10^{-5}	5.36×10^{-5}	5.88×10^{-5}	6.72×10^{-5}	7.57×10^{-5}	9.95×10^{-5}
			女	72	8.37×10^{-5}	2.85×10^{-5}	5.04×10^{-5}	7.07×10^{-5}	8.13×10^{-5}	9.27×10^{-5}	1.17×10^{-4}
		45 岁～	男	50	7.37×10^{-5}	1.87×10^{-5}	5.32×10^{-5}	6.60×10^{-5}	7.22×10^{-5}	8.23×10^{-5}	9.09×10^{-5}
			女	60	8.18×10^{-5}	1.71×10^{-5}	6.27×10^{-5}	7.12×10^{-5}	8.00×10^{-5}	9.19×10^{-5}	1.09×10^{-4}
		60 岁～	男	56	6.88×10^{-5}	1.32×10^{-5}	5.31×10^{-5}	5.97×10^{-5}	6.56×10^{-5}	7.21×10^{-5}	9.56×10^{-5}
			女	54	7.73×10^{-5}	1.27×10^{-5}	6.25×10^{-5}	6.75×10^{-5}	7.68×10^{-5}	8.22×10^{-5}	1.02×10^{-4}
	农村	18 岁～	男	41	7.43×10^{-5}	1.04×10^{-5}	6.17×10^{-5}	6.81×10^{-5}	7.23×10^{-5}	7.84×10^{-5}	9.28×10^{-5}
			女	40	8.18×10^{-5}	1.72×10^{-5}	5.54×10^{-5}	6.97×10^{-5}	8.17×10^{-5}	9.09×10^{-5}	1.12×10^{-4}
		45 岁～	男	49	8.45×10^{-5}	3.32×10^{-5}	5.59×10^{-5}	6.69×10^{-5}	7.59×10^{-5}	9.75×10^{-5}	1.30×10^{-4}
			女	74	8.21×10^{-5}	2.18×10^{-5}	5.73×10^{-5}	7.22×10^{-5}	7.83×10^{-5}	9.27×10^{-5}	1.12×10^{-4}
		60 岁～	男	73	7.71×10^{-5}	1.71×10^{-5}	5.70×10^{-5}	6.59×10^{-5}	7.40×10^{-5}	8.59×10^{-5}	1.12×10^{-4}
			女	59	8.92×10^{-5}	1.64×10^{-5}	6.00×10^{-5}	7.73×10^{-5}	8.61×10^{-5}	1.01×10^{-4}	1.18×10^{-4}

类别				N	膳食镉暴露量/[mg/（kg·d）]						
					Mean	Std	P5	P25	P50	P75	P95
大连	城市	18岁～	男	88	9.35×10^{-5}	2.70×10^{-5}	6.47×10^{-5}	7.99×10^{-5}	9.10×10^{-5}	1.01×10^{-4}	1.48×10^{-4}
			女	68	9.97×10^{-5}	3.22×10^{-5}	3.68×10^{-5}	8.23×10^{-5}	9.60×10^{-5}	1.16×10^{-4}	1.50×10^{-4}
		45岁～	男	13	9.70×10^{-5}	2.03×10^{-5}	6.17×10^{-5}	8.02×10^{-5}	1.00×10^{-4}	1.13×10^{-4}	1.34×10^{-4}
			女	31	1.04×10^{-4}	4.16×10^{-5}	1.19×10^{-5}	7.74×10^{-5}	1.04×10^{-4}	1.40×10^{-4}	1.71×10^{-4}
		60岁～	男	24	9.74×10^{-5}	2.04×10^{-5}	6.78×10^{-5}	8.00×10^{-5}	9.64×10^{-5}	1.12×10^{-4}	1.34×10^{-4}
			女	63	1.14×10^{-4}	1.75×10^{-4}	3.92×10^{-5}	7.46×10^{-5}	9.63×10^{-5}	1.14×10^{-4}	1.36×10^{-4}
	农村	18岁～	男	84	1.54×10^{-4}	4.07×10^{-5}	1.04×10^{-4}	1.29×10^{-4}	1.47×10^{-4}	1.74×10^{-4}	2.34×10^{-4}
			女	76	1.81×10^{-4}	4.90×10^{-5}	1.21×10^{-4}	1.46×10^{-4}	1.73×10^{-4}	2.11×10^{-4}	2.85×10^{-4}
		45岁～	男	41	1.66×10^{-4}	4.54×10^{-5}	1.07×10^{-4}	1.38×10^{-4}	1.57×10^{-4}	1.85×10^{-4}	2.60×10^{-4}
			女	49	1.68×10^{-4}	6.78×10^{-5}	6.49×10^{-5}	1.22×10^{-4}	1.56×10^{-4}	2.21×10^{-4}	2.80×10^{-4}
		60岁～	男	41	1.54×10^{-4}	4.62×10^{-5}	9.55×10^{-5}	1.21×10^{-4}	1.59×10^{-4}	1.80×10^{-4}	2.23×10^{-4}
			女	43	1.44×10^{-4}	5.24×10^{-5}	3.96×10^{-5}	1.16×10^{-4}	1.51×10^{-4}	1.83×10^{-4}	2.06×10^{-4}
上海	城市	18岁～	男	97	8.86×10^{-5}	2.79×10^{-5}	5.86×10^{-5}	7.35×10^{-5}	8.35×10^{-5}	9.90×10^{-5}	1.50×10^{-4}
			女	88	1.14×10^{-4}	7.42×10^{-5}	5.47×10^{-5}	9.00×10^{-5}	1.05×10^{-4}	1.18×10^{-4}	1.86×10^{-4}
		45岁～	男	18	8.16×10^{-5}	1.96×10^{-5}	2.80×10^{-5}	7.64×10^{-5}	8.55×10^{-5}	9.42×10^{-5}	1.04×10^{-4}
			女	43	1.03×10^{-4}	1.77×10^{-5}	8.06×10^{-5}	9.13×10^{-5}	1.00×10^{-4}	1.13×10^{-4}	1.37×10^{-4}
		60岁～	男	16	8.60×10^{-5}	1.20×10^{-5}	6.72×10^{-5}	7.61×10^{-5}	8.99×10^{-5}	9.63×10^{-5}	1.03×10^{-4}
			女	36	9.69×10^{-5}	1.62×10^{-5}	7.03×10^{-5}	8.66×10^{-5}	9.35×10^{-5}	1.05×10^{-4}	1.26×10^{-4}
	农村	18岁～	男	48	6.61×10^{-5}	1.54×10^{-5}	4.70×10^{-5}	5.97×10^{-5}	6.26×10^{-5}	7.20×10^{-5}	9.76×10^{-5}
			女	38	7.64×10^{-5}	1.83×10^{-5}	4.22×10^{-5}	7.00×10^{-5}	7.73×10^{-5}	8.64×10^{-5}	1.07×10^{-4}
		45岁～	男	71	7.01×10^{-5}	1.71×10^{-5}	5.16×10^{-5}	6.13×10^{-5}	6.64×10^{-5}	7.64×10^{-5}	1.06×10^{-4}
			女	82	7.69×10^{-5}	2.68×10^{-5}	5.59×10^{-5}	6.36×10^{-5}	7.50×10^{-5}	8.38×10^{-5}	1.17×10^{-4}
		60岁～	男	35	7.09×10^{-5}	1.53×10^{-5}	5.71×10^{-5}	6.30×10^{-5}	6.69×10^{-5}	7.40×10^{-5}	1.09×10^{-4}
			女	27	8.76×10^{-5}	4.37×10^{-5}	6.25×10^{-5}	7.06×10^{-5}	7.65×10^{-5}	8.66×10^{-5}	1.42×10^{-4}
武汉	城市	18岁～	男	60	1.73×10^{-4}	4.71×10^{-5}	1.05×10^{-4}	1.43×10^{-4}	1.65×10^{-4}	1.97×10^{-4}	2.65×10^{-4}
			女	77	1.81×10^{-4}	4.54×10^{-5}	1.27×10^{-4}	1.59×10^{-4}	1.75×10^{-4}	2.05×10^{-4}	2.61×10^{-4}
		45岁～	男	40	1.85×10^{-4}	7.16×10^{-5}	1.19×10^{-4}	1.40×10^{-4}	1.56×10^{-4}	2.20×10^{-4}	2.87×10^{-4}
			女	41	1.87×10^{-4}	4.91×10^{-5}	1.23×10^{-4}	1.57×10^{-4}	1.74×10^{-4}	2.07×10^{-4}	2.74×10^{-4}
		60岁～	男	60	1.73×10^{-4}	4.39×10^{-5}	1.11×10^{-4}	1.38×10^{-4}	1.64×10^{-4}	1.93×10^{-4}	2.55×10^{-4}
			女	77	1.91×10^{-4}	5.61×10^{-5}	1.29×10^{-4}	1.47×10^{-4}	1.81×10^{-4}	2.19×10^{-4}	2.87×10^{-4}

类别				N	膳食镉暴露量/[mg/（kg·d）]						
					Mean	Std	P5	P25	P50	P75	P95
武汉	农村	18 岁～	男	22	2.20×10^{-4}	4.44×10^{-5}	1.59×10^{-4}	1.90×10^{-4}	2.07×10^{-4}	2.49×10^{-4}	3.03×10^{-4}
			女	33	2.31×10^{-4}	8.78×10^{-5}	8.74×10^{-5}	1.91×10^{-4}	2.27×10^{-4}	2.75×10^{-4}	3.78×10^{-4}
		45 岁～	男	39	2.13×10^{-4}	5.15×10^{-5}	1.09×10^{-4}	1.76×10^{-4}	2.12×10^{-4}	2.44×10^{-4}	3.14×10^{-4}
			女	55	2.63×10^{-4}	1.84×10^{-4}	1.80×10^{-4}	2.01×10^{-4}	2.27×10^{-4}	2.58×10^{-4}	4.36×10^{-4}
		60 岁～	男	66	2.16×10^{-4}	5.28×10^{-5}	1.48×10^{-4}	1.81×10^{-4}	2.08×10^{-4}	2.37×10^{-4}	3.19×10^{-4}
			女	50	2.43×10^{-4}	6.42×10^{-5}	1.56×10^{-4}	2.01×10^{-4}	2.32×10^{-4}	2.71×10^{-4}	3.81×10^{-4}
成都	城市	18 岁～	男	123	1.90×10^{-4}	5.39×10^{-5}	1.31×10^{-4}	1.56×10^{-4}	1.75×10^{-4}	2.05×10^{-4}	2.87×10^{-4}
			女	125	2.49×10^{-4}	1.16×10^{-4}	1.77×10^{-4}	2.06×10^{-4}	2.30×10^{-4}	2.64×10^{-4}	3.58×10^{-4}
		45 岁～	男	24	2.07×10^{-4}	5.37×10^{-5}	1.39×10^{-4}	1.78×10^{-4}	1.94×10^{-4}	2.13×10^{-4}	3.41×10^{-4}
			女	29	2.37×10^{-4}	6.72×10^{-5}	1.33×10^{-4}	1.99×10^{-4}	2.20×10^{-4}	2.66×10^{-4}	3.73×10^{-4}
		60 岁～	男	8	2.00×10^{-4}	3.72×10^{-5}	1.59×10^{-4}	1.66×10^{-4}	1.94×10^{-4}	2.27×10^{-4}	2.64×10^{-4}
			女	26	2.21×10^{-4}	7.21×10^{-5}	1.33×10^{-4}	1.75×10^{-4}	2.10×10^{-4}	2.46×10^{-4}	3.42×10^{-4}
	农村	18 岁～	男	64	1.76×10^{-4}	6.37×10^{-5}	1.11×10^{-4}	1.39×10^{-4}	1.58×10^{-4}	2.04×10^{-4}	2.97×10^{-4}
			女	63	2.30×10^{-4}	7.07×10^{-5}	1.33×10^{-4}	1.86×10^{-4}	2.25×10^{-4}	2.85×10^{-4}	3.29×10^{-4}
		45 岁～	男	55	2.17×10^{-4}	1.04×10^{-4}	1.23×10^{-4}	1.66×10^{-4}	1.91×10^{-4}	2.53×10^{-4}	3.72×10^{-4}
			女	44	2.02×10^{-4}	6.57×10^{-5}	1.14×10^{-4}	1.59×10^{-4}	2.01×10^{-4}	2.40×10^{-4}	2.92×10^{-4}
		60 岁～	男	34	1.78×10^{-4}	5.67×10^{-5}	1.16×10^{-4}	1.39×10^{-4}	1.61×10^{-4}	1.97×10^{-4}	3.05×10^{-4}
			女	36	2.02×10^{-4}	4.58×10^{-5}	1.44×10^{-4}	1.81×10^{-4}	1.92×10^{-4}	2.11×10^{-4}	3.37×10^{-4}
兰州	城市	18 岁～	男	61	1.84×10^{-5}	6.25×10^{-6}	9.83×10^{-6}	1.52×10^{-5}	1.78×10^{-5}	2.12×10^{-5}	2.92×10^{-5}
			女	51	2.39×10^{-5}	7.17×10^{-6}	1.39×10^{-5}	1.85×10^{-5}	2.33×10^{-5}	2.87×10^{-5}	3.72×10^{-5}
		45 岁～	男	49	2.08×10^{-5}	6.08×10^{-6}	1.12×10^{-5}	1.63×10^{-5}	1.95×10^{-5}	2.51×10^{-5}	3.33×10^{-5}
			女	54	2.26×10^{-5}	8.88×10^{-6}	1.43×10^{-5}	1.67×10^{-5}	1.92×10^{-5}	2.42×10^{-5}	4.22×10^{-5}
		60 岁～	男	65	1.98×10^{-5}	5.15×10^{-6}	1.39×10^{-5}	1.61×10^{-5}	1.82×10^{-5}	2.19×10^{-5}	2.99×10^{-5}
			女	67	2.30×10^{-5}	5.36×10^{-6}	1.61×10^{-5}	1.88×10^{-5}	2.30×10^{-5}	2.57×10^{-5}	3.23×10^{-5}
	农村	18 岁～	男	51	1.50×10^{-5}	3.70×10^{-6}	1.10×10^{-5}	1.29×10^{-5}	1.42×10^{-5}	1.67×10^{-5}	2.28×10^{-5}
			女	49	1.71×10^{-5}	3.15×10^{-6}	1.29×10^{-5}	1.47×10^{-5}	1.70×10^{-5}	1.90×10^{-5}	2.32×10^{-5}
		45 岁～	男	59	1.52×10^{-5}	4.12×10^{-6}	8.28×10^{-6}	1.25×10^{-5}	1.44×10^{-5}	1.78×10^{-5}	2.34×10^{-5}
			女	49	1.81×10^{-5}	6.14×10^{-6}	1.27×10^{-5}	1.44×10^{-5}	1.69×10^{-5}	1.99×10^{-5}	2.63×10^{-5}
		60 岁～	男	69	1.64×10^{-5}	3.57×10^{-6}	1.27×10^{-5}	1.41×10^{-5}	1.58×10^{-5}	1.75×10^{-5}	2.43×10^{-5}
			女	64	1.72×10^{-5}	3.63×10^{-6}	1.26×10^{-5}	1.46×10^{-5}	1.67×10^{-5}	1.91×10^{-5}	2.33×10^{-5}

附表 5-3 不同地区居民分城乡、年龄和性别的膳食砷暴露量

类别				N	膳食砷暴露量/[mg/（kg·d）]						
					Mean	Std	P5	P25	P50	P75	P95
太原	城市	18 岁～	男	68	1.64×10^{-4}	3.49×10^{-5}	1.27×10^{-4}	1.39×10^{-4}	1.59×10^{-4}	1.79×10^{-4}	2.35×10^{-4}
			女	72	2.01×10^{-4}	5.18×10^{-5}	1.42×10^{-4}	1.69×10^{-4}	2.00×10^{-4}	2.22×10^{-4}	2.76×10^{-4}
		45 岁～	男	50	1.74×10^{-4}	2.68×10^{-5}	1.39×10^{-4}	1.56×10^{-4}	1.71×10^{-4}	1.94×10^{-4}	2.12×10^{-4}
			女	60	2.02×10^{-4}	5.08×10^{-5}	1.56×10^{-4}	1.73×10^{-4}	1.92×10^{-4}	2.21×10^{-4}	2.82×10^{-4}
		60 岁～	男	56	1.63×10^{-4}	3.07×10^{-5}	1.32×10^{-4}	1.42×10^{-4}	1.55×10^{-4}	1.70×10^{-4}	2.26×10^{-4}
			女	54	1.83×10^{-4}	3.00×10^{-5}	1.47×10^{-4}	1.59×10^{-4}	1.81×10^{-4}	1.94×10^{-4}	2.41×10^{-4}
	农村	18 岁～	男	41	2.18×10^{-4}	3.04×10^{-5}	1.81×10^{-4}	2.00×10^{-4}	2.12×10^{-4}	2.30×10^{-4}	2.72×10^{-4}
			女	40	2.34×10^{-4}	5.78×10^{-5}	1.30×10^{-4}	2.03×10^{-4}	2.38×10^{-4}	2.61×10^{-4}	3.29×10^{-4}
		45 岁～	男	49	2.41×10^{-4}	9.89×10^{-5}	1.57×10^{-4}	1.92×10^{-4}	2.18×10^{-4}	2.48×10^{-4}	3.59×10^{-4}
			女	74	2.34×10^{-4}	5.22×10^{-5}	1.55×10^{-4}	2.09×10^{-4}	2.29×10^{-4}	2.66×10^{-4}	3.20×10^{-4}
		60 岁～	男	73	2.25×10^{-4}	5.05×10^{-5}	1.67×10^{-4}	1.93×10^{-4}	2.16×10^{-4}	2.52×10^{-4}	3.28×10^{-4}
			女	59	2.75×10^{-4}	1.49×10^{-4}	1.73×10^{-4}	2.23×10^{-4}	2.52×10^{-4}	2.96×10^{-4}	3.73×10^{-4}
大连	城市	18 岁～	男	88	3.97×10^{-3}	1.04×10^{-3}	2.83×10^{-3}	3.40×10^{-3}	3.85×10^{-3}	4.25×10^{-3}	6.22×10^{-3}
			女	68	4.47×10^{-3}	1.17×10^{-3}	3.17×10^{-3}	3.70×10^{-3}	4.32×10^{-3}	4.95×10^{-3}	6.37×10^{-3}
		45 岁～	男	13	4.08×10^{-3}	8.54×10^{-4}	2.59×10^{-3}	3.37×10^{-3}	4.22×10^{-3}	4.76×10^{-3}	5.63×10^{-3}
			女	31	4.65×10^{-3}	1.21×10^{-3}	2.99×10^{-3}	3.58×10^{-3}	4.51×10^{-3}	5.71×10^{-3}	6.76×10^{-3}
		60 岁～	男	24	4.09×10^{-3}	8.56×10^{-4}	2.85×10^{-3}	3.36×10^{-3}	4.05×10^{-3}	4.72×10^{-3}	5.64×10^{-3}
			女	63	4.26×10^{-3}	1.33×10^{-3}	2.44×10^{-3}	3.43×10^{-3}	4.13×10^{-3}	4.87×10^{-3}	6.40×10^{-3}
	农村	18 岁～	男	84	4.24×10^{-3}	1.04×10^{-3}	3.04×10^{-3}	3.49×10^{-3}	3.97×10^{-3}	4.77×10^{-3}	6.31×10^{-3}
			女	76	4.97×10^{-3}	1.54×10^{-3}	3.26×10^{-3}	3.94×10^{-3}	4.67×10^{-3}	5.68×10^{-3}	8.19×10^{-3}
		45 岁～	男	41	4.71×10^{-3}	1.48×10^{-3}	2.89×10^{-3}	3.75×10^{-3}	4.32×10^{-3}	5.03×10^{-3}	7.35×10^{-3}
			女	49	4.99×10^{-3}	1.80×10^{-3}	2.66×10^{-3}	3.54×10^{-3}	4.50×10^{-3}	6.38×10^{-3}	7.92×10^{-3}
		60 岁～	男	41	4.56×10^{-3}	1.29×10^{-3}	3.00×10^{-3}	3.76×10^{-3}	4.47×10^{-3}	5.14×10^{-3}	7.27×10^{-3}
			女	43	4.13×10^{-3}	1.44×10^{-3}	2.36×10^{-3}	3.29×10^{-3}	4.28×10^{-3}	5.01×10^{-3}	6.34×10^{-3}
上海	城市	18 岁～	男	97	1.09×10^{-3}	4.03×10^{-4}	5.14×10^{-4}	9.01×10^{-4}	1.02×10^{-3}	1.21×10^{-3}	1.84×10^{-3}
			女	88	1.41×10^{-3}	1.07×10^{-3}	5.34×10^{-4}	1.10×10^{-3}	1.29×10^{-3}	1.50×10^{-3}	2.28×10^{-3}
		45 岁～	男	18	1.11×10^{-3}	5.22×10^{-4}	3.62×10^{-4}	9.30×10^{-4}	1.03×10^{-3}	1.16×10^{-3}	3.04×10^{-3}
			女	43	1.26×10^{-3}	2.17×10^{-4}	9.89×10^{-4}	1.12×10^{-3}	1.23×10^{-3}	1.39×10^{-3}	1.68×10^{-3}
		60 岁～	男	16	1.05×10^{-3}	1.47×10^{-4}	8.25×10^{-4}	9.33×10^{-4}	1.10×10^{-3}	1.18×10^{-3}	1.27×10^{-3}
			女	36	1.19×10^{-3}	2.05×10^{-4}	8.62×10^{-4}	1.06×10^{-3}	1.15×10^{-3}	1.29×10^{-3}	1.54×10^{-3}

类别				N	膳食砷暴露量/[mg/（kg·d）]						
					Mean	Std	P5	P25	P50	P75	P95
上海	农村	18 岁～	男	48	8.22×10^{-4}	2.43×10^{-4}	2.40×10^{-4}	7.58×10^{-4}	7.98×10^{-4}	9.23×10^{-4}	1.34×10^{-3}
			女	38	1.08×10^{-3}	7.34×10^{-4}	4.71×10^{-4}	8.68×10^{-4}	9.73×10^{-4}	1.11×10^{-3}	1.45×10^{-3}
		45 岁～	男	71	8.98×10^{-4}	2.31×10^{-4}	6.61×10^{-4}	7.89×10^{-4}	8.52×10^{-4}	9.82×10^{-4}	1.36×10^{-3}
			女	82	9.84×10^{-4}	3.26×10^{-4}	6.81×10^{-4}	8.15×10^{-4}	9.60×10^{-4}	1.07×10^{-3}	1.50×10^{-3}
		60 岁～	男	35	8.58×10^{-4}	1.93×10^{-4}	3.99×10^{-4}	8.05×10^{-4}	8.55×10^{-4}	9.42×10^{-4}	1.20×10^{-3}
			女	27	1.02×10^{-3}	2.44×10^{-4}	8.00×10^{-4}	8.93×10^{-4}	9.63×10^{-4}	1.10×10^{-3}	1.53×10^{-3}
武汉	城市	18 岁～	男	60	3.54×10^{-4}	2.63×10^{-4}	1.65×10^{-4}	2.75×10^{-4}	3.13×10^{-4}	3.73×10^{-4}	5.32×10^{-4}
			女	77	3.43×10^{-4}	8.87×10^{-5}	1.68×10^{-4}	3.05×10^{-4}	3.37×10^{-4}	3.93×10^{-4}	5.01×10^{-4}
		45 岁～	男	40	3.56×10^{-4}	1.34×10^{-4}	2.29×10^{-4}	2.69×10^{-4}	3.00×10^{-4}	4.36×10^{-4}	5.53×10^{-4}
			女	41	3.44×10^{-4}	1.11×10^{-4}	1.62×10^{-4}	2.84×10^{-4}	3.34×10^{-4}	3.93×10^{-4}	5.28×10^{-4}
		60 岁～	男	60	3.30×10^{-4}	8.58×10^{-5}	2.04×10^{-4}	2.61×10^{-4}	3.13×10^{-4}	3.71×10^{-4}	4.92×10^{-4}
			女	77	3.67×10^{-4}	1.08×10^{-4}	2.49×10^{-4}	2.84×10^{-4}	3.48×10^{-4}	4.22×10^{-4}	5.52×10^{-4}
	农村	18 岁～	男	22	2.75×10^{-4}	1.04×10^{-4}	1.93×10^{-4}	2.29×10^{-4}	2.48×10^{-4}	2.89×10^{-4}	3.69×10^{-4}
			女	33	2.93×10^{-4}	9.42×10^{-5}	1.91×10^{-4}	2.34×10^{-4}	2.75×10^{-4}	3.45×10^{-4}	4.58×10^{-4}
		45 岁～	男	39	2.54×10^{-4}	6.11×10^{-5}	1.44×10^{-4}	2.11×10^{-4}	2.48×10^{-4}	2.93×10^{-4}	3.81×10^{-4}
			女	55	2.92×10^{-4}	7.78×10^{-5}	2.18×10^{-4}	2.43×10^{-4}	2.75×10^{-4}	3.12×10^{-4}	4.55×10^{-4}
		60 岁～	男	66	2.70×10^{-4}	6.61×10^{-5}	1.94×10^{-4}	2.26×10^{-4}	2.57×10^{-4}	2.88×10^{-4}	4.03×10^{-4}
			女	50	2.99×10^{-4}	7.06×10^{-5}	2.17×10^{-4}	2.48×10^{-4}	2.81×10^{-4}	3.28×10^{-4}	4.61×10^{-4}
成都	城市	18 岁～	男	123	2.49×10^{-3}	8.46×10^{-4}	8.52×10^{-4}	2.10×10^{-3}	2.38×10^{-3}	2.75×10^{-3}	3.90×10^{-3}
			女	125	3.49×10^{-3}	3.54×10^{-3}	1.74×10^{-3}	2.79×10^{-3}	3.13×10^{-3}	3.57×10^{-3}	4.43×10^{-3}
		45 岁～	男	24	2.81×10^{-3}	7.30×10^{-4}	1.88×10^{-3}	2.42×10^{-3}	2.64×10^{-3}	2.90×10^{-3}	4.63×10^{-3}
			女	29	3.10×10^{-3}	1.10×10^{-3}	8.90×10^{-4}	2.64×10^{-3}	2.97×10^{-3}	3.62×10^{-3}	5.07×10^{-3}
		60 岁～	男	8	2.71×10^{-3}	5.06×10^{-4}	2.17×10^{-3}	2.25×10^{-3}	2.64×10^{-3}	3.08×10^{-3}	3.59×10^{-3}
			女	26	2.86×10^{-3}	1.03×10^{-3}	7.77×10^{-4}	2.37×10^{-3}	2.83×10^{-3}	3.32×10^{-3}	4.65×10^{-3}
	农村	18 岁～	男	64	1.57×10^{-3}	5.53×10^{-4}	1.03×10^{-3}	1.19×10^{-3}	1.38×10^{-3}	1.76×10^{-3}	2.60×10^{-3}
			女	63	2.06×10^{-3}	6.68×10^{-4}	1.27×10^{-3}	1.62×10^{-3}	1.97×10^{-3}	2.45×10^{-3}	2.89×10^{-3}
		45 岁～	男	55	1.63×10^{-3}	6.16×10^{-4}	3.56×10^{-4}	1.22×10^{-3}	1.58×10^{-3}	1.93×10^{-3}	2.81×10^{-3}
			女	44	1.73×10^{-3}	4.84×10^{-4}	1.25×10^{-3}	1.43×10^{-3}	1.66×10^{-3}	2.04×10^{-3}	2.49×10^{-3}
		60 岁～	男	34	1.53×10^{-3}	4.67×10^{-4}	1.02×10^{-3}	1.24×10^{-3}	1.37×10^{-3}	1.68×10^{-3}	2.59×10^{-3}
			女	36	1.72×10^{-3}	3.89×10^{-4}	1.23×10^{-3}	1.54×10^{-3}	1.64×10^{-3}	1.80×10^{-3}	2.87×10^{-3}

类别				N	膳食砷暴露量/[mg/（kg·d）]						
					Mean	Std	P5	P25	P50	P75	P95
兰州	城市	18岁～	男	61	6.77×10^{-5}	2.06×10^{-5}	4.29×10^{-5}	5.56×10^{-5}	6.39×10^{-5}	7.45×10^{-5}	1.08×10^{-4}
			女	51	8.88×10^{-5}	2.52×10^{-5}	5.37×10^{-5}	7.06×10^{-5}	8.59×10^{-5}	1.05×10^{-4}	1.38×10^{-4}
		45岁～	男	49	7.91×10^{-5}	2.96×10^{-5}	5.09×10^{-5}	6.00×10^{-5}	7.41×10^{-5}	9.38×10^{-5}	1.09×10^{-4}
			女	54	8.15×10^{-5}	3.22×10^{-5}	5.28×10^{-5}	6.10×10^{-5}	6.90×10^{-5}	8.73×10^{-5}	1.56×10^{-4}
		60岁～	男	65	7.31×10^{-5}	1.90×10^{-5}	5.16×10^{-5}	5.94×10^{-5}	6.72×10^{-5}	8.09×10^{-5}	1.11×10^{-4}
			女	67	8.54×10^{-5}	1.94×10^{-5}	5.98×10^{-5}	7.00×10^{-5}	8.51×10^{-5}	9.51×10^{-5}	1.20×10^{-4}
	农村	18岁～	男	51	6.30×10^{-5}	1.41×10^{-5}	4.55×10^{-5}	5.36×10^{-5}	5.88×10^{-5}	6.91×10^{-5}	9.43×10^{-5}
			女	49	6.95×10^{-5}	1.17×10^{-5}	5.32×10^{-5}	6.09×10^{-5}	7.01×10^{-5}	7.58×10^{-5}	9.22×10^{-5}
		45岁～	男	59	6.25×10^{-5}	1.50×10^{-5}	4.30×10^{-5}	5.19×10^{-5}	5.88×10^{-5}	7.02×10^{-5}	9.38×10^{-5}
			女	49	7.63×10^{-5}	4.03×10^{-5}	5.24×10^{-5}	5.95×10^{-5}	6.91×10^{-5}	7.97×10^{-5}	1.09×10^{-4}
		60岁～	男	69	6.83×10^{-5}	1.37×10^{-5}	5.41×10^{-5}	5.85×10^{-5}	6.52×10^{-5}	7.23×10^{-5}	1.01×10^{-4}
			女	64	7.14×10^{-5}	1.36×10^{-5}	5.20×10^{-5}	6.15×10^{-5}	6.92×10^{-5}	7.90×10^{-5}	9.63×10^{-5}

附表 5-4 不同地区居民分城乡、年龄和性别的膳食铅暴露量

类别				N	膳食铅暴露量/[mg/（kg·d）]						
					Mean	Std	P5	P25	P50	P75	P95
太原	城市	18岁～	男	68	1.13×10^{-4}	2.71×10^{-5}	8.42×10^{-5}	9.68×10^{-5}	1.10×10^{-4}	1.25×10^{-4}	1.65×10^{-4}
			女	72	1.37×10^{-4}	4.04×10^{-5}	8.21×10^{-5}	1.17×10^{-4}	1.38×10^{-4}	1.54×10^{-4}	1.93×10^{-4}
		45岁～	男	50	1.20×10^{-4}	2.99×10^{-5}	5.21×10^{-5}	1.09×10^{-4}	1.20×10^{-4}	1.37×10^{-4}	1.62×10^{-4}
			女	60	1.49×10^{-4}	7.84×10^{-5}	1.09×10^{-4}	1.18×10^{-4}	1.33×10^{-4}	1.54×10^{-4}	1.97×10^{-4}
		60岁～	男	56	1.14×10^{-4}	2.16×10^{-5}	9.22×10^{-5}	9.88×10^{-5}	1.08×10^{-4}	1.19×10^{-4}	1.58×10^{-4}
			女	54	1.28×10^{-4}	2.10×10^{-5}	1.03×10^{-4}	1.12×10^{-4}	1.27×10^{-4}	1.36×10^{-4}	1.69×10^{-4}
	农村	18岁～	男	41	9.14×10^{-5}	1.27×10^{-5}	7.58×10^{-5}	8.38×10^{-5}	8.89×10^{-5}	9.63×10^{-5}	1.14×10^{-4}
			女	40	1.01×10^{-4}	1.98×10^{-5}	7.04×10^{-5}	8.94×10^{-5}	1.00×10^{-4}	1.09×10^{-4}	1.38×10^{-4}
		45岁～	男	49	9.81×10^{-5}	2.38×10^{-5}	6.87×10^{-5}	8.15×10^{-5}	9.21×10^{-5}	1.07×10^{-4}	1.40×10^{-4}
			女	74	1.00×10^{-4}	1.96×10^{-5}	7.25×10^{-5}	8.88×10^{-5}	9.63×10^{-5}	1.12×10^{-4}	1.38×10^{-4}
		60岁～	男	73	9.47×10^{-5}	2.14×10^{-5}	7.01×10^{-5}	8.10×10^{-5}	9.08×10^{-5}	1.06×10^{-4}	1.38×10^{-4}
			女	59	1.09×10^{-4}	2.31×10^{-5}	7.27×10^{-5}	9.37×10^{-5}	1.06×10^{-4}	1.24×10^{-4}	1.45×10^{-4}
大连	城市	18岁～	男	88	5.54×10^{-4}	1.56×10^{-4}	3.86×10^{-4}	4.69×10^{-4}	5.36×10^{-4}	6.03×10^{-4}	8.94×10^{-4}
			女	68	6.45×10^{-4}	3.84×10^{-4}	3.60×10^{-4}	5.08×10^{-4}	5.97×10^{-4}	6.97×10^{-4}	9.85×10^{-4}

类别				*N*	膳食铅暴露量/[mg/（kg·d）]						
					Mean	Std	P5	P25	P50	P75	P95
大连	城市	45 岁～	男	13	5.63×10^{-4}	1.18×10^{-4}	3.58×10^{-4}	4.65×10^{-4}	5.83×10^{-4}	6.57×10^{-4}	7.77×10^{-4}
			女	31	6.35×10^{-4}	1.82×10^{-4}	3.50×10^{-4}	4.84×10^{-4}	6.23×10^{-4}	8.14×10^{-4}	9.32×10^{-4}
		60 岁～	男	24	5.65×10^{-4}	1.18×10^{-4}	3.93×10^{-4}	4.64×10^{-4}	5.59×10^{-4}	6.51×10^{-4}	7.78×10^{-4}
			女	63	5.51×10^{-4}	1.79×10^{-4}	3.01×10^{-4}	4.33×10^{-4}	5.43×10^{-4}	6.32×10^{-4}	8.67×10^{-4}
	农村	18 岁～	男	84	6.15×10^{-4}	1.57×10^{-4}	4.40×10^{-4}	5.13×10^{-4}	5.86×10^{-4}	6.93×10^{-4}	9.31×10^{-4}
			女	76	7.04×10^{-4}	1.85×10^{-4}	4.44×10^{-4}	5.82×10^{-4}	6.82×10^{-4}	8.21×10^{-4}	9.87×10^{-4}
		45 岁～	男	41	6.46×10^{-4}	1.88×10^{-4}	4.16×10^{-4}	5.42×10^{-4}	6.19×10^{-4}	7.30×10^{-4}	1.04×10^{-3}
			女	49	6.96×10^{-4}	3.18×10^{-4}	3.11×10^{-4}	4.79×10^{-4}	6.08×10^{-4}	8.79×10^{-4}	1.13×10^{-3}
		60 岁～	男	41	7.79×10^{-4}	9.29×10^{-4}	2.65×10^{-4}	4.77×10^{-4}	6.38×10^{-4}	7.44×10^{-4}	1.09×10^{-3}
			女	43	6.40×10^{-4}	2.25×10^{-4}	4.02×10^{-4}	5.31×10^{-4}	6.36×10^{-4}	7.46×10^{-4}	9.35×10^{-4}
上海	城市	18 岁～	男	97	6.42×10^{-4}	1.77×10^{-4}	4.41×10^{-4}	5.29×10^{-4}	6.00×10^{-4}	7.12×10^{-4}	1.03×10^{-3}
			女	88	8.04×10^{-4}	2.21×10^{-4}	5.18×10^{-4}	6.50×10^{-4}	7.59×10^{-4}	8.76×10^{-4}	1.25×10^{-3}
		45 岁～	男	18	6.29×10^{-4}	1.53×10^{-4}	3.77×10^{-4}	5.49×10^{-4}	6.06×10^{-4}	6.77×10^{-4}	1.13×10^{-3}
			女	43	7.38×10^{-4}	1.27×10^{-4}	5.79×10^{-4}	6.56×10^{-4}	7.21×10^{-4}	8.14×10^{-4}	9.84×10^{-4}
		60 岁～	男	16	6.18×10^{-4}	8.62×10^{-5}	4.83×10^{-4}	5.46×10^{-4}	6.46×10^{-4}	6.92×10^{-4}	7.42×10^{-4}
			女	36	7.07×10^{-4}	1.07×10^{-4}	5.57×10^{-4}	6.29×10^{-4}	6.76×10^{-4}	7.72×10^{-4}	9.03×10^{-4}
	农村	18 岁～	男	48	4.86×10^{-4}	1.02×10^{-4}	4.00×10^{-4}	4.28×10^{-4}	4.54×10^{-4}	5.14×10^{-4}	8.03×10^{-4}
			女	38	5.58×10^{-4}	1.51×10^{-4}	2.41×10^{-4}	4.98×10^{-4}	5.50×10^{-4}	6.15×10^{-4}	8.25×10^{-4}
		45 岁～	男	71	4.92×10^{-4}	1.18×10^{-4}	3.19×10^{-4}	4.36×10^{-4}	4.71×10^{-4}	5.29×10^{-4}	7.57×10^{-4}
			女	82	5.64×10^{-4}	1.31×10^{-4}	4.27×10^{-4}	4.60×10^{-4}	5.44×10^{-4}	6.13×10^{-4}	8.79×10^{-4}
		60 岁～	男	35	5.03×10^{-4}	8.06×10^{-5}	4.16×10^{-4}	4.49×10^{-4}	4.76×10^{-4}	5.27×10^{-4}	6.87×10^{-4}
			女	27	5.38×10^{-4}	1.25×10^{-4}	4.45×10^{-4}	4.96×10^{-4}	5.31×10^{-4}	5.94×10^{-4}	7.36×10^{-4}
武汉	城市	18 岁～	男	60	6.56×10^{-4}	5.98×10^{-4}	2.65×10^{-4}	5.01×10^{-4}	5.61×10^{-4}	6.79×10^{-4}	9.59×10^{-4}
			女	77	6.18×10^{-4}	1.67×10^{-4}	2.87×10^{-4}	5.50×10^{-4}	6.14×10^{-4}	6.99×10^{-4}	9.11×10^{-4}
		45 岁～	男	40	6.07×10^{-4}	1.79×10^{-4}	4.16×10^{-4}	4.83×10^{-4}	5.43×10^{-4}	6.98×10^{-4}	9.82×10^{-4}
			女	41	6.27×10^{-4}	2.06×10^{-4}	2.71×10^{-4}	5.26×10^{-4}	6.07×10^{-4}	7.16×10^{-4}	9.61×10^{-4}
		60 岁～	男	60	6.03×10^{-4}	1.53×10^{-4}	3.89×10^{-4}	4.83×10^{-4}	5.70×10^{-4}	6.75×10^{-4}	8.95×10^{-4}
			女	77	6.68×10^{-4}	1.96×10^{-4}	4.52×10^{-4}	5.17×10^{-4}	6.33×10^{-4}	7.68×10^{-4}	1.00×10^{-3}
	农村	18 岁～	男	22	4.63×10^{-4}	1.32×10^{-4}	2.11×10^{-4}	4.22×10^{-4}	4.64×10^{-4}	5.46×10^{-4}	6.97×10^{-4}
			女	33	5.24×10^{-4}	2.12×10^{-4}	1.47×10^{-4}	4.20×10^{-4}	5.17×10^{-4}	6.32×10^{-4}	8.68×10^{-4}

类别				N	膳食铅暴露量/[mg/（kg·d）]						
					Mean	Std	P5	P25	P50	P75	P95
武汉	农村	45 岁～	男	39	5.78×10^{-4}	6.71×10^{-4}	2.14×10^{-4}	3.99×10^{-4}	4.80×10^{-4}	5.61×10^{-4}	7.94×10^{-4}
			女	55	5.28×10^{-4}	1.95×10^{-4}	1.53×10^{-4}	4.40×10^{-4}	5.00×10^{-4}	5.91×10^{-4}	1.00×10^{-3}
		60 岁～	男	66	5.06×10^{-4}	1.93×10^{-4}	3.21×10^{-4}	4.18×10^{-4}	4.78×10^{-4}	5.46×10^{-4}	7.65×10^{-4}
			女	50	5.57×10^{-4}	1.52×10^{-4}	3.77×10^{-4}	4.62×10^{-4}	5.32×10^{-4}	6.23×10^{-4}	8.75×10^{-4}
成都	城市	18 岁～	男	123	1.95×10^{-3}	5.94×10^{-4}	1.30×10^{-3}	1.59×10^{-3}	1.81×10^{-3}	2.14×10^{-3}	2.93×10^{-3}
			女	125	2.47×10^{-3}	5.71×10^{-4}	1.77×10^{-3}	2.11×10^{-3}	2.35×10^{-3}	2.72×10^{-3}	3.63×10^{-3}
		45 岁～	男	24	2.10×10^{-3}	5.46×10^{-4}	1.41×10^{-3}	1.81×10^{-3}	1.97×10^{-3}	2.17×10^{-3}	3.46×10^{-3}
			女	29	2.64×10^{-3}	1.27×10^{-3}	1.78×10^{-3}	2.06×10^{-3}	2.41×10^{-3}	2.71×10^{-3}	4.00×10^{-3}
		60 岁～	男	8	2.03×10^{-3}	3.78×10^{-4}	1.62×10^{-3}	1.69×10^{-3}	1.98×10^{-3}	2.31×10^{-3}	2.68×10^{-3}
			女	26	2.24×10^{-3}	7.41×10^{-4}	1.35×10^{-3}	1.78×10^{-3}	2.14×10^{-3}	2.50×10^{-3}	3.47×10^{-3}
	农村	18 岁～	男	64	3.10×10^{-3}	1.06×10^{-3}	2.07×10^{-3}	2.39×10^{-3}	2.76×10^{-3}	3.52×10^{-3}	5.06×10^{-3}
			女	63	3.98×10^{-3}	1.15×10^{-3}	2.54×10^{-3}	3.19×10^{-3}	3.91×10^{-3}	4.86×10^{-3}	5.60×10^{-3}
		45 岁～	男	55	3.40×10^{-3}	1.48×10^{-3}	1.67×10^{-3}	2.49×10^{-3}	3.12×10^{-3}	3.87×10^{-3}	6.00×10^{-3}
			女	44	3.52×10^{-3}	1.08×10^{-3}	2.41×10^{-3}	2.85×10^{-3}	3.47×10^{-3}	4.14×10^{-3}	4.98×10^{-3}
		60 岁～	男	34	3.16×10^{-3}	1.06×10^{-3}	2.04×10^{-3}	2.49×10^{-3}	2.87×10^{-3}	3.38×10^{-3}	5.73×10^{-3}
			女	36	3.45×10^{-3}	7.80×10^{-4}	2.46×10^{-3}	3.08×10^{-3}	3.28×10^{-3}	3.60×10^{-3}	5.75×10^{-3}
兰州	城市	18 岁～	男	61	3.12×10^{-4}	1.60×10^{-4}	8.42×10^{-5}	2.39×10^{-4}	2.94×10^{-4}	3.56×10^{-4}	5.47×10^{-4}
			女	51	4.21×10^{-4}	2.26×10^{-4}	1.61×10^{-4}	2.86×10^{-4}	3.85×10^{-4}	4.95×10^{-4}	7.50×10^{-4}
		45 岁～	男	49	3.39×10^{-4}	1.49×10^{-4}	1.27×10^{-4}	2.67×10^{-4}	3.13×10^{-4}	4.09×10^{-4}	5.03×10^{-4}
			女	54	3.60×10^{-4}	1.45×10^{-4}	2.33×10^{-4}	2.74×10^{-4}	3.08×10^{-4}	3.63×10^{-4}	6.96×10^{-4}
		60 岁～	男	65	3.26×10^{-4}	8.48×10^{-5}	2.30×10^{-4}	2.65×10^{-4}	2.99×10^{-4}	3.60×10^{-4}	4.93×10^{-4}
			女	67	3.76×10^{-4}	9.58×10^{-5}	2.65×10^{-4}	3.09×10^{-4}	3.79×10^{-4}	4.24×10^{-4}	5.33×10^{-4}
	农村	18 岁～	男	51	2.31×10^{-4}	6.33×10^{-5}	1.71×10^{-4}	2.00×10^{-4}	2.21×10^{-4}	2.59×10^{-4}	3.54×10^{-4}
			女	49	2.60×10^{-4}	1.44×10^{-4}	6.62×10^{-5}	2.17×10^{-4}	2.59×10^{-4}	2.84×10^{-4}	3.55×10^{-4}
		45 岁～	男	59	2.31×10^{-4}	1.13×10^{-4}	3.20×10^{-5}	1.85×10^{-4}	2.21×10^{-4}	2.76×10^{-4}	5.13×10^{-4}
			女	49	3.01×10^{-4}	2.69×10^{-4}	1.24×10^{-4}	2.16×10^{-4}	2.59×10^{-4}	3.08×10^{-4}	4.09×10^{-4}
		60 岁～	男	69	2.54×10^{-4}	5.78×10^{-5}	1.98×10^{-4}	2.19×10^{-4}	2.45×10^{-4}	2.71×10^{-4}	3.78×10^{-4}
			女	64	2.58×10^{-4}	6.27×10^{-5}	1.87×10^{-4}	2.25×10^{-4}	2.58×10^{-4}	2.95×10^{-4}	3.43×10^{-4}

附表 5-5　不同地区居民分城乡、年龄和性别的膳食铬暴露量

类别				N	膳食铬暴露量/[mg/（kg·d）]						
					Mean	Std	P5	P25	P50	P75	P95
太原	城市	18 岁～	男	68	2.53×10^{-4}	5.42×10^{-5}	1.87×10^{-4}	2.14×10^{-4}	2.45×10^{-4}	2.77×10^{-4}	3.65×10^{-4}
			女	72	3.01×10^{-4}	6.98×10^{-5}	1.97×10^{-4}	2.60×10^{-4}	3.10×10^{-4}	3.41×10^{-4}	4.28×10^{-4}
		45 岁～	男	50	2.77×10^{-4}	4.26×10^{-5}	2.19×10^{-4}	2.45×10^{-4}	2.71×10^{-4}	3.02×10^{-4}	3.46×10^{-4}
			女	60	3.09×10^{-4}	6.96×10^{-5}	2.42×10^{-4}	2.68×10^{-4}	2.95×10^{-4}	3.37×10^{-4}	4.21×10^{-4}
		60 岁～	男	56	2.52×10^{-4}	4.84×10^{-5}	1.95×10^{-4}	2.19×10^{-4}	2.40×10^{-4}	2.64×10^{-4}	3.50×10^{-4}
			女	54	2.83×10^{-4}	4.65×10^{-5}	2.29×10^{-4}	2.47×10^{-4}	2.82×10^{-4}	3.01×10^{-4}	3.73×10^{-4}
	农村	18 岁～	男	41	2.29×10^{-4}	3.19×10^{-5}	1.90×10^{-4}	2.10×10^{-4}	2.23×10^{-4}	2.41×10^{-4}	2.86×10^{-4}
			女	40	2.58×10^{-4}	4.90×10^{-5}	1.87×10^{-4}	2.33×10^{-4}	2.53×10^{-4}	2.83×10^{-4}	3.45×10^{-4}
		45 岁～	男	49	2.45×10^{-4}	6.47×10^{-5}	1.65×10^{-4}	2.01×10^{-4}	2.29×10^{-4}	2.61×10^{-4}	3.77×10^{-4}
			女	74	2.59×10^{-4}	6.46×10^{-5}	1.96×10^{-4}	2.24×10^{-4}	2.45×10^{-4}	2.87×10^{-4}	3.76×10^{-4}
		60 岁～	男	73	2.36×10^{-4}	6.04×10^{-5}	1.65×10^{-4}	1.96×10^{-4}	2.27×10^{-4}	2.64×10^{-4}	3.46×10^{-4}
			女	59	2.69×10^{-4}	5.07×10^{-5}	1.82×10^{-4}	2.32×10^{-4}	2.64×10^{-4}	3.08×10^{-4}	3.61×10^{-4}
大连	城市	18 岁～	男	88	4.29×10^{-3}	1.09×10^{-3}	3.08×10^{-3}	3.65×10^{-3}	4.15×10^{-3}	4.57×10^{-3}	6.67×10^{-3}
			女	68	4.71×10^{-3}	1.30×10^{-3}	3.16×10^{-3}	3.92×10^{-3}	4.56×10^{-3}	5.23×10^{-3}	6.84×10^{-3}
		45 岁～	男	13	4.38×10^{-3}	9.17×10^{-4}	2.78×10^{-3}	3.62×10^{-3}	4.53×10^{-3}	5.11×10^{-3}	6.04×10^{-3}
			女	31	4.96×10^{-3}	1.46×10^{-3}	2.65×10^{-3}	3.56×10^{-3}	4.84×10^{-3}	6.33×10^{-3}	7.25×10^{-3}
		60 岁～	男	24	4.39×10^{-3}	9.19×10^{-4}	3.06×10^{-3}	3.61×10^{-3}	4.35×10^{-3}	5.06×10^{-3}	6.05×10^{-3}
			女	63	4.67×10^{-3}	1.42×10^{-3}	2.72×10^{-3}	3.68×10^{-3}	4.43×10^{-3}	5.57×10^{-3}	7.01×10^{-3}
	农村	18 岁～	男	84	4.96×10^{-3}	1.24×10^{-3}	3.64×10^{-3}	4.07×10^{-3}	4.64×10^{-3}	5.49×10^{-3}	7.48×10^{-3}
			女	76	5.76×10^{-3}	1.70×10^{-3}	3.81×10^{-3}	4.60×10^{-3}	5.45×10^{-3}	6.64×10^{-3}	8.97×10^{-3}
		45 岁～	男	41	5.31×10^{-3}	1.59×10^{-3}	3.37×10^{-3}	4.35×10^{-3}	5.04×10^{-3}	5.87×10^{-3}	8.58×10^{-3}
			女	49	5.88×10^{-3}	2.28×10^{-3}	3.11×10^{-3}	4.14×10^{-3}	5.25×10^{-3}	7.45×10^{-3}	1.06×10^{-2}
		60 岁～	男	41	4.84×10^{-3}	1.48×10^{-3}	1.92×10^{-3}	4.15×10^{-3}	4.98×10^{-3}	5.64×10^{-3}	7.03×10^{-3}
			女	43	5.23×10^{-3}	1.40×10^{-3}	3.51×10^{-3}	4.20×10^{-3}	5.14×10^{-3}	6.09×10^{-3}	7.40×10^{-3}
上海	城市	18 岁～	男	97	1.82×10^{-3}	6.34×10^{-4}	1.22×10^{-3}	1.47×10^{-3}	1.68×10^{-3}	2.00×10^{-3}	3.28×10^{-3}
			女	88	2.22×10^{-3}	7.81×10^{-4}	8.39×10^{-4}	1.81×10^{-3}	2.12×10^{-3}	2.47×10^{-3}	4.13×10^{-3}
		45 岁～	男	18	1.79×10^{-3}	6.95×10^{-4}	3.08×10^{-4}	1.52×10^{-3}	1.70×10^{-3}	1.96×10^{-3}	3.98×10^{-3}
			女	43	2.05×10^{-3}	3.52×10^{-4}	1.61×10^{-3}	1.82×10^{-3}	2.00×10^{-3}	2.26×10^{-3}	2.73×10^{-3}

类别				N	膳食铬暴露量/[mg/（kg·d）]						
					Mean	Std	P5	P25	P50	P75	P95
上海	城市	60岁～	男	16	1.71×10^{-3}	2.39×10^{-4}	1.34×10^{-3}	1.52×10^{-3}	1.79×10^{-3}	1.92×10^{-3}	2.06×10^{-3}
			女	36	2.00×10^{-3}	4.11×10^{-4}	1.55×10^{-3}	1.75×10^{-3}	1.88×10^{-3}	2.18×10^{-3}	2.69×10^{-3}
	农村	18岁～	男	48	1.10×10^{-3}	3.72×10^{-4}	4.87×10^{-4}	9.83×10^{-4}	1.04×10^{-3}	1.20×10^{-3}	1.90×10^{-3}
			女	38	1.25×10^{-3}	3.25×10^{-4}	4.82×10^{-4}	1.14×10^{-3}	1.28×10^{-3}	1.45×10^{-3}	1.80×10^{-3}
		45岁～	男	71	1.25×10^{-3}	3.78×10^{-4}	9.36×10^{-4}	1.04×10^{-3}	1.13×10^{-3}	1.33×10^{-3}	2.04×10^{-3}
			女	82	1.26×10^{-3}	3.31×10^{-4}	8.93×10^{-4}	1.07×10^{-3}	1.25×10^{-3}	1.38×10^{-3}	1.70×10^{-3}
		60岁～	男	35	1.20×10^{-3}	4.39×10^{-4}	4.77×10^{-4}	1.06×10^{-3}	1.12×10^{-3}	1.24×10^{-3}	1.83×10^{-3}
			女	27	1.32×10^{-3}	3.85×10^{-4}	7.26×10^{-4}	1.17×10^{-3}	1.26×10^{-3}	1.45×10^{-3}	2.01×10^{-3}
武汉	城市	18岁～	男	60	2.33×10^{-3}	6.66×10^{-4}	1.26×10^{-3}	1.96×10^{-3}	2.23×10^{-3}	2.71×10^{-3}	3.45×10^{-3}
			女	77	2.50×10^{-3}	7.05×10^{-4}	7.91×10^{-4}	2.20×10^{-3}	2.43×10^{-3}	2.85×10^{-3}	3.59×10^{-3}
		45岁～	男	40	2.41×10^{-3}	7.14×10^{-4}	1.63×10^{-3}	1.92×10^{-3}	2.14×10^{-3}	2.80×10^{-3}	3.85×10^{-3}
			女	41	2.82×10^{-3}	1.09×10^{-3}	1.69×10^{-3}	2.16×10^{-3}	2.63×10^{-3}	3.27×10^{-3}	4.40×10^{-3}
		60岁～	男	60	2.34×10^{-3}	6.40×10^{-4}	1.45×10^{-3}	1.86×10^{-3}	2.23×10^{-3}	2.64×10^{-3}	3.51×10^{-3}
			女	77	2.62×10^{-3}	7.70×10^{-4}	1.77×10^{-3}	2.03×10^{-3}	2.48×10^{-3}	3.01×10^{-3}	3.94×10^{-3}
	农村	18岁～	男	22	1.73×10^{-3}	4.67×10^{-4}	1.35×10^{-3}	1.60×10^{-3}	1.71×10^{-3}	2.01×10^{-3}	2.57×10^{-3}
			女	33	2.09×10^{-3}	8.79×10^{-4}	5.93×10^{-4}	1.65×10^{-3}	1.95×10^{-3}	2.47×10^{-3}	4.21×10^{-3}
		45岁～	男	39	1.91×10^{-3}	6.37×10^{-4}	1.11×10^{-3}	1.49×10^{-3}	1.80×10^{-3}	2.18×10^{-3}	3.58×10^{-3}
			女	55	1.97×10^{-3}	8.37×10^{-4}	7.27×10^{-4}	1.61×10^{-3}	1.79×10^{-3}	2.18×10^{-3}	3.69×10^{-3}
		60岁～	男	66	1.88×10^{-3}	5.74×10^{-4}	1.25×10^{-3}	1.57×10^{-3}	1.76×10^{-3}	2.01×10^{-3}	2.98×10^{-3}
			女	50	2.13×10^{-3}	5.54×10^{-4}	1.47×10^{-3}	1.75×10^{-3}	1.98×10^{-3}	2.30×10^{-3}	3.39×10^{-3}
成都	城市	18岁～	男	123	4.80×10^{-3}	1.43×10^{-3}	3.30×10^{-3}	3.94×10^{-3}	4.45×10^{-3}	5.24×10^{-3}	7.26×10^{-3}
			女	125	6.12×10^{-3}	1.56×10^{-3}	4.38×10^{-3}	5.24×10^{-3}	5.83×10^{-3}	6.74×10^{-3}	9.01×10^{-3}
		45岁～	男	24	5.22×10^{-3}	1.35×10^{-3}	3.49×10^{-3}	4.49×10^{-3}	4.90×10^{-3}	5.38×10^{-3}	8.58×10^{-3}
			女	29	6.34×10^{-3}	1.66×10^{-3}	4.46×10^{-3}	5.10×10^{-3}	5.98×10^{-3}	6.94×10^{-3}	9.60×10^{-3}
		60岁～	男	8	5.04×10^{-3}	9.38×10^{-4}	4.02×10^{-3}	4.18×10^{-3}	4.90×10^{-3}	5.72×10^{-3}	6.66×10^{-3}
			女	26	5.58×10^{-3}	1.57×10^{-3}	3.76×10^{-3}	4.41×10^{-3}	5.30×10^{-3}	6.20×10^{-3}	8.62×10^{-3}
	农村	18岁～	男	64	4.59×10^{-3}	1.68×10^{-3}	2.83×10^{-3}	3.54×10^{-3}	4.05×10^{-3}	5.24×10^{-3}	7.78×10^{-3}
			女	63	5.89×10^{-3}	1.71×10^{-3}	3.77×10^{-3}	4.73×10^{-3}	5.72×10^{-3}	7.26×10^{-3}	8.36×10^{-3}
		45岁～	男	55	5.19×10^{-3}	1.68×10^{-3}	3.12×10^{-3}	4.22×10^{-3}	4.86×10^{-3}	6.34×10^{-3}	8.40×10^{-3}
			女	44	5.17×10^{-3}	1.39×10^{-3}	3.32×10^{-3}	4.30×10^{-3}	5.19×10^{-3}	6.11×10^{-3}	7.40×10^{-3}

类别				N	膳食铬暴露量/[mg/（kg·d）]						
					Mean	Std	P5	P25	P50	P75	P95
成都	农村	60 岁～	男	34	4.54×10^{-3}	1.42×10^{-3}	2.96×10^{-3}	3.54×10^{-3}	4.09×10^{-3}	5.02×10^{-3}	7.75×10^{-3}
			女	36	5.14×10^{-3}	1.16×10^{-3}	3.67×10^{-3}	4.59×10^{-3}	4.89×10^{-3}	5.37×10^{-3}	8.57×10^{-3}
兰州	城市	18 岁～	男	61	6.62×10^{-3}	2.07×10^{-3}	3.98×10^{-3}	5.75×10^{-3}	6.32×10^{-3}	7.24×10^{-3}	1.05×10^{-2}
			女	51	8.48×10^{-3}	2.58×10^{-3}	4.91×10^{-3}	6.53×10^{-3}	8.26×10^{-3}	1.04×10^{-2}	1.32×10^{-2}
		45 岁～	男	49	7.39×10^{-3}	2.07×10^{-3}	4.86×10^{-3}	5.76×10^{-3}	7.09×10^{-3}	8.91×10^{-3}	1.09×10^{-2}
			女	54	7.82×10^{-3}	3.13×10^{-3}	5.01×10^{-3}	5.88×10^{-3}	6.62×10^{-3}	8.36×10^{-3}	1.50×10^{-2}
		60 岁～	男	65	7.00×10^{-3}	1.82×10^{-3}	4.94×10^{-3}	5.69×10^{-3}	6.43×10^{-3}	7.74×10^{-3}	1.06×10^{-2}
			女	67	8.17×10^{-3}	1.86×10^{-3}	5.73×10^{-3}	6.70×10^{-3}	8.15×10^{-3}	9.11×10^{-3}	1.14×10^{-2}
	农村	18 岁～	男	51	6.93×10^{-3}	1.61×10^{-3}	5.04×10^{-3}	5.90×10^{-3}	6.52×10^{-3}	7.65×10^{-3}	1.05×10^{-2}
			女	49	8.09×10^{-3}	2.55×10^{-3}	5.59×10^{-3}	6.72×10^{-3}	7.80×10^{-3}	8.69×10^{-3}	1.28×10^{-2}
		45 岁～	男	59	7.03×10^{-3}	1.94×10^{-3}	4.32×10^{-3}	5.72×10^{-3}	6.62×10^{-3}	8.16×10^{-3}	1.09×10^{-2}
			女	49	7.94×10^{-3}	1.96×10^{-3}	5.22×10^{-3}	6.42×10^{-3}	7.84×10^{-3}	9.15×10^{-3}	1.19×10^{-2}
		60 岁～	男	69	7.51×10^{-3}	1.65×10^{-3}	5.93×10^{-3}	6.46×10^{-3}	7.23×10^{-3}	8.02×10^{-3}	1.12×10^{-2}
			女	64	7.82×10^{-3}	1.45×10^{-3}	5.76×10^{-3}	6.68×10^{-3}	7.64×10^{-3}	8.75×10^{-3}	1.01×10^{-2}

附表 5-6　不同地区居民分城乡、年龄和性别的膳食汞暴露贡献比

类别				N	膳食汞暴露贡献比/%						
					Mean	Std	P5	P25	P50	P75	P95
太原	城市	18 岁～	男	68	94.9575	2.6420	90.6401	93.8157	95.4544	96.6877	97.8089
			女	72	94.3418	3.4841	87.4336	93.4219	94.4418	96.9563	98.4032
		45 岁～	男	50	94.0697	2.7765	88.2455	92.3253	94.1938	96.3978	97.7291
			女	60	95.0182	2.4228	89.2933	94.2375	95.3038	96.8100	97.8653
		60 岁～	男	56	95.7930	1.7783	91.9050	94.9975	96.4531	97.0765	97.8958
			女	54	95.9355	1.6123	93.4368	95.4326	96.3086	96.8174	97.6241
	农村	18 岁～	男	41	94.0531	2.5041	89.7639	92.5385	93.6376	95.9244	97.7706
			女	40	94.4615	2.2788	90.2551	92.9291	94.7261	96.3608	97.2398
		45 岁～	男	49	93.9824	3.0296	90.5219	92.7884	93.9644	96.0154	98.0667
			女	74	94.1715	2.3586	89.4992	92.9112	93.9828	95.9156	97.8084
		60 岁～	男	73	94.1859	2.5622	88.8095	93.0164	94.0036	95.8653	97.8446
			女	59	94.9751	2.3261	90.0292	93.6985	95.0269	96.7669	98.0530

类别				N	膳食汞暴露贡献比/%						
					Mean	Std	P5	P25	P50	P75	P95
大连	城市	18 岁～	男	88	99.6105	0.1971	99.2773	99.4791	99.6845	99.7053	99.8867
			女	68	99.6127	0.2571	99.0763	99.4690	99.6872	99.7945	99.9044
		45 岁～	男	13	99.5874	0.2369	99.0951	99.5718	99.6754	99.7680	99.7830
			女	31	99.6223	0.1944	99.2713	99.4671	99.6929	99.7679	99.8606
		60 岁～	男	24	99.7343	0.1878	99.3816	99.6584	99.7950	99.8566	99.8982
			女	63	99.6356	0.1981	99.1765	99.5272	99.7067	99.7636	99.8658
	农村	18 岁～	男	84	99.5461	0.1744	99.2450	99.4176	99.5826	99.6990	99.7628
			女	76	99.5442	0.1891	99.1712	99.4267	99.5919	99.6654	99.7735
		45 岁～	男	41	99.5143	0.1781	99.2308	99.4108	99.5105	99.6678	99.7546
			女	49	99.5351	0.2780	98.9670	99.4657	99.6648	99.7293	99.8099
		60 岁～	男	41	99.4970	0.3647	98.8808	99.3611	99.6366	99.7076	99.8055
			女	43	99.4894	0.2614	99.0690	99.3018	99.5877	99.6827	99.8259
上海	城市	18 岁～	男	97	97.1066	1.3583	94.8342	96.7344	97.1843	97.9152	98.8048
			女	88	97.0227	1.5774	95.0010	96.6534	97.1686	97.8073	99.0337
		45 岁～	男	18	96.6899	1.1939	94.0696	95.7662	97.1215	97.2575	98.6497
			女	43	96.7128	1.2326	94.7998	95.9216	96.8414	97.5793	98.5183
		60 岁～	男	16	96.8348	1.4359	93.5363	96.8062	97.1938	97.6746	98.5223
			女	36	96.7512	1.3055	94.5069	96.3917	96.9624	97.5578	98.5820
	农村	18 岁～	男	48	98.5900	0.3905	97.9223	98.3698	98.6759	98.8227	99.1471
			女	38	98.7112	0.3569	97.8852	98.5506	98.7172	98.9204	99.2447
		45 岁～	男	71	98.6282	0.4115	97.5852	98.4648	98.7207	98.8832	99.1933
			女	82	98.5564	1.3721	98.1344	98.4738	98.7200	98.9381	99.1387
		60 岁～	男	35	98.6041	0.4946	97.5051	98.2732	98.8432	99.0085	99.1616
			女	27	98.8625	0.7840	97.0911	98.5253	98.9543	99.3432	99.8653
武汉	城市	18 岁～	男	60	79.1187	24.7539	<0.0001	82.8118	86.6060	90.3146	93.5384
			女	77	85.0340	14.6845	77.2065	84.5964	87.1554	89.6886	95.2265
		45 岁～	男	40	84.7220	7.6168	71.1883	79.4369	86.7383	90.0321	95.1197
			女	41	80.6174	21.5180	28.0979	82.4289	88.3352	90.0087	92.6160
		60 岁～	男	60	84.6551	6.7677	72.9125	78.2333	86.3752	90.2041	93.6918
			女	77	88.9386	3.4202	82.7831	87.0792	88.7258	91.3874	94.6061

类别				N	膳食汞暴露贡献比/%						
					Mean	Std	P5	P25	P50	P75	P95
武汉	农村	18 岁～	男	22	95.0817	1.9338	91.4267	94.5166	95.0326	96.0715	97.4049
			女	33	91.4026	17.3982	64.6275	93.5109	96.2870	96.9048	97.3945
		45 岁～	男	39	88.8885	21.9213	<0.0001	92.2698	94.9462	96.0698	98.3055
			女	55	93.6184	12.9487	92.8576	94.3295	95.1732	96.1906	98.2866
		60 岁～	男	66	93.2124	8.6417	90.9291	93.0960	94.3285	95.4631	96.7059
			女	50	94.9464	2.5220	91.3890	94.0258	95.2549	96.5246	97.6578
成都	城市	18 岁～	男	123	98.4425	0.7470	97.2697	98.1261	98.5296	98.9484	99.4153
			女	125	98.5514	0.7208	97.1735	98.1581	98.5699	99.0829	99.5601
		45 岁～	男	24	98.4604	0.7636	97.2036	98.2927	98.6305	98.9768	99.3183
			女	29	98.6284	0.4929	97.8729	98.3862	98.5613	98.9977	99.5513
		60 岁～	男	8	98.4119	0.1977	98.2096	98.2889	98.3608	98.4864	98.8131
			女	26	98.5610	0.5403	97.5805	98.2194	98.5830	98.8886	99.4872
	农村	18 岁～	男	64	98.9172	0.3626	98.2927	98.6887	98.9215	99.1751	99.4950
			女	63	99.0181	0.3475	98.4005	98.7500	99.0705	99.3069	99.5006
		45 岁～	男	55	99.0716	0.3493	98.4534	98.8547	99.0690	99.3818	99.6070
			女	44	98.8918	0.4504	98.1792	98.6082	98.8661	99.2093	99.6344
		60 岁～	男	34	98.8652	0.3664	98.2109	98.5849	98.8799	99.2034	99.3536
			女	36	98.8907	0.3177	98.1423	98.6710	98.9444	99.1416	99.3108
兰州	城市	18 岁～	男	61	83.1060	9.9707	62.0707	79.1809	84.2608	89.6633	95.8978
			女	51	85.9078	10.4819	70.0913	81.7870	88.0696	93.3622	96.3008
		45 岁～	男	49	84.5683	9.4959	64.2007	80.1031	86.2831	92.1749	96.3530
			女	54	85.6790	8.2632	68.9905	78.1388	87.4998	92.6629	95.6968
		60 岁～	男	65	82.8891	8.8691	65.6560	75.7332	81.3570	91.3317	94.0803
			女	67	85.4551	8.1275	72.0590	77.2612	85.3231	93.0742	94.6579
	农村	18 岁～	男	51	85.0632	10.4335	69.0972	76.6271	87.7303	94.0030	96.9958
			女	49	87.5850	9.1347	70.4446	85.6249	90.2464	93.3003	96.5868
		45 岁～	男	59	80.6013	12.3746	47.7844	76.5701	82.9721	89.6982	95.8276
			女	49	85.5594	15.2226	50.7955	84.4405	90.6137	94.7197	96.9007
		60 岁～	男	69	85.1494	10.9176	67.4465	75.9524	87.5211	94.4597	96.8532
			女	64	88.5434	7.4155	75.7299	83.4230	89.7607	95.2751	96.9131

附表 5-7 不同地区居民分城乡、年龄和性别的膳食镉暴露贡献比

类别				N	膳食镉暴露贡献比/%						
					Mean	Std	P5	P25	P50	P75	P95
太原	城市	18 岁～	男	68	98.8654	2.8948	98.5781	99.0600	99.2744	99.3847	99.6340
			女	72	99.1132	0.4713	98.3435	98.7988	99.2474	99.4444	99.7166
		45 岁～	男	50	98.8591	0.9915	97.1258	98.7214	99.1406	99.4036	99.6185
			女	60	99.0910	0.5188	97.9123	98.8745	99.2820	99.4384	99.5210
		60 岁～	男	56	99.2132	0.3670	98.4303	99.1191	99.3842	99.4298	99.5595
			女	54	99.2678	0.2787	98.5934	99.1423	99.3778	99.4493	99.4901
	农村	18 岁～	男	41	98.5982	0.9158	96.7892	98.1592	98.9337	99.1302	99.6084
			女	40	98.9212	0.5371	97.9243	98.6943	99.0397	99.2935	99.5020
		45 岁～	男	49	98.9613	0.6583	97.4821	98.8044	99.1429	99.3464	99.7635
			女	74	98.9215	0.8504	97.3799	98.7517	99.1291	99.3767	99.6388
		60 岁～	男	73	98.7221	0.7306	97.2526	98.2997	99.0042	99.2474	99.6156
			女	59	98.8793	1.3277	97.3356	98.6090	99.1713	99.4168	99.8229
大连	城市	18 岁～	男	88	99.3775	0.3513	98.7341	99.2669	99.4631	99.5393	99.7928
			女	68	99.3915	0.4684	98.3118	99.2392	99.4974	99.7472	99.8643
		45 岁～	男	13	99.4554	0.3187	98.7605	99.3618	99.5919	99.6565	99.7481
			女	31	99.2256	1.1528	96.1103	99.3008	99.5394	99.7471	99.8177
		60 岁～	男	24	99.6241	0.2787	99.0431	99.5201	99.7489	99.8006	99.8746
			女	63	99.4779	0.3674	98.7147	99.3103	99.5775	99.7419	99.8573
	农村	18 岁～	男	84	99.5292	0.2514	99.2561	99.4289	99.5835	99.6889	99.7720
			女	76	99.5754	0.1723	99.2958	99.4907	99.6070	99.6960	99.7990
		45 岁～	男	41	99.5240	0.1802	99.2485	99.3796	99.5147	99.7183	99.7480
			女	49	99.4046	0.7157	98.6030	99.3833	99.6184	99.7244	99.7825
		60 岁～	男	41	99.4730	0.3820	98.8294	99.3961	99.6205	99.6953	99.7658
			女	43	99.3886	0.3446	98.6362	99.2599	99.4171	99.6571	99.7399
上海	城市	18 岁～	男	97	98.7477	1.1295	97.9136	98.7261	98.8563	99.1912	99.5409
			女	88	98.7690	0.8478	97.8433	98.6023	98.8978	99.0946	99.6340
		45 岁～	男	18	98.2308	2.0665	90.3004	98.3952	98.8538	98.9989	99.4784
			女	43	98.7583	0.4560	97.9439	98.5197	98.7852	99.1255	99.4208
		60 岁～	男	16	98.8120	0.5172	97.6164	98.7831	98.9730	99.1322	99.4228
			女	36	98.8212	0.4117	98.0463	98.6167	98.8593	99.0531	99.4459

类别				N	膳食镉暴露贡献比/%						
					Mean	Std	P5	P25	P50	P75	P95
上海	农村	18 岁～	男	48	99.4821	0.2037	99.2751	99.4010	99.5266	99.5899	99.6840
			女	38	99.4424	0.5911	98.7340	99.4840	99.5539	99.6355	99.8121
		45 岁～	男	71	99.5230	0.1733	99.1501	99.4661	99.5528	99.6120	99.7756
			女	82	99.5351	0.2058	99.3385	99.4665	99.5696	99.6311	99.7496
		60 岁～	男	35	99.5006	0.2607	99.1209	99.3987	99.5970	99.6566	99.7087
			女	27	99.6401	0.2442	99.1200	99.5001	99.6369	99.8488	99.9529
武汉	城市	18 岁～	男	60	98.3850	1.0320	96.4340	97.8221	98.5493	99.2005	99.6372
			女	77	97.8154	1.3240	94.9867	97.0425	97.9581	98.8435	99.6237
		45 岁～	男	40	97.7111	1.9743	93.8434	97.0852	98.2466	99.1677	99.5609
			女	41	98.3439	0.8976	96.1621	97.8817	98.5162	98.9223	99.5002
		60 岁～	男	60	97.6894	1.9108	93.5358	97.3069	98.2648	98.7737	99.4752
			女	77	98.4701	0.8858	96.3802	98.0771	98.5068	99.1748	99.5785
	农村	18 岁～	男	22	99.2253	0.3610	98.6072	98.9369	99.3155	99.4496	99.7352
			女	33	99.1407	0.5448	98.3107	99.0524	99.2363	99.5198	99.6778
		45 岁～	男	39	99.0986	0.4551	98.0619	98.7789	99.2354	99.3898	99.7976
			女	55	99.1375	0.4412	98.2531	98.8538	99.2464	99.4358	99.7003
		60 岁～	男	66	98.8759	0.5935	97.8823	98.4106	99.0973	99.3110	99.4685
			女	50	99.0205	0.4597	98.1710	98.7342	99.0902	99.3717	99.5952
成都	城市	18 岁～	男	123	99.2312	0.4966	98.4318	99.0645	99.3453	99.5226	99.7356
			女	125	99.3035	0.5665	98.3754	99.1603	99.4292	99.6230	99.8532
		45 岁～	男	24	99.0195	0.7780	97.9211	98.8364	99.1860	99.5033	99.6802
			女	29	99.3324	0.4496	98.0178	99.2359	99.4294	99.5658	99.8295
		60 岁～	男	8	99.1581	0.4226	98.1833	99.1579	99.2283	99.3482	99.6128
			女	26	99.2575	0.4866	98.3909	98.9472	99.3783	99.5863	99.8175
	农村	18 岁～	男	64	97.8060	1.1317	96.6716	97.6179	97.9303	98.4978	98.8932
			女	63	97.7780	3.0675	97.1274	97.6956	98.0914	98.5531	99.0828
		45 岁～	男	55	98.2545	0.8489	96.7762	97.9776	98.3165	98.8634	99.2821
			女	44	97.8240	0.8669	96.4316	97.4491	97.9269	98.3414	99.0217
		60 岁～	男	34	97.8996	0.8888	96.7919	97.5566	97.9823	98.5013	98.8986
			女	36	97.8208	0.4756	96.6561	97.5567	97.9053	98.1302	98.4277

类别				N	膳食镉暴露贡献比/%						
					Mean	Std	P5	P25	P50	P75	P95
兰州	城市	18岁～	男	61	94.2476	2.8722	89.8292	92.2984	94.6785	96.4713	97.9158
			女	51	95.0157	2.7785	88.6938	93.5380	95.5573	97.1645	98.4922
		45岁～	男	49	94.4236	3.1526	89.7133	92.2309	94.9083	96.7571	98.8266
			女	54	94.1741	2.7789	89.4486	92.1197	94.5907	96.3147	97.9863
		60岁～	男	65	93.4955	2.2324	89.8252	91.6807	93.6667	94.9264	97.3091
			女	67	94.4488	1.8259	91.8137	93.4369	94.1833	95.2249	98.0592
	农村	18岁～	男	51	85.2679	8.1539	73.8560	78.6698	87.8095	91.3242	93.7010
			女	49	88.9373	5.6908	76.3242	86.8043	90.2278	92.6197	95.2529
		45岁～	男	59	83.9405	9.2358	71.7417	78.9651	85.6637	89.9600	94.6584
			女	49	89.7472	7.0103	78.5877	87.7617	90.3911	93.9709	96.8665
		60岁～	男	69	87.3316	7.7200	69.7178	83.2382	90.6478	92.1824	96.6001
			女	64	89.3718	6.3533	75.3815	87.9713	91.3285	93.7277	95.7833

附表 5-8 不同地区居民分城乡、年龄和性别的膳食砷暴露贡献比

类别				N	膳食砷暴露贡献比/%						
					Mean	Std	P5	P25	P50	P75	P95
太原	城市	18岁～	男	68	88.5443	3.8570	83.3747	85.3566	88.6158	91.6766	94.3045
			女	72	87.4958	5.1546	79.0177	85.5082	87.3284	90.2354	96.1363
		45岁～	男	50	87.1559	5.2407	78.2743	82.7039	89.1179	91.4673	94.2304
			女	60	88.0554	4.8403	78.3616	86.4997	88.4645	90.5603	95.5999
		60岁～	男	56	88.7621	4.2799	82.1585	87.1143	88.0145	91.6813	95.6187
			女	54	89.1554	5.1927	82.0305	87.3416	88.8108	92.2748	95.1729
	农村	18岁～	男	41	84.3377	7.4801	73.9060	78.9341	85.0020	88.5549	95.4959
			女	40	86.0475	6.4993	74.3966	82.5763	87.0261	92.0223	94.5791
		45岁～	男	49	84.5563	7.4646	70.9047	80.1838	85.3207	88.9942	96.4851
			女	74	85.2123	8.1392	72.8010	82.2127	86.1716	90.0393	94.7461
		60岁～	男	73	83.5181	7.5221	69.9306	77.9253	85.2152	88.6031	94.1633
			女	59	88.1271	6.9617	74.3676	84.9251	89.1458	94.0063	96.4620
大连	城市	18岁～	男	88	99.5908	0.2008	99.2323	99.4766	99.6689	99.6834	99.8721
			女	68	99.6032	0.2590	99.0126	99.4859	99.6847	99.7842	99.8943

类别				N	膳食砷暴露贡献比/%						
					Mean	Std	P5	P25	P50	P75	P95
大连	城市	45 岁～	男	13	99.5608	0.2533	99.0295	99.5319	99.6608	99.7585	99.7653
			女	31	99.5842	0.2190	99.0604	99.4100	99.6282	99.7460	99.8472
		60 岁～	男	24	99.7221	0.1977	99.3836	99.6347	99.7925	99.8483	99.8915
			女	63	99.5821	0.3222	99.1191	99.4734	99.6857	99.7539	99.8584
	农村	18 岁～	男	84	99.5417	0.2297	99.2334	99.3805	99.5192	99.7841	99.8613
			女	76	99.6147	0.2226	99.1377	99.4289	99.7004	99.8159	99.8182
		45 岁～	男	41	99.5492	0.2459	99.1390	99.3163	99.5443	99.7964	99.8339
			女	49	99.4968	0.2614	99.0195	99.3661	99.5570	99.6851	99.8244
		60 岁～	男	41	99.4958	0.2976	99.1298	99.3475	99.5184	99.7690	99.8184
			女	43	99.2157	1.0698	98.9221	99.2146	99.4560	99.5994	99.7931
上海	城市	18 岁～	男	97	98.0142	1.5648	94.2635	98.0263	98.3930	98.7970	99.3921
			女	88	97.9983	1.5636	93.9428	97.8311	98.4181	98.6641	99.4767
		45 岁～	男	18	98.0668	1.4996	93.3798	98.0841	98.4453	98.8541	99.2098
			女	43	98.2040	0.7160	97.0470	97.8803	98.2812	98.6669	99.2137
		60 岁～	男	16	98.3598	0.6430	96.8919	98.2469	98.5142	98.7125	99.2573
			女	36	98.1895	0.9603	96.1609	98.0229	98.4076	98.6790	99.0878
	农村	18 岁～	男	48	97.4017	2.4428	92.8266	96.6844	98.6285	98.8050	99.1136
			女	38	98.2176	1.7847	94.2453	98.5907	98.7904	98.9814	99.4667
		45 岁～	男	71	97.0284	2.2207	93.5581	94.4246	98.5216	98.9200	99.2097
			女	82	97.3611	2.2303	93.3001	94.9057	98.6040	98.9829	99.2125
		60 岁～	男	35	96.9966	2.6784	93.3838	94.1864	98.3925	98.9091	99.1849
			女	27	96.7286	2.8744	92.8199	94.2396	98.2706	99.0229	99.8296
武汉	城市	18 岁～	男	60	88.7975	6.9850	75.5590	87.6493	90.0138	92.5437	96.7809
			女	77	88.8675	5.3226	80.8199	86.1440	89.5145	92.6137	95.6336
		45 岁～	男	40	84.3760	8.4009	69.0634	78.7295	86.1648	91.5142	95.0969
			女	41	85.4276	7.4416	71.1144	82.6978	87.4608	91.3572	93.7220
		60 岁～	男	60	84.4078	6.7555	72.6609	80.2537	84.9287	90.0751	93.8836
			女	77	88.3239	4.0132	81.2499	85.7451	88.2271	91.6261	94.5294
	农村	18 岁～	男	22	83.1962	9.6721	66.9814	76.6389	85.7094	92.1852	96.1781
			女	33	83.9995	9.6127	66.9570	77.0227	85.6282	92.4885	96.7075

类别				N	膳食砷暴露贡献比/%						
					Mean	Std	P5	P25	P50	P75	P95
武汉	农村	45岁～	男	39	80.8996	10.9381	62.4411	74.6956	80.9451	88.6137	96.1204
			女	55	80.8019	8.9658	67.0209	75.0863	78.7026	89.9959	94.0832
		60岁～	男	66	78.1321	9.6444	64.0901	70.4574	77.4192	86.2764	94.1205
			女	50	82.2063	9.5156	69.2085	73.7554	81.6726	90.9201	96.2486
成都	城市	18岁～	男	123	99.1497	0.8926	97.9932	99.0958	99.3973	99.6071	99.7439
			女	125	99.3229	0.5194	98.1745	99.2372	99.4655	99.6709	99.8405
		45岁～	男	24	99.3571	0.3958	98.3857	99.3506	99.4432	99.5780	99.7157
			女	29	99.2089	0.5849	97.8914	99.1286	99.3722	99.5579	99.7949
		60岁～	男	8	99.4438	0.3468	98.6870	99.2999	99.6157	99.6542	99.7240
			女	26	98.9927	0.9156	97.0407	98.2887	99.4296	99.6293	99.7880
	农村	18岁～	男	64	94.0751	3.3541	88.8878	91.5767	93.4726	97.5632	98.3405
			女	63	95.4141	2.9435	89.9603	93.5490	95.0036	98.1129	98.9403
		45岁～	男	55	94.0400	3.8893	84.8485	91.8277	94.1012	97.5518	98.7833
			女	44	93.0485	4.0107	88.9324	90.7200	92.9080	96.2030	98.9063
		60岁～	男	34	95.1442	3.1235	89.1690	93.0950	95.1444	98.0236	98.6449
			女	36	96.0778	2.3260	90.8869	94.1013	97.2091	97.9701	98.1570
兰州	城市	18岁～	男	61	66.6570	11.9060	47.5582	59.2866	67.0992	73.4165	86.0173
			女	51	72.6606	12.2737	53.1076	61.2301	74.6202	80.8277	92.9951
		45岁～	男	49	68.6331	13.9989	44.0237	58.4871	68.6146	78.9606	89.9011
			女	54	67.3891	9.7546	49.8838	60.3086	65.7102	76.1565	82.1539
		60岁～	男	65	62.4156	10.4650	47.3189	53.3869	61.4071	72.2125	78.4015
			女	67	66.4779	10.7829	52.1673	57.5147	67.5430	75.4890	82.8180
	农村	18岁～	男	51	55.6976	11.7138	39.0182	45.1620	57.9731	62.1825	75.5999
			女	49	64.1351	13.8279	39.1785	56.6700	63.4391	72.4560	85.4561
		45岁～	男	59	52.2279	11.6010	32.2750	44.1018	52.5324	58.1911	72.6836
			女	49	60.7770	9.8067	44.0532	55.3318	59.8882	65.0858	80.8427
		60岁～	男	69	63.2086	17.5632	33.1422	52.0099	60.6414	75.6334	92.0262
			女	64	69.9513	15.2711	49.7486	56.5779	67.7733	85.1482	93.4917

附表 5-9　不同地区居民分城乡、年龄和性别的膳食铅暴露贡献比

类别				N	膳食铅暴露贡献比/%						
					Mean	Std	P5	P25	P50	P75	P95
太原	城市	18 岁～	男	68	94.5227	2.8155	89.0681	92.6545	94.8742	96.9545	97.7251
			女	72	94.4142	4.8743	82.1053	92.9193	95.6017	97.5672	98.6168
		45 岁～	男	50	92.3860	9.6452	79.5432	92.1727	95.0763	96.8845	97.8711
			女	60	94.3294	3.2449	89.7681	91.7696	94.6629	97.5401	98.0804
		60 岁～	男	56	93.1938	3.6194	88.2053	91.1122	92.9765	96.9578	98.5696
			女	54	94.1330	3.1003	90.1670	91.1649	95.3269	97.1991	97.9122
	农村	18 岁～	男	41	81.5479	14.9955	54.4535	71.4818	83.3414	95.1500	96.5025
			女	40	85.0857	11.3513	68.1931	77.8601	81.0383	96.4294	97.8067
		45 岁～	男	49	86.3093	12.9423	63.2646	80.0728	94.8097	95.8763	98.5845
			女	74	88.0151	11.4252	64.3855	80.5413	95.2050	96.2475	97.9897
		60 岁～	男	73	81.7463	13.5983	57.4729	71.3268	81.4186	95.4910	97.1282
			女	59	85.8175	15.1276	63.6149	77.4490	95.0905	96.6730	98.8248
大连	城市	18 岁～	男	88	98.3888	0.9291	96.3128	98.0558	98.6958	98.9759	99.5790
			女	68	98.3261	1.1962	95.9766	97.8928	98.7039	98.9864	99.5852
		45 岁～	男	13	97.9821	1.0972	96.1089	97.5170	98.2362	98.7787	99.2409
			女	31	97.9977	1.2421	95.6888	97.8030	98.3678	98.9391	99.4672
		60 岁～	男	24	98.8031	0.7524	98.0032	98.3204	98.9539	99.3288	99.5820
			女	63	97.6840	1.7504	95.0765	97.1536	97.9679	98.6778	99.3876
	农村	18 岁～	男	84	97.7682	1.4227	96.2929	96.8970	97.3884	99.1729	99.4688
			女	76	98.1758	1.1998	96.0950	96.9111	98.7512	99.2968	99.3089
		45 岁～	男	41	97.8346	1.1318	96.3414	96.7325	97.9901	98.8947	99.3632
			女	49	97.2506	2.2190	94.7361	96.6516	97.7669	98.2581	99.3335
		60 岁～	男	41	97.0839	3.0499	93.8058	96.8044	97.6070	99.1243	99.3095
			女	43	96.4900	4.9386	95.2495	96.2973	97.2927	98.4255	99.2137
上海	城市	18 岁～	男	97	98.2937	1.0688	96.3415	97.9666	98.3779	98.8319	99.7545
			女	88	98.1219	1.5026	96.2606	97.8174	98.3593	98.8264	99.5482
		45 岁～	男	18	98.2824	1.1253	94.4745	98.1183	98.5408	98.9693	99.2492
			女	43	98.2497	0.7879	96.9623	97.8662	98.2714	98.7870	99.2167

类别				N	膳食铅暴露贡献比/%						
					Mean	Std	P5	P25	P50	P75	P95
上海	城市	60 岁～	男	16	98.4424	0.6304	97.2246	98.1640	98.4634	98.8103	99.7477
			女	36	98.4117	0.6090	97.6552	97.9401	98.5803	98.7945	99.0668
	农村	18 岁～	男	48	97.3209	1.3757	93.9253	97.2765	97.8407	98.1250	98.5448
			女	38	97.4837	2.0294	94.3425	97.6403	97.9332	98.2911	99.1288
		45 岁～	男	71	96.7337	1.6514	94.0691	95.2691	97.5356	98.1950	98.3247
			女	82	97.1536	1.5335	94.2561	95.8021	97.8104	98.2941	98.7015
		60 岁～	男	35	96.9633	1.8309	93.7085	94.9041	98.1646	98.4303	98.6626
			女	27	96.8445	2.1837	93.0623	95.0130	97.4505	98.3483	99.7749
武汉	城市	18 岁～	男	60	96.3046	3.2433	92.6352	95.9165	96.8528	97.8337	98.8555
			女	77	96.5701	3.1294	93.7153	96.2820	96.9949	97.7880	98.4427
		45 岁～	男	40	95.2635	3.6769	90.1142	93.9307	96.3390	97.4394	98.5732
			女	41	96.2172	2.2671	92.3657	95.8878	97.0471	97.4751	98.0511
		60 岁～	男	60	95.6833	2.0562	92.3084	94.4800	95.9175	97.3164	98.2890
			女	77	96.8767	1.3599	94.1277	96.4070	96.9745	97.8344	98.4065
	农村	18 岁～	男	22	93.4446	3.1137	88.5825	90.7358	93.6981	96.1736	97.2919
			女	33	91.1747	13.8239	67.1464	90.7026	94.2811	97.4298	98.4140
		45 岁～	男	39	93.2621	6.3895	87.8119	91.3099	93.4379	96.6033	99.2914
			女	55	93.1239	3.6479	88.8568	91.2377	92.5342	95.8702	98.1014
		60 岁～	男	66	92.1623	3.9546	86.3274	90.4125	91.8901	95.1759	97.7672
			女	50	93.3538	3.5407	87.6281	90.8402	93.1260	96.5826	98.6025
成都	城市	18 岁～	男	123	99.5635	0.4593	98.9854	99.5229	99.7019	99.7798	99.8544
			女	125	99.6532	0.2912	99.2188	99.5640	99.7359	99.8167	99.8959
		45 岁～	男	24	99.6264	0.1571	99.3571	99.5060	99.6660	99.7351	99.8537
			女	29	99.5726	0.5337	97.7881	99.6846	99.7491	99.8151	99.9144
		60 岁～	男	8	99.6581	0.2039	99.2284	99.5838	99.7511	99.7756	99.8159
			女	26	99.2453	0.8907	97.4479	99.2466	99.7431	99.7946	99.9205
	农村	18 岁～	男	64	98.6573	0.8792	97.6641	97.9445	98.4354	99.5921	99.7648
			女	63	98.7287	2.0085	97.7510	98.2021	98.8633	99.6667	99.8251
		45 岁～	男	55	98.6510	0.8507	97.2826	98.2049	98.5505	99.5574	99.8082
			女	44	98.4364	0.7215	97.6265	97.9302	98.1745	98.9000	99.7335

类别				N	膳食铅暴露贡献比/%						
					Mean	Std	P5	P25	P50	P75	P95
成都	农村	60 岁～	男	34	98.8206	0.8483	97.6676	98.0691	98.7051	99.6592	99.7776
			女	36	99.0566	0.7882	97.6248	98.1252	99.5152	99.6370	99.7662
兰州	城市	18 岁～	男	61	97.3121	3.0578	91.4868	97.5474	98.3679	98.8000	99.5095
			女	51	98.1715	1.9839	91.6851	98.1072	98.7387	99.0896	99.7139
		45 岁～	男	49	97.8721	3.6549	96.5082	97.7876	98.5908	98.9700	99.4354
			女	54	98.3389	0.9844	96.8581	98.0988	98.4540	98.9337	99.2166
		60 岁～	男	65	98.1230	0.8352	96.6909	97.5731	98.1955	98.8678	99.1725
			女	67	98.0717	1.6960	96.4174	97.8152	98.2642	99.0363	99.3044
	农村	18 岁～	男	51	89.9896	5.2802	84.0486	88.5413	90.9936	92.1028	95.3030
			女	49	90.6566	8.7022	72.4321	90.3724	91.7508	95.7044	97.6878
		45 岁～	男	59	86.4844	10.1430	59.3727	85.9774	89.5634	91.4124	96.4708
			女	49	91.2994	4.3362	84.1742	90.0871	92.0052	93.3429	96.9266
		60 岁～	男	69	91.7286	5.5174	81.6464	90.3822	91.5157	95.9993	98.6527
			女	64	92.7084	8.6999	85.2802	90.7506	94.7933	97.6393	98.8416

附表 5-10 不同地区居民分城乡、年龄和性别的膳食铬暴露贡献比

类别				N	膳食铬暴露贡献比/%						
					Mean	Std	P5	P25	P50	P75	P95
太原	城市	18 岁～	男	68	88.6516	3.8725	80.3354	86.0056	88.8858	91.4093	94.5354
			女	72	86.8269	7.4727	75.1366	83.0586	87.4998	92.0106	96.3006
		45 岁～	男	50	86.6958	6.3889	72.0445	83.2627	86.8955	91.6297	94.6368
			女	60	88.4152	4.7127	78.0705	86.6372	87.9942	92.1628	94.6964
		60 岁～	男	56	89.6175	4.3397	79.8252	88.2928	91.6983	92.4974	94.3205
			女	54	90.0757	3.5537	81.8950	88.6371	91.2547	92.4181	93.4399
	农村	18 岁～	男	41	71.8879	8.9796	57.9543	66.7697	70.2825	77.3546	86.7459
			女	40	74.6427	7.5431	62.3049	68.1678	74.8608	81.7130	84.7915
		45 岁～	男	49	72.0361	8.3258	59.0661	66.5722	71.1279	77.5872	88.2509
			女	74	73.9477	8.5633	61.5970	68.5770	72.6221	79.7374	87.0996
		60 岁～	男	73	70.9996	9.6523	57.1320	65.2688	70.8569	76.2669	88.6417
			女	59	76.8684	9.3523	59.6272	71.4646	77.7034	83.0485	93.3657

类别				N	膳食铬暴露贡献比/%						
					Mean	Std	P5	P25	P50	P75	P95
大连	城市	18岁～	男	88	99.7049	0.1315	99.4289	99.6225	99.7464	99.7704	99.8924
			女	68	99.7221	0.1714	99.3354	99.6374	99.7629	99.8536	99.9173
		45岁～	男	13	99.7042	0.1671	99.3424	99.6693	99.7797	99.8264	99.8363
			女	31	99.6957	0.2359	99.3699	99.6041	99.7820	99.8401	99.8918
		60岁～	男	24	99.8021	0.1356	99.5454	99.7544	99.8424	99.8890	99.9193
			女	63	99.7011	0.2928	99.2278	99.6649	99.7901	99.8490	99.9035
	农村	18岁～	男	84	99.1940	0.3734	98.6474	98.8592	99.1268	99.5614	99.7227
			女	76	99.3030	0.3742	98.6164	98.9943	99.4029	99.6272	99.6634
		45岁～	男	41	99.1454	0.4526	98.5731	98.7919	99.2182	99.5447	99.6618
			女	49	99.1444	0.4969	98.2970	98.8240	99.3101	99.4746	99.6472
		60岁～	男	41	98.9876	0.7819	96.8297	98.8452	99.2391	99.4356	99.6324
			女	43	99.0452	0.5095	98.3442	98.7923	99.1848	99.2905	99.5804
上海	城市	18岁～	男	97	99.4035	0.8181	97.5051	99.5502	99.5907	99.7019	99.7970
			女	88	99.4823	0.6811	98.1217	99.5461	99.6340	99.7103	99.8345
		45岁～	男	18	99.2807	1.0117	95.7348	99.5567	99.6134	99.6289	99.7661
			女	43	99.5030	0.5330	99.2630	99.4886	99.5772	99.6846	99.7843
		60岁～	男	16	99.5865	0.1584	99.2126	99.5708	99.6241	99.6745	99.7703
			女	36	99.5045	0.6027	99.3524	99.5524	99.6209	99.6777	99.7888
	农村	18岁～	男	48	98.2407	2.1253	93.2620	98.9387	99.2171	99.3156	99.4597
			女	38	98.6049	2.2400	93.5961	99.0247	99.3236	99.4245	99.6008
		45岁～	男	71	97.3752	2.5435	93.3620	94.2199	99.1711	99.3693	99.6655
			女	82	97.6776	2.4676	93.1404	94.8322	99.2232	99.3973	99.4433
		60岁～	男	35	97.3952	2.6987	93.0765	93.8703	99.2500	99.3996	99.5170
			女	27	96.5941	3.2719	92.7651	93.8158	97.6006	99.4571	99.8593
武汉	城市	18岁～	男	60	91.6936	5.7690	83.8340	89.9257	93.0067	94.9491	97.4597
			女	77	92.4878	4.2058	85.5558	91.2305	93.1953	95.1075	96.6104
		45岁～	男	40	89.9274	5.5568	79.6548	86.1033	91.3720	94.3999	96.4860
			女	41	91.8401	4.2441	83.0482	90.3430	92.3055	94.9029	96.3660
		60岁～	男	60	89.9040	4.5490	81.4456	86.8651	89.8799	93.4525	96.2948
			女	77	92.4924	2.6019	87.9241	90.6140	92.4829	94.6595	96.4234

类别				N	膳食铬暴露贡献比/%						
					Mean	Std	P5	P25	P50	P75	P95
武汉	农村	18 岁～	男	22	89.6296	3.8359	84.3561	88.2068	90.4547	92.6042	93.7627
			女	33	88.4864	10.1710	67.5941	87.5319	91.6338	93.2881	95.8765
		45 岁～	男	39	88.5352	6.4179	78.9865	87.3311	89.3943	91.3770	97.3455
			女	55	87.6001	5.1744	81.0866	85.6089	87.9572	90.0576	94.8727
		60 岁～	男	66	86.8934	4.7254	81.6172	85.1037	86.8836	89.7234	93.5910
			女	50	89.0639	3.5954	82.9637	86.3055	89.0490	91.8389	94.9076
成都	城市	18 岁～	男	123	99.7682	0.2482	99.5230	99.7749	99.8217	99.8649	99.9155
			女	125	99.8135	0.1674	99.6741	99.7890	99.8413	99.8828	99.9431
		45 岁～	男	24	99.8129	0.0743	99.7044	99.7772	99.8241	99.8666	99.9051
			女	29	99.7574	0.3517	98.5271	99.8071	99.8524	99.8859	99.9363
		60 岁～	男	8	99.8262	0.0544	99.6990	99.8256	99.8339	99.8592	99.8731
			女	26	99.5694	0.5897	98.2850	99.7979	99.8188	99.8618	99.9351
	农村	18 岁～	男	64	97.3132	1.6412	93.4934	96.2725	97.5578	98.4960	99.6251
			女	63	97.4681	1.7087	93.5150	96.6306	97.7200	98.5859	99.6451
		45 岁～	男	55	97.4206	2.0952	95.0341	97.1095	97.8725	98.4431	99.3922
			女	44	97.2287	1.2953	94.6841	96.6831	97.3414	98.0154	99.3653
		60 岁～	男	34	97.3969	1.5697	93.7291	96.5428	97.6356	98.4368	99.6320
			女	36	97.6648	1.6150	94.5678	96.6471	98.0680	98.7446	99.6430
兰州	城市	18 岁～	男	61	99.6210	0.3360	98.9858	99.5606	99.7291	99.7921	99.9160
			女	51	99.7203	0.2281	99.1133	99.6594	99.7860	99.8723	99.9644
		45 岁～	男	49	99.6909	0.2285	99.3718	99.5962	99.7356	99.8436	99.9441
			女	54	99.6981	0.1500	99.4407	99.6005	99.7335	99.8197	99.9064
		60 岁～	男	65	99.6544	0.1259	99.4535	99.5474	99.6654	99.7363	99.8647
			女	67	99.6787	0.1968	99.4231	99.6475	99.6937	99.7578	99.9090
	农村	18 岁～	男	51	99.1154	0.3744	98.5135	98.9153	99.0324	99.3991	99.7675
			女	49	99.2611	0.4493	98.5365	98.9948	99.1209	99.6843	99.8447
		45 岁～	男	59	98.9099	0.4224	98.1357	98.7042	98.9228	99.0740	99.7119
			女	49	99.1427	0.3655	98.6442	98.9451	99.0771	99.3252	99.8472
		60 岁～	男	69	99.2561	0.4803	98.4881	98.8840	99.0536	99.7228	99.9399
			女	64	99.4312	0.4635	98.6236	99.0234	99.6761	99.8342	99.9462

第 6 章　经消化道暴露量及贡献比

6.1　参数说明

（1）经消化道暴露量（oral exposure dose）是指环境中单一污染物经膳食、饮水及土壤等暴露介质通过消化道进入人体的总量，计算见式（6-1）。

$$ADD_{oral}=ADD_{food}+ADD_{w\text{-}oral}+ADD_{s\text{-}oral} \tag{6-1}$$

式中：ADD_{oral}——经消化道暴露量，mg/（kg·d）；

ADD_{food}——膳食经消化道暴露量，mg/（kg·d），见式（5-1）；

$ADD_{w\text{-}oral}$——饮水经消化道暴露量，mg/（kg·d），见式（3-2）；

$ADD_{s\text{-}oral}$——土壤经消化道暴露量，mg/（kg·d），见式（4-2）。

（2）经消化道暴露贡献比（the exposure contribution of oral exposure）是指环境中单一污染物经膳食、饮水及土壤等暴露介质经消化道进入人体的暴露总量占环境总暴露量（空气、水、土壤和膳食等）的比例，见式（6-2），主要受膳食、饮水及土壤等暴露介质中污染物的浓度和人群环境暴露行为模式（如体重、膳食摄入量、饮水摄入量等）等因素的影响。

$$R_{oral}=\frac{ADD_{oral}}{ADD_{total}}\times 100 \tag{6-2}$$

式中：R_{oral}——经消化道暴露贡献比，%；

ADD_{oral}——经消化道暴露量，mg/（kg·d）；

ADD_{total}——环境总暴露量，mg/（kg·d）。

6.2　资料与数据来源

生态环境部（原环境保护部）科技标准司于 2016—2017 年委托中国环境科学研究院在太原市、大连市、上海市、武汉市、成都市和兰州市的 15 个区/县针对 18 岁及以上常住居民 3876 人（有效样本量为 3855 人）开展了居民汞、镉、砷、铅和铬的环境总暴露研究。该研究在人群进行环境暴露行为模式调查的基础上获取了调查居民的体重、膳食摄入量、饮水摄入量等参数，结合膳食、饮水和土壤环境暴露监测的结果，获取了调查居民的汞、镉、砷、铅和铬的经消化道暴露水平（表 6-1），并在此基础上获取了污染物经消化道暴露贡献比（表 6-2）。不同地区居民分城乡、年龄和性别的汞经消化道暴露量见附表 6-1，暴露贡献比见附表 6-6；不同地区居民分城乡、年龄和性别的镉经消化道暴露量见附表 6-2，暴露贡献比见附表 6-7；不同地区居民分城乡、年龄和性别的砷经消化道暴露量见附表 6-3，暴露贡献比见附表 6-8；不同地区居民分城乡、年龄和性别的铅经消化道暴露量见附表 6-4，暴露贡献比见附表 6-9；不同地区居民分城乡、年龄和性别的铬经消化道暴露量见附表 6-5，暴露贡献比见附表 6-10。

6.3　经消化道暴露量与贡献比均值

表 6-1　不同地区居民 5 种金属经消化道暴露量与暴露贡献比

类别	汞		镉		砷		铅		铬	
	暴露量/[mg/(kg·d)]	贡献比/%	暴露量/[mg/(kg·d)]	贡献比/%	暴露量/[mg/(kg·d)]	贡献比/%	暴露量/[mg/(kg·d)]	贡献比/%	暴露量/[mg/(kg·d)]	贡献比/%
合计	4.72×10^{-5}	99.9902	1.21×10^{-4}	99.9561	1.41×10^{-3}	97.8307	8.44×10^{-4}	99.7638	3.76×10^{-3}	99.9137
太原	3.14×10^{-5}	99.9924	7.95×10^{-5}	99.9839	2.37×10^{-4}	98.5691	1.27×10^{-4}	99.3473	3.27×10^{-4}	99.7702
大连	9.74×10^{-5}	99.9957	1.35×10^{-4}	99.9487	4.45×10^{-3}	99.9104	6.45×10^{-4}	99.9014	5.00×10^{-3}	99.9550

类别	汞		镉		砷		铅		铬	
	暴露量/[mg/(kg·d)]	贡献比/%	暴露量/[mg/(kg·d)]	贡献比/%	暴露量/[mg/(kg·d)]	贡献比/%	暴露量/[mg/(kg·d)]	贡献比/%	暴露量/[mg/(kg·d)]	贡献比/%
上海	3.48×10^{-5}	99.9921	8.68×10^{-5}	99.9970	1.10×10^{-3}	99.7787	6.30×10^{-4}	99.9692	1.62×10^{-3}	99.8964
武汉	6.86×10^{-5}	99.9918	2.06×10^{-4}	99.9841	3.70×10^{-4}	97.8649	6.16×10^{-4}	99.8207	2.50×10^{-3}	99.9309
成都	4.35×10^{-5}	99.9886	2.14×10^{-4}	99.9845	2.42×10^{-3}	98.8892	2.83×10^{-3}	99.9482	5.40×10^{-3}	99.9610
兰州	1.29×10^{-5}	99.9816	2.08×10^{-5}	99.8477	1.09×10^{-4}	92.5089	3.19×10^{-4}	99.6617	7.59×10^{-3}	99.9777

表 6-2 不同地区居民 5 种金属经消化道各介质暴露贡献比

单位：%

类别	汞			镉			砷			铅			铬		
	膳食	饮水	土壤	膳食	饮水	土壤	膳食	饮水	土壤	膳食	饮水	土壤	膳食	饮水	土壤
合计	93.8047	6.1325	0.0627	97.5308	2.3412	0.1280	89.4615	9.1808	1.3576	95.6130	3.0488	1.3382	94.4310	4.7230	0.8459
太原	94.6721	5.2715	0.0564	98.9714	0.9909	0.0376	87.9935	11.3076	0.6989	90.1202	7.7443	2.1355	81.2745	16.3682	2.3573
大连	99.5775	0.4177	0.0048	99.5073	0.4580	0.0347	99.6383	0.3250	0.0367	97.9392	1.3583	0.7025	99.4618	0.3533	0.1849
上海	97.7987	2.1821	0.0192	99.1320	0.8600	0.0080	97.8989	1.4767	0.6244	97.6926	1.8125	0.4949	98.6667	0.4754	0.8579
武汉	87.9729	11.9692	0.0580	98.5122	1.4523	0.0355	86.2121	10.9928	2.7951	94.9114	3.4873	1.6014	90.1454	8.8874	0.9672
成都	98.7292	1.2429	0.0279	98.6324	1.2939	0.0738	98.1062	1.3255	0.5683	99.2208	0.3289	0.4503	98.7010	0.9654	0.3336
兰州	84.9784	14.8261	0.1955	91.0007	8.4582	0.5411	69.4148	27.3021	3.2831	94.5828	3.0003	2.4169	99.4578	0.2783	0.2639

附表

附表 6-1 不同地区居民分城乡、年龄和性别的汞经消化道暴露量

类别				N	汞经消化道暴露量/[mg/（kg·d）]						
					Mean	Std	P5	P25	P50	P75	P95
太原	城市	18 岁～	男	68	2.68×10^{-5}	5.88×10^{-6}	2.05×10^{-5}	2.30×10^{-5}	2.63×10^{-5}	2.95×10^{-5}	3.79×10^{-5}
			女	72	3.40×10^{-5}	9.01×10^{-6}	2.44×10^{-5}	2.88×10^{-5}	3.32×10^{-5}	3.68×10^{-5}	4.47×10^{-5}
		45 岁～	男	50	2.91×10^{-5}	4.56×10^{-6}	2.18×10^{-5}	2.67×10^{-5}	2.98×10^{-5}	3.21×10^{-5}	3.46×10^{-5}
			女	60	3.35×10^{-5}	5.84×10^{-6}	2.68×10^{-5}	2.95×10^{-5}	3.18×10^{-5}	3.65×10^{-5}	4.65×10^{-5}
		60 岁～	男	56	2.73×10^{-5}	5.92×10^{-6}	2.15×10^{-5}	2.34×10^{-5}	2.56×10^{-5}	2.87×10^{-5}	4.28×10^{-5}
			女	54	3.00×10^{-5}	4.90×10^{-6}	2.42×10^{-5}	2.65×10^{-5}	2.95×10^{-5}	3.18×10^{-5}	3.90×10^{-5}
	农村	18 岁～	男	41	3.00×10^{-5}	3.92×10^{-6}	2.50×10^{-5}	2.72×10^{-5}	2.95×10^{-5}	3.17×10^{-5}	3.61×10^{-5}
			女	40	3.38×10^{-5}	7.66×10^{-6}	2.42×10^{-5}	2.93×10^{-5}	3.23×10^{-5}	3.62×10^{-5}	5.19×10^{-5}
		45 岁～	男	49	3.26×10^{-5}	9.40×10^{-6}	2.23×10^{-5}	2.63×10^{-5}	3.01×10^{-5}	3.46×10^{-5}	5.01×10^{-5}
			女	74	3.29×10^{-5}	5.60×10^{-6}	2.63×10^{-5}	2.92×10^{-5}	3.16×10^{-5}	3.67×10^{-5}	4.39×10^{-5}
		60 岁～	男	73	3.11×10^{-5}	7.08×10^{-6}	2.29×10^{-5}	2.67×10^{-5}	2.95×10^{-5}	3.42×10^{-5}	4.48×10^{-5}
			女	59	3.52×10^{-5}	6.35×10^{-6}	2.42×10^{-5}	3.03×10^{-5}	3.47×10^{-5}	3.93×10^{-5}	4.62×10^{-5}
大连	城市	18 岁～	男	88	9.39×10^{-5}	2.40×10^{-5}	6.64×10^{-5}	7.87×10^{-5}	8.97×10^{-5}	1.04×10^{-4}	1.44×10^{-4}
			女	68	1.01×10^{-4}	2.44×10^{-5}	7.14×10^{-5}	8.55×10^{-5}	9.54×10^{-5}	1.12×10^{-4}	1.45×10^{-4}
		45 岁～	男	13	9.41×10^{-5}	1.96×10^{-5}	5.99×10^{-5}	7.80×10^{-5}	9.73×10^{-5}	1.10×10^{-4}	1.30×10^{-4}
			女	31	1.10×10^{-4}	3.10×10^{-5}	6.59×10^{-5}	8.21×10^{-5}	1.07×10^{-4}	1.36×10^{-4}	1.66×10^{-4}
		60 岁～	男	24	9.43×10^{-5}	1.96×10^{-5}	6.56×10^{-5}	7.76×10^{-5}	9.33×10^{-5}	1.09×10^{-4}	1.30×10^{-4}
			女	63	9.72×10^{-5}	2.12×10^{-5}	6.81×10^{-5}	7.93×10^{-5}	9.54×10^{-5}	1.10×10^{-4}	1.34×10^{-4}
	农村	18 岁～	男	84	8.88×10^{-5}	2.11×10^{-5}	6.44×10^{-5}	7.37×10^{-5}	8.39×10^{-5}	9.92×10^{-5}	1.33×10^{-4}
			女	76	1.04×10^{-4}	2.86×10^{-5}	6.89×10^{-5}	8.31×10^{-5}	9.88×10^{-5}	1.20×10^{-4}	1.73×10^{-4}
		45 岁～	男	41	9.62×10^{-5}	2.52×10^{-5}	6.11×10^{-5}	7.92×10^{-5}	9.09×10^{-5}	1.05×10^{-4}	1.48×10^{-4}
			女	49	1.04×10^{-4}	3.23×10^{-5}	6.54×10^{-5}	7.88×10^{-5}	9.48×10^{-5}	1.32×10^{-4}	1.59×10^{-4}
		60 岁～	男	41	9.41×10^{-5}	2.22×10^{-5}	6.68×10^{-5}	7.93×10^{-5}	9.38×10^{-5}	1.06×10^{-4}	1.41×10^{-4}
			女	43	9.53×10^{-5}	1.84×10^{-5}	6.60×10^{-5}	8.10×10^{-5}	9.42×10^{-5}	1.08×10^{-4}	1.18×10^{-4}
上海	城市	18 岁～	男	97	3.38×10^{-5}	9.07×10^{-6}	2.33×10^{-5}	2.81×10^{-5}	3.18×10^{-5}	3.82×10^{-5}	5.42×10^{-5}
			女	88	4.30×10^{-5}	1.69×10^{-5}	2.82×10^{-5}	3.41×10^{-5}	3.99×10^{-5}	4.59×10^{-5}	7.01×10^{-5}
		45 岁～	男	18	3.08×10^{-5}	6.31×10^{-6}	1.03×10^{-5}	2.89×10^{-5}	3.07×10^{-5}	3.43×10^{-5}	3.92×10^{-5}
			女	43	3.90×10^{-5}	6.63×10^{-6}	3.06×10^{-5}	3.47×10^{-5}	3.83×10^{-5}	4.29×10^{-5}	5.14×10^{-5}

类别				N	汞经消化道暴露量/[mg/（kg·d）]						
					Mean	Std	P5	P25	P50	P75	P95
上海	城市	60岁～	男	16	3.26×10^{-5}	4.57×10^{-6}	2.60×10^{-5}	2.88×10^{-5}	3.38×10^{-5}	3.70×10^{-5}	4.00×10^{-5}
			女	36	3.70×10^{-5}	5.57×10^{-6}	2.96×10^{-5}	3.30×10^{-5}	3.56×10^{-5}	3.98×10^{-5}	4.76×10^{-5}
	农村	18岁～	男	48	2.91×10^{-5}	5.86×10^{-6}	2.13×10^{-5}	2.62×10^{-5}	2.75×10^{-5}	3.15×10^{-5}	4.00×10^{-5}
			女	38	3.42×10^{-5}	5.56×10^{-6}	2.65×10^{-5}	3.09×10^{-5}	3.33×10^{-5}	3.76×10^{-5}	4.67×10^{-5}
		45岁～	男	71	3.15×10^{-5}	8.86×10^{-6}	2.27×10^{-5}	2.70×10^{-5}	2.91×10^{-5}	3.25×10^{-5}	4.80×10^{-5}
			女	82	3.36×10^{-5}	8.08×10^{-6}	2.60×10^{-5}	2.82×10^{-5}	3.33×10^{-5}	3.66×10^{-5}	5.01×10^{-5}
		60岁～	男	35	3.05×10^{-5}	6.69×10^{-6}	1.89×10^{-5}	2.75×10^{-5}	2.93×10^{-5}	3.23×10^{-5}	4.76×10^{-5}
			女	27	3.40×10^{-5}	6.06×10^{-6}	2.74×10^{-5}	3.06×10^{-5}	3.31×10^{-5}	3.64×10^{-5}	4.80×10^{-5}
武汉	城市	18岁～	男	60	4.03×10^{-5}	1.40×10^{-5}	6.25×10^{-6}	3.49×10^{-5}	4.06×10^{-5}	4.79×10^{-5}	5.99×10^{-5}
			女	77	4.89×10^{-5}	1.97×10^{-5}	2.10×10^{-5}	4.04×10^{-5}	4.52×10^{-5}	5.40×10^{-5}	8.90×10^{-5}
		45岁～	男	40	5.04×10^{-5}	3.04×10^{-5}	2.98×10^{-5}	3.56×10^{-5}	4.23×10^{-5}	5.43×10^{-5}	9.86×10^{-5}
			女	41	4.31×10^{-5}	1.63×10^{-5}	1.34×10^{-5}	3.76×10^{-5}	4.40×10^{-5}	5.29×10^{-5}	7.10×10^{-5}
		60岁～	男	60	4.32×10^{-5}	1.09×10^{-5}	2.61×10^{-5}	3.60×10^{-5}	4.21×10^{-5}	4.90×10^{-5}	6.18×10^{-5}
			女	77	4.62×10^{-5}	1.35×10^{-5}	3.12×10^{-5}	3.64×10^{-5}	4.35×10^{-5}	5.26×10^{-5}	6.85×10^{-5}
	农村	18岁～	男	22	8.97×10^{-5}	1.86×10^{-5}	6.81×10^{-5}	8.16×10^{-5}	8.64×10^{-5}	1.01×10^{-4}	1.29×10^{-4}
			女	33	1.02×10^{-4}	3.85×10^{-5}	9.91×10^{-6}	8.40×10^{-5}	9.88×10^{-5}	1.22×10^{-4}	1.58×10^{-4}
		45岁～	男	39	8.87×10^{-5}	3.71×10^{-5}	3.12×10^{-6}	7.52×10^{-5}	9.03×10^{-5}	1.03×10^{-4}	1.44×10^{-4}
			女	55	1.11×10^{-4}	5.74×10^{-5}	7.56×10^{-5}	8.43×10^{-5}	9.47×10^{-5}	1.11×10^{-4}	2.65×10^{-4}
		60岁～	男	66	9.41×10^{-5}	3.15×10^{-5}	6.75×10^{-5}	7.77×10^{-5}	8.95×10^{-5}	1.02×10^{-4}	1.36×10^{-4}
			女	50	1.05×10^{-4}	2.89×10^{-5}	7.06×10^{-5}	8.86×10^{-5}	9.88×10^{-5}	1.15×10^{-4}	1.66×10^{-4}
成都	城市	18岁～	男	123	3.93×10^{-5}	1.10×10^{-5}	2.92×10^{-5}	3.26×10^{-5}	3.65×10^{-5}	4.25×10^{-5}	5.92×10^{-5}
			女	125	5.01×10^{-5}	9.95×10^{-6}	3.77×10^{-5}	4.29×10^{-5}	4.79×10^{-5}	5.46×10^{-5}	7.11×10^{-5}
		45岁～	男	24	4.27×10^{-5}	1.10×10^{-5}	2.93×10^{-5}	3.67×10^{-5}	4.04×10^{-5}	4.40×10^{-5}	7.02×10^{-5}
			女	29	5.11×10^{-5}	1.28×10^{-5}	3.65×10^{-5}	4.19×10^{-5}	4.72×10^{-5}	5.50×10^{-5}	7.67×10^{-5}
		60岁～	男	8	4.12×10^{-5}	7.69×10^{-6}	3.29×10^{-5}	3.42×10^{-5}	4.01×10^{-5}	4.68×10^{-5}	5.45×10^{-5}
			女	26	4.64×10^{-5}	1.33×10^{-5}	3.15×10^{-5}	3.70×10^{-5}	4.31×10^{-5}	5.09×10^{-5}	7.03×10^{-5}
	农村	18岁～	男	64	3.74×10^{-5}	1.25×10^{-5}	2.50×10^{-5}	2.89×10^{-5}	3.31×10^{-5}	4.26×10^{-5}	6.16×10^{-5}
			女	63	4.87×10^{-5}	1.29×10^{-5}	3.09×10^{-5}	3.89×10^{-5}	4.76×10^{-5}	5.87×10^{-5}	6.80×10^{-5}
		45岁～	男	55	4.06×10^{-5}	1.33×10^{-5}	2.06×10^{-5}	3.03×10^{-5}	3.90×10^{-5}	4.82×10^{-5}	6.82×10^{-5}
			女	44	4.26×10^{-5}	1.06×10^{-5}	2.97×10^{-5}	3.52×10^{-5}	4.16×10^{-5}	5.11×10^{-5}	6.04×10^{-5}

类别				N	汞经消化道暴露量/[mg/（kg·d）]						
					Mean	Std	P5	P25	P50	P75	P95
成都	农村	60 岁～	男	34	3.72×10^{-5}	1.13×10^{-5}	2.49×10^{-5}	3.02×10^{-5}	3.34×10^{-5}	4.09×10^{-5}	6.33×10^{-5}
			女	36	4.19×10^{-5}	9.42×10^{-6}	3.01×10^{-5}	3.74×10^{-5}	4.01×10^{-5}	4.37×10^{-5}	6.95×10^{-5}
兰州	城市	18 岁～	男	61	1.39×10^{-5}	4.31×10^{-6}	8.01×10^{-6}	1.15×10^{-5}	1.30×10^{-5}	1.63×10^{-5}	2.18×10^{-5}
			女	51	1.75×10^{-5}	4.97×10^{-6}	1.09×10^{-5}	1.36×10^{-5}	1.76×10^{-5}	2.10×10^{-5}	2.72×10^{-5}
		45 岁～	男	49	1.49×10^{-5}	4.51×10^{-6}	9.40×10^{-6}	1.18×10^{-5}	1.45×10^{-5}	1.69×10^{-5}	2.11×10^{-5}
			女	54	1.56×10^{-5}	5.80×10^{-6}	8.73×10^{-6}	1.18×10^{-5}	1.41×10^{-5}	1.81×10^{-5}	2.88×10^{-5}
		60 岁～	男	65	1.46×10^{-5}	3.23×10^{-6}	1.07×10^{-5}	1.24×10^{-5}	1.38×10^{-5}	1.64×10^{-5}	2.20×10^{-5}
			女	67	1.64×10^{-5}	3.37×10^{-6}	1.17×10^{-5}	1.44×10^{-5}	1.61×10^{-5}	1.82×10^{-5}	2.12×10^{-5}
	农村	18 岁～	男	51	9.59×10^{-6}	2.76×10^{-6}	6.48×10^{-6}	7.65×10^{-6}	8.65×10^{-6}	1.10×10^{-5}	1.55×10^{-5}
			女	49	1.00×10^{-5}	2.40×10^{-6}	5.86×10^{-6}	8.40×10^{-6}	9.83×10^{-6}	1.15×10^{-5}	1.48×10^{-5}
		45 岁～	男	59	1.04×10^{-5}	3.49×10^{-6}	4.39×10^{-6}	8.07×10^{-6}	9.86×10^{-6}	1.27×10^{-5}	1.61×10^{-5}
			女	49	1.06×10^{-5}	4.10×10^{-6}	6.33×10^{-6}	8.43×10^{-6}	1.00×10^{-5}	1.15×10^{-5}	1.49×10^{-5}
		60 岁～	男	69	1.03×10^{-5}	2.71×10^{-6}	7.27×10^{-6}	8.38×10^{-6}	9.59×10^{-6}	1.14×10^{-5}	1.57×10^{-5}
			女	64	1.03×10^{-5}	2.43×10^{-6}	7.59×10^{-6}	8.87×10^{-6}	9.95×10^{-6}	1.13×10^{-5}	1.36×10^{-5}

附表 6-2　不同地区居民分城乡、年龄和性别的镉经消化道暴露量

类别				N	镉经消化道暴露量/[mg/（kg·d）]						
					Mean	Std	P5	P25	P50	P75	P95
太原	城市	18 岁～	男	68	6.96×10^{-5}	1.56×10^{-5}	5.40×10^{-5}	5.93×10^{-5}	6.76×10^{-5}	7.63×10^{-5}	1.00×10^{-4}
			女	72	8.45×10^{-5}	2.86×10^{-5}	5.15×10^{-5}	7.14×10^{-5}	8.18×10^{-5}	9.35×10^{-5}	1.18×10^{-4}
		45 岁～	男	50	7.45×10^{-5}	1.88×10^{-5}	5.36×10^{-5}	6.64×10^{-5}	7.36×10^{-5}	8.29×10^{-5}	9.12×10^{-5}
			女	60	8.25×10^{-5}	1.72×10^{-5}	6.32×10^{-5}	7.18×10^{-5}	8.05×10^{-5}	9.27×10^{-5}	1.10×10^{-4}
		60 岁～	男	56	6.93×10^{-5}	1.33×10^{-5}	5.36×10^{-5}	6.03×10^{-5}	6.59×10^{-5}	7.32×10^{-5}	9.61×10^{-5}
			女	54	7.79×10^{-5}	1.28×10^{-5}	6.28×10^{-5}	6.82×10^{-5}	7.74×10^{-5}	8.29×10^{-5}	1.02×10^{-4}
	农村	18 岁～	男	41	7.53×10^{-5}	1.02×10^{-5}	6.35×10^{-5}	6.95×10^{-5}	7.31×10^{-5}	8.06×10^{-5}	9.30×10^{-5}
			女	40	8.26×10^{-5}	1.74×10^{-5}	5.58×10^{-5}	7.05×10^{-5}	8.22×10^{-5}	9.16×10^{-5}	1.13×10^{-4}
		45 岁～	男	49	8.53×10^{-5}	3.32×10^{-5}	5.65×10^{-5}	6.76×10^{-5}	7.61×10^{-5}	9.76×10^{-5}	1.31×10^{-4}
			女	74	8.29×10^{-5}	2.19×10^{-5}	5.80×10^{-5}	7.33×10^{-5}	7.95×10^{-5}	9.38×10^{-5}	1.12×10^{-4}
		60 岁～	男	73	7.81×10^{-5}	1.72×10^{-5}	5.80×10^{-5}	6.75×10^{-5}	7.47×10^{-5}	8.71×10^{-5}	1.13×10^{-4}
			女	59	9.03×10^{-5}	1.70×10^{-5}	6.09×10^{-5}	7.79×10^{-5}	8.71×10^{-5}	1.03×10^{-4}	1.20×10^{-4}

类别				N	镉经消化道暴露量/[mg/（kg·d）]						
					Mean	Std	P5	P25	P50	P75	P95
大连	城市	18岁～	男	88	9.39×10^{-5}	2.70×10^{-5}	6.55×10^{-5}	8.02×10^{-5}	9.16×10^{-5}	1.02×10^{-4}	1.49×10^{-4}
			女	68	1.00×10^{-4}	3.22×10^{-5}	3.71×10^{-5}	8.25×10^{-5}	9.66×10^{-5}	1.16×10^{-4}	1.50×10^{-4}
		45岁～	男	13	9.75×10^{-5}	2.03×10^{-5}	6.20×10^{-5}	8.07×10^{-5}	1.01×10^{-4}	1.14×10^{-4}	1.35×10^{-4}
			女	31	1.04×10^{-4}	4.15×10^{-5}	1.26×10^{-5}	7.79×10^{-5}	1.05×10^{-4}	1.41×10^{-4}	1.72×10^{-4}
		60岁～	男	24	9.77×10^{-5}	2.03×10^{-5}	6.80×10^{-5}	8.05×10^{-5}	9.66×10^{-5}	1.12×10^{-4}	1.34×10^{-4}
			女	63	1.14×10^{-4}	1.75×10^{-4}	3.96×10^{-5}	7.54×10^{-5}	9.66×10^{-5}	1.14×10^{-4}	1.36×10^{-4}
	农村	18岁～	男	84	1.55×10^{-4}	4.07×10^{-5}	1.05×10^{-4}	1.29×10^{-4}	1.48×10^{-4}	1.75×10^{-4}	2.34×10^{-4}
			女	76	1.82×10^{-4}	4.91×10^{-5}	1.22×10^{-4}	1.46×10^{-4}	1.74×10^{-4}	2.11×10^{-4}	2.85×10^{-4}
		45岁～	男	41	1.67×10^{-4}	4.54×10^{-5}	1.08×10^{-4}	1.39×10^{-4}	1.58×10^{-4}	1.85×10^{-4}	2.61×10^{-4}
			女	49	1.69×10^{-4}	6.78×10^{-5}	6.51×10^{-5}	1.22×10^{-4}	1.57×10^{-4}	2.22×10^{-4}	2.81×10^{-4}
		60岁～	男	41	1.54×10^{-4}	4.62×10^{-5}	9.74×10^{-5}	1.21×10^{-4}	1.60×10^{-4}	1.80×10^{-4}	2.24×10^{-4}
			女	43	1.45×10^{-4}	5.24×10^{-5}	3.99×10^{-5}	1.17×10^{-4}	1.51×10^{-4}	1.84×10^{-4}	2.07×10^{-4}
上海	城市	18岁～	男	97	8.96×10^{-5}	2.79×10^{-5}	5.97×10^{-5}	7.44×10^{-5}	8.52×10^{-5}	1.01×10^{-4}	1.51×10^{-4}
			女	88	1.15×10^{-4}	7.42×10^{-5}	5.62×10^{-5}	9.10×10^{-5}	1.07×10^{-4}	1.20×10^{-4}	1.87×10^{-4}
		45岁～	男	18	8.28×10^{-5}	1.93×10^{-5}	2.89×10^{-5}	7.74×10^{-5}	8.69×10^{-5}	9.54×10^{-5}	1.05×10^{-4}
			女	43	1.04×10^{-4}	1.78×10^{-5}	8.17×10^{-5}	9.26×10^{-5}	1.02×10^{-4}	1.14×10^{-4}	1.38×10^{-4}
		60岁～	男	16	8.70×10^{-5}	1.21×10^{-5}	6.89×10^{-5}	7.70×10^{-5}	9.08×10^{-5}	9.79×10^{-5}	1.05×10^{-4}
			女	36	9.81×10^{-5}	1.63×10^{-5}	7.13×10^{-5}	8.77×10^{-5}	9.44×10^{-5}	1.06×10^{-4}	1.27×10^{-4}
	农村	18岁～	男	48	6.65×10^{-5}	1.54×10^{-5}	4.73×10^{-5}	6.00×10^{-5}	6.30×10^{-5}	7.24×10^{-5}	9.77×10^{-5}
			女	38	7.68×10^{-5}	1.82×10^{-5}	4.24×10^{-5}	7.03×10^{-5}	7.75×10^{-5}	8.68×10^{-5}	1.07×10^{-4}
		45岁～	男	71	7.04×10^{-5}	1.71×10^{-5}	5.19×10^{-5}	6.17×10^{-5}	6.67×10^{-5}	7.67×10^{-5}	1.07×10^{-4}
			女	82	7.73×10^{-5}	2.69×10^{-5}	5.61×10^{-5}	6.39×10^{-5}	7.53×10^{-5}	8.42×10^{-5}	1.18×10^{-4}
		60岁～	男	35	7.13×10^{-5}	1.53×10^{-5}	5.74×10^{-5}	6.32×10^{-5}	6.72×10^{-5}	7.43×10^{-5}	1.09×10^{-4}
			女	27	8.78×10^{-5}	4.37×10^{-5}	6.28×10^{-5}	7.06×10^{-5}	7.65×10^{-5}	8.69×10^{-5}	1.42×10^{-4}
武汉	城市	18岁～	男	60	1.75×10^{-4}	4.71×10^{-5}	1.07×10^{-4}	1.46×10^{-4}	1.68×10^{-4}	1.99×10^{-4}	2.68×10^{-4}
			女	77	1.85×10^{-4}	4.63×10^{-5}	1.29×10^{-4}	1.60×10^{-4}	1.80×10^{-4}	2.10×10^{-4}	2.66×10^{-4}
		45岁～	男	40	1.89×10^{-4}	7.17×10^{-5}	1.21×10^{-4}	1.44×10^{-4}	1.60×10^{-4}	2.26×10^{-4}	2.93×10^{-4}
			女	41	1.90×10^{-4}	4.92×10^{-5}	1.25×10^{-4}	1.62×10^{-4}	1.78×10^{-4}	2.08×10^{-4}	2.77×10^{-4}
		60岁～	男	60	1.77×10^{-4}	4.47×10^{-5}	1.12×10^{-4}	1.40×10^{-4}	1.69×10^{-4}	1.96×10^{-4}	2.60×10^{-4}
			女	77	1.94×10^{-4}	5.70×10^{-5}	1.31×10^{-4}	1.51×10^{-4}	1.82×10^{-4}	2.23×10^{-4}	2.87×10^{-4}

类别				N	镉经消化道暴露量/[mg/（kg·d）]						
					Mean	Std	P5	P25	P50	P75	P95
武汉	农村	18 岁～	男	22	2.22×10^{-4}	4.45×10^{-5}	1.60×10^{-4}	1.92×10^{-4}	2.09×10^{-4}	2.50×10^{-4}	3.05×10^{-4}
			女	33	2.33×10^{-4}	8.78×10^{-5}	8.80×10^{-5}	1.93×10^{-4}	2.29×10^{-4}	2.77×10^{-4}	3.79×10^{-4}
		45 岁～	男	39	2.14×10^{-4}	5.19×10^{-5}	1.12×10^{-4}	1.77×10^{-4}	2.13×10^{-4}	2.46×10^{-4}	3.17×10^{-4}
			女	55	2.65×10^{-4}	1.84×10^{-4}	1.83×10^{-4}	2.02×10^{-4}	2.28×10^{-4}	2.62×10^{-4}	4.37×10^{-4}
		60 岁～	男	66	2.18×10^{-4}	5.28×10^{-5}	1.49×10^{-4}	1.82×10^{-4}	2.10×10^{-4}	2.39×10^{-4}	3.21×10^{-4}
			女	50	2.45×10^{-4}	6.43×10^{-5}	1.59×10^{-4}	2.04×10^{-4}	2.33×10^{-4}	2.72×10^{-4}	3.84×10^{-4}
成都	城市	18 岁～	男	123	1.91×10^{-4}	5.41×10^{-5}	1.32×10^{-4}	1.57×10^{-4}	1.77×10^{-4}	2.07×10^{-4}	2.89×10^{-4}
			女	125	2.51×10^{-4}	1.16×10^{-4}	1.79×10^{-4}	2.08×10^{-4}	2.32×10^{-4}	2.67×10^{-4}	3.59×10^{-4}
		45 岁～	男	24	2.09×10^{-4}	5.37×10^{-5}	1.42×10^{-4}	1.80×10^{-4}	1.96×10^{-4}	2.16×10^{-4}	3.42×10^{-4}
			女	29	2.38×10^{-4}	6.76×10^{-5}	1.33×10^{-4}	2.00×10^{-4}	2.21×10^{-4}	2.68×10^{-4}	3.76×10^{-4}
		60 岁～	男	8	2.01×10^{-4}	3.71×10^{-5}	1.61×10^{-4}	1.68×10^{-4}	1.96×10^{-4}	2.29×10^{-4}	2.65×10^{-4}
			女	26	2.23×10^{-4}	7.21×10^{-5}	1.34×10^{-4}	1.78×10^{-4}	2.11×10^{-4}	2.48×10^{-4}	3.43×10^{-4}
	农村	18 岁～	男	64	1.79×10^{-4}	6.41×10^{-5}	1.13×10^{-4}	1.42×10^{-4}	1.62×10^{-4}	2.08×10^{-4}	3.03×10^{-4}
			女	63	2.34×10^{-4}	7.10×10^{-5}	1.37×10^{-4}	1.91×10^{-4}	2.30×10^{-4}	2.88×10^{-4}	3.34×10^{-4}
		45 岁～	男	55	2.21×10^{-4}	1.05×10^{-4}	1.24×10^{-4}	1.69×10^{-4}	1.94×10^{-4}	2.56×10^{-4}	3.76×10^{-4}
			女	44	2.06×10^{-4}	6.59×10^{-5}	1.18×10^{-4}	1.63×10^{-4}	2.05×10^{-4}	2.45×10^{-4}	2.97×10^{-4}
		60 岁～	男	34	1.81×10^{-4}	5.72×10^{-5}	1.18×10^{-4}	1.43×10^{-4}	1.64×10^{-4}	2.01×10^{-4}	3.12×10^{-4}
			女	36	2.07×10^{-4}	4.63×10^{-5}	1.47×10^{-4}	1.85×10^{-4}	1.98×10^{-4}	2.17×10^{-4}	3.44×10^{-4}
兰州	城市	18 岁～	男	61	1.95×10^{-5}	6.32×10^{-6}	1.04×10^{-5}	1.61×10^{-5}	1.91×10^{-5}	2.26×10^{-5}	3.08×10^{-5}
			女	51	2.50×10^{-5}	7.33×10^{-6}	1.42×10^{-5}	1.96×10^{-5}	2.44×10^{-5}	3.06×10^{-5}	3.97×10^{-5}
		45 岁～	男	49	2.19×10^{-5}	6.05×10^{-6}	1.16×10^{-5}	1.78×10^{-5}	2.17×10^{-5}	2.58×10^{-5}	3.52×10^{-5}
			女	54	2.40×10^{-5}	9.21×10^{-6}	1.52×10^{-5}	1.81×10^{-5}	2.05×10^{-5}	2.64×10^{-5}	4.45×10^{-5}
		60 岁～	男	65	2.11×10^{-5}	5.47×10^{-6}	1.49×10^{-5}	1.74×10^{-5}	1.95×10^{-5}	2.41×10^{-5}	3.15×10^{-5}
			女	67	2.43×10^{-5}	5.57×10^{-6}	1.65×10^{-5}	1.98×10^{-5}	2.45×10^{-5}	2.70×10^{-5}	3.39×10^{-5}
	农村	18 岁～	男	51	1.78×10^{-5}	4.99×10^{-6}	1.27×10^{-5}	1.49×10^{-5}	1.64×10^{-5}	1.95×10^{-5}	2.88×10^{-5}
			女	49	1.92×10^{-5}	3.58×10^{-6}	1.39×10^{-5}	1.62×10^{-5}	1.90×10^{-5}	2.11×10^{-5}	2.61×10^{-5}
		45 岁～	男	59	1.83×10^{-5}	5.66×10^{-6}	1.09×10^{-5}	1.44×10^{-5}	1.72×10^{-5}	2.13×10^{-5}	3.05×10^{-5}
			女	49	2.02×10^{-5}	6.76×10^{-6}	1.33×10^{-5}	1.57×10^{-5}	1.85×10^{-5}	2.27×10^{-5}	3.02×10^{-5}
		60 岁～	男	69	1.88×10^{-5}	4.31×10^{-6}	1.37×10^{-5}	1.59×10^{-5}	1.83×10^{-5}	2.05×10^{-5}	2.81×10^{-5}
			女	64	1.93×10^{-5}	4.17×10^{-6}	1.35×10^{-5}	1.65×10^{-5}	1.89×10^{-5}	2.08×10^{-5}	2.76×10^{-5}

附表 6-3 不同地区居民分城乡、年龄和性别的砷经消化道暴露量

类别				N	砷经消化道暴露量/[mg/（kg·d）]						
					Mean	Std	P5	P25	P50	P75	P95
太原	城市	18 岁～	男	68	1.84×10^{-4}	3.51×10^{-5}	1.42×10^{-4}	1.60×10^{-4}	1.81×10^{-4}	2.02×10^{-4}	2.58×10^{-4}
			女	72	2.30×10^{-4}	5.71×10^{-5}	1.68×10^{-4}	1.99×10^{-4}	2.22×10^{-4}	2.49×10^{-4}	3.21×10^{-4}
		45 岁～	男	50	2.00×10^{-4}	3.21×10^{-5}	1.48×10^{-4}	1.79×10^{-4}	2.02×10^{-4}	2.21×10^{-4}	2.53×10^{-4}
			女	60	2.29×10^{-4}	5.08×10^{-5}	1.80×10^{-4}	1.95×10^{-4}	2.21×10^{-4}	2.50×10^{-4}	3.12×10^{-4}
		60 岁～	男	56	1.84×10^{-4}	3.38×10^{-5}	1.42×10^{-4}	1.61×10^{-4}	1.75×10^{-4}	1.95×10^{-4}	2.43×10^{-4}
			女	54	2.05×10^{-4}	3.38×10^{-5}	1.58×10^{-4}	1.82×10^{-4}	1.97×10^{-4}	2.19×10^{-4}	2.68×10^{-4}
	农村	18 岁～	男	41	2.49×10^{-4}	3.22×10^{-5}	2.04×10^{-4}	2.27×10^{-4}	2.52×10^{-4}	2.68×10^{-4}	2.99×10^{-4}
			女	40	2.65×10^{-4}	6.41×10^{-5}	1.54×10^{-4}	2.34×10^{-4}	2.66×10^{-4}	2.98×10^{-4}	3.84×10^{-4}
		45 岁～	男	49	2.73×10^{-4}	9.91×10^{-5}	1.87×10^{-4}	2.20×10^{-4}	2.52×10^{-4}	2.83×10^{-4}	4.06×10^{-4}
			女	74	2.66×10^{-4}	4.98×10^{-5}	1.95×10^{-4}	2.37×10^{-4}	2.65×10^{-4}	2.95×10^{-4}	3.52×10^{-4}
		60 岁～	男	73	2.57×10^{-4}	5.07×10^{-5}	2.00×10^{-4}	2.26×10^{-4}	2.50×10^{-4}	2.76×10^{-4}	3.68×10^{-4}
			女	59	3.06×10^{-4}	1.55×10^{-4}	1.91×10^{-4}	2.55×10^{-4}	2.87×10^{-4}	3.18×10^{-4}	4.23×10^{-4}
大连	城市	18 岁～	男	88	3.98×10^{-3}	1.04×10^{-3}	2.84×10^{-3}	3.41×10^{-3}	3.87×10^{-3}	4.27×10^{-3}	6.25×10^{-3}
			女	68	4.49×10^{-3}	1.17×10^{-3}	3.18×10^{-3}	3.72×10^{-3}	4.33×10^{-3}	4.97×10^{-3}	6.38×10^{-3}
		45 岁～	男	13	4.09×10^{-3}	8.53×10^{-4}	2.60×10^{-3}	3.39×10^{-3}	4.23×10^{-3}	4.77×10^{-3}	5.65×10^{-3}
			女	31	4.67×10^{-3}	1.21×10^{-3}	3.01×10^{-3}	3.59×10^{-3}	4.52×10^{-3}	5.72×10^{-3}	6.76×10^{-3}
		60 岁～	男	24	4.10×10^{-3}	8.54×10^{-4}	2.85×10^{-3}	3.38×10^{-3}	4.06×10^{-3}	4.72×10^{-3}	5.65×10^{-3}
			女	63	4.27×10^{-3}	1.33×10^{-3}	2.46×10^{-3}	3.44×10^{-3}	4.15×10^{-3}	4.90×10^{-3}	6.41×10^{-3}
	农村	18 岁～	男	84	4.25×10^{-3}	1.04×10^{-3}	3.06×10^{-3}	3.50×10^{-3}	3.99×10^{-3}	4.78×10^{-3}	6.32×10^{-3}
			女	76	4.98×10^{-3}	1.54×10^{-3}	3.28×10^{-3}	3.95×10^{-3}	4.69×10^{-3}	5.70×10^{-3}	8.21×10^{-3}
		45 岁～	男	41	4.72×10^{-3}	1.48×10^{-3}	2.91×10^{-3}	3.76×10^{-3}	4.32×10^{-3}	5.03×10^{-3}	7.36×10^{-3}
			女	49	5.00×10^{-3}	1.80×10^{-3}	2.67×10^{-3}	3.57×10^{-3}	4.51×10^{-3}	6.39×10^{-3}	7.93×10^{-3}
		60 岁～	男	41	4.57×10^{-3}	1.29×10^{-3}	3.02×10^{-3}	3.78×10^{-3}	4.49×10^{-3}	5.15×10^{-3}	7.28×10^{-3}
			女	43	4.15×10^{-3}	1.44×10^{-3}	2.37×10^{-3}	3.31×10^{-3}	4.29×10^{-3}	5.03×10^{-3}	6.35×10^{-3}
上海	城市	18 岁～	男	97	1.11×10^{-3}	4.04×10^{-4}	5.33×10^{-4}	9.15×10^{-4}	1.03×10^{-3}	1.25×10^{-3}	1.86×10^{-3}
			女	88	1.44×10^{-3}	1.07×10^{-3}	5.54×10^{-4}	1.12×10^{-3}	1.32×10^{-3}	1.52×10^{-3}	2.31×10^{-3}
		45 岁～	男	18	1.13×10^{-3}	5.25×10^{-4}	3.68×10^{-4}	9.53×10^{-4}	1.05×10^{-3}	1.17×10^{-3}	3.06×10^{-3}
			女	43	1.28×10^{-3}	2.19×10^{-4}	1.01×10^{-3}	1.14×10^{-3}	1.26×10^{-3}	1.40×10^{-3}	1.70×10^{-3}

类别				*N*	砷经消化道暴露量/[mg/（kg·d）]						
					Mean	Std	P5	P25	P50	P75	P95
上海	城市	60 岁～	男	16	1.07×10^{-3}	1.49×10^{-4}	8.51×10^{-4}	9.49×10^{-4}	1.12×10^{-3}	1.21×10^{-3}	1.30×10^{-3}
			女	36	1.21×10^{-3}	2.06×10^{-4}	8.79×10^{-4}	1.08×10^{-3}	1.16×10^{-3}	1.31×10^{-3}	1.56×10^{-3}
	农村	18 岁～	男	48	8.39×10^{-4}	2.44×10^{-4}	2.51×10^{-4}	7.68×10^{-4}	8.34×10^{-4}	9.33×10^{-4}	1.35×10^{-3}
			女	38	1.09×10^{-3}	7.35×10^{-4}	4.81×10^{-4}	8.78×10^{-4}	9.93×10^{-4}	1.12×10^{-3}	1.51×10^{-3}
		45 岁～	男	71	9.23×10^{-4}	2.37×10^{-4}	6.70×10^{-4}	8.17×10^{-4}	8.85×10^{-4}	9.94×10^{-4}	1.41×10^{-3}
			女	82	1.01×10^{-3}	3.29×10^{-4}	6.90×10^{-4}	8.35×10^{-4}	9.77×10^{-4}	1.09×10^{-3}	1.57×10^{-3}
		60 岁～	男	35	8.81×10^{-4}	1.98×10^{-4}	4.06×10^{-4}	8.21×10^{-4}	8.90×10^{-4}	9.55×10^{-4}	1.22×10^{-3}
			女	27	1.05×10^{-3}	2.45×10^{-4}	8.41×10^{-4}	9.05×10^{-4}	9.89×10^{-4}	1.15×10^{-3}	1.60×10^{-3}
武汉	城市	18 岁～	男	60	3.93×10^{-4}	2.65×10^{-4}	2.10×10^{-4}	3.08×10^{-4}	3.50×10^{-4}	4.09×10^{-4}	5.56×10^{-4}
			女	77	3.83×10^{-4}	9.10×10^{-5}	2.07×10^{-4}	3.40×10^{-4}	3.75×10^{-4}	4.36×10^{-4}	5.37×10^{-4}
		45 岁～	男	40	4.24×10^{-4}	1.55×10^{-4}	2.70×10^{-4}	3.25×10^{-4}	3.78×10^{-4}	4.95×10^{-4}	7.28×10^{-4}
			女	41	4.01×10^{-4}	1.26×10^{-4}	2.06×10^{-4}	3.15×10^{-4}	3.91×10^{-4}	4.78×10^{-4}	6.51×10^{-4}
		60 岁～	男	60	3.90×10^{-4}	9.37×10^{-5}	2.38×10^{-4}	3.25×10^{-4}	3.85×10^{-4}	4.40×10^{-4}	5.63×10^{-4}
			女	77	4.15×10^{-4}	1.18×10^{-4}	2.73×10^{-4}	3.32×10^{-4}	3.96×10^{-4}	4.74×10^{-4}	6.30×10^{-4}
	农村	18 岁～	男	22	3.15×10^{-4}	1.03×10^{-4}	2.28×10^{-4}	2.59×10^{-4}	2.93×10^{-4}	3.22×10^{-4}	4.25×10^{-4}
			女	33	3.38×10^{-4}	1.01×10^{-4}	2.31×10^{-4}	2.74×10^{-4}	3.04×10^{-4}	3.81×10^{-4}	5.34×10^{-4}
		45 岁～	男	39	3.01×10^{-4}	7.30×10^{-5}	1.93×10^{-4}	2.43×10^{-4}	2.95×10^{-4}	3.57×10^{-4}	4.46×10^{-4}
			女	55	3.43×10^{-4}	8.48×10^{-5}	2.54×10^{-4}	2.88×10^{-4}	3.25×10^{-4}	3.72×10^{-4}	5.19×10^{-4}
		60 岁～	男	66	3.25×10^{-4}	7.77×10^{-5}	2.25×10^{-4}	2.73×10^{-4}	3.18×10^{-4}	3.47×10^{-4}	4.76×10^{-4}
			女	50	3.50×10^{-4}	7.91×10^{-5}	2.58×10^{-4}	2.91×10^{-4}	3.42×10^{-4}	4.09×10^{-4}	5.21×10^{-4}
成都	城市	18 岁～	男	123	2.51×10^{-3}	8.49×10^{-4}	8.60×10^{-4}	2.11×10^{-3}	2.39×10^{-3}	2.75×10^{-3}	3.96×10^{-3}
			女	125	3.51×10^{-3}	3.54×10^{-3}	1.74×10^{-3}	2.82×10^{-3}	3.15×10^{-3}	3.58×10^{-3}	4.45×10^{-3}
		45 岁～	男	24	2.83×10^{-3}	7.33×10^{-4}	1.90×10^{-3}	2.44×10^{-3}	2.67×10^{-3}	2.91×10^{-3}	4.66×10^{-3}
			女	29	3.12×10^{-3}	1.10×10^{-3}	9.08×10^{-4}	2.69×10^{-3}	2.98×10^{-3}	3.64×10^{-3}	5.08×10^{-3}
		60 岁～	男	8	2.73×10^{-3}	5.06×10^{-4}	2.19×10^{-3}	2.26×10^{-3}	2.65×10^{-3}	3.09×10^{-3}	3.61×10^{-3}
			女	26	2.88×10^{-3}	1.03×10^{-3}	7.91×10^{-4}	2.38×10^{-3}	2.86×10^{-3}	3.33×10^{-3}	4.66×10^{-3}
	农村	18 岁～	男	64	1.62×10^{-3}	5.64×10^{-4}	1.04×10^{-3}	1.24×10^{-3}	1.43×10^{-3}	1.81×10^{-3}	2.67×10^{-3}
			女	63	2.12×10^{-3}	6.74×10^{-4}	1.32×10^{-3}	1.66×10^{-3}	2.00×10^{-3}	2.48×10^{-3}	2.99×10^{-3}
		45 岁～	男	55	1.68×10^{-3}	6.23×10^{-4}	3.92×10^{-4}	1.27×10^{-3}	1.61×10^{-3}	1.99×10^{-3}	2.85×10^{-3}
			女	44	1.80×10^{-3}	4.86×10^{-4}	1.28×10^{-3}	1.50×10^{-3}	1.71×10^{-3}	2.11×10^{-3}	2.57×10^{-3}

类别				N	砷经消化道暴露量/[mg/（kg·d）]						
					Mean	Std	P5	P25	P50	P75	P95
成都	农村	60岁～	男	34	1.57×10^{-3}	4.78×10^{-4}	1.07×10^{-3}	1.28×10^{-3}	1.42×10^{-3}	1.71×10^{-3}	2.70×10^{-3}
			女	36	1.77×10^{-3}	3.98×10^{-4}	1.28×10^{-3}	1.57×10^{-3}	1.71×10^{-3}	1.87×10^{-3}	2.96×10^{-3}
兰州	城市	18岁～	男	61	9.92×10^{-5}	2.80×10^{-5}	5.95×10^{-5}	8.12×10^{-5}	9.81×10^{-5}	1.14×10^{-4}	1.57×10^{-4}
			女	51	1.22×10^{-4}	3.34×10^{-5}	7.35×10^{-5}	9.27×10^{-5}	1.20×10^{-4}	1.45×10^{-4}	1.71×10^{-4}
		45岁～	男	49	1.13×10^{-4}	2.90×10^{-5}	7.04×10^{-5}	1.00×10^{-4}	1.08×10^{-4}	1.25×10^{-4}	1.57×10^{-4}
			女	54	1.20×10^{-4}	4.23×10^{-5}	7.21×10^{-5}	9.13×10^{-5}	1.09×10^{-4}	1.37×10^{-4}	2.16×10^{-4}
		60岁～	男	65	1.16×10^{-4}	2.57×10^{-5}	7.40×10^{-5}	9.50×10^{-5}	1.15×10^{-4}	1.31×10^{-4}	1.62×10^{-4}
			女	67	1.28×10^{-4}	2.74×10^{-5}	8.61×10^{-5}	1.10×10^{-4}	1.24×10^{-4}	1.53×10^{-4}	1.75×10^{-4}
	农村	18岁～	男	51	1.02×10^{-4}	4.17×10^{-5}	6.13×10^{-5}	7.21×10^{-5}	8.38×10^{-5}	1.15×10^{-4}	1.96×10^{-4}
			女	49	9.99×10^{-5}	2.53×10^{-5}	6.75×10^{-5}	8.32×10^{-5}	9.24×10^{-5}	1.10×10^{-4}	1.57×10^{-4}
		45岁～	男	59	1.05×10^{-4}	4.21×10^{-5}	6.22×10^{-5}	7.62×10^{-5}	9.66×10^{-5}	1.17×10^{-4}	2.10×10^{-4}
			女	49	1.07×10^{-4}	5.79×10^{-5}	6.48×10^{-5}	8.14×10^{-5}	9.79×10^{-5}	1.10×10^{-4}	1.52×10^{-4}
		60岁～	男	69	1.03×10^{-4}	3.72×10^{-5}	6.37×10^{-5}	7.48×10^{-5}	9.65×10^{-5}	1.10×10^{-4}	1.92×10^{-4}
			女	64	9.59×10^{-5}	2.38×10^{-5}	6.26×10^{-5}	7.94×10^{-5}	9.23×10^{-5}	1.06×10^{-4}	1.44×10^{-4}

附表 6-4　不同地区居民分城乡、年龄和性别的铅经消化道暴露量

类别				N	铅经消化道暴露量/[mg/（kg·d）]						
					Mean	Std	P5	P25	P50	P75	P95
太原	城市	18岁～	男	68	1.19×10^{-4}	2.70×10^{-5}	8.65×10^{-5}	1.02×10^{-4}	1.17×10^{-4}	1.31×10^{-4}	1.68×10^{-4}
			女	72	1.44×10^{-4}	4.11×10^{-5}	9.98×10^{-5}	1.25×10^{-4}	1.45×10^{-4}	1.64×10^{-4}	1.99×10^{-4}
		45岁～	男	50	1.28×10^{-4}	2.95×10^{-5}	7.55×10^{-5}	1.14×10^{-4}	1.28×10^{-4}	1.46×10^{-4}	1.67×10^{-4}
			女	60	1.56×10^{-4}	7.78×10^{-5}	1.17×10^{-4}	1.27×10^{-4}	1.41×10^{-4}	1.63×10^{-4}	2.02×10^{-4}
		60岁～	男	56	1.22×10^{-4}	2.19×10^{-5}	9.65×10^{-5}	1.06×10^{-4}	1.16×10^{-4}	1.29×10^{-4}	1.63×10^{-4}
			女	54	1.35×10^{-4}	2.13×10^{-5}	1.08×10^{-4}	1.21×10^{-4}	1.31×10^{-4}	1.45×10^{-4}	1.81×10^{-4}
	农村	18岁～	男	41	1.14×10^{-4}	2.42×10^{-5}	8.31×10^{-5}	9.51×10^{-5}	1.10×10^{-4}	1.26×10^{-4}	1.54×10^{-4}
			女	40	1.20×10^{-4}	2.93×10^{-5}	8.24×10^{-5}	1.00×10^{-4}	1.15×10^{-4}	1.39×10^{-4}	1.76×10^{-4}
		45岁～	男	49	1.15×10^{-4}	3.03×10^{-5}	7.73×10^{-5}	9.31×10^{-5}	1.05×10^{-4}	1.37×10^{-4}	1.68×10^{-4}
			女	74	1.15×10^{-4}	2.85×10^{-5}	7.56×10^{-5}	9.42×10^{-5}	1.10×10^{-4}	1.37×10^{-4}	1.74×10^{-4}
		60岁～	男	73	1.18×10^{-4}	3.01×10^{-5}	7.61×10^{-5}	9.22×10^{-5}	1.13×10^{-4}	1.37×10^{-4}	1.77×10^{-4}
			女	59	1.35×10^{-4}	6.60×10^{-5}	7.70×10^{-5}	1.06×10^{-4}	1.26×10^{-4}	1.47×10^{-4}	2.02×10^{-4}

类别				N	铅经消化道暴露量/[mg/（kg·d）]						
					Mean	Std	P5	P25	P50	P75	P95
大连	城市	18 岁～	男	88	5.62×10^{-4}	1.56×10^{-4}	3.98×10^{-4}	4.76×10^{-4}	5.43×10^{-4}	6.14×10^{-4}	9.01×10^{-4}
			女	68	6.55×10^{-4}	3.84×10^{-4}	3.64×10^{-4}	5.17×10^{-4}	6.02×10^{-4}	7.05×10^{-4}	9.92×10^{-4}
		45 岁～	男	13	5.73×10^{-4}	1.18×10^{-4}	3.64×10^{-4}	4.83×10^{-4}	5.87×10^{-4}	6.65×10^{-4}	7.96×10^{-4}
			女	31	6.47×10^{-4}	1.83×10^{-4}	3.58×10^{-4}	4.90×10^{-4}	6.28×10^{-4}	8.22×10^{-4}	9.37×10^{-4}
		60 岁～	男	24	5.71×10^{-4}	1.18×10^{-4}	3.98×10^{-4}	4.70×10^{-4}	5.65×10^{-4}	6.55×10^{-4}	7.83×10^{-4}
			女	63	5.62×10^{-4}	1.78×10^{-4}	3.08×10^{-4}	4.48×10^{-4}	5.52×10^{-4}	6.39×10^{-4}	8.75×10^{-4}
	农村	18 岁～	男	84	6.27×10^{-4}	1.57×10^{-4}	4.53×10^{-4}	5.20×10^{-4}	5.99×10^{-4}	7.08×10^{-4}	9.36×10^{-4}
			女	76	7.17×10^{-4}	1.88×10^{-4}	4.50×10^{-4}	5.85×10^{-4}	6.97×10^{-4}	8.41×10^{-4}	1.00×10^{-3}
		45 岁～	男	41	6.59×10^{-4}	1.89×10^{-4}	4.30×10^{-4}	5.49×10^{-4}	6.34×10^{-4}	7.46×10^{-4}	1.05×10^{-3}
			女	49	7.11×10^{-4}	3.17×10^{-4}	3.35×10^{-4}	4.94×10^{-4}	6.28×10^{-4}	9.04×10^{-4}	1.15×10^{-3}
		60 岁～	男	41	7.93×10^{-4}	9.29×10^{-4}	2.68×10^{-4}	4.91×10^{-4}	6.43×10^{-4}	7.60×10^{-4}	1.11×10^{-3}
			女	43	6.56×10^{-4}	2.25×10^{-4}	4.14×10^{-4}	5.43×10^{-4}	6.42×10^{-4}	7.61×10^{-4}	9.53×10^{-4}
上海	城市	18 岁～	男	97	6.53×10^{-4}	1.79×10^{-4}	4.47×10^{-4}	5.40×10^{-4}	6.12×10^{-4}	7.33×10^{-4}	1.04×10^{-3}
			女	88	8.18×10^{-4}	2.22×10^{-4}	5.58×10^{-4}	6.60×10^{-4}	7.78×10^{-4}	8.92×10^{-4}	1.27×10^{-3}
		45 岁～	男	18	6.40×10^{-4}	1.55×10^{-4}	3.81×10^{-4}	5.59×10^{-4}	6.13×10^{-4}	6.87×10^{-4}	1.15×10^{-3}
			女	43	7.51×10^{-4}	1.28×10^{-4}	5.91×10^{-4}	6.67×10^{-4}	7.41×10^{-4}	8.21×10^{-4}	9.96×10^{-4}
		60 岁～	男	16	6.27×10^{-4}	8.72×10^{-5}	4.97×10^{-4}	5.56×10^{-4}	6.53×10^{-4}	7.06×10^{-4}	7.58×10^{-4}
			女	36	7.18×10^{-4}	1.08×10^{-4}	5.66×10^{-4}	6.39×10^{-4}	6.89×10^{-4}	7.81×10^{-4}	9.14×10^{-4}
	农村	18 岁～	男	48	4.99×10^{-4}	1.02×10^{-4}	4.10×10^{-4}	4.44×10^{-4}	4.69×10^{-4}	5.24×10^{-4}	8.12×10^{-4}
			女	38	5.71×10^{-4}	1.53×10^{-4}	2.49×10^{-4}	5.08×10^{-4}	5.60×10^{-4}	6.28×10^{-4}	8.39×10^{-4}
		45 岁～	男	71	5.08×10^{-4}	1.22×10^{-4}	3.27×10^{-4}	4.57×10^{-4}	4.87×10^{-4}	5.45×10^{-4}	7.87×10^{-4}
			女	82	5.80×10^{-4}	1.33×10^{-4}	4.40×10^{-4}	4.84×10^{-4}	5.57×10^{-4}	6.29×10^{-4}	8.84×10^{-4}
		60 岁～	男	35	5.19×10^{-4}	8.17×10^{-5}	4.39×10^{-4}	4.61×10^{-4}	5.02×10^{-4}	5.50×10^{-4}	6.97×10^{-4}
			女	27	5.55×10^{-4}	1.30×10^{-4}	4.73×10^{-4}	5.06×10^{-4}	5.46×10^{-4}	6.04×10^{-4}	7.45×10^{-4}
武汉	城市	18 岁～	男	60	6.76×10^{-4}	5.99×10^{-4}	3.16×10^{-4}	5.19×10^{-4}	5.77×10^{-4}	6.98×10^{-4}	9.73×10^{-4}
			女	77	6.38×10^{-4}	1.68×10^{-4}	3.07×10^{-4}	5.69×10^{-4}	6.33×10^{-4}	7.20×10^{-4}	9.30×10^{-4}
		45 岁～	男	40	6.35×10^{-4}	1.83×10^{-4}	4.33×10^{-4}	5.15×10^{-4}	5.69×10^{-4}	7.14×10^{-4}	1.02×10^{-3}
			女	41	6.50×10^{-4}	2.12×10^{-4}	2.86×10^{-4}	5.38×10^{-4}	6.36×10^{-4}	7.38×10^{-4}	1.01×10^{-3}
		60 岁～	男	60	6.29×10^{-4}	1.56×10^{-4}	3.98×10^{-4}	5.10×10^{-4}	6.13×10^{-4}	7.04×10^{-4}	9.22×10^{-4}
			女	77	6.89×10^{-4}	2.01×10^{-4}	4.64×10^{-4}	5.39×10^{-4}	6.60×10^{-4}	7.92×10^{-4}	1.01×10^{-3}

类别				N	铅经消化道暴露量/[mg/（kg·d）]						
					Mean	Std	P5	P25	P50	P75	P95
武汉	农村	18岁～	男	22	4.92×10^{-4}	1.35×10^{-4}	2.37×10^{-4}	4.52×10^{-4}	4.87×10^{-4}	5.64×10^{-4}	7.24×10^{-4}
			女	33	5.57×10^{-4}	2.12×10^{-4}	1.84×10^{-4}	4.51×10^{-4}	5.47×10^{-4}	6.68×10^{-4}	9.23×10^{-4}
		45岁～	男	39	6.08×10^{-4}	6.72×10^{-4}	2.26×10^{-4}	4.13×10^{-4}	5.04×10^{-4}	6.01×10^{-4}	8.03×10^{-4}
			女	55	5.64×10^{-4}	2.03×10^{-4}	1.61×10^{-4}	4.75×10^{-4}	5.26×10^{-4}	6.37×10^{-4}	1.05×10^{-3}
		60岁～	男	66	5.45×10^{-4}	1.97×10^{-4}	3.70×10^{-4}	4.49×10^{-4}	5.25×10^{-4}	5.88×10^{-4}	7.95×10^{-4}
			女	50	5.95×10^{-4}	1.57×10^{-4}	4.19×10^{-4}	5.02×10^{-4}	5.70×10^{-4}	6.50×10^{-4}	9.31×10^{-4}
成都	城市	18岁～	男	123	1.96×10^{-3}	5.96×10^{-4}	1.30×10^{-3}	1.60×10^{-3}	1.82×10^{-3}	2.14×10^{-3}	2.97×10^{-3}
			女	125	2.48×10^{-3}	5.72×10^{-4}	1.77×10^{-3}	2.12×10^{-3}	2.35×10^{-3}	2.72×10^{-3}	3.64×10^{-3}
		45岁～	男	24	2.11×10^{-3}	5.46×10^{-4}	1.42×10^{-3}	1.82×10^{-3}	1.98×10^{-3}	2.18×10^{-3}	3.47×10^{-3}
			女	29	2.65×10^{-3}	1.27×10^{-3}	1.80×10^{-3}	2.06×10^{-3}	2.42×10^{-3}	2.73×10^{-3}	4.00×10^{-3}
		60岁～	男	8	2.04×10^{-3}	3.77×10^{-4}	1.63×10^{-3}	1.69×10^{-3}	1.98×10^{-3}	2.31×10^{-3}	2.69×10^{-3}
			女	26	2.26×10^{-3}	7.40×10^{-4}	1.36×10^{-3}	1.82×10^{-3}	2.15×10^{-3}	2.51×10^{-3}	3.48×10^{-3}
	农村	18岁～	男	64	3.14×10^{-3}	1.07×10^{-3}	2.07×10^{-3}	2.42×10^{-3}	2.81×10^{-3}	3.56×10^{-3}	5.14×10^{-3}
			女	63	4.02×10^{-3}	1.15×10^{-3}	2.59×10^{-3}	3.25×10^{-3}	3.93×10^{-3}	4.92×10^{-3}	5.68×10^{-3}
		45岁～	男	55	3.44×10^{-3}	1.49×10^{-3}	1.67×10^{-3}	2.50×10^{-3}	3.17×10^{-3}	3.92×10^{-3}	6.05×10^{-3}
			女	44	3.57×10^{-3}	1.09×10^{-3}	2.46×10^{-3}	2.92×10^{-3}	3.53×10^{-3}	4.18×10^{-3}	5.05×10^{-3}
		60岁～	男	34	3.20×10^{-3}	1.07×10^{-3}	2.08×10^{-3}	2.53×10^{-3}	2.90×10^{-3}	3.42×10^{-3}	5.79×10^{-3}
			女	36	3.48×10^{-3}	7.90×10^{-4}	2.47×10^{-3}	3.09×10^{-3}	3.35×10^{-3}	3.65×10^{-3}	5.82×10^{-3}
兰州	城市	18岁～	男	61	3.18×10^{-4}	1.62×10^{-4}	8.82×10^{-5}	2.46×10^{-4}	2.99×10^{-4}	3.61×10^{-4}	5.50×10^{-4}
			女	51	4.26×10^{-4}	2.26×10^{-4}	1.64×10^{-4}	2.90×10^{-4}	3.89×10^{-4}	5.01×10^{-4}	7.55×10^{-4}
		45岁～	男	49	3.44×10^{-4}	1.48×10^{-4}	1.28×10^{-4}	2.71×10^{-4}	3.19×10^{-4}	4.13×10^{-4}	5.04×10^{-4}
			女	54	3.65×10^{-4}	1.46×10^{-4}	2.36×10^{-4}	2.76×10^{-4}	3.14×10^{-4}	3.71×10^{-4}	7.02×10^{-4}
		60岁～	男	65	3.31×10^{-4}	8.49×10^{-5}	2.35×10^{-4}	2.72×10^{-4}	3.05×10^{-4}	3.65×10^{-4}	5.00×10^{-4}
			女	67	3.83×10^{-4}	9.68×10^{-5}	2.69×10^{-4}	3.15×10^{-4}	3.85×10^{-4}	4.34×10^{-4}	5.37×10^{-4}
	农村	18岁～	男	51	2.55×10^{-4}	6.97×10^{-5}	1.89×10^{-4}	2.20×10^{-4}	2.45×10^{-4}	2.79×10^{-4}	3.99×10^{-4}
			女	49	2.81×10^{-4}	1.47×10^{-4}	9.35×10^{-5}	2.28×10^{-4}	2.71×10^{-4}	3.08×10^{-4}	3.92×10^{-4}
		45岁～	男	59	2.58×10^{-4}	1.21×10^{-4}	4.70×10^{-5}	2.06×10^{-4}	2.42×10^{-4}	3.03×10^{-4}	5.32×10^{-4}
			女	49	3.22×10^{-4}	2.68×10^{-4}	1.46×10^{-4}	2.37×10^{-4}	2.82×10^{-4}	3.27×10^{-4}	4.39×10^{-4}
		60岁～	男	69	2.75×10^{-4}	6.17×10^{-5}	2.11×10^{-4}	2.37×10^{-4}	2.66×10^{-4}	3.00×10^{-4}	4.12×10^{-4}
			女	64	2.75×10^{-4}	6.51×10^{-5}	1.92×10^{-4}	2.43×10^{-4}	2.65×10^{-4}	3.12×10^{-4}	3.75×10^{-4}

附表 6-5 不同地区居民分城乡、年龄和性别的铬经消化道暴露量

类别				*N*	铬经消化道暴露量/[mg/（kg·d）]						
					Mean	Std	P5	P25	P50	P75	P95
太原	城市	18 岁～	男	68	2.85×10^{-4}	5.86×10^{-5}	2.18×10^{-4}	2.42×10^{-4}	2.70×10^{-4}	3.08×10^{-4}	4.00×10^{-4}
			女	72	3.46×10^{-4}	7.59×10^{-5}	2.12×10^{-4}	2.92×10^{-4}	3.47×10^{-4}	3.91×10^{-4}	4.64×10^{-4}
		45 岁～	男	50	3.20×10^{-4}	4.65×10^{-5}	2.56×10^{-4}	2.82×10^{-4}	3.21×10^{-4}	3.49×10^{-4}	3.95×10^{-4}
			女	60	3.49×10^{-4}	7.39×10^{-5}	2.75×10^{-4}	3.06×10^{-4}	3.34×10^{-4}	3.83×10^{-4}	4.68×10^{-4}
		60 岁～	男	56	2.82×10^{-4}	5.83×10^{-5}	2.21×10^{-4}	2.40×10^{-4}	2.67×10^{-4}	3.02×10^{-4}	3.88×10^{-4}
			女	54	3.15×10^{-4}	5.24×10^{-5}	2.49×10^{-4}	2.77×10^{-4}	3.12×10^{-4}	3.35×10^{-4}	4.06×10^{-4}
	农村	18 岁～	男	41	3.19×10^{-4}	4.50×10^{-5}	2.52×10^{-4}	2.88×10^{-4}	3.16×10^{-4}	3.45×10^{-4}	3.81×10^{-4}
			女	40	3.45×10^{-4}	6.48×10^{-5}	2.64×10^{-4}	2.97×10^{-4}	3.27×10^{-4}	3.83×10^{-4}	4.95×10^{-4}
		45 岁～	男	49	3.38×10^{-4}	7.79×10^{-5}	2.52×10^{-4}	2.78×10^{-4}	3.20×10^{-4}	3.63×10^{-4}	5.13×10^{-4}
			女	74	3.47×10^{-4}	7.30×10^{-5}	2.61×10^{-4}	3.03×10^{-4}	3.43×10^{-4}	3.71×10^{-4}	4.71×10^{-4}
		60 岁～	男	73	3.29×10^{-4}	6.36×10^{-5}	2.33×10^{-4}	2.93×10^{-4}	3.23×10^{-4}	3.61×10^{-4}	4.53×10^{-4}
			女	59	3.51×10^{-4}	6.34×10^{-5}	2.44×10^{-4}	3.13×10^{-4}	3.38×10^{-4}	3.80×10^{-4}	4.66×10^{-4}
大连	城市	18 岁～	男	88	4.30×10^{-3}	1.09×10^{-3}	3.09×10^{-3}	3.66×10^{-3}	4.16×10^{-3}	4.58×10^{-3}	6.70×10^{-3}
			女	68	4.73×10^{-3}	1.30×10^{-3}	3.17×10^{-3}	3.93×10^{-3}	4.57×10^{-3}	5.24×10^{-3}	6.84×10^{-3}
		45 岁～	男	13	4.39×10^{-3}	9.16×10^{-4}	2.79×10^{-3}	3.63×10^{-3}	4.54×10^{-3}	5.12×10^{-3}	6.06×10^{-3}
			女	31	4.97×10^{-3}	1.45×10^{-3}	2.68×10^{-3}	3.56×10^{-3}	4.85×10^{-3}	6.33×10^{-3}	7.26×10^{-3}
		60 岁～	男	24	4.40×10^{-3}	9.17×10^{-4}	3.06×10^{-3}	3.62×10^{-3}	4.35×10^{-3}	5.07×10^{-3}	6.06×10^{-3}
			女	63	4.68×10^{-3}	1.42×10^{-3}	2.73×10^{-3}	3.69×10^{-3}	4.45×10^{-3}	5.58×10^{-3}	7.02×10^{-3}
	农村	18 岁～	男	84	5.00×10^{-3}	1.24×10^{-3}	3.66×10^{-3}	4.10×10^{-3}	4.69×10^{-3}	5.53×10^{-3}	7.52×10^{-3}
			女	76	5.79×10^{-3}	1.70×10^{-3}	3.86×10^{-3}	4.62×10^{-3}	5.50×10^{-3}	6.68×10^{-3}	9.02×10^{-3}
		45 岁～	男	41	5.35×10^{-3}	1.59×10^{-3}	3.41×10^{-3}	4.40×10^{-3}	5.06×10^{-3}	5.89×10^{-3}	8.63×10^{-3}
			女	49	5.92×10^{-3}	2.28×10^{-3}	3.15×10^{-3}	4.19×10^{-3}	5.27×10^{-3}	7.50×10^{-3}	1.06×10^{-2}
		60 岁～	男	41	4.88×10^{-3}	1.48×10^{-3}	1.99×10^{-3}	4.22×10^{-3}	5.01×10^{-3}	5.70×10^{-3}	7.11×10^{-3}
			女	43	5.27×10^{-3}	1.40×10^{-3}	3.56×10^{-3}	4.22×10^{-3}	5.20×10^{-3}	6.13×10^{-3}	7.44×10^{-3}
上海	城市	18 岁～	男	97	1.82×10^{-3}	6.36×10^{-4}	1.23×10^{-3}	1.47×10^{-3}	1.69×10^{-3}	2.02×10^{-3}	3.28×10^{-3}
			女	88	2.23×10^{-3}	7.81×10^{-4}	8.44×10^{-4}	1.82×10^{-3}	2.15×10^{-3}	2.48×10^{-3}	4.13×10^{-3}
		45 岁～	男	18	1.80×10^{-3}	6.97×10^{-4}	3.14×10^{-4}	1.53×10^{-3}	1.74×10^{-3}	1.97×10^{-3}	3.99×10^{-3}
			女	43	2.06×10^{-3}	3.53×10^{-4}	1.61×10^{-3}	1.83×10^{-3}	2.01×10^{-3}	2.26×10^{-3}	2.74×10^{-3}

类别				N	铬经消化道暴露量/[mg/（kg·d）]						
					Mean	Std	P5	P25	P50	P75	P95
上海	城市	60 岁～	男	16	1.72×10^{-3}	2.40×10^{-4}	1.35×10^{-3}	1.52×10^{-3}	1.80×10^{-3}	1.93×10^{-3}	2.07×10^{-3}
			女	36	2.01×10^{-3}	4.14×10^{-4}	1.55×10^{-3}	1.75×10^{-3}	1.88×10^{-3}	2.20×10^{-3}	2.69×10^{-3}
	农村	18 岁～	男	48	1.12×10^{-3}	3.73×10^{-4}	4.94×10^{-4}	9.89×10^{-4}	1.09×10^{-3}	1.22×10^{-3}	1.91×10^{-3}
			女	38	1.27×10^{-3}	3.31×10^{-4}	4.88×10^{-4}	1.14×10^{-3}	1.30×10^{-3}	1.46×10^{-3}	1.87×10^{-3}
		45 岁～	男	71	1.28×10^{-3}	3.82×10^{-4}	9.42×10^{-4}	1.07×10^{-3}	1.17×10^{-3}	1.34×10^{-3}	2.10×10^{-3}
			女	82	1.29×10^{-3}	3.41×10^{-4}	8.99×10^{-4}	1.08×10^{-3}	1.28×10^{-3}	1.40×10^{-3}	1.77×10^{-3}
		60 岁～	男	35	1.22×10^{-3}	4.39×10^{-4}	4.84×10^{-4}	1.07×10^{-3}	1.16×10^{-3}	1.28×10^{-3}	1.90×10^{-3}
			女	27	1.36×10^{-3}	3.85×10^{-4}	8.15×10^{-4}	1.19×10^{-3}	1.29×10^{-3}	1.53×10^{-3}	2.11×10^{-3}
武汉	城市	18 岁～	男	60	2.53×10^{-3}	6.88×10^{-4}	1.40×10^{-3}	2.09×10^{-3}	2.44×10^{-3}	2.98×10^{-3}	3.63×10^{-3}
			女	77	2.68×10^{-3}	7.20×10^{-4}	9.43×10^{-4}	2.39×10^{-3}	2.63×10^{-3}	3.03×10^{-3}	3.77×10^{-3}
		45 岁～	男	40	2.69×10^{-3}	7.95×10^{-4}	1.82×10^{-3}	2.13×10^{-3}	2.47×10^{-3}	3.06×10^{-3}	4.39×10^{-3}
			女	41	3.06×10^{-3}	1.14×10^{-3}	1.82×10^{-3}	2.36×10^{-3}	2.81×10^{-3}	3.54×10^{-3}	4.72×10^{-3}
		60 岁～	男	60	2.59×10^{-3}	6.70×10^{-4}	1.59×10^{-3}	2.20×10^{-3}	2.59×10^{-3}	2.94×10^{-3}	3.80×10^{-3}
			女	77	2.83×10^{-3}	8.11×10^{-4}	1.90×10^{-3}	2.18×10^{-3}	2.72×10^{-3}	3.23×10^{-3}	4.10×10^{-3}
	农村	18 岁～	男	22	1.92×10^{-3}	5.01×10^{-4}	1.49×10^{-3}	1.78×10^{-3}	1.88×10^{-3}	2.18×10^{-3}	2.75×10^{-3}
			女	33	2.29×10^{-3}	8.76×10^{-4}	8.74×10^{-4}	1.84×10^{-3}	2.13×10^{-3}	2.67×10^{-3}	4.53×10^{-3}
		45 岁～	男	39	2.14×10^{-3}	6.75×10^{-4}	1.25×10^{-3}	1.69×10^{-3}	2.14×10^{-3}	2.38×10^{-3}	3.79×10^{-3}
			女	55	2.22×10^{-3}	8.57×10^{-4}	8.96×10^{-4}	1.85×10^{-3}	2.09×10^{-3}	2.43×10^{-3}	3.89×10^{-3}
		60 岁～	男	66	2.15×10^{-3}	5.98×10^{-4}	1.52×10^{-3}	1.78×10^{-3}	2.03×10^{-3}	2.35×10^{-3}	3.34×10^{-3}
			女	50	2.38×10^{-3}	5.56×10^{-4}	1.77×10^{-3}	2.03×10^{-3}	2.29×10^{-3}	2.58×10^{-3}	3.57×10^{-3}
成都	城市	18 岁～	男	123	4.81×10^{-3}	1.43×10^{-3}	3.30×10^{-3}	3.94×10^{-3}	4.46×10^{-3}	5.24×10^{-3}	7.33×10^{-3}
			女	125	6.12×10^{-3}	1.56×10^{-3}	4.39×10^{-3}	5.24×10^{-3}	5.84×10^{-3}	6.76×10^{-3}	9.03×10^{-3}
		45 岁～	男	24	5.23×10^{-3}	1.35×10^{-3}	3.51×10^{-3}	4.50×10^{-3}	4.91×10^{-3}	5.39×10^{-3}	8.59×10^{-3}
			女	29	6.35×10^{-3}	1.65×10^{-3}	4.48×10^{-3}	5.11×10^{-3}	5.99×10^{-3}	6.95×10^{-3}	9.60×10^{-3}
		60 岁～	男	8	5.04×10^{-3}	9.39×10^{-4}	4.02×10^{-3}	4.19×10^{-3}	4.91×10^{-3}	5.73×10^{-3}	6.67×10^{-3}
			女	26	5.60×10^{-3}	1.57×10^{-3}	3.76×10^{-3}	4.48×10^{-3}	5.31×10^{-3}	6.21×10^{-3}	8.63×10^{-3}
	农村	18 岁～	男	64	4.71×10^{-3}	1.70×10^{-3}	2.87×10^{-3}	3.66×10^{-3}	4.19×10^{-3}	5.37×10^{-3}	7.92×10^{-3}
			女	63	6.04×10^{-3}	1.75×10^{-3}	3.81×10^{-3}	4.89×10^{-3}	5.93×10^{-3}	7.53×10^{-3}	8.56×10^{-3}
		45 岁～	男	55	5.32×10^{-3}	1.72×10^{-3}	3.18×10^{-3}	4.32×10^{-3}	4.95×10^{-3}	6.55×10^{-3}	8.69×10^{-3}
			女	44	5.31×10^{-3}	1.43×10^{-3}	3.38×10^{-3}	4.41×10^{-3}	5.36×10^{-3}	6.30×10^{-3}	7.59×10^{-3}

类别				N	铬经消化道暴露量/[mg/（kg·d）]						
					Mean	Std	P5	P25	P50	P75	P95
成都	农村	60 岁～	男	34	4.65×10^{-3}	1.45×10^{-3}	3.00×10^{-3}	3.79×10^{-3}	4.20×10^{-3}	5.11×10^{-3}	7.98×10^{-3}
			女	36	5.26×10^{-3}	1.19×10^{-3}	3.71×10^{-3}	4.66×10^{-3}	5.08×10^{-3}	5.60×10^{-3}	8.67×10^{-3}
兰州	城市	18 岁～	男	61	6.65×10^{-3}	2.07×10^{-3}	3.99×10^{-3}	5.78×10^{-3}	6.35×10^{-3}	7.26×10^{-3}	1.06×10^{-2}
			女	51	8.50×10^{-3}	2.58×10^{-3}	4.91×10^{-3}	6.54×10^{-3}	8.28×10^{-3}	1.05×10^{-2}	1.32×10^{-2}
		45 岁～	男	49	7.41×10^{-3}	2.07×10^{-3}	4.87×10^{-3}	5.79×10^{-3}	7.13×10^{-3}	8.92×10^{-3}	1.09×10^{-2}
			女	54	7.85×10^{-3}	3.14×10^{-3}	5.03×10^{-3}	5.89×10^{-3}	6.65×10^{-3}	8.40×10^{-3}	1.50×10^{-2}
		60 岁～	男	65	7.02×10^{-3}	1.83×10^{-3}	4.96×10^{-3}	5.71×10^{-3}	6.45×10^{-3}	7.77×10^{-3}	1.06×10^{-2}
			女	67	8.19×10^{-3}	1.87×10^{-3}	5.73×10^{-3}	6.72×10^{-3}	8.16×10^{-3}	9.14×10^{-3}	1.15×10^{-2}
	农村	18 岁～	男	51	6.99×10^{-3}	1.62×10^{-3}	5.07×10^{-3}	5.97×10^{-3}	6.58×10^{-3}	7.68×10^{-3}	1.05×10^{-2}
			女	49	8.15×10^{-3}	2.56×10^{-3}	5.64×10^{-3}	6.78×10^{-3}	7.86×10^{-3}	8.71×10^{-3}	1.28×10^{-2}
		45 岁～	男	59	7.10×10^{-3}	1.95×10^{-3}	4.41×10^{-3}	5.78×10^{-3}	6.71×10^{-3}	8.25×10^{-3}	1.10×10^{-2}
			女	49	8.00×10^{-3}	1.96×10^{-3}	5.29×10^{-3}	6.49×10^{-3}	7.93×10^{-3}	9.22×10^{-3}	1.19×10^{-2}
		60 岁～	男	69	7.56×10^{-3}	1.66×10^{-3}	5.94×10^{-3}	6.52×10^{-3}	7.29×10^{-3}	8.03×10^{-3}	1.12×10^{-2}
			女	64	7.86×10^{-3}	1.46×10^{-3}	5.78×10^{-3}	6.77×10^{-3}	7.65×10^{-3}	8.81×10^{-3}	1.02×10^{-2}

附表 6-6　不同地区居民分城乡、年龄和性别的汞经消化道暴露贡献比

类别				N	汞经消化道暴露贡献比/%						
					Mean	Std	P5	P25	P50	P75	P95
太原	城市	18 岁～	男	68	99.9947	0.0016	99.9923	99.9934	99.9944	99.9960	99.9973
			女	72	99.9962	0.0012	99.9946	99.9955	99.9960	99.9970	99.9982
		45 岁～	男	50	99.9946	0.0049	99.9918	99.9940	99.9957	99.9965	99.9973
			女	60	99.9966	0.0010	99.9951	99.9959	99.9964	99.9974	99.9982
		60 岁～	男	56	99.9960	0.0011	99.9943	99.9953	99.9957	99.9971	99.9978
			女	54	99.9968	0.0009	99.9950	99.9962	99.9966	99.9977	99.9981
	农村	18 岁～	男	41	99.9855	0.0180	99.9487	99.9697	99.9965	99.9969	99.9980
			女	40	99.9901	0.0139	99.9599	99.9921	99.9972	99.9979	99.9984
		45 岁～	男	49	99.9863	0.0184	99.9437	99.9866	99.9965	99.9974	99.9982
			女	74	99.9920	0.0118	99.9642	99.9966	99.9976	99.9980	99.9988
		60 岁～	男	73	99.9842	0.0168	99.9557	99.9665	99.9959	99.9974	99.9983
			女	59	99.9936	0.0098	99.9622	99.9967	99.9976	99.9982	99.9987

类别				N	汞经消化道暴露贡献比/%						
					Mean	Std	P5	P25	P50	P75	P95
大连	城市	18岁～	男	88	99.9950	0.0012	99.9930	99.9942	99.9949	99.9957	99.9971
			女	68	99.9967	0.0010	99.9949	99.9962	99.9968	99.9975	99.9980
		45岁～	男	13	99.9962	0.0010	99.9938	99.9959	99.9963	99.9968	99.9977
			女	31	99.9972	0.0010	99.9953	99.9968	99.9972	99.9981	99.9984
		60岁～	男	24	99.9966	0.0008	99.9955	99.9961	99.9966	99.9972	99.9981
			女	63	99.9969	0.0008	99.9956	99.9965	99.9970	99.9975	99.9979
	农村	18岁～	男	84	99.9940	0.0014	99.9921	99.9931	99.9940	99.9951	99.9959
			女	76	99.9958	0.0011	99.9940	99.9951	99.9960	99.9966	99.9975
		45岁～	男	41	99.9947	0.0015	99.9922	99.9936	99.9951	99.9960	99.9968
			女	49	99.9957	0.0013	99.9936	99.9945	99.9959	99.9968	99.9974
		60岁～	男	41	99.9951	0.0016	99.9925	99.9944	99.9952	99.9964	99.9970
			女	43	99.9960	0.0010	99.9947	99.9955	99.9960	99.9966	99.9971
上海	城市	18岁～	男	97	99.9864	0.0054	99.9742	99.9850	99.9871	99.9901	99.9923
			女	88	99.9907	0.0043	99.9829	99.9884	99.9919	99.9936	99.9953
		45岁～	男	18	99.9878	0.0048	99.9771	99.9862	99.9892	99.9916	99.9925
			女	43	99.9930	0.0024	99.9873	99.9922	99.9938	99.9945	99.9952
		60岁～	男	16	99.9909	0.0028	99.9816	99.9899	99.9916	99.9925	99.9936
			女	36	99.9932	0.0021	99.9875	99.9921	99.9940	99.9945	99.9955
	农村	18岁～	男	48	99.9928	0.0023	99.9889	99.9917	99.9928	99.9940	99.9961
			女	38	99.9953	0.0016	99.9939	99.9947	99.9952	99.9958	99.9976
		45岁～	男	71	99.9934	0.0017	99.9913	99.9923	99.9929	99.9942	99.9966
			女	82	99.9952	0.0020	99.9933	99.9944	99.9952	99.9960	99.9976
		60岁～	男	35	99.9948	0.0022	99.9914	99.9934	99.9945	99.9968	99.9972
			女	27	99.9962	0.0013	99.9942	99.9951	99.9958	99.9977	99.9979
武汉	城市	18岁～	男	60	99.9860	0.0148	99.9407	99.9880	99.9901	99.9919	99.9935
			女	77	99.9907	0.0135	99.9797	99.9919	99.9933	99.9945	99.9964
		45岁～	男	40	99.9917	0.0032	99.9861	99.9893	99.9920	99.9946	99.9966
			女	41	99.9898	0.0118	99.9762	99.9911	99.9929	99.9941	99.9954
		60岁～	男	60	99.9915	0.0027	99.9869	99.9898	99.9917	99.9937	99.9956
			女	77	99.9926	0.0022	99.9888	99.9910	99.9927	99.9942	99.9961

类别				N	汞经消化道暴露贡献比/%						
					Mean	Std	P5	P25	P50	P75	P95
武汉	农村	18 岁～	男	22	99.9950	0.0037	99.9913	99.9936	99.9965	99.9977	99.9981
			女	33	99.9941	0.0117	99.9576	99.9956	99.9975	99.9978	99.9989
		45 岁～	男	39	99.9878	0.0322	99.9186	99.9937	99.9954	99.9973	99.9983
			女	55	99.9950	0.0063	99.9891	99.9935	99.9966	99.9979	99.9988
		60 岁～	男	66	99.9938	0.0061	99.9853	99.9927	99.9952	99.9976	99.9987
			女	50	99.9960	0.0026	99.9907	99.9942	99.9965	99.9982	99.9990
成都	城市	18 岁～	男	123	99.9881	0.0038	99.9837	99.9866	99.9883	99.9902	99.9930
			女	125	99.9923	0.0014	99.9903	99.9913	99.9921	99.9933	99.9946
		45 岁～	男	24	99.9895	0.0019	99.9859	99.9884	99.9896	99.9906	99.9929
			女	29	99.9929	0.0015	99.9907	99.9915	99.9926	99.9942	99.9951
		60 岁～	男	8	99.9913	0.0016	99.9881	99.9903	99.9918	99.9923	99.9932
			女	26	99.9930	0.0016	99.9907	99.9921	99.9928	99.9937	99.9954
	农村	18 岁～	男	64	99.9824	0.0054	99.9725	99.9790	99.9839	99.9859	99.9897
			女	63	99.9888	0.0046	99.9796	99.9858	99.9897	99.9923	99.9949
		45 岁～	男	55	99.9848	0.0055	99.9745	99.9819	99.9856	99.9884	99.9935
			女	44	99.9859	0.0048	99.9793	99.9820	99.9851	99.9897	99.9936
		60 岁～	男	34	99.9867	0.0049	99.9751	99.9839	99.9877	99.9904	99.9941
			女	36	99.9906	0.0033	99.9830	99.9886	99.9918	99.9927	99.9943
兰州	城市	18 岁～	男	61	99.9868	0.0326	99.9231	99.9954	99.9963	99.9970	99.9981
			女	51	99.9968	0.0032	99.9934	99.9967	99.9976	99.9981	99.9984
		45 岁～	男	49	99.9943	0.0166	99.9933	99.9963	99.9970	99.9975	99.9980
			女	54	99.9973	0.0011	99.9953	99.9970	99.9975	99.9981	99.9987
		60 岁～	男	65	99.9972	0.0007	99.9964	99.9967	99.9971	99.9976	99.9983
			女	67	99.9975	0.0017	99.9934	99.9975	99.9979	99.9983	99.9987
	农村	18 岁～	男	51	99.9622	0.0259	99.9214	99.9423	99.9559	99.9953	99.9974
			女	49	99.9724	0.0261	99.9222	99.9591	99.9773	99.9965	99.9975
		45 岁～	男	59	99.9578	0.0235	99.9180	99.9470	99.9553	99.9710	99.9973
			女	49	99.9599	0.0238	99.9131	99.9446	99.9590	99.9733	99.9980
		60 岁～	男	69	99.9726	0.0228	99.9425	99.9526	99.9669	99.9962	99.9975
			女	64	99.9795	0.0216	99.9437	99.9577	99.9960	99.9971	99.9974

附表 6-7 不同地区居民分城乡、年龄和性别的镉经消化道暴露贡献比

类别				N	镉经消化道暴露贡献比/%						
					Mean	Std	P5	P25	P50	P75	P95
太原	城市	18 岁～	男	68	99.9842	0.0104	99.9736	99.9792	99.9857	99.9904	99.9956
			女	72	99.9890	0.0064	99.9727	99.9876	99.9898	99.9928	99.9965
		45 岁～	男	50	99.9818	0.0367	99.9788	99.9824	99.9854	99.9914	99.9946
			女	60	99.9899	0.0051	99.9826	99.9874	99.9907	99.9931	99.9958
		60 岁～	男	56	99.9902	0.0066	99.9816	99.9881	99.9923	99.9934	99.9961
			女	54	99.9927	0.0054	99.9854	99.9925	99.9938	99.9946	99.9975
	农村	18 岁～	男	41	99.9740	0.0130	99.9514	99.9641	99.9777	99.9839	99.9891
			女	40	99.9836	0.0126	99.9565	99.9798	99.9889	99.9928	99.9957
		45 岁～	男	49	99.9756	0.0119	99.9509	99.9686	99.9784	99.9848	99.9900
			女	74	99.9816	0.0184	99.9631	99.9805	99.9855	99.9895	99.9943
		60 岁～	男	73	99.9756	0.0121	99.9522	99.9667	99.9756	99.9845	99.9935
			女	59	99.9862	0.0072	99.9709	99.9827	99.9869	99.9928	99.9954
大连	城市	18 岁～	男	88	99.9125	0.0362	99.8681	99.9035	99.9182	99.9270	99.9517
			女	68	99.9305	0.0582	99.8785	99.9254	99.9424	99.9608	99.9739
		45 岁～	男	13	99.9249	0.0286	99.8659	99.9094	99.9336	99.9479	99.9581
			女	31	99.9294	0.0969	99.7016	99.9324	99.9544	99.9736	99.9785
		60 岁～	男	24	99.9458	0.0265	99.8855	99.9368	99.9535	99.9646	99.9721
			女	63	99.9444	0.0402	99.8494	99.9366	99.9619	99.9675	99.9738
	农村	18 岁～	男	84	99.9611	0.0150	99.9450	99.9575	99.9627	99.9693	99.9746
			女	76	99.9737	0.0061	99.9647	99.9694	99.9743	99.9779	99.9829
		45 岁～	男	41	99.9660	0.0097	99.9495	99.9590	99.9687	99.9744	99.9789
			女	49	99.9628	0.0447	99.9286	99.9637	99.9725	99.9790	99.9829
		60 岁～	男	41	99.9650	0.0168	99.9523	99.9617	99.9695	99.9749	99.9795
			女	43	99.9646	0.0241	99.9142	99.9663	99.9722	99.9780	99.9814
上海	城市	18 岁～	男	97	99.9963	0.0034	99.9953	99.9963	99.9967	99.9972	99.9981
			女	88	99.9977	0.0009	99.9960	99.9975	99.9978	99.9982	99.9986
		45 岁～	男	18	99.9964	0.0018	99.9909	99.9965	99.9968	99.9972	99.9978
			女	43	99.9979	0.0003	99.9973	99.9977	99.9979	99.9981	99.9984

类别				N	镉经消化道暴露贡献比/%						
					Mean	Std	P5	P25	P50	P75	P95
上海	城市	60 岁～	男	16	99.9974	0.0005	99.9966	99.9971	99.9973	99.9976	99.9985
			女	36	99.9979	0.0004	99.9973	99.9978	99.9980	99.9981	99.9984
	农村	18 岁～	男	48	99.9959	0.0015	99.9942	99.9955	99.9963	99.9966	99.9975
			女	38	99.9969	0.0027	99.9958	99.9969	99.9974	99.9978	99.9980
		45 岁～	男	71	99.9962	0.0010	99.9947	99.9958	99.9963	99.9968	99.9974
			女	82	99.9971	0.0017	99.9962	99.9969	99.9974	99.9978	99.9981
		60 岁～	男	35	99.9972	0.0007	99.9956	99.9969	99.9972	99.9976	99.9981
			女	27	99.9979	0.0006	99.9969	99.9973	99.9979	99.9984	99.9989
武汉	城市	18 岁～	男	60	99.9808	0.0058	99.9712	99.9781	99.9818	99.9840	99.9882
			女	77	99.9850	0.0093	99.9824	99.9849	99.9859	99.9886	99.9904
		45 岁～	男	40	99.9832	0.0044	99.9779	99.9801	99.9824	99.9863	99.9906
			女	41	99.9870	0.0029	99.9840	99.9858	99.9869	99.9885	99.9913
		60 岁～	男	60	99.9849	0.0032	99.9793	99.9822	99.9850	99.9871	99.9901
			女	77	99.9882	0.0023	99.9846	99.9865	99.9883	99.9896	99.9925
	农村	18 岁～	男	22	99.9808	0.0048	99.9734	99.9769	99.9819	99.9845	99.9867
			女	33	99.9825	0.0110	99.9563	99.9824	99.9856	99.9872	99.9922
		45 岁～	男	39	99.9790	0.0056	99.9684	99.9753	99.9794	99.9839	99.9876
			女	55	99.9855	0.0049	99.9769	99.9813	99.9865	99.9893	99.9926
		60 岁～	男	66	99.9811	0.0059	99.9699	99.9777	99.9817	99.9842	99.9894
			女	50	99.9862	0.0049	99.9786	99.9828	99.9865	99.9899	99.9931
成都	城市	18 岁～	男	123	99.9817	0.0070	99.9720	99.9776	99.9810	99.9875	99.9913
			女	125	99.9878	0.0047	99.9819	99.9855	99.9875	99.9910	99.9939
		45 岁～	男	24	99.9855	0.0041	99.9793	99.9821	99.9860	99.9885	99.9912
			女	29	99.9886	0.0038	99.9809	99.9863	99.9893	99.9912	99.9940
		60 岁～	男	8	99.9885	0.0028	99.9826	99.9873	99.9898	99.9903	99.9907
			女	26	99.9887	0.0048	99.9806	99.9852	99.9895	99.9924	99.9945
	农村	18 岁～	男	64	99.9790	0.0117	99.9568	99.9701	99.9796	99.9892	99.9966
			女	63	99.9860	0.0111	99.9673	99.9814	99.9875	99.9941	99.9977
		45 岁～	男	55	99.9825	0.0101	99.9625	99.9760	99.9827	99.9912	99.9962
			女	44	99.9796	0.0122	99.9669	99.9737	99.9798	99.9865	99.9951

类别				N	镉经消化道暴露贡献比/%						
					Mean	Std	P5	P25	P50	P75	P95
成都	农村	60岁～	男	34	99.9855	0.0093	99.9710	99.9792	99.9863	99.9931	99.9961
			女	36	99.9908	0.0066	99.9749	99.9877	99.9934	99.9947	99.9976
兰州	城市	18岁～	男	61	99.8532	0.0818	99.7193	99.8381	99.8779	99.9011	99.9310
			女	51	99.9157	0.0287	99.8730	99.8914	99.9212	99.9347	99.9587
		45岁～	男	49	99.8934	0.0383	99.8133	99.8754	99.9013	99.9223	99.9447
			女	54	99.9232	0.0259	99.8863	99.9004	99.9272	99.9396	99.9696
		60岁～	男	65	99.9080	0.0297	99.8666	99.8802	99.9077	99.9334	99.9505
			女	67	99.9327	0.0225	99.8970	99.9105	99.9412	99.9487	99.9606
	农村	18岁～	男	51	99.7633	0.0935	99.5952	99.7028	99.7644	99.8409	99.9141
			女	49	99.8078	0.0727	99.6896	99.7571	99.8143	99.8662	99.9127
		45岁～	男	59	99.7312	0.0818	99.6105	99.6782	99.7198	99.7721	99.9176
			女	49	99.7855	0.0834	99.6758	99.7446	99.7849	99.8377	99.9125
		60岁～	男	69	99.7950	0.0900	99.6422	99.7150	99.8021	99.8646	99.9318
			女	64	99.8495	0.0852	99.7202	99.7774	99.8866	99.9181	99.9503

附表 6-8 不同地区居民分城乡、年龄和性别的砷经消化道暴露贡献比

类别				N	砷经消化道暴露贡献比/%						
					Mean	Std	P5	P25	P50	P75	P95
太原	城市	18岁～	男	68	99.9850	0.0047	99.9770	99.9817	99.9850	99.9886	99.9927
			女	72	99.9888	0.0035	99.9819	99.9870	99.9891	99.9909	99.9936
		45岁～	男	50	99.9083	0.5464	99.9717	99.9830	99.9859	99.9901	99.9920
			女	60	99.9900	0.0031	99.9848	99.9878	99.9902	99.9918	99.9957
		60岁～	男	56	99.9888	0.0028	99.9837	99.9874	99.9887	99.9905	99.9929
			女	54	99.9910	0.0023	99.9876	99.9894	99.9909	99.9927	99.9951
	农村	18岁～	男	41	96.4137	5.7405	85.2221	90.7473	99.9678	99.9709	99.9815
			女	40	97.5420	4.5788	87.5455	98.5433	99.9797	99.9838	99.9916
		45岁～	男	49	96.3916	5.8131	83.8726	95.8482	99.9662	99.9782	99.9833
			女	74	97.7707	4.5837	87.5977	99.9741	99.9782	99.9841	99.9908
		60岁～	男	73	95.7242	5.3968	86.9093	89.7233	99.9694	99.9777	99.9871
			女	59	98.4996	3.3302	88.4646	99.9712	99.9812	99.9861	99.9900

类别				N	砷经消化道暴露贡献比/%						
					Mean	Std	P5	P25	P50	P75	P95
大连	城市	18 岁～	男	88	99.9857	0.0031	99.9809	99.9842	99.9857	99.9874	99.9903
			女	68	99.9905	0.0025	99.9856	99.9890	99.9905	99.9920	99.9943
		45 岁～	男	13	99.9877	0.0031	99.9804	99.9870	99.9890	99.9901	99.9905
			女	31	99.9903	0.0084	99.9869	99.9895	99.9921	99.9941	99.9950
		60 岁～	男	24	99.9902	0.0031	99.9836	99.9891	99.9911	99.9920	99.9936
			女	63	99.9814	0.0543	99.9837	99.9896	99.9917	99.9928	99.9946
	农村	18 岁～	男	84	99.8435	0.1440	99.6062	99.7363	99.8367	99.9868	99.9892
			女	76	99.9053	0.1192	99.6661	99.8151	99.9879	99.9908	99.9920
		45 岁～	男	41	99.8564	0.1331	99.6437	99.7660	99.8542	99.9885	99.9905
			女	49	99.8380	0.1202	99.6289	99.7566	99.8400	99.9851	99.9936
		60 岁～	男	41	99.8455	0.1158	99.6818	99.7772	99.8294	99.9899	99.9917
			女	43	99.7352	0.5894	99.3978	99.7856	99.8346	99.9588	99.9919
上海	城市	18 岁～	男	97	99.8873	0.1395	99.7244	99.9062	99.9166	99.9242	99.9523
			女	88	99.9178	0.1544	99.8667	99.9385	99.9438	99.9506	99.9663
		45 岁～	男	18	99.8613	0.2382	98.9204	99.9132	99.9240	99.9292	99.9719
			女	43	99.9362	0.0842	99.9398	99.9438	99.9484	99.9515	99.9614
		60 岁～	男	16	99.9354	0.0069	99.9236	99.9297	99.9356	99.9398	99.9471
			女	36	99.9449	0.0277	99.9042	99.9467	99.9492	99.9534	99.9596
	农村	18 岁～	男	48	99.5949	0.9496	98.6672	99.8341	99.9014	99.9108	99.9444
			女	38	99.8648	0.2308	99.3027	99.9262	99.9354	99.9417	99.9525
		45 岁～	男	71	99.6154	0.4076	98.8527	99.3136	99.9046	99.9153	99.9342
			女	82	99.6707	0.4525	99.0206	99.2877	99.9325	99.9415	99.9496
		60 岁～	男	35	99.5242	0.9920	98.4318	99.2870	99.9219	99.9306	99.9456
			女	27	99.6071	0.4963	99.0336	99.3269	99.9351	99.9458	99.9595
武汉	城市	18 岁～	男	60	99.9412	0.1406	99.9273	99.9520	99.9599	99.9682	99.9776
			女	77	99.9459	0.1897	99.9310	99.9603	99.9705	99.9766	99.9805
		45 岁～	男	40	99.9625	0.0219	99.9314	99.9587	99.9653	99.9742	99.9846
			女	41	99.9653	0.0333	99.9419	99.9579	99.9743	99.9795	99.9850
		60 岁～	男	60	99.9004	0.2126	99.3509	99.9566	99.9712	99.9770	99.9832
			女	77	99.9337	0.1842	99.6486	99.9739	99.9792	99.9819	99.9862

类别				N	砷经消化道暴露贡献比/%						
					Mean	Std	P5	P25	P50	P75	P95
武汉	农村	18岁～	男	22	95.7861	6.0340	90.8505	91.4475	99.8344	99.8938	99.9269
			女	33	97.2355	4.1183	90.0208	93.4272	99.8781	99.9276	99.9577
		45岁～	男	39	95.3130	7.3123	78.7926	92.7516	96.3252	99.8809	99.9390
			女	55	94.8820	4.8760	84.6530	91.4846	95.7773	99.9332	99.9568
		60岁～	男	66	93.4265	6.2509	78.6420	91.1961	95.0229	99.8835	99.9446
			女	50	95.6005	4.2963	87.2749	92.4412	95.9830	99.9372	99.9639
成都	城市	18岁～	男	123	99.9559	0.1376	99.8515	99.9659	99.9883	99.9904	99.9932
			女	125	99.9790	0.0459	99.9593	99.9719	99.9917	99.9939	99.9955
		45岁～	男	24	99.9824	0.0143	99.9549	99.9774	99.9890	99.9914	99.9920
			女	29	99.9723	0.0552	99.9112	99.9731	99.9921	99.9936	99.9961
		60岁～	男	8	99.9887	0.0084	99.9685	99.9894	99.9914	99.9930	99.9937
			女	26	99.9036	0.1894	99.4077	99.9611	99.9848	99.9943	99.9958
	农村	18岁～	男	64	97.2130	2.4970	93.0573	95.3899	96.7279	99.9861	99.9916
			女	63	98.1420	2.0206	94.1482	96.5997	98.6625	99.9918	99.9954
		45岁～	男	55	97.2095	2.4038	92.6944	95.5879	97.2419	99.9855	99.9932
			女	44	96.8161	2.1741	93.8358	95.2942	96.4287	98.8252	99.9929
		60岁～	男	34	98.0859	2.0831	94.1230	96.7173	98.1295	99.9903	99.9942
			女	36	99.0278	1.5497	95.3123	98.0206	99.9916	99.9933	99.9948
兰州	城市	18岁～	男	61	96.2370	4.3385	83.5931	97.0664	97.6128	98.0837	98.5367
			女	51	98.3614	0.8146	96.8946	97.9751	98.6431	98.9314	99.0951
		45岁～	男	49	97.8206	1.9313	96.7338	97.8438	98.1496	98.4586	98.9000
			女	54	98.4802	0.5558	97.2988	98.1128	98.6321	98.7486	99.1936
		60岁～	男	65	98.4373	0.3835	97.8222	98.1907	98.4203	98.6982	99.0020
			女	67	98.6803	0.4153	97.8177	98.5374	98.7586	98.9873	99.1239
	农村	18岁～	男	51	84.6709	10.4857	70.8300	76.1562	82.1207	98.4338	99.2604
			女	49	89.0906	9.5271	72.1571	81.3574	88.9188	98.9917	99.3056
		45岁～	男	59	83.1030	7.5626	74.2810	77.7191	80.4240	86.9663	98.9786
			女	49	83.8248	8.4604	72.9436	78.2229	80.8025	86.8575	99.3224
		60岁～	男	69	88.5507	9.7379	75.3118	79.0829	86.7181	98.8048	99.2680
			女	64	91.1551	9.5601	76.0232	81.4792	98.2206	99.0804	99.3170

附表 6-9　不同地区居民分城乡、年龄和性别的铅经消化道暴露贡献比

类别				N	铅经消化道暴露贡献比/%						
					Mean	Std	P5	P25	P50	P75	P95
太原	城市	18 岁～	男	68	99.3809	0.4903	99.1679	99.3170	99.4717	99.5400	99.6555
			女	72	99.5903	0.1894	99.4124	99.5301	99.6141	99.6727	99.7503
		45 岁～	男	50	99.4653	0.2411	99.1021	99.3439	99.5455	99.6359	99.7042
			女	60	99.6517	0.0990	99.4810	99.5875	99.6729	99.7103	99.7972
		60 岁～	男	56	99.5961	0.0807	99.3930	99.5780	99.6053	99.6391	99.7050
			女	54	99.6881	0.0620	99.5479	99.6794	99.7022	99.7167	99.7643
	农村	18 岁～	男	41	98.9315	0.6122	97.7212	98.7945	98.9351	99.3842	99.6765
			女	40	99.2419	0.5902	97.9897	99.1895	99.4594	99.6977	99.7715
		45 岁～	男	49	98.9279	0.5644	97.9500	98.6875	99.0034	99.3061	99.6228
			女	74	99.2100	0.4547	98.1725	99.1254	99.2633	99.5426	99.7674
		60 岁～	男	73	98.9621	0.5549	97.9420	98.5727	99.0164	99.4024	99.7496
			女	59	99.4121	0.3454	98.6391	99.2614	99.5093	99.6998	99.8036
大连	城市	18 岁～	男	88	99.9551	0.0185	99.9213	99.9504	99.9607	99.9659	99.9753
			女	68	99.9668	0.0146	99.9467	99.9625	99.9699	99.9750	99.9823
		45 岁～	男	13	99.9603	0.0169	99.9284	99.9432	99.9661	99.9741	99.9772
			女	31	99.9647	0.0161	99.9388	99.9557	99.9687	99.9767	99.9860
		60 岁～	男	24	99.9621	0.0107	99.9455	99.9527	99.9611	99.9702	99.9782
			女	63	99.9574	0.0143	99.9278	99.9513	99.9579	99.9660	99.9777
	农村	18 岁～	男	84	99.8407	0.0981	99.6838	99.7681	99.8416	99.9326	99.9484
			女	76	99.8963	0.0773	99.7453	99.8393	99.9404	99.9529	99.9597
		45 岁～	男	41	99.8533	0.0872	99.7138	99.7909	99.8709	99.9386	99.9493
			女	49	99.8458	0.0867	99.6920	99.8058	99.8465	99.8969	99.9661
		60 岁～	男	41	99.8288	0.1530	99.6568	99.7828	99.8265	99.9481	99.9597
			女	43	99.8144	0.2922	99.7129	99.8266	99.8527	99.9387	99.9630
上海	城市	18 岁～	男	97	99.9695	0.0076	99.9581	99.9660	99.9699	99.9743	99.9811
			女	88	99.9801	0.0065	99.9747	99.9783	99.9806	99.9829	99.9873
		45 岁～	男	18	99.9712	0.0101	99.9345	99.9723	99.9741	99.9760	99.9818
			女	43	99.9817	0.0040	99.9784	99.9806	99.9823	99.9839	99.9855

类别				*N*	铅经消化道暴露贡献比/%						
					Mean	Std	P5	P25	P50	P75	P95
上海	城市	60 岁～	男	16	99.9776	0.0030	99.9724	99.9767	99.9774	99.9793	99.9850
			女	36	99.9828	0.0024	99.9787	99.9813	99.9828	99.9846	99.9867
	农村	18 岁～	男	48	99.9544	0.0278	99.9158	99.9555	99.9610	99.9639	99.9779
			女	38	99.9693	0.0183	99.9548	99.9691	99.9727	99.9769	99.9803
		45 岁～	男	71	99.9538	0.0185	99.9361	99.9485	99.9567	99.9635	99.9712
			女	82	99.9683	0.0132	99.9489	99.9629	99.9718	99.9784	99.9821
		60 岁～	男	35	99.9623	0.0277	99.9326	99.9568	99.9704	99.9750	99.9793
			女	27	99.9666	0.0231	99.9341	99.9610	99.9711	99.9815	99.9839
武汉	城市	18 岁～	男	60	99.8451	0.0696	99.7350	99.8311	99.8529	99.8854	99.9093
			女	77	99.8825	0.0523	99.7978	99.8718	99.8926	99.9105	99.9268
		45 岁～	男	40	99.8658	0.0340	99.8131	99.8419	99.8678	99.8829	99.9214
			女	41	99.8849	0.0660	99.7624	99.8749	99.8972	99.9198	99.9366
		60 岁～	男	60	99.8840	0.0281	99.8369	99.8656	99.8838	99.8991	99.9316
			女	77	99.9129	0.0220	99.8671	99.8982	99.9164	99.9289	99.9439
	农村	18 岁～	男	22	99.7228	0.1476	99.3895	99.6412	99.7562	99.8356	99.8568
			女	33	99.7290	0.5223	99.2380	99.7753	99.8626	99.8823	99.9155
		45 岁～	男	39	99.6900	0.4474	99.4047	99.7015	99.7826	99.8341	99.8994
			女	55	99.7554	0.1478	99.4221	99.6829	99.7927	99.8609	99.8941
		60 岁～	男	66	99.7130	0.1618	99.3980	99.6542	99.7581	99.8251	99.8856
			女	50	99.8095	0.0885	99.6402	99.7338	99.8245	99.8849	99.9092
成都	城市	18 岁～	男	123	99.9651	0.0328	99.9070	99.9672	99.9764	99.9869	99.9915
			女	125	99.9755	0.0206	99.9380	99.9600	99.9842	99.9901	99.9940
		45 岁～	男	24	99.9700	0.0210	99.9296	99.9616	99.9790	99.9824	99.9920
			女	29	99.9763	0.0189	99.9357	99.9617	99.9841	99.9915	99.9948
		60 岁～	男	8	99.9805	0.0128	99.9510	99.9790	99.9841	99.9873	99.9924
			女	26	99.9726	0.0212	99.9351	99.9566	99.9844	99.9898	99.9934
	农村	18 岁～	男	64	99.9061	0.0670	99.7939	99.8548	99.9006	99.9767	99.9883
			女	63	99.9317	0.0752	99.8306	99.9022	99.9466	99.9862	99.9922
		45 岁～	男	55	99.9134	0.0577	99.8056	99.8695	99.9161	99.9712	99.9878
			女	44	99.9037	0.0521	99.8371	99.8671	99.8970	99.9353	99.9886

类别				N	铅经消化道暴露贡献比/%						
					Mean	Std	P5	P25	P50	P75	P95
成都	农村	60 岁～	男	34	99.9325	0.0563	99.8317	99.9027	99.9359	99.9838	99.9893
			女	36	99.9606	0.0402	99.8654	99.9382	99.9779	99.9882	99.9923
兰州	城市	18 岁～	男	61	99.6951	0.2600	99.0561	99.7286	99.7820	99.8348	99.8900
			女	51	99.8526	0.0965	99.7071	99.8241	99.8703	99.9056	99.9564
		45 岁～	男	49	99.7806	0.2602	99.6423	99.7924	99.8201	99.8606	99.9012
			女	54	99.8648	0.0455	99.7935	99.8457	99.8622	99.8852	99.9422
		60 岁～	男	65	99.8512	0.0348	99.8056	99.8227	99.8500	99.8788	99.9084
			女	67	99.8786	0.1005	99.8436	99.8673	99.8957	99.9116	99.9274
	农村	18 岁～	男	51	99.4683	0.3121	99.0088	99.2942	99.3960	99.8281	99.8965
			女	49	99.5560	0.4945	99.0163	99.4866	99.6710	99.8713	99.9023
		45 岁～	男	59	99.2389	0.7431	96.9735	99.2610	99.3905	99.5422	99.9002
			女	49	99.4765	0.3239	98.9583	99.3391	99.4602	99.6457	99.9314
		60 岁～	男	69	99.5854	0.3638	99.2373	99.3618	99.5768	99.8835	99.9135
			女	64	99.6449	0.4952	99.2358	99.4842	99.8722	99.9028	99.9298

附表 6-10　不同地区居民分城乡、年龄和性别的铬经消化道暴露贡献比

类别				N	铬经消化道暴露贡献比/%						
					Mean	Std	P5	P25	P50	P75	P95
太原	城市	18 岁～	男	68	99.9561	0.0166	99.9281	99.9418	99.9584	99.9665	99.9811
			女	72	99.9693	0.0084	99.9525	99.9644	99.9698	99.9754	99.9825
		45 岁～	男	50	99.9530	0.0553	99.9343	99.9477	99.9636	99.9745	99.9810
			女	60	99.9718	0.0093	99.9568	99.9652	99.9737	99.9776	99.9860
		60 岁～	男	56	99.9708	0.0100	99.9502	99.9666	99.9728	99.9767	99.9842
			女	54	99.9773	0.0072	99.9639	99.9749	99.9785	99.9805	99.9868
	农村	18 岁～	男	41	99.4431	0.7487	97.9202	98.7571	99.8829	99.9125	99.9291
			女	40	99.6245	0.6058	98.3334	99.7886	99.9319	99.9641	99.9761
		45 岁～	男	49	99.4550	0.7428	97.7989	99.3976	99.8688	99.9099	99.9380
			女	74	99.6822	0.5190	98.3726	99.8902	99.9184	99.9419	99.9703
		60 岁～	男	73	99.3803	0.6811	98.2520	98.5945	99.8784	99.9212	99.9544
			女	59	99.7544	0.4082	98.5292	98.8949	99.9229	99.9515	99.9719

类别				N	铬经消化道暴露贡献比/%						
					Mean	Std	P5	P25	P50	P75	P95
大连	城市	18岁～	男	88	99.9606	0.0112	99.9433	99.9553	99.9601	99.9673	99.9769
			女	68	99.9727	0.0121	99.9598	99.9675	99.9738	99.9793	99.9856
		45岁～	男	13	99.9686	0.0093	99.9500	99.9623	99.9691	99.9753	99.9822
			女	31	99.9741	0.0110	99.9528	99.9687	99.9773	99.9813	99.9877
		60岁～	男	24	99.9721	0.0065	99.9637	99.9681	99.9700	99.9752	99.9855
			女	63	99.9703	0.0112	99.9495	99.9654	99.9701	99.9778	99.9868
	农村	18岁～	男	84	99.9365	0.0273	99.8871	99.9121	99.9399	99.9627	99.9697
			女	76	99.9570	0.0226	99.9143	99.9439	99.9672	99.9739	99.9786
		45岁～	男	41	99.9396	0.0323	99.8842	99.9158	99.9537	99.9676	99.9721
			女	49	99.9442	0.0293	99.8978	99.9281	99.9460	99.9674	99.9811
		60岁～	男	41	99.9344	0.0370	99.8716	99.9251	99.9372	99.9561	99.9767
			女	43	99.9455	0.0370	99.9096	99.9403	99.9469	99.9613	99.9793
上海	城市	18岁～	男	97	99.9110	0.0410	99.8854	99.9005	99.9133	99.9270	99.9543
			女	88	99.9391	0.0305	99.8892	99.9323	99.9430	99.9570	99.9692
		45岁～	男	18	99.8952	0.0888	99.5443	99.9030	99.9157	99.9215	99.9494
			女	43	99.9424	0.0093	99.9313	99.9364	99.9411	99.9488	99.9594
		60岁～	男	16	99.9286	0.0112	99.9113	99.9181	99.9314	99.9353	99.9463
			女	36	99.9466	0.0083	99.9346	99.9415	99.9449	99.9519	99.9634
	农村	18岁～	男	48	99.8225	0.0884	99.5883	99.8231	99.8439	99.8581	99.9113
			女	38	99.8844	0.0480	99.7402	99.8840	99.8976	99.9056	99.9230
		45岁～	男	71	99.8552	0.0359	99.8142	99.8405	99.8513	99.8711	99.9260
			女	82	99.8829	0.0557	99.8066	99.8766	99.8929	99.9074	99.9166
		60岁～	男	35	99.8600	0.0734	99.6091	99.8554	99.8842	99.8899	99.9149
			女	27	99.8909	0.0579	99.7421	99.8857	99.9049	99.9157	99.9344
武汉	城市	18岁～	男	60	99.9391	0.0239	99.8903	99.9302	99.9425	99.9558	99.9687
			女	77	99.9484	0.0301	99.8847	99.9382	99.9545	99.9663	99.9731
		45岁～	男	40	99.9466	0.0231	99.9039	99.9379	99.9523	99.9622	99.9742
			女	41	99.9567	0.0251	99.9220	99.9424	99.9662	99.9745	99.9825
		60岁～	男	60	99.9495	0.0295	99.9091	99.9430	99.9579	99.9665	99.9744
			女	77	99.9630	0.0159	99.9277	99.9599	99.9689	99.9724	99.9795

类别				N	铬经消化道暴露贡献比/%						
					Mean	Std	P5	P25	P50	P75	P95
武汉	农村	18 岁～	男	22	99.8970	0.0903	99.7343	99.8645	99.9495	99.9580	99.9639
			女	33	99.9239	0.1048	99.7458	99.9311	99.9626	99.9695	99.9819
		45 岁～	男	39	99.8916	0.2027	99.6652	99.8834	99.9390	99.9645	99.9789
			女	55	99.9059	0.0725	99.7544	99.8737	99.9245	99.9644	99.9842
		60 岁～	男	66	99.8865	0.0875	99.6825	99.8617	99.9057	99.9566	99.9782
			女	50	99.9246	0.0541	99.8222	99.8950	99.9308	99.9698	99.9868
成都	城市	18 岁～	男	123	99.9776	0.0185	99.9420	99.9756	99.9849	99.9898	99.9933
			女	125	99.9829	0.0181	99.9622	99.9739	99.9893	99.9921	99.9953
		45 岁～	男	24	99.9807	0.0119	99.9584	99.9750	99.9852	99.9880	99.9931
			女	29	99.9848	0.0107	99.9617	99.9769	99.9895	99.9930	99.9958
		60 岁～	男	8	99.9863	0.0067	99.9708	99.9862	99.9880	99.9890	99.9932
			女	26	99.9823	0.0125	99.9612	99.9721	99.9890	99.9926	99.9951
	农村	18 岁～	男	64	99.9240	0.0517	99.8370	99.8844	99.9219	99.9776	99.9852
			女	63	99.9484	0.0418	99.8670	99.9240	99.9427	99.9877	99.9929
		45 岁～	男	55	99.9318	0.0478	99.8394	99.8967	99.9383	99.9794	99.9898
			女	44	99.9219	0.0462	99.8603	99.8889	99.9132	99.9577	99.9913
		60 岁～	男	34	99.9464	0.0421	99.8561	99.9226	99.9505	99.9842	99.9882
			女	36	99.9689	0.0312	99.8939	99.9502	99.9864	99.9895	99.9911
兰州	城市	18 岁～	男	61	99.9910	0.0203	99.9322	99.9974	99.9976	99.9983	99.9987
			女	51	99.9981	0.0024	99.9971	99.9981	99.9985	99.9990	99.9993
		45 岁～	男	49	99.9970	0.0077	99.9966	99.9978	99.9981	99.9985	99.9989
			女	54	99.9985	0.0006	99.9971	99.9983	99.9985	99.9987	99.9994
		60 岁～	男	65	99.9984	0.0003	99.9979	99.9982	99.9984	99.9986	99.9990
			女	67	99.9986	0.0011	99.9975	99.9986	99.9989	99.9991	99.9992
	农村	18 岁～	男	51	99.9514	0.0357	99.8991	99.9281	99.9392	99.9981	99.9990
			女	49	99.9671	0.0340	99.9018	99.9481	99.9743	99.9989	99.9991
		45 岁～	男	59	99.9418	0.0292	99.8805	99.9277	99.9379	99.9535	99.9990
			女	49	99.9498	0.0275	99.9149	99.9283	99.9440	99.9645	99.9993
		60 岁～	男	69	99.9629	0.0345	99.9109	99.9336	99.9588	99.9989	99.9992
			女	64	99.9734	0.0322	99.9208	99.9430	99.9988	99.9991	99.9994

第 7 章　经呼吸道暴露量及贡献比

7.1　参数说明

（1）经呼吸道暴露量（inhalation exposure dose）是指环境中单一污染物经空气、土壤等暴露介质通过呼吸道进入人体的总量，计算见式（7-1）。

$$\mathrm{ADD_{inh}}=\mathrm{ADD_{air}}+\mathrm{ADD_{s\text{-}inh}} \tag{7-1}$$

式中：$\mathrm{ADD_{inh}}$——经呼吸道暴露量，mg/（kg·d）；

$\mathrm{ADD_{air}}$——空气经呼吸道暴露量，mg/（kg·d），见式（2-1）；

$\mathrm{ADD_{s\text{-}inh}}$——土壤经呼吸道暴露量，mg/（kg·d），见式（4-3）。

（2）经呼吸道暴露贡献比（the exposure contribution of inhalation exposure）是指环境中单一污染物经空气、土壤等暴露介质进入人体的暴露总量占环境总暴露量（空气、水、土壤和膳食等）的比例，见式（7-2），主要受空气、土壤等暴露介质中污染物的浓度和人群环境暴露行为模式（如体重、呼吸量、时间—活动模式等）等因素的影响。

$$R_{\mathrm{inh}}=\frac{\mathrm{ADD_{inh}}}{\mathrm{ADD_{total}}}\times 100 \tag{7-2}$$

式中：R_{inh}——经呼吸道暴露贡献比，%；

$\mathrm{ADD_{inh}}$——经呼吸道暴露量，mg/（kg·d）；

$\mathrm{ADD_{total}}$——环境总暴露量，mg/（kg·d）。

7.2　资料与数据来源

生态环境部（原环境保护部）科技标准司于 2016—2017 年委托中国环境科学研究院在太原市、大连市、上海市、武汉市、成都市和兰州市的 15 个区/县针对 18 岁及以上常住居民 3876 人（有效样本量为 3855 人）开展了居民汞、镉、砷、铅和铬的环境总暴露研究。该研究在人群环境暴露行为模式调查的基础上获取了调查居民的体重、呼吸量、室内活动时间、室外活动时间、交通出行时间、与土壤接触时间等参数，结合空气和土壤环境暴露监测的结果，获取了调查居民的汞、镉、砷、铅和铬的经呼吸道暴露量（表 7-1），并在此基础上获取了经呼吸道暴露贡献比（表 7-1 和表 7-2）。不同地区居民分城乡、年龄和性别的汞经呼吸道暴露量见附表 7-1，暴露贡献比见附表 7-6；不同地区居民分城乡、年龄和性别的镉经呼吸道暴露量见附表 7-2，暴露贡献比见附表 7-7；不同地区居民分城乡、年龄和性别的砷经呼吸道暴露量见附表 7-3，暴露贡献比见附表 7-8；不同地区居民分城乡、年龄和性别的铅经呼吸道暴露量见附表 7-4，暴露贡献比见附表 7-9；不同地区居民分城乡、年龄和性别的铬经呼吸道暴露量见附表 7-5，暴露贡献比见附表 7-10。

7.3　经呼吸道暴露量与贡献比均值

表 7-1　不同地区居民 5 种金属经呼吸道暴露量与暴露贡献比

类别	汞		镉		砷		铅		铬	
	暴露量/[mg/(kg·d)]	贡献比/%	暴露量/[mg/(kg·d)]	贡献比/%	暴露量/[mg/(kg·d)]	贡献比/%	暴露量/[mg/(kg·d)]	贡献比/%	暴露量/[mg/(kg·d)]	贡献比/%
合计	2.20×10^{-9}	0.0053	2.18×10^{-8}	0.0343	5.26×10^{-7}	0.2627	4.51×10^{-7}	0.1541	7.72×10^{-7}	0.0387
太原	8.83×10^{-10}	0.0030	9.65×10^{-9}	0.0132	3.41×10^{-8}	0.0143	5.73×10^{-7}	0.4970	1.63×10^{-7}	0.0503
大连	3.64×10^{-9}	0.0040	4.99×10^{-8}	0.0489	4.44×10^{-7}	0.0110	2.84×10^{-7}	0.0490	1.46×10^{-6}	0.0315

类别	汞		镉		砷		铅		铬	
	暴露量/[mg/(kg·d)]	贡献比/%	暴露量/[mg/(kg·d)]	贡献比/%	暴露量/[mg/(kg·d)]	贡献比/%	暴露量/[mg/(kg·d)]	贡献比/%	暴露量/[mg/(kg·d)]	贡献比/%
上海	2.54×10^{-9}	0.0076	2.23×10^{-9}	0.0029	6.99×10^{-7}	0.0727	1.55×10^{-7}	0.0268	1.32×10^{-6}	0.0967
武汉	2.34×10^{-9}	0.0057	2.81×10^{-8}	0.0149	1.58×10^{-7}	0.0461	7.07×10^{-7}	0.1347	9.21×10^{-7}	0.0404
成都	3.82×10^{-9}	0.0094	2.10×10^{-8}	0.0107	3.27×10^{-7}	0.0146	5.61×10^{-7}	0.0230	8.30×10^{-7}	0.0170
兰州	3.22×10^{-10}	0.0028	2.08×10^{-8}	0.1093	1.46×10^{-6}	1.3293	4.04×10^{-7}	0.1507	9.63×10^{-8}	0.0014

表 7-2　不同地区居民 5 种金属经呼吸道各介质暴露贡献比

单位：%

类别	汞		镉		砷		铅		铬	
	空气	土壤	空气	土壤	空气	土壤	空气	土壤	空气	土壤
合计	97.4727	2.5273	99.6538	0.3462	97.1081	2.8919	98.64513	1.35487	95.3047	4.6953
太原	93.8119	6.1881	99.5281	0.4719	90.8455	9.1545	99.24817	0.75183	89.9431	10.0569
大连	99.9249	0.0751	99.9420	0.0580	99.7878	0.2122	98.81314	1.18686	99.6335	0.3665
上海	99.6255	0.3745	99.5457	0.4543	98.9282	1.0718	97.46226	2.53774	98.9256	1.0744
武汉	98.5600	1.4400	99.8097	0.1903	97.1532	2.8468	99.29108	0.70892	98.4427	1.5573
成都	99.8542	0.1458	99.3694	0.6306	96.5956	3.4044	97.91192	2.08808	98.2263	1.7737
兰州	93.9245	6.0755	99.7352	0.2648	99.8695	0.1305	99.00366	0.99634	88.1615	11.8385

附表

附表 7-1　不同地区居民分城乡、年龄和性别的汞经呼吸道暴露量

类别				N	汞经呼吸道暴露量/[mg/（kg·d）]						
					Mean	Std	P5	P25	P50	P75	P95
太原	城市	18 岁～	男	68	1.25×10^{-9}	3.62×10^{-10}	6.89×10^{-10}	8.96×10^{-10}	1.23×10^{-9}	1.57×10^{-9}	1.78×10^{-9}
			女	72	1.06×10^{-9}	2.75×10^{-10}	6.36×10^{-10}	8.99×10^{-10}	1.10×10^{-9}	1.27×10^{-9}	1.44×10^{-9}
		45 岁～	男	50	1.18×10^{-9}	3.36×10^{-10}	6.88×10^{-10}	8.09×10^{-10}	1.16×10^{-9}	1.51×10^{-9}	1.64×10^{-9}
			女	60	9.93×10^{-10}	3.03×10^{-10}	5.46×10^{-10}	7.42×10^{-10}	9.74×10^{-10}	1.21×10^{-9}	1.42×10^{-9}
		60 岁～	男	56	9.31×10^{-10}	2.21×10^{-10}	5.85×10^{-10}	7.14×10^{-10}	9.77×10^{-10}	1.04×10^{-9}	1.34×10^{-9}
			女	54	8.04×10^{-10}	2.24×10^{-10}	4.76×10^{-10}	5.77×10^{-10}	8.50×10^{-10}	9.14×10^{-10}	1.25×10^{-9}
	农村	18 岁～	男	41	9.12×10^{-10}	2.80×10^{-10}	5.27×10^{-10}	6.04×10^{-10}	8.67×10^{-10}	1.22×10^{-9}	1.28×10^{-9}
			女	40	6.82×10^{-10}	2.45×10^{-10}	3.62×10^{-10}	4.67×10^{-10}	6.57×10^{-10}	8.96×10^{-10}	1.09×10^{-9}
		45 岁～	男	49	8.02×10^{-10}	2.83×10^{-10}	4.46×10^{-10}	5.50×10^{-10}	7.69×10^{-10}	1.05×10^{-9}	1.27×10^{-9}
			女	74	5.96×10^{-10}	1.78×10^{-10}	3.63×10^{-10}	4.36×10^{-10}	5.88×10^{-10}	6.53×10^{-10}	9.17×10^{-10}
		60 岁～	男	73	7.48×10^{-10}	2.55×10^{-10}	4.38×10^{-10}	4.94×10^{-10}	6.95×10^{-10}	9.78×10^{-10}	1.20×10^{-9}
			女	59	6.12×10^{-10}	2.30×10^{-10}	3.59×10^{-10}	4.02×10^{-10}	5.56×10^{-10}	8.43×10^{-10}	1.03×10^{-9}
大连	城市	18 岁～	男	88	4.50×10^{-9}	9.11×10^{-10}	2.99×10^{-9}	3.84×10^{-9}	4.65×10^{-9}	5.15×10^{-9}	5.90×10^{-9}
			女	68	3.14×10^{-9}	7.01×10^{-10}	1.98×10^{-9}	2.74×10^{-9}	3.07×10^{-9}	3.72×10^{-9}	4.11×10^{-9}
		45 岁～	男	13	3.38×10^{-9}	7.02×10^{-10}	2.52×10^{-9}	2.81×10^{-9}	3.30×10^{-9}	3.56×10^{-9}	4.80×10^{-9}
			女	31	2.81×10^{-9}	5.32×10^{-10}	2.06×10^{-9}	2.47×10^{-9}	2.78×10^{-9}	3.16×10^{-9}	3.77×10^{-9}
		60 岁～	男	24	3.00×10^{-9}	4.29×10^{-10}	2.15×10^{-9}	2.78×10^{-9}	2.94×10^{-9}	3.31×10^{-9}	3.63×10^{-9}
			女	63	2.85×10^{-9}	4.67×10^{-10}	2.00×10^{-9}	2.61×10^{-9}	2.93×10^{-9}	3.16×10^{-9}	3.49×10^{-9}
	农村	18 岁～	男	84	4.47×10^{-9}	7.17×10^{-10}	3.71×10^{-9}	4.08×10^{-9}	4.32×10^{-9}	4.62×10^{-9}	6.16×10^{-9}
			女	76	3.65×10^{-9}	6.92×10^{-10}	2.94×10^{-9}	3.26×10^{-9}	3.53×10^{-9}	3.91×10^{-9}	5.49×10^{-9}
		45 岁～	男	41	4.17×10^{-9}	4.88×10^{-10}	3.50×10^{-9}	3.91×10^{-9}	4.13×10^{-9}	4.27×10^{-9}	4.94×10^{-9}
			女	49	3.33×10^{-9}	6.29×10^{-10}	2.71×10^{-9}	2.99×10^{-9}	3.23×10^{-9}	3.57×10^{-9}	4.68×10^{-9}
		60 岁～	男	41	3.67×10^{-9}	6.99×10^{-10}	2.77×10^{-9}	3.33×10^{-9}	3.61×10^{-9}	3.88×10^{-9}	4.67×10^{-9}
			女	43	3.05×10^{-9}	3.20×10^{-10}	2.62×10^{-9}	2.83×10^{-9}	3.03×10^{-9}	3.24×10^{-9}	3.54×10^{-9}
上海	城市	18 岁～	男	97	4.33×10^{-9}	1.42×10^{-9}	2.56×10^{-9}	3.37×10^{-9}	4.13×10^{-9}	4.52×10^{-9}	7.46×10^{-9}
			女	88	3.59×10^{-9}	1.32×10^{-9}	2.06×10^{-9}	2.46×10^{-9}	3.44×10^{-9}	3.86×10^{-9}	6.22×10^{-9}
		45 岁～	男	18	3.50×10^{-9}	1.24×10^{-9}	2.34×10^{-9}	2.59×10^{-9}	2.94×10^{-9}	3.91×10^{-9}	6.57×10^{-9}
			女	43	2.59×10^{-9}	8.71×10^{-10}	1.87×10^{-9}	2.14×10^{-9}	2.26×10^{-9}	2.91×10^{-9}	5.08×10^{-9}

类别				N	汞经呼吸道暴露量/[mg/（kg·d）]						
					Mean	Std	P5	P25	P50	P75	P95
上海	城市	60 岁～	男	16	2.86×10^{-9}	8.98×10^{-10}	2.01×10^{-9}	2.25×10^{-9}	2.37×10^{-9}	3.37×10^{-9}	5.46×10^{-9}
			女	36	2.41×10^{-9}	7.47×10^{-10}	1.80×10^{-9}	1.91×10^{-9}	2.08×10^{-9}	2.82×10^{-9}	3.75×10^{-9}
	农村	18 岁～	男	48	1.95×10^{-9}	4.28×10^{-10}	1.05×10^{-9}	1.95×10^{-9}	2.07×10^{-9}	2.14×10^{-9}	2.20×10^{-9}
			女	38	1.56×10^{-9}	5.39×10^{-10}	7.69×10^{-10}	1.47×10^{-9}	1.59×10^{-9}	1.75×10^{-9}	1.96×10^{-9}
		45 岁～	男	71	1.86×10^{-9}	3.42×10^{-10}	1.05×10^{-9}	1.84×10^{-9}	1.95×10^{-9}	2.05×10^{-9}	2.24×10^{-9}
			女	82	1.41×10^{-9}	2.88×10^{-10}	8.14×10^{-10}	1.35×10^{-9}	1.51×10^{-9}	1.59×10^{-9}	1.73×10^{-9}
		60 岁～	男	35	1.38×10^{-9}	4.11×10^{-10}	8.32×10^{-10}	8.81×10^{-10}	1.61×10^{-9}	1.68×10^{-9}	1.88×10^{-9}
			女	27	1.15×10^{-9}	3.40×10^{-10}	6.94×10^{-10}	7.60×10^{-10}	1.31×10^{-9}	1.42×10^{-9}	1.56×10^{-9}
武汉	城市	18 岁～	男	60	3.61×10^{-9}	8.04×10^{-10}	2.23×10^{-9}	3.16×10^{-9}	3.63×10^{-9}	3.97×10^{-9}	5.12×10^{-9}
			女	77	2.71×10^{-9}	6.76×10^{-10}	1.77×10^{-9}	2.04×10^{-9}	2.85×10^{-9}	2.97×10^{-9}	4.06×10^{-9}
		45 岁～	男	40	3.14×10^{-9}	9.64×10^{-10}	1.91×10^{-9}	2.28×10^{-9}	3.04×10^{-9}	3.54×10^{-9}	5.22×10^{-9}
			女	41	2.65×10^{-9}	9.18×10^{-10}	1.47×10^{-9}	1.78×10^{-9}	2.59×10^{-9}	3.01×10^{-9}	4.35×10^{-9}
		60 岁～	男	60	2.98×10^{-9}	1.02×10^{-9}	1.70×10^{-9}	2.06×10^{-9}	2.81×10^{-9}	3.92×10^{-9}	4.64×10^{-9}
			女	77	2.73×10^{-9}	9.00×10^{-10}	1.50×10^{-9}	1.97×10^{-9}	2.49×10^{-9}	3.46×10^{-9}	4.33×10^{-9}
	农村	18 岁～	男	22	1.88×10^{-9}	5.99×10^{-10}	8.91×10^{-10}	1.12×10^{-9}	2.17×10^{-9}	2.35×10^{-9}	2.46×10^{-9}
			女	33	1.63×10^{-9}	5.10×10^{-10}	6.64×10^{-10}	1.55×10^{-9}	1.79×10^{-9}	1.88×10^{-9}	2.54×10^{-9}
		45 岁～	男	39	1.83×10^{-9}	5.87×10^{-10}	7.34×10^{-10}	1.19×10^{-9}	2.06×10^{-9}	2.28×10^{-9}	2.57×10^{-9}
			女	55	1.35×10^{-9}	6.11×10^{-10}	6.03×10^{-10}	7.72×10^{-10}	1.49×10^{-9}	1.72×10^{-9}	2.34×10^{-9}
		60 岁～	男	66	1.48×10^{-9}	5.89×10^{-10}	6.31×10^{-10}	7.77×10^{-10}	1.64×10^{-9}	1.87×10^{-9}	2.10×10^{-9}
			女	50	1.27×10^{-9}	5.64×10^{-10}	5.72×10^{-10}	6.79×10^{-10}	1.34×10^{-9}	1.57×10^{-9}	2.31×10^{-9}
成都	城市	18 岁～	男	123	4.35×10^{-9}	6.16×10^{-10}	3.30×10^{-9}	4.03×10^{-9}	4.43×10^{-9}	4.71×10^{-9}	5.27×10^{-9}
			女	125	3.73×10^{-9}	4.13×10^{-10}	2.99×10^{-9}	3.43×10^{-9}	3.79×10^{-9}	4.01×10^{-9}	4.32×10^{-9}
		45 岁～	男	24	4.32×10^{-9}	5.10×10^{-10}	3.46×10^{-9}	4.09×10^{-9}	4.31×10^{-9}	4.63×10^{-9}	4.88×10^{-9}
			女	29	3.44×10^{-9}	3.55×10^{-10}	2.59×10^{-9}	3.25×10^{-9}	3.47×10^{-9}	3.65×10^{-9}	3.90×10^{-9}
		60 岁～	男	8	3.49×10^{-9}	4.08×10^{-10}	2.63×10^{-9}	3.36×10^{-9}	3.57×10^{-9}	3.69×10^{-9}	4.03×10^{-9}
			女	26	3.01×10^{-9}	4.37×10^{-10}	2.33×10^{-9}	2.78×10^{-9}	2.93×10^{-9}	3.25×10^{-9}	3.85×10^{-9}
	农村	18 岁～	男	64	4.40×10^{-9}	8.76×10^{-10}	2.33×10^{-9}	4.16×10^{-9}	4.53×10^{-9}	4.87×10^{-9}	5.40×10^{-9}
			女	63	3.55×10^{-9}	6.72×10^{-10}	2.09×10^{-9}	3.42×10^{-9}	3.72×10^{-9}	3.96×10^{-9}	4.25×10^{-9}
		45 岁～	男	55	3.90×10^{-9}	9.16×10^{-10}	2.02×10^{-9}	3.74×10^{-9}	4.09×10^{-9}	4.46×10^{-9}	5.21×10^{-9}
			女	44	3.46×10^{-9}	5.17×10^{-10}	2.68×10^{-9}	3.19×10^{-9}	3.45×10^{-9}	3.80×10^{-9}	4.05×10^{-9}

类别				N	汞经呼吸道暴露量/[mg/（kg·d）]						
					Mean	Std	P5	P25	P50	P75	P95
成都	农村	60 岁～	男	34	3.45×10^{-9}	7.67×10^{-10}	1.81×10^{-9}	3.28×10^{-9}	3.46×10^{-9}	3.94×10^{-9}	4.49×10^{-9}
			女	36	3.10×10^{-9}	5.05×10^{-10}	1.78×10^{-9}	2.89×10^{-9}	3.17×10^{-9}	3.38×10^{-9}	3.78×10^{-9}
兰州	城市	18 岁～	男	61	3.92×10^{-10}	4.11×10^{-11}	3.43×10^{-10}	3.66×10^{-10}	3.83×10^{-10}	4.03×10^{-10}	4.77×10^{-10}
			女	51	3.21×10^{-10}	2.68×10^{-11}	2.78×10^{-10}	3.04×10^{-10}	3.21×10^{-10}	3.42×10^{-10}	3.63×10^{-10}
		45 岁～	男	49	3.72×10^{-10}	2.63×10^{-11}	3.30×10^{-10}	3.54×10^{-10}	3.74×10^{-10}	3.86×10^{-10}	4.27×10^{-10}
			女	54	2.92×10^{-10}	2.20×10^{-11}	2.63×10^{-10}	2.78×10^{-10}	2.89×10^{-10}	3.08×10^{-10}	3.26×10^{-10}
		60 岁～	男	65	3.31×10^{-10}	1.85×10^{-11}	2.98×10^{-10}	3.21×10^{-10}	3.31×10^{-10}	3.44×10^{-10}	3.62×10^{-10}
			女	67	2.78×10^{-10}	2.28×10^{-11}	2.41×10^{-10}	2.61×10^{-10}	2.78×10^{-10}	2.89×10^{-10}	3.10×10^{-10}
	农村	18 岁～	男	51	3.73×10^{-10}	2.54×10^{-11}	3.32×10^{-10}	3.58×10^{-10}	3.70×10^{-10}	3.86×10^{-10}	4.29×10^{-10}
			女	49	3.03×10^{-10}	2.91×10^{-11}	2.54×10^{-10}	2.87×10^{-10}	3.03×10^{-10}	3.24×10^{-10}	3.52×10^{-10}
		45 岁～	男	59	3.50×10^{-10}	2.82×10^{-11}	3.10×10^{-10}	3.29×10^{-10}	3.49×10^{-10}	3.66×10^{-10}	4.02×10^{-10}
			女	49	2.77×10^{-10}	2.07×10^{-11}	2.47×10^{-10}	2.62×10^{-10}	2.72×10^{-10}	2.93×10^{-10}	3.11×10^{-10}
		60 岁～	男	69	3.14×10^{-10}	2.07×10^{-11}	2.87×10^{-10}	2.98×10^{-10}	3.15×10^{-10}	3.21×10^{-10}	3.63×10^{-10}
			女	64	2.69×10^{-10}	2.17×10^{-11}	2.36×10^{-10}	2.48×10^{-10}	2.72×10^{-10}	2.87×10^{-10}	3.02×10^{-10}

附表 7-2 不同地区居民分城乡、年龄和性别的镉经呼吸道暴露量

类别				N	镉经呼吸道暴露量/[mg/（kg·d）]						
					Mean	Std	P5	P25	P50	P75	P95
太原	城市	18 岁～	男	68	1.04×10^{-8}	6.00×10^{-9}	3.12×10^{-9}	6.52×10^{-9}	9.69×10^{-9}	1.42×10^{-8}	1.87×10^{-8}
			女	72	8.73×10^{-9}	5.16×10^{-9}	3.76×10^{-9}	5.92×10^{-9}	7.93×10^{-9}	1.02×10^{-8}	1.50×10^{-8}
		45 岁～	男	50	9.59×10^{-9}	3.71×10^{-9}	4.51×10^{-9}	6.14×10^{-9}	9.18×10^{-9}	1.24×10^{-8}	1.54×10^{-8}
			女	60	8.01×10^{-9}	4.47×10^{-9}	3.70×10^{-9}	5.00×10^{-9}	7.40×10^{-9}	1.01×10^{-8}	1.32×10^{-8}
		60 岁～	男	56	6.78×10^{-9}	4.80×10^{-9}	2.41×10^{-9}	4.26×10^{-9}	4.90×10^{-9}	8.30×10^{-9}	1.59×10^{-8}
			女	54	5.52×10^{-9}	3.74×10^{-9}	2.07×10^{-9}	3.63×10^{-9}	4.49×10^{-9}	6.66×10^{-9}	1.01×10^{-8}
	农村	18 岁～	男	41	1.37×10^{-8}	4.08×10^{-9}	8.65×10^{-9}	1.02×10^{-8}	1.37×10^{-8}	1.65×10^{-8}	1.98×10^{-8}
			女	40	8.86×10^{-9}	4.08×10^{-9}	3.56×10^{-9}	5.68×10^{-9}	7.79×10^{-9}	1.24×10^{-8}	1.64×10^{-8}
		45 岁～	男	49	1.37×10^{-8}	4.75×10^{-9}	7.04×10^{-9}	9.87×10^{-9}	1.39×10^{-8}	1.73×10^{-8}	2.12×10^{-8}
			女	74	1.02×10^{-8}	3.55×10^{-9}	4.22×10^{-9}	7.27×10^{-9}	1.07×10^{-8}	1.29×10^{-8}	1.63×10^{-8}
		60 岁～	男	73	1.16×10^{-8}	4.10×10^{-9}	5.40×10^{-9}	7.42×10^{-9}	1.26×10^{-8}	1.52×10^{-8}	1.73×10^{-8}
			女	59	9.47×10^{-9}	3.63×10^{-9}	3.57×10^{-9}	6.15×10^{-9}	9.59×10^{-9}	1.22×10^{-8}	1.64×10^{-8}

类别				N	镉经呼吸道暴露量/[mg/（kg·d）]						
					Mean	Std	P5	P25	P50	P75	P95
大连	城市	18 岁～	男	88	7.58×10^{-8}	1.56×10^{-8}	4.86×10^{-8}	6.70×10^{-8}	7.45×10^{-8}	8.69×10^{-8}	1.01×10^{-7}
			女	68	5.66×10^{-8}	1.69×10^{-8}	3.26×10^{-8}	4.17×10^{-8}	5.67×10^{-8}	6.63×10^{-8}	8.56×10^{-8}
		45 岁～	男	13	7.04×10^{-8}	2.09×10^{-8}	3.91×10^{-8}	5.35×10^{-8}	7.46×10^{-8}	8.34×10^{-8}	1.04×10^{-7}
			女	31	4.73×10^{-8}	1.60×10^{-8}	3.04×10^{-8}	3.30×10^{-8}	4.21×10^{-8}	6.22×10^{-8}	7.87×10^{-8}
		60 岁～	男	24	4.94×10^{-8}	1.61×10^{-8}	3.32×10^{-8}	3.48×10^{-8}	5.03×10^{-8}	5.68×10^{-8}	7.76×10^{-8}
			女	63	4.36×10^{-8}	1.36×10^{-8}	3.12×10^{-8}	3.42×10^{-8}	3.70×10^{-8}	5.58×10^{-8}	6.95×10^{-8}
	农村	18 岁～	男	84	4.97×10^{-8}	4.75×10^{-9}	4.31×10^{-8}	4.64×10^{-8}	4.93×10^{-8}	5.22×10^{-8}	5.86×10^{-8}
			女	76	4.10×10^{-8}	5.27×10^{-9}	3.35×10^{-8}	3.71×10^{-8}	4.06×10^{-8}	4.46×10^{-8}	5.09×10^{-8}
		45 岁～	男	41	4.69×10^{-8}	4.13×10^{-9}	3.99×10^{-8}	4.45×10^{-8}	4.67×10^{-8}	4.84×10^{-8}	5.40×10^{-8}
			女	49	3.70×10^{-8}	4.27×10^{-9}	3.10×10^{-8}	3.35×10^{-8}	3.64×10^{-8}	3.98×10^{-8}	4.53×10^{-8}
		60 岁～	男	41	4.13×10^{-8}	4.65×10^{-9}	3.53×10^{-8}	3.80×10^{-8}	4.12×10^{-8}	4.30×10^{-8}	5.02×10^{-8}
			女	43	3.42×10^{-8}	3.14×10^{-9}	3.00×10^{-8}	3.18×10^{-8}	3.41×10^{-8}	3.67×10^{-8}	3.88×10^{-8}
上海	城市	18 岁～	男	97	2.75×10^{-9}	3.78×10^{-10}	2.15×10^{-9}	2.50×10^{-9}	2.73×10^{-9}	3.01×10^{-9}	3.36×10^{-9}
			女	88	2.21×10^{-9}	3.41×10^{-10}	1.63×10^{-9}	1.98×10^{-9}	2.22×10^{-9}	2.44×10^{-9}	2.76×10^{-9}
		45 岁～	男	18	2.63×10^{-9}	3.71×10^{-10}	1.89×10^{-9}	2.39×10^{-9}	2.64×10^{-9}	2.85×10^{-9}	3.29×10^{-9}
			女	43	2.12×10^{-9}	3.44×10^{-10}	1.76×10^{-9}	1.84×10^{-9}	2.05×10^{-9}	2.29×10^{-9}	2.81×10^{-9}
		60 岁～	男	16	2.20×10^{-9}	3.27×10^{-10}	1.51×10^{-9}	1.99×10^{-9}	2.21×10^{-9}	2.37×10^{-9}	2.76×10^{-9}
			女	36	1.91×10^{-9}	2.79×10^{-10}	1.41×10^{-9}	1.76×10^{-9}	1.88×10^{-9}	2.13×10^{-9}	2.36×10^{-9}
	农村	18 岁～	男	48	2.47×10^{-9}	3.76×10^{-10}	2.05×10^{-9}	2.13×10^{-9}	2.38×10^{-9}	2.70×10^{-9}	2.98×10^{-9}
			女	38	2.02×10^{-9}	3.64×10^{-10}	1.56×10^{-9}	1.74×10^{-9}	2.01×10^{-9}	2.21×10^{-9}	2.86×10^{-9}
		45 岁～	男	71	2.44×10^{-9}	3.07×10^{-10}	2.02×10^{-9}	2.22×10^{-9}	2.40×10^{-9}	2.61×10^{-9}	3.09×10^{-9}
			女	82	1.87×10^{-9}	3.16×10^{-10}	1.50×10^{-9}	1.67×10^{-9}	1.80×10^{-9}	2.06×10^{-9}	2.33×10^{-9}
		60 岁～	男	35	1.84×10^{-9}	2.80×10^{-10}	1.43×10^{-9}	1.62×10^{-9}	1.72×10^{-9}	2.04×10^{-9}	2.44×10^{-9}
			女	27	1.59×10^{-9}	2.77×10^{-10}	1.18×10^{-9}	1.39×10^{-9}	1.58×10^{-9}	1.78×10^{-9}	2.07×10^{-9}
武汉	城市	18 岁～	男	60	3.09×10^{-8}	2.11×10^{-9}	2.72×10^{-8}	2.94×10^{-8}	3.09×10^{-8}	3.25×10^{-8}	3.42×10^{-8}
			女	77	2.43×10^{-8}	1.73×10^{-9}	2.01×10^{-8}	2.41×10^{-8}	2.49×10^{-8}	2.51×10^{-8}	2.59×10^{-8}
		45 岁～	男	40	2.86×10^{-8}	2.57×10^{-9}	2.52×10^{-8}	2.67×10^{-8}	2.86×10^{-8}	2.97×10^{-8}	3.38×10^{-8}
			女	41	2.31×10^{-8}	1.90×10^{-9}	2.01×10^{-8}	2.19×10^{-8}	2.29×10^{-8}	2.46×10^{-8}	2.58×10^{-8}
		60 岁～	男	60	2.49×10^{-8}	1.81×10^{-9}	2.18×10^{-8}	2.39×10^{-8}	2.48×10^{-8}	2.59×10^{-8}	2.79×10^{-8}
			女	77	2.13×10^{-8}	2.54×10^{-9}	1.77×10^{-8}	1.95×10^{-8}	2.10×10^{-8}	2.23×10^{-8}	2.67×10^{-8}

类别				N	镉经呼吸道暴露量/[mg/（kg·d）]						
					Mean	Std	P5	P25	P50	P75	P95
武汉	农村	18 岁～	男	22	3.73×10^{-8}	4.27×10^{-9}	2.87×10^{-8}	3.62×10^{-8}	3.82×10^{-8}	3.91×10^{-8}	4.25×10^{-8}
			女	33	3.11×10^{-8}	4.40×10^{-9}	2.23×10^{-8}	2.95×10^{-8}	3.03×10^{-8}	3.22×10^{-8}	3.84×10^{-8}
		45 岁～	男	39	3.91×10^{-8}	8.66×10^{-9}	2.57×10^{-8}	3.31×10^{-8}	3.75×10^{-8}	4.17×10^{-8}	5.67×10^{-8}
			女	55	2.88×10^{-8}	6.61×10^{-9}	1.93×10^{-8}	2.55×10^{-8}	2.73×10^{-8}	3.18×10^{-8}	4.28×10^{-8}
		60 岁～	男	66	3.29×10^{-8}	6.53×10^{-9}	2.08×10^{-8}	2.96×10^{-8}	3.35×10^{-8}	3.56×10^{-8}	4.33×10^{-8}
			女	50	2.72×10^{-8}	6.45×10^{-9}	1.85×10^{-8}	2.34×10^{-8}	2.59×10^{-8}	2.99×10^{-8}	3.76×10^{-8}
成都	城市	18 岁～	男	123	3.29×10^{-8}	9.58×10^{-9}	1.77×10^{-8}	2.48×10^{-8}	3.41×10^{-8}	4.10×10^{-8}	4.51×10^{-8}
			女	125	2.79×10^{-8}	7.24×10^{-9}	1.50×10^{-8}	2.20×10^{-8}	2.95×10^{-8}	3.42×10^{-8}	3.71×10^{-8}
		45 岁～	男	24	2.97×10^{-8}	9.20×10^{-9}	1.56×10^{-8}	2.13×10^{-8}	3.03×10^{-8}	3.75×10^{-8}	4.32×10^{-8}
			女	29	2.51×10^{-8}	6.12×10^{-9}	1.42×10^{-8}	2.09×10^{-8}	2.53×10^{-8}	2.90×10^{-8}	3.47×10^{-8}
		60 岁～	男	8	2.27×10^{-8}	4.87×10^{-9}	1.60×10^{-8}	1.95×10^{-8}	2.22×10^{-8}	2.53×10^{-8}	3.13×10^{-8}
			女	26	2.16×10^{-8}	6.17×10^{-9}	1.24×10^{-8}	1.73×10^{-8}	1.94×10^{-8}	2.72×10^{-8}	3.22×10^{-8}
	农村	18 岁～	男	64	1.40×10^{-8}	5.16×10^{-9}	4.98×10^{-9}	1.14×10^{-8}	1.47×10^{-8}	1.76×10^{-8}	2.12×10^{-8}
			女	63	1.15×10^{-8}	4.27×10^{-9}	3.77×10^{-9}	9.53×10^{-9}	1.21×10^{-8}	1.45×10^{-8}	1.73×10^{-8}
		45 岁～	男	55	1.29×10^{-8}	4.44×10^{-9}	5.54×10^{-9}	8.84×10^{-9}	1.33×10^{-8}	1.57×10^{-8}	1.88×10^{-8}
			女	44	1.09×10^{-8}	4.07×10^{-9}	3.46×10^{-9}	9.42×10^{-9}	1.16×10^{-8}	1.34×10^{-8}	1.55×10^{-8}
		60 岁～	男	34	1.10×10^{-8}	3.77×10^{-9}	3.75×10^{-9}	9.12×10^{-9}	1.17×10^{-8}	1.27×10^{-8}	1.80×10^{-8}
			女	36	1.02×10^{-8}	3.25×10^{-9}	3.44×10^{-9}	9.52×10^{-9}	1.08×10^{-8}	1.26×10^{-8}	1.47×10^{-8}
兰州	城市	18 岁～	男	61	2.33×10^{-8}	5.22×10^{-9}	1.68×10^{-8}	2.05×10^{-8}	2.29×10^{-8}	2.55×10^{-8}	2.81×10^{-8}
			女	51	1.94×10^{-8}	4.51×10^{-9}	1.25×10^{-8}	1.67×10^{-8}	2.05×10^{-8}	2.21×10^{-8}	2.62×10^{-8}
		45 岁～	男	49	2.13×10^{-8}	4.34×10^{-9}	1.50×10^{-8}	1.76×10^{-8}	2.13×10^{-8}	2.47×10^{-8}	2.73×10^{-8}
			女	54	1.66×10^{-8}	3.51×10^{-9}	1.13×10^{-8}	1.31×10^{-8}	1.68×10^{-8}	1.97×10^{-8}	2.21×10^{-8}
		60 岁～	男	65	1.81×10^{-8}	3.10×10^{-9}	1.33×10^{-8}	1.62×10^{-8}	1.74×10^{-8}	2.08×10^{-8}	2.34×10^{-8}
			女	67	1.53×10^{-8}	2.90×10^{-9}	1.17×10^{-8}	1.27×10^{-8}	1.47×10^{-8}	1.76×10^{-8}	2.03×10^{-8}
	农村	18 岁～	男	51	2.32×10^{-8}	7.31×10^{-9}	1.30×10^{-8}	1.52×10^{-8}	2.49×10^{-8}	2.70×10^{-8}	3.68×10^{-8}
			女	49	2.43×10^{-8}	7.63×10^{-9}	1.16×10^{-8}	1.98×10^{-8}	2.33×10^{-8}	2.56×10^{-8}	3.81×10^{-8}
		45 岁～	男	59	2.70×10^{-8}	7.52×10^{-9}	1.24×10^{-8}	2.35×10^{-8}	2.62×10^{-8}	2.87×10^{-8}	4.76×10^{-8}
			女	49	2.07×10^{-8}	6.67×10^{-9}	1.05×10^{-8}	1.81×10^{-8}	1.93×10^{-8}	2.24×10^{-8}	3.51×10^{-8}
		60 岁～	男	69	2.36×10^{-8}	7.19×10^{-9}	1.04×10^{-8}	2.02×10^{-8}	2.36×10^{-8}	2.74×10^{-8}	3.60×10^{-8}
			女	64	1.83×10^{-8}	5.76×10^{-9}	9.24×10^{-9}	1.50×10^{-8}	1.84×10^{-8}	2.14×10^{-8}	2.90×10^{-8}

附表 7-3 不同地区居民分城乡、年龄和性别的砷经呼吸道暴露量

类别				*N*	砷经呼吸道暴露量/[mg/（kg·d）]						
					Mean	Std	P5	P25	P50	P75	P95
太原	城市	18 岁～	男	68	2.32×10^{-8}	8.82×10^{-9}	1.20×10^{-8}	1.75×10^{-8}	2.17×10^{-8}	2.87×10^{-8}	3.85×10^{-8}
			女	72	1.96×10^{-8}	6.48×10^{-9}	1.25×10^{-8}	1.53×10^{-8}	1.88×10^{-8}	2.22×10^{-8}	3.39×10^{-8}
		45 岁～	男	50	2.35×10^{-8}	8.32×10^{-9}	1.25×10^{-8}	1.79×10^{-8}	2.40×10^{-8}	2.57×10^{-8}	4.22×10^{-8}
			女	60	1.77×10^{-8}	5.50×10^{-9}	9.23×10^{-9}	1.45×10^{-8}	1.68×10^{-8}	2.17×10^{-8}	2.64×10^{-8}
		60 岁～	男	56	1.64×10^{-8}	4.75×10^{-9}	1.04×10^{-8}	1.21×10^{-8}	1.54×10^{-8}	2.00×10^{-8}	2.53×10^{-8}
			女	54	1.38×10^{-8}	3.78×10^{-9}	7.76×10^{-9}	1.16×10^{-8}	1.37×10^{-8}	1.67×10^{-8}	2.03×10^{-8}
	农村	18 岁～	男	41	6.46×10^{-8}	1.37×10^{-8}	3.79×10^{-8}	5.68×10^{-8}	6.95×10^{-8}	7.29×10^{-8}	8.03×10^{-8}
			女	40	4.36×10^{-8}	1.26×10^{-8}	1.84×10^{-8}	3.61×10^{-8}	4.62×10^{-8}	5.24×10^{-8}	6.15×10^{-8}
		45 岁～	男	49	6.07×10^{-8}	1.72×10^{-8}	2.79×10^{-8}	4.97×10^{-8}	6.53×10^{-8}	7.11×10^{-8}	8.48×10^{-8}
			女	74	4.42×10^{-8}	1.20×10^{-8}	2.15×10^{-8}	3.47×10^{-8}	4.77×10^{-8}	5.37×10^{-8}	5.89×10^{-8}
		60 岁～	男	73	5.17×10^{-8}	1.17×10^{-8}	3.49×10^{-8}	4.07×10^{-8}	5.48×10^{-8}	6.05×10^{-8}	6.88×10^{-8}
			女	59	4.15×10^{-8}	1.07×10^{-8}	2.31×10^{-8}	3.13×10^{-8}	4.29×10^{-8}	5.04×10^{-8}	5.70×10^{-8}
大连	城市	18 岁～	男	88	5.43×10^{-7}	6.52×10^{-8}	4.53×10^{-7}	4.99×10^{-7}	5.34×10^{-7}	5.86×10^{-7}	6.55×10^{-7}
			女	68	4.04×10^{-7}	6.97×10^{-8}	3.03×10^{-7}	3.55×10^{-7}	4.00×10^{-7}	4.40×10^{-7}	5.34×10^{-7}
		45 岁～	男	13	4.83×10^{-7}	6.99×10^{-8}	3.72×10^{-7}	4.36×10^{-7}	5.05×10^{-7}	5.20×10^{-7}	6.22×10^{-7}
			女	31	3.59×10^{-7}	5.50×10^{-8}	2.91×10^{-7}	3.09×10^{-7}	3.54×10^{-7}	3.92×10^{-7}	4.69×10^{-7}
		60 岁～	男	24	3.78×10^{-7}	5.37×10^{-8}	3.21×10^{-7}	3.36×10^{-7}	3.64×10^{-7}	4.04×10^{-7}	4.71×10^{-7}
			女	63	3.47×10^{-7}	4.52×10^{-8}	2.94×10^{-7}	3.15×10^{-7}	3.35×10^{-7}	3.72×10^{-7}	4.22×10^{-7}
	农村	18 岁～	男	84	5.32×10^{-7}	4.77×10^{-8}	4.61×10^{-7}	5.01×10^{-7}	5.27×10^{-7}	5.56×10^{-7}	6.07×10^{-7}
			女	76	4.38×10^{-7}	5.16×10^{-8}	3.62×10^{-7}	4.03×10^{-7}	4.34×10^{-7}	4.67×10^{-7}	5.31×10^{-7}
		45 岁～	男	41	5.03×10^{-7}	4.07×10^{-8}	4.31×10^{-7}	4.79×10^{-7}	5.02×10^{-7}	5.22×10^{-7}	5.74×10^{-7}
			女	49	3.97×10^{-7}	4.24×10^{-8}	3.34×10^{-7}	3.63×10^{-7}	3.94×10^{-7}	4.22×10^{-7}	4.88×10^{-7}
		60 岁～	男	41	4.48×10^{-7}	4.43×10^{-8}	4.02×10^{-7}	4.18×10^{-7}	4.42×10^{-7}	4.71×10^{-7}	5.16×10^{-7}
			女	43	3.67×10^{-7}	3.24×10^{-8}	3.22×10^{-7}	3.45×10^{-7}	3.66×10^{-7}	3.92×10^{-7}	4.20×10^{-7}
上海	城市	18 岁～	男	97	8.60×10^{-7}	7.22×10^{-8}	7.38×10^{-7}	8.10×10^{-7}	8.60×10^{-7}	9.06×10^{-7}	9.82×10^{-7}
			女	88	7.13×10^{-7}	6.05×10^{-8}	5.96×10^{-7}	6.80×10^{-7}	7.23×10^{-7}	7.63×10^{-7}	7.88×10^{-7}
		45 岁～	男	18	8.06×10^{-7}	6.17×10^{-8}	7.10×10^{-7}	7.74×10^{-7}	8.00×10^{-7}	8.56×10^{-7}	9.31×10^{-7}
			女	43	6.41×10^{-7}	5.12×10^{-8}	5.61×10^{-7}	5.92×10^{-7}	6.46×10^{-7}	6.73×10^{-7}	7.25×10^{-7}

类别				*N*	砷经呼吸道暴露量/[mg/（kg·d）]						
					Mean	Std	P5	P25	P50	P75	P95
上海	城市	60 岁～	男	16	6.82×10^{-7}	4.52×10^{-8}	6.09×10^{-7}	6.52×10^{-7}	6.90×10^{-7}	7.09×10^{-7}	7.73×10^{-7}
			女	36	5.94×10^{-7}	3.99×10^{-8}	5.38×10^{-7}	5.58×10^{-7}	5.93×10^{-7}	6.27×10^{-7}	6.48×10^{-7}
	农村	18 岁～	男	48	7.89×10^{-7}	4.10×10^{-8}	7.50×10^{-7}	7.63×10^{-7}	7.84×10^{-7}	8.05×10^{-7}	8.69×10^{-7}
			女	38	6.21×10^{-7}	5.23×10^{-8}	5.42×10^{-7}	5.82×10^{-7}	6.23×10^{-7}	6.60×10^{-7}	7.07×10^{-7}
		45 岁～	男	71	7.42×10^{-7}	4.29×10^{-8}	6.85×10^{-7}	7.10×10^{-7}	7.34×10^{-7}	7.68×10^{-7}	8.44×10^{-7}
			女	82	5.82×10^{-7}	4.09×10^{-8}	5.23×10^{-7}	5.53×10^{-7}	5.78×10^{-7}	6.01×10^{-7}	6.54×10^{-7}
		60 岁～	男	35	6.28×10^{-7}	2.88×10^{-8}	5.96×10^{-7}	6.03×10^{-7}	6.19×10^{-7}	6.45×10^{-7}	6.87×10^{-7}
			女	27	5.37×10^{-7}	2.81×10^{-8}	4.97×10^{-7}	5.13×10^{-7}	5.31×10^{-7}	5.57×10^{-7}	5.90×10^{-7}
武汉	城市	18 岁～	男	60	1.31×10^{-7}	2.50×10^{-8}	8.81×10^{-8}	1.14×10^{-7}	1.32×10^{-7}	1.40×10^{-7}	1.81×10^{-7}
			女	77	1.10×10^{-7}	2.45×10^{-8}	7.06×10^{-8}	9.74×10^{-8}	1.06×10^{-7}	1.11×10^{-7}	1.51×10^{-7}
		45 岁～	男	40	1.25×10^{-7}	3.20×10^{-8}	8.38×10^{-8}	9.95×10^{-8}	1.14×10^{-7}	1.51×10^{-7}	1.79×10^{-7}
			女	41	9.99×10^{-8}	2.52×10^{-8}	6.50×10^{-8}	8.40×10^{-8}	9.43×10^{-8}	1.24×10^{-7}	1.41×10^{-7}
		60 岁～	男	60	1.05×10^{-7}	2.89×10^{-8}	7.44×10^{-8}	8.30×10^{-8}	9.31×10^{-8}	1.34×10^{-7}	1.61×10^{-7}
			女	77	8.58×10^{-8}	2.85×10^{-8}	5.72×10^{-8}	6.62×10^{-8}	7.55×10^{-8}	9.84×10^{-8}	1.40×10^{-7}
	农村	18 岁～	男	22	3.39×10^{-7}	1.30×10^{-7}	1.82×10^{-7}	2.10×10^{-7}	2.70×10^{-7}	4.79×10^{-7}	5.07×10^{-7}
			女	33	2.73×10^{-7}	1.01×10^{-7}	1.45×10^{-7}	1.81×10^{-7}	2.25×10^{-7}	3.78×10^{-7}	3.93×10^{-7}
		45 岁～	男	39	2.75×10^{-7}	1.17×10^{-7}	1.57×10^{-7}	1.93×10^{-7}	2.20×10^{-7}	3.58×10^{-7}	5.18×10^{-7}
			女	55	1.85×10^{-7}	6.40×10^{-8}	1.28×10^{-7}	1.41×10^{-7}	1.73×10^{-7}	2.00×10^{-7}	3.36×10^{-7}
		60 岁～	男	66	2.09×10^{-7}	6.92×10^{-8}	1.38×10^{-7}	1.60×10^{-7}	2.02×10^{-7}	2.26×10^{-7}	3.83×10^{-7}
			女	50	1.75×10^{-7}	6.27×10^{-8}	1.17×10^{-7}	1.33×10^{-7}	1.67×10^{-7}	1.82×10^{-7}	3.28×10^{-7}
成都	城市	18 岁～	男	123	5.09×10^{-7}	4.60×10^{-7}	1.99×10^{-7}	2.26×10^{-7}	2.77×10^{-7}	3.95×10^{-7}	1.46×10^{-6}
			女	125	4.76×10^{-7}	4.13×10^{-7}	1.73×10^{-7}	2.01×10^{-7}	2.46×10^{-7}	9.41×10^{-7}	1.21×10^{-6}
		45 岁～	男	24	5.37×10^{-7}	5.14×10^{-7}	1.96×10^{-7}	2.21×10^{-7}	2.51×10^{-7}	7.93×10^{-7}	1.47×10^{-6}
			女	29	4.59×10^{-7}	3.86×10^{-7}	1.45×10^{-7}	1.84×10^{-7}	2.37×10^{-7}	8.93×10^{-7}	1.14×10^{-6}
		60 岁～	男	8	3.29×10^{-7}	3.30×10^{-7}	1.82×10^{-7}	1.86×10^{-7}	1.95×10^{-7}	2.74×10^{-7}	1.14×10^{-6}
			女	26	4.17×10^{-7}	3.69×10^{-7}	1.34×10^{-7}	1.60×10^{-7}	2.24×10^{-7}	8.36×10^{-7}	1.07×10^{-6}
	农村	18 岁～	男	64	1.69×10^{-7}	3.46×10^{-8}	1.10×10^{-7}	1.50×10^{-7}	1.68×10^{-7}	1.89×10^{-7}	2.30×10^{-7}
			女	63	1.50×10^{-7}	3.69×10^{-8}	8.28×10^{-8}	1.28×10^{-7}	1.47×10^{-7}	1.69×10^{-7}	2.17×10^{-7}
		45 岁～	男	55	1.70×10^{-7}	4.26×10^{-8}	9.59×10^{-8}	1.45×10^{-7}	1.59×10^{-7}	2.01×10^{-7}	2.44×10^{-7}
			女	44	1.26×10^{-7}	2.72×10^{-8}	7.93×10^{-8}	1.04×10^{-7}	1.26×10^{-7}	1.45×10^{-7}	1.67×10^{-7}

类别				N	砷经呼吸道暴露量/[mg/（kg·d）]						
					Mean	Std	P5	P25	P50	P75	P95
成都	农村	60 岁～	男	34	1.40×10^{-7}	4.04×10^{-8}	6.44×10^{-8}	1.27×10^{-7}	1.37×10^{-7}	1.61×10^{-7}	2.06×10^{-7}
			女	36	1.25×10^{-7}	2.77×10^{-8}	7.07×10^{-8}	1.14×10^{-7}	1.25×10^{-7}	1.37×10^{-7}	1.90×10^{-7}
兰州	城市	18 岁～	男	61	2.23×10^{-6}	4.34×10^{-7}	1.69×10^{-6}	1.95×10^{-6}	2.15×10^{-6}	2.46×10^{-6}	2.97×10^{-6}
			女	51	1.75×10^{-6}	3.42×10^{-7}	1.14×10^{-6}	1.50×10^{-6}	1.73×10^{-6}	1.97×10^{-6}	2.31×10^{-6}
		45 岁～	男	49	2.07×10^{-6}	3.49×10^{-7}	1.61×10^{-6}	1.88×10^{-6}	2.00×10^{-6}	2.14×10^{-6}	2.84×10^{-6}
			女	54	1.66×10^{-6}	2.84×10^{-7}	1.30×10^{-6}	1.45×10^{-6}	1.60×10^{-6}	1.77×10^{-6}	2.33×10^{-6}
		60 岁～	男	65	1.76×10^{-6}	1.92×10^{-7}	1.38×10^{-6}	1.65×10^{-6}	1.76×10^{-6}	1.86×10^{-6}	2.07×10^{-6}
			女	67	1.57×10^{-6}	2.99×10^{-7}	1.14×10^{-6}	1.45×10^{-6}	1.53×10^{-6}	1.65×10^{-6}	2.13×10^{-6}
	农村	18 岁～	男	51	1.25×10^{-6}	4.66×10^{-7}	8.77×10^{-7}	9.34×10^{-7}	1.13×10^{-6}	1.31×10^{-6}	2.46×10^{-6}
			女	49	1.02×10^{-6}	2.83×10^{-7}	5.92×10^{-7}	8.46×10^{-7}	1.01×10^{-6}	1.20×10^{-6}	1.40×10^{-6}
		45 岁～	男	59	1.21×10^{-6}	2.74×10^{-7}	7.60×10^{-7}	1.07×10^{-6}	1.20×10^{-6}	1.36×10^{-6}	1.61×10^{-6}
			女	49	9.46×10^{-7}	3.25×10^{-7}	5.06×10^{-7}	7.58×10^{-7}	9.23×10^{-7}	1.08×10^{-6}	1.59×10^{-6}
		60 岁～	男	69	1.10×10^{-6}	3.38×10^{-7}	6.92×10^{-7}	8.05×10^{-7}	1.07×10^{-6}	1.26×10^{-6}	1.85×10^{-6}
			女	64	9.52×10^{-7}	3.33×10^{-7}	5.87×10^{-7}	6.92×10^{-7}	8.86×10^{-7}	1.11×10^{-6}	1.69×10^{-6}

附表 7-4　不同地区居民分城乡、年龄和性别的铅经呼吸道暴露量

类别				N	铅经呼吸道暴露量/[mg/（kg·d）]						
					Mean	Std	P5	P25	P50	P75	P95
太原	城市	18 岁～	男	68	6.61×10^{-7}	1.52×10^{-7}	4.95×10^{-7}	5.43×10^{-7}	6.05×10^{-7}	7.77×10^{-7}	9.17×10^{-7}
			女	72	5.45×10^{-7}	1.21×10^{-7}	3.89×10^{-7}	4.51×10^{-7}	5.36×10^{-7}	6.24×10^{-7}	7.22×10^{-7}
		45 岁～	男	50	6.16×10^{-7}	1.28×10^{-7}	4.73×10^{-7}	5.04×10^{-7}	5.47×10^{-7}	7.52×10^{-7}	8.04×10^{-7}
			女	60	5.07×10^{-7}	1.17×10^{-7}	3.87×10^{-7}	4.18×10^{-7}	4.60×10^{-7}	5.98×10^{-7}	6.85×10^{-7}
		60 岁～	男	56	4.85×10^{-7}	8.52×10^{-8}	4.13×10^{-7}	4.28×10^{-7}	4.62×10^{-7}	4.85×10^{-7}	7.03×10^{-7}
			女	54	4.18×10^{-7}	7.48×10^{-8}	3.42×10^{-7}	3.70×10^{-7}	3.95×10^{-7}	4.13×10^{-7}	5.88×10^{-7}
	农村	18 岁～	男	41	7.18×10^{-7}	2.27×10^{-7}	4.76×10^{-7}	5.00×10^{-7}	7.02×10^{-7}	9.55×10^{-7}	1.08×10^{-6}
			女	40	5.23×10^{-7}	1.63×10^{-7}	3.07×10^{-7}	3.74×10^{-7}	5.17×10^{-7}	6.28×10^{-7}	8.14×10^{-7}
		45 岁～	男	49	7.23×10^{-7}	2.27×10^{-7}	4.25×10^{-7}	5.18×10^{-7}	7.06×10^{-7}	9.51×10^{-7}	1.05×10^{-6}
			女	74	5.97×10^{-7}	1.68×10^{-7}	3.45×10^{-7}	4.46×10^{-7}	5.97×10^{-7}	7.55×10^{-7}	8.50×10^{-7}
		60 岁～	男	73	6.03×10^{-7}	1.92×10^{-7}	3.54×10^{-7}	4.15×10^{-7}	6.07×10^{-7}	8.09×10^{-7}	8.96×10^{-7}
			女	59	5.06×10^{-7}	1.49×10^{-7}	2.99×10^{-7}	3.77×10^{-7}	4.98×10^{-7}	6.51×10^{-7}	7.50×10^{-7}

类别				N	铅经呼吸道暴露量/[mg/（kg·d）]						
					Mean	Std	P5	P25	P50	P75	P95
大连	城市	18 岁～	男	88	2.40×10^{-7}	7.91×10^{-8}	1.60×10^{-7}	1.86×10^{-7}	2.10×10^{-7}	2.93×10^{-7}	4.00×10^{-7}
			女	68	1.96×10^{-7}	6.76×10^{-8}	1.21×10^{-7}	1.43×10^{-7}	1.64×10^{-7}	2.63×10^{-7}	3.12×10^{-7}
		45 岁～	男	13	2.20×10^{-7}	8.40×10^{-8}	1.44×10^{-7}	1.52×10^{-7}	1.72×10^{-7}	3.12×10^{-7}	3.46×10^{-7}
			女	31	2.04×10^{-7}	6.90×10^{-8}	1.17×10^{-7}	1.32×10^{-7}	2.28×10^{-7}	2.58×10^{-7}	3.07×10^{-7}
		60 岁～	男	24	2.13×10^{-7}	6.58×10^{-8}	1.33×10^{-7}	1.55×10^{-7}	1.94×10^{-7}	2.81×10^{-7}	2.97×10^{-7}
			女	63	2.17×10^{-7}	6.65×10^{-8}	1.04×10^{-7}	1.25×10^{-7}	2.47×10^{-7}	2.64×10^{-7}	2.87×10^{-7}
	农村	18 岁～	男	84	3.96×10^{-7}	5.28×10^{-8}	2.97×10^{-7}	3.75×10^{-7}	3.97×10^{-7}	4.25×10^{-7}	4.70×10^{-7}
			女	76	3.24×10^{-7}	3.92×10^{-8}	2.64×10^{-7}	2.95×10^{-7}	3.27×10^{-7}	3.53×10^{-7}	3.92×10^{-7}
		45 岁～	男	41	3.77×10^{-7}	3.93×10^{-8}	3.29×10^{-7}	3.63×10^{-7}	3.80×10^{-7}	3.97×10^{-7}	4.28×10^{-7}
			女	49	2.94×10^{-7}	4.33×10^{-8}	2.05×10^{-7}	2.73×10^{-7}	2.97×10^{-7}	3.20×10^{-7}	3.66×10^{-7}
		60 岁～	男	41	3.32×10^{-7}	7.09×10^{-8}	2.17×10^{-7}	3.14×10^{-7}	3.41×10^{-7}	3.66×10^{-7}	4.02×10^{-7}
			女	43	2.89×10^{-7}	3.59×10^{-8}	2.40×10^{-7}	2.71×10^{-7}	2.88×10^{-7}	3.05×10^{-7}	3.38×10^{-7}
上海	城市	18 岁～	男	97	1.84×10^{-7}	2.17×10^{-8}	1.51×10^{-7}	1.68×10^{-7}	1.84×10^{-7}	1.98×10^{-7}	2.24×10^{-7}
			女	88	1.49×10^{-7}	1.76×10^{-8}	1.20×10^{-7}	1.38×10^{-7}	1.48×10^{-7}	1.62×10^{-7}	1.80×10^{-7}
		45 岁～	男	18	1.67×10^{-7}	1.93×10^{-8}	1.41×10^{-7}	1.53×10^{-7}	1.65×10^{-7}	1.77×10^{-7}	2.09×10^{-7}
			女	43	1.32×10^{-7}	1.70×10^{-8}	1.10×10^{-7}	1.20×10^{-7}	1.27×10^{-7}	1.43×10^{-7}	1.63×10^{-7}
		60 岁～	男	16	1.39×10^{-7}	1.75×10^{-8}	1.10×10^{-7}	1.32×10^{-7}	1.36×10^{-7}	1.48×10^{-7}	1.81×10^{-7}
			女	36	1.21×10^{-7}	1.39×10^{-8}	9.70×10^{-8}	1.08×10^{-7}	1.22×10^{-7}	1.33×10^{-7}	1.45×10^{-7}
	农村	18 岁～	男	48	1.82×10^{-7}	2.40×10^{-8}	1.42×10^{-7}	1.67×10^{-7}	1.79×10^{-7}	1.97×10^{-7}	2.22×10^{-7}
			女	38	1.50×10^{-7}	2.27×10^{-8}	1.16×10^{-7}	1.34×10^{-7}	1.50×10^{-7}	1.62×10^{-7}	1.91×10^{-7}
		45 岁～	男	71	1.81×10^{-7}	1.96×10^{-8}	1.45×10^{-7}	1.70×10^{-7}	1.81×10^{-7}	1.95×10^{-7}	2.17×10^{-7}
			女	82	1.38×10^{-7}	1.67×10^{-8}	1.13×10^{-7}	1.27×10^{-7}	1.37×10^{-7}	1.50×10^{-7}	1.64×10^{-7}
		60 岁～	男	35	1.38×10^{-7}	1.92×10^{-8}	1.08×10^{-7}	1.23×10^{-7}	1.33×10^{-7}	1.50×10^{-7}	1.76×10^{-7}
			女	27	1.18×10^{-7}	1.77×10^{-8}	8.92×10^{-8}	1.02×10^{-7}	1.23×10^{-7}	1.32×10^{-7}	1.42×10^{-7}
武汉	城市	18 岁～	男	60	8.49×10^{-7}	9.37×10^{-8}	6.51×10^{-7}	8.04×10^{-7}	8.58×10^{-7}	8.99×10^{-7}	9.95×10^{-7}
			女	77	6.78×10^{-7}	9.13×10^{-8}	4.87×10^{-7}	6.45×10^{-7}	6.81×10^{-7}	7.11×10^{-7}	8.18×10^{-7}
		45 岁～	男	40	8.04×10^{-7}	1.13×10^{-7}	6.18×10^{-7}	7.24×10^{-7}	7.98×10^{-7}	8.67×10^{-7}	9.81×10^{-7}
			女	41	6.40×10^{-7}	8.80×10^{-8}	4.84×10^{-7}	5.93×10^{-7}	6.50×10^{-7}	6.96×10^{-7}	7.63×10^{-7}
		60 岁～	男	60	6.79×10^{-7}	9.66×10^{-8}	5.48×10^{-7}	6.01×10^{-7}	6.70×10^{-7}	7.44×10^{-7}	8.67×10^{-7}
			女	77	5.65×10^{-7}	1.12×10^{-7}	4.20×10^{-7}	4.89×10^{-7}	5.48×10^{-7}	6.25×10^{-7}	7.52×10^{-7}

类别				N	铅经呼吸道暴露量/[mg/（kg·d）]						
					Mean	Std	P5	P25	P50	P75	P95
武汉	农村	18 岁～	男	22	8.65×10^{-7}	6.64×10^{-8}	7.83×10^{-7}	8.19×10^{-7}	8.59×10^{-7}	8.81×10^{-7}	1.01×10^{-6}
			女	33	6.87×10^{-7}	5.65×10^{-8}	5.99×10^{-7}	6.49×10^{-7}	6.70×10^{-7}	7.16×10^{-7}	7.91×10^{-7}
		45 岁～	男	39	8.62×10^{-7}	1.29×10^{-7}	7.10×10^{-7}	7.71×10^{-7}	8.57×10^{-7}	9.59×10^{-7}	1.07×10^{-6}
			女	55	6.69×10^{-7}	9.32×10^{-8}	5.65×10^{-7}	5.97×10^{-7}	6.55×10^{-7}	7.24×10^{-7}	8.71×10^{-7}
		60 岁～	男	66	7.47×10^{-7}	8.88×10^{-8}	5.87×10^{-7}	6.92×10^{-7}	7.49×10^{-7}	7.92×10^{-7}	8.91×10^{-7}
			女	50	6.16×10^{-7}	7.55×10^{-8}	5.28×10^{-7}	5.66×10^{-7}	5.99×10^{-7}	6.52×10^{-7}	7.25×10^{-7}
成都	城市	18 岁～	男	123	6.27×10^{-7}	5.26×10^{-7}	1.55×10^{-7}	2.55×10^{-7}	4.36×10^{-7}	5.67×10^{-7}	1.71×10^{-6}
			女	125	5.79×10^{-7}	4.69×10^{-7}	1.47×10^{-7}	2.85×10^{-7}	3.72×10^{-7}	1.08×10^{-6}	1.42×10^{-6}
		45 岁～	男	24	6.74×10^{-7}	5.71×10^{-7}	1.60×10^{-7}	3.37×10^{-7}	4.22×10^{-7}	9.43×10^{-7}	1.71×10^{-6}
			女	29	5.53×10^{-7}	4.34×10^{-7}	1.20×10^{-7}	2.95×10^{-7}	3.21×10^{-7}	1.03×10^{-6}	1.32×10^{-6}
		60 岁～	男	8	4.22×10^{-7}	3.71×10^{-7}	1.23×10^{-7}	2.77×10^{-7}	3.15×10^{-7}	3.75×10^{-7}	1.32×10^{-6}
			女	26	5.06×10^{-7}	4.15×10^{-7}	1.03×10^{-7}	2.40×10^{-7}	3.06×10^{-7}	9.47×10^{-7}	1.23×10^{-6}
	农村	18 岁～	男	64	5.68×10^{-7}	1.91×10^{-7}	3.12×10^{-7}	4.71×10^{-7}	5.37×10^{-7}	6.19×10^{-7}	9.20×10^{-7}
			女	63	4.95×10^{-7}	1.84×10^{-7}	2.54×10^{-7}	4.02×10^{-7}	4.38×10^{-7}	5.21×10^{-7}	8.99×10^{-7}
		45 岁～	男	55	5.89×10^{-7}	2.19×10^{-7}	2.96×10^{-7}	4.57×10^{-7}	5.14×10^{-7}	7.36×10^{-7}	1.02×10^{-6}
			女	44	4.55×10^{-7}	2.19×10^{-7}	2.32×10^{-7}	3.41×10^{-7}	4.07×10^{-7}	4.68×10^{-7}	1.01×10^{-6}
		60 岁～	男	34	5.29×10^{-7}	2.03×10^{-7}	2.39×10^{-7}	4.13×10^{-7}	4.59×10^{-7}	6.72×10^{-7}	9.80×10^{-7}
			女	36	4.88×10^{-7}	2.10×10^{-7}	2.15×10^{-7}	3.49×10^{-7}	4.08×10^{-7}	6.74×10^{-7}	9.11×10^{-7}
兰州	城市	18 岁～	男	61	5.88×10^{-7}	6.63×10^{-8}	4.72×10^{-7}	5.38×10^{-7}	5.90×10^{-7}	6.31×10^{-7}	6.96×10^{-7}
			女	51	4.84×10^{-7}	7.16×10^{-8}	3.14×10^{-7}	4.57×10^{-7}	4.86×10^{-7}	5.27×10^{-7}	5.87×10^{-7}
		45 岁～	男	49	5.60×10^{-7}	7.68×10^{-8}	4.38×10^{-7}	5.14×10^{-7}	5.59×10^{-7}	6.11×10^{-7}	6.80×10^{-7}
			女	54	4.41×10^{-7}	6.45×10^{-8}	3.31×10^{-7}	3.84×10^{-7}	4.43×10^{-7}	4.80×10^{-7}	5.44×10^{-7}
		60 岁～	男	65	4.67×10^{-7}	4.04×10^{-8}	3.99×10^{-7}	4.42×10^{-7}	4.58×10^{-7}	4.92×10^{-7}	5.39×10^{-7}
			女	67	3.99×10^{-7}	5.76×10^{-8}	3.32×10^{-7}	3.64×10^{-7}	3.94×10^{-7}	4.14×10^{-7}	5.07×10^{-7}
	农村	18 岁～	男	51	3.68×10^{-7}	4.99×10^{-8}	2.89×10^{-7}	3.25×10^{-7}	3.79×10^{-7}	3.99×10^{-7}	4.40×10^{-7}
			女	49	3.17×10^{-7}	4.70×10^{-8}	2.35×10^{-7}	2.89×10^{-7}	3.18×10^{-7}	3.43×10^{-7}	3.86×10^{-7}
		45 岁～	男	59	3.69×10^{-7}	5.53×10^{-8}	2.76×10^{-7}	3.38×10^{-7}	3.71×10^{-7}	3.93×10^{-7}	4.83×10^{-7}
			女	49	2.94×10^{-7}	4.03×10^{-8}	2.28×10^{-7}	2.71×10^{-7}	2.84×10^{-7}	3.16×10^{-7}	3.64×10^{-7}
		60 岁～	男	69	3.18×10^{-7}	5.06×10^{-8}	2.35×10^{-7}	2.73×10^{-7}	3.23×10^{-7}	3.48×10^{-7}	4.05×10^{-7}
			女	64	2.64×10^{-7}	3.66×10^{-8}	2.05×10^{-7}	2.35×10^{-7}	2.66×10^{-7}	2.93×10^{-7}	3.22×10^{-7}

附表 7-5　不同地区居民分城乡、年龄和性别的铬经呼吸道暴露量

类别				N	铬经呼吸道暴露量/[mg/（kg·d）]						
					Mean	Std	P5	P25	P50	P75	P95
太原	城市	18 岁～	男	68	1.17×10^{-7}	5.01×10^{-8}	4.09×10^{-8}	8.01×10^{-8}	1.10×10^{-7}	1.58×10^{-7}	1.94×10^{-7}
			女	72	9.68×10^{-8}	3.19×10^{-8}	4.99×10^{-8}	7.40×10^{-8}	9.48×10^{-8}	1.19×10^{-7}	1.54×10^{-7}
		45 岁～	男	50	1.14×10^{-7}	3.88×10^{-8}	6.13×10^{-8}	7.74×10^{-8}	1.09×10^{-7}	1.47×10^{-7}	1.76×10^{-7}
			女	60	8.93×10^{-8}	3.00×10^{-8}	4.65×10^{-8}	6.38×10^{-8}	8.29×10^{-8}	1.17×10^{-7}	1.37×10^{-7}
		60 岁～	男	56	7.70×10^{-8}	3.24×10^{-8}	3.85×10^{-8}	5.68×10^{-8}	6.28×10^{-8}	9.45×10^{-8}	1.44×10^{-7}
			女	54	6.45×10^{-8}	2.21×10^{-8}	3.19×10^{-8}	4.83×10^{-8}	5.81×10^{-8}	7.98×10^{-8}	1.11×10^{-7}
	农村	18 岁～	男	41	2.92×10^{-7}	7.90×10^{-8}	1.97×10^{-7}	2.33×10^{-7}	2.82×10^{-7}	3.37×10^{-7}	4.00×10^{-7}
			女	40	1.87×10^{-7}	8.74×10^{-8}	7.10×10^{-8}	1.15×10^{-7}	1.71×10^{-7}	2.49×10^{-7}	3.48×10^{-7}
		45 岁～	男	49	2.93×10^{-7}	9.72×10^{-8}	1.53×10^{-7}	2.14×10^{-7}	2.84×10^{-7}	3.81×10^{-7}	4.38×10^{-7}
			女	74	2.13×10^{-7}	7.56×10^{-8}	8.77×10^{-8}	1.60×10^{-7}	2.18×10^{-7}	2.69×10^{-7}	3.34×10^{-7}
		60 岁～	男	73	2.47×10^{-7}	8.20×10^{-8}	1.27×10^{-7}	1.72×10^{-7}	2.74×10^{-7}	3.14×10^{-7}	3.62×10^{-7}
			女	59	2.02×10^{-7}	7.50×10^{-8}	8.27×10^{-8}	1.41×10^{-7}	2.04×10^{-7}	2.66×10^{-7}	3.54×10^{-7}
大连	城市	18 岁～	男	88	1.63×10^{-6}	3.71×10^{-7}	1.08×10^{-6}	1.31×10^{-6}	1.64×10^{-6}	1.87×10^{-6}	2.24×10^{-6}
			女	68	1.20×10^{-6}	3.16×10^{-7}	7.17×10^{-7}	1.00×10^{-6}	1.25×10^{-6}	1.39×10^{-6}	1.72×10^{-6}
		45 岁～	男	13	1.33×10^{-6}	3.31×10^{-7}	9.06×10^{-7}	1.02×10^{-6}	1.28×10^{-6}	1.65×10^{-6}	1.81×10^{-6}
			女	31	1.15×10^{-6}	2.48×10^{-7}	7.54×10^{-7}	9.65×10^{-7}	1.19×10^{-6}	1.33×10^{-6}	1.51×10^{-6}
		60 岁～	男	24	1.18×10^{-6}	2.19×10^{-7}	7.68×10^{-7}	1.08×10^{-6}	1.24×10^{-6}	1.35×10^{-6}	1.42×10^{-6}
			女	63	1.26×10^{-6}	2.97×10^{-7}	7.22×10^{-7}	1.01×10^{-6}	1.35×10^{-6}	1.46×10^{-6}	1.65×10^{-6}
	农村	18 岁～	男	84	1.82×10^{-6}	2.98×10^{-7}	1.50×10^{-6}	1.64×10^{-6}	1.74×10^{-6}	1.87×10^{-6}	2.58×10^{-6}
			女	76	1.49×10^{-6}	2.88×10^{-7}	1.20×10^{-6}	1.33×10^{-6}	1.44×10^{-6}	1.57×10^{-6}	2.27×10^{-6}
		45 岁～	男	41	1.72×10^{-6}	2.04×10^{-7}	1.43×10^{-6}	1.61×10^{-6}	1.70×10^{-6}	1.78×10^{-6}	2.01×10^{-6}
			女	49	1.39×10^{-6}	2.53×10^{-7}	1.10×10^{-6}	1.22×10^{-6}	1.37×10^{-6}	1.49×10^{-6}	1.96×10^{-6}
		60 岁～	男	41	1.56×10^{-6}	3.00×10^{-7}	1.14×10^{-6}	1.38×10^{-6}	1.47×10^{-6}	1.68×10^{-6}	2.05×10^{-6}
			女	43	1.26×10^{-6}	1.83×10^{-7}	1.04×10^{-6}	1.18×10^{-6}	1.26×10^{-6}	1.34×10^{-6}	1.54×10^{-6}
上海	城市	18 岁～	男	97	1.44×10^{-6}	2.04×10^{-7}	1.05×10^{-6}	1.35×10^{-6}	1.45×10^{-6}	1.56×10^{-6}	1.80×10^{-6}
			女	88	1.17×10^{-6}	2.11×10^{-7}	8.09×10^{-7}	9.82×10^{-7}	1.23×10^{-6}	1.33×10^{-6}	1.46×10^{-6}
		45 岁～	男	18	1.51×10^{-6}	4.47×10^{-7}	9.98×10^{-7}	1.33×10^{-6}	1.45×10^{-6}	1.57×10^{-6}	3.14×10^{-6}
			女	43	1.15×10^{-6}	1.46×10^{-7}	9.11×10^{-7}	1.06×10^{-6}	1.21×10^{-6}	1.23×10^{-6}	1.37×10^{-6}

类别				*N*	铬经呼吸道暴露量/[mg/（kg·d）]						
					Mean	Std	P5	P25	P50	P75	P95
上海	城市	60 岁～	男	16	1.21×10^{-6}	1.28×10^{-7}	8.57×10^{-7}	1.15×10^{-6}	1.23×10^{-6}	1.31×10^{-6}	1.36×10^{-6}
			女	36	1.05×10^{-6}	1.41×10^{-7}	6.38×10^{-7}	1.01×10^{-6}	1.07×10^{-6}	1.15×10^{-6}	1.21×10^{-6}
	农村	18 岁～	男	48	1.63×10^{-6}	2.20×10^{-7}	9.53×10^{-7}	1.60×10^{-6}	1.64×10^{-6}	1.71×10^{-6}	1.79×10^{-6}
			女	38	1.31×10^{-6}	1.65×10^{-7}	1.14×10^{-6}	1.23×10^{-6}	1.30×10^{-6}	1.39×10^{-6}	1.57×10^{-6}
		45 岁～	男	71	1.57×10^{-6}	9.26×10^{-8}	1.45×10^{-6}	1.51×10^{-6}	1.55×10^{-6}	1.61×10^{-6}	1.79×10^{-6}
			女	82	1.22×10^{-6}	8.39×10^{-8}	1.09×10^{-6}	1.17×10^{-6}	1.22×10^{-6}	1.26×10^{-6}	1.38×10^{-6}
		60 岁～	男	35	1.31×10^{-6}	6.90×10^{-8}	1.22×10^{-6}	1.27×10^{-6}	1.30×10^{-6}	1.35×10^{-6}	1.47×10^{-6}
			女	27	1.14×10^{-6}	1.48×10^{-7}	1.03×10^{-6}	1.08×10^{-6}	1.12×10^{-6}	1.17×10^{-6}	1.24×10^{-6}
武汉	城市	18 岁～	男	60	1.38×10^{-6}	3.15×10^{-7}	9.59×10^{-7}	1.15×10^{-6}	1.39×10^{-6}	1.53×10^{-6}	2.04×10^{-6}
			女	77	1.18×10^{-6}	3.15×10^{-7}	7.51×10^{-7}	9.69×10^{-7}	1.14×10^{-6}	1.20×10^{-6}	1.72×10^{-6}
		45 岁～	男	40	1.30×10^{-6}	4.41×10^{-7}	8.28×10^{-7}	9.64×10^{-7}	1.09×10^{-6}	1.69×10^{-6}	2.12×10^{-6}
			女	41	1.09×10^{-6}	3.21×10^{-7}	7.37×10^{-7}	8.34×10^{-7}	9.37×10^{-7}	1.36×10^{-6}	1.69×10^{-6}
		60 岁～	男	60	1.13×10^{-6}	3.92×10^{-7}	7.51×10^{-7}	8.49×10^{-7}	9.31×10^{-7}	1.54×10^{-6}	1.93×10^{-6}
			女	77	9.41×10^{-7}	3.53×10^{-7}	6.19×10^{-7}	7.06×10^{-7}	7.81×10^{-7}	1.03×10^{-6}	1.61×10^{-6}
	农村	18 岁～	男	22	7.80×10^{-7}	1.64×10^{-7}	4.33×10^{-7}	7.13×10^{-7}	8.17×10^{-7}	9.17×10^{-7}	9.49×10^{-7}
			女	33	6.31×10^{-7}	1.29×10^{-7}	3.51×10^{-7}	6.25×10^{-7}	6.80×10^{-7}	7.09×10^{-7}	7.58×10^{-7}
		45 岁～	男	39	6.75×10^{-7}	2.08×10^{-7}	3.97×10^{-7}	4.65×10^{-7}	6.90×10^{-7}	8.59×10^{-7}	1.01×10^{-6}
			女	55	5.42×10^{-7}	1.69×10^{-7}	3.18×10^{-7}	3.75×10^{-7}	5.70×10^{-7}	6.72×10^{-7}	7.83×10^{-7}
		60 岁～	男	66	6.05×10^{-7}	1.68×10^{-7}	3.61×10^{-7}	4.07×10^{-7}	6.66×10^{-7}	7.41×10^{-7}	8.35×10^{-7}
			女	50	5.26×10^{-7}	1.41×10^{-7}	3.04×10^{-7}	3.39×10^{-7}	5.60×10^{-7}	6.39×10^{-7}	7.01×10^{-7}
成都	城市	18 岁～	男	123	9.90×10^{-7}	7.44×10^{-7}	3.04×10^{-7}	5.26×10^{-7}	6.96×10^{-7}	8.84×10^{-7}	2.51×10^{-6}
			女	125	9.25×10^{-7}	6.56×10^{-7}	2.97×10^{-7}	4.88×10^{-7}	6.38×10^{-7}	1.64×10^{-6}	2.08×10^{-6}
		45 岁～	男	24	1.06×10^{-6}	8.10×10^{-7}	3.37×10^{-7}	5.77×10^{-7}	7.04×10^{-7}	1.46×10^{-6}	2.53×10^{-6}
			女	29	9.05×10^{-7}	6.15×10^{-7}	2.40×10^{-7}	4.73×10^{-7}	5.99×10^{-7}	1.55×10^{-6}	1.95×10^{-6}
		60 岁～	男	8	7.28×10^{-7}	5.08×10^{-7}	2.72×10^{-7}	5.48×10^{-7}	6.09×10^{-7}	6.44×10^{-7}	1.95×10^{-6}
			女	26	8.12×10^{-7}	5.75×10^{-7}	2.78×10^{-7}	4.59×10^{-7}	5.25×10^{-7}	1.47×10^{-6}	1.83×10^{-6}
	农村	18 岁～	男	64	8.04×10^{-7}	1.67×10^{-7}	5.12×10^{-7}	7.14×10^{-7}	7.97×10^{-7}	8.96×10^{-7}	1.12×10^{-6}
			女	63	6.65×10^{-7}	1.98×10^{-7}	3.95×10^{-7}	5.46×10^{-7}	6.49×10^{-7}	7.24×10^{-7}	1.07×10^{-6}
		45 岁～	男	55	7.94×10^{-7}	1.94×10^{-7}	5.41×10^{-7}	6.90×10^{-7}	7.53×10^{-7}	8.63×10^{-7}	1.17×10^{-6}
			女	44	6.08×10^{-7}	1.23×10^{-7}	3.96×10^{-7}	5.32×10^{-7}	5.93×10^{-7}	6.84×10^{-7}	8.00×10^{-7}

类别				N	铬经呼吸道暴露量/[mg/（kg·d）]						
					Mean	Std	P5	P25	P50	P75	P95
成都	农村	60 岁～	男	34	6.67×10^{-7}	1.66×10^{-7}	4.24×10^{-7}	5.85×10^{-7}	6.32×10^{-7}	7.59×10^{-7}	9.99×10^{-7}
			女	36	5.88×10^{-7}	1.21×10^{-7}	3.72×10^{-7}	5.27×10^{-7}	5.57×10^{-7}	6.28×10^{-7}	9.03×10^{-7}
兰州	城市	18 岁～	男	61	1.35×10^{-7}	2.39×10^{-8}	1.07×10^{-7}	1.22×10^{-7}	1.32×10^{-7}	1.45×10^{-7}	1.90×10^{-7}
			女	51	1.12×10^{-7}	2.31×10^{-8}	8.42×10^{-8}	1.00×10^{-7}	1.08×10^{-7}	1.20×10^{-7}	1.63×10^{-7}
		45 岁～	男	49	1.33×10^{-7}	2.92×10^{-8}	9.71×10^{-8}	1.18×10^{-7}	1.24×10^{-7}	1.39×10^{-7}	1.96×10^{-7}
			女	54	1.06×10^{-7}	2.49×10^{-8}	7.58×10^{-8}	8.81×10^{-8}	9.66×10^{-8}	1.17×10^{-7}	1.54×10^{-7}
		60 岁～	男	65	1.03×10^{-7}	9.91×10^{-9}	8.92×10^{-8}	9.53×10^{-8}	1.01×10^{-7}	1.10×10^{-7}	1.21×10^{-7}
			女	67	9.05×10^{-8}	2.16×10^{-8}	7.39×10^{-8}	8.12×10^{-8}	8.41×10^{-8}	9.15×10^{-8}	1.39×10^{-7}
	农村	18 岁～	男	51	9.27×10^{-8}	1.76×10^{-8}	6.39×10^{-8}	7.59×10^{-8}	9.75×10^{-8}	1.03×10^{-7}	1.13×10^{-7}
			女	49	8.11×10^{-8}	1.87×10^{-8}	5.46×10^{-8}	7.13×10^{-8}	7.86×10^{-8}	8.59×10^{-8}	1.18×10^{-7}
		45 岁～	男	59	9.30×10^{-8}	1.94×10^{-8}	6.30×10^{-8}	8.50×10^{-8}	8.99×10^{-8}	9.76×10^{-8}	1.46×10^{-7}
			女	49	7.45×10^{-8}	1.59×10^{-8}	5.69×10^{-8}	6.63×10^{-8}	7.09×10^{-8}	7.94×10^{-8}	1.10×10^{-7}
		60 岁～	男	69	7.86×10^{-8}	1.67×10^{-8}	5.29×10^{-8}	6.51×10^{-8}	8.08×10^{-8}	8.60×10^{-8}	1.13×10^{-7}
			女	64	6.46×10^{-8}	1.31×10^{-8}	4.59×10^{-8}	5.36×10^{-8}	6.52×10^{-8}	7.05×10^{-8}	8.11×10^{-8}

附表 7-6　不同地区居民分城乡、年龄和性别的汞经呼吸道暴露贡献比

类别				N	汞经呼吸道暴露贡献比/%						
					Mean	Std	P5	P25	P50	P75	P95
太原	城市	18 岁～	男	68	0.0048	0.0015	0.0022	0.0036	0.0051	0.0059	0.0071
			女	72	0.0033	0.0010	0.0016	0.0025	0.0035	0.0040	0.0047
		45 岁～	男	50	0.0042	0.0013	0.0023	0.0031	0.0038	0.0054	0.0064
			女	60	0.0030	0.0009	0.0015	0.0023	0.0032	0.0036	0.0044
		60 岁～	男	56	0.0035	0.0010	0.0018	0.0025	0.0039	0.0043	0.0052
			女	54	0.0027	0.0008	0.0016	0.0018	0.0030	0.0033	0.0040
	农村	18 岁～	男	41	0.0031	0.0011	0.0016	0.0021	0.0029	0.0042	0.0046
			女	40	0.0021	0.0008	0.0011	0.0014	0.0020	0.0027	0.0032
		45 岁～	男	49	0.0026	0.0011	0.0013	0.0017	0.0025	0.0031	0.0048
			女	74	0.0019	0.0006	0.0010	0.0013	0.0019	0.0022	0.0029
		60 岁～	男	73	0.0025	0.0009	0.0012	0.0018	0.0024	0.0032	0.0040
			女	59	0.0018	0.0007	0.0009	0.0011	0.0017	0.0024	0.0029

类别				N	汞经呼吸道暴露贡献比/%						
					Mean	Std	P5	P25	P50	P75	P95
大连	城市	18 岁～	男	88	0.0050	0.0012	0.0028	0.0042	0.0051	0.0058	0.0069
			女	68	0.0033	0.0010	0.0020	0.0025	0.0032	0.0037	0.0050
		45 岁～	男	13	0.0037	0.0010	0.0023	0.0031	0.0037	0.0041	0.0062
			女	31	0.0028	0.0010	0.0016	0.0019	0.0027	0.0032	0.0046
		60 岁～	男	24	0.0033	0.0008	0.0019	0.0028	0.0034	0.0039	0.0045
			女	63	0.0030	0.0008	0.0021	0.0025	0.0030	0.0034	0.0044
	农村	18 岁～	男	84	0.0052	0.0011	0.0035	0.0046	0.0051	0.0058	0.0073
			女	76	0.0037	0.0009	0.0021	0.0032	0.0036	0.0043	0.0054
		45 岁～	男	41	0.0046	0.0011	0.0027	0.0039	0.0046	0.0054	0.0064
			女	49	0.0035	0.0011	0.0021	0.0025	0.0035	0.0042	0.0050
		60 岁～	男	41	0.0041	0.0013	0.0023	0.0035	0.0038	0.0048	0.0065
			女	43	0.0033	0.0008	0.0024	0.0027	0.0031	0.0037	0.0047
上海	城市	18 岁～	男	97	0.0134	0.0054	0.0075	0.0097	0.0126	0.0148	0.0256
			女	88	0.0092	0.0043	0.0046	0.0062	0.0080	0.0115	0.0170
		45 岁～	男	18	0.0119	0.0049	0.0074	0.0082	0.0102	0.0137	0.0227
			女	43	0.0068	0.0024	0.0047	0.0055	0.0060	0.0077	0.0124
		60 岁～	男	16	0.0088	0.0029	0.0057	0.0073	0.0081	0.0100	0.0183
			女	36	0.0066	0.0021	0.0044	0.0051	0.0058	0.0079	0.0125
	农村	18 岁～	男	48	0.0069	0.0020	0.0039	0.0058	0.0070	0.0078	0.0087
			女	38	0.0046	0.0016	0.0024	0.0041	0.0047	0.0052	0.0060
		45 岁～	男	71	0.0062	0.0017	0.0034	0.0051	0.0067	0.0074	0.0086
			女	82	0.0045	0.0019	0.0024	0.0037	0.0045	0.0051	0.0058
		60 岁～	男	35	0.0047	0.0016	0.0027	0.0030	0.0048	0.0061	0.0070
			女	27	0.0034	0.0011	0.0021	0.0023	0.0035	0.0045	0.0050
武汉	城市	18 岁～	男	60	0.0124	0.0132	0.0057	0.0069	0.0086	0.0108	0.0521
			女	77	0.0077	0.0102	0.0029	0.0044	0.0054	0.0071	0.0184
		45 岁～	男	40	0.0072	0.0031	0.0029	0.0045	0.0069	0.0094	0.0130
			女	41	0.0086	0.0103	0.0037	0.0043	0.0059	0.0080	0.0212
		60 岁～	男	60	0.0073	0.0029	0.0034	0.0050	0.0069	0.0093	0.0122
			女	77	0.0063	0.0024	0.0029	0.0043	0.0060	0.0081	0.0106

类别				N	汞经呼吸道暴露贡献比/%						
					Mean	Std	P5	P25	P50	P75	P95
武汉	农村	18 岁～	男	22	0.0022	0.0009	0.0010	0.0013	0.0022	0.0027	0.0032
			女	33	0.0031	0.0066	0.0007	0.0012	0.0015	0.0021	0.0185
		45 岁～	男	39	0.0045	0.0091	0.0007	0.0013	0.0023	0.0027	0.0317
			女	55	0.0020	0.0052	0.0004	0.0008	0.0013	0.0018	0.0025
		60 岁～	男	66	0.0018	0.0020	0.0007	0.0010	0.0017	0.0021	0.0025
			女	50	0.0013	0.0009	0.0004	0.0007	0.0013	0.0017	0.0021
成都	城市	18 岁～	男	123	0.0118	0.0038	0.0069	0.0098	0.0117	0.0133	0.0162
			女	125	0.0077	0.0014	0.0053	0.0067	0.0079	0.0087	0.0096
		45 岁～	男	24	0.0105	0.0019	0.0071	0.0094	0.0104	0.0115	0.0140
			女	29	0.0070	0.0015	0.0048	0.0058	0.0073	0.0082	0.0093
		60 岁～	男	8	0.0087	0.0016	0.0068	0.0076	0.0081	0.0096	0.0118
			女	26	0.0068	0.0015	0.0045	0.0062	0.0070	0.0076	0.0090
	农村	18 岁～	男	64	0.0125	0.0033	0.0060	0.0105	0.0132	0.0148	0.0163
			女	63	0.0078	0.0026	0.0046	0.0059	0.0076	0.0095	0.0115
		45 岁～	男	55	0.0105	0.0040	0.0043	0.0076	0.0103	0.0132	0.0187
			女	44	0.0085	0.0017	0.0058	0.0076	0.0088	0.0095	0.0106
		60 岁～	男	34	0.0098	0.0027	0.0049	0.0081	0.0099	0.0119	0.0138
			女	36	0.0076	0.0016	0.0041	0.0067	0.0077	0.0086	0.0104
兰州	城市	18 岁～	男	61	0.0031	0.0009	0.0017	0.0023	0.0030	0.0035	0.0043
			女	51	0.0020	0.0008	0.0013	0.0015	0.0019	0.0023	0.0028
		45 岁～	男	49	0.0027	0.0009	0.0019	0.0022	0.0025	0.0031	0.0040
			女	54	0.0021	0.0007	0.0010	0.0018	0.0021	0.0024	0.0030
		60 岁～	男	65	0.0024	0.0005	0.0016	0.0020	0.0024	0.0026	0.0031
			女	67	0.0018	0.0006	0.0013	0.0015	0.0017	0.0018	0.0023
	农村	18 岁～	男	51	0.0041	0.0009	0.0024	0.0034	0.0044	0.0048	0.0053
			女	49	0.0032	0.0009	0.0021	0.0027	0.0031	0.0034	0.0056
		45 岁～	男	59	0.0038	0.0015	0.0022	0.0027	0.0036	0.0042	0.0071
			女	49	0.0029	0.0009	0.0018	0.0025	0.0028	0.0031	0.0046
		60 岁～	男	69	0.0033	0.0009	0.0020	0.0027	0.0032	0.0037	0.0043
			女	64	0.0027	0.0005	0.0021	0.0024	0.0027	0.0030	0.0036

附表 7-7 不同地区居民分城乡、年龄和性别的镉经呼吸道暴露贡献比

类别				N	镉经呼吸道暴露贡献比/%						
					Mean	Std	P5	P25	P50	P75	P95
太原	城市	18岁～	男	68	0.0157	0.0103	0.0043	0.0096	0.0142	0.0207	0.0264
			女	72	0.0110	0.0064	0.0034	0.0071	0.0102	0.0124	0.0272
		45岁～	男	50	0.0180	0.0366	0.0053	0.0086	0.0128	0.0176	0.0210
			女	60	0.0100	0.0051	0.0041	0.0069	0.0092	0.0126	0.0172
		60岁～	男	56	0.0097	0.0066	0.0038	0.0065	0.0077	0.0117	0.0183
			女	54	0.0072	0.0054	0.0024	0.0053	0.0062	0.0075	0.0145
	农村	18岁～	男	41	0.0184	0.0056	0.0109	0.0140	0.0186	0.0223	0.0270
			女	40	0.0112	0.0055	0.0038	0.0065	0.0104	0.0161	0.0202
		45岁～	男	49	0.0170	0.0066	0.0080	0.0126	0.0171	0.0201	0.0280
			女	74	0.0145	0.0171	0.0052	0.0092	0.0123	0.0163	0.0199
		60岁～	男	73	0.0154	0.0062	0.0064	0.0098	0.0145	0.0208	0.0249
			女	59	0.0108	0.0045	0.0045	0.0064	0.0111	0.0144	0.0180
大连	城市	18岁～	男	88	0.0874	0.0362	0.0483	0.0730	0.0817	0.0964	0.1319
			女	68	0.0695	0.0582	0.0260	0.0392	0.0575	0.0745	0.1215
		45岁～	男	13	0.0751	0.0286	0.0418	0.0521	0.0663	0.0906	0.1339
			女	31	0.0705	0.0969	0.0215	0.0264	0.0455	0.0676	0.2982
		60岁～	男	24	0.0542	0.0265	0.0279	0.0354	0.0465	0.0631	0.1144
			女	63	0.0554	0.0397	0.0262	0.0324	0.0380	0.0634	0.1505
	农村	18岁～	男	84	0.0344	0.0133	0.0221	0.0298	0.0330	0.0364	0.0457
			女	76	0.0237	0.0052	0.0134	0.0210	0.0236	0.0273	0.0320
		45岁～	男	41	0.0300	0.0078	0.0172	0.0253	0.0302	0.0336	0.0421
			女	49	0.0313	0.0396	0.0143	0.0166	0.0226	0.0279	0.0554
		60岁～	男	41	0.0299	0.0132	0.0195	0.0230	0.0251	0.0342	0.0429
			女	43	0.0300	0.0221	0.0166	0.0196	0.0221	0.0304	0.0770
上海	城市	18岁～	男	97	0.0036	0.0034	0.0018	0.0027	0.0033	0.0037	0.0045
			女	88	0.0022	0.0009	0.0013	0.0017	0.0021	0.0024	0.0040
		45岁～	男	18	0.0035	0.0017	0.0021	0.0028	0.0031	0.0034	0.0091
			女	43	0.0021	0.0003	0.0016	0.0019	0.0021	0.0023	0.0026

类别				N	镉经呼吸道暴露贡献比/%						
					Mean	Std	P5	P25	P50	P75	P95
上海	城市	60 岁～	男	16	0.0026	0.0005	0.0015	0.0023	0.0025	0.0028	0.0034
			女	36	0.0020	0.0004	0.0015	0.0018	0.0019	0.0021	0.0025
	农村	18 岁～	男	48	0.0039	0.0015	0.0025	0.0034	0.0037	0.0042	0.0054
			女	38	0.0030	0.0027	0.0018	0.0022	0.0026	0.0030	0.0042
		45 岁～	男	71	0.0037	0.0010	0.0024	0.0031	0.0035	0.0041	0.0053
			女	82	0.0027	0.0017	0.0017	0.0021	0.0024	0.0029	0.0038
		60 岁～	男	35	0.0027	0.0006	0.0018	0.0023	0.0026	0.0030	0.0041
			女	27	0.0020	0.0006	0.0011	0.0015	0.0019	0.0024	0.0031
武汉	城市	18 岁～	男	60	0.0190	0.0057	0.0117	0.0158	0.0180	0.0216	0.0286
			女	77	0.0147	0.0093	0.0095	0.0113	0.0136	0.0148	0.0176
		45 岁～	男	40	0.0166	0.0044	0.0093	0.0134	0.0172	0.0197	0.0220
			女	41	0.0128	0.0028	0.0087	0.0114	0.0130	0.0140	0.0156
		60 岁～	男	60	0.0148	0.0033	0.0097	0.0125	0.0146	0.0176	0.0205
			女	77	0.0115	0.0023	0.0074	0.0102	0.0114	0.0132	0.0152
	农村	18 岁～	男	22	0.0174	0.0036	0.0124	0.0148	0.0178	0.0197	0.0231
			女	33	0.0160	0.0093	0.0078	0.0123	0.0138	0.0161	0.0407
		45 岁～	男	39	0.0191	0.0053	0.0100	0.0155	0.0184	0.0217	0.0297
			女	55	0.0124	0.0043	0.0058	0.0087	0.0129	0.0150	0.0203
		60 岁～	男	66	0.0159	0.0048	0.0087	0.0123	0.0159	0.0191	0.0228
			女	50	0.0119	0.0043	0.0056	0.0091	0.0120	0.0135	0.0179
成都	城市	18 岁～	男	123	0.0181	0.0069	0.0086	0.0124	0.0190	0.0224	0.0280
			女	125	0.0122	0.0047	0.0060	0.0090	0.0124	0.0145	0.0180
		45 岁～	男	24	0.0144	0.0041	0.0088	0.0115	0.0139	0.0179	0.0207
			女	29	0.0112	0.0038	0.0060	0.0088	0.0107	0.0137	0.0191
		60 岁～	男	8	0.0114	0.0028	0.0093	0.0096	0.0102	0.0127	0.0173
			女	26	0.0107	0.0045	0.0055	0.0076	0.0096	0.0148	0.0192
	农村	18 岁～	男	64	0.0087	0.0055	0.0029	0.0063	0.0088	0.0105	0.0131
			女	63	0.0055	0.0032	0.0020	0.0033	0.0052	0.0068	0.0087
		45 岁～	男	55	0.0067	0.0029	0.0028	0.0042	0.0064	0.0087	0.0122
			女	44	0.0062	0.0042	0.0016	0.0042	0.0058	0.0070	0.0149

类别				N	镉经呼吸道暴露贡献比/%						
					Mean	Std	P5	P25	P50	P75	P95
成都	农村	60岁～	男	34	0.0063	0.0022	0.0027	0.0041	0.0067	0.0081	0.0097
			女	36	0.0050	0.0016	0.0021	0.0037	0.0053	0.0061	0.0073
兰州	城市	18岁～	男	61	0.1346	0.0616	0.0689	0.0974	0.1218	0.1583	0.2152
			女	51	0.0834	0.0280	0.0410	0.0649	0.0784	0.1059	0.1216
		45岁～	男	49	0.1046	0.0374	0.0549	0.0777	0.0985	0.1228	0.1867
			女	54	0.0766	0.0259	0.0303	0.0599	0.0724	0.0995	0.1136
		60岁～	男	65	0.0918	0.0297	0.0494	0.0665	0.0921	0.1194	0.1333
			女	67	0.0668	0.0227	0.0394	0.0512	0.0566	0.0895	0.1027
	农村	18岁～	男	51	0.1394	0.0669	0.0769	0.0906	0.1187	0.1755	0.2344
			女	49	0.1252	0.0270	0.0718	0.1063	0.1278	0.1395	0.1669
		45岁～	男	59	0.1543	0.0428	0.0814	0.1379	0.1575	0.1773	0.2348
			女	49	0.1109	0.0436	0.0419	0.0882	0.1123	0.1295	0.1762
		60岁～	男	69	0.1309	0.0512	0.0682	0.0911	0.1341	0.1543	0.2068
			女	64	0.0970	0.0298	0.0471	0.0754	0.1040	0.1138	0.1430

附表 7-8　不同地区居民分城乡、年龄和性别的砷经呼吸道暴露贡献比

类别				N	砷经呼吸道暴露贡献比/%						
					Mean	Std	P5	P25	P50	P75	P95
太原	城市	18岁～	男	68	0.0127	0.0044	0.0058	0.0090	0.0125	0.0158	0.0208
			女	72	0.0088	0.0030	0.0042	0.0074	0.0086	0.0099	0.0149
		45岁～	男	50	0.0122	0.0049	0.0051	0.0081	0.0123	0.0143	0.0210
			女	60	0.0080	0.0027	0.0034	0.0064	0.0077	0.0101	0.0123
		60岁～	男	56	0.0091	0.0027	0.0054	0.0071	0.0090	0.0103	0.0138
			女	54	0.0068	0.0020	0.0037	0.0057	0.0070	0.0076	0.0109
	农村	18岁～	男	41	0.0256	0.0074	0.0150	0.0200	0.0271	0.0313	0.0386
			女	40	0.0176	0.0092	0.0059	0.0131	0.0176	0.0196	0.0345
		45岁～	男	49	0.0232	0.0090	0.0104	0.0157	0.0236	0.0297	0.0374
			女	74	0.0169	0.0062	0.0077	0.0122	0.0180	0.0209	0.0247
		60岁～	男	73	0.0199	0.0059	0.0103	0.0156	0.0193	0.0244	0.0297
			女	59	0.0152	0.0077	0.0066	0.0101	0.0143	0.0186	0.0268

类别				N	砷经呼吸道暴露贡献比/%						
					Mean	Std	P5	P25	P50	P75	P95
大连	城市	18 岁～	男	88	0.0143	0.0031	0.0096	0.0126	0.0142	0.0157	0.0190
			女	68	0.0095	0.0025	0.0056	0.0080	0.0095	0.0109	0.0143
		45 岁～	男	13	0.0122	0.0031	0.0094	0.0099	0.0110	0.0129	0.0194
			女	31	0.0082	0.0025	0.0049	0.0058	0.0078	0.0104	0.0129
		60 岁～	男	24	0.0097	0.0031	0.0064	0.0079	0.0089	0.0108	0.0164
			女	63	0.0094	0.0061	0.0053	0.0072	0.0081	0.0099	0.0132
	农村	18 岁～	男	84	0.0130	0.0024	0.0089	0.0118	0.0131	0.0145	0.0167
			女	76	0.0093	0.0021	0.0052	0.0084	0.0092	0.0108	0.0125
		45 岁～	男	41	0.0114	0.0029	0.0068	0.0098	0.0118	0.0135	0.0165
			女	49	0.0089	0.0034	0.0054	0.0064	0.0082	0.0109	0.0128
		60 岁～	男	41	0.0105	0.0030	0.0059	0.0090	0.0094	0.0127	0.0150
			女	43	0.0129	0.0201	0.0059	0.0077	0.0089	0.0104	0.0162
上海	城市	18 岁～	男	97	0.0870	0.0384	0.0441	0.0750	0.0827	0.0910	0.1329
			女	88	0.0590	0.0233	0.0336	0.0494	0.0558	0.0602	0.1144
		45 岁～	男	18	0.0824	0.0400	0.0280	0.0693	0.0754	0.0841	0.2321
			女	43	0.0509	0.0061	0.0385	0.0483	0.0515	0.0557	0.0587
		60 岁～	男	16	0.0644	0.0069	0.0528	0.0600	0.0641	0.0702	0.0761
			女	36	0.0505	0.0092	0.0402	0.0461	0.0499	0.0531	0.0591
	农村	18 岁～	男	48	0.1095	0.0676	0.0556	0.0867	0.0932	0.1015	0.3363
			女	38	0.0659	0.0212	0.0435	0.0574	0.0623	0.0711	0.1223
		45 岁～	男	71	0.0892	0.0490	0.0519	0.0735	0.0844	0.0905	0.1047
			女	82	0.0639	0.0303	0.0410	0.0559	0.0597	0.0661	0.0781
		60 岁～	男	35	0.0758	0.0247	0.0521	0.0677	0.0705	0.0746	0.1585
			女	27	0.0531	0.0103	0.0361	0.0482	0.0536	0.0562	0.0648
武汉	城市	18 岁～	男	60	0.0389	0.0144	0.0208	0.0294	0.0380	0.0448	0.0670
			女	77	0.0306	0.0121	0.0185	0.0220	0.0280	0.0371	0.0539
		45 岁～	男	40	0.0328	0.0133	0.0146	0.0243	0.0311	0.0380	0.0563
			女	41	0.0279	0.0121	0.0138	0.0185	0.0238	0.0388	0.0452
		60 岁～	男	60	0.0285	0.0110	0.0150	0.0215	0.0248	0.0342	0.0517
			女	77	0.0216	0.0081	0.0126	0.0160	0.0191	0.0242	0.0416

类别				N	砷经呼吸道暴露贡献比/%						
					Mean	Std	P5	P25	P50	P75	P95
武汉	农村	18岁～	男	22	0.1073	0.0416	0.0431	0.0718	0.0971	0.1503	0.1672
			女	33	0.0811	0.0305	0.0419	0.0572	0.0715	0.1150	0.1309
		45岁～	男	39	0.0915	0.0455	0.0399	0.0607	0.0730	0.1264	0.2151
			女	55	0.0519	0.0145	0.0316	0.0422	0.0510	0.0609	0.0745
		60岁～	男	66	0.0623	0.0223	0.0361	0.0457	0.0600	0.0723	0.1061
			女	50	0.0499	0.0198	0.0263	0.0362	0.0438	0.0617	0.1016
成都	城市	18岁～	男	123	0.0242	0.0313	0.0066	0.0093	0.0115	0.0316	0.0619
			女	125	0.0169	0.0250	0.0044	0.0061	0.0081	0.0277	0.0396
		45岁～	男	24	0.0176	0.0143	0.0080	0.0085	0.0110	0.0226	0.0450
			女	29	0.0160	0.0126	0.0039	0.0063	0.0078	0.0262	0.0399
		60岁～	男	8	0.0112	0.0084	0.0063	0.0070	0.0084	0.0105	0.0315
			女	26	0.0154	0.0134	0.0041	0.0056	0.0080	0.0281	0.0402
	农村	18岁～	男	64	0.0110	0.0035	0.0047	0.0088	0.0111	0.0129	0.0159
			女	63	0.0077	0.0038	0.0045	0.0054	0.0068	0.0089	0.0115
		45岁～	男	55	0.0122	0.0092	0.0049	0.0076	0.0106	0.0129	0.0399
			女	44	0.0072	0.0025	0.0045	0.0056	0.0071	0.0079	0.0108
		60岁～	男	34	0.0091	0.0028	0.0042	0.0073	0.0093	0.0106	0.0142
			女	36	0.0072	0.0018	0.0044	0.0061	0.0069	0.0081	0.0109
兰州	城市	18岁～	男	61	2.3330	0.8117	1.4243	1.8492	2.1547	2.6849	3.3596
			女	51	1.5198	0.5560	0.9010	1.0639	1.3312	1.9520	2.4988
		45岁～	男	49	1.9075	0.5697	1.0989	1.5379	1.8385	2.1232	3.1596
			女	54	1.5173	0.5548	0.8036	1.2502	1.3668	1.8824	2.6948
		60岁～	男	65	1.5608	0.3828	0.9975	1.3014	1.5780	1.8085	2.1764
			女	67	1.2636	0.3735	0.8759	0.9914	1.1758	1.4511	2.1091
	农村	18岁～	男	51	1.1136	0.4136	0.6361	0.8458	1.0173	1.2497	2.0139
			女	49	0.9394	0.2988	0.5748	0.7473	0.8951	1.1072	1.4702
		45岁～	男	59	1.0383	0.3176	0.5309	0.8596	1.0290	1.2262	1.7437
			女	49	0.7938	0.2729	0.4216	0.6017	0.7686	0.9272	1.2907
		60岁～	男	69	1.0123	0.3670	0.4520	0.8131	0.9916	1.1952	1.5064
			女	64	0.9433	0.3892	0.4864	0.7114	0.8790	1.0451	1.9260

附表 7-9　不同地区居民分城乡、年龄和性别的铅经呼吸道暴露贡献比

类别				N	铅经呼吸道暴露贡献比/%						
					Mean	Std	P5	P25	P50	P75	P95
太原	城市	18 岁～	男	68	0.6191	0.4903	0.3445	0.4600	0.5283	0.6830	0.8321
			女	72	0.4097	0.1894	0.2496	0.3273	0.3859	0.4699	0.5876
		45 岁～	男	50	0.5272	0.2418	0.2958	0.3627	0.4510	0.6538	0.8979
			女	60	0.3483	0.0990	0.2028	0.2897	0.3271	0.4125	0.5190
		60 岁～	男	56	0.4039	0.0807	0.2950	0.3609	0.3947	0.4220	0.6070
			女	54	0.3119	0.0620	0.2357	0.2833	0.2978	0.3206	0.4521
	农村	18 岁～	男	41	0.6748	0.3110	0.3025	0.3876	0.6158	0.9985	1.1754
			女	40	0.4598	0.1823	0.2101	0.2855	0.4511	0.5694	0.8037
		45 岁～	男	49	0.6803	0.3037	0.2795	0.4486	0.6380	0.8706	1.1949
			女	74	0.5567	0.2268	0.2303	0.3899	0.5268	0.7636	0.8746
		60 岁～	男	73	0.5666	0.2828	0.2447	0.2977	0.5377	0.7729	1.0876
			女	59	0.4342	0.2275	0.1783	0.2543	0.4008	0.5956	0.7806
大连	城市	18 岁～	男	88	0.0449	0.0185	0.0247	0.0341	0.0393	0.0496	0.0787
			女	68	0.0332	0.0146	0.0177	0.0250	0.0301	0.0375	0.0533
		45 岁～	男	13	0.0397	0.0169	0.0228	0.0259	0.0339	0.0568	0.0716
			女	31	0.0339	0.0156	0.0140	0.0229	0.0308	0.0438	0.0578
		60 岁～	男	24	0.0379	0.0107	0.0218	0.0298	0.0389	0.0473	0.0545
			女	63	0.0407	0.0140	0.0210	0.0315	0.0414	0.0484	0.0706
	农村	18 岁～	男	84	0.0666	0.0176	0.0433	0.0577	0.0662	0.0747	0.0871
			女	76	0.0475	0.0105	0.0285	0.0417	0.0471	0.0545	0.0630
		45 岁～	男	41	0.0609	0.0158	0.0365	0.0507	0.0614	0.0680	0.0802
			女	49	0.0498	0.0261	0.0237	0.0337	0.0478	0.0559	0.0971
		60 岁～	男	41	0.0607	0.0369	0.0341	0.0467	0.0497	0.0678	0.1078
			女	43	0.0592	0.0777	0.0298	0.0383	0.0437	0.0514	0.0684
上海	城市	18 岁～	男	97	0.0296	0.0062	0.0174	0.0256	0.0301	0.0334	0.0390
			女	88	0.0191	0.0040	0.0127	0.0170	0.0193	0.0213	0.0243
		45 岁～	男	18	0.0268	0.0044	0.0182	0.0240	0.0259	0.0277	0.0372
			女	43	0.0178	0.0023	0.0145	0.0161	0.0177	0.0194	0.0213

类别				N	铅经呼吸道暴露贡献比/%						
					Mean	Std	P5	P25	P50	P75	P95
上海	城市	60 岁~	男	16	0.0224	0.0030	0.0150	0.0207	0.0226	0.0233	0.0276
			女	36	0.0171	0.0023	0.0133	0.0153	0.0170	0.0186	0.0213
	农村	18 岁~	男	48	0.0376	0.0071	0.0221	0.0352	0.0382	0.0412	0.0488
			女	38	0.0294	0.0184	0.0187	0.0227	0.0265	0.0295	0.0452
		45 岁~	男	71	0.0384	0.0172	0.0247	0.0308	0.0373	0.0413	0.0514
			女	82	0.0247	0.0048	0.0176	0.0210	0.0244	0.0280	0.0330
		60 岁~	男	35	0.0269	0.0044	0.0190	0.0236	0.0268	0.0296	0.0335
			女	27	0.0251	0.0220	0.0159	0.0178	0.0207	0.0249	0.0289
武汉	城市	18 岁~	男	60	0.1543	0.0699	0.0907	0.1113	0.1471	0.1689	0.2650
			女	77	0.1167	0.0523	0.0732	0.0890	0.1054	0.1279	0.2022
		45 岁~	男	40	0.1341	0.0340	0.0786	0.1171	0.1322	0.1581	0.1869
			女	41	0.1149	0.0661	0.0634	0.0802	0.1028	0.1251	0.2376
		60 岁~	男	60	0.1135	0.0284	0.0684	0.0954	0.1077	0.1312	0.1631
			女	77	0.0856	0.0206	0.0561	0.0711	0.0834	0.0954	0.1327
	农村	18 岁~	男	22	0.2003	0.1113	0.1207	0.1537	0.1690	0.2014	0.4320
			女	33	0.1779	0.2606	0.0747	0.1089	0.1266	0.1506	0.3845
		45 岁~	男	39	0.1872	0.0934	0.1006	0.1438	0.1710	0.2099	0.3217
			女	55	0.1498	0.1293	0.0614	0.0990	0.1267	0.1434	0.5690
		60 岁~	男	66	0.1568	0.0815	0.0852	0.1232	0.1435	0.1720	0.2223
			女	50	0.1123	0.0437	0.0659	0.0908	0.1125	0.1233	0.1453
成都	城市	18 岁~	男	123	0.0340	0.0314	0.0085	0.0131	0.0233	0.0317	0.0923
			女	125	0.0243	0.0205	0.0060	0.0099	0.0158	0.0400	0.0620
		45 岁~	男	24	0.0300	0.0210	0.0080	0.0176	0.0210	0.0384	0.0704
			女	29	0.0232	0.0187	0.0052	0.0085	0.0159	0.0383	0.0623
		60 岁~	男	8	0.0195	0.0128	0.0076	0.0127	0.0159	0.0210	0.0490
			女	26	0.0237	0.0202	0.0066	0.0102	0.0137	0.0428	0.0632
	农村	18 岁~	男	64	0.0199	0.0099	0.0098	0.0136	0.0187	0.0219	0.0382
			女	63	0.0155	0.0215	0.0066	0.0085	0.0113	0.0154	0.0295
		45 岁~	男	55	0.0196	0.0108	0.0085	0.0126	0.0174	0.0230	0.0370
			女	44	0.0158	0.0201	0.0066	0.0095	0.0116	0.0141	0.0276

类别				N	铅经呼吸道暴露贡献比/%						
					Mean	Std	P5	P25	P50	P75	P95
成都	农村	60 岁～	男	34	0.0178	0.0078	0.0075	0.0118	0.0160	0.0202	0.0341
			女	36	0.0144	0.0062	0.0071	0.0106	0.0121	0.0195	0.0258
兰州	城市	18 岁～	男	61	0.2460	0.1881	0.1025	0.1551	0.2036	0.2305	0.6796
			女	51	0.1433	0.0944	0.0436	0.0944	0.1297	0.1619	0.2929
		45 岁～	男	49	0.1878	0.0790	0.0988	0.1394	0.1799	0.2076	0.3577
			女	54	0.1352	0.0455	0.0578	0.1148	0.1378	0.1543	0.2065
		60 岁～	男	65	0.1488	0.0348	0.0916	0.1212	0.1500	0.1773	0.1944
			女	67	0.1192	0.1008	0.0726	0.0871	0.0973	0.1292	0.1564
	农村	18 岁～	男	51	0.1636	0.1069	0.1035	0.1210	0.1413	0.1676	0.1956
			女	49	0.1348	0.0751	0.0859	0.1070	0.1182	0.1287	0.3290
		45 岁～	男	59	0.1915	0.1623	0.0609	0.1220	0.1525	0.1733	0.5470
			女	49	0.1120	0.0536	0.0650	0.0886	0.1065	0.1207	0.1630
		60 岁～	男	69	0.1228	0.0583	0.0807	0.1048	0.1150	0.1298	0.1638
			女	64	0.1092	0.0860	0.0631	0.0834	0.0978	0.1060	0.1339

附表 7-10　不同地区居民分城乡、年龄和性别的铬经呼吸道暴露贡献比

类别				N	铬经呼吸道暴露贡献比/%						
					Mean	Std	P5	P25	P50	P75	P95
太原	城市	18 岁～	男	68	0.0415	0.0164	0.0175	0.0305	0.0393	0.0549	0.0696
			女	72	0.0283	0.0080	0.0159	0.0225	0.0272	0.0335	0.0428
		45 岁～	男	50	0.0370	0.0155	0.0170	0.0224	0.0330	0.0498	0.0569
			女	60	0.0263	0.0090	0.0124	0.0207	0.0243	0.0327	0.0404
		60 岁～	男	56	0.0272	0.0099	0.0143	0.0215	0.0253	0.0308	0.0484
			女	54	0.0207	0.0069	0.0106	0.0171	0.0195	0.0230	0.0327
	农村	18 岁～	男	41	0.0921	0.0251	0.0536	0.0711	0.0921	0.1128	0.1278
			女	40	0.0560	0.0278	0.0181	0.0307	0.0519	0.0717	0.1061
		45 岁～	男	49	0.0883	0.0302	0.0492	0.0667	0.0841	0.1097	0.1468
			女	74	0.0633	0.0240	0.0200	0.0446	0.0640	0.0834	0.1045
		60 岁～	男	73	0.0761	0.0273	0.0380	0.0506	0.0727	0.0967	0.1201
			女	59	0.0589	0.0232	0.0220	0.0403	0.0595	0.0785	0.1008

类别				N	铬经呼吸道暴露贡献比/%						
					Mean	Std	P5	P25	P50	P75	P95
大连	城市	18岁～	男	88	0.0393	0.0112	0.0231	0.0327	0.0399	0.0446	0.0566
			女	68	0.0273	0.0121	0.0144	0.0207	0.0262	0.0325	0.0402
		45岁～	男	13	0.0314	0.0093	0.0177	0.0247	0.0309	0.0376	0.0499
			女	31	0.0254	0.0104	0.0123	0.0187	0.0226	0.0312	0.0438
		60岁～	男	24	0.0278	0.0065	0.0145	0.0248	0.0299	0.0319	0.0362
			女	63	0.0289	0.0100	0.0132	0.0222	0.0296	0.0345	0.0473
	农村	18岁～	男	84	0.0377	0.0076	0.0249	0.0336	0.0370	0.0409	0.0513
			女	76	0.0272	0.0068	0.0156	0.0238	0.0267	0.0314	0.0411
		45岁～	男	41	0.0350	0.0122	0.0193	0.0289	0.0346	0.0395	0.0483
			女	49	0.0269	0.0116	0.0137	0.0192	0.0250	0.0317	0.0546
		60岁～	男	41	0.0356	0.0153	0.0232	0.0257	0.0288	0.0412	0.0724
			女	43	0.0266	0.0132	0.0164	0.0203	0.0242	0.0291	0.0406
上海	城市	18岁～	男	97	0.0880	0.0410	0.0447	0.0730	0.0866	0.0981	0.1128
			女	88	0.0599	0.0298	0.0308	0.0430	0.0569	0.0667	0.1108
		45岁～	男	18	0.1025	0.0891	0.0506	0.0774	0.0818	0.0889	0.4557
			女	43	0.0570	0.0085	0.0406	0.0512	0.0589	0.0627	0.0671
		60岁～	男	16	0.0714	0.0112	0.0537	0.0646	0.0686	0.0819	0.0886
			女	36	0.0532	0.0083	0.0366	0.0480	0.0548	0.0578	0.0654
	农村	18岁～	男	48	0.1634	0.0794	0.0887	0.1405	0.1478	0.1661	0.3087
			女	38	0.1119	0.0411	0.0726	0.0931	0.1004	0.1159	0.2593
		45岁～	男	71	0.1310	0.0350	0.0739	0.1184	0.1344	0.1480	0.1614
			女	82	0.1047	0.0547	0.0663	0.0902	0.0948	0.1074	0.1435
		60岁～	男	35	0.1210	0.0592	0.0681	0.1056	0.1131	0.1169	0.2619
			女	27	0.0930	0.0512	0.0590	0.0764	0.0843	0.0899	0.1467
武汉	城市	18岁～	男	60	0.0595	0.0239	0.0305	0.0424	0.0564	0.0689	0.1073
			女	77	0.0498	0.0290	0.0256	0.0321	0.0444	0.0585	0.1141
		45岁～	男	40	0.0521	0.0230	0.0250	0.0363	0.0466	0.0614	0.0952
			女	41	0.0419	0.0249	0.0171	0.0252	0.0325	0.0570	0.0767
		60岁～	男	60	0.0480	0.0293	0.0243	0.0314	0.0400	0.0537	0.0895
			女	77	0.0349	0.0148	0.0194	0.0257	0.0304	0.0391	0.0709

类别				N	铬经呼吸道暴露贡献比/%						
					Mean	Std	P5	P25	P50	P75	P95
武汉	农村	18 岁～	男	22	0.0493	0.0469	0.0243	0.0350	0.0413	0.0477	0.0518
			女	33	0.0318	0.0159	0.0148	0.0221	0.0327	0.0357	0.0620
		45 岁～	男	39	0.0351	0.0200	0.0142	0.0226	0.0308	0.0413	0.0609
			女	55	0.0284	0.0195	0.0147	0.0173	0.0260	0.0315	0.0910
		60 岁～	男	66	0.0307	0.0145	0.0155	0.0209	0.0317	0.0376	0.0449
			女	50	0.0229	0.0074	0.0128	0.0161	0.0220	0.0291	0.0340
成都	城市	18 岁～	男	123	0.0218	0.0174	0.0067	0.0102	0.0150	0.0244	0.0560
			女	125	0.0170	0.0181	0.0047	0.0079	0.0106	0.0261	0.0378
		45 岁～	男	24	0.0193	0.0119	0.0068	0.0120	0.0148	0.0250	0.0416
			女	29	0.0148	0.0106	0.0042	0.0070	0.0105	0.0231	0.0372
		60 岁～	男	8	0.0137	0.0067	0.0068	0.0110	0.0120	0.0138	0.0292
			女	26	0.0153	0.0115	0.0049	0.0072	0.0100	0.0268	0.0376
	农村	18 岁～	男	64	0.0189	0.0079	0.0090	0.0140	0.0188	0.0216	0.0298
			女	63	0.0138	0.0170	0.0053	0.0076	0.0114	0.0144	0.0268
		45 岁～	男	55	0.0169	0.0087	0.0072	0.0117	0.0153	0.0203	0.0285
			女	44	0.0126	0.0060	0.0064	0.0094	0.0119	0.0137	0.0162
		60 岁～	男	34	0.0152	0.0046	0.0067	0.0122	0.0146	0.0182	0.0238
			女	36	0.0116	0.0032	0.0066	0.0097	0.0109	0.0133	0.0177
兰州	城市	18 岁～	男	61	0.0023	0.0011	0.0013	0.0016	0.0021	0.0025	0.0036
			女	51	0.0014	0.0006	0.0007	0.0010	0.0014	0.0017	0.0027
		45 岁～	男	49	0.0019	0.0006	0.0010	0.0015	0.0019	0.0021	0.0033
			女	54	0.0015	0.0006	0.0006	0.0012	0.0014	0.0016	0.0028
		60 岁～	男	65	0.0015	0.0003	0.0010	0.0014	0.0015	0.0018	0.0021
			女	67	0.0011	0.0003	0.0008	0.0009	0.0011	0.0013	0.0019
	农村	18 岁～	男	51	0.0014	0.0004	0.0009	0.0011	0.0013	0.0016	0.0019
			女	49	0.0010	0.0002	0.0007	0.0009	0.0010	0.0011	0.0014
		45 岁～	男	59	0.0014	0.0004	0.0008	0.0011	0.0014	0.0016	0.0021
			女	49	0.0010	0.0003	0.0006	0.0008	0.0010	0.0011	0.0015
		60 岁～	男	69	0.0011	0.0003	0.0007	0.0009	0.0011	0.0012	0.0015
			女	64	0.0008	0.0002	0.0005	0.0007	0.0009	0.0009	0.0012

第 8 章　经皮肤暴露量及贡献比

8.1　参数说明

（1）经皮肤暴露量（dermal exposure dose）是指用水、土壤等暴露介质中的单一污染物经皮肤进入人体的总量，计算见式（8-1）。

$$ADD_{dermal}=ADD_{w\text{-}dermal}+ADD_{s\text{-}dermal} \quad (8\text{-}1)$$

式中：ADD_{dermal}——经皮肤暴露量，mg/（kg·d）；

$ADD_{w\text{-}dermal}$——用水经皮肤暴露量，mg/（kg·d），见式（3-3）；

$ADD_{s\text{-}dermal}$——土壤经皮肤暴露量，mg/（kg·d），见式（4-4）。

（2）经皮肤暴露贡献比（the exposure contribution of dermal exposure）是指用水、土壤等暴露介质中的单一污染物经皮肤进入人体的暴露总量占环境总暴露量（空气、水、土壤和膳食等）的比例，见式（8-2），主要受用水、土壤等暴露介质中污染物的浓度和人群环境暴露行为模式（如体重、皮肤表面积、时间—活动模式等）等因素的影响。

$$R_{dermal}=\frac{ADD_{dermal}}{ADD_{total}}\times 100 \quad (8\text{-}2)$$

式中：R_{dermal}——经皮肤暴露贡献比，%；

ADD_{dermal}——经皮肤暴露量，mg/（kg·d）；

ADD_{total}——环境总暴露量，mg/（kg·d）。

8.2 资料与数据来源

生态环境部（原环境保护部）科技标准司于 2016—2017 年委托中国环境科学研究院在太原市、大连市、上海市、武汉市、成都市和兰州市的 15 个区/县针对 18 岁及以上常住居民 3876 人（有效样本量为 3855 人）开展了居民汞、镉、砷、铅和铬的环境总暴露研究。该研究在人群环境暴露行为模式调查的基础上获取了调查居民的体重、洗澡时间、游泳时间、土壤接触时间等参数，结合用水和土壤环境暴露监测的结果，获取了调查居民的汞、镉、砷、铅和铬的经皮肤暴露量（表 8-1），并在此基础上获取了经皮肤暴露贡献比（表 8-1 和表 8-2）。不同地区居民分城乡、年龄和性别的汞经皮肤暴露量见附表 8-1，暴露贡献比见附表 8-6；不同地区居民分城乡、年龄和性别的镉经皮肤暴露量见附表 8-2，暴露贡献比见附表 8-7；不同地区居民分城乡、年龄和性别的砷经皮肤暴露量见附表 8-3，暴露贡献比见附表 8-8；不同地区居民分城乡、年龄和性别的铅经皮肤暴露量见附表 8-4，暴露贡献比见附表 8-9；不同地区居民分城乡、年龄和性别的铬经皮肤暴露量见附表 8-5，暴露贡献比见附表 8-10。

8.3 经皮肤暴露量与贡献比均值

表 8-1 不同地区居民 5 种金属经皮肤暴露量与暴露贡献比

类别	汞		镉		砷		铅		铬	
	暴露量/[mg/(kg·d)]	贡献比/%	暴露量/[mg/(kg·d)]	贡献比/%	暴露量/[mg/(kg·d)]	贡献比/%	暴露量/[mg/(kg·d)]	贡献比/%	暴露量/[mg/(kg·d)]	贡献比/%
合计	9.77×10^{-10}	0.0044	4.24×10^{-9}	0.0096	7.26×10^{-6}	1.9066	3.58×10^{-7}	0.0821	7.82×10^{-7}	0.0476
太原	1.42×10^{-9}	0.0046	2.28×10^{-9}	0.0029	4.02×10^{-6}	1.4166	2.05×10^{-7}	0.1557	6.42×10^{-7}	0.1795
大连	3.64×10^{-10}	0.0004	3.46×10^{-9}	0.0024	3.07×10^{-6}	0.0786	2.97×10^{-7}	0.0496	6.57×10^{-7}	0.0134

类别	汞		镉		砷		铅		铬	
	暴露量/[mg/(kg·d)]	贡献比/%	暴露量/[mg/(kg·d)]	贡献比/%	暴露量/[mg/(kg·d)]	贡献比/%	暴露量/[mg/(kg·d)]	贡献比/%	暴露量/[mg/(kg·d)]	贡献比/%
上海	9.02×10^{-11}	0.0003	8.99×10^{-11}	0.0001	1.52×10^{-6}	0.1486	2.29×10^{-8}	0.0040	9.35×10^{-8}	0.0070
武汉	1.51×10^{-9}	0.0025	2.26×10^{-9}	0.0011	7.85×10^{-6}	2.0890	2.20×10^{-7}	0.0446	5.86×10^{-7}	0.0288
成都	8.07×10^{-10}	0.0020	9.30×10^{-9}	0.0048	1.96×10^{-5}	1.0963	9.58×10^{-7}	0.0287	1.12×10^{-6}	0.0220
兰州	1.53×10^{-9}	0.0156	7.69×10^{-9}	0.0430	7.48×10^{-6}	6.1619	4.32×10^{-7}	0.1876	1.50×10^{-6}	0.0209

表 8-2 不同地区居民 5 种金属经皮肤各介质暴露贡献比

单位：%

类别	汞		镉		砷		铅		铬	
	用水	土壤	用水	土壤	用水	土壤	用水	土壤	用水	土壤
合计	74.1940	25.8060	73.2932	26.7068	72.7465	27.2535	72.7397	27.2603	72.9417	27.0583
太原	85.3756	14.6244	85.0954	14.9046	84.9964	15.0036	84.9929	15.0072	85.0565	14.9435
大连	67.0025	32.9975	65.6948	34.3052	65.4834	34.5166	65.4725	34.5276	65.5555	34.4445
上海	82.3250	17.6750	81.9780	18.0220	80.2434	19.7566	80.2400	19.7600	80.2803	19.7197
武汉	75.7661	24.2339	72.9503	27.0497	71.6805	28.3195	71.6617	28.3383	72.6175	27.3825
成都	69.6353	30.3647	69.2051	30.7949	69.0338	30.9662	69.0323	30.9677	69.0943	30.9057
兰州	66.0978	33.9022	65.8197	34.1803	65.6963	34.3037	65.6935	34.3065	65.7114	34.2886

附表

附表 8-1 不同地区居民分城乡、年龄和性别的汞经皮肤暴露量

类别				N	汞经皮肤暴露量/[mg/（kg·d）]						
					Mean	Std	P5	P25	P50	P75	P95
太原	城市	18 岁～	男	68	1.30×10^{-10}	6.24×10^{-11}	4.11×10^{-11}	9.18×10^{-11}	1.22×10^{-10}	1.52×10^{-10}	2.51×10^{-10}
			女	72	1.59×10^{-10}	7.61×10^{-11}	6.21×10^{-11}	1.09×10^{-10}	1.42×10^{-10}	1.87×10^{-10}	3.29×10^{-10}
		45 岁～	男	50	3.56×10^{-10}	1.58×10^{-9}	6.22×10^{-11}	8.58×10^{-11}	1.16×10^{-10}	1.37×10^{-10}	4.60×10^{-10}
			女	60	1.29×10^{-10}	4.63×10^{-11}	7.99×10^{-11}	9.85×10^{-11}	1.17×10^{-10}	1.46×10^{-10}	2.12×10^{-10}
		60 岁～	男	56	1.09×10^{-10}	4.37×10^{-11}	5.38×10^{-11}	7.67×10^{-11}	9.84×10^{-11}	1.32×10^{-10}	1.90×10^{-10}
			女	54	1.25×10^{-10}	5.44×10^{-11}	5.29×10^{-11}	9.90×10^{-11}	1.18×10^{-10}	1.48×10^{-10}	2.12×10^{-10}
	农村	18 岁～	男	41	3.34×10^{-9}	5.24×10^{-9}	1.12×10^{-11}	6.11×10^{-11}	1.18×10^{-10}	8.72×10^{-9}	1.35×10^{-8}
			女	40	2.34×10^{-9}	4.32×10^{-9}	1.56×10^{-11}	7.96×10^{-11}	1.46×10^{-10}	1.60×10^{-9}	1.36×10^{-8}
		45 岁～	男	49	3.38×10^{-9}	5.18×10^{-9}	1.81×10^{-11}	9.97×10^{-11}	1.70×10^{-10}	5.68×10^{-9}	1.40×10^{-8}
			女	74	2.05×10^{-9}	4.02×10^{-9}	2.09×10^{-11}	5.36×10^{-11}	1.13×10^{-10}	2.12×10^{-10}	1.30×10^{-8}
		60 岁～	男	73	3.92×10^{-9}	4.89×10^{-9}	3.48×10^{-11}	8.75×10^{-11}	1.69×10^{-10}	8.84×10^{-9}	1.23×10^{-8}
			女	59	1.58×10^{-9}	3.21×10^{-9}	2.15×10^{-11}	8.27×10^{-11}	1.30×10^{-10}	3.47×10^{-10}	1.02×10^{-8}
大连	城市	18 岁～	男	88	3.10×10^{-11}	1.94×10^{-11}	1.00×10^{-15}	1.65×10^{-11}	2.96×10^{-11}	4.08×10^{-11}	6.98×10^{-11}
			女	68	3.53×10^{-11}	1.96×10^{-11}	1.07×10^{-11}	2.17×10^{-11}	3.22×10^{-11}	4.64×10^{-11}	6.80×10^{-11}
		45 岁～	男	13	4.82×10^{-11}	3.31×10^{-11}	5.82×10^{-12}	1.94×10^{-11}	4.73×10^{-11}	7.16×10^{-11}	1.03×10^{-10}
			女	31	4.14×10^{-11}	3.82×10^{-11}	1.02×10^{-11}	2.90×10^{-11}	3.20×10^{-11}	4.73×10^{-11}	7.68×10^{-11}
		60 岁～	男	24	3.47×10^{-11}	2.15×10^{-11}	1.14×10^{-11}	1.90×10^{-11}	2.90×10^{-11}	3.76×10^{-11}	7.04×10^{-11}
			女	63	5.02×10^{-11}	6.06×10^{-11}	1.02×10^{-11}	2.49×10^{-11}	3.43×10^{-11}	5.94×10^{-11}	1.01×10^{-10}
	农村	18 岁～	男	84	6.41×10^{-10}	5.67×10^{-10}	7.17×10^{-12}	5.12×10^{-11}	7.59×10^{-10}	1.14×10^{-9}	1.47×10^{-9}
			女	76	5.07×10^{-10}	6.12×10^{-10}	8.04×10^{-12}	4.51×10^{-11}	6.72×10^{-11}	1.04×10^{-9}	1.68×10^{-9}
		45 岁～	男	41	6.37×10^{-10}	5.59×10^{-10}	1.29×10^{-11}	4.64×10^{-11}	5.91×10^{-10}	1.10×10^{-9}	1.57×10^{-9}
			女	49	7.86×10^{-10}	5.32×10^{-10}	9.74×10^{-12}	1.20×10^{-10}	9.28×10^{-10}	1.11×10^{-9}	1.66×10^{-9}
		60 岁～	男	41	6.81×10^{-10}	4.77×10^{-10}	5.64×10^{-12}	6.39×10^{-11}	8.75×10^{-10}	9.75×10^{-10}	1.39×10^{-9}
			女	43	6.94×10^{-10}	4.34×10^{-10}	3.74×10^{-11}	3.58×10^{-10}	7.23×10^{-10}	1.06×10^{-9}	1.20×10^{-9}
上海	城市	18 岁～	男	97	6.62×10^{-11}	9.80×10^{-11}	1.00×10^{-15}	2.26×10^{-11}	4.37×10^{-11}	7.60×10^{-11}	2.61×10^{-10}
			女	88	6.76×10^{-11}	8.96×10^{-11}	1.00×10^{-15}	2.65×10^{-11}	5.33×10^{-11}	7.98×10^{-11}	1.72×10^{-10}
		45 岁～	男	18	7.88×10^{-11}	1.13×10^{-10}	1.00×10^{-15}	2.18×10^{-11}	3.90×10^{-11}	8.93×10^{-11}	4.88×10^{-10}
			女	43	7.09×10^{-11}	5.49×10^{-11}	4.27×10^{-12}	2.82×10^{-11}	7.07×10^{-11}	9.23×10^{-11}	1.53×10^{-10}

类别				N	汞经皮肤暴露量/[mg/（kg·d）]						
					Mean	Std	P5	P25	P50	P75	P95
上海	城市	60 岁～	男	16	7.13×10^{-11}	7.35×10^{-11}	1.00×10^{-15}	1.59×10^{-11}	4.61×10^{-11}	1.14×10^{-10}	2.83×10^{-10}
			女	36	7.44×10^{-11}	6.50×10^{-11}	1.00×10^{-15}	2.56×10^{-11}	5.88×10^{-11}	1.18×10^{-10}	2.01×10^{-10}
	农村	18 岁～	男	48	1.05×10^{-10}	2.81×10^{-10}	1.00×10^{-15}	9.80×10^{-12}	1.68×10^{-11}	4.43×10^{-11}	4.13×10^{-10}
			女	38	5.08×10^{-11}	8.52×10^{-11}	1.00×10^{-15}	1.01×10^{-11}	1.71×10^{-11}	4.25×10^{-11}	2.86×10^{-10}
		45 岁～	男	71	1.19×10^{-10}	1.54×10^{-10}	1.00×10^{-15}	6.58×10^{-12}	3.31×10^{-11}	2.56×10^{-10}	3.84×10^{-10}
			女	82	1.12×10^{-10}	1.57×10^{-10}	1.00×10^{-15}	9.73×10^{-12}	2.10×10^{-11}	2.69×10^{-10}	3.69×10^{-10}
		60 岁～	男	35	1.49×10^{-10}	3.01×10^{-10}	1.00×10^{-15}	5.25×10^{-12}	4.21×10^{-11}	1.97×10^{-10}	4.78×10^{-10}
			女	27	1.31×10^{-10}	1.56×10^{-10}	1.00×10^{-15}	1.20×10^{-11}	2.80×10^{-11}	2.08×10^{-10}	5.21×10^{-10}
武汉	城市	18 岁～	男	60	4.74×10^{-10}	3.16×10^{-10}	2.05×10^{-10}	3.32×10^{-10}	4.08×10^{-10}	5.31×10^{-10}	8.51×10^{-10}
			女	77	5.22×10^{-10}	3.89×10^{-10}	1.22×10^{-10}	3.32×10^{-10}	4.15×10^{-10}	5.72×10^{-10}	1.09×10^{-9}
		45 岁～	男	40	4.90×10^{-10}	3.00×10^{-10}	8.50×10^{-11}	2.67×10^{-10}	4.66×10^{-10}	6.01×10^{-10}	1.17×10^{-9}
			女	41	5.06×10^{-10}	2.55×10^{-10}	1.30×10^{-10}	3.50×10^{-10}	4.86×10^{-10}	5.72×10^{-10}	9.69×10^{-10}
		60 岁～	男	60	5.17×10^{-10}	4.50×10^{-10}	8.91×10^{-11}	2.86×10^{-10}	4.07×10^{-10}	5.66×10^{-10}	1.28×10^{-9}
			女	77	5.07×10^{-10}	3.78×10^{-10}	9.23×10^{-11}	2.83×10^{-10}	4.19×10^{-10}	5.87×10^{-10}	1.42×10^{-9}
	农村	18 岁～	男	22	2.40×10^{-9}	2.98×10^{-9}	1.00×10^{-15}	3.75×10^{-10}	8.01×10^{-10}	3.78×10^{-9}	6.02×10^{-9}
			女	33	1.75×10^{-9}	2.02×10^{-9}	1.88×10^{-10}	3.61×10^{-10}	4.81×10^{-10}	3.69×10^{-9}	5.79×10^{-9}
		45 岁～	男	39	2.67×10^{-9}	3.65×10^{-9}	7.82×10^{-11}	3.70×10^{-10}	2.00×10^{-9}	3.50×10^{-9}	1.22×10^{-8}
			女	55	3.03×10^{-9}	2.75×10^{-9}	8.84×10^{-11}	4.46×10^{-10}	2.43×10^{-9}	4.42×10^{-9}	8.31×10^{-9}
		60 岁～	男	66	3.71×10^{-9}	3.59×10^{-9}	1.12×10^{-10}	6.09×10^{-10}	2.70×10^{-9}	4.38×10^{-9}	1.13×10^{-8}
			女	50	2.62×10^{-9}	2.30×10^{-9}	1.12×10^{-10}	2.85×10^{-10}	2.47×10^{-9}	4.03×10^{-9}	7.95×10^{-9}
成都	城市	18 岁～	男	123	3.34×10^{-11}	5.94×10^{-11}	3.17×10^{-12}	1.03×10^{-11}	2.17×10^{-11}	3.51×10^{-11}	9.37×10^{-11}
			女	125	2.82×10^{-11}	3.09×10^{-11}	5.24×10^{-12}	1.10×10^{-11}	2.32×10^{-11}	3.35×10^{-11}	7.78×10^{-11}
		45 岁～	男	24	2.29×10^{-11}	1.82×10^{-11}	1.00×10^{-15}	1.42×10^{-11}	2.15×10^{-11}	2.85×10^{-11}	4.05×10^{-11}
			女	29	3.36×10^{-11}	4.06×10^{-11}	1.00×10^{-15}	1.19×10^{-11}	2.32×10^{-11}	3.51×10^{-11}	1.04×10^{-10}
		60 岁～	男	8	3.64×10^{-11}	1.74×10^{-11}	1.38×10^{-11}	2.78×10^{-11}	3.54×10^{-11}	3.88×10^{-11}	7.31×10^{-11}
			女	26	5.96×10^{-11}	7.89×10^{-11}	8.83×10^{-12}	1.84×10^{-11}	2.71×10^{-11}	5.03×10^{-11}	2.61×10^{-10}
	农村	18 岁～	男	64	1.95×10^{-9}	1.69×10^{-9}	4.31×10^{-12}	1.64×10^{-11}	2.49×10^{-9}	3.31×10^{-9}	4.26×10^{-9}
			女	63	1.67×10^{-9}	1.78×10^{-9}	3.13×10^{-12}	1.06×10^{-11}	1.23×10^{-9}	3.13×10^{-9}	4.99×10^{-9}
		45 岁～	男	55	1.79×10^{-9}	1.41×10^{-9}	4.48×10^{-12}	2.32×10^{-11}	2.49×10^{-9}	2.83×10^{-9}	3.81×10^{-9}
			女	44	2.24×10^{-9}	1.40×10^{-9}	3.75×10^{-12}	9.87×10^{-10}	2.84×10^{-9}	3.07×10^{-9}	4.03×10^{-9}

类别				N	汞经皮肤暴露量/[mg/（kg·d）]						
					Mean	Std	P5	P25	P50	P75	P95
成都	农村	60 岁～	男	34	1.28×10^{-9}	1.36×10^{-9}	1.66×10^{-12}	1.02×10^{-11}	8.89×10^{-10}	2.74×10^{-9}	3.21×10^{-9}
			女	36	7.52×10^{-10}	1.20×10^{-9}	2.65×10^{-12}	1.32×10^{-11}	2.42×10^{-11}	1.33×10^{-9}	3.92×10^{-9}
兰州	城市	18 岁～	男	61	1.28×10^{-9}	3.57×10^{-9}	1.13×10^{-11}	4.28×10^{-11}	6.33×10^{-11}	1.20×10^{-10}	1.25×10^{-8}
			女	51	1.90×10^{-10}	4.52×10^{-10}	1.40×10^{-11}	4.00×10^{-11}	8.73×10^{-11}	1.31×10^{-10}	3.38×10^{-10}
		45 岁～	男	49	3.08×10^{-10}	1.55×10^{-9}	1.58×10^{-11}	2.84×10^{-11}	5.28×10^{-11}	1.00×10^{-10}	4.53×10^{-10}
			女	54	7.85×10^{-11}	7.17×10^{-11}	1.28×10^{-11}	3.34×10^{-11}	6.11×10^{-11}	9.35×10^{-11}	1.96×10^{-10}
		60 岁～	男	65	6.35×10^{-11}	4.35×10^{-11}	9.48×10^{-12}	2.86×10^{-11}	5.37×10^{-11}	9.23×10^{-11}	1.49×10^{-10}
			女	67	1.21×10^{-10}	2.88×10^{-10}	8.93×10^{-12}	2.00×10^{-11}	5.33×10^{-11}	9.16×10^{-11}	2.12×10^{-10}
	农村	18 岁～	男	51	2.90×10^{-9}	2.14×10^{-9}	1.33×10^{-11}	4.48×10^{-11}	3.85×10^{-9}	4.35×10^{-9}	5.91×10^{-9}
			女	49	2.32×10^{-9}	2.28×10^{-9}	7.55×10^{-12}	2.48×10^{-11}	1.88×10^{-9}	4.29×10^{-9}	6.15×10^{-9}
		45 岁～	男	59	3.51×10^{-9}	1.63×10^{-9}	7.25×10^{-12}	3.25×10^{-9}	3.67×10^{-9}	4.76×10^{-9}	5.88×10^{-9}
			女	49	3.53×10^{-9}	1.94×10^{-9}	5.08×10^{-12}	3.17×10^{-9}	3.76×10^{-9}	5.21×10^{-9}	5.76×10^{-9}
		60 岁～	男	69	2.48×10^{-9}	2.33×10^{-9}	6.38×10^{-13}	1.38×10^{-11}	2.82×10^{-9}	4.23×10^{-9}	5.85×10^{-9}
			女	64	1.93×10^{-9}	2.34×10^{-9}	6.04×10^{-13}	1.59×10^{-11}	7.94×10^{-11}	4.12×10^{-9}	5.75×10^{-9}

附表 8-2 不同地区居民分城乡、年龄和性别的镉经皮肤暴露量

类别				N	镉经皮肤暴露量/[mg/（kg·d）]						
					Mean	Std	P5	P25	P50	P75	P95
太原	城市	18 岁～	男	68	5.89×10^{-11}	3.44×10^{-11}	2.06×10^{-11}	3.58×10^{-11}	4.90×10^{-11}	7.49×10^{-11}	1.21×10^{-10}
			女	72	6.28×10^{-11}	2.50×10^{-11}	2.96×10^{-11}	4.35×10^{-11}	6.11×10^{-11}	7.60×10^{-11}	1.07×10^{-10}
		45 岁～	男	50	1.45×10^{-10}	6.30×10^{-10}	2.36×10^{-11}	3.74×10^{-11}	4.58×10^{-11}	6.31×10^{-11}	1.62×10^{-10}
			女	60	5.66×10^{-11}	2.27×10^{-11}	2.89×10^{-11}	4.22×10^{-11}	5.06×10^{-11}	6.76×10^{-11}	1.11×10^{-10}
		60 岁～	男	56	5.15×10^{-11}	2.51×10^{-11}	2.55×10^{-11}	3.45×10^{-11}	4.34×10^{-11}	5.96×10^{-11}	1.11×10^{-10}
			女	54	5.67×10^{-11}	2.43×10^{-11}	2.33×10^{-11}	3.75×10^{-11}	5.38×10^{-11}	6.60×10^{-11}	1.12×10^{-10}
	农村	18 岁～	男	41	5.65×10^{-9}	9.05×10^{-9}	2.43×10^{-12}	2.01×10^{-11}	5.26×10^{-11}	1.47×10^{-8}	2.31×10^{-8}
			女	40	3.89×10^{-9}	7.48×10^{-9}	1.03×10^{-11}	2.62×10^{-11}	8.54×10^{-11}	2.57×10^{-9}	2.34×10^{-8}
		45 岁～	男	49	5.70×10^{-9}	8.99×10^{-9}	7.94×10^{-12}	3.05×10^{-11}	4.48×10^{-11}	9.71×10^{-9}	2.38×10^{-8}
			女	74	3.42×10^{-9}	6.95×10^{-9}	8.83×10^{-12}	1.91×10^{-11}	3.86×10^{-11}	1.48×10^{-10}	2.23×10^{-8}
		60 岁～	男	73	6.66×10^{-9}	8.47×10^{-9}	1.26×10^{-11}	2.95×10^{-11}	1.57×10^{-10}	1.52×10^{-8}	2.09×10^{-8}
			女	59	2.59×10^{-9}	5.56×10^{-9}	1.42×10^{-11}	2.66×10^{-11}	5.31×10^{-11}	2.08×10^{-10}	1.76×10^{-8}

类别				N	镉经皮肤暴露量/[mg/（kg·d）]						
					Mean	Std	P5	P25	P50	P75	P95
大连	城市	18 岁～	男	88	4.13×10^{-11}	2.60×10^{-11}	1.00×10^{-15}	2.32×10^{-11}	3.97×10^{-11}	5.57×10^{-11}	9.10×10^{-11}
			女	68	4.30×10^{-11}	2.27×10^{-11}	1.38×10^{-11}	2.64×10^{-11}	4.13×10^{-11}	5.56×10^{-11}	7.94×10^{-11}
		45 岁～	男	13	5.55×10^{-11}	3.93×10^{-11}	8.72×10^{-12}	1.86×10^{-11}	5.78×10^{-11}	9.29×10^{-11}	1.34×10^{-10}
			女	31	1.04×10^{-10}	3.62×10^{-10}	1.32×10^{-11}	2.87×10^{-11}	3.75×10^{-11}	5.22×10^{-11}	7.37×10^{-11}
		60 岁～	男	24	4.25×10^{-11}	2.74×10^{-11}	1.41×10^{-11}	2.48×10^{-11}	3.38×10^{-11}	5.48×10^{-11}	1.03×10^{-10}
			女	63	1.50×10^{-10}	5.72×10^{-10}	1.33×10^{-11}	2.42×10^{-11}	3.99×10^{-11}	6.05×10^{-11}	3.21×10^{-10}
	农村	18 岁～	男	84	6.37×10^{-9}	5.93×10^{-9}	1.20×10^{-11}	7.99×10^{-11}	7.70×10^{-9}	1.15×10^{-8}	1.48×10^{-8}
			女	76	4.93×10^{-9}	6.42×10^{-9}	1.27×10^{-11}	7.01×10^{-11}	1.13×10^{-10}	1.06×10^{-8}	1.75×10^{-8}
		45 岁～	男	41	6.34×10^{-9}	5.83×10^{-9}	2.16×10^{-11}	7.77×10^{-11}	6.08×10^{-9}	1.11×10^{-8}	1.63×10^{-8}
			女	49	7.88×10^{-9}	5.58×10^{-9}	1.63×10^{-11}	1.45×10^{-10}	9.35×10^{-9}	1.15×10^{-8}	1.68×10^{-8}
		60 岁～	男	41	6.75×10^{-9}	4.98×10^{-9}	9.46×10^{-12}	1.07×10^{-10}	8.65×10^{-9}	9.78×10^{-9}	1.39×10^{-8}
			女	43	6.90×10^{-9}	4.53×10^{-9}	4.77×10^{-11}	3.51×10^{-9}	7.33×10^{-9}	1.06×10^{-8}	1.23×10^{-8}
上海	城市	18 岁～	男	97	8.10×10^{-11}	1.44×10^{-10}	1.00×10^{-15}	2.44×10^{-11}	4.87×10^{-11}	8.13×10^{-11}	2.59×10^{-10}
			女	88	8.22×10^{-11}	1.47×10^{-10}	1.00×10^{-15}	2.89×10^{-11}	5.98×10^{-11}	8.79×10^{-11}	1.82×10^{-10}
		45 岁～	男	18	1.03×10^{-10}	1.79×10^{-10}	1.00×10^{-15}	2.81×10^{-11}	5.33×10^{-11}	1.18×10^{-10}	7.94×10^{-10}
			女	43	7.82×10^{-11}	7.64×10^{-11}	4.10×10^{-12}	2.71×10^{-11}	7.51×10^{-11}	1.02×10^{-10}	1.65×10^{-10}
		60 岁～	男	16	7.27×10^{-11}	7.26×10^{-11}	1.00×10^{-15}	1.53×10^{-11}	5.20×10^{-11}	1.09×10^{-10}	2.72×10^{-10}
			女	36	7.59×10^{-11}	7.18×10^{-11}	1.00×10^{-15}	2.37×10^{-11}	5.94×10^{-11}	1.13×10^{-10}	2.11×10^{-10}
	农村	18 岁～	男	48	9.38×10^{-11}	2.56×10^{-10}	1.00×10^{-15}	7.79×10^{-12}	1.34×10^{-11}	3.52×10^{-11}	3.69×10^{-10}
			女	38	4.21×10^{-11}	7.62×10^{-11}	1.00×10^{-15}	8.06×10^{-12}	1.36×10^{-11}	3.36×10^{-11}	2.56×10^{-10}
		45 岁～	男	71	1.06×10^{-10}	1.40×10^{-10}	1.00×10^{-15}	5.24×10^{-12}	2.63×10^{-11}	2.33×10^{-10}	3.47×10^{-10}
			女	82	9.97×10^{-11}	1.42×10^{-10}	1.00×10^{-15}	7.56×10^{-12}	1.67×10^{-11}	2.44×10^{-10}	3.27×10^{-10}
		60 岁～	男	35	1.33×10^{-10}	2.74×10^{-10}	1.00×10^{-15}	2.20×10^{-12}	3.35×10^{-11}	1.72×10^{-10}	4.32×10^{-10}
			女	27	1.16×10^{-10}	1.41×10^{-10}	1.00×10^{-15}	9.04×10^{-12}	2.23×10^{-11}	1.90×10^{-10}	4.62×10^{-10}
武汉	城市	18 岁～	男	60	3.76×10^{-10}	5.51×10^{-10}	6.53×10^{-11}	1.67×10^{-10}	2.75×10^{-10}	4.28×10^{-10}	7.65×10^{-10}
			女	77	4.24×10^{-10}	5.90×10^{-10}	3.96×10^{-11}	1.70×10^{-10}	3.03×10^{-10}	4.61×10^{-10}	9.58×10^{-10}
		45 岁～	男	40	2.98×10^{-10}	2.94×10^{-10}	4.46×10^{-11}	1.06×10^{-10}	2.10×10^{-10}	3.60×10^{-10}	1.02×10^{-9}
			女	41	3.04×10^{-10}	2.99×10^{-10}	6.70×10^{-11}	1.03×10^{-10}	2.04×10^{-10}	3.90×10^{-10}	8.71×10^{-10}
		60 岁～	男	60	4.97×10^{-10}	7.88×10^{-10}	5.46×10^{-11}	9.23×10^{-11}	2.03×10^{-10}	5.04×10^{-10}	2.06×10^{-9}
			女	77	4.14×10^{-10}	6.61×10^{-10}	5.18×10^{-11}	9.02×10^{-11}	2.31×10^{-10}	3.69×10^{-10}	1.39×10^{-9}

类别				N	镉经皮肤暴露量/[mg/（kg·d）]						
					Mean	Std	P5	P25	P50	P75	P95
武汉	农村	18 岁～	男	22	3.82×10^{-9}	5.58×10^{-9}	1.00×10^{-15}	1.37×10^{-10}	2.83×10^{-10}	6.41×10^{-9}	1.09×10^{-8}
			女	33	2.61×10^{-9}	3.72×10^{-9}	4.88×10^{-11}	1.13×10^{-10}	1.80×10^{-10}	6.42×10^{-9}	1.04×10^{-8}
		45 岁～	男	39	4.34×10^{-9}	6.75×10^{-9}	2.34×10^{-11}	1.12×10^{-10}	3.33×10^{-9}	6.32×10^{-9}	2.21×10^{-8}
			女	55	5.09×10^{-9}	5.08×10^{-9}	2.64×10^{-11}	1.87×10^{-10}	3.97×10^{-9}	7.75×10^{-9}	1.47×10^{-8}
		60 岁～	男	66	6.43×10^{-9}	6.71×10^{-9}	3.35×10^{-11}	2.20×10^{-10}	4.04×10^{-9}	7.55×10^{-9}	2.08×10^{-8}
			女	50	4.37×10^{-9}	4.23×10^{-9}	3.35×10^{-11}	1.40×10^{-10}	3.96×10^{-9}	7.10×10^{-9}	1.45×10^{-8}
成都	城市	18 岁～	男	123	3.52×10^{-10}	1.75×10^{-9}	7.05×10^{-12}	2.41×10^{-11}	4.81×10^{-11}	9.28×10^{-11}	2.13×10^{-10}
			女	125	1.41×10^{-10}	7.39×10^{-10}	8.87×10^{-12}	2.10×10^{-11}	5.22×10^{-11}	8.51×10^{-11}	1.88×10^{-10}
		45 岁～	男	24	6.72×10^{-11}	4.29×10^{-11}	1.00×10^{-15}	3.87×10^{-11}	7.10×10^{-11}	8.75×10^{-11}	1.39×10^{-10}
			女	29	2.16×10^{-10}	7.48×10^{-10}	1.00×10^{-15}	2.22×10^{-11}	4.59×10^{-11}	8.54×10^{-11}	6.08×10^{-10}
		60 岁～	男	8	8.91×10^{-11}	3.26×10^{-11}	3.36×10^{-11}	7.30×10^{-11}	8.91×10^{-11}	1.07×10^{-10}	1.42×10^{-10}
			女	26	1.11×10^{-9}	2.48×10^{-9}	1.15×10^{-11}	3.81×10^{-11}	5.14×10^{-11}	1.40×10^{-10}	7.63×10^{-9}
	农村	18 岁～	男	64	2.26×10^{-8}	1.96×10^{-8}	3.29×10^{-11}	1.64×10^{-10}	2.89×10^{-8}	3.84×10^{-8}	4.92×10^{-8}
			女	63	1.93×10^{-8}	2.07×10^{-8}	2.54×10^{-11}	8.56×10^{-11}	1.43×10^{-8}	3.62×10^{-8}	5.78×10^{-8}
		45 岁～	男	55	2.08×10^{-8}	1.63×10^{-8}	4.70×10^{-11}	1.82×10^{-10}	2.88×10^{-8}	3.29×10^{-8}	4.42×10^{-8}
			女	44	2.60×10^{-8}	1.62×10^{-8}	6.83×10^{-11}	1.15×10^{-8}	3.29×10^{-8}	3.55×10^{-8}	4.67×10^{-8}
		60 岁～	男	34	1.48×10^{-8}	1.58×10^{-8}	2.71×10^{-11}	1.07×10^{-10}	1.03×10^{-8}	3.16×10^{-8}	3.73×10^{-8}
			女	36	8.70×10^{-9}	1.39×10^{-8}	4.24×10^{-11}	1.00×10^{-10}	2.34×10^{-10}	1.55×10^{-8}	4.55×10^{-8}
兰州	城市	18 岁～	男	61	1.98×10^{-9}	5.72×10^{-9}	1.04×10^{-11}	2.06×10^{-11}	3.86×10^{-11}	7.06×10^{-11}	2.02×10^{-8}
			女	51	1.98×10^{-10}	7.35×10^{-10}	1.57×10^{-11}	2.79×10^{-11}	3.71×10^{-11}	8.05×10^{-11}	2.08×10^{-10}
		45 岁～	男	49	4.05×10^{-10}	2.51×10^{-9}	6.72×10^{-12}	1.53×10^{-11}	2.86×10^{-11}	5.03×10^{-11}	2.23×10^{-10}
			女	54	5.05×10^{-11}	3.47×10^{-11}	8.09×10^{-12}	2.19×10^{-11}	4.20×10^{-11}	7.50×10^{-11}	1.22×10^{-10}
		60 岁～	男	65	3.66×10^{-11}	3.04×10^{-11}	9.23×10^{-12}	1.61×10^{-11}	2.85×10^{-11}	4.49×10^{-11}	9.29×10^{-11}
			女	67	1.34×10^{-10}	4.59×10^{-10}	6.04×10^{-12}	1.21×10^{-11}	2.90×10^{-11}	5.71×10^{-11}	1.16×10^{-10}
	农村	18 岁～	男	51	1.59×10^{-8}	1.19×10^{-8}	1.52×10^{-11}	5.12×10^{-11}	2.12×10^{-8}	2.39×10^{-8}	3.25×10^{-8}
			女	49	1.27×10^{-8}	1.26×10^{-8}	8.62×10^{-12}	4.37×10^{-11}	1.03×10^{-8}	2.37×10^{-8}	3.40×10^{-8}
		45 岁～	男	59	1.93×10^{-8}	9.04×10^{-9}	1.06×10^{-11}	1.78×10^{-8}	2.03×10^{-8}	2.61×10^{-8}	3.19×10^{-8}
			女	49	1.91×10^{-8}	1.07×10^{-8}	5.79×10^{-12}	1.75×10^{-8}	2.07×10^{-8}	2.88×10^{-8}	3.16×10^{-8}
		60 岁～	男	69	1.36×10^{-8}	1.29×10^{-8}	1.35×10^{-12}	2.66×10^{-11}	1.52×10^{-8}	2.33×10^{-8}	3.23×10^{-8}
			女	64	1.06×10^{-8}	1.30×10^{-8}	6.90×10^{-13}	3.72×10^{-11}	1.01×10^{-10}	2.27×10^{-8}	3.18×10^{-8}

附表 8-3 不同地区居民分城乡、年龄和性别的砷经皮肤暴露量

类别				N	砷经皮肤暴露量/[mg/（kg·d）]						
					Mean	Std	P5	P25	P50	P75	P95
太原	城市	18 岁～	男	68	4.11×10^{-9}	1.98×10^{-9}	1.10×10^{-9}	2.78×10^{-9}	3.78×10^{-9}	5.72×10^{-9}	7.24×10^{-9}
			女	72	5.09×10^{-9}	2.42×10^{-9}	1.78×10^{-9}	3.16×10^{-9}	4.73×10^{-9}	6.80×10^{-9}	9.50×10^{-9}
		45 岁～	男	50	1.82×10^{-7}	1.26×10^{-6}	1.57×10^{-9}	2.45×10^{-9}	3.40×10^{-9}	4.90×10^{-9}	1.35×10^{-8}
			女	60	4.29×10^{-9}	1.66×10^{-9}	2.11×10^{-9}	3.05×10^{-9}	4.26×10^{-9}	5.01×10^{-9}	7.26×10^{-9}
		60 岁～	男	56	3.70×10^{-9}	1.26×10^{-9}	1.75×10^{-9}	2.74×10^{-9}	3.65×10^{-9}	4.47×10^{-9}	6.01×10^{-9}
			女	54	4.36×10^{-9}	1.93×10^{-9}	1.40×10^{-9}	2.87×10^{-9}	4.33×10^{-9}	5.95×10^{-9}	6.66×10^{-9}
	农村	18 岁～	男	41	1.01×10^{-5}	1.64×10^{-5}	2.85×10^{-10}	1.96×10^{-9}	3.52×10^{-9}	2.65×10^{-5}	4.18×10^{-5}
			女	40	6.94×10^{-6}	1.36×10^{-5}	4.44×10^{-10}	2.22×10^{-9}	3.64×10^{-9}	4.39×10^{-6}	4.22×10^{-5}
		45 岁～	男	49	1.02×10^{-5}	1.62×10^{-5}	5.80×10^{-10}	2.92×10^{-9}	4.05×10^{-9}	1.75×10^{-5}	4.30×10^{-5}
			女	74	6.11×10^{-6}	1.26×10^{-5}	5.57×10^{-10}	1.44×10^{-9}	3.48×10^{-9}	6.82×10^{-9}	4.03×10^{-5}
		60 岁～	男	73	1.19×10^{-5}	1.53×10^{-5}	1.06×10^{-9}	2.72×10^{-9}	4.39×10^{-9}	2.73×10^{-5}	3.77×10^{-5}
			女	59	4.55×10^{-6}	1.00×10^{-5}	5.74×10^{-10}	2.12×10^{-9}	3.62×10^{-9}	9.87×10^{-9}	3.16×10^{-5}
大连	城市	18 岁～	男	88	2.46×10^{-9}	1.57×10^{-9}	1.00×10^{-15}	1.27×10^{-9}	2.32×10^{-9}	3.23×10^{-9}	5.79×10^{-9}
			女	68	2.88×10^{-9}	1.64×10^{-9}	8.36×10^{-10}	1.70×10^{-9}	2.61×10^{-9}	3.89×10^{-9}	5.46×10^{-9}
		45 岁～	男	13	3.94×10^{-9}	2.71×10^{-9}	4.47×10^{-10}	1.56×10^{-9}	3.92×10^{-9}	5.94×10^{-9}	8.55×10^{-9}
			女	31	7.79×10^{-8}	4.18×10^{-7}	8.43×10^{-10}	2.08×10^{-9}	2.58×10^{-9}	4.12×10^{-9}	6.17×10^{-9}
		60 岁～	男	24	2.76×10^{-9}	1.71×10^{-9}	9.42×10^{-10}	1.55×10^{-9}	2.33×10^{-9}	2.96×10^{-9}	5.47×10^{-9}
			女	63	1.26×10^{-7}	6.55×10^{-7}	8.52×10^{-10}	2.00×10^{-9}	2.67×10^{-9}	4.99×10^{-9}	3.42×10^{-7}
	农村	18 岁～	男	84	5.68×10^{-6}	5.33×10^{-6}	3.44×10^{-10}	2.46×10^{-9}	6.88×10^{-6}	1.03×10^{-5}	1.32×10^{-5}
			女	76	4.38×10^{-6}	5.77×10^{-6}	3.86×10^{-10}	2.19×10^{-9}	3.22×10^{-9}	9.51×10^{-6}	1.57×10^{-5}
		45 岁～	男	41	5.65×10^{-6}	5.24×10^{-6}	6.17×10^{-10}	2.23×10^{-9}	5.45×10^{-6}	9.97×10^{-6}	1.47×10^{-5}
			女	49	7.04×10^{-6}	5.02×10^{-6}	4.68×10^{-10}	6.98×10^{-9}	8.36×10^{-6}	1.03×10^{-5}	1.50×10^{-5}
		60 岁～	男	41	6.02×10^{-6}	4.48×10^{-6}	2.85×10^{-10}	3.07×10^{-9}	7.74×10^{-6}	8.75×10^{-6}	1.25×10^{-5}
			女	43	6.15×10^{-6}	4.07×10^{-6}	1.81×10^{-9}	3.13×10^{-6}	6.52×10^{-6}	9.47×10^{-6}	1.10×10^{-5}
上海	城市	18 岁～	男	97	3.49×10^{-7}	1.94×10^{-6}	1.00×10^{-15}	6.93×10^{-10}	1.41×10^{-9}	2.69×10^{-9}	1.67×10^{-6}
			女	88	3.33×10^{-7}	2.19×10^{-6}	1.00×10^{-15}	9.55×10^{-10}	1.88×10^{-9}	2.97×10^{-9}	5.61×10^{-9}
		45 岁～	男	18	6.38×10^{-7}	2.70×10^{-6}	1.00×10^{-15}	6.01×10^{-10}	1.55×10^{-9}	2.88×10^{-9}	1.14×10^{-5}
			女	43	1.61×10^{-7}	1.04×10^{-6}	1.16×10^{-10}	7.68×10^{-10}	2.15×10^{-9}	2.90×10^{-9}	6.08×10^{-9}

类别				N	砷经皮肤暴露量/[mg/（kg·d）]						
					Mean	Std	P5	P25	P50	P75	P95
上海	城市	60 岁～	男	16	2.10×10^{-9}	2.07×10^{-9}	1.00×10^{-15}	4.33×10^{-10}	1.74×10^{-9}	3.10×10^{-9}	7.71×10^{-9}
			女	36	6.70×10^{-8}	3.90×10^{-7}	1.00×10^{-15}	7.02×10^{-10}	1.61×10^{-9}	3.22×10^{-9}	1.01×10^{-8}
	农村	18 岁～	男	48	2.64×10^{-6}	8.50×10^{-6}	1.00×10^{-15}	5.03×10^{-10}	8.97×10^{-10}	2.09×10^{-9}	1.06×10^{-5}
			女	38	7.45×10^{-7}	2.35×10^{-6}	1.00×10^{-15}	4.79×10^{-10}	8.10×10^{-10}	2.01×10^{-9}	8.31×10^{-6}
		45 岁～	男	71	3.05×10^{-6}	4.58×10^{-6}	1.00×10^{-15}	3.63×10^{-10}	1.56×10^{-9}	7.60×10^{-6}	1.08×10^{-5}
			女	82	2.78×10^{-6}	4.57×10^{-6}	1.00×10^{-15}	4.60×10^{-10}	9.92×10^{-10}	7.49×10^{-6}	8.98×10^{-6}
		60 岁～	男	35	3.79×10^{-6}	9.05×10^{-6}	1.00×10^{-15}	1.79×10^{-10}	1.99×10^{-9}	5.55×10^{-6}	1.34×10^{-5}
			女	27	3.44×10^{-6}	4.53×10^{-6}	1.00×10^{-15}	5.37×10^{-10}	1.32×10^{-9}	5.71×10^{-6}	1.49×10^{-5}
武汉	城市	18 岁～	男	60	9.51×10^{-8}	6.92×10^{-7}	2.45×10^{-9}	3.77×10^{-9}	5.57×10^{-9}	7.32×10^{-9}	1.16×10^{-8}
			女	77	9.24×10^{-8}	7.56×10^{-7}	2.32×10^{-9}	3.66×10^{-9}	5.43×10^{-9}	8.49×10^{-9}	1.44×10^{-8}
		45 岁～	男	40	1.93×10^{-8}	7.53×10^{-8}	1.80×10^{-9}	4.18×10^{-9}	7.63×10^{-9}	9.91×10^{-9}	1.73×10^{-8}
			女	41	3.06×10^{-8}	1.47×10^{-7}	2.49×10^{-9}	5.37×10^{-9}	7.50×10^{-9}	1.02×10^{-8}	1.36×10^{-8}
		60 岁～	男	60	3.15×10^{-7}	9.81×10^{-7}	1.70×10^{-9}	4.26×10^{-9}	6.65×10^{-9}	9.07×10^{-9}	2.75×10^{-6}
			女	77	2.02×10^{-7}	8.64×10^{-7}	1.76×10^{-9}	4.82×10^{-9}	7.66×10^{-9}	9.65×10^{-9}	1.36×10^{-6}
	农村	18 岁～	男	22	1.44×10^{-5}	2.21×10^{-5}	1.00×10^{-15}	3.61×10^{-9}	8.93×10^{-9}	2.47×10^{-5}	4.24×10^{-5}
			女	33	9.72×10^{-6}	1.46×10^{-5}	1.33×10^{-9}	4.22×10^{-9}	6.78×10^{-9}	2.51×10^{-5}	4.08×10^{-5}
		45 岁～	男	39	1.64×10^{-5}	2.64×10^{-5}	8.79×10^{-10}	3.78×10^{-9}	1.30×10^{-5}	2.45×10^{-5}	8.68×10^{-5}
			女	55	1.95×10^{-5}	2.00×10^{-5}	9.93×10^{-10}	5.01×10^{-9}	1.49×10^{-5}	3.05×10^{-5}	5.62×10^{-5}
		60 岁～	男	66	2.48×10^{-5}	2.65×10^{-5}	1.26×10^{-9}	6.83×10^{-9}	1.53×10^{-5}	2.94×10^{-5}	8.16×10^{-5}
			女	50	1.66×10^{-5}	1.67×10^{-5}	1.07×10^{-9}	3.10×10^{-9}	1.48×10^{-5}	2.74×10^{-5}	5.68×10^{-5}
成都	城市	18 岁～	男	123	5.82×10^{-7}	3.48×10^{-6}	1.41×10^{-10}	5.14×10^{-10}	1.10×10^{-9}	1.93×10^{-9}	8.91×10^{-9}
			女	125	1.51×10^{-7}	1.46×10^{-6}	1.50×10^{-10}	5.00×10^{-10}	1.07×10^{-9}	2.04×10^{-9}	3.60×10^{-9}
		45 岁～	男	24	1.21×10^{-9}	1.54×10^{-9}	1.00×10^{-15}	6.30×10^{-10}	8.93×10^{-10}	1.37×10^{-9}	2.27×10^{-9}
			女	29	3.12×10^{-7}	1.46×10^{-6}	1.00×10^{-15}	6.00×10^{-10}	1.09×10^{-9}	1.85×10^{-9}	1.19×10^{-6}
		60 岁～	男	8	1.78×10^{-9}	1.92×10^{-9}	3.70×10^{-10}	9.59×10^{-10}	1.08×10^{-9}	1.70×10^{-9}	6.41×10^{-9}
			女	26	2.09×10^{-6}	4.93×10^{-6}	3.88×10^{-10}	8.88×10^{-10}	1.19×10^{-9}	2.19×10^{-9}	1.50×10^{-5}
	农村	18 岁～	男	64	4.79×10^{-5}	4.17×10^{-5}	6.67×10^{-10}	2.72×10^{-9}	6.15×10^{-5}	8.16×10^{-5}	1.04×10^{-4}
			女	63	4.09×10^{-5}	4.40×10^{-5}	5.36×10^{-10}	1.50×10^{-9}	3.04×10^{-5}	7.69×10^{-5}	1.23×10^{-4}
		45 岁～	男	55	4.41×10^{-5}	3.48×10^{-5}	8.01×10^{-10}	3.46×10^{-9}	6.11×10^{-5}	7.00×10^{-5}	9.40×10^{-5}
			女	44	5.51×10^{-5}	3.45×10^{-5}	5.34×10^{-10}	2.43×10^{-5}	6.98×10^{-5}	7.53×10^{-5}	9.95×10^{-5}

类别				N	砷经皮肤暴露量/[mg/（kg·d）]						
					Mean	Std	P5	P25	P50	P75	P95
成都	农村	60 岁～	男	34	3.14×10^{-5}	3.36×10^{-5}	3.27×10^{-10}	1.68×10^{-9}	2.17×10^{-5}	6.69×10^{-5}	7.93×10^{-5}
			女	36	1.83×10^{-5}	2.98×10^{-5}	5.18×10^{-10}	2.24×10^{-9}	3.96×10^{-9}	3.28×10^{-5}	9.68×10^{-5}
兰州	城市	18 岁～	男	61	1.82×10^{-6}	5.36×10^{-6}	4.42×10^{-10}	1.20×10^{-9}	2.29×10^{-9}	3.22×10^{-9}	1.89×10^{-5}
			女	51	1.40×10^{-7}	6.94×10^{-7}	2.77×10^{-10}	1.50×10^{-9}	2.42×10^{-9}	3.75×10^{-9}	9.52×10^{-9}
		45 岁～	男	49	3.38×10^{-7}	2.35×10^{-6}	4.86×10^{-10}	1.10×10^{-9}	1.50×10^{-9}	2.74×10^{-9}	8.98×10^{-9}
			女	54	2.69×10^{-9}	1.75×10^{-9}	5.39×10^{-10}	1.30×10^{-9}	2.40×10^{-9}	3.77×10^{-9}	5.63×10^{-9}
		60 岁～	男	65	2.12×10^{-9}	1.48×10^{-9}	4.30×10^{-10}	1.04×10^{-9}	1.90×10^{-9}	2.69×10^{-9}	4.96×10^{-9}
			女	67	9.41×10^{-8}	4.28×10^{-7}	4.05×10^{-10}	7.05×10^{-10}	1.91×10^{-9}	3.42×10^{-9}	7.99×10^{-9}
	农村	18 岁～	男	51	1.55×10^{-5}	1.16×10^{-5}	3.03×10^{-10}	1.02×10^{-9}	2.07×10^{-5}	2.34×10^{-5}	3.18×10^{-5}
			女	49	1.24×10^{-5}	1.23×10^{-5}	1.72×10^{-10}	6.10×10^{-10}	9.96×10^{-6}	2.32×10^{-5}	3.32×10^{-5}
		45 岁～	男	59	1.88×10^{-5}	8.80×10^{-6}	1.09×10^{-10}	1.74×10^{-5}	1.97×10^{-5}	2.56×10^{-5}	3.11×10^{-5}
			女	49	1.87×10^{-5}	1.05×10^{-5}	1.15×10^{-10}	1.71×10^{-5}	2.01×10^{-5}	2.82×10^{-5}	3.09×10^{-5}
		60 岁～	男	69	1.33×10^{-5}	1.26×10^{-5}	1.55×10^{-11}	3.60×10^{-10}	1.47×10^{-5}	2.26×10^{-5}	3.16×10^{-5}
			女	64	1.03×10^{-5}	1.28×10^{-5}	1.37×10^{-11}	5.59×10^{-10}	1.80×10^{-9}	2.22×10^{-5}	3.12×10^{-5}

附表 8-4 不同地区居民分城乡、年龄和性别的铅经皮肤暴露量

类别				N	铅经皮肤暴露量/[mg/（kg·d）]						
					Mean	Std	P5	P25	P50	P75	P95
太原	城市	18 岁～	男	68	2.47×10^{-12}	2.12×10^{-12}	4.05×10^{-13}	7.04×10^{-13}	1.56×10^{-12}	4.02×10^{-12}	6.79×10^{-12}
			女	72	2.95×10^{-12}	3.91×10^{-12}	5.27×10^{-13}	9.41×10^{-13}	1.45×10^{-12}	3.02×10^{-12}	9.64×10^{-12}
		45 岁～	男	50	1.20×10^{-8}	8.46×10^{-8}	4.52×10^{-13}	8.08×10^{-13}	1.70×10^{-12}	3.17×10^{-12}	6.81×10^{-12}
			女	60	2.77×10^{-12}	2.18×10^{-12}	5.31×10^{-13}	9.50×10^{-13}	2.00×10^{-12}	4.61×10^{-12}	6.20×10^{-12}
		60 岁～	男	56	3.13×10^{-12}	1.74×10^{-12}	4.65×10^{-13}	1.64×10^{-12}	3.22×10^{-12}	4.48×10^{-12}	6.30×10^{-12}
			女	54	3.26×10^{-12}	2.17×10^{-12}	5.74×10^{-13}	1.14×10^{-12}	2.96×10^{-12}	5.35×10^{-12}	6.80×10^{-12}
	农村	18 岁～	男	41	5.18×10^{-7}	8.36×10^{-7}	5.52×10^{-14}	6.87×10^{-13}	1.97×10^{-12}	1.35×10^{-6}	2.13×10^{-6}
			女	40	3.54×10^{-7}	6.92×10^{-7}	2.72×10^{-13}	5.59×10^{-13}	3.64×10^{-12}	2.24×10^{-7}	2.16×10^{-6}
		45 岁～	男	49	5.22×10^{-7}	8.30×10^{-7}	1.14×10^{-13}	5.73×10^{-13}	9.92×10^{-13}	8.95×10^{-7}	2.20×10^{-6}
			女	74	3.12×10^{-7}	6.42×10^{-7}	1.84×10^{-13}	4.45×10^{-13}	8.93×10^{-13}	1.49×10^{-11}	2.06×10^{-6}
		60 岁～	男	73	6.10×10^{-7}	7.82×10^{-7}	2.74×10^{-13}	6.23×10^{-13}	1.59×10^{-11}	1.39×10^{-6}	1.92×10^{-6}
			女	59	2.32×10^{-7}	5.13×10^{-7}	2.81×10^{-13}	6.05×10^{-13}	1.69×10^{-12}	2.10×10^{-11}	1.61×10^{-6}

类别				N	铅经皮肤暴露量/[mg/（kg·d）]						
					Mean	Std	P5	P25	P50	P75	P95
大连	城市	18 岁～	男	88	3.12×10^{-12}	2.32×10^{-12}	1.00×10^{-15}	1.53×10^{-12}	2.53×10^{-12}	4.36×10^{-12}	8.39×10^{-12}
			女	68	3.86×10^{-12}	2.60×10^{-12}	8.38×10^{-13}	2.08×10^{-12}	3.32×10^{-12}	4.79×10^{-12}	8.76×10^{-12}
		45 岁～	男	13	5.95×10^{-12}	4.28×10^{-12}	4.49×10^{-13}	2.84×10^{-12}	5.01×10^{-12}	8.84×10^{-12}	1.44×10^{-11}
			女	31	8.07×10^{-9}	4.49×10^{-8}	1.03×10^{-12}	2.24×10^{-12}	3.62×10^{-12}	6.01×10^{-12}	1.13×10^{-11}
		60 岁～	男	24	3.93×10^{-12}	2.87×10^{-12}	1.20×10^{-12}	2.02×10^{-12}	2.87×10^{-12}	5.06×10^{-12}	9.99×10^{-12}
			女	63	1.33×10^{-8}	7.04×10^{-8}	9.90×10^{-13}	2.85×10^{-12}	4.24×10^{-12}	8.96×10^{-12}	3.65×10^{-8}
	农村	18 岁～	男	84	5.48×10^{-7}	5.14×10^{-7}	4.24×10^{-13}	3.03×10^{-12}	6.63×10^{-7}	9.96×10^{-7}	1.28×10^{-6}
			女	76	4.22×10^{-7}	5.57×10^{-7}	4.76×10^{-13}	2.67×10^{-12}	3.98×10^{-12}	9.17×10^{-7}	1.51×10^{-6}
		45 岁～	男	41	5.45×10^{-7}	5.05×10^{-7}	7.61×10^{-13}	2.75×10^{-12}	5.26×10^{-7}	9.62×10^{-7}	1.41×10^{-6}
			女	49	6.79×10^{-7}	4.85×10^{-7}	5.77×10^{-13}	7.53×10^{-12}	8.06×10^{-7}	9.94×10^{-7}	1.45×10^{-6}
		60 岁～	男	41	5.81×10^{-7}	4.32×10^{-7}	3.34×10^{-13}	3.79×10^{-12}	7.46×10^{-7}	8.44×10^{-7}	1.20×10^{-6}
			女	43	5.94×10^{-7}	3.92×10^{-7}	2.22×10^{-12}	3.02×10^{-7}	6.29×10^{-7}	9.13×10^{-7}	1.07×10^{-6}
上海	城市	18 岁～	男	97	7.03×10^{-9}	3.92×10^{-8}	1.00×10^{-15}	6.74×10^{-13}	1.63×10^{-12}	3.80×10^{-12}	3.37×10^{-8}
			女	88	6.70×10^{-9}	4.44×10^{-8}	1.00×10^{-15}	9.39×10^{-13}	2.41×10^{-12}	4.06×10^{-12}	9.81×10^{-12}
		45 岁～	男	18	1.29×10^{-8}	5.46×10^{-8}	1.00×10^{-15}	4.91×10^{-13}	1.90×10^{-12}	3.71×10^{-12}	2.32×10^{-7}
			女	43	3.23×10^{-9}	2.12×10^{-8}	8.80×10^{-14}	8.73×10^{-13}	2.54×10^{-12}	3.61×10^{-12}	1.16×10^{-11}
		60 岁～	男	16	2.42×10^{-12}	2.44×10^{-12}	1.00×10^{-15}	5.09×10^{-13}	2.03×10^{-12}	3.61×10^{-12}	9.07×10^{-12}
			女	36	1.32×10^{-9}	7.89×10^{-9}	1.00×10^{-15}	7.25×10^{-13}	1.79×10^{-12}	3.78×10^{-12}	1.28×10^{-11}
	农村	18 岁～	男	48	3.85×10^{-8}	1.24×10^{-7}	1.00×10^{-15}	1.02×10^{-12}	1.97×10^{-12}	4.60×10^{-12}	1.54×10^{-7}
			女	38	1.08×10^{-8}	3.42×10^{-8}	1.00×10^{-15}	1.05×10^{-12}	1.78×10^{-12}	4.42×10^{-12}	1.21×10^{-7}
		45 岁～	男	71	4.44×10^{-8}	6.68×10^{-8}	1.00×10^{-15}	7.97×10^{-13}	3.44×10^{-12}	1.11×10^{-7}	1.58×10^{-7}
			女	82	4.05×10^{-8}	6.66×10^{-8}	1.00×10^{-15}	1.01×10^{-12}	2.18×10^{-12}	1.09×10^{-7}	1.31×10^{-7}
		60 岁～	男	35	5.52×10^{-8}	1.32×10^{-7}	1.00×10^{-15}	5.45×10^{-13}	4.37×10^{-12}	8.07×10^{-8}	1.95×10^{-7}
			女	27	5.00×10^{-8}	6.59×10^{-8}	1.00×10^{-15}	1.25×10^{-12}	2.91×10^{-12}	8.32×10^{-8}	2.17×10^{-7}
武汉	城市	18 岁～	男	60	5.29×10^{-9}	4.10×10^{-8}	2.80×10^{-12}	3.93×10^{-12}	5.65×10^{-12}	6.98×10^{-12}	1.25×10^{-11}
			女	77	5.11×10^{-9}	4.48×10^{-8}	1.80×10^{-12}	3.89×10^{-12}	5.03×10^{-12}	8.28×10^{-12}	1.30×10^{-11}
		45 岁～	男	40	7.15×10^{-10}	4.48×10^{-9}	1.19×10^{-12}	3.73×10^{-12}	6.99×10^{-12}	9.02×10^{-12}	1.69×10^{-11}
			女	41	1.36×10^{-9}	8.69×10^{-9}	2.04×10^{-12}	4.83×10^{-12}	6.96×10^{-12}	8.77×10^{-12}	1.42×10^{-11}
		60 岁～	男	60	1.83×10^{-8}	5.80×10^{-8}	1.39×10^{-12}	4.09×10^{-12}	5.59×10^{-12}	8.05×10^{-12}	1.62×10^{-7}
			女	77	1.16×10^{-8}	5.12×10^{-8}	1.44×10^{-12}	3.95×10^{-12}	6.49×10^{-12}	8.51×10^{-12}	8.02×10^{-8}

类别				N	铅经皮肤暴露量/[mg/（kg·d）]						
					Mean	Std	P5	P25	P50	P75	P95
武汉	农村	18岁～	男	22	4.00×10^{-7}	6.13×10^{-7}	1.00×10^{-15}	6.94×10^{-12}	1.50×10^{-11}	6.84×10^{-7}	1.18×10^{-6}
			女	33	2.70×10^{-7}	4.05×10^{-7}	1.99×10^{-12}	5.65×10^{-12}	8.29×10^{-12}	6.96×10^{-7}	1.13×10^{-6}
		45岁～	男	39	4.55×10^{-7}	7.33×10^{-7}	6.69×10^{-13}	4.72×10^{-12}	3.60×10^{-7}	6.79×10^{-7}	2.41×10^{-6}
			女	55	5.40×10^{-7}	5.56×10^{-7}	7.56×10^{-13}	5.53×10^{-12}	4.12×10^{-7}	8.45×10^{-7}	1.56×10^{-6}
		60岁～	男	66	6.89×10^{-7}	7.36×10^{-7}	9.59×10^{-13}	8.34×10^{-12}	4.24×10^{-7}	8.14×10^{-7}	2.26×10^{-6}
			女	50	4.61×10^{-7}	4.63×10^{-7}	9.57×10^{-13}	5.10×10^{-12}	4.11×10^{-7}	7.60×10^{-7}	1.58×10^{-6}
成都	城市	18岁～	男	123	1.98×10^{-8}	1.19×10^{-7}	1.19×10^{-13}	4.16×10^{-13}	9.42×10^{-13}	1.66×10^{-12}	5.86×10^{-12}
			女	125	5.10×10^{-9}	4.99×10^{-8}	1.26×10^{-13}	4.80×10^{-13}	9.21×10^{-13}	1.71×10^{-12}	2.55×10^{-12}
		45岁～	男	24	1.16×10^{-12}	1.07×10^{-12}	1.00×10^{-15}	5.45×10^{-13}	9.86×10^{-13}	1.46×10^{-12}	2.31×10^{-12}
			女	29	1.06×10^{-8}	4.98×10^{-8}	1.00×10^{-15}	5.34×10^{-13}	8.44×10^{-13}	1.22×10^{-12}	4.07×10^{-8}
		60岁～	男	8	1.50×10^{-12}	1.19×10^{-12}	3.81×10^{-13}	8.98×10^{-13}	1.07×10^{-12}	1.73×10^{-12}	4.22×10^{-12}
			女	26	7.13×10^{-8}	1.68×10^{-7}	2.23×10^{-13}	5.28×10^{-13}	9.74×10^{-13}	2.34×10^{-12}	5.13×10^{-7}
	农村	18岁～	男	64	2.35×10^{-6}	2.05×10^{-6}	4.93×10^{-13}	1.78×10^{-12}	3.02×10^{-6}	4.00×10^{-6}	5.12×10^{-6}
			女	63	2.01×10^{-6}	2.16×10^{-6}	3.24×10^{-13}	1.07×10^{-12}	1.49×10^{-6}	3.77×10^{-6}	6.02×10^{-6}
		45岁～	男	55	2.16×10^{-6}	1.71×10^{-6}	6.74×10^{-13}	2.56×10^{-12}	3.00×10^{-6}	3.43×10^{-6}	4.62×10^{-6}
			女	44	2.70×10^{-6}	1.69×10^{-6}	7.82×10^{-13}	1.19×10^{-6}	3.43×10^{-6}	3.69×10^{-6}	4.88×10^{-6}
		60岁～	男	34	1.54×10^{-6}	1.65×10^{-6}	1.69×10^{-13}	1.08×10^{-12}	1.07×10^{-6}	3.28×10^{-6}	3.89×10^{-6}
			女	36	8.96×10^{-7}	1.46×10^{-6}	2.69×10^{-13}	1.45×10^{-12}	2.72×10^{-12}	1.61×10^{-6}	4.75×10^{-6}
兰州	城市	18岁～	男	61	2.02×10^{-7}	5.95×10^{-7}	1.34×10^{-13}	3.43×10^{-13}	5.97×10^{-13}	9.78×10^{-13}	2.09×10^{-6}
			女	51	1.52×10^{-8}	7.71×10^{-8}	1.60×10^{-13}	4.41×10^{-13}	7.23×10^{-13}	1.06×10^{-12}	3.50×10^{-12}
		45岁～	男	49	3.72×10^{-8}	2.60×10^{-7}	1.31×10^{-13}	2.99×10^{-13}	3.93×10^{-13}	9.02×10^{-13}	2.93×10^{-12}
			女	54	8.21×10^{-13}	6.01×10^{-13}	1.46×10^{-13}	3.42×10^{-13}	7.24×10^{-13}	1.09×10^{-12}	2.19×10^{-12}
		60岁～	男	65	5.95×10^{-13}	4.21×10^{-13}	1.13×10^{-13}	2.74×10^{-13}	5.61×10^{-13}	8.05×10^{-13}	1.49×10^{-12}
			女	67	1.02×10^{-8}	4.75×10^{-8}	1.06×10^{-13}	2.24×10^{-13}	5.01×10^{-13}	9.06×10^{-13}	2.39×10^{-12}
	农村	18岁～	男	51	8.76×10^{-7}	6.55×10^{-7}	2.95×10^{-13}	9.93×10^{-13}	1.16×10^{-6}	1.32×10^{-6}	1.79×10^{-6}
			女	49	6.97×10^{-7}	6.94×10^{-7}	1.42×10^{-13}	6.28×10^{-13}	5.61×10^{-7}	1.31×10^{-6}	1.87×10^{-6}
		45岁～	男	59	1.06×10^{-6}	4.96×10^{-7}	1.68×10^{-13}	9.78×10^{-7}	1.11×10^{-6}	1.44×10^{-6}	1.75×10^{-6}
			女	49	1.05×10^{-6}	5.90×10^{-7}	1.12×10^{-13}	9.64×10^{-7}	1.13×10^{-6}	1.59×10^{-6}	1.74×10^{-6}
		60岁～	男	69	7.48×10^{-7}	7.10×10^{-7}	2.38×10^{-14}	4.63×10^{-13}	8.30×10^{-7}	1.28×10^{-6}	1.78×10^{-6}
			女	64	5.82×10^{-7}	7.19×10^{-7}	1.34×10^{-14}	6.19×10^{-13}	1.76×10^{-12}	1.25×10^{-6}	1.76×10^{-6}

附表 8-5　不同地区居民分城乡、年龄和性别的铬经皮肤暴露量

类别				N	铬经皮肤暴露量/[mg/（kg·d）]						
					Mean	Std	P5	P25	P50	P75	P95
太原	城市	18 岁～	男	68	$6.84×10^{-9}$	$3.60×10^{-9}$	$2.65×10^{-9}$	$4.66×10^{-9}$	$5.88×10^{-9}$	$7.99×10^{-9}$	$1.41×10^{-8}$
			女	72	$7.94×10^{-9}$	$3.59×10^{-9}$	$3.20×10^{-9}$	$5.57×10^{-9}$	$6.89×10^{-9}$	$9.92×10^{-9}$	$1.56×10^{-8}$
		45 岁～	男	50	$3.75×10^{-8}$	$2.17×10^{-7}$	$2.87×10^{-9}$	$4.36×10^{-9}$	$5.77×10^{-9}$	$7.02×10^{-9}$	$2.94×10^{-8}$
			女	60	$6.56×10^{-9}$	$2.33×10^{-9}$	$3.81×10^{-9}$	$4.94×10^{-9}$	$6.33×10^{-9}$	$7.61×10^{-9}$	$1.10×10^{-8}$
		60 岁～	男	56	$5.63×10^{-9}$	$2.56×10^{-9}$	$2.70×10^{-9}$	$3.89×10^{-9}$	$4.83×10^{-9}$	$6.82×10^{-9}$	$1.09×10^{-8}$
			女	54	$6.43×10^{-9}$	$2.75×10^{-9}$	$3.04×10^{-9}$	$4.73×10^{-9}$	$6.17×10^{-9}$	$7.56×10^{-9}$	$1.22×10^{-8}$
	农村	18 岁～	男	41	$1.61×10^{-6}$	$2.59×10^{-6}$	$6.26×10^{-10}$	$5.75×10^{-9}$	$1.09×10^{-8}$	$4.20×10^{-6}$	$6.60×10^{-6}$
			女	40	$1.10×10^{-6}$	$2.14×10^{-6}$	$1.90×10^{-9}$	$6.41×10^{-9}$	$1.11×10^{-8}$	$7.08×10^{-7}$	$6.68×10^{-6}$
		45 岁～	男	49	$1.62×10^{-6}$	$2.56×10^{-6}$	$1.79×10^{-9}$	$9.05×10^{-9}$	$1.16×10^{-8}$	$2.77×10^{-6}$	$6.80×10^{-6}$
			女	74	$9.72×10^{-7}$	$1.98×10^{-6}$	$1.98×10^{-9}$	$4.21×10^{-9}$	$1.03×10^{-8}$	$1.65×10^{-8}$	$6.37×10^{-6}$
		60 岁～	男	73	$1.89×10^{-6}$	$2.42×10^{-6}$	$2.87×10^{-9}$	$7.62×10^{-9}$	$1.42×10^{-8}$	$4.32×10^{-6}$	$5.97×10^{-6}$
			女	59	$7.28×10^{-7}$	$1.59×10^{-6}$	$2.17×10^{-9}$	$6.87×10^{-9}$	$1.17×10^{-8}$	$1.95×10^{-8}$	$5.00×10^{-6}$
大连	城市	18 岁～	男	88	$1.89×10^{-9}$	$1.18×10^{-9}$	$1.00×10^{-15}$	$1.04×10^{-9}$	$1.79×10^{-9}$	$2.51×10^{-9}$	$4.52×10^{-9}$
			女	68	$2.12×10^{-9}$	$1.14×10^{-9}$	$6.86×10^{-10}$	$1.27×10^{-9}$	$2.04×10^{-9}$	$2.65×10^{-9}$	$4.04×10^{-9}$
		45 岁～	男	13	$2.85×10^{-9}$	$2.00×10^{-9}$	$3.67×10^{-10}$	$1.00×10^{-9}$	$3.06×10^{-9}$	$4.64×10^{-9}$	$6.68×10^{-9}$
			女	31	$1.40×10^{-8}$	$6.66×10^{-8}$	$6.59×10^{-10}$	$1.55×10^{-9}$	$1.95×10^{-9}$	$2.51×10^{-9}$	$3.98×10^{-9}$
		60 岁～	男	24	$2.03×10^{-9}$	$1.25×10^{-9}$	$7.22×10^{-10}$	$1.14×10^{-9}$	$1.66×10^{-9}$	$2.31×10^{-9}$	$4.44×10^{-9}$
			女	63	$2.18×10^{-8}$	$1.05×10^{-7}$	$5.99×10^{-10}$	$1.30×10^{-9}$	$1.88×10^{-9}$	$3.27×10^{-9}$	$5.56×10^{-8}$
	农村	18 岁～	男	84	$1.21×10^{-6}$	$1.14×10^{-6}$	$8.58×10^{-10}$	$5.70×10^{-9}$	$1.47×10^{-6}$	$2.20×10^{-6}$	$2.82×10^{-6}$
			女	76	$9.37×10^{-7}$	$1.23×10^{-6}$	$9.04×10^{-10}$	$5.01×10^{-9}$	$8.04×10^{-9}$	$2.03×10^{-6}$	$3.34×10^{-6}$
		45 岁～	男	41	$1.21×10^{-6}$	$1.12×10^{-6}$	$1.54×10^{-9}$	$5.55×10^{-9}$	$1.16×10^{-6}$	$2.12×10^{-6}$	$3.12×10^{-6}$
			女	49	$1.50×10^{-6}$	$1.07×10^{-6}$	$1.17×10^{-9}$	$1.03×10^{-8}$	$1.78×10^{-6}$	$2.20×10^{-6}$	$3.20×10^{-6}$
		60 岁～	男	41	$1.29×10^{-6}$	$9.54×10^{-7}$	$6.76×10^{-10}$	$7.65×10^{-9}$	$1.65×10^{-6}$	$1.87×10^{-6}$	$2.66×10^{-6}$
			女	43	$1.31×10^{-6}$	$8.66×10^{-7}$	$4.48×10^{-9}$	$6.69×10^{-7}$	$1.39×10^{-6}$	$2.02×10^{-6}$	$2.35×10^{-6}$
上海	城市	18 岁～	男	97	$2.29×10^{-8}$	$1.24×10^{-7}$	$1.00×10^{-15}$	$2.82×10^{-10}$	$5.45×10^{-10}$	$8.95×10^{-10}$	$1.07×10^{-7}$
			女	88	$2.19×10^{-8}$	$1.41×10^{-7}$	$1.00×10^{-15}$	$3.52×10^{-10}$	$6.55×10^{-10}$	$9.47×10^{-10}$	$2.09×10^{-9}$
		45 岁～	男	18	$4.15×10^{-8}$	$1.73×10^{-7}$	$1.00×10^{-15}$	$3.03×10^{-10}$	$5.25×10^{-10}$	$9.92×10^{-10}$	$7.35×10^{-7}$
			女	43	$1.10×10^{-8}$	$6.70×10^{-8}$	$4.74×10^{-11}$	$3.13×10^{-10}$	$8.36×10^{-10}$	$1.14×10^{-9}$	$1.91×10^{-9}$

类别				N	铬经皮肤暴露量/[mg/（kg·d）]						
					Mean	Std	P5	P25	P50	P75	P95
上海	城市	60岁～	男	16	8.14×10^{-10}	8.24×10^{-10}	1.00×10^{-15}	1.76×10^{-10}	5.65×10^{-10}	1.26×10^{-9}	3.14×10^{-9}
			女	36	4.99×10^{-9}	2.50×10^{-8}	1.00×10^{-15}	2.82×10^{-10}	6.47×10^{-10}	1.31×10^{-9}	3.37×10^{-9}
	农村	18岁～	男	48	1.62×10^{-7}	5.18×10^{-7}	1.00×10^{-15}	3.36×10^{-10}	6.51×10^{-10}	1.52×10^{-9}	6.45×10^{-7}
			女	38	4.62×10^{-8}	1.43×10^{-7}	1.00×10^{-15}	3.48×10^{-10}	5.88×10^{-10}	1.46×10^{-9}	5.06×10^{-7}
		45岁～	男	71	1.86×10^{-7}	2.79×10^{-7}	1.00×10^{-15}	2.63×10^{-10}	1.14×10^{-9}	4.63×10^{-7}	6.61×10^{-7}
			女	82	1.70×10^{-7}	2.79×10^{-7}	1.00×10^{-15}	3.34×10^{-10}	7.20×10^{-10}	4.57×10^{-7}	5.48×10^{-7}
		60岁～	男	35	2.32×10^{-7}	5.52×10^{-7}	1.00×10^{-15}	1.63×10^{-10}	1.44×10^{-9}	3.39×10^{-7}	8.16×10^{-7}
			女	27	2.10×10^{-7}	2.76×10^{-7}	1.00×10^{-15}	4.12×10^{-10}	9.59×10^{-10}	3.48×10^{-7}	9.08×10^{-7}
武汉	城市	18岁～	男	60	3.76×10^{-8}	8.55×10^{-8}	1.14×10^{-8}	1.76×10^{-8}	2.62×10^{-8}	3.35×10^{-8}	4.99×10^{-8}
			女	77	4.02×10^{-8}	9.50×10^{-8}	1.14×10^{-8}	1.71×10^{-8}	2.53×10^{-8}	4.14×10^{-8}	6.12×10^{-8}
		45岁～	男	40	3.48×10^{-8}	1.93×10^{-8}	7.24×10^{-9}	2.04×10^{-8}	3.56×10^{-8}	4.31×10^{-8}	7.59×10^{-8}
			女	41	3.86×10^{-8}	2.49×10^{-8}	1.31×10^{-8}	2.50×10^{-8}	3.62×10^{-8}	4.65×10^{-8}	6.91×10^{-8}
		60岁～	男	60	6.72×10^{-8}	1.22×10^{-7}	8.98×10^{-9}	2.10×10^{-8}	3.07×10^{-8}	4.39×10^{-8}	3.61×10^{-7}
			女	77	5.71×10^{-8}	1.04×10^{-7}	9.31×10^{-9}	2.39×10^{-8}	3.48×10^{-8}	4.72×10^{-8}	2.10×10^{-7}
	农村	18岁～	男	22	1.05×10^{-6}	1.55×10^{-6}	1.00×10^{-15}	3.04×10^{-8}	6.08×10^{-8}	1.76×10^{-6}	2.99×10^{-6}
			女	33	7.15×10^{-7}	1.03×10^{-6}	1.22×10^{-8}	2.61×10^{-8}	3.78×10^{-8}	1.79×10^{-6}	2.87×10^{-6}
		45岁～	男	39	1.19×10^{-6}	1.86×10^{-6}	7.74×10^{-9}	3.06×10^{-8}	9.25×10^{-7}	1.73×10^{-6}	6.12×10^{-6}
			女	55	1.40×10^{-6}	1.41×10^{-6}	8.74×10^{-9}	4.37×10^{-8}	1.08×10^{-6}	2.16×10^{-6}	4.00×10^{-6}
		60岁～	男	66	1.77×10^{-6}	1.86×10^{-6}	1.11×10^{-8}	5.06×10^{-8}	1.11×10^{-6}	2.10×10^{-6}	5.74×10^{-6}
			女	50	1.19×10^{-6}	1.17×10^{-6}	1.11×10^{-8}	2.67×10^{-8}	1.07×10^{-6}	1.98×10^{-6}	4.01×10^{-6}
成都	城市	18岁～	男	123	3.24×10^{-8}	1.90×10^{-7}	9.50×10^{-11}	2.22×10^{-10}	5.69×10^{-10}	8.60×10^{-10}	1.96×10^{-9}
			女	125	8.80×10^{-9}	8.00×10^{-8}	1.27×10^{-10}	2.52×10^{-10}	5.85×10^{-10}	8.43×10^{-10}	1.89×10^{-9}
		45岁～	男	24	6.13×10^{-10}	3.81×10^{-10}	1.00×10^{-15}	4.25×10^{-10}	6.77×10^{-10}	7.97×10^{-10}	1.10×10^{-9}
			女	29	1.77×10^{-8}	8.00×10^{-8}	1.00×10^{-15}	2.82×10^{-10}	6.03×10^{-10}	9.58×10^{-10}	6.53×10^{-8}
		60岁～	男	8	8.60×10^{-10}	2.62×10^{-10}	3.24×10^{-10}	8.41×10^{-10}	8.64×10^{-10}	9.32×10^{-10}	1.28×10^{-9}
			女	26	1.15×10^{-7}	2.70×10^{-7}	1.45×10^{-10}	4.65×10^{-10}	7.16×10^{-10}	1.22×10^{-9}	8.22×10^{-7}
	农村	18岁～	男	64	2.75×10^{-6}	2.39×10^{-6}	8.58×10^{-10}	1.10×10^{-8}	3.52×10^{-6}	4.67×10^{-6}	5.98×10^{-6}
			女	63	2.35×10^{-6}	2.52×10^{-6}	3.67×10^{-10}	3.92×10^{-9}	1.74×10^{-6}	4.40×10^{-6}	7.05×10^{-6}
		45岁～	男	55	2.53×10^{-6}	1.99×10^{-6}	1.46×10^{-9}	1.94×10^{-8}	3.50×10^{-6}	4.00×10^{-6}	5.38×10^{-6}
			女	44	3.16×10^{-6}	1.97×10^{-6}	9.29×10^{-10}	1.39×10^{-6}	4.01×10^{-6}	4.32×10^{-6}	5.69×10^{-6}

类别				N	铬经皮肤暴露量/[mg/（kg·d）]						
					Mean	Std	P5	P25	P50	P75	P95
成都	农村	60 岁～	男	34	1.80×10^{-6}	1.92×10^{-6}	2.08×10^{-10}	5.05×10^{-9}	1.25×10^{-6}	3.83×10^{-6}	4.54×10^{-6}
			女	36	1.05×10^{-6}	1.70×10^{-6}	3.32×10^{-10}	2.26×10^{-9}	2.12×10^{-8}	1.88×10^{-6}	5.54×10^{-6}
兰州	城市	18 岁～	男	61	4.38×10^{-7}	1.29×10^{-6}	3.68×10^{-10}	7.50×10^{-10}	1.41×10^{-9}	2.43×10^{-9}	4.53×10^{-6}
			女	51	3.47×10^{-8}	1.67×10^{-7}	3.97×10^{-10}	9.74×10^{-10}	1.28×10^{-9}	2.80×10^{-9}	7.16×10^{-9}
		45 岁～	男	49	8.22×10^{-8}	5.64×10^{-7}	2.45×10^{-10}	5.57×10^{-10}	1.06×10^{-9}	1.85×10^{-9}	7.43×10^{-9}
			女	54	1.69×10^{-9}	1.13×10^{-9}	2.95×10^{-10}	7.97×10^{-10}	1.41×10^{-9}	2.47×10^{-9}	3.68×10^{-9}
		60 岁～	男	65	1.29×10^{-9}	1.05×10^{-9}	3.37×10^{-10}	5.66×10^{-10}	1.04×10^{-9}	1.63×10^{-9}	3.32×10^{-9}
			女	67	2.34×10^{-8}	1.03×10^{-7}	2.16×10^{-10}	4.25×10^{-10}	1.09×10^{-9}	2.04×10^{-9}	4.14×10^{-9}
	农村	18 岁～	男	51	3.10×10^{-6}	2.32×10^{-6}	2.98×10^{-10}	1.29×10^{-9}	4.12×10^{-6}	4.67×10^{-6}	6.35×10^{-6}
			女	49	2.47×10^{-6}	2.45×10^{-6}	1.69×10^{-10}	8.61×10^{-10}	1.99×10^{-6}	4.63×10^{-6}	6.63×10^{-6}
		45 岁～	男	59	3.76×10^{-6}	1.76×10^{-6}	1.62×10^{-10}	3.46×10^{-6}	3.94×10^{-6}	5.10×10^{-6}	6.21×10^{-6}
			女	49	3.73×10^{-6}	2.09×10^{-6}	1.14×10^{-10}	3.41×10^{-6}	4.00×10^{-6}	5.62×10^{-6}	6.17×10^{-6}
		60 岁～	男	69	2.65×10^{-6}	2.51×10^{-6}	1.73×10^{-11}	3.93×10^{-10}	2.94×10^{-6}	4.52×10^{-6}	6.30×10^{-6}
			女	64	2.06×10^{-6}	2.54×10^{-6}	1.35×10^{-11}	5.08×10^{-10}	2.09×10^{-9}	4.44×10^{-6}	6.21×10^{-6}

附表 8-6　不同地区居民分城乡、年龄和性别的汞经皮肤暴露贡献比

类别				N	汞经皮肤暴露贡献比/‱						
					Mean	Std	P5	P25	P50	P75	P95
太原	城市	18 岁～	男	68	0.0495	0.0229	0.0116	0.0341	0.0466	0.0619	0.0914
			女	72	0.0489	0.0250	0.0169	0.0318	0.0427	0.0612	0.1046
		45 岁～	男	50	0.1200	0.4940	0.0195	0.0286	0.0384	0.0476	0.2260
			女	60	0.0392	0.0143	0.0213	0.0292	0.0365	0.0462	0.0670
		60 岁～	男	56	0.0407	0.0154	0.0187	0.0314	0.0369	0.0518	0.0661
			女	54	0.0427	0.0202	0.0189	0.0318	0.0409	0.0504	0.0713
	农村	18 岁～	男	41	1.1361	1.7953	0.0031	0.0204	0.0407	2.8665	4.7827
			女	40	0.7804	1.4047	0.0044	0.0211	0.0467	0.4542	3.7914
		45 岁～	男	49	1.1062	1.8000	0.0082	0.0249	0.0499	1.1812	5.1428
			女	74	0.6110	1.1861	0.0058	0.0146	0.0361	0.0722	3.3837
		60 岁～	男	73	1.3331	1.6622	0.0127	0.0294	0.0549	3.1144	4.1584
			女	59	0.4577	0.9642	0.0065	0.0247	0.0419	0.1065	3.4976

类别				N	汞经皮肤暴露贡献比/‰						
					Mean	Std	P5	P25	P50	P75	P95
大连	城市	18岁～	男	88	0.0035	0.0025	<0.0001	0.0017	0.0033	0.0044	0.0086
			女	68	0.0037	0.0024	0.0010	0.0021	0.0034	0.0047	0.0076
		45岁～	男	13	0.0052	0.0037	0.0006	0.0024	0.0043	0.0083	0.0120
			女	31	0.0040	0.0042	0.0011	0.0022	0.0028	0.0050	0.0075
		60岁～	男	24	0.0038	0.0025	0.0012	0.0021	0.0032	0.0044	0.0095
			女	63	0.0054	0.0069	0.0012	0.0025	0.0035	0.0060	0.0108
	农村	18岁～	男	84	0.0767	0.0710	0.0010	0.0054	0.0813	0.1308	0.1937
			女	76	0.0478	0.0605	0.0010	0.0040	0.0080	0.0915	0.1666
		45岁～	男	41	0.0713	0.0674	0.0013	0.0046	0.0727	0.1156	0.1788
			女	49	0.0816	0.0610	0.0010	0.0080	0.0815	0.1191	0.1911
		60岁～	男	41	0.0757	0.0555	0.0006	0.0082	0.0858	0.1128	0.1446
			女	43	0.0718	0.0441	0.0042	0.0344	0.0800	0.0999	0.1233
上海	城市	18岁～	男	97	0.0198	0.0287	<0.0001	0.0056	0.0132	0.0220	0.0741
			女	88	0.0171	0.0222	<0.0001	0.0051	0.0131	0.0204	0.0368
		45岁～	男	18	0.0246	0.0334	<0.0001	0.0075	0.0146	0.0276	0.1451
			女	43	0.0185	0.0147	0.0012	0.0072	0.0188	0.0261	0.0434
		60岁～	男	16	0.0213	0.0199	<0.0001	0.0053	0.0153	0.0345	0.0707
			女	36	0.0198	0.0165	<0.0001	0.0067	0.0171	0.0333	0.0541
	农村	18岁～	男	48	0.0375	0.1022	<0.0001	0.0033	0.0061	0.0153	0.1521
			女	38	0.0147	0.0247	<0.0001	0.0031	0.0053	0.0152	0.0833
		45岁～	男	71	0.0362	0.0437	<0.0001	0.0028	0.0095	0.0778	0.1120
			女	82	0.0334	0.0487	<0.0001	0.0032	0.0072	0.0719	0.1086
		60岁～	男	35	0.0499	0.1072	<0.0001	0.0021	0.0132	0.0707	0.1654
			女	27	0.0374	0.0426	<0.0001	0.0036	0.0087	0.0659	0.1012
武汉	城市	18岁～	男	60	0.1594	0.1787	0.0503	0.0750	0.0983	0.1496	0.6590
			女	77	0.1642	0.3605	0.0313	0.0713	0.0887	0.1208	0.4174
		45岁～	男	40	0.1117	0.0709	0.0148	0.0642	0.0978	0.1344	0.2764
			女	41	0.1583	0.1776	0.0504	0.0711	0.1067	0.1904	0.3179
		60岁～	男	60	0.1214	0.0918	0.0237	0.0667	0.0934	0.1616	0.3091
			女	77	0.1125	0.0807	0.0248	0.0618	0.0892	0.1275	0.2983

类别				N	汞经皮肤暴露贡献比/‱						
					Mean	Std	P5	P25	P50	P75	P95
武汉	农村	18岁～	男	22	0.2764	0.3511	<0.0001	0.0508	0.0886	0.4644	0.5550
			女	33	0.2845	0.6860	0.0190	0.0359	0.0503	0.3117	0.6741
		45岁～	男	39	0.7705	2.5455	0.0087	0.0386	0.2171	0.4282	3.2616
			女	55	0.3000	0.2745	0.0084	0.0529	0.2365	0.5160	0.8586
		60岁～	男	66	0.4347	0.4751	0.0138	0.0898	0.3310	0.5059	1.2955
			女	50	0.2635	0.2366	0.0085	0.0316	0.2371	0.4065	0.7272
成都	城市	18岁～	男	123	0.0086	0.0152	0.0009	0.0029	0.0054	0.0091	0.0256
			女	125	0.0057	0.0059	0.0009	0.0023	0.0047	0.0069	0.0169
		45岁～	男	24	0.0057	0.0050	<0.0001	0.0034	0.0052	0.0073	0.0098
			女	29	0.0072	0.0101	<0.0001	0.0027	0.0046	0.0060	0.0244
		60岁～	男	8	0.0094	0.0057	0.0029	0.0063	0.0083	0.0103	0.0222
			女	26	0.0146	0.0209	0.0017	0.0032	0.0063	0.0107	0.0683
	农村	18岁～	男	64	0.5076	0.4607	0.0013	0.0053	0.5565	0.8358	1.2962
			女	63	0.3357	0.3683	0.0006	0.0026	0.2334	0.6013	1.0763
		45岁～	男	55	0.4677	0.3834	0.0011	0.0062	0.4893	0.7235	1.1513
			女	44	0.5641	0.3738	0.0012	0.2973	0.6439	0.8213	1.0295
		60岁～	男	34	0.3477	0.3819	0.0005	0.0028	0.3330	0.5847	1.1042
			女	36	0.1763	0.2795	0.0007	0.0033	0.0060	0.3480	0.8541
兰州	城市	18岁～	男	61	1.0106	3.2333	0.0074	0.0317	0.0422	0.0831	7.4567
			女	51	0.1201	0.3006	0.0078	0.0277	0.0499	0.0776	0.2222
		45岁～	男	49	0.2985	1.6370	0.0109	0.0206	0.0310	0.0632	0.4183
			女	54	0.0577	0.0606	0.0073	0.0210	0.0447	0.0648	0.1412
		60岁～	男	65	0.0463	0.0342	0.0051	0.0260	0.0371	0.0619	0.1088
			女	67	0.0716	0.1560	0.0042	0.0135	0.0364	0.0615	0.1412
	农村	18岁～	男	51	3.3610	2.5418	0.0089	0.0352	3.9995	5.2950	7.3902
			女	49	2.4380	2.5800	0.0081	0.0241	1.9385	3.7753	7.3989
		45岁～	男	59	3.8416	2.2293	0.0052	2.6042	4.1198	4.8446	7.4892
			女	49	3.7254	2.3231	0.0044	2.4776	3.8352	5.2603	8.0771
		60岁～	男	69	2.4116	2.2889	0.0008	0.0156	2.9830	4.4822	5.4423
			女	64	1.7834	2.1799	0.0006	0.0179	0.0927	3.9559	5.3782

附表 8-7 不同地区居民分城乡、年龄和性别的镉经皮肤暴露贡献比

类别				N	镉经皮肤暴露贡献比/‱						
					Mean	Std	P5	P25	P50	P75	P95
太原	城市	18 岁～	男	68	0.0099	0.0150	0.0022	0.0057	0.0076	0.0109	0.0156
			女	72	0.0080	0.0039	0.0035	0.0051	0.0075	0.0095	0.0150
		45 岁～	男	50	0.0200	0.0777	0.0032	0.0047	0.0067	0.0091	0.0401
			女	60	0.0074	0.0051	0.0037	0.0049	0.0063	0.0080	0.0140
		60 岁～	男	56	0.0074	0.0031	0.0039	0.0054	0.0066	0.0088	0.0149
			女	54	0.0074	0.0032	0.0025	0.0049	0.0075	0.0090	0.0141
	农村	18 岁～	男	41	0.7602	1.2259	0.0003	0.0033	0.0061	1.9498	3.1550
			女	40	0.5191	0.9672	0.0015	0.0030	0.0090	0.2907	2.5838
		45 岁～	男	49	0.7333	1.2314	0.0009	0.0032	0.0073	0.8285	3.4520
			女	74	0.3981	0.8038	0.0011	0.0025	0.0046	0.0202	2.3084
		60 岁～	男	73	0.8976	1.1403	0.0016	0.0037	0.0161	2.1536	2.8006
			女	59	0.2980	0.6582	0.0016	0.0029	0.0059	0.0239	2.3466
大连	城市	18 岁～	男	88	0.0050	0.0040	<0.0001	0.0022	0.0042	0.0063	0.0136
			女	68	0.0056	0.0069	0.0010	0.0026	0.0038	0.0059	0.0143
		45 岁～	男	13	0.0058	0.0043	0.0009	0.0022	0.0043	0.0085	0.0150
			女	31	0.0115	0.0371	0.0014	0.0025	0.0034	0.0071	0.0165
		60 岁～	男	24	0.0046	0.0031	0.0012	0.0023	0.0032	0.0061	0.0107
			女	63	0.0264	0.1129	0.0012	0.0024	0.0042	0.0078	0.0324
	农村	18 岁～	男	84	0.4485	0.4418	0.0009	0.0050	0.4979	0.7685	1.1517
			女	76	0.2635	0.3595	0.0009	0.0038	0.0076	0.5286	0.9783
		45 岁～	男	41	0.4039	0.3952	0.0012	0.0044	0.4169	0.6698	1.0332
			女	49	0.5839	0.6803	0.0011	0.0091	0.5021	0.7546	1.2237
		60 岁～	男	41	0.5070	0.4598	0.0006	0.0074	0.5472	0.7476	1.2908
			女	43	0.5382	0.5105	0.0046	0.2979	0.4763	0.6449	1.4823
上海	城市	18 岁～	男	97	0.0090	0.0149	<0.0001	0.0024	0.0055	0.0096	0.0345
			女	88	0.0078	0.0133	<0.0001	0.0026	0.0054	0.0085	0.0163
		45 岁～	男	18	0.0125	0.0209	<0.0001	0.0030	0.0063	0.0113	0.0901
			女	43	0.0077	0.0078	0.0004	0.0026	0.0068	0.0097	0.0169

类别				N	镉经皮肤暴露贡献比/‰						
					Mean	Std	P5	P25	P50	P75	P95
上海	城市	60岁～	男	16	0.0082	0.0074	<0.0001	0.0019	0.0064	0.0136	0.0259
			女	36	0.0075	0.0066	<0.0001	0.0021	0.0064	0.0121	0.0198
	农村	18岁～	男	48	0.0147	0.0406	<0.0001	0.0011	0.0023	0.0053	0.0595
			女	38	0.0050	0.0077	<0.0001	0.0011	0.0018	0.0053	0.0287
		45岁～	男	71	0.0141	0.0173	<0.0001	0.0008	0.0033	0.0306	0.0444
			女	82	0.0131	0.0193	<0.0001	0.0011	0.0025	0.0283	0.0425
		60岁～	男	35	0.0194	0.0429	<0.0001	0.0002	0.0046	0.0280	0.0652
			女	27	0.0127	0.0136	<0.0001	0.0012	0.0030	0.0258	0.0350
武汉	城市	18岁～	男	60	0.0217	0.0259	0.0036	0.0090	0.0177	0.0266	0.0478
			女	77	0.0234	0.0332	0.0030	0.0099	0.0175	0.0221	0.0575
		45岁～	男	40	0.0168	0.0171	0.0030	0.0067	0.0107	0.0205	0.0607
			女	41	0.0176	0.0176	0.0032	0.0052	0.0099	0.0212	0.0584
		60岁～	男	60	0.0263	0.0356	0.0034	0.0058	0.0125	0.0273	0.1043
			女	77	0.0214	0.0308	0.0028	0.0048	0.0122	0.0209	0.0984
	农村	18岁～	男	22	0.1820	0.2699	<0.0001	0.0058	0.0140	0.3518	0.3923
			女	33	0.1466	0.2415	0.0021	0.0042	0.0083	0.2606	0.7397
		45岁～	男	39	0.1956	0.2784	0.0011	0.0044	0.1565	0.2914	1.0302
			女	55	0.2136	0.2133	0.0010	0.0096	0.1762	0.3359	0.6604
		60岁～	男	66	0.3008	0.3024	0.0017	0.0121	0.2333	0.3961	1.0069
			女	50	0.1873	0.1872	0.0011	0.0067	0.1674	0.2991	0.5637
成都	城市	18岁～	男	123	0.0171	0.0926	0.0004	0.0013	0.0027	0.0046	0.0126
			女	125	0.0056	0.0273	0.0003	0.0010	0.0022	0.0034	0.0069
		45岁～	男	24	0.0035	0.0024	<0.0001	0.0016	0.0038	0.0048	0.0068
			女	29	0.0107	0.0383	<0.0001	0.0009	0.0021	0.0030	0.0344
		60岁～	男	8	0.0048	0.0024	0.0014	0.0030	0.0048	0.0060	0.0089
			女	26	0.0589	0.1323	0.0007	0.0017	0.0030	0.0058	0.4080
	农村	18岁～	男	64	1.2284	1.0951	0.0021	0.0103	1.4056	2.0408	3.0689
			女	63	0.8519	0.9775	0.0012	0.0047	0.7399	1.4405	2.5709
		45岁～	男	55	1.0853	0.9507	0.0018	0.0100	1.1201	1.7274	2.8526
			女	44	1.4162	1.0206	0.0019	0.6655	1.5703	2.0248	2.6828

类别				N	镉经皮肤暴露贡献比/‰						
					Mean	Std	P5	P25	P50	P75	P95
成都	农村	60 岁～	男	34	0.8175	0.8979	0.0014	0.0082	0.7802	1.3783	2.5955
			女	36	0.4133	0.6583	0.0019	0.0061	0.0112	0.8161	2.0081
兰州	城市	18 岁～	男	61	1.2218	3.7374	0.0053	0.0104	0.0224	0.0403	10.1463
			女	51	0.0901	0.3401	0.0049	0.0107	0.0165	0.0337	0.0997
		45 岁～	男	49	0.2038	1.2728	0.0040	0.0067	0.0126	0.0247	0.0876
			女	54	0.0232	0.0170	0.0030	0.0100	0.0183	0.0333	0.0522
		60 岁～	男	65	0.0183	0.0154	0.0037	0.0096	0.0140	0.0220	0.0448
			女	67	0.0517	0.1699	0.0020	0.0048	0.0138	0.0253	0.0508
	农村	18 岁～	男	51	9.7361	7.2500	0.0053	0.0270	11.9748	14.8777	19.9968
			女	49	6.7006	6.7270	0.0048	0.0257	5.7487	10.5477	18.7248
		45 岁～	男	59	11.4514	5.6971	0.0043	9.1132	12.5168	14.3819	19.0234
			女	49	10.3579	6.2363	0.0026	6.5360	11.4941	13.6778	18.6972
		60 岁～	男	69	7.4097	7.0433	0.0008	0.0141	8.3508	13.6470	17.5986
			女	64	5.3522	6.7697	0.0004	0.0180	0.0564	11.2796	16.3284

附表 8-8 不同地区居民分城乡、年龄和性别的砷经皮肤暴露贡献比

类别				N	砷经皮肤暴露贡献比/‰						
					Mean	Std	P5	P25	P50	P75	P95
太原	城市	18 岁～	男	68	0.2287	0.1133	0.0489	0.1472	0.2179	0.2993	0.4240
			女	72	0.2364	0.1290	0.0784	0.1292	0.2231	0.3053	0.5065
		45 岁～	男	50	7.9447	54.6948	0.0784	0.1283	0.1684	0.2532	0.7297
			女	60	0.1965	0.0864	0.0853	0.1290	0.1890	0.2402	0.3410
		60 岁～	男	56	0.2084	0.0807	0.0837	0.1506	0.2125	0.2523	0.3582
			女	54	0.2183	0.1059	0.0798	0.1404	0.2046	0.3036	0.3700
	农村	18 岁～	男	41	356.0698	574.3026	0.0101	0.0767	0.1572	924.1983	1475.1858
			女	40	244.0438	458.0871	0.0321	0.0805	0.1530	143.7809	1243.8518
		45 岁～	男	49	358.5157	581.3731	0.0272	0.0927	0.1681	413.6325	1610.1074
			女	74	221.2375	458.3282	0.0191	0.0543	0.1286	0.3129	1239.4582
		60 岁～	男	73	425.5887	539.8284	0.0391	0.1062	0.1858	1026.6642	1308.0118
			女	59	148.5159	333.0427	0.0218	0.0862	0.1408	0.3360	1151.9073

类别				N	砷经皮肤暴露贡献比/‰						
					Mean	Std	P5	P25	P50	P75	P95
大连	城市	18 岁～	男	88	0.0066	0.0045	<0.0001	0.0030	0.0061	0.0089	0.0160
			女	68	0.0068	0.0043	0.0014	0.0038	0.0060	0.0086	0.0134
		45 岁～	男	13	0.0097	0.0070	0.0011	0.0044	0.0081	0.0153	0.0228
			女	31	0.1504	0.8009	0.0022	0.0040	0.0051	0.0096	0.0146
		60 岁～	男	24	0.0070	0.0046	0.0021	0.0039	0.0059	0.0079	0.0175
			女	63	0.9215	4.9350	0.0015	0.0045	0.0060	0.0111	0.8218
	农村	18 岁～	男	84	14.3500	14.3149	0.0010	0.0056	15.3504	24.9713	37.8400
			女	76	8.5393	11.9322	0.0010	0.0044	0.0081	17.4961	32.4418
		45 岁～	男	41	13.2157	13.1750	0.0013	0.0047	13.8024	22.1897	34.3503
			女	49	15.3054	11.9649	0.0015	0.0108	15.3747	23.2595	36.1038
		60 岁～	男	41	14.4018	11.4229	0.0006	0.0072	16.1416	21.3511	29.6940
			女	43	25.1830	56.9592	0.0049	3.7215	15.5563	20.5480	58.5949
上海	城市	18 岁～	男	97	2.5636	13.7016	<0.0001	0.0063	0.0132	0.0255	16.3146
			女	88	2.3180	15.3532	<0.0001	0.0060	0.0139	0.0225	0.0460
		45 岁～	男	18	5.6323	23.8317	<0.0001	0.0063	0.0118	0.0260	101.1243
			女	43	1.2971	8.3980	0.0010	0.0060	0.0161	0.0236	0.0389
		60 岁～	男	16	0.0192	0.0171	<0.0001	0.0044	0.0163	0.0299	0.0594
			女	36	0.4678	2.7041	<0.0001	0.0056	0.0142	0.0278	0.0647
	农村	18 岁～	男	48	29.5614	95.4695	<0.0001	0.0052	0.0110	0.0250	124.2943
			女	38	6.9281	23.0322	<0.0001	0.0049	0.0085	0.0242	64.5015
		45 岁～	男	71	29.5344	41.5563	<0.0001	0.0044	0.0151	59.7813	108.1816
			女	82	26.5403	45.5977	<0.0001	0.0052	0.0116	66.4260	91.2734
		60 岁～	男	35	40.0040	99.5747	<0.0001	0.0033	0.0211	63.9630	150.0518
			女	27	33.9764	49.1953	<0.0001	0.0055	0.0139	61.7020	93.0277
武汉	城市	18 岁～	男	60	1.9938	14.1316	0.0626	0.1089	0.1405	0.1990	0.4432
			女	77	2.3486	19.0541	0.0603	0.1008	0.1238	0.2146	0.5222
		45 岁～	男	40	0.4699	1.7847	0.0439	0.1171	0.1560	0.2705	0.4630
			女	41	0.6853	3.0647	0.0597	0.1301	0.1908	0.2790	0.3936
		60 岁～	男	60	7.1041	21.2952	0.0493	0.1050	0.1685	0.2703	62.6505
			女	77	4.4706	18.2454	0.0517	0.1149	0.1706	0.2399	33.1957

类别				N	砷经皮肤暴露贡献比/‱						
					Mean	Std	P5	P25	P50	P75	P95
武汉	农村	18 岁～	男	22	410.6580	604.1705	<0.0001	0.1196	0.2493	848.0294	910.7646
			女	33	268.3386	412.7094	0.0542	0.1087	0.2007	651.7620	992.7482
		45 岁～	男	39	459.5473	732.0691	0.0310	0.1421	362.4842	717.9931	2109.2341
			女	55	506.6069	487.6683	0.0302	0.1743	418.1778	845.5159	1529.3700
		60 岁～	男	66	651.1160	625.8259	0.0456	0.3179	490.5677	875.5854	2130.4511
			女	50	434.9633	429.9090	0.0307	0.1009	396.5254	752.3335	1266.0210
成都	城市	18 岁～	男	123	1.9843	13.1642	0.0006	0.0022	0.0046	0.0080	0.0337
			女	125	0.4118	3.8955	0.0005	0.0016	0.0033	0.0055	0.0125
		45 岁～	男	24	0.0046	0.0064	<0.0001	0.0019	0.0036	0.0045	0.0093
			女	29	1.1704	5.4147	<0.0001	0.0018	0.0030	0.0055	4.8967
		60 岁～	男	8	0.0073	0.0091	0.0012	0.0033	0.0043	0.0064	0.0292
			女	26	8.0983	19.0281	0.0017	0.0028	0.0038	0.0105	58.4567
	农村	18 岁～	男	64	277.6049	249.7620	0.0049	0.0187	326.1299	459.9643	693.5105
			女	63	185.0326	202.1475	0.0026	0.0089	132.6283	339.5295	584.3740
		45 岁～	男	55	277.8369	240.1125	0.0077	0.0225	275.0180	440.4474	729.3252
			女	44	317.6646	217.3841	0.0041	116.7083	356.6651	469.9558	615.6640
		60 岁～	男	34	190.5006	208.3644	0.0025	0.0116	185.8359	327.5455	587.0769
			女	36	96.5079	154.9947	0.0030	0.0152	0.0232	197.4006	468.1279
兰州	城市	18 岁～	男	61	142.9929	431.5349	0.0466	0.1143	0.2399	0.3483	1425.2158
			女	51	11.8886	58.2628	0.0283	0.1153	0.2017	0.3839	1.1218
		45 岁～	男	49	27.1894	188.7650	0.0338	0.0946	0.1205	0.2771	0.8935
			女	54	0.2501	0.1747	0.0327	0.1078	0.2188	0.3801	0.6227
		60 岁～	男	65	0.1936	0.1645	0.0307	0.1018	0.1509	0.2220	0.5268
			女	67	5.6139	25.3559	0.0239	0.0626	0.1451	0.2824	0.4592
	农村	18 岁～	男	51	1421.5425	1060.5354	0.0190	0.0921	1703.9629	2288.1956	2842.5748
			女	49	996.9967	960.0999	0.0158	0.0614	971.5996	1764.4381	2709.5555
		45 岁～	男	59	1585.8664	752.7827	0.0120	1194.4445	1876.3056	2133.8024	2466.5784
			女	49	1538.1349	848.2730	0.0078	1195.1039	1829.3293	2077.7855	2645.4759
		60 岁～	男	69	1043.7078	985.8877	0.0023	0.0403	1283.4731	2024.7936	2380.1992
			女	64	790.1584	972.2991	0.0015	0.0547	0.2360	1774.3609	2322.7553

附表 8-9　不同地区居民分城乡、年龄和性别的铅经皮肤暴露贡献比

类别				N	铅经皮肤暴露贡献比/‰						
					Mean	Std	P5	P25	P50	P75	P95
太原	城市	18 岁～	男	68	0.0002	0.0002	<0.0001	0.0001	0.0001	0.0003	0.0006
			女	72	0.0002	0.0004	<0.0001	0.0001	0.0001	0.0002	0.0008
		45 岁～	男	50	0.7436	5.2565	<0.0001	0.0001	0.0001	0.0002	0.0013
			女	60	0.0002	0.0002	<0.0001	0.0001	0.0001	0.0003	0.0004
		60 岁～	男	56	0.0003	0.0002	<0.0001	0.0001	0.0003	0.0004	0.0005
			女	54	0.0002	0.0002	<0.0001	0.0001	0.0002	0.0004	0.0005
	农村	18 岁～	男	41	39.3715	65.1194	<0.0001	0.0001	0.0002	90.9436	169.7364
			女	40	29.8303	56.7609	<0.0001	0.0001	0.0003	12.2276	153.6628
		45 岁～	男	49	39.1791	64.1518	<0.0001	<0.0001	0.0001	50.3154	167.1945
			女	74	23.3212	46.7527	<0.0001	<0.0001	0.0001	0.0011	133.9684
		60 岁～	男	73	47.1376	59.8559	<0.0001	0.0001	0.0011	112.4376	147.5446
			女	59	15.3663	34.1537	<0.0001	0.0001	0.0001	0.0015	109.8888
大连	城市	18 岁～	男	88	0.0001	<0.0001	<0.0001	<0.0001	<0.0001	0.0001	0.0002
			女	68	0.0001	0.0001	<0.0001	<0.0001	0.0001	0.0001	0.0002
		45 岁～	男	13	0.0001	0.0001	<0.0001	0.0001	0.0001	0.0002	0.0002
			女	31	0.1346	0.7492	<0.0001	<0.0001	0.0001	0.0001	0.0002
		60 岁～	男	24	0.0001	0.0001	<0.0001	<0.0001	0.0001	0.0001	0.0002
			女	63	0.1928	0.9695	<0.0001	0.0001	0.0001	0.0002	0.6035
	农村	18 岁～	男	84	9.2664	9.0023	<0.0001	<0.0001	9.8693	16.3021	24.0829
			女	76	5.6175	7.7366	<0.0001	<0.0001	0.0001	11.3791	20.6658
		45 岁～	男	41	8.5769	8.3420	<0.0001	<0.0001	9.0196	14.1814	21.8074
			女	49	10.4431	7.9981	<0.0001	0.0002	10.7222	14.8739	25.2950
		60 岁～	男	41	11.0504	12.8892	<0.0001	0.0001	11.4348	14.7404	27.2859
			女	43	12.6403	21.6937	<0.0001	4.0469	9.5887	13.1321	21.9101
上海	城市	18 岁～	男	97	0.0885	0.4772	<0.0001	<0.0001	<0.0001	0.0001	0.5634
			女	88	0.0805	0.5365	<0.0001	<0.0001	<0.0001	0.0001	0.0001
		45 岁～	男	18	0.1965	0.8334	<0.0001	<0.0001	<0.0001	0.0001	3.5357
			女	43	0.0445	0.2915	<0.0001	<0.0001	<0.0001	<0.0001	0.0001

类别				N	铅经皮肤暴露贡献比/‰						
					Mean	Std	P5	P25	P50	P75	P95
上海	城市	60岁～	男	16	<0.0001	<0.0001	<0.0001	<0.0001	<0.0001	0.0001	0.0001
			女	36	0.0156	0.0935	<0.0001	<0.0001	<0.0001	0.0001	0.0001
	农村	18岁～	男	48	0.8002	2.6200	<0.0001	<0.0001	<0.0001	0.0001	3.2896
			女	38	0.1318	0.4075	<0.0001	<0.0001	<0.0001	0.0001	1.4418
		45岁～	男	71	0.7795	1.0986	<0.0001	<0.0001	0.0001	1.5719	2.8593
			女	82	0.7018	1.2098	<0.0001	<0.0001	<0.0001	1.7516	2.4163
		60岁～	男	35	1.0741	2.7288	<0.0001	<0.0001	0.0001	1.6808	3.9898
			女	27	0.8327	1.0713	<0.0001	<0.0001	0.0001	1.6156	2.4493
武汉	城市	18岁～	男	60	0.0632	0.4884	<0.0001	0.0001	0.0001	0.0001	0.0003
			女	77	0.0794	0.6960	<0.0001	0.0001	0.0001	0.0001	0.0003
		45岁～	男	40	0.0111	0.0697	<0.0001	0.0001	0.0001	0.0002	0.0003
			女	41	0.0161	0.1026	<0.0001	0.0001	0.0001	0.0001	0.0002
		60岁～	男	60	0.2475	0.7451	<0.0001	0.0001	0.0001	0.0002	2.2287
			女	77	0.1487	0.6275	<0.0001	0.0001	0.0001	0.0001	1.1993
	农村	18岁～	男	22	7.6847	11.9878	<0.0001	0.0001	0.0006	15.0429	16.5502
			女	33	9.3131	26.7304	<0.0001	0.0001	0.0002	10.8885	37.7508
		45岁～	男	39	12.2837	37.1084	<0.0001	0.0001	1.4721	11.5846	44.5802
			女	55	9.4792	10.0205	<0.0001	0.0001	7.3425	15.4806	32.0404
		60岁～	男	66	13.0262	13.5612	<0.0001	0.0003	9.0477	16.8596	43.4122
			女	50	7.8257	8.1039	<0.0001	0.0001	6.8471	12.7593	24.7862
成都	城市	18岁～	男	123	0.0911	0.6077	<0.0001	<0.0001	<0.0001	<0.0001	<0.0001
			女	125	0.0187	0.1789	<0.0001	<0.0001	<0.0001	<0.0001	<0.0001
		45岁～	男	24	<0.0001	<0.0001	<0.0001	<0.0001	<0.0001	<0.0001	<0.0001
			女	29	0.0533	0.2474	<0.0001	<0.0001	<0.0001	<0.0001	0.2233
		60岁～	男	8	<0.0001	<0.0001	<0.0001	<0.0001	<0.0001	<0.0001	<0.0001
			女	26	0.3707	0.8719	<0.0001	<0.0001	<0.0001	<0.0001	2.6789
	农村	18岁～	男	64	7.3964	6.7195	<0.0001	<0.0001	8.4328	12.6079	18.7457
			女	63	5.2820	6.3333	<0.0001	<0.0001	4.5261	8.8586	15.7364
		45岁～	男	55	6.7038	5.5898	<0.0001	<0.0001	7.0618	10.3328	16.3986
			女	44	8.0426	5.4385	<0.0001	3.2634	9.1386	11.7519	14.8731

类别				N	铅经皮肤暴露贡献比/‰						
					Mean	Std	P5	P25	P50	P75	P95
成都	农村	60 岁～	男	34	4.9768	5.5209	<0.0001	<0.0001	4.7663	8.4573	15.7472
			女	36	2.5002	4.0503	<0.0001	<0.0001	<0.0001	5.0285	12.3348
兰州	城市	18 岁～	男	61	5.8948	18.5849	<0.0001	<0.0001	<0.0001	<0.0001	52.0629
			女	51	0.4086	2.0635	<0.0001	<0.0001	<0.0001	<0.0001	0.0001
		45 岁～	男	49	3.1512	22.0583	<0.0001	<0.0001	<0.0001	<0.0001	0.0001
			女	54	<0.0001	<0.0001	<0.0001	<0.0001	<0.0001	<0.0001	0.0001
		60 岁～	男	65	<0.0001	<0.0001	<0.0001	<0.0001	<0.0001	<0.0001	<0.0001
			女	67	0.2259	1.0517	<0.0001	<0.0001	<0.0001	<0.0001	0.0001
	农村	18 岁～	男	51	36.8130	28.3417	<0.0001	<0.0001	44.6036	54.5039	85.7175
			女	49	30.9283	45.9129	<0.0001	<0.0001	17.8834	39.6502	76.8018
		45 岁～	男	59	56.9568	59.5366	<0.0001	32.6605	47.2250	58.3827	228.7492
			女	49	41.1491	28.6436	<0.0001	25.3422	43.8080	54.1615	81.7193
		60 岁～	男	69	29.1801	32.5825	<0.0001	<0.0001	29.5948	50.2262	63.8175
			女	64	24.5856	42.5768	<0.0001	<0.0001	0.0001	43.1762	68.0284

附表 8-10 不同地区居民分城乡、年龄和性别的铬经皮肤暴露贡献比

类别				N	铬经皮肤暴露贡献比/‰						
					Mean	Std	P5	P25	P50	P75	P95
太原	城市	18 岁～	男	68	0.2402	0.1080	0.1021	0.1577	0.2247	0.3034	0.4683
			女	72	0.2471	0.1445	0.0864	0.1559	0.2119	0.2977	0.5450
		45 岁～	男	50	0.9972	5.4870	0.0848	0.1345	0.1701	0.2448	0.8740
			女	60	0.1930	0.0738	0.0994	0.1460	0.1737	0.2211	0.3541
		60 岁～	男	56	0.2006	0.0808	0.0928	0.1482	0.1729	0.2469	0.3685
			女	54	0.2081	0.0938	0.0902	0.1450	0.2036	0.2478	0.3901
	农村	18 岁～	男	41	46.4750	75.3725	0.0202	0.1703	0.3615	119.1026	196.2205
			女	40	31.9572	59.9426	0.0560	0.1914	0.3470	16.1013	162.4945
		45 岁～	男	49	45.6757	75.6196	0.0690	0.2385	0.4298	52.0167	212.8762
			女	74	25.4443	51.9859	0.0546	0.1242	0.2885	0.5173	157.0899
		60 岁～	男	73	54.3613	68.9385	0.1099	0.2514	0.4806	129.1802	169.7794
			女	59	18.6704	41.3803	0.0708	0.2058	0.3308	0.6174	144.8763

类别				N	铬经皮肤暴露贡献比/‰						
					Mean	Std	P5	P25	P50	P75	P95
大连	城市	18岁～	男	88	0.0047	0.0032	<0.0001	0.0023	0.0045	0.0060	0.0116
			女	68	0.0049	0.0031	0.0011	0.0027	0.0043	0.0064	0.0120
		45岁～	男	13	0.0066	0.0049	0.0008	0.0027	0.0052	0.0095	0.0166
			女	31	0.0489	0.2486	0.0016	0.0029	0.0032	0.0064	0.0089
		60岁～	男	24	0.0048	0.0032	0.0013	0.0026	0.0038	0.0057	0.0105
			女	63	0.0809	0.4029	0.0011	0.0028	0.0043	0.0067	0.1243
	农村	18岁～	男	84	2.5819	2.5003	0.0021	0.0114	2.7987	4.5936	6.8706
			女	76	1.5810	2.1730	0.0021	0.0087	0.0172	3.1802	5.8947
		45岁～	男	41	2.5412	2.4595	0.0027	0.0100	2.5765	4.1205	6.4215
			女	49	2.8940	2.4403	0.0020	0.0162	2.8046	4.2303	7.2141
		60岁～	男	41	2.9927	2.6090	0.0015	0.0176	3.3945	3.9718	7.7817
			女	43	2.7923	2.5911	0.0091	1.1394	2.8055	3.7013	5.6403
上海	城市	18岁～	男	97	0.1058	0.5506	<0.0001	0.0013	0.0030	0.0052	0.6540
			女	88	0.0957	0.6159	<0.0001	0.0014	0.0029	0.0045	0.0117
		45岁～	男	18	0.2310	0.9654	<0.0001	0.0015	0.0027	0.0054	4.0992
			女	43	0.0546	0.3334	0.0002	0.0015	0.0040	0.0056	0.0099
		60岁～	男	16	0.0046	0.0043	<0.0001	0.0011	0.0035	0.0074	0.0152
			女	36	0.0219	0.1066	<0.0001	0.0011	0.0035	0.0071	0.0135
	农村	18岁～	男	48	1.4089	4.5880	<0.0001	0.0029	0.0054	0.0139	5.8002
			女	38	0.3690	1.2781	<0.0001	0.0027	0.0047	0.0135	3.0022
		45岁～	男	71	1.3756	1.9318	<0.0001	0.0025	0.0084	2.7841	5.0377
			女	82	1.2382	2.1278	<0.0001	0.0029	0.0064	3.0852	4.2276
		60岁～	男	35	1.9016	4.8297	<0.0001	0.0005	0.0117	2.9659	7.0064
			女	27	1.6091	2.4075	<0.0001	0.0032	0.0115	2.8651	4.3430
武汉	城市	18岁～	男	60	0.1421	0.2422	0.0443	0.0762	0.1022	0.1350	0.2337
			女	77	0.1748	0.3943	0.0403	0.0690	0.0913	0.1382	0.3565
		45岁～	男	40	0.1356	0.0801	0.0337	0.0808	0.1144	0.1745	0.2919
			女	41	0.1372	0.0854	0.0415	0.0769	0.1149	0.1802	0.2515
		60岁～	男	60	0.2466	0.3892	0.0384	0.0799	0.1236	0.1922	1.3216
			女	77	0.2003	0.3250	0.0404	0.0848	0.1144	0.1837	0.7786

类别				N	铬经皮肤暴露贡献比/‱						
					Mean	Std	P5	P25	P50	P75	P95
武汉	农村	18 岁～	男	22	5.3760	8.1879	<0.0001	0.1596	0.4543	10.3330	11.4350
			女	33	4.4213	9.3023	0.0672	0.1161	0.1687	4.1463	20.5230
		45 岁～	男	39	7.3292	18.6756	0.0386	0.1534	2.4411	8.4162	29.2980
			女	55	6.5682	6.9610	0.0376	0.3183	4.8069	10.0701	21.0277
		60 岁～	男	66	8.2819	8.5909	0.0624	0.2873	5.7282	10.6101	27.9578
			女	50	5.2525	5.2870	0.0383	0.1214	4.6766	8.5661	15.8766
成都	城市	18 岁～	男	123	0.0606	0.3963	0.0002	0.0006	0.0011	0.0018	0.0058
			女	125	0.0133	0.1164	0.0002	0.0005	0.0010	0.0014	0.0036
		45 岁～	男	24	0.0013	0.0008	<0.0001	0.0007	0.0013	0.0017	0.0022
			女	29	0.0358	0.1614	<0.0001	0.0003	0.0009	0.0013	0.1456
		60 岁～	男	8	0.0018	0.0008	0.0006	0.0014	0.0019	0.0021	0.0032
			女	26	0.2425	0.5676	0.0004	0.0007	0.0013	0.0021	1.7453
	农村	18 岁～	男	64	5.7142	5.1959	0.0022	0.0314	6.5353	9.7728	14.5189
			女	63	3.7768	4.1103	0.0008	0.0088	3.5192	6.7750	12.1051
		45 岁～	男	55	5.1259	4.4018	0.0032	0.0378	5.3237	8.2776	12.9034
			女	44	6.5490	4.3941	0.0017	3.2156	7.1582	9.6897	12.7088
		60 岁～	男	34	3.8382	4.2310	0.0005	0.0093	3.7054	6.5431	12.3049
			女	36	1.9479	3.1211	0.0007	0.0048	0.0455	3.9231	9.5114
兰州	城市	18 岁～	男	61	0.6744	2.0178	0.0005	0.0011	0.0023	0.0036	6.3747
			女	51	0.0470	0.2264	0.0003	0.0010	0.0016	0.0032	0.0097
		45 岁～	男	49	0.1129	0.7742	0.0004	0.0008	0.0014	0.0023	0.0092
			女	54	0.0024	0.0018	0.0003	0.0011	0.0018	0.0037	0.0055
		60 岁～	男	65	0.0019	0.0016	0.0004	0.0010	0.0015	0.0024	0.0046
			女	67	0.0263	0.1152	0.0002	0.0005	0.0015	0.0026	0.0052
	农村	18 岁～	男	51	4.7180	3.5687	0.0003	0.0019	5.9020	7.0135	9.9699
			女	49	3.1856	3.3971	0.0002	0.0013	2.5365	5.0889	9.7084
		45 岁～	男	59	5.6808	2.8992	0.0002	4.4939	6.0670	7.0582	11.7285
			女	49	4.9264	2.7515	0.0001	3.4921	5.5035	7.0681	8.3617
		60 岁～	男	69	3.6065	3.4502	<0.0001	0.0005	4.0391	6.5316	8.7881
			女	64	2.5772	3.2260	<0.0001	0.0008	0.0029	5.6341	7.7760